市政基础设施工程施工与质量验收文件系列手册

给水排水构筑物工程
施工文件手册

王立信　主编

中国建筑工业出版社

图书在版编目（CIP）数据

给水排水构筑物工程施工文件手册/王立信主编 . —北京：中国建筑工业出版社，2014.10

市政基础设施工程施工与质量验收文件系列手册

ISBN 978-7-112-17067-8

Ⅰ.①给…　Ⅱ.①王…　Ⅲ.①给排水系统-建筑工程-工程施工-文件-手册　Ⅳ.①TU82-62

中国版本图书馆 CIP 数据核字（2014）第 150387 号

本书内容共由 12 章组成，包括概述；施工管理文件；施工技术文件；进度、造价文件；施工物资文件；施工测量；施工记录；施工检测报告；施工质量验收记录；竣工验收文件；竣工图；工程竣工文件。

本书可供从事相关构筑物工程施工人员使用。

责任编辑：封　毅　张　磊
责任设计：李志立
责任校对：陈晶晶　赵　颖

市政基础设施工程施工与质量验收文件系列手册

给水排水构筑物工程施工文件手册

王立信　主编

*

中国建筑工业出版社出版、发行（北京西郊百万庄）

各地新华书店、建筑书店经销

北京红光制版公司制版

北京画中画印刷有限公司

*

开本：787×1092 毫米　1/16　印张：38¾　字数：943 千字
2015 年 1 月第一版　　2015 年 1 月第一次印刷
定价：92.00 元

<u>ISBN 978-7-112-17067-8</u>
（25859）

本书编委会

主　　编　王立信

编写人员　王立信　郭　彦　贾翰卿　杜玉菡　孙　宇

　　　　　刘伟石　王庚西　付长宏　王春娟　郭晓冰

　　　　　王　薇　王　倩　赵　涛　郭天翔　张菊花

　　　　　王丽云

市政基础设施
工程施工与质量验收文件系列手册
编制说明

编 制 原 则

"市政基础设施工程质量验收与施工文件系列手册"的编制，系根据建设部《关于印发〈二○○二～二○○三年度工程建设城建、建工行业标准制订、修订计划〉的通知》（建标〔2003〕104 号）和《关于印发〈二○○四年工程建设国家标准制订、修订计划〉的通知》（建标〔2004〕67 号）文件坚持的"验评分离、强化验收、完善手段、过程控制"为其指导原则编制的。

市政基础设施工程质量验收与施工文件系列手册按工程类别、内容分部量大小、阶段、时间及其他相关因素，在保证施工与质量验收文件内容齐全、完整的前提下，按专业规范的内容要求，本着规范、简捷、方便的宗旨进行编制，力争做到对贯彻、执行"08规范"起到完善标准、贯彻与执行的作用和目的。

编 制 依 据

系列手册的编制依据主要是国家颁发的建设工程文件归档整理规范、市政基础设施工程方面的规定及国家新发布实施的市政基础设施的道路、桥梁、给水排水管道、给水排水构筑物规范及相关专业规范与标准。主要有：

(1)《建设工程文件归档整理规范》（GB/T 50328—2001）及其修订稿；

(2) 部颁《市政基础设施工程施工技术文件管理规定》（建城〔2002〕221 号）；

(3)《城镇道路工程施工与质量验收规范》（CJJ 1—2008）；

(4)《城市桥梁工程施工与质量验收规范》（CJJ 2—2008）；

(5)《给水排水管道工程施工及验收规范》（GB 50268—2008）；

(6)《给水排水构筑物工程施工及验收规范》（GB 50141—2008）。

以上这些规范条文中规定应用的相关专业规范与材料、检测等标准或技术要求，例如：

《混凝土强度检验评定标准》（GB/T 50107—2010）；

《混凝土结构工程施工质量验收规范》（GB 50204—2002）；

《盾构法隧道施工与验收规范》（GB 50446—2008）等。

编制内容与组成

《城镇道路工程施工与质量验收规范》（CJJ 1—2008）、《城市桥梁工程施工与质量验收规范》（CJJ 2—2008）、《给水排水管道工程施工及验收规范》（GB 50268—2008）、《给水排水构筑物工程施工及验收规范》（GB 50141—2008）分别按工程质量验收与施工文件编写。

1. 工程质量验收文件

工程质量验收文件包括：各专业规范中的单位（子单位）工程、分部（子分部）工程、分项（检验批）工程的表式与实施说明，检验批验收表式设计遵照"验评分离、强化验收、完善手段、过程控制"16字方针，按规范的工艺执行与标准检验条目分别按主控项目、一般项目编制检验批验收表式，同时提出"检验批验收应提供的核查资料"，并附有施工过程控制要点。体现了"验收有表式、规范条目内容齐全、明确应提供核查资料及核查要点"，对工程质量验收而言是较为完善的工程质量验收文件。

2. 工程施工文件

（1）工程施工文件内容组成主要是按《建设工程文件归档整理规范》（GB/T 50328—2001）以及各专业规范中"单位（子单位）工程质量控制资料核查"和"单位（子单位）工程完全和功能检验资料核查及主要抽查"，主要包括：各专业规范中在工程实施和验收中需要为保证质量使用的原材料、构配件、施工试验、隐蔽验收、施工记录、质量事故记录等的相关试（检）验资料与记录。工程施工文件除了按规范要求应检子项齐全之外，同时提供了应用标准的相关性能参数与资料。

（2）工程管理与工程技术文件主要包括：市政基础设施工程管理与工程技术文件，诸如：施工现场质量管理检查、施工组织设计、技术交底、施工日志等。

3. 工程质量验收与施工文件的定名

（1）工程质量验收文件

1）市政基础设施工程施工与质量验收文件系列手册 城镇道路工程施工与质量验收文件手册；

2）市政基础设施工程施工与质量验收文件系列手册 城市桥梁工程施工与质量验收文件手册；

3）市政基础设施工程施工与质量验收文件系列手册 给水排水管道工程施工与质量验收文件手册；

4）市政基础设施工程施工与质量验收文件系列手册 给水排水构筑物工程施工与质量验收文件手册。

（2）工程施工文件

1）市政基础设施工程施工与质量验收文件系列手册 城镇道路工程施工文件手册；

2）市政基础设施工程施工与质量验收文件系列手册 城市桥梁工程施工文件手册；

3）市政基础设施工程施工与质量验收文件系列手册　管道工程施工文件手册；

4）市政基础设施工程施工与质量验收文件系列手册　给水排水构筑物工程施工文件手册。

结　语

市政基础设施工程施工与质量验收文件系列手册是建设工程合格性的重要技术依据之一，做好工程质量验收与施工文件的建立、提出、传递、检查、汇集与整理，应始自施工准备到单位工程交工中止贯穿于施工的全过程中。系列手册的文件资料为确保工程质量提供数据分析依据，同时为竣工工程的扩建、改建、维修提供数据分析和应用依据。

建议工程参加单位、各企业领导和参与工程技术文件编制和管理人员，诚请提高其对工程施工文件与工程质量验收文件重要性的认识，施工文件与工程质量验收文件的管理，施工文件与工程质量验收文件应和标准、规范的贯彻同步进行，做好施工文件与工程质量验收文件的编审工作。

目　　录

12

第1章 概 述

市政基础设施工程是城市建设中最基本的基础设施。任何一个城市只有完成了城市最基本的基础设施后才能显示其功能。它是城市建设中的重要组成部分，是城市建设发展水平的重要标志之一。城市建设必须重视市政基础设施的建设，必须保证市政基础设施的工程项目质量（决策、计划、勘察、设计、施工）。保证市政基础设施工程质量，在工程实施中必须具有真实、完整的施工文件，才能为保证工程质量提供真实的数据依据。

市政基础设施工程施工技术文件的管理，是施工企业技术管理的基础业务之一，是确保工程质量和完善施工管理的一项重要工作。施工技术文件的建立、提出、传递、检查、汇集整理工作应当从施工准备到单位工程交工止贯穿于施工的全过程中。施工技术资料的完整程度体现了一个施工企业的管理水平，它为确保工程质量提供了数据分析依据，同时是竣工工程的扩建、改建、维修的重要分析或应用依据。

1.1 什么是施工文件

施工文件一词国家没有详尽的定义，一般指施工企业对承建建设工程应提供的施工文件。应包括：

（1）施工通过文件形式表现确立企业的管理能力和技术能力，证明其质量保证体系具有适用性的技术管理文件（即通常指的施工管理方面的技术文件如：工程开工报审，施工组织设计，技术交底，预验收，自检、互检、交接检，施工日志等）。

（2）工程实施过程中按标准要求进行的工程质量验收方面的文件与资料。

（3）建设工程竣工后需要作为依据备存，施工过程中必须用文件形式记录下来的质量保证体系方面规定的技术记录、施工试验、核查与检验、认证、纠正措施、录音、录像、竣工图等，证明其质量保证体系有效性方面的施工文件（即通常讲的质量保证方面的文件与资料）。

综上作为质量保证的证实文件，保证所承担的工程质量达到了设计和规范规定的标准和合同规定的内容要求所形成的上述有关技术文件，就是施工文件。

施工文件是建设工程实施过程中形成的技术文件中的重要组成部分，是工程技术文件的重要组成内容之一。

1.2 对施工文件的总体要求

（1）施工文件（资料）的编制范围以单位工程施工图设计为单位，即每一个单位工程的施工文件都必须单独编报、备审、归档。

（2）资料的收集、整理必须及时，资料来源必须真实、可信，资料填报必须子项齐全，应填子项不得缺漏。

（3）工程技术文件（资料）的收集、编制应与工程进度同步进行，工程技术文件（资料）的核查验收应与工程验收同步进行。

（4）检查验收资料应是在按要求内容进行自检的基础上，根据法定程序经有关单位核审签章后形成的文件（资料）方为有效。

（5）材料、半成品、构配件等以及工程实体的检验。材料必须先试后用，工程实体必须先检后交或先检后用，违背此规定需对已用材料、已交（用）的工程实行重新检测，确定是否满足设计要求，否则此资料不符合要求。

（6）国家标准或地方法规规定，实行见证取样的材料、构配件、工程实体检验等均必须实行见证取样、送样并签字及盖章，否则为不符合要求。

（7）专业标准或规范对某项试验提出的试验要求，其试验方法必须按专业标准或规范提出的试验方法进行，否则该项检（试）验应为无效试（检）验。

（8）资料表式中规定的责任制度，必须按规定要求加盖公章，该本人签字的必须由本人签字，签字一律不准代签，否则可视为虚假资料或无效资料。

（9）对工程资料进行涂改、伪造、随意抽撤或损毁、丢失的，应按有关法规予以处罚，情节严重的，依法追究法律责任。

（10）对各项技术文件评定的定性要求

1）技术文件（资料）达到真实、准确、齐全，符合有关标准与规定，填报规范化，应评定为符合要求。

2）技术文件（资料）达到真实、准确、齐全程度基本符合有关标准与规定，填报规范化，不足部分的资料不影响结构安全和使用功能，应评定为基本符合要求。

3）技术文件（资料）不齐或出现不符合有关标准中控制资料或工程安全与功能抽查项目要求与规定，内容失真，应评定为不符合要求。

4）合格等级的单位工程，施工文件评定必须符合要求或基本符合要求。施工文件评定为不符合要求的单位工程，其质量等级判为不合格工程，单位工程应进行检查和处理。

（11）施工文件（资料）不符合要求，不得进行竣工验收。

（12）施工文件和施工图设计文件均应经建设、设计、监理、施工企业技术负责人审查签章后，按其确认的表格形式或经当地建设行政主管部门核定的表格形式按《建设工程文件归档整理规范》（GB/T 50328—2001）要求依序归存。

1.3　市政基础设施工程档案的涵盖范围

（1）市政基础设施工程的档案包括：道路、广场、桥涵、隧道、排水、泵站、城市照明、污水处理、大型停车场等的工程档案。

（2）公用基础设施工程档案包括：供水、供气、供热、供电、消防、通信、广播电视等的工程档案。

（3）交通基础设施工程档案包括：铁路客运站、铁路运输编组站、铁路货运场站、长途汽车客运站、机场、口岸设施等工程档案。

（4）园林绿化、风景名胜工程档案包括：公园、绿地、苗圃、纪念性建筑、名人故居、名胜古迹、古建筑、有代表性的城市雕塑等档案。

（5）市容环卫设施建设工程档案包括：垃圾粪便处理场、大型垃圾转运站、公共厕所等的工程档案；

（6）城市防洪、抗震和环境保护、人防工程档案。

（7）建制镇公用设施、公共建筑、民用建筑工程档案。

（8）军事工程档案资料中，除军事禁区和军事管理区以外的穿越市区的地下管线走向和有关隐蔽工程的位置图。

1.4　《建设工程文件归档整理规范》
（GB/T 50328—2001）修订稿规定

1. 市政基础设施工程技术文件的编制内容

施工文件是以单位工程编制归存的。不同专业的工程凡是构成单位工程的均应单独编制施工文件（资料）。道路工程、桥梁工程、地下管线工程等都是构成单位工程的专业工程。《建设工程文件归档整理规范》GB/T 50328—2001 已在网上刊载修订稿，规定道路、桥梁和地下管线工程的技术文件分别进行编制、报审和归存。

单位（子单位）工程质量控制资料核查表见表 1-1 所列。

单位（子单位）工程质量控制资料核查表　　　　　　　　　表 1-1

工程名称		施工单位		
序号	资料名称（项目名）	资料名称	份数	核查意见
1	材质质量保证资料	原材料（钢筋、钢绞线、焊材、水泥、砂石、混凝土外加剂、防腐材料、保温材料等）、半成品与成品〔橡胶止水带（圈）、预拌商品混凝土、预拌商品砂浆、砌体、钢制构件、混凝土预制构件、预应力锚具等〕、设备及配件等的出厂质量合格证明及性能检验报告（进口产品的商检报告）、进场复验报告等		
2	施工检测	①混凝土强度、混凝土抗渗、混凝土抗冻、砂浆强度、钢筋焊接、钢结构焊接、钢结构栓接；②桩基完整性检测、地基处理检测；③回填土压实度；④防腐层、防水层、保温层检验；⑤构筑物沉降、变形观测；⑥围护、围堰监测等		
3	结构安全和使用功能性检测	①桩基础动载测试及静载试验、基础承载力检测；②构筑物满水试验、气密性试验；③压力管渠水压试验、无压管渠严密性试验记录；④地下水取水构筑物抽水清洗、产水量测定；⑤地表水取水构筑物的试运行；⑥构筑物位置及高程等		
4	施工测量	①控制桩（副桩）、永久（临时）水准点测量复核；②施工放样复核；③竣工测量		
5	施工技术管理	①施工组织设计（施工大纲）、专题施工方案及批复；②图纸会审、施工技术交底；③设计变更、技术联系单；④质量事故（问题）处理；⑤材料、设备进场验收、计量仪器校核报告；⑥工程会议纪要、洽商记录；⑦施工日记		

序号		资料名称	份数	核查意见
6	验收记录	①分项、分部（子分部）、单位（子单位）工程质量验收记录；②隐蔽验收记录		
7	施工记录	①地基基础、地层等加固处理以及降排水；②桩基成桩；③支护结构施工；④沉井下沉；⑤混凝土浇筑；⑥预应力张拉及灌浆；⑦预制构件吊（浮）运、安装；⑧钢结构预拼装；⑨焊条烘焙、焊接热处理；⑩预埋、预留；⑪防腐、防水、保温层基面处理等		
8	竣工图			
结论： 施工项目经理： 年 月 日			结论： 总监理工程师： 年 月 日	

2. 应用说明

（1）工程质量控制资料是反映工程实施中各环节的工程质量状况，是筛选出的直接关系和说明工程质量的技术资料，大多是直接的试验结果资料，其基本数据和原始记录是工程质量的重要组成部分。工程质量控制资料是反映完工项目的测试结果和记录，真实的工程技术资料是工程质量的客观见证，是评价工程质量的主要依据，是整体工程技术文件（资料）的核心，应当认真做好工程质量控制资料的核查。

"工程质量控制资料"是反映企业管理水平的重要见证，是帮助企业改进管理的数据依据，是证明工程质量实况的数据证明（评价说明）。

（2）单位（子单位）工程质量控制资料应完整。其核查内容包括：材质质量保证资料、施工检测、结构安全和使用功能性检测、施工测量、施工技术管理、验收记录、施工记录、竣工图。

保证"工程质量控制资料"完整是要求总承包施工单位必须对规范规定的各分部（子分部）工程应有的质量控制资料进行核查，保证其完整性和正确性。

分项工程（验收批）验收时，基础阶段的资料提供应当具有完整的施工操作依据、质量检查资料。工程质量控制资料不齐全不应进行工程质量验收，监理单位和施工单位均应遵守这条原则。应保证"工程质量控制资料"的数据正确，符合标准和设计要求。

（3）表 1-1 由施工单位检查合格后填写，交项目监理机构验收。其原则为：

1）对单位（子单位）工程质量控制资料核查，施工单位必须先行审查认定合格，才可以提交项目监理机构审查验收。

2）核查验收可按分部进行，当有子分部时可一个子分部一个子分部地分别进行，然后按资料名称项下应核查内容汇总整理，按分部系列将其资料分别按其系列依序编组。

（4）质量控制资料核查原则

1）工程验收人员必须树立高度责任心，本着对工程质量高度负责精神，对工程实体质量和施工过程形成的文件（资料）进行检查验收，对实际工程验收中资料的类别、数量上的缺陷，验收人员必须恰如其分地掌握好标准和尺度，其原则是核查的文件（资料）足以保证工程质量达到合格及其以上水平，借以保证工程质量，千万不能因漏试、无记录等而形成或存在未知隐患。

2）单位（子单位）工程质量控制资料核查验收，包括资料的统计、归纳和核查三项内容。单位（子单位）工程质量控制资料核查，应核资料应完整、齐全，资料齐全、完整才可以组织验收。控制资料都是保证资料，必须全部满足设计要求。

3）核对各资料的内容应齐全，数据必须符合设计和规范规定，检验报告必须加盖必需的印章及责任人签字。如见证试验证章、CMA 章、证明单位资质的专用章等。验收人员签章要规范，需要本人签字的一定要本人签字。

4）核查文件的合法性、有效性和完整性。

5）进口钢材及其他进口材料应有合法、有效的中文资料。

（5）涉及结构安全和使用功能的试块、试件和现场检测项目，应按规定进行平行检测或见证取样检测。实行平行检测和见证取样是保证工程检测工作科学性、公正性和准确性，应当注意其检测范围、数量、程序应执行"建设部〔2000〕211 号文关于印发《房屋建筑工程和市政基础设施工程实施见证取样和送样规定》的通知"的相关规定。

应做到按规定的项目检测，有检测计划并都做了检测且符合要求。

（6）对于通过返修或加固处理仍不能满足结构安全或使用功能要求的分部（子分部）工程、单位（子单位）工程，严禁验收。

单位（子单位）工程结构安全和使用功能性检测记录表见表 1-2 所列。

单位（子单位）工程结构安全和使用功能性检测记录表　　　　　表 1-2

工程名称			施工单位		
序号	安全和功能检查项目			资料核查意见	功能抽查结果
1	满水试验、气密性试验记录				—
2	压力管渠水压试验、无压管渠严密性试验记录				—
3	主体构筑物位置及高程测量汇总和抽查检验				
4	工艺辅助构筑物位置及高程测量汇总及抽查检验				
5	混凝土试块抗压强度试验汇总				—
6	水泥砂浆试块抗压强度汇总				—
7	混凝土试块抗渗试验汇总				—
8	混凝土试块抗冻试验汇总				—
9	钢结构焊接无损检测报告汇总				—
10	主体结构实体的混凝土强度抽查检验	按《混凝土结构工施程工质量验收规范》（GB 50204—2002，2011 年版）第 10.1 节的规定执行			
11	主体结构实体的钢筋保护层厚度抽查检验				
12	桩基础动测或静载试验报告				—
13	地基基础加固检测报告				—

5

序号	安全和功能检查项目	资料核查意见	功能抽查结果
14	防腐、防水、保温层检测汇总及抽查检验		
15	地下水取水构筑物抽水清洗、产水量测定		—
16	地表水取水构筑物的试运行记录及抽查检验		
17	地面建筑：按《建筑工程施工质量验收统一标准》（GB 50300—2001）中附录 G.0.1—3 的规定执行		
结论： 施工项目经理： 　　　　　　年　月　日		结论： 总监理工程师： 　　　　　　年　月　日	

注：单位（子单位）工程结构安全和使用功能性检测记录表通用于水处理、调蓄、管渠、取水与排放和泵房等的构筑物工程。

1.5　当前市政基础设施工程施工文件编制存在的问题

市政基础设施施工文件（资料）编制存在的问题主要有以下两个方面：

（1）提供资料不齐全：主要表现为各专业工程的质量验收资料和质量保证技术资料提供的数量不足，难以满足工程实施内容及其代表数量要求，有的欠缺程度甚至对评价工程质量造成了困难。

（2）形成的施工文件（资料）不真实：主要表现为不是施工过程中真实记录形成的资料，而是人为编整的资料，这是当前资料形成中最大的问题之一，可能对工程质量造成隐患。

1.6　保证施工文件（资料）编审正确
必须做好的几项工作

（1）施工文件（资料）的见证取样、送样必须严格按有关要求执行，严格执行取、送样签字制度。

1）见证人员应由建设单位或项目监理机构书面通知施工、检测单位和负责该项工程的质量监督机构。

2）施工过程中，见证人员应按照见证取样和送检计划，对施工现场的取样和送检进行见证，并由见证人、取样人签字。见证人应制作见证记录，并归入工程档案。

3）涉及结构安全的试块、试件和材料见证取样和送检的比例不得低于有关技术标准中规定应取样数量的 30%。

注：见证取样及送检的监督管理一般由当地建设行政主管部门委托的质量监督机构监督的项目监理机构完成。

4）见证取样必须采取相应措施以保证见证取样、送样具有公正性、真实性，应做到：

①严格按照建设部建建〔2000〕211号文确定的见证取样项目及数量执行。项目不超过该文规定，数量按规定取样数量执行。

②按规定要求确定见证人员，见证人员应为建设单位或监理单位具备建筑施工试验知识的专业技术人员，经培训取得相应资质的人员担任，并通知施工、检测单位和工程质量监督机构。

③见证人员应在试件或包装上做好标识、封志，标明工程名称、取样日期、样品名称、数量及见证人签名。

④见证人应保证取样具有代表性和真实性并对其负责。见证人应做见证记录并归档。

⑤检测单位应保证严格按上述要求对其试件确认无误后进行检测，其报告应科学、真实、准确，签章齐全。

（2）保证施工文件（资料）的真实性。施工文件（资料）归存其最终目的是为了"用"，在重复利用中将对新建、改建、扩建工程起到很好的积极作用。使用不真实的文件（资料）其后果是可怕的，因此，保证施工文件（资料）的真实性就有其特殊的含义。这是从事施工文件（资料）管理工作必须保证的最基本的一条红线原则，这条红线原则是不能突破的。

（3）管理好进场材料的验收、使用与管理形成的技术文件

1）进场材料质量控制主要包括：进场材料的质量执行标准；进场材料的品种、规格、数量应符合进料单上标明的有关要求。

2）进口材料、设备应会同商检局检验，如核对凭证中发现问题，应取得供方商检人员签署的商物记录。

（4）做好地基验槽记录和钎探记录的分析与核定。

（5）保证施工试验报告正确无误，砂浆、混凝土等的试验评定结论符合标准规定要求。

（6）认真做好地基基础、主体结构、隐蔽验收及其他验收工作。认真做好混凝土工程的结构实体检验并做好记录（混凝土强度等级评定、钢筋保护层厚度测试）。

（7）施工企业应具有完善的施工管理制度和质量保证体系。严格按规范要求做好施工过程的自检、互检、质量验收、施工试验和工程报验工作。

（8）施工企业内应有一支经过培训、认真负责、素质过硬的信息员队伍。这支队伍最好由施工企业的质量部门专门管理，这对施工文件（资料）的形成是有好处的。

1.7　施工文件的保存期限

施工文件的档案保存期限按国家规定分为短期、长期、永久。短期可自行规定，一般为3～15年；长期为16～50年；永久即永远保存。施工文件属长期保存范围。

第2章 施工管理文件

2.1 工程概况表

1. 资料表式（表2-1）

工程概况表　　　　　　　　　　　　　　　表2-1

工程名称		总承包单位	
建设单位		法人代表	
勘察单位		技术负责人	
设计单位		技术负责人	
监理单位		技术负责人	
施工单位		技术负责人	
分包单位		技术负责人	
见证单位		见证代表人	
工程投资与造价		工程开、竣工日期	
序号	检验项目	工程概况	
1	土石方与地基基础		
2	取水与排放构筑物		
3	水处理构筑物		
4	泵房		
5	调蓄构筑物		
6	功能性试验		
7	其他		
8			
9			
相关说明			
备注			

项目技术负责人：　　　　　　　　　　　　　　　　　　　填表人：

8

2. 填表说明

（1）工程概况表由施工单位填写。

（2）该表主要包括两个部分：一是参建有关单位及其技术负责人；二是造价、工期和工程概况。工程概况应填记工程量、工作量、工期、劳动力和主要设备等。

（3）项目技术负责人和填表人均需本人签字。

2.2　施工现场质量管理检查记录

1. 资料表式（表 2-2）

施工现场质量管理检查记录　　　　　　　　　　表 2-2

开工日期：

工程名称			施工许可证（开工证）		
建设单位			建设单位项目负责人		
设计单位			设计单位项目负责人		
监理单位			总监理工程师		
施工单位		项目经理		项目技术负责人	
序号	项　　目		内　　容		
1	现场质量管理制度				
2	质量责任制				
3	主要专业工种操作上岗证书				
4	分包方资质与对分包单位的管理制度				
5	施工图审查情况				
6	地质勘察资料				
7	施工组织设计、施工方案及审批				
8	施工技术标准				
9	工程质量检验制度				
10	搅拌站及计量设置				
11	现场材料、设备存放与管理				
12					
检查结论： 总监理工程师 （建设单位项目负责人）　　　年　月　日					

2. 应用说明

（1）施工现场质量管理检查记录在开工前由施工单位填写。

（2）项目总监理工程师进行检查并做出检查结论。检查不合格不准开工，检查不合格应改正后重审直至合格。检查资料审完后签字退回施工单位。

（3）应附有表列有关附件资料。表列内容栏应填写附件资料名称及数量。

（4）为了控制和保证不断提高施工过程中记录整理资料的完整性，施工单位必须建立必要的质量管理体系和质量责任制度，推行生产控制和合格控制的全过程。质量控制有健全的生产控制和合格控制的质量管理体系，包括材料控制、工艺流程控制、施工操作控制、每道工序质量检查、各道相关工序及其交接检验、专业工种之间等中间交接环节的质量管理和控制、施工图设计和功能要求的抽检制度，工程实施中的质量通病或在实施中难以保证工程质量符合设计和有关规范要求时提出的措施、方法等。

（5）工程开工施工单位应填报施工现场质量管理检查记录，经项目监理机构总监理工程师或建设单位项目负责人核查属实签字后填写检查结论。详见表2-2。

（6）表列检查项目

应填写各项检查项目文件的名称或编号，并将文件（复印件或原件）附在表的后面供检查，检查后应将文件归还。

1）现场质量管理制度。主要是图纸会审、设计交底、技术交底、施工组织设计编制审批程序、工序交接、质量检查评定制度，质量好的奖励及达不到质量要求的处罚办法，以及质量例会制度及质量问题处理制度等。

2）质量责任制栏。主要是质量负责人的分工，各项质量责任的落实规定，定期检查及有关人员奖罚制度等。

3）主要专业工种操作上岗证书栏。主要是测量工、筑路工、钢筋工、混凝土工、机械工、焊工、防水工等的操作上岗证书。

电工、管道等安装工种的上岗证，以当地建设行政主管部门的规定为准。

4）分包方资质与对分包单位的管理制度栏。专业施工单位的资质应在其承包业务的范围内承建工程，超出范围的应办理特许证书，否则不能承包工程。在有分包的情况下，总承包单位应有管理分包单位的制度，主要是质量、技术的管理制度等。

5）施工图审查情况栏。重点是看建设行政主管部门出具的施工图审查批准书及审查机构出具的审查报告。如果图纸是分批交出的话，施工图审查可分段进行。

6）地质勘察资料栏。有勘察资质的单位出具的正式地质勘察报告，地下部分施工方案制定和施工组织总平面图编制的参考信息等。

7）施工组织设计、施工方案及审批栏。施工单位编写施工组织设计、施工方案，经项目行政机构审批，应检查编写内容、有针对性的具体措施，编制程序、内容，有编制单位、审核单位、批准单位，并有贯彻执行的措施。

8）施工技术标准栏。是操作的依据和保证工程质量的基础，承建企业应编制不低于国家质量验收规范的操作规程等企业标准。要有批准程序，由企业的总工程师、技术委员会负责人审查批准，有批准日期、执行日期、企业标准编号及标准名称。企业应建立技术标准档案。施工现场应有施工技术标准，可作为培训工人、技术交底和施工操作的主要依据，也是质量检查评定的标准。

9）工程质量检验制度栏。包括三个方面的检验，一是原材料、设备进场检验制度；二是施工过程的试验报告；三是竣工后的抽查检测，应专门制定抽测项目、抽测时间、抽测单位等计划，使监理、建设单位等都做到心中有数。可以单独搞一个计划，也可在施工组织设计中作为一项内容。

10）搅拌站及计量设置栏。主要是说明设置在工地搅拌站的计量设施的精确度、管理制度等内容。预拌混凝土或安装专业就没有这项内容。

11）现场材料、设备存放与管理栏。这是为保持材料、设备质量必须有的措施。要根据材料、设备性能制定管理制度，建立相应的库房等。

（7）填表说明

1）表列项目、内容必须逐一填写完整。

2）建设、设计、监理单位的有关负责人必须本人签字。

3）提请施工现场质量管理检查记录时，施工许可证必须办理完毕，填写施工许可证号。

4）总监理工程师（建设单位项目负责人）填写检查结论并签字。

5）施工许可证（开工证）：填写当地建设行政主管部门批准发给的施工许可证（开工证）的编号。

6）表头部分可统一填写，不需具体人员签名，只需明确负责人。

2.3 企业资质证书及相关专业人员岗位证书

（1）企业资质证书及相关专业人员岗位证书是保证企业基本素质的必备条件。企业资质证书及相关专业人员岗位证书由施工单位提供。

（2）企业是指该企业必须是从事施工承包活动的施工承包企业。

（3）"企业资质"是指施工企业的建设业绩、管理水平、资金数量、技术装备等的综合实力。施工承包企业根据上述条件，经当地建设行政主管部门核实后，按照国家相关政策、法律条文规定，当其符合某一条件的企业等级时，由当地政府颁发的相应资质证书。

"企业资质"实行动态管理，实行定期或不定期复检制度，复检后根据企业实际颁发新的资质证书。

（4）相关专业人员岗位证书是指施工承包企业的企业法人、企业技术负责人、财务负责人、经营负责人的任职文件、职称证件等。岗位证书、职称证书应真实。

（5）企业应提供"企业资质证书及相关专业人员岗位证书"。企业提供的"资质证书"及"相关专业人员岗位证书"必须是经审查合格的证书，并应保证证件的真实、齐全、准确。

2.4 分包单位资质报审表

1. 资料表式 (表 2-3)

分包单位资格报审表

表 2-3

工程名称： 　　　　　　　　　　　　　　　　　　　　　　　　　编号：

致：＿＿＿＿＿＿＿＿＿＿＿＿＿＿＿＿＿＿＿＿＿＿＿＿（监理单位）

　　经考察，我方认为拟选择的＿＿＿＿＿＿＿＿＿＿＿＿＿＿＿＿（分包单位）具有承担下列工程的施工资质和施工能力，可以保证本工程项目按合同的规定进行施工，分包后，我方仍承担总包单位的全部责任。请准予审查和批准。

附件：1. 分包单位资质材料；

　　　2. 分包单位业绩材料。

分包工程名称（部位）	工程数量	拟分包工程合同额	分包工程占全部工程
合　计			

施工单位（章）：＿＿＿＿＿＿＿＿＿

项目经理：＿＿＿＿＿＿　日期：＿＿＿＿＿＿

专业监理工程师审查意见：

专业监理工程师：＿＿＿＿＿＿　日期：＿＿＿＿＿＿

总监理工程师审核意见：

项目监理机构：＿＿＿＿＿＿＿＿＿

总监理工程师：＿＿＿＿＿＿　日期：＿＿＿＿＿＿

本表由施工单位填写，一式三份，送监理机构审核后，建设、监理及施工单位各一份。

2. 应用说明

　　分包单位资格报审是总包施工单位实施分包时，提请项目监理机构对其分包单位资质进行查检而提请报审的文件。

　　（1）本表由施工单位填报，项目监理机构专业监理工程师审查，总监理工程师终审并签发。

　　（2）分包单位资质审查由项目监理机构负责进行。

12

（3）对监理单位审查分包资格的要求

1）分包单位的资格报审表和报审所附的分包单位有关资料的审查由专业监理工程师负责完成。

2）分包单位的资格报审表和报审所附的分包单位有关资料的审查必须在分包工程开工前完成。

3）对符合分包资质的分包单位需经总监理工程师审查并予以签认。

4）以上审查是在施工合同中未指明分包单位时，项目监理机构应对该分包单位的资格进行审查。如在施工合同中已说明，则不再重新审查。

（4）对分包单位资格应审核以下内容：

1）分包单位的营业执照、企业资质等级证书、特殊行业施工许可证、国外（境外）企业在国内承包工程许可证；

2）分包单位的业绩（指分包单位近三年所承建的分包工程名称、质量等级证书或经建设单位组织验收后形成的各方签章的单位工程质量验收记录应附后）；

3）拟分包工程的内容和范围；

4）专职管理人员和特种作业人员的资格证、上岗证。

（5）关于转包、违法分包和挂靠的界定。

1）转包：凡有下列行为之一的，均属于转包行为：

①不履行合同约定的责任和义务，将其承包的企业部工程转包给他人，或者将其承包：全部工程肢解后以分包的名义分别转包给他人的；

②分包人对其承包的工程未在施工现场派驻人员配套的项目管理机构，并未对该工程的施工活动进行组织管理的；

③法律、法规规定的其他转包行为；

④法律、法规规定的其他挂靠行为。

2）违法分包：凡有下列行为之一的均属于违法分包：

①将专业工程或者劳务作业分包给不具备相应资条件的受包人的；

②将工程主体结构的施工分包给他人的（劳务作业除外）；

③在总承包合同中没有约定，又未经建设单位的认可，将承包的部分专业分包给他人的；

④受包人将其承包的分包工程再分包的；

⑤法律、法规规定的其他违法分包行为。

3）挂靠行为：凡有下列行为之一的，均属挂靠行为：

①转让、出借资质证书或者以其他方式允许他人以本企业名义承揽工程的；

②项目管理机构的项目经理、技术负责人、项目核算负责人、质量管理人员、安全管理人员等不是本单位人员，与本单位无合法的人事或劳动合同、工资福利及社会保险关系的；

③建设单位的工程款直接进入项目管理机构财务的。

（6）分包单位一定要十分清楚，分包单位是总包单位的一部分，一切受总包单位的管理，分包单位任何违约及存在的质量问题等均由总包单位负责；还是该分包单位是一个独立而又接受总包单位管理的分包单位。第一种情况监理单位应直接对总包单位下达指令以此开展工作，第二种情况监理单位可直接向分包单位下达指令，开展工作。该项确定原则以总分包合同文本为据。

（7）填表说明

1）施工单位提送报审的分包单位资格报审的附件内容必须齐全真实，详细填报分包工程名称、数量、工程合同额，报审表施工单位必须加盖公章，项目经理必须签字。

2）专业监理工程师审查意见：分包单位资质由专业监理工程师先行审查，必须填写审查意见，填写审查日期并签字。

3）总监理工程师审查意见：总监理工程师认真审核后由项目监理机构签章，总监理工程师签字执行。

4）拟分包工程的合同额：指分包工程合同中拟签订的合同金额。

5）责任制：施工单位和项目监理机构均盖章；项目经理、专业监理工程师、总监理工程师分别由本人签字。

2.5 建设工程质量事故报告或记录

2.5.1 建设工程质量事故报告书

1. 资料表式（表2-4）

建设工程质量事故报告书 表2-4

工程名称：

事 故 部 位		报 告 日 期			
事 故 性 质	设 计 错 误	交 底 不 清		违反操作规程	
事故发生日期					
事 故 等 级					
直接责任者			职 务		
事故经过和原因分析：					
预计损失（材料费、人工费、其他费用）：					
事故对工程影响情况：					
事故处理意见：					
企业负责人：		企业技术负责人：		项目经理：	

14

2. 应用说明

凡因工程质量不符合规定的质量标准、影响使用功能或设计要求的质量事故提请的工程质量事故报告单，造成质量事故的原因主要包括：设计错误、施工错误、材料设备不合格、指挥不当等。

（1）生产安全事故分级

根据生产安全事故（以下简称事故）造成的人员伤亡或者直接经济损失，事故一般分为以下等级；

1）特别重大事故，是指造成30人以上死亡，或者100人以上重伤（包括急性工业中毒，下同），或者1亿元以上直接经济损失的事故；

2）重大事故，是指造成10人以上30人以下死亡，或者50人以上100人以下重伤，或者5000万元以上1亿元以下直接经济损失的事故；

3）较大事故，是指造成3人以上10人以下死亡，或者10人以上50人以下重伤，或者1000万元以上5000万元以下直接经济损失的事故；

4）一般事故，是指造成3人以下死亡，或者10人以下重伤，或者1000万元以下直接经济损失的事故。

（2）工程质量事故的内容及处理建议应填写具体、清楚，注明日期（质量事故日期、处理日期）。有当事人及有关领导的签字及附件资料。

（3）事故经过及原因分析应实事求是、尊重科学。

（4）事故产生的原因可分为指导责任事故和操作责任事故。事故按其情节性质分为一般事故、重大事故。

（5）事故发生后，事故发生单位应当在24小时内写出书面的事故报告，逐级上报，书面报告应包括以下内容：

1）事故发生单位的概况；

2）事故发生的时间、地点、工程项目、企业名称；

3）事故发生的简要经过、伤亡人数和直接经济损失的初步估计；

4）事故发生原因的初步判断；

5）事故发生后采取的措施及事故控制的情况；

6）事故报告单位。

（6）属于特别重大事故者，其报告、调查程序执行国务院发布的《特别重大事故调查程序暂行规定》及有关规定。

（7）工程质量事故处理方案应由原设计单位出具或签认，并经建设、监理单位审查同意后方可实施。

（8）工程质量事故报告和事故处理方案及记录，要妥善保存，任何人不得随意抽撤或毁损。

（9）一般事故每月集中汇总上报一次。

（10）填表说明

1）事故部位：按实际事故发生在某分项工程的部位填写，例如××轴的基础砌砖等。

2）事故性质：按实际填报，如设计原因、交底不清、违反操作规程等。

3) 事故等级：按国家规定不同的损失金额确定的等级和实际填写。

4) 直接责任者：填写事故当事人的姓名、职务。

5) 事故经过和原因分析：简述事故分析原因，应经项目经理部级以上主管技术负责人主持会议，讨论定论后的原因分析。

凡需要修补或做技术处理的事故，均需填写事故经过及原因分析。

6) 事故处理意见：处理措施和复查意见等内容，均需有单位工程技术负责人和质检员签字，对于重要部位的质量事故，此项内容需经施工企业和设计单位同意（附有关手续）。

2.5.2 工程质量事故调（勘）查记录

1. 资料表式（表 2-5）

工程质量事故调（勘）查记录   表 2-5

工程名称			日　期		
调（勘）查时间	年　月　日　时至　年　月　日　时				
调（勘）查地点					
参加人员	单位名称	姓名（签字）	职务		电　话
调（勘）查人员					
调（勘）查笔记					
现场证物照片	□有　□无　　共　　张　　共　　页				
事故证据资料	□有　□无　　共　　张　　共　　页				
调（勘）查负责人（签字）		调（勘）查单位负责人（签字）			

本表由调查单位填写，建设单位、监理单位、施工单位保存（笔录可另附页）。

2. 应用说明

（1）凡工程发生重大质量事故，建设、监理单位应及时组织质量事故的调（勘）察，事故调查组应由三人以上组成，调查情况应进行笔录，并填写《工程质量事故调（勘）查记录》，并呈报调查组核查。

（2）《工程质量事故记录》实施说明

建设工程质量事故调（勘）查处理记录是指因工程质量不符合规定的质量标准、影响使用功能或设计要求的质量事故发生后，对其事故范围、缺陷程度、性质、影响和产生原因进行的联合调查时的记录。

1）工程质量事故调（勘）查处理记录内容及处理方法应填写具体、清楚，注明日期（质量事故日期、处理日期）。参加调查人员、陪同调（勘）查人员必须逐一填写清楚。

2）调（勘）查记录应真实、科学、详细、实事求是，包括物证、照片、事故证据资料。

3）被调查人员必须签字。

4）调（勘）查实施原则

①调查记录应详细、实事求是。记录内容包括：事故的发生时间、地点、部位、性质、人证、物证、照片及有关的数据资料。

②调查方式可视事故的轻重，由施工单位自行进行调查或组织有关部门联合调查做出处理方案。

③工程质量事故调查、事故处理资料应在事故处理完毕后随同工程质量事故报告一并存档。

④设计单位应当参与建设工程质量事故的分析，并对因设计造成的质量事故提出技术处理方案。

注：质量事故处理一般有以下几种：事故已经排除，可以继续施工；隐患已经消除，结构安全可靠；经修补处理后，安全满足使用要求；基本满足使用要求，但附有限制条件；虽经修补但对耐久性有一定影响，并提出影响程度的结论；虽经修补但对外观质量有一定影响，并提出外观质量影响程度的结论。

（3）事故调查报告应包括的内容：

1）事故发生单位的概况；

2）事故发生经过和事故救援情况；

3）事故造成的人员伤亡及经济损失；

4）事故发生的原因和事故性质；

5）责任的认定以及对事故责任者的处理建议；

6）事故防范和整改措施。

（4）填表说明

1）参加人员：分别按参加人员的单位、姓名、职务、电话逐一填写。

2）调（勘）查记录：指事故调（勘）查过程、内容的记录。

3）现场证物照片：照实际填写。

4）事故证据资料：照实际填写。

2.5.3 工程质量事故处理记录

1. 资料表式（表 2-6）

工程质量事故处理记录

表 2-6

年 月 日

工程名称			施工单位	
事故报告编号				
事故处理情况：				
事故造成 损失金额	材料费			
	人工费			
	其他费			
	总计金额			
事故造成 永久缺陷情况				
事故责任 分　析				
对事故责任 者的处理			填表人	

2. 应用说明

（1）事故处理的基本要求

1）重大事故、较大事故、一般事故，负责事故调查的人员，政府应当自收到事故调查报告之日起 15 日内做出批复；特别重大事故，30 日内做出批复，特殊情况下，批复时间可以适当延长，但延长的时间最长不超过 30 日。

2）有关机关应当按照人民政府的批复，依照法律、行政法规规定的权限和程序，对事故发生单位和有关人员进行行政处罚，对负有事故责任的国家工作人员进行处分。

3）事故发生单位应当按照负责事故调查的人民政府的批复，对本单位负有事故责任的人员进行处理。

4）负责事故责任的人员涉嫌犯罪的，依法追究刑事责任。

（2）工程质量事故处理的执行原则

1）工程质量事故处理方案应在正确分析和判断事故原因的基础上进行。处理方案应体现安全可靠、不留隐患、满足建筑物的功能和使用要求、技术可行、经济合理等原则，一般有以下四类性质的处理方案：修补处理；返工处理；限制使用；不做处理。

2）在确认事故处理方案正确的基础上做到经济合理。根据损失情况正确计算材料费、人工费和其他费用。

3）工程质量事故处理应征得建设、设计、监理、施工各方同意后执行。当以上各方有不同意见时，应请专家对工程质量事故处理方案进行专题研讨确认后执行。

（3）质量事故的技术处理必须遵守的原则

1）事故处理必须依据国家颁发的相关条例、规程、规范原则执行。

2）工程（产品）质量事故的部位、原因必须查清，必要时应委托法定工程质量检测单位进行质量鉴定或请专家论证。

3）技术处理方案必须充分、可靠、可行，确保结构安全和使用功能；技术处理方案应委托原设计单位提出，由其他单位提供技术方案的，需经原设计单位同意并签认。设计单位在提供处理方案时应征求建设单位意见。

4）施工单位必须依据技术处理方案的要求，制定可行的技术处理施工措施，并做好原始记录。

5）技术处理过程中关键部位的工序，应会同建设单位（设计单位）进行检查认可，技术处理完工，应组织验收，并将有关单位的签证、处理过程中的各项施工记录、试验报告、原材料试验单等相关资料应完整配套归档。

2.6 施 工 检 测 计 划

1. 应用说明

（1）施工检测计划应在工程施工前，在编制施工组织时，同时编制施工检测计划。由施工项目技术负责人组织有关人员编制，并应报送监理单位进行审查并监督实施。

（2）根据施工检测计划，应制定相应的见证取样和送检计划。

（3）施工检测计划应按检测试验项目分别编制，并应包括以下内容：

1）检测试验项目名称；

2）检测试验参数；

3）试样规格；

4）代表批量；

5）施工部位；

6）计划检测试验时间。

（4）施工检测计划编制，应依据国家有关标准的规定和施工质量控制的需要，并应符合以下规定：

1）材料和设备的检测试验应依据预算量、进场计划及相关标准规定的抽检率确定抽检频次。

2）施工过程质量检测试验应依据施工流水段划分工程量、施工环境及质量控制需要确定的抽检频次。

3）工程实体质量与使用功能检测应按照相关标准的要求确定检测频次。

4）计划检测试验时间应根据工程施工进度计划确定。

（5）发生下列情况之一并影响施工检测计划实施时，应及时调整施工检测试验计划：

1）设计变更；

2）施工工艺改变；

3）施工进度调整；

4）材料和设备的规格、型号或数量变化。

（6）调整后的检测试验计划应按《建筑工程检测试验技术管理规范》（JGJ 190—2010），由施工技术负责人组织有关人员编制，并应报监理单位重新进行审查和监督实施。

2. 检测项目、方法和频率

《建筑工程检测试验技术管理规范》（JGJ 190—2010）检测试验项目规定：
（1）施工过程质量检测试验项目、主要检测试验参数和取样依据（表2-7）

施工过程质量检测试验项目、主要检测试验参数和取样依据 　　　表2-7

序号	类别	检测试验项目	主要检测试验参数	取样依据	备注
1	土方回填	土工击实	最大干密度	《土工试验方法标准》（GB/T 50123—1999）	
			最优含水率		
		压实程度	压实系数*	《建筑地基基础设计规范》（GB 50007—2011）	
2	地基与基础	换填地基	压实系数*或承载力	《建筑地基处理技术规范》（JGJ 79—2012）；《建筑地基基础工程施工质量验收规范》（GB 50202—2002）	
		加固地基、复合地基	承载力		
		桩基	承载力	《建筑基桩检测技术规范》（JGJ 106—2003）	钢桩除外
			桩身完整性		
3	基坑支护	土钉墙	土钉抗拔力		
		水泥土墙	墙身完整性	《建筑基坑支护技术规程》（JGJ 120—2012）	
			墙体强度		设计有要求时
		锚杆、锚索	锁定力		
4	结构工程	机械连接工艺检验*／机械连接现场检验	抗拉强度	《钢筋机械连接技术规程》（JGJ 107—2010）	
		钢筋焊接工艺检验*	抗拉强度		
			弯曲		适用于闪光对焊、气压焊接头
		闪光对焊	抗拉强度		
			弯曲		
		气压焊	抗拉强度	《钢筋焊接及验收规程》（JGJ 18—2012）	适用于水平连接筋
			弯曲		
		电弧焊、电渣压力焊、预埋件钢筋T形接头	抗拉强度		
		网片焊接	抗剪力		热轧带肋钢筋
			抗拉强度		冷扎带肋钢筋
			抗剪力		
		混凝土配合比设计	工作性	《普通混凝土配合比设计规程》（JGJ 55—2011）	指工作度、坍落度和坍落扩展度等
			强度等级		
		混凝土性能	标准养护试件强度	《混凝土结构工程施工质量验收规范》（GB 50204—2002）；《混凝土外加剂应用技术规范》（GB 50119—2003）；《建筑工程冬期施工规程》（JGJ/T 104—2011）	同条件养护28d转标准养护28d试件强度和受冻临界强度试件按冬期施工相关要求增设，其他同条件试件根据施工需要留置
			同条件试件强度*（受冻临界、拆模、张拉放张和临时负荷等）		
			同条件养护28d转标准养护28d试件强度		
			抗渗性能	《地下防水工程质量验收规范》（GB 50208—2011）；《混凝土结构工程施工质量验收规范》（GB 50204—2002）	有抗渗要求时

序号	类别	检测试验项目	主要检测试验参数	取样依据	备 注
4	结构工程	砌筑砂浆 砂浆配合比设计	强度等级	《砌筑砂浆配合比设计规程》（JGJ/T 98—2010）	
			稠度		
		砂浆力学性能	标准养护试件强度	《砌体结构工程施工质量验收规范》（GB 50203—2011）	冬期施工时增设
			同条件养护试件强度		
		钢结构 网架结构焊接球节点、螺栓球节点	承载力	《钢结构工程施工质量验收规范》（GB 50205—2001）	全等级一级、L≥40m且设计有要求时
		焊缝质量	焊缝探伤		
		后锚固（植筋、锚栓）	抗拔承载力	《混凝土结构后锚固技术规程》（JGJ 145—2004）	
5	装饰装修	饰面砖粘贴	粘结强度	《建筑工程饰面砖粘结强度检验标准》（JGJ 110—2008）	

注： 带有"＊"标志的检测试验项目或检测试验参数可由企业试验室试验，其他检测试验项目或检测试验参数的检测应符合相关规定。

（2）工程实体质量与使用功能检测项目、主要检测参数和取样依据（表 2-8）

工程实体质量与使用功能检测项目、主要检测参数和取样依据　　　　表 2-8

序号	类别	检测项目	主要检测参数	取样依据
1	实体质量	混凝土结构	钢筋保护层厚度	《混凝土结构工程施工质量验收规范》（GB 50204—2002）
			结构实体检验用同条件养护试件强度	
		围护结构	外窗气密性能（适用于严寒、寒冷、夏热冬冷地区）	《建筑节能工程施工质量验收规范》（GB 50411—2007）
			外墙节能构造	
2	使用功能	室内环境污染物	氡	《民用建筑工程室内环境污染控制规范》（GB 50325—2010）
			甲醛	
			苯	
			氨	
			TVOC	
		系统节能性能	室内温度	《建筑节能工程施工质量验收规范》（GB 50411—2007）
			供热系统室外管网的水力平衡度	
			供热系统的补水率	
			室外管网的热输送效率	
			各风口的风量	
			通风与空调系统的总风量	
			空调机组的水流量	
			空调系统冷热水、冷却水总流量	
			平均照度与照明功率密度	

（3）常用建筑材料进场复试项目、主要检测参数和取样依据（表 2-9）

常用建筑材料进场复试项目、主要检测参数和取样依据　　　　　　表 2-9

序号	类别	名　称 （复试项目）	主要检测参数	取样依据
1	混凝土组成材料	通用硅酸盐水泥	胶砂强度	《通用硅酸盐水泥》国家标准第 1 号修改单（GB 175—2007/XG 1—2009）
			安定性	
			凝结时间	
		砌筑水泥	安定性	《砌筑水泥》（GB/T 3183—2003）
			强度	
		天然砂	筛分析	《普通混凝土用砂、石质量及检验方法标准》（JGJ 52—2006）《建筑用砂》（GB/T 14684—2011）
			含泥量	
			泥块含量	
		人工砂	筛分析	
			石粉含量（含亚甲蓝试验）	
		石	筛分析	《普通混凝土用砂、石质量及检验方法标准》（JGJ 52—2006）
			含泥量	
			泥块含量	
		轻集料	颗粒级配（筛分析）	《轻集料及其试验方法　第 1 部分:轻集料》(GB/T 17431.1—2010)；《轻集料及其试验方法　第 2 部分:轻集料试验方法》(GB/T 17431.2—2010)
			堆积密度	
			筒压强度（或强度等级）	
			吸水率	
		粉煤灰	细度	《粉煤灰混凝土应用技术规范》(GBJ 146—1990)
			烧失量	
			需水量比（同一供灰单位，一次/月）	
			三氧化硫含量（同一供灰单位，一次/季）	
		普通减水剂、高效减水剂	pH 值	《混凝土外加剂》（GB 8076—2008）
			密度（或细度）	
			减水率	
		早强减水剂	密度（或细度）	《混凝土外加剂》（GB 8076—2008）
			钢筋锈蚀	
			减水率	
			1d 和 3d 抗压强度	
		缓凝减水剂、缓凝高效减水剂	pH 值	《混凝土外加剂》（GB 8076—2008）
			密度（或细度）	
			混凝土凝结时间	
			减水率	
		引气减水剂	pH 值	《混凝土外加剂》（GB 8076—2008）
			密度（或细度）	
			减水率	
			含气量	
		早强剂	钢筋锈蚀	《混凝土外加剂》（GB 8076—2008）
			密度（或细度）	
			1d 和 3d 抗压强度比	

序号	类别	名 称（复试项目）	主要检测参数		取样依据
1	混凝土组成材料	缓凝剂	pH 值		《混凝土外加剂》(GB 8076—2008)
			密度（或细度）		
			混凝土凝结时间		
		泵送剂	pH 值		
			密度（或细度）		
			坍落度增加值		
			坍落度保留值		
		防冻剂	钢筋锈蚀		《混凝土防冻剂》(JC 475—2004)
			密度（或细度）		
			R_{-7} 和 R_{+28} 抗压强度比		
		膨胀剂	限制膨胀率		《混凝土膨胀剂》(GB 23439—2009)
		引气剂	pH 值		《混凝土外加剂》(GB 8076—2008)
			密度（或细度）		
			含气量		
		防水剂	pH 值		《砂浆、混凝土防水剂》(JC 474—2008)
			钢筋锈蚀		
			密度（或细度）		
		速凝剂	密度（或细度）		《喷射混凝土用速凝剂》(JC 477—2005)
			1d 抗压强度		
			凝结时间		
2	钢料	热轧光圆钢筋	拉伸(屈服强度、抗拉强度、断后伸长率)		《钢筋混凝土用钢 第 1 部分：热轧光圆钢筋》(GB 1499.1—2008)
			弯曲性能		
		热轧带肋钢筋	拉伸(屈服强度、抗拉强度、断后伸长率)		《钢筋混凝土用钢 第 2 部分：热轧带肋钢筋》(GB 1499.2—2007)
			弯曲性能		
		碳素结构钢、低合金高强度结构钢	拉伸（屈服强度、抗拉强度、断后伸长率）	复试条件：《钢结构工程施工质量验收规范》(GB 50205—2001)相关规定	《钢及钢产品 力学性能试验取样位置及试样制备》(GB/T 2975—1998)《碳素结构钢》(GB/T 700—2006)《低合金高强度结构钢》(GB/T 1591—2008)
			弯曲		
			冲击		
		钢筋混凝土用余热处理钢筋	拉伸(屈服强度、抗拉强度、伸长率)		《钢筋混凝土用余热处理钢筋》(GB 13014—1991)
			冷弯		
		冷轧带肋钢筋	拉伸(抗拉强度、伸长率)		《冷轧带肋钢筋混凝土结构技术规程》(JGJ 95—2011)
			弯曲或反复弯曲		
		冷轧扭钢筋	拉伸(抗拉强度、延伸率)		《冷轧扭钢筋混凝土构件技术规程》(JGJ 115—2006)
			冷弯		
		预应力混凝土用钢绞线	最大力		《预应力混凝土用钢绞线》(GB/T 5224—2003)
			规定非比例延伸力		
			最大力总伸长率		

序号	类别	名 称 (复试项目)	主要检测参数	取样依据
3	钢结构连接件及防火涂料	扭剪型高强度螺栓连接副	预拉力	《钢结构工程施工质量验收规范》(GB 50205—2001); 《钢结构用扭剪型高强度螺栓连接副》(GB/T 3632—2008)
		高强度大六角头螺栓连接副	扭矩系数	《钢结构工程施工质量验收规范》(GB 50205—2001); 《钢结构用高强度大六角头螺栓、大六角螺母、垫圈技术条件》(GB/T 1231—2006)
		螺栓球节点钢网架高强度螺栓	拉力载荷	《钢结构工程施工质量验收规范》(GB 50205—2001)
		高强度螺栓连接摩擦面	抗滑移系数	《钢结构工程施工质量验收规范》(GB 50205—2001)
		防火涂料	粘结强度	《钢结构工程施工质量验收规范》(GB 50205—2001)
			抗压强度	
4	防水材料	铝箔面石油沥青防水卷材	拉力	《铝箔面石油沥青防水卷材》(JC/T 504—2007)
			柔度	
			耐热度	
		改性沥青聚乙烯胎防水卷材	拉力	《改性沥青聚乙烯胎防水卷材》(GB 18967—2009)
			断裂延伸率	
			低温柔度	
			耐热度(地下工程除外)	
			不透水性	
		弹性体改性沥青防水卷材	拉力	《弹性体改性沥青防水卷材》(GB 18242—2008)
			延伸率(G类除外)	
			低温柔性	
			不透水性	
			耐热性(地下工程除外)	
		塑性体改性沥青防水卷材	拉力	《塑性体改性沥青防水卷材》(GB 18243—2008)
			延伸率(G类除外)	
			低温柔性	
			不透水性	
			耐热性(地下工程除外)	
		自粘聚合物改性沥青防水卷材	拉力	《自粘聚合物改性沥青防水卷材》(GB 23441—2009)
			最大拉力时延伸率	
			沥青断裂延伸率(适用于N类)	
			低温柔性	
			耐热度(地下工程除外)	
			不透水性	

序号	类别	名　称 (复试项目)	主要检测参数	取样依据
4	防水材料	高分子防水片材	断裂拉伸强度	《高分子防水材料　第1部分：片材》(GB 18173.1—2012)
			扯断伸长率	
			不透水性	
			低温弯折	
		聚氯乙烯防水卷材	拉力(适合于L、W类)	《聚氯乙烯（PVC）防水卷材》(GB 12952—2011)
			拉伸强度(适合于N类)	
			断裂伸长率	
			不透水性	
			低温弯折性	
		氯化聚乙烯防水卷材	拉力(适合于L、W类)	《氯化聚乙烯防水卷材》(GB 12953—2003)
			拉伸强度(适合于N类)	
			断裂伸长率	
			不透水性	
			低温弯折性	
		氯化聚乙烯—橡胶共混防水卷材	拉伸强度	《氯化聚乙烯—橡胶共混防水卷材》(JC/T 684)
			断裂伸长率	
			不透水性	
			脆性温度	
		水乳型沥青防水涂料	固体含量	《水乳型沥青防水涂料》(JC/T 408—2005)
			不透水性	
			低温柔度	
			耐热度	
			断裂伸长率	
		聚氨酯防水涂料	固体含量	《聚氨酯防水涂料》(GB/T 19250—2003)
			断裂伸长率	
			拉伸强度	
			低温弯折性	
			不透水性	
		聚合物乳液建筑防水涂料	固体含量	《聚合物乳液建筑防水涂料》(JC/T 864—2008)
			断裂延伸率	
			拉伸强度	
			不透水性	
			低温柔性	
		聚合物水泥防水涂料	固体含量	《聚合物水泥防水涂料》(GB/T 23445—2009)
			断裂伸长率(无处理)	
			拉伸强度(无处理)	
			低温柔性(适用于Ⅰ型)	
			不透水性	

序号	类别	名 称 (复试项目)	主要检测参数	取样依据
4	防水材料	止水带	拉伸强度	《高分子防水材料 第2部分：止水带》(GB 18173.2—2000)
			扯断伸长率	
			撕裂强度	
		制品型膨胀橡胶	拉伸强度	《高分子防水材料 第3部分：遇水膨胀橡胶》(GB/T 18173.3—2002)
			扯断伸长率	
			体积膨胀倍率	
		腻子型膨胀橡胶	高温流淌性	《高分子防水材料 第3部分：遇水膨胀橡胶》(GB/T 18173.3—2002)
			低温试验	
			体积膨胀倍率	
		聚硫建筑密封胶	拉伸粘结性	《聚硫建筑密封胶》(JC/T 483—2006)
			低温柔性	
			施工度	
			耐热度(地下工程除外)	
		聚氨酯建筑密封胶	拉伸粘结性	《聚氨酯建筑密封胶》(JC/T 482—2003)
			低温柔性	
			施工度	
			耐热度(地下工程除外)	
		丙烯酸酯建筑密封胶	拉伸粘结性	《丙烯酸酯建筑密封胶》(JC/T 484—2006)
			低温柔性	
			施工度	
			耐热度(地下工程除外)	
		建筑用硅酮结构密封胶	拉伸粘结性	《建筑用硅酮结构密封胶》(GB 16776—2005)
		水泥基渗透结晶型防水材料	抗折强度	《水泥基渗透结晶型防水材料》(GB 18445—2012)
			湿基面粘结强度	
			抗渗压力	
5	砖及砌块	烧结普通砖	抗压强度	《烧结普通砖》(GB 5101—2003)
		烧结多孔砖		《烧结多孔砖和多孔砌块》(GB 13544—2011)
		烧结空心砖和空心砌块	抗压强度	《烧结空心砖和空心砌块》(GB 13545—2003)
		蒸压灰砂空心砖		《蒸压灰砂多孔砖》(JC/T 637—2009)
		粉煤灰砖	抗压强度、抗折强度	《粉煤灰砖》(JC 239—2001)
		蒸压灰砂砖		《蒸压灰砂砖》GB 11945
		粉煤灰砌块		《粉煤灰砌块》(JC 238—1991)
		普通混凝土小型空心砌块	抗压强度	《普通混凝土小型空心砌块》(GB 8239—1997)
		轻集料混凝土小型空心砌块	强度等级	《轻集料混凝土小型空心砌块》(GB/T 15229—2011)
			密度等级	
		蒸压加气混凝土砌块	立方体抗压强度	《蒸压加气混凝土砌块》(GB 11968—2006)
			干密度	

序号	类别	名 称 (复试项目)	主要检测参数	取样依据
6	装饰装修材料	人造木板、饰面人造木板	游离甲醛释放量或游离甲醛含量	《室内装饰装修材料 人造板及其制品中甲醛释放限量》(GB 18580—2001)
		室内用花岗石	放射性	《天然花岗石建筑板材》(GB/T 18601—2009)
		外墙陶瓷面砖	吸水率	《陶瓷砖》(GB/T 4100—2006)
			抗冻性(适用于寒冷地区)	
7	幕墙材料	石材	弯曲强度	《建筑装饰装修工程质量验收规范》(GB 50210—2001)
			冻融循环后压缩强度(适用于寒冷地区)	
		铝塑复合板	180°剥离强度	《建筑幕墙用铝塑复合板》(GB/T 17748—2008)
		玻璃	传热系数	《建筑节能工程施工质量验收规范》(GB 50411—2007)
			遮阳系数	
			可见光透射比	
			中空玻璃露点	
		双组分硅酮结构胶	相容性	《建筑装饰装修工程质量验收规范》(GB 50210—2001)
			拉伸粘结性(标准条件下)	
		幕墙样板	气密性能(当幕墙面积大于3000m² 或建筑外墙面积的50%时,应制作幕墙样板)	《建筑节能工程施工质量验收规范》(GB 50411—2007)
			水密性能	
			抗风压性能	
		隔热型材	抗拉强度	《建筑节能工程施工质量验收规范》(GB 50411—2007)
			抗剪强度	
8	节能材料	建筑外门窗	气密性能	《建筑装饰装修工程质量验收规范》(GB 50210—2001);《建筑节能工程施工质量验收规范》(GB 50411—2007)
			水密性能	
			抗风压性能	
			传热系数(适用于严寒、寒冷和夏热冬冷地区)	
			中空玻璃露点	
			玻璃遮阳系数 / 可见光透射比（适用于夏热冬冷和夏热冬暖地区）	
		绝热用模塑聚苯乙烯泡沫塑料(适用于墙体及屋面)	表观密度	《建筑节能工程施工质量验收规范》(GB 50411—2007)
			压缩强度	
			导热系数	
		绝热用挤塑聚苯乙烯泡沫塑料(适用于墙体及屋面)	压缩强度	《建筑节能工程施工质量验收规范》(GB 50411—2007)
			导热系数	
		胶粉聚苯颗粒(适用于墙体及屋面)	导热系数	《建筑节能工程施工质量验收规范》(GB 50411—2007)
			干表观密度	
			抗压强度	

序号	类别	名 称 (复试项目)	主要检测参数	取样依据
8	节能材料	胶粘材料 (适用于墙体)	拉伸粘结强度	《建筑节能工程施工质量验收规范》(GB 50411—2007); 《外墙外保温工程技术规程》(JGJ 144—2009)
		瓷砖胶粘剂 (适用于墙体)	拉伸胶粘强度	《建筑节能工程施工质量验收规范》(GB 50411—2007); 《陶瓷墙地砖胶粘剂》(JC/T 547—2005)
		耐碱型玻纤网格布(适用于墙体)	断裂强力(经向、纬向)	《建筑节能工程施工质量验收规范》(GB 50411—2007) 《外墙外保温工程技术规程》(JGJ 144—2004)
			耐碱强力保留率(经向、纬向)	
		保温板钢丝网架(适用于墙体)	焊点抗拉力	《建筑节能工程施工质量验收规范》(GB 50411—2007)
			抗腐蚀性能(镀锌层质量或镀锌层均匀性)	
		保温砂浆 (适用于屋面、地面)	导热系数	《建筑节能工程施工质量验收规范》(GB 50411—2007); 《建筑保温砂浆》(GB/T 20473—2006)
			干密度	
			抗压强度	
		抹面胶浆、抗裂砂浆 (适用于抹面)	拉伸粘结强度	《建筑节能工程施工质量验收规范》(GB 50411—2007); 《外墙外保温工程技术规程》(JGJ 144—2004)
		岩棉、矿渣棉、玻璃棉、橡塑材料 (适用于采暖)	导热系数	《建筑节能工程施工质量验收规范》(GB 50411—2007)
			密度	
			吸水率	
		散热器	单位散热量	《建筑节能工程施工质量验收规范》(GB 50411—2007)
			金属热强度	
		风机盘管机组	供冷量	《建筑节能工程施工质量验收规范》(GB 50411—2007)
			供热量	
			风量	
			出口静压	
			噪声	
			功率	
		电线、电缆 (适用于低压配电系统)	截面	《建筑节能工程施工质量验收规范》(GB 50411—2007)
			每芯导体电阻值	

2.7 见 证 记 录

为了保证建设工程质量检测工作的科学性、公正性和正确性，杜绝"仅对来样负责"而不对"工程质量负责"的不规范检测报告，建设部规定在检测工作中执行见证取样、送样制度。**见证取送样制度是保证工程质量记录资料科学、公正和正确的必须执行的制度。**中华人民共和国建设部令第141号（2005年11月1日施行）规定，具有相应资质的检测单位对如下内容必须实行见证取样检测：

（1）水泥物理力学性能检验；

（2）钢筋（含焊接与机械连接）力学性能检验；

（3）砂、石常规检验；

（4）混凝土、砂浆强度检验；

（5）简易土工试验；

（6）混凝土掺加剂检验；

（7）预应力钢绞线、锚夹具检验；

（8）沥青、沥青混合料检验。

2.7.1 见证取样相关规定说明

（1）涉及结构安全的试块、试件和材料见证取样和送检的比例不得低于有关技术标准中规定应取样数量的30％。

注：见证取样及送检的监督管理一般由当地建设行政主管部门委托的质量监督机构办理。

（2）见证取样必须采取相应措施以保证见证取样具有公正性、真实性，应做到：

1）严格按照建设部建建〔2000〕211号文确定的见证取样项目及数量执行。

2）按规定确定见证人员，见证人员应为建设单位或监理单位具备建筑施工试验知识的专业技术人员担任，并通知施工、检测单位和质量监督机构。

3）见证人员应在试件或包装上做好标识，封志，标明工程名称、取样日期、样品名称、数量及见证人签名。

4）见证人应保证取样具有代表性和真实性，并对其负责。见证人应做见证记录并归档。

5）检测单位应保证严格按上述要求对其试件确认无误后进行检测，其报告应科学、真实、准确，应签章齐全。

2.7.2 见证取样与送检

见证取样送检见证人授权书以本表格式形式或当地建设行政主管部门授权部门下发的表式归存。见证取样送检见证人授权书见表2-10所列。

（1）由建设单位或项目监理机构书面通知施工、检测单位和负责该项工程的质量监督机构见证人员由谁担当。

（2）施工过程中，见证人员应按照见证取样和送检计划，对施工现场的取样和送检进行见证，并由见证人、取样人签字。见证人应制作见证记录，并归入工程档案。

＿＿＿＿＿＿＿＿＿＿＿＿＿＿＿＿＿＿＿（质量监督机构）	
经研究决定授权＿＿＿＿＿＿＿＿＿＿＿＿同志任＿＿＿＿＿＿＿＿＿＿＿＿＿＿＿＿＿工程见证取样和送检见证人。负责对涉及结构安全的试块、试样和材料见证取样和送检，施工单位、试验单位予以认可。	
见证取样和送检印章	见证人签字手迹
	监理（建设）单位（章） 　　年　月　日

2.7.3　见证取样试验委托单

（1）见证取样试验委托单见表 2-11 所列。

工程名称		使用部位	
委托试验单位		委托日期	
样品名称		样品数量	
产地（生产厂家）		代表数量	
合格证号		样品规格	
试验内容 及要求			
备　注			
取样人		见证人	

　见证取样试验委托单以本表格式或当地建设行政主管部门授权部门下发的表式归存。

（2）承担见证取样检测及有关结构安全检测的单位应具有相应资质。

　相应资质是指经过管理部门确认其是该项检测任务的单位，具有相应的设备及条件，人员经过培训有上岗证；有相应的管理制度，并通过计量部门认可，不一定是当地的检测中心等检测单位，应考虑就近，以减少交通费用及时间。

2.7.4　见证取样送检记录（参考用表）

　见证取样送检记录（参考用表）见表 2-12 所列。

编号：＿＿＿＿＿＿＿＿

工程部位：＿＿＿＿＿＿＿＿＿＿＿＿＿＿＿＿＿＿＿＿＿＿＿＿＿＿＿＿＿＿＿＿＿＿＿＿

取样部位：＿＿＿＿＿＿＿＿＿＿＿＿＿＿＿＿＿＿＿＿＿＿＿＿＿＿＿＿＿＿＿＿＿＿＿＿

样品名称：＿＿＿＿＿＿＿＿＿＿＿＿＿＿＿＿＿＿ 取样数量：＿＿＿＿＿＿＿＿＿＿＿＿

取样地点：＿＿＿＿＿＿＿＿＿＿＿＿＿＿＿＿＿＿ 取样日期：＿＿＿＿＿＿＿＿＿＿＿＿

见证记录：

有见证取样和送检印章：

取样人签字：＿＿＿＿＿＿＿＿＿＿＿＿＿＿＿＿＿＿

见证人签字：＿＿＿＿＿＿＿＿＿＿＿＿＿＿＿＿＿＿

填制本记录日期：

2.7.5　见证试验检测汇总表

见证试验检测汇总表见表 2-13 所列。

见证试验检测汇总表 表 2-13

工程名称：＿＿＿＿＿＿＿＿＿＿＿＿＿＿＿＿＿＿＿＿＿＿＿＿＿＿＿＿＿＿＿＿＿＿＿＿

施工单位：＿＿＿＿＿＿＿＿＿＿＿＿＿＿＿＿＿＿＿＿＿＿＿＿＿＿＿＿＿＿＿＿＿＿＿＿

建设单位：＿＿＿＿＿＿＿＿＿＿＿＿＿＿＿＿＿＿＿＿＿＿＿＿＿＿＿＿＿＿＿＿＿＿＿＿

监理单位：＿＿＿＿＿＿＿＿＿＿＿＿＿＿＿＿＿＿＿＿＿＿＿＿＿＿＿＿＿＿＿＿＿＿＿＿

见　证　人：＿＿＿＿＿＿＿＿＿＿＿＿＿＿＿＿＿＿＿＿＿＿＿＿＿＿＿＿＿＿＿＿＿＿＿＿

试验室名称：＿＿＿＿＿＿＿＿＿＿＿＿＿＿＿＿＿＿＿＿＿＿＿＿＿＿＿＿＿＿＿＿＿＿＿

试验项目	应送试总次数	有见证试验次数	不合格次数	备注

施工单位：　　　　　　　　　　　　　　　　　　　　　　　　　制表人：

注：此表由施工单位汇总填写，报当地质量监督总站（或站）。

填表说明：

（1）见证人：指已取得见证取样送检资质并对某一品种实际送试的见证人。填写见证人姓名。

（2）应送试总次数：指该试验项目、该品种根据标准规定应送检的代表批次的应送数量的总次数。

31

（3）有见证试验次数：指该试验项目、该品种按见证取样要求的实际送检批次数。

（4）不合格次数：指该试验项目、该品种按见证取样送检的批次中，按标准规定测试结果，不符合某标准规定的批次数。

2.8 施 工 日 志

1. 资料表式（表 2-14）

施工日志 表 2-14

工程名称		编　号		
		日　期		
施工单位				
天气状况	最高/最低温度		风　力	
施工情况记录：（施工部位、施工内容、机械使用情况、劳动力情况、施工中存在问题等）				
技术、质量、安全工作记录：（技术、质量安全活动、检查验收、技术质量安全问题等）				

施工单位：　　　　　　　　记录人：　　　　　　　　年　月　日

2. 应用说明

（1）施工日志是施工过程中由项目经理部级的有关人员对有关技术管理和质量管理活动及其效果**逐日做的连续完整的记录，**要求内容完整、真实、正确，能全面反映工程进展情况。其主要内容如下：

1）工程准备工作的记录。包括现场准备、施工组织设计学习、各级技术交底要求、熟悉图纸中的重要问题、关键部位和应抓好的措施，向班、组长交底的日期、人员及其主要内容，及有关计划安排。

2）进入施工以后对班组抽检活动的开展情况及其效果，组织互检和交接检的情况及效果，施工组织设计及技术交底的执行情况及效果的记录和分析。

3）分项（检验批）工程质量验收、质量检查、隐蔽工程验收、预检及上级组织的检查等技术活动的日期、结果、存在问题及处理情况记录。

4）原材料检验结果、施工检验结果的记录包括日期、内容、达到的效果及未达到要求等问题和处理情况及结论。

5）质量、安全、机械事故的记录包括原因、调查分析、责任者、研究情况、处理结论等，对人事、经济损失等的记录应清楚。

6）有关洽商、变更情况，交待的方法、对象、结果的记录。

7）有关归档资料的转交时间、对象及主要内容的记录。

8）有关新工艺、新材料的推广使用情况，以及小改、小革、小窍门的活动记录，包括项目、数量、效果及有关人员。桩基应单独记录并上报核查。

9）工程的开、竣工日期以及主要分部、分项工程的施工起止日期，技术资料供应情况。

10）重要工程的特殊质量要求和施工方法。

11）有关领导或部门对工程所做的书面记录或检查生产、技术方面的决定或建议。

12）气候、气温、地质以及其他特殊情况（如停电、停水、停工待料）的记录等。

13）在紧急情况下采取特殊措施的施工方法，施工记录由单位工程负责人填写。

14）混凝土试块、砂浆试块的留置组数、时间，以及 28 天的强度试验报告结果，有无问题及分析。

（2）填表说明

1）施工情况记录：指应用说明中主要内容的施工活动情况的记录。

2）技术、质量、安全工作记录：应根据实际实施情况真实记录。

2.9 监理工程师通知回复单

1. 资料表式（表 2-15）

监理工程师通知回复单 表 2-15

工程名称： 编号：

| 致_____（监理单位） |
| 我方收到编号为_____的监理通知/工程质量整改通知后，已按要求完成了_____工作，现报上，请予以复查。 |
| 详细内容：

施工单位（章）：_____
项目经理：_____ 日期：_____ |
| 复查意见：

项目监理机构（章）：_____
总/专业监理工程师：_____ 日期：_____ |

本表由施工单位填写，一式三份，送监理机构审核后，建设、监理及施工单位各一份。

2. 应用说明

（1）监理工程师通知回复单是指监理单位发出的监理通知，施工单位对监理通知执行完成后，请求复查的回复单。

1）施工单位提交的监理工程师通知回复单的附件内容必须齐全真实，填报详细内容，施工单位加盖公章，项目经理必须签字。

2）复查意见由项目监理机构的专业监理工程师先行审查，必须填写审查意见。总监理工程师认真审核后由项目监理机构签章，总监理工程师、专业工程师分别签字。

3）本表由施工单位填报。项目监理机构的总监理工程师或专业监理工程师签认后回复。

4）施工单位填报的监理通知回复单应附详细内容，包括：《监理通知》、《工程质量整改通知》、《工程暂停指令》等提出的整改内容。

5）对于监理工程师通知回复单，施工单位、项目监理机构应做到技术用语规范，内容有序，字迹清楚。

（2）填表说明

1）详细内容：是针对《监理通知》、《工程质量整改通知》等的要求，具体写明回复意见或整改的过程、结果及自检等情况。《工程质量整改通知》应提出整改方案。

2）复查意见：专业监理工程师应详细核查施工单位所报的有关资料，符合要求后针对工程质量实体的缺陷整改进行现场检查，符合要求后填写"已按《监理通知》／《工程质量整改通知》整改完毕／经检查符合要求"意见；如不符合要求，应具体指明不符合要求的项目或部位，签署"不符合要求，要求施工单位继续整改"意见，直至施工单位整改符合要求。

3）涉及工程质量整改，施工单位的回复，需经总监理工程师审批。

第3章 施工技术文件

3.1 工程技术文件报审表

1. 资料表式（表3-1）

工程技术文件报审表 表3-1

工程名称：　　　　　　　　　　　　　　　　　　　　编号：

致＿＿＿＿＿＿＿＿＿＿＿＿＿＿＿＿＿＿＿＿＿＿＿＿＿（监理单位） 　　　我方已根据施工合同的有关约定（或监理的有关指令）完成了＿＿＿＿＿＿＿＿＿＿＿＿＿文件的编制，并经我 单位上级技术负责人审查批准，请予以审查。 　　　附件：技术文件＿＿＿＿页＿＿＿＿册   施工总承包单位＿＿＿＿＿＿＿＿＿　　　　　　专业施工单位＿＿＿＿＿＿＿＿＿＿ 项目经理/责任人＿＿＿＿＿＿＿＿＿　　　　　项目经理/责任人＿＿＿＿＿＿＿＿＿
专业监理工程师审查意见：   　　　　　　　　　　　　　　　　　　　　　专业监理工程师：＿＿＿＿＿＿＿＿＿＿ 　　　　　　　　　　　　　　　　　　　　　日　　期：＿＿＿＿＿＿＿＿＿＿
总监理工程师审查意见：   　　　　　　　　　　　　　　　　　　　　　监理单位：＿＿＿＿＿＿＿＿＿＿ 　　　　　　　　　　　　　　　　　　　　　总监理工程师：＿＿＿＿＿＿＿＿＿＿ 　　　　　　　　　　　　　　　　　　　　　日　　期：＿＿＿＿＿＿＿＿＿＿

本表一式3份，由施工总承包单位填报，建设单位、监理单位、施工总承包单位各一份。

2. 应用说明

　　　工程技术文件施工总承包单位必须根据施工合同的有关约定，对完成编制的施工技术文件向监理单位提请报审。未经报审的工程技术文件不得移交收存。

3.2 施工组织设计及施工方案

施工组织设计是针对工程项目施工过程的复杂性,用系统的思想并遵循技术经济规律,对拟建工程的各阶段、各环节所需的各种资源进行统筹安排的计划管理行为。通过科学、经济、合理的规划安排,以达到建设项目能够连续、均衡、协调地进行施工,达到满足建设项目对工期、质量、投资和安全等方面的要求。

3.2.1 施工组织设计编制、实施的基本要求

(1)施工单位在开工前,必须编制施工组织设计,对涉及结构安全的重要分项、分部工程应编制专项施工方案。

(2)施工组织设计中主要内容应包括满足施工图设计和相关规范、标准要求的实施的有关施工工艺、质量标准、安全及环境保护等的要求与措施。

(3)施工组织设计(专项施工方案)必须经施工单位技术负责人和总监理工程师审批,填写施工组织设计审批表(合同另有规定的,按合同要求办理),并加盖施工、监理公章方为有效。在施工中发生变更时,应有变更审批手续。

3.2.2 施工组织设计及施工方案的组成内容与措施

施工组织设计及施工方案表式为按当地建设行政主管部门批准的地方标准中的通用施工组织设计及施工方案的表式。

施工组织设计可根据工程的不同阶段及特点,可按"建设项目施工组织总设计"、"单位工程施工组织设计"和分部、分项工程及特殊和关键过程施工方案分别编写。市政基础设施工程多以一个单位(项)工程为对象进行编制。用以指导其施工全过程各项施工活动的技术、经济、组织、协调和控制的综合性文件。

施工组织设计及施工方案应经单位技术负责人(总工程师)审查批准后执行。未经批准,不得实施。

1. 编制原则

(1)贯彻国家工程建设的法律、法规、方针、政策、技术规范和规程。

(2)贯彻执行工程建设程序,采用合理的施工程序和施工工艺。

(3)运用现代建筑管理原理,积极采用信息化管理技术、流水施工方法和网络计划技术等,做到有节奏、均衡和连续地施工。

(4)优先采用先进施工技术和管理方法,推广行之有效的科技成果,科学确定施工方案,提高管理水平,提高劳动生产率,保证工程质量,缩短工期,降低成本,注意环境保护。

(5)充分利用施工机械和设备,提高施工机械化、自动化程度,改善劳动条件,提高劳动生产率。

(6)提高施工过程的实施工业化程度,科学安排冬、雨期等季节性施工,确保全年均衡性、连续性施工。

（7）坚持"追求质量卓越，信守合同承诺，保持过程受控，交付满意工程"的质量方针；坚持"安全第一，预防为主"方针，确保安全生产和文明施工；坚持"施工过程的实施与绿色共生，发展和生态谐调"的环境方针，做好生态环境和历史文物保护，防止施工过程的实施振动、噪声、粉尘和垃圾污染。

（8）尽可能利用永久性设施和组装式施工设施，减少施工设施建造量；科学规划施工平面，减少施工用地。

（9）优化现场物资储存量，合理确定物资储存方式，尽量减少库存量和物资损耗。

（10）编制内容力求：重点突出，表述准确，取值有据，图文并茂。

（11）施工组织设计或施工方案在贯彻执行过程中应实施动态管理，具体过程如图 3-1 所示。

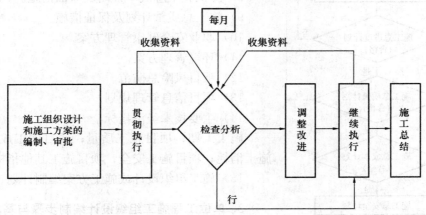

图 3-1　施工组织设计实施框图

（12）施工组织设计应由企业管理层的技术部门组织编制，企业管理层总工程师审批，并应在工程开工之前完成。项目经理部是施工组织设计的实施主体，应严格按照施工组织设计要求的内容组织进行施工，不得随意更改。具体的编制、审查、审批、发放、更改等应按企业相关管理标准的要求进行。

2. 建设项目施工组织总设计的编制步骤与基本结构

施工组织总设计是以整个建设项目或建筑群体为对象，用以指导施工全过程中各项施工活动的综合性技术经济文件。

（1）施工组织设计编制步骤如图 3-2 所示。

（2）建设项目施工组织总设计的基本结构

1）编制依据：建设项目基础文件；工程建设政策、法规和规范资料；建设地区原始调查资料；类似施工项目经验资料。

2）工程概况：工程构成情况；建设项目的建设、设计和施工单位；建设地区自然条件状况；工程特点及项目实施条件分析。

3）施工部署和施工方案：项目管理组织；项目管理目标；总承包管理；工程施工程序；各项资源供应方式；项目总体施工方案。

4）施工准备工作计划：施工准备工作计划具体内容；施工准备工作计划。

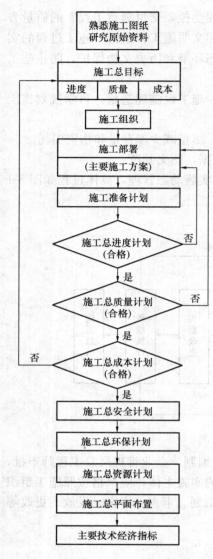

图 3-2　施工组织设计编制步骤

5）施工总平面规划：施工总平面布置的原则；施工总平面布置的依据；施工总平面布置的内容；施工总平面图设计步骤；施工总平面管理。

6）施工总资源计划：劳动力需用量计划；施工工具需要量计划；原材料需要量计划；成品、半成品需要量计划；施工机械、设备需要量计划；生产工艺设备需要量计划；大型临时设施需要量计划。

7）施工总进度计划：施工总进度计划编制；总进度计划保证措施。

8）降低施工总成本计划及保证措施。

9）施工总质量计划及保证措施。

10）职业安全健康管理方案。

11）环境管理方案。

12）项目风险总防范。

13）项目信息管理规划。

14）主要技术经济指标：

施工工期；项目施工质量；项目施工成本；项目施工消耗；项目施工安全；项目施工其他指标。

15）施工组织设计或施工方案编制计划。

3. 单位工程施工组织设计编制步骤与基本结构

（1）综合说明

1）施工组织设计或施工方案由施工机构在施工前编制。当工程项目应用新材料、新结构、新工艺、新技术或有特殊要求时，设计应提出技术要求和注意事项，设计、施工单位密切配合，使之满足设计意图。施工组织设计的编制程序如图 3-2 所示。

2）施工组织设计是进行基本建设和指导建筑施工的必要文件，是实现科学管理的重要环节，切实做好施工组织设计的编制与实施，建立起正常的施工秩序，实现施工管理科学化，是在建筑施工中实现多快好省要求的具体措施。

施工过程是一项十分复杂的生产活动，正确处理好人与物、空间与时间、天时与地利、工艺与设备、使用与维修、专业与协作、供应与消耗、生产与储备等各种矛盾就必须要有严密的组织与计划，以最少的消耗取得最大的效果，要求建设施工人员必须严肃对待，认真执行。

3）建筑工程在开工之前，施工单位必须在了解工程规模特点和建设时期，调查和分析建设地区的自然经济条件的基础上，编制施工组织设计大、中型建设项目，应根据已批准的初步设计（或扩大初步设计）编制施工组织大纲（或称施工组织总设计）；单位工程应根据施工组织大纲及经过会审的施工图编制施工组织设计；规模较小，结构简单的工业、民用建筑，也应编制单位工程施工方案。

（2）单位工程施工组织设计编制步骤

施工组织总设计编制步骤如图 3-3 所列。

（3）单位工程施工组织设计基本结构

1）工程概况：①工程建设概况；②工程建筑设计概况；③工程结构设计概况；④建筑设备安装概况；⑤自然条件；⑥工程特点和项目实施条件分析。

2）施工部署：

①建立项目管理组织；②项目管理目标；③总承包管理；④各项资源供应方式；⑤施工流水段的划分及施工工艺流程。

3）主要分部分项工程的施工方案。

4）施工准备工作计划：

①施工准备工作计划具体内容；②施工准备工作计划。

5）施工平面布置：

①施工平面布置的依据；②施工平面布置的原则；③施工平面布置内容；④设计施工平面图步骤；⑤施工平面图输出要求；⑥施工平面管理规划。

6）施工资源计划：

①劳动力需用量计划；②施工工具需要量计划；③原材料需要量计划；④成品、半成品需要量计划；⑤施工机械、设备需要量计划；⑥生产工艺设备需要量计划；⑦测量装置需用量计划；⑧技术文件配备计划。

7）施工进度计划：

①编制施工进度计划依据；②施工进度计划编制步骤；③施工进度计划编制内容；④制定施工进度控制实施细则。

8）施工成本计划：

①施工成本计划；②编制施工成本计划步骤；③施工成本控制措施；④降低施工成本技术措施计划。

9）施工质量计划及保证措施：

①编制施工质量计划的依据；②施工质量计划内容；③质量保证措施。

10）职业安全健康管理方案：

①施工安全计划内容；②制定安全技术措施。

11）环境管理方案：

①施工环保计划内容；

②施工环保计划编制的步骤；

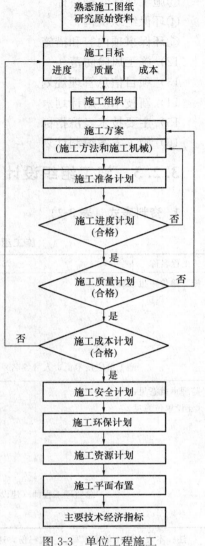

图 3-3 单位工程施工
组织总设计编制步骤

③施工环保管理目标；

④环保组织机构；

⑤环保事项内容和措施。

12）施工风险防范。

13）项目信息管理规划。

14）新技术应用计划。

15）主要技术经济指标。

16）施工方案编制计划。

3.2.3 施工组织设计（专项施工方案）审批表

1. 资料表式（表 3-2）

施工组织设计（专项施工方案）审批表　　　　　　　　　　　表 3-2

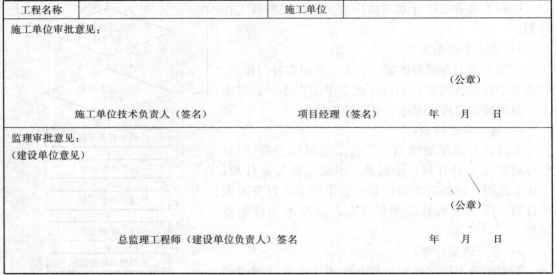

工程名称		施工单位	
施工单位审批意见： （公章） 施工单位技术负责人（签名）　　　　项目经理（签名）　　年　月　日			
监理审批意见： （建设单位意见） （公章） 总监理工程师（建设单位负责人）签名　　　　　年　月　日			

注：本表由施工单位填写，一式三份，送监理机构审核后，建设、监理及施工单位各一份。

2. 应用说明

施工组织设计（施工方案）是施工单位根据承接工程特点编制的实施施工的方法和措施，提请项目监理机构报审的文件资料。

（1）本表由施工单位填报，项目监理机构的专业监理工程师审核，总监理工程师签发。应经建设单位同意后签发。

（2）对施工中采用新材料、新工艺、新技术、新设备时的工艺措施要求

1）当采用新材料、新工艺、新技术、新设备时施工单位应报送相应的施工工艺措施和证明材料，应经专题论证，经审定后确认。

2）专题论证可以根据工作需要邀请专家进行研讨论证。应用"四新"的总原则应是谨慎从事，确保施工中万无一失。

（3）审查施工组织设计的基本要求

1）施工组织设计应有施工单位负责人签字。

2）施工组织设计应符合施工合同要求。

3）施工组织设计应由专业监理工程师审核后，经总监理工程师签认。

4）发现施工组织设计中存在问题应提出修改意见，由施工单位修改后重新报审。

（4）应审查的施工组织设计内容

一般应包括：施工方案和施工方法；主要工程量；施工进度计划；机具设备需用计划；劳动力使用计划；材料物资供应计划；施工平面布置及临时水、电等管线布置；施工技术措施、质量保证措施、安全施工等；需增补的施工措施费用。

施工组织设计的审查，应从工程项目施工的全局、全过程来考虑，必须抓住主要矛盾，对其中的施工方案及施工方法、施工进度计划、施工现场平面布置及需要增加的施工措施费用等进行重点审查。

（5）审批建议

1）施工单位提送报审的施工组织设计（施工方案），文件内容必须具有全面性、针对性和可操作性，编制人、单位技术负责人必须签字，报送单位必须加盖公章；项目经理必须签字。

2）施工组织设计或施工方案专业监理工程师先行审查后必须填写审查意见，转交总监理工程师最终审查并填写审查意见和日期，由本人签字。审查同意后，加盖项目监理机构章，总监理工程师签字后返回施工单位。

3）施工组织设计或施工方案报审时间必须在工程项目开工前完成。

4）对"文不对题"或敷衍抄袭提供的施工组织设计应退回令其重新编制并报审。

（6）填表说明

1）施工单位审批意见：指对施工组织设计（方案）内容的完整性、符合性、适应性、合理性、可操作性及实现目标的保证措施的审查所得出的结论。应由施工单位的技术负责人审查批准。

2）监理审批意见（建设单位意见）：指监理单位对所报施工组织设计的可行性进行的审查结论，由总监理工程师批准。

3）责任制

①施工单位技术负责人签名：指与建设单位签订施工合同的法人单位任命的单位技术负责人，签章有效。

②总监理工程师：指与建设单位签订监理合同的法人单位指派到施工现场的项目监理的总监理工程师，签字有效。

3.2.4 危险性较大分部与分项工程施工方案

危险性较大分部与分项工程应编制专项施工方案。

附：危险性较大分部与分项工程施工方案论证审查大纲（供参考）

一、概述

二、论证审查内容

（一）审查安全专项施工方案编制是否符合国家和行业有关的标准、规范；计算数据取值是否准确，计算是否正确。

（二）安全专项施工方案是否符合工程项目的具体情况，各项安全技术是否具有较强的针对性。

三、论证审查形式

现场勘查、会议讨论审查。

四、论证审查依据

现行的国家和行业有关的安全生产法律、法规以及标准、规范。

五、论证审查组织成立论证审查专家委员会，设主任委员、副主任委员和秘书长，由主任委员主持论证审查。由主任委员主持审查并对审查结果提出报告（见表1）。

六、论证审查基本程序

（一）成立专家组，选定主任委员、副主任委员以及秘书长；

（二）专家组通过论证审查大纲；

（三）施工企业介绍工程概况、现场施工组织情况以及需要论证的危险性较大工程的具体情况；

（四）专家组成员勘察施工现场，查阅有关图纸及其资料；

（五）施工企业对需要论证的危险性较大工程安全专项施工方案作说明；

（六）专家组对施工方案予以评审；

（七）形成专家论证审查报告；

（八）宣读结果；

（九）专家签字。

危险性较大工程安全专项施工方案论证审查报告　　　　　　　表 1

工程名称			
施工企业			
专项方案名称			
论 证 审 查 意 见			
		年　　月　　日	
签 字	主任委员		副主任委员	
	委员			

3.3 技 术 交 底 记 录

3.3.1 施工技术交底记录

施工单位应在开工前进行施工技术交底。施工技术交底包括施工组织设计和专项施工方案交底及分项施工技术交底。

会审及各种交底应形成记录，并有交底双方签认手续。

1. 资料表式（表 3-3）

施工技术交底记录   表 3-3

工程名称		施工单位	
分项（分部）名称		交底人	
交底内容：			
			年 月 日
接受交底人签名			
			年 月 日

2. 应用说明

（1）基本要求

1）施工技术交底按设计要求，严格执行施工质量验收规范要求。交底应结合本工程的实际情况及特点，工艺、施工方法等切实可行，应做到交底内容清楚明了。

2）施工技术交底签章应齐全，责任制明确。应交内容齐全、及时交底。技术交底应在分项工程施工前向施工班组进行施工技术、工艺操作要点的交底。

3）当设计图纸、施工条件等变更时，技术交底记录应经由原交底人修改后重新进行技术交底。原技术交底记录应回收。

4）技术交底记录只有当签字齐全后方可生效，并发至施工班组。

（2）综合说明

1）施工技术交底是施工企业技术管理的一项重要环节和制度，是把设计要求、施工措施贯彻到基层以至工人的有效办法。施工技术交底又是保证工程施工符合设计要求，规范质量标准和操作工艺标准规定，用以具体指导施工活动的具有操作性的技术文件。

构筑物工程中的分项工程，项目实施全过程活动，包括工程项目的关键过程和特殊过程以及容易发生质量通病的部位，均应进行施工技术交底。

2）施工技术交底应针对工程特点，运用现代施工管理原理，积极推广行之有效的科技成果，提高劳动生产率，保证工程质量、安全生产，保护环境、文明施工。技术交底尚应根据工程性质、类别和技术复杂程度分级进行，要结合本单位的实际技术状况采用不同的方法进行。

交底时应注意关键项目、重点部位、新技术、新材料项目，要结合操作要求、技术规定及注意事项细致、反复地交待清楚，以真正了解设计、施工意图为原则。

交底的方法宜采用书面交底，也可采用会议交底、样板交底和岗位交底，要交任务、交操作规程、交施工方法、交质量、交安全、交定额；定人、定时、定质、定量、定责任，做到任务明确、质量和安全到人。

施工单位从进场开始交底，包括临建现场布置，水电临时线路敷设及各分项、分部工程。

3）技术交底应坚持合理的施工程序、施工顺序和施工工艺，符合设计要求，满足材料、机具、人员等资源和施工条件要求，并贯彻执行施工组织设计、施工方案和企业技术部门的有关规定和要求，严格按照企业技术标准、施工组织设计和施工方案确定的原则和方法编写和进行交底，并针对班组施工操作进行细化，且应具有很强的可操作性。

4）技术交底应力求做到：主要项目齐全，内容具体明确、符合规范，重点突出，表述准确，取值有据，必要时辅以图示。对工程施工能起到指导作用，具有针对性、指导性和可操作性。技术交底中不应有"未尽事宜参照×××（规范）执行"等类似内容。

5）施工技术交底由项目技术负责人组织，专业施工员和/或专业技术负责人具体编写和进行交底，经项目技术负责人审批后，由专业施工员和（或）专业技术负责人向施工班组长和全体施工作业人员交底。

重要工程应由企业技术负责人组织有关科室、项目经理部有关施工部门进行交底，然后再对相关人员逐级进行技术交底。

6）技术交底应根据实际需要分阶段进行。当发生施工人员、环境、季节、工期的变化或技术方案的改变时应重新交底。

7）施工技术交底应在项目施工前进行。

（3）施工技术交底的依据

1）国家、行业、地方标准、规范、规程、当地主管部门的有关规定以及企业按照国标、行标制定的企业技术标准及质量管理体系文件。

2）工程施工图纸、标准图集、图纸会审记录、设计变更及工作联系单等技术文件。

3）施工组织设计、施工方案对本分项工程、特殊工程等的技术、质量和其他要求。

4）其他有关文件：工程所在地建设主管部门（含工程质量监督站）有关工程管理、技术推广、质量管理及治理质量通病等方面的文件；本局和公司发布的年度工程技术质量管理工作要点、工程检查通报等文件。特别应注意落实其中提出的预防和治理质量通病、解决施工问题的技术措施等。

（4）施工技术交底的内容

施工技术交底的内容主要包括：施工准备、施工进度要求、施工工艺、控制要点、成品保护、质量保证措施、安全注意事项、环境保护措施、质量标准。

1）施工准备

①作业人员：说明劳动力配置、培训、特殊工种持证上岗要求等。

②主要材料：说明施工所需材料名称、规格、型号，材料质量标准，材料品种规格等直观要求，感官判定合格的方法，强调从有"检验合格"标识牌的材料堆放处领料，每次领料批量要求等。

③主要机具

A. 机械设备：说明所使用机械的名称、型号、性能、使用要求等。

B. 主要工具：说明施工应配备的小型工具，包括测量用设备等，必要时应对小型工具的规格、合法性（对一些测量用工具，如经纬仪、水准仪、钢卷尺、靠尺等，应强调要求使用经检定合格的设备）等进行规定。

④作业条件：说明与本道工序相关的上道工序应具备的条件，是否已经过验收并合格，本工序施工现场工前准备应具备的条件等。

2）施工进度要求

对实施分项工程的具体施工时间、完成时间等提出详细要求。

3）施工工艺

①工艺流程：详细列出该项目的操作工序和顺序。

②施工要点：根据工艺流程所列的工序和顺序，分别对施工要点进行叙述，并提出相应要求。部分项目技术交底具体编写内容见表 3-2 所列。

4）控制要点

①重点部位和关键环节：结合施工图提出设计的特殊要求和处理方法，细部处理要求，容易发生质量事故和安全施工的工艺过程，尽量用图表达。

②质量通病的预防及措施：根据企业提出的预防、治理质量通病和施工问题的技术措施等，针对本工程特点具体提出质量通病及其预防措施。

5）成品保护：对上道工序成品的保护提出要求；对本道工序成品提出具体保护措施。

6）质量保证措施：重点从人、材料、设备、方法等方面制定具有针对性的保证措施。

7）安全注意事项

内容包括作业相关安全防护设施要求、个人防护用品要求、作业人员安全素质要求、接受安全教育要求、项目安全管理规定、特种作业人员执证上岗规定、应急响应要求、隐患报告要求、相关机具安全使用要求、相关用电安全技术要求、相关危害因素的防范措施、文明施工要求、相关防火要求、季节性安全施工注意事项。

8）环境保护措施：国家、行业、地方法规环保要求，企业对社会承诺，项目管理措施，环保隐患报告要求。

9）质量标准

①主控项目：依据国家质量检验规范要求，包括抽检数量、检验方法及执行标准规定。

②一般项目：依据国家质量检验规范要求，包括抽检数量、检验方法和合格标准。

③质量验收：应对班组提出自检、互检、班组长检的要求。

（5）施工技术交底实施要求

1）施工技术交底应以书面和讲解的形式交底到施工班组长，以讲解、示范或者样板引路的方式交底到全体施工作业工人。施工班组长和全体作业工人接受交底后均签署姓名及日期，其中全体作业工人签名记录，应根据当地主管部门、本局和项目经理部的规定等，存放于项目经理部或施工队。

2）班组长在接受技术交底后，应组织全班组成员进行认真学习，根据其交底内容，明确各自责任和互相协作配合关系，制定保证全面完成任务的计划，并自行妥善保存。在无技术交底或技术交底不清晰、不明确时，班组长或操作人员可拒绝上岗作业。

技术交底应根据施工过程的变化，及时补充新内容。施工方案、方法改变时也要及时进行重新交底。

3）施工技术交底书面资料至少一式四份，分别由项目技术负责人、项目专业施工员（交底人）、施工班组保存，另一份由项目资料员作为竣工资料归档（资料员可根据归档数量复制）。

4）当设计图纸、施工条件等变更时，应由原交底人对技术交底进行修改或补充，经项目技术负责人审批后重新交底。必要时回收原技术交底记录并按本局质量管理体系文件"文件控制程序"中相关要求做好回收记录。

（6）技术交底注意事项

1）技术交底必须在该交底对应项目施工前进行，并应为施工留出足够的准备时间。

2）技术交底应以书面形式进行，并辅以口头讲解。交底人和被交底人应履行交接签字手续。技术交底及时归档。

3）技术交底应根据施工过程的变化，及时补充新内容。施工方案、方法改变时也要及时进行重新交底。

4）分包单位应负责其分包范围内技术交底资料的收集整理，并应在规定时间内向总包单位移交。总包单位负责对各分包单位技术交底工作进行监督检查。

（7）填表说明

交底内容：按施工图设计要求，应详尽，并应一一列出。

注：应按交底时间及时签字，无本人签字时为无效技术交底资料。

附：不同类别的技术交底

技术交底的类别包括：图纸交底、施工组织设计交底、设计变更和洽商交底、分项工程技术交底、安全技术交底。

1. 图 纸 交 底

图纸交底包括工程的设计要求、地基基础、主体结构特点、构造做法与要求、抗震处理、设计图纸的轴线、标高、尺寸、预留孔洞、预埋件等具体细节，以及相关材料的强度要求、使用功能等，做到掌握设计关键，认真按图施工。

2. 施工组织设计交底

施工组织设计交底：要将施工组织设计的全部内容向施工人员交待。主要包括：工程特点、施工部署、施工方法、操作规程、施工顺序及进度、任务划分、劳动力安排、平面布置、工序搭接、施工工期、各项管理措施等。

3. 设计变更和洽商交底

设计变更和洽商交底是将设计变更的结果向施工人员和管理人员做统一说明，便于统一口径，避免差错。

4. 分项工程技术交底

分项工程技术交底是各级技术交底的关键，应在各分项工程开始之前进行。主要包括：施工准备、操作工艺、技术安全措施、质量标准、成品保护、消灭和预防质量通病措施、新工艺、新材料、新技术工程的特殊要求以及应注意的质量问题等，劳动定额、材料消耗定额、机具、工具等。在施工过程中，应反复检查技术交底的落实情况，加强施工监督，确保施工质量。

5. 安全技术交底

安全技术交底是施工作业安全、施工设施（设备）安全、施工现场（通行、停留）安全、消防安全、作业环境专项安全以及其他意外情况下的安全技术交底。

3.3.2 施工技术交底小结

（1）施工技术交底接收人应针对每一份交底在实施完成后做出总结，注意实施过程及施工过程中发现的问题，要求改进的建议等，实事求是地进行交底总结。

（2）施工技术交底小结应反馈至技术交底人，小结日期应及时，不得晚于实施完成后2日。

3.3.3 设计交底记录

1. 资料表式（表 3-4）

设计交底记录　　　　　　　　　　　　　　　　　　表 3-4

工程名称	
交底内容： 交底人签名：　　　　　　　　年　月　日	

参加单位及人员	单位名称	参加人签名

2. 应用说明

（1）给水排水构筑物工程的设计交底应包括工程的设计要求、地基基础、结构特点、构造做法与要求、抗震处理、设计图纸的轴线、标高、尺寸、预留孔洞、预埋件等具体细节，以及砂浆、混凝土、砖等材料和强度要求、使用功能要求等，做到掌握设计关键，认真按图施工。

（2）设计交底主要应将设计意图交清楚，使施工人员清楚地完成设计意图。

3.4 图纸会审记录

1. 资料表式（表 3-5）

图纸会审记录   表 3-5

工程名称			编　号		
			日　期		
设计单位			专业名称		
地　点			页　数	共　页，第　页	
序　号	图　号	图纸问题	答复意见		
签字栏	建设单位	监理单位	设计单位	施工单位	
记录内容：					
			记录人：		

注： 施工单位整理汇总的图纸会审记录应一试五份，并应由建设单位、设计单位、监理单位、施工单位、城建档案馆各保存一份。表中设计单位签字栏应为项目专业技术负责人的签字，建筑单位、监理单位、施工单位签字栏应为项目技术负责人或相关专业负责人的签字。图纸会审记录表式可供参考选用。

2. 应用说明

（1）基本要求

1）工程开工前，建设单位应组织施工、监理等单位的相关人员对施工图进行会审。图纸会审应详细记录施工图设计审查中提出的问题。设计单位应在工程实施前进行设计交底。

2）提供的施工图设计会审（图纸会审）文件必须是经当地建设行政主管部门批准的专职审图机构审查同意并已签章的施工图设计文件。施工图设计文件会审（图纸会审）记录是对已正式批准并签署的设计文件施工前进行审查和会审，对提出的问题由原设计单位予以解决并予记录的技术文件。

施工图设计文件的会审，设计单位必须先交底后会审，重点工程应有设计单位对施工单位的工程技术交底记录，应有对重要部位的技术要求和施工程序要求等的技术交底资料。

3）工程开工前必须组织图纸会审。开工前图纸会审文件必须分发有关单位。施工图设计和有关设计技术文件资料，是施工单位赖以施工的、根本性的技术文件，必须认真地组织学习和会审。由建设单位组织，设计单位、监理单位、施工单位参加共同进行的图纸会审，将施工图设计中将要遇到的问题提前予以解决。

4）有关专业均应有专人参加会审，会审记录整理完整成文，参加人员本人签字，日期、地点填写清楚。

建设、设计、施工、监理单位均应参加会审并分别盖章为有效，参加单位签章，参加人员本人签字。

（2）会审方法

1）施工图设计文件会审（图纸会审）应由建设单位组织，设计单位交底，施工、监理单位参加。

2）会审可分两个阶段进行，一是内部预审，由施工单位的有关人员负责在一定期限内完成。提出施工图纸中存在的问题，并进行整理归类；监理单位同时也应进行类似的工作，将会审中发现的问题进行整理，与施工方提出的问题一并归类。二是会审，由建设单位组织、设计单位交底、施工、监理单位参加，对预审及会审中提出的问题要逐一解决。由设计单位以文字形式给予答复。会签施工图设计会审纪要。加盖各参加单位的公章，参加会审人员本人签字，作为答复文件存档备查。

3）对提出问题的处理，可在施工图设计会审记录中进行注释修改，并办理手续，按此进行施工；较大的问题必须由建设（或监理）、设计和施工单位洽商，由设计单位修改，经监理单位同意后向施工单位签发设计变更图或设计变更通知单方为有效；如果设计变更影响了建设规模和投资方向，要报请原批准初步设计的单位同意方准修改。

（3）图纸会审的内容

1）施工图设计文件是否齐全，责任签章是否完全；设计是否符合国家有关的经济和技术政策、规范规定，图纸总的做法说明（包括分项工程做法说明）是否齐全、清楚、明确，与平面、位置、线路、平面图、立面图、剖面图、侧面图、系统图、透视图、轴侧图、工艺流程图等各方之间有无矛盾；设计图纸（平、立、剖、构件布置，相关大样）之间相互配合的尺寸是否符合，分尺寸与总尺寸、大、小样图、平、立、剖面与结构图互相配合及尺寸是否一致，有无错误和遗漏；坐标、位置是否一致；设计标高是否可行。

2）构筑物工程的主要结构设计在强度、刚度、稳定性等方面相互有无矛盾，主要构造部位是否合理，设计能否保证工程质量和安全施工。

3）施工图设计与施工单位的施工能力、技术水平、技术装备可否顺利实施；采用新工艺、新技术，施工单位有无困难，所需特殊材料的品种、规格、数量能否解决，专用机械设备能否保证。

（4）几点说明

1）会审一般由建设单位主持或建设、设计单位共同主持，有几个人主持时可以分别签记姓名。

2）会审记录由设计、施工的任一方整理，可在会审时协商确定。

（5）填表说明

1）图纸问题：指图纸会审中发现所有需要记录的内容。

2）答复情况：指会审中对提出问题的解决办法，应详细记录与说明。

3）签字栏：指表列单位参加会审的人员，应分别签记参加人姓名。

4）记录人：指主持施工图设计文件会审单位的填表人姓名。

3.5　设计变更通知单

施工单位应按合同规定的、经过审批的有效设计文件进行施工。严禁按未经批准的设计变更、工程洽商进行施工。

对施工图设计提出的问题应及时办理设计变更。

1. 资料表式（表 3-6）

设计变更通知单　　　　　　　　　　　　　　　　　　表 3-6

工程名称		编　号	
地　　点		日　期	

致_____（监理单位）：

　　由于_____的原因，兹提出

_____工程变更（内容详见附件），请予以审批。

附件：

　　提出单位名称：　　　　　　　　　　提出单位负责人（签字）：

一致意见：

建设单位代表 （签字）：	设计单位代表 （签字）：	监理单位代表 （签字）：	施工单位代表 （签字）：
日期：	日期：	日期：	日期：

本表由监理单位签发，建设单位、监理单位、施工单位各存一份。

2. 应用说明

（1）本表由提出单位填写，经建设、设计、监理、施工等单位协商同意并签字后为有效工程变更单。

（2）工程设计变更中，施工图纸变更的内容应明确、具体，办理及时。设计变更无设计部门盖章主管设计负责人签字者无效。

（3）工程设计变更必须经建设单位同意，由设计单位出具设计变更通知。

（4）工程设计变更单必须及时办理，必须是先有设计变更后施工。紧急情况下，必须是在标准规定时限内办理完成工程变更手续。

（5）施工合同范本约定的工程变更程序

1）建设单位提前书面通知施工单位有关工程变更，或施工单位提出变更申请经监理工程师和建设单位同意予以变更。

2）由原设计单位出图并在实施前14天交施工单位。如超出原设计标准或设计规模时，应由建设单位按原程序报审。

3）施工单位必须在确定工程变更后14天内提出变更价款，提交监理工程师确认。

4）监理工程师在收到变更价款报告后的14天内必须审查完变更价款报告后，并确认变更价款。

5）监理工程师不同意施工单位提出的变更价款时，按合同争议的方式解决。

（6）工程设计变更的审查原则

1）工程设计变更应在保证生产能力和使用功能的前提下，以适用、经济、安全、方便生活、有利生产、不降低使用标准为出发点。

2）工程设计变更应进行技术经济分析，必须保证在技术上可行、施工工艺上可靠、经济上合理，不增加项目投产后的经常性维护费用。

3）凡属于重大的设计变更，如改变工艺流程，资源、水文地质、工程地质有重大变化引起设计方案的变动，设计方案的改变，增加单项工程、追加投资等，均应在建设单位或由建设单位报原主管审批部门批准后方可办理变更。

4）工程设计变更要严格按程序进行，手续要齐全，有关变更的申请、变更的依据、变更的内容及图纸、资料、文件等清楚完整和符合规定。

5）严禁通过工程变更扩大建设规模、增加建设内容、提高建筑标准。

（7）关于工程设计变更的几点说明

1）设计变更的表式以设计单位签发的设计变更文件为准汇整。

2）应当明确设计变更是在施工过程中由于设计图纸本身差错，设计图纸与实际情况不符，施工条件变化，原材料的规格、品种、质量不符合设计要求，职工提出合理化建议等原因，需要对设计图纸部分内容进行修改而办理的变更设计的文件。

①设计变更是施工图的补充和修改的记载，应及时办理，内容要求明确具体，必要时附图，不得任意涂改和后补。

②工程设计变更由施工单位提出时，必须取得设计单位和建设、监理单位的同意，并加盖同意单位章；工程设计变更由设计单位提出时，必须由设计单位提出变更设计联系单或设计变更图纸，由施工单位根据施工准备和工程进展情况，作出能否变更的决定。

3.6 工程洽商记录（技术核定单）

1. 资料表式（表 3-7）

工程洽商记录 表 3-7

工程名称		施工单位	
洽商事项： <div align="right">年　月　日</div>			
参加单位及人员	建设单位 （公章）	设计单位 （公章）	监理单位 （公章）	施工单位 （公章）

2. 应用说明

（1）洽商记录是施工图的补充和修改的记载，及时办理，完整叙述洽商内容及达成的协议或结果，内容要求明确具体，必要时附图，不得任意涂改和后补。

（2）应先有洽商变更然后施工。特殊情况需先施工后变更者，必须先征得设计单位同意，洽商记录需在一周内补上。洽商记录按签订日期先后顺序编号，要求责任制明确签字齐全。

（3）洽商记录由施工单位提出时，必须取得设计单位和建设、监理单位的同意。洽商记录施工单位盖章，核查同意单位也应签章方为有效。

（4）洽商记录按签订日期先后顺序编号，要求责任制明确签字齐全。

（5）当洽商与分包单位工作有关时，应及时通知分包单位参加洽商讨论，必要时（合同允许）可参加会签。

（6）遇有下列情况之一时，必须由设计单位签发设计变更通知单，不得以洽商记录办理。

1）当决定对图纸进行较大修改时；

2）施工前及施工过程中发现图纸有差错、做法不当、尺寸矛盾、结构变更或与实际情况不符时；

3）由建设单位提出，对建筑构造、细部做法、使用功能等方面提出的修改意见，必须经过设计单位同意，并提出设计通知书或设计变更图纸。

由设计单位或建设单位提出的设计图纸修改，应由设计部门提出设计变更联系单；由施工单位提出的属于设计错误时，应由设计部门提供设计变更联系单；由施工单位的技术、材料等原因造成的设计变更，由施工单位提出洽商，请求设计变更，并经设计部门同意，以洽商记录作为变更设计的依据。

第4章 进度、造价文件

4.1 工程开工报审表

1. 资料表式（表4-1）

工 程 开 工 报 审 表 表 4-1

工程名称： 编号：

致＿＿＿＿＿＿＿＿＿＿＿＿＿＿＿＿＿＿＿＿＿＿＿＿＿＿＿＿＿＿（监理单位）

我方承担的＿＿＿＿＿＿＿＿＿＿＿＿＿＿＿＿＿＿＿＿准备工作已完成。

一、施工许可证已获政府主管部门批准； ☐

二、征地拆迁工作能满足工程进度的需要； ☐

三、施工组织设计已获总监理工程师批准； ☐

四、现场管理人员已到位，机具、施工人员已进场，主要工程材料已落实； ☐

五、进场道路及水、电、通信等已满足开工要求； ☐

六、质量管理、技术管理和质量保证的组织机构已建立； ☐

七、质量管理、技术管理制度已制定； ☐

八、专职管理人员和特种作业人员已取得资格证、上岗证。特此申请，请核查并签发开工指令。 ☐

施工单位（章）：＿＿＿＿＿＿＿＿＿＿＿

项目经理：＿＿＿＿＿＿ 日期：＿＿＿＿＿＿

审查意见：

项目监理机构（章）：＿＿＿＿＿＿＿＿＿＿＿

总监理工程师：＿＿＿＿＿＿ 日期：＿＿＿＿＿＿

本表由施工单位填写，一式四份，送监理机构审核后，建设、监理各一份，施工单位两份。

54

2. 应用说明

工程开工报审表是项目监理机构对施工单位施工的工程，经自查已满足开工条件后提出申请开工，且已经项目监理机构审核确已具备开工条件后的报审与批复文件。

（1）工程开工报审除监理合同规定需经当地建设行政主管部门批准外，以总监理工程师最终签发有效，项目监理机构盖章，总监理工程师签字。

（2）施工单位提请开工报审时，提供的附件应满足资料表式中的一～八项附件资料的要求，表列内容的证明文件必须齐全真实，对任何形式的不符合开工报审条件的工程项目，施工单位不得提请报审，监理单位不得签发报审表。

（3）施工单位提请开工报审时，应加盖法人施工单位章，项目经理签字。

（4）开工报审必须在开工前完成报审，表列项目应逐项填写，不得缺项。

（5）本表由施工单位填报，施工单位的施工准备必须确已完成且具备开工条件时方可提请报审；满足表列条件后，监理单位填写审查意见并经总监理工程师批复后执行。

（6）项目监理机构应对以下内容进行审查：

1）施工许可证已获政府主管部门批准，并已签发《建设工程施工许可证》，口头批准无效。

2）征地拆迁工作应能够满足工程施工进度的需要。

3）施工图纸及有关设计文件标准均确已备齐（包括图纸、设计变更、规程、规范、标准图纸均应为正式版本并有标识）。

4）施工组织设计（施工方案）已经项目监理机构审定，总监理工程师已经批准并签字。

5）施工现场的场地、道路、水、电、通信和临时设施已满足开工要求，地下障碍物已清除或查明。

6）测量控制桩已经项目监理机构复验合格。

7）施工、管理人员（主要指项目经理、技术负责人、施工施工员、质量检查员、材料员、信息员等）已按计划到位，相应的组织机构和制度已经建立，施工设备、料具已按需要到场，主要材料供应已落实。

（7）对监理单位审查施工单位现场项目管理机构的要求

1）现场项目管理机构的质量管理体系、技术管理体系和质量保证体系的确认，必须在能保证工程项目施工质量时，由总监理工程师负责审查完成。

2）现场项目管理机构的质量管理体系、技术管理体系和质量保证体系的确认，必须在能保证工程项目施工质量时，应在工程项目开工前完成。

3）对施工单位现场项目管理机构的质量管理体系、技术管理体系和质量保证体系，应审查下列内容：质量管理、技术管理和质量保证的组织机构；质量管理、技术管理和制度；专职管理人员和特种作业人员的资格证、上岗证（特种作业指电工、起重机械、金属焊接和高空作业）。

4）应当深刻地认识监理工作必须是在施工单位建立健全质量管理体系、技术管理体系和质量保证体系的基础上才能完成的，如果施工单位不建立质量管理体系、技术管理体系和质量保证体系，是难以保证施工合同履行的。

（8）经专业监理工程师核查，具备开工条件时报项目总监理工程师审核同意后签发《工程开工报审表》，并报建设单位备案，委托合同规定工程开工报审需经建设单位批准时，项目总监理工程师审核后应报建设单位，由建设单位批准。工期自批准之日起计算。

（9）整个项目一次开工，只填报一次，如工程项目中涉及较多单位工程，且开工时间不同时，则每个单位工程开工都应填报一次。

（10）关于延期开工

1）施工单位要求的延期开工，监理工程师有权批准是否同意延期开工。当施工单位不能按时开工，应在不迟于协议书约定的开工日期前7天，以书面形式向监理工程师提出延期开工的理由和要求。监理工程师在接到延期开工申请后的48小时内以书面形式答复施工单位。监理工程师在接到延期申请后的48小时内不答复，视为同意施工单位的要求，工期相应顺延。如果监理工程师不同意延期要求，工期不予顺延。如果施工单位未在规定时间内提出延期开工的要求，如在协议书约定的开工日期前5天才提出，工期也不予顺延。

2）由建设单位导致的延期开工，因建设单位的原因不能按照协议书约定的开工日期开工，监理工程师以书面形式通知施工单位后，可推迟开工日期。施工单位对延期开工的通知没有否决权，但建设单位应当赔偿施工单位因此造成的损失，相应顺延工期。

（11）项目监理机构关于查验施工许可证的控制原则

1）必须申请领取施工许可证的建筑工程未取得施工许可证的一律不得开工。

2）施工许可证是由建设单位申请办理的，由于监理单位是受建设单位委托，监理单位往往不够坚持而妥协，这是不对的。监理单位必须坚持未领取施工许可证不得开工。对有意规避办理、采用虚假证明文件或伪造施工许可证的，监理单位一定要坚持原则。向有关单位讲明利害，坚决制止。

（12）填表说明

1）致_____监理单位：指发送给建设单位与签订合同的监理单位名称，按全称填写。

2）审查意见：总监理工程师指定专业监理工程师应对施工单位的准备工作情况一～八项等内容进行审查，除所报内容外，还应对施工图纸及有关设计文件是否齐备；施工现场的临时设施是否满足开工要求；地下障碍物是否清除或查明；测量控制桩是否已经项目监理机构复验合格等情况进行审查，专业监理工程师根据所报资料及现场检查情况，如资料是否齐全，有无缺项或开工准备工作是否满足开工要求等情况逐一落实，具备开工条件时，向总监理工程师报告并填写"该工程各项开工准备工作符合要求，同意某年某月某日开工"。

3）施工单位按表列内容逐一落实后，自查符合要求可在该项"□"内划"√"。并需将《施工现场质量管理检查记录》及其要求的有关证件；《建筑工程许可证》；现场专职管理人员资格证、上岗证；现场管理人员、机具、施工人员进场情况；工程主要材料落实情况等资料作为复件同时报送。

4.2 工程复工报审表

1. 资料表式（表 4-2）

工程复工报审表
表 4-2

工程名称：　　　　　　　　　　　　　　　　　　　　　　编号：

致：＿＿＿＿＿＿＿＿＿＿＿＿＿＿＿＿＿＿＿＿＿＿＿＿＿＿＿＿（监理单位）
鉴于＿＿＿＿＿＿＿＿＿＿＿＿＿＿＿工程，按第＿＿＿＿＿号工程暂停令已进行整改，并经检查后已具备复工条件，请核查并签发复工指令。 　　附件：具备复工条件的情况说明。   　　　　　　　　　　　　　　　　施工单位（章）：＿＿＿＿＿＿＿＿＿＿ 　　　　　　　　　　　　　　项目经理：＿＿＿＿＿＿　日期：＿＿＿＿＿＿
审查意见： □　具备复工条件，同意复工； □　不具备复工条件，暂不同意复工。   　　　　　　　　　　　　　　项目监理机构：＿＿＿＿＿＿＿＿＿＿＿＿ 　　　　　　　　　　　　　总监理工程师：＿＿＿＿＿＿　日期：＿＿＿＿＿＿

本表由施工单位填写，一式三份，送监理机构审核后，建设、监理及施工单位各一份。

2. 应用说明

复工报审必须是施工单位按项目监理机构下发的监理通知、工程质量整改通知或工程暂停指令等提出的问题确已认真改正并具备复工条件时提出的文件资料。

（1）本表由施工单位填报，监理单位的总监理工程师审批，需经建设单位同意，再经建设单位同意后签发。

（2）施工单位提请复工报审时，提供的附件资料应满足具备复工条件的情况和说明，证明文件必须齐全、真实，对任何形式的不符合复工报审条件的工程项目，承包单位不得提请报审，监理单位不得签发复工报审表。

（3）施工单位提请复工报审时，应加盖施工单位章，项目经理签字。工程复工报审，项目监理机构盖章，总监理工程师签字，以总监理工程师最终签发有效。复工报审必须在复工前完成。

（4）工程暂停原因消失后，施工单位即可向项目监理机构提请复工报审。复工报审必须附有复工条件的附件资料，说明整改已经结束，且整改后的结果已符合有关的标准要求。

（5）复工指令的签发原则

1）工程暂停是由于非施工单位原因引起的，签发复工报审表时，只需要看引起暂停施工的原因是否还存在，如果不存在即可签发复工指令。

2）工程暂停是由于施工单位原因引起的，重点要审查施工单位的管理、或质量、或安全等方面的整改情况和措施，总监理工程师确认：施工单位在采取所报送的措施之后不再会发生类似的问题，否则不应同意复工。对不同意复工的申请应重新按此表再次进行报审。

3）另外应当注意：根据施工合同范本，总监理工程师应当在 48 小时内答复施工单位书面形式提出的复工要求。总监理工程师未能在规定时间内提出处理意见，或收到承包人复工要求后 48 小时内未给答复，承包人可自行复工。

（6）填表说明

1）鉴于……工程，按第……号：是指原监理单位下达的"工程部位暂停指令"、"工程质量整改通知"等的编号，后面填写通知对方恢复施工的时间及工程项目名称。

2）审查意见：由总监理工程师根据核实结果填写并签字有效。总监理工程师应指定专业监理工程师对复工条件进行复核，在施工合同约定的时间内完成对复工申请的审批，符合复工条件在同意复工项"□"内划"√"，并注明同意复工的时间；不符合复工条件在不同意复工项"□"内划"√"，并注明不同意复工的原因和对施工单位的要求。

3）责任制

①施工单位（章）：指与建设单位签订施工合同的法人单位的项目经理部级，签章有效。

②项目经理：指与建设单位签订施工合同的法人单位的项目经理部级的项目经理，签字有效。

③项目监理机构（章）：指与建设单位签订委托监理合同的法人单位指派到施工现场项目监理机构，签章有效。

④总监理工程师：指与建设单位签订监理合同的法人单位指派到施工现场的项目监理的总监理工程师，本人签字有效。

4.3　施工进度计划报审表

1. 资料表式（表 4-3）

施工进度计划报审表　　　　　　　　　　　　　　　　表 4-3

工程名称：　　　　　　　　　　　　　　　　　　　　　　　　编号：

致_____（监理单位） 　　兹上报_____工程施工进度计划（调整计划），请审查批准。 　　附件：施工进度计划表（包括说明、图表、工程量、机械、劳动力计划等）。 　　　　　　　　　　　　　　　　　　施工单位（章）：_____ 　　　　　　　　　　　　　　　　　　项目经理：_____ 日期：_____
审查意见： 　1. 同意　　2. 不同意　　3. 建议按以下内容修改补充 　　　　　　　　　　　　　　　　　　项目监理机构：_____ 　　　　　　　　　　　　　　　　　　总监理工程师：_____ 日期：_____

本表一式三份，送监理机构审核后，建设、监理及施工单位各一份。

2. 应用说明

施工进度计划（调整计划）报审表是指施工单位根据施工组织设计中的总进度计划要求，编制的施工进度计划（调整计划），提请项目监理机构审查、总监理工程师核查确认的批复（年、季、月、旬计划均用此表进行报审）文件。

（1）本表由施工单位填报，加盖公章，项目经理签字，经专业监理工程师审查符合要求后报总监理工程师批准后签字有效，加盖项目监理机构章。

（2）施工单位提请施工进度计划报审，提供的附件应齐全、真实，对任何不符合附件要求的资料，施工单位不得提请报审，监理单位不得批准报审表。

（3）施工单位必须加盖公章、项目经理签字；项目监理机构必须加盖公章、总监理工程师本人签字，责任制签字齐全。

（4）施工进度计划（调整计划）报审程序

1）施工单位按施工合同要求的时间编制好施工进度计划，并填报施工进度计划（调整计划）报审表报监理机构。

2）总监理工程师指定专业监理工程师对施工单位所报的施工进度计划（调整计划）报审表及有关资料进行审查，并向总监理工程师报告。

3）总监理工程师按施工合同要求的时间，对施工单位所报施工进度计划（调整计划）报审表予以确认或提出修改意见。

（5）编制和实施施工进度计划是施工单位的责任，因此项目监理机构对施工进度的审查或批准，并不解除施工单位对施工进度计划的责任和义务。

（6）进度计划的审查

1）对进度计划监理工程师必须注意控制总工期，分析网络计划的关键线路是否正确。

2）用于工程的人力、施工设备等是否满足完成计划的需求，人力的数量、工种是否配套，施工设备是否配套、有效，规模和技术状态是否良好，维护保养是否满足需要。

3）计划安排中是否预留了足够的动员时间和清理现场时间。

4）进度计划的修改是否改变了关键线路，是否需要增加劳动力和机械设备。

5）气候因素对工程可能造成的影响，如冰冻、炎热、潮湿、雨季、台风等。对气候因素可能造成影响的防范措施，例如：雨、冰冻、潮湿等对土方工程的影响；冰冻、炎热对混凝土工程的影响；大雨、洪水对运输（密、繁）的影响；洪水对隧道的影响；台风对海岸工程影响等。

6）分包工程、临时工程可能对工程进度造成的影响。

（7）进度控制注意事项

1）坚持实事求是的态度。一定要确定合理的施工工期，其依据是国家制定的工期定额。确定施工工期不能只按日历天数，应考虑到有效工期。

2）注意协调解决好建筑资金，保证按时拨付工程款。

3）落实旬、月计划。应注意资金、机具、材料、劳力等，资源保障体系一定要落实，外部协作条件要衔接。

4）注意保证检验批、分项工程质量合格，不发生质量事故。

（8）进度控制方法

监理工程师必须要做的控制工作包括：

1）检查工程进度情况，进行实际进度与计划进度的比较，分析延误原因，采取相应措施。

2）修订进度计划。施工单位应根据工程实际进行修订，对不属于施工原因造成的工程延期，施工方有权得到补偿的额外付款。

3）认真编制年、季、月、旬计划，分项工程施工计划、劳动力、机械设备、材料采购计划。

4）监理工程师应及时对已经延误的工期及其原因作出分析，及时告知施工单位。

5）施工单位及时提出合理的施工进度措施或方案，并应得到监理工程师批准。

6）施工单位提交的施工进度计划，经监理工程师批准后，监理工程师应据此请其编制年、季、月度计划，并按此检查执行，对执行中不符合年、季、月度计划的部分应及时检查并提出警告或协商，以保证工程进度按计划实施。对不接受警告或协商者，监理工程师可以建议中止合同。

（9）工程进度控制的分析

进度控制的分析方法主要有定量分析、定性分析和综合分析。定量分析是一种对进度控制目标进行定量计算分析，以数据说明问题的分析方法；定性分析是一种主要依靠文字描述进行总结、分析，说明问题的分析方法；综合分析是在数据计算的基础上作深层的定性解剖，以数据所具有的准确性和定量的科学性使总结分析更加有力的一种分析方法。进度控制分析必须采用综合分析方法。进度控制分析中应着重强调以下几点：

1）在计划的编制和执行中，应大量积累资料，其中包括数据资料和实际情况记录。

2）总结分析前应对已有资料进行初议，对已取得资料中没有的情况，应进行调查和核实，要把问题摆透。做到总结分析应有提纲、有目标、有准备。

3）建立总结分析制度，利用会议碰头可经常性地对执行计划进行阶段性分析，以及早发现进度执行中的问题。

4）参加总结分析的人应当对进度控制情况了解，是进度控制的实践者，内行。

5）分析过程应对定量资料和其他经济活动资料进行对比分析，做到图表、数据、文字并用。

6）充分利用计算机软件储存信息、数据处理等方法。

7）进度控制总结分析应在不同阶段分别进行，即应进行阶段性分析、专题分析和竣工后的全面分析。

8）进度控制总结分析结果应存入档案，供参考应用。

（10）填表说明

1）附件：施工进度计划表（包括说明、图表、工程量、机械、劳动力计划等）是指施工单位根据经项目监理机构批准的施工组织设计（方案）编制的调整计划。

2）审查意见

①总监理工程师指定专业监理工程师根据所报施工进度计划，主要进行如下审核：进度安排是否符合工程项目建设总进度要求，计划中总目标和分目标的要求，是否符合施工合同中开、竣工日期的规定；施工总进度计划中的项目是否有遗漏，分期施工是否满足分批动用的需要和配套动用的要求；施工顺序的安排是否符合施工工艺的要求；劳动力、材

料、构配件、施工机具及设备、施工水、电等生产要素的供应计划是否能保证进度计划的实现，供应是否均衡，需求高峰期是否有足够能力实现计划供应；由建设单位提供的施工条件（资金、施工图纸、施工场地、采供的物资设备等），承包单位在施工进度计划中所提出的供应时间和数量是否准确、合理，是否有造成建设单位违约而导致工程延期和费用索赔的可能性存在。工期是否进行了优化，进度安排是否合理；总、分包单位分别编制的各单项工程施工进度计划之间是否相协调，专业分工与计划衔接是否明确合理。

②调整计划是在原有计划已不适应实际情况，为确保进度控制目标的实现，需确定新的计划目标对原有进度计划的调整。进度计划的调整方法一般采用通过压缩关键工作的持续时间来缩短工期及通过组织搭接作业、平行作业来缩短工期两种方法，对于调整计划，不管采取哪种调整方法，都会增加费用或涉及工期的延长，专业监理工程师应慎重对待，尽量减少变更计划的调整。

③通过专业监理工程师的审查，提出审查意见报总监理工程师审核后，如同意施工单位所报计划，在"1. 同意"项的后面打"√"，如不同意施工单位所报计划，在"2. 不同意"项的后面打"×"，并就不同意的原因及理由简要列明，提出建议修改补充的意见后由总监理工程师签发。

4.4 施工进度计划

施工进度计划主要依据施工方案（已定材料、劳力、设备机具数量）和合同规定的期限等进行编制。

施工进度计划包括：划分施工项目、确定各施工项目或工序持续时间、确定各施工项目或工序之间的逻辑关系、编制初始网络计划、计划时间参数关键电路制定横道图、对计划进行审查与调整编制网络计划。

单位工程施工应编制施工进度计划，施工进度计划的主要内容包括：

（1）编制施工进度计划依据

1）"项目管理目标责任书"；

2）施工总进度计划；

3）施工方案；

4）主要材料和设备的供应能力；

5）施工人员的技术素质及劳动效率；

6）施工现场条件、气候条件、环境条件；

7）已建成的同类工程实际进度及经济指标。

（2）施工进度计划编制步骤

1）施工网络进度计划编制步骤

①熟悉审查施工图纸，研究原始资料；②确定施工起点流向，划分施工段和施工层；③分解施工过程，确定施工顺序和工作名称；④选择施工方法和施工机械，确定施工方案；⑤计算工程量，确定劳动量或机械台班数量；⑥计算各项工作持续时间；⑦绘制施工网络图；⑧计算网络图各项时间参数；⑨按照项目进度控制目标要求，调整和优化施工网络计划。

2）施工横道图进度计划编制步骤

①熟悉审查施工图纸，研究原始资料；②确定施工起点流向，划分施工段和施工层；③分解施工过程，确定施工项目名称和施工顺序；④选择施工方法和施工机械，确定施工方案；⑤计算工程量，确定劳动量或机械台班数量；⑥计算工程项目持续时间，确定各项流水参数；⑦绘制施工横道图；⑧按项目进度控制目标要求，调整和优化施工横道计划图。

（3）施工进度计划编制内容

1）编制说明；

2）进度计划图；

3）单位工程施工进度计划的风险分析及控制措施。

编制单位工程施工进度计划应采用工程网络计划技术，必要时还应编制横道图。计划编制应符合国家现行标准《网络计划技术》（GB/T 13400）及行业标准《工程网络计划技术规程》（JGJ/T 121—1999）的规定。

（4）制定施工进度控制实施细则

1）编制月、旬和周施工作业计划；项目经理部对进度控制的责职分工；进度控制的具体措施（包括组织措施、技术措施、经济措施及合同措施等）。

2）落实劳动力、原材料和施工机具供应计划。

3）协调同设计单位和分报单位关系，以便取得其配合和支持。

4）协调同业主的关系，保证其供应材料、设备和图纸及时到位。

5）跟踪监控施工进度，保证施工进度控制目标实现。

4.5 （ ）月人、机、料动态表

1. 资料表式（表 4-4）

（ ）月工、料、机动态表　　　　　　　　　　　表 4-4

工程名称：　　　　　　　　　　　　　　　　　　　　　　　　　编号：

<table>
<tr><td rowspan="2">人
工</td><td>工　种</td><td></td><td></td><td colspan="2">其　他</td><td colspan="2">合　计</td></tr>
<tr><td>人　数</td><td></td><td></td><td></td><td></td><td></td><td></td></tr>
<tr><td rowspan="0"></td><td>持证人数</td><td></td><td></td><td></td><td></td><td></td><td></td></tr>
<tr><td rowspan="3">主
要
材
料</td><td>名称</td><td>单位</td><td>上月库存量</td><td>本月进场量</td><td>本月消耗量</td><td colspan="2">本月库存量</td></tr>
<tr><td></td><td></td><td></td><td></td><td></td><td colspan="2"></td></tr>
<tr><td></td><td></td><td></td><td></td><td></td><td colspan="2"></td></tr>
<tr><td rowspan="3">主
要
机
械</td><td colspan="2">名　称</td><td>生产厂家</td><td colspan="2">规格型号</td><td colspan="2">数　量</td></tr>
<tr><td colspan="2"></td><td></td><td colspan="2"></td><td colspan="2"></td></tr>
<tr><td colspan="2"></td><td></td><td colspan="2"></td><td colspan="2"></td></tr>
<tr><td colspan="2">附　　件</td><td colspan="6"></td></tr>
<tr><td colspan="8"></td></tr>
<tr><td colspan="2">施工单位（公章）</td><td colspan="3">年　　月　　日</td><td>施工项目
负责人（签章）</td><td colspan="2">年　　月　　日</td></tr>
</table>

2. 应用说明

（1）本表为施工单位编制的（　　）月工、料、机动态表，编制调整的动态表，以保证工程施工需要。

（2）（　　）月工、料、机动态表内容包括两个部分：

一是施工单位编制的人工的工种、人数和持证人数；主要材料的上月库存量、本月进场量、本月消耗量、本月库存量；主要机械的名称、生产厂家、规格型号及使用数量。

二是施工单位的责任制。

（3）（　　）月工、料、机动态表施工单位加盖公章，施工项目负责人必须本人签章，同时分别填写该表提出的"　年　月　日"。

4.6　工程临时/最终延期报审表

1. 资料表式（表 4-5）

工程名称：　　　　　　　　　　　　　　　　　　　　　编号：

致：＿＿＿＿＿＿＿＿＿＿＿＿＿＿＿＿＿＿＿＿＿＿＿＿（项目监理机构） 　　根据施工合同＿＿＿＿＿＿＿＿＿＿＿＿＿＿＿（条款），由于＿＿＿＿＿＿＿＿＿原因，我方申请工程临时/最终延期＿＿＿＿＿＿（日历天），请予批准。 附件： 1. 工程延期依据及工期计算； 2. 证明材料。 　　　　　　　　　　　　　　　　　　　　　　　施工单位（盖章） 　　　　　　　　　　　　　　　　　　　　　　　项目经理（签字） 　　　　　　　　　　　　　　　　　　　　　　　　　　年　　月　　日
审核意见： 　□同意临时/最终延长工期＿＿＿＿＿＿＿＿＿＿（日历天），使××工程竣工日期从施工合同约定的 ＿＿＿＿年＿＿月＿＿日延迟到＿＿＿＿年＿＿月＿＿日。 　□不同意延长工期，请按约定竣工日期组织施工。 　　　　　　　　　　　　　　　　　　　　　项目监理机构（盖章） 　　　　　　　　　　　　　　　　　　　　　总监理工程师（签字、加盖执业印章） 　　　　　　　　　　　　　　　　　　　　　　　　　年　　月　　日
审批意见： 　　　　　　　　　　　　　　　　　　　　　　　建设单位（盖章） 　　　　　　　　　　　　　　　　　　　　　　　建设单位代表（签字） 　　　　　　　　　　　　　　　　　　　　　　　　　　年　　月　　日

注：本表一式三份，项目监理机构、建设单位、施工单位各一份。

2. 应用说明

工程临时延期报审表是指项目监理机构依据施工单位提请报审的工程临时延期的确认和批复。

（1）本表由施工单位填报，加盖公章，项目经理签字，经专业监理工程师初审符合要求后签字，由总监理工程师最终审核加盖项目监理机构章，经总监理工程师签字后执行。

（2）施工单位提请工程临时延期报审时，提供的附件包括：工程延期的依据及工期计算、合同竣工日期、申请延长竣工日期、证明材料等应齐全、真实，对任何不符合附件要求的材料，施工单位不得提请报审，监理单位不得签发报审表。

（3）工程临时延期报审是发生了施工合同约定由建设单位承担的延误工期事件后，施工单位提出的工期索赔，报项目监理机构审核确认。

（4）总监理工程师在签认工程延期前应与建设单位、施工单位协商，宜和是否要求费用索赔一并考虑处理。

（5）总监理工程师应在施工合同约定的期限内签发工程临时延期报审表，由于施工单位提供的资料不全，监理机构可以发出要求施工单位提交有关延期的进一步详细资料的通知。

（6）关于临时批准

在实际工作中，监理工程师必须在规定的时间内作出决定，否则施工单位可以以延期迟迟未获批准而被迫加快工程进度为由提出费用索赔。为了避免这种情况发生，使监理工程师有比较充裕的时间评审延期，对于某些较为复杂或持续时间较长的延期申请，监理工程师可以根据初步评审，给予一个临时的延期时间，然后再进行详细的研究评审，书面批准有效延期时间。合同条件规定，临时批准的延期时间不能长于最后的书面批准的延期时间。

临时批准的优点是：一般是一个合适的估计延期情况，以避免并减少施工单位提出索赔费用，同时又可再制定详细的批准计划。

（7）工程延期的审批原则

1）符合合同条件。必须是属于施工单位自身以外的原因造成工程延期，否则不能批准工程延期。

2）延期事件的工程部位必须在施工进度计划的关键线路上才可以批准工程延期。如果发生在非关键线路上，且延长时间未超过其总时差时，即使符合批准工程延期，也不能批准工程延期。

3）批准的工程延期必须符合实际情况。施工单位、监理单位均应有详细记载。

（8）申报工程延期的条件

1）监理工程师发出工程变更指令导致工程量增加；

2）合同中列出的任何可能造成工程延期的原因，如延期提交施工图、工程暂停、对合格工程的剥离检查及不利外界条件等；

3）异常恶劣气候条件；

4）由业主造成的任何延误、干扰或障碍，如未及时提供场地、未及时付款等；

5）施工单位自身以外的任何原因。

（9）工程延期的控制

1）选择合适的时机下达工程暂停指令；

2）提醒建设单位履行施工合同中规定的义务；

3）妥善处理工程延期事件。

（10）关于工期延期批准的协商

1）项目监理机构在作出临时工程延期或最终工程延期批准之前，均应与建设单位和施工单位协商。

2）项目监理机构审查和批准临时延期或最终工程延期的程序与费用索赔的处理程序相同。

（11）关于工程临时延期报审程序

1）施工单位在施工合同规定的期限内，向项目监理机构提交对建设单位的延期（工期索赔）意向通知书。

2）总监理工程师指定专业监理工程师收集与延期有关的资料。

3）施工单位在承包合同规定的期限内向项目监理机构提交工程临时延期报审表。

4）总监理工程师指定专业监理工程师初步审查工程临时延期报审表是否符合有关规定。

5）总监理工程师进行延期核查，并在初步确定延期时间后，与施工单位及建设单位进行协商。

6）总监理工程师应在施工合同规定的期限内签署工程临时延期报审表，或在施工合同规定期限内，发出要求施工单位提交有关延期的进一步详细资料后，按上述4）、5）、6）条程序进行。

7）总监理工程师在作出临时延期批准时，不应认为其具有临时性而放松控制。

8）临时批准延期时间不能长于最后的书面批准的延期时间。

（12）凡属下列原因经监理工程师确认工期可以顺延的工期延误：

1）发包方不能按专用条款的约定提供开工条件；

2）发包方不能按约定日期支付工程预付款、进度款，致使工程不能正常进行；

3）设计变更和工程量增加；

4）一周内非施工单位原因的停水、停电、停气造成停工累计超过8小时；

5）不可抗力；

6）专用条款中约定或监理工程师同意工期顺延的其他情况。

注：意外情况导致的暂停施工，如发现有价值的文物、不可抗拒事件等，风险责任由建设单位承担，工期相应顺延。

（13）填表说明

1）工程延期的依据及工期计算：工程延期依据是指非施工单位引起的工程延期的原因或理由，以及施工单位提出的延期意向通知。工期计算是指根据工程延期的依据、所列延长时间的计算方式及过程。

2）合同竣工日期：指建设单位与施工单位签订的施工合同中确定的竣工日期。

3）申请延长竣工日期：指包括已指令延长的工期加上本期申请延长工期后的竣工日期。

4）证明材料：指所有能证明非施工单位原因致工程延期的证明材料。

5）确认临时延期的基本条件：工程变更指令导致的工程量增加；合同中涉及的任何可能造成的工程延期的原因；异常恶劣的气候条件；由建设单位造成的任何延误、干扰或障碍等；施工单位自身外的其他原因。

4.7 工程款支付申请表

1. 资料表式（表4-6）

工程款支付申请表 表4-6

工程名称： 编号：

致_____（监理单位）
我方已完成了_____工作，按施工合同规定，建设单位应在_____ 年 _____ 月 _____ 日前支付该项工程款共（大写）_____（小写：_____），现报上 _____工程付款申请表，请予以审查并开具工程款支付证书。   附件：1. 工程量清单（工程计量报审表）； 　　　2. 计算方法。   施工单位（章）：_____   项目经理：_____ 日期：_____

本表一式四份，建设、监理单位各一份，施工单位两份，其中一份入城建档案。

2. 应用说明

工程款支付申请是施工单位根据项目监理机构对施工单位自检合格后且经项目监理机构验收合格经工程量计算应收工程款的申请书。

（1）施工单位提请工程款支付申请时，提供的附件包括：工程量清单、计算必须齐全、真实，对任何形式的不符合工程款支付申请的内容，施工单位不得提出申请。工程款支付申请必须经施工单位盖章、项目经理签字。

（2）工程款支付申请中包括合同内工作量、工程变更增减费用、批准的索赔费用、应扣除的预付款、保留金及合同中约定的其他费用。

（3）工程款支付申请由施工单位填报。施工单位统计报送的工程量必须是经专业监理工程师质量验收合格的工程，才能按施工合同的约定填报工程量清单和工程款支付申请表。

（4）工程款支付申请一般按以下程序执行：检验批验收合格→施工单位申请批准计量→监理工程师审批计量→施工单位提出支付申请→监理单位审批支付申请→总监理工程师

核定支付申请→总监理工程师签发支付证书→建设单位审核→向施工单位付款。

注：各环节中的审批，凡未获同意，均需说明原因重新报批。

（5）施工单位报送的工程量清单和工程款支付申请表，专业监理工程师必须按施工合同的约定进行现场计量复核，并报总监理工程师审定。

（6）总监理工程师指定专业监理工程师对工程款支付申请中包括合同内工作量、工程变更增减费用、经批准的费用索赔、应扣除的预付款、保留金及施工合同约定的其他支付费用等项目应逐项审核，并填写审查记录，提出审查意见报总监理工程师审核签认。

（7）填表说明

1）"我方已完成了_____工作"：填写经专业监理工程师验收合格的工程或部位的名称；支付该项工程款共：填写本支付期内经专业监理工程师验收合格工程的工作量。分别填写大写和小写的数额。

2）工程量清单（工程计量报审表）：指本次付款申请经过专业监理工程师确认已完成合格工程的工程量清单及经专业监理工程师签认的工程计量报审表。

3）计算方法：指本次付款申请对经过专业监理工程师确认已完合格工程量按施工合同约定采用的有关定额规定的计算方法求得的工程价款。

4.8 工程变更费用报审表

1. 资料表式（表 4-7）

工程变更费用报审表   表 4-7

工程名称：   编号：

致_____（监理单位）

兹申报_____年_____月_____日第_____号的工程变更，申请费用见附表，请审核。

附件：工程变更概（预）算书。

施工单位（章）：_____

项目经理：_____ 日期：_____

审查意见：

项目监理机构：_____

总监理工程师：_____ 日期：_____

本表一式四份，送监理机构审核后，建设、监理各一份，施工单位两份。

2. 应用说明

工程变更费用报审表是指由于建设、设计、监理、施工任何一方提出的工程变更，经有关方同意并确认其工程数量后，计算出的工程价款提请报审、确认和批复。

（1）本表由施工单位填报，加盖公章，项目经理签字，经专业监理工程师审查符合要求后报总监理工程师批准后签字有效，加盖项目监理机构章。

（2）施工单位提请工程变更费用报审，提供的附件应齐全、真实，对任何不符合附件要求的资料，施工单位不得提请报审，监理单位不得批准报审表。

（3）发生工程变更，无论是由设计单位、建设单位或施工单位提出的，均应经过建设单位、设计单位、施工单位和监理单位的代表签认，并通过项目总监理工程师下达变更指令后，施工单位方可进行施工和费用报审。

（4）提请报审的工程变更

1）图纸会审时提出的变更并已实施的；

2）建设单位提出的工程变更并已实施的；

3）由于施工环境、施工技术等原因，施工单位已提请审查并已经建设、监理单位批准且已实施的工程变更；

4）其他原因提出工程变更已经建设、设计、施工、监理各方同意并已实施的工程变更。

（5）工程变更费用的拒审

1）未经监理工程师审查同意，擅自变更设计或修改施工方案进行施工而计量的费用；

2）工序施工完成后，未经监理工程师验收或验收不合格而计量的费用；

3）隐蔽工程未经监理工程师验收确认合格而计量和提出的费用。

（6）工程变更时的造价确定方法

1）发生工程变更，无论是由设计单位、建设单位或施工单位提出的，均应经过建设单位、设计单位、施工单位和监理单位的代表签认，并通过项目总监理工程师下达变更指令后，施工单位方可进行施工。经过批准的工程变更才可以参加计量和计价。

2）施工单位应按照施工合同的有关规定，编制工程变更概算书，报送项目总监理工程师审核、确认，经建设单位、施工单位认可后，方可进入工程计量和工程款支付程序。

（7）填表说明

本表由施工单位填报，由项目监理机构审查。报审表内的施工单位、项目监理机构均盖章，不盖章无效。专业监理工程师提出审查意见，总监理工程师签字有效、不盖章。总监理工程师不签字无效。

1）附件：指应附的工程变更概（预）算书，包括工程设计变更、其他变更的所有变更依据的附件。

2）审查意见：将审查要点的审查结果一一列出，诸如各项变更手续是否齐全，是否经总监理工程师批准；工程变更确认后，是否在 14 天内向专业监理工程师提出变更价款报告（超过期限应视为该项目不涉及合同价款的变更）；核对的工程变更价款是否准确等。报总监理工程师审核，由总监理工程师签署审查意见和暂定价款数。

4.9 费用索赔申请表

1. 资料表式（表 4-8）

费用索赔申请表 表 4-8

工程名称： 编号：

致：＿＿＿＿＿＿＿＿＿＿＿＿＿＿＿＿＿＿＿＿＿＿＿＿（项目监理机构）

    根据施工合同＿＿＿＿＿＿＿＿＿＿＿＿＿条款，由于＿＿＿＿＿＿＿＿＿＿的原因，我方申请索赔金额（大写）＿＿＿＿＿＿＿＿＿＿＿＿＿请予批准。

    索赔理由：＿＿＿＿＿＿＿＿＿＿＿＿＿＿＿＿＿＿＿＿＿＿＿＿
＿＿＿＿＿＿＿＿＿＿＿＿＿＿＿＿＿＿＿＿＿＿＿＿＿＿＿＿＿＿＿＿
＿＿＿＿＿＿＿＿＿＿＿＿＿＿＿＿＿＿＿＿＿＿＿＿＿＿＿＿＿＿＿＿
＿＿＿＿＿＿＿＿＿＿＿＿＿＿＿＿＿＿＿＿＿＿＿＿＿＿＿＿＿＿＿＿

    附件：□索赔金额的计算
          □证明材料

施工单位（盖章）
项目经理（签字）
年   月   日

审核意见：

    □不同意此项索赔。

    □同意此项索赔，索赔金额为（大写）＿＿＿＿＿＿＿＿＿＿＿。

    同意/不同意索赔的理由：＿＿＿＿＿＿＿＿＿＿＿＿＿＿＿＿＿＿
＿＿＿＿＿＿＿＿＿＿＿＿＿＿＿＿＿＿＿＿＿＿＿＿＿＿＿＿＿＿＿＿
＿＿＿＿＿＿＿＿＿＿＿＿＿＿＿＿＿＿＿＿＿＿＿＿＿＿＿＿＿＿＿＿
＿＿＿＿＿＿＿＿＿＿＿＿＿＿＿＿＿＿＿＿＿＿＿＿＿＿＿＿＿＿＿＿

    附件：□索赔金额的计算

项目监理机构（盖章）
总监理工程师（签字、加盖执业印章）
年   月   日

审批意见：

建设单位（盖章）
建设单位代表（签字）
年   月   日

注：本表一式三份，项目监理机构、建设单位、施工单位各一份。

2. 应用说明

    费用索赔申请表是施工单位向建设单位提出索赔的报审，提请项目监理机构审查、确认和批复。包括工期索赔和费用索赔等。

    （1）本表由施工单位填报。由项目监理机构的总监理工程师签发。

    （2）施工单位提请报审费用索赔提供的附件：索赔的详细理由及经过、索赔金额的计算、

证明材料必须齐全真实，对任何形式的不符合费用索赔的内容，施工单位不得提出申请。

（3）项目监理机构必须认真审查施工单位报送的附件资料，填写复查意见，索赔金额的计算可以另附页计算依据。

（4）施工单位必须加盖公章，项目经理签字；项目监理机构必须加盖公章，总监理工程师、专业监理工程师分别签字。责任制签章齐全为符合要求，否则为不符合要求。

（5）项目监理机构受理索赔的基本条件

根据合同法关于赔偿损失的规定及建设工程施工合同条件的约定，必须注意分清：建设单位原因、施工单位原因、不可抗力或其他原因。《建设工程监理规范》第6.3.2条规定了施工单位向建设单位提出索赔成立的基本条件：

1）索赔事件造成了施工单位直接经济损失。

2）索赔事件是由于非施工单位的责任发生的。

3）施工单位已按照施工合同规定的期限和程序提出费用索赔申请表，并附索赔凭证材料。

4）当施工单位提出费用索赔的理由同时满足以上三个条件时，施工单位提出的索赔成立，项目监理机构应予受理。但是依法成立的施工合同另有规定时，按施工合同规定办理。

5）当建设单位向施工单位提出索赔也符合类似的条件时，索赔同样成立。

（6）施工单位向建设单位提出的可能产生索赔的内容

1）合同文件内容出错引起的索赔；

2）由于图纸延迟交出造成索赔，勘察、设计出现错误引起的索赔；

3）由于不利的实物障碍和不利的自然条件引起的索赔；

4）由于建设单位（或监理单位转提）的水准点、基线等测量资料不准确造成的失误与索赔；

5）施工单位根据监理工程师指示，进行额外钻孔及勘探工作引起的索赔；

6）由建设单位风险所造成损害的补救和修复所引起的索赔；

7）施工中施工单位开挖到化石、文物、矿产等物品，需要停工处理引起的索赔；

8）由于需要加强道路与桥梁结构以承受"特殊超重荷载"而引起的索赔；

9）由于建设单位雇佣其他施工单位的影响，并为其他施工单位提供服务而提出的索赔；

10）由于额外样品与试验而引起的索赔；

11）由于对隐蔽工程的揭露或开孔检查引起的索赔；

12）由于工程中断引起的索赔；

13）由于建设单位延迟移交土地（或临时占地）引起的索赔；

14）由于非施工单位原因造成了工程缺陷需要修复而引起的索赔；

15）由于要求施工单位调查和检查缺陷而引起的索赔；

16）由于工程变更引起的索赔；

17）由于变更使合同总价格超过有效合同价的15％而引起的索赔；

18）由特殊风险引起的工程被破坏和其他款项支付而提出的索赔；

19）因特殊风险使合同终止后的索赔；

20）因合同解除后引起的索赔；

21）建设单位违约引起工程终止等的索赔；

22）由于物价变动引起的工程成本增减的索赔；

23）由于后继法规的变化引起的索赔；

24）由于货币及汇率变化引起的索赔；

25）建设单位指令增、减的工程量引起的索赔。

注：施工单位提出的索赔必须指出：索赔所依据的合同条款，提出的索赔数量必须根据索赔类别，说明计算方法、计算过程、计算结果。否则即为索赔报告内容不全，可请予重新提出索赔报告。

（7）可能作为索赔的证据主要包括：

1）招标文件、合同文本及附件、其他各种签约（备忘录、修正案）、发包人认可的工程实施计划、各种工程图纸（包括图纸修改指令）、技术规范等；

2）来往信件（有关合同双方认可的通知和建设单位的变更指令）；

3）各种会谈纪要（需经各方签署才有法律效率）；

4）各种会议纪要（发包、承包、监理各方会议形成的纪要且经签认的）；

5）施工组织设计；

6）指令和通知（发包、监理方发出的）；

7）施工进度计划与实际施工进度记录；

8）施工现场的工程文件（施工记录、备忘录、施工日志、施工员和检查员工作日记，监理工程师填写的监理记录和签证，发包人或监理工程师签认的停水、停电、道路封闭、开通记录和证明，其他可以作证的工程文件等）；

9）工程照片（如表示进度、隐蔽工程、返工等照片，应注明日期）；

10）气象资料（需经监理工程师签证）；

11）工程中各种检查验收报告和各种技术鉴定报告；

12）工程交接记录、图纸和资料交接记录；

13）建筑材料和设备的采购、订货、运输进场、保管和使用方面记录、凭证和报表；

14）政府主管部门、工程造价部门发布的材料价格、信息、调整造价方法和指数等；

15）市场行情资料；

16）各种公开的成本和会计资料，财务核算资料；

17）国家发布的法律、法令和政策文件，特别是涉及工程索赔的各类文件；

18）附加工程（建设单位附加的工程项目）；

19）不可抗力；

20）特殊风险（战事、敌对行动、入侵、核装置污染和冲击波破坏、叛乱、暴动、军事政变等）；

21）其他。

（8）监理工程师审核和处理索赔准则

1）依据合同条款及合同，实事求是地对待索赔事件；

2）各项记录、报表、文件、会议纪要等索赔证据的文档资料必须准确和齐全；

3）核算数据必须正确无误。

（9）项目监理机构对费用索赔的审查和处理程序

1）施工单位在施工合同规定的期限内向项目监理机构提交对建设单位的费用索赔意向通知书；

2）总监理工程师指定专业监理工程师收集与索赔有关的资料；

3）施工单位在承包合同规定的期限内向项目监理机构提交对建设单位的费用索赔申请表；

4）总监理工程师初步审查费用索赔申请，符合《建设工程监理规范》（GB/T 50319—2013）规定的条件时予以受理；

5）总监理工程师进行费用索赔审查，并在初步确定一个额度后，与施工单位和建设单位进行协商。

（10）审查和初步确定索赔批准额时，项目监理机构的审查要点：

1）索赔事件发生的合同责任；

2）由于索赔事件的发生，施工成本及其他费用的变化和分析；

3）索赔事件发生后，施工单位是否采取了减少损失的措施。施工单位报送的索赔额中是否包含了让索赔事件任意发展而造成的损失额。

（11）审核要点

1）查证索赔原因。监理工程师首先应看到施工单位的索赔申请是否有合同依据，然后查看施工单位所附的原始记录和账目等，与专业监理工程师所保存的记录核对，以了解以下情况：工程遇到怎样的情况减慢或停工的；需要另外雇用多少人才能加快进度，或停工已使多少人员闲置；怎样另外引进所需的设备，或停工已使多少设备闲置；监理工程师曾经采取哪些措施。

2）核实索赔费用的数量

施工单位的索赔费用数量计算一般包括：所列明的数量；所采用的费率。在费用索赔中，承包单位一般采用的费率为：

① 采用工程量清单中有关费率或从工程量清单里有关费率中推算出的费率；

② 重新计算费率。

原则上，施工单位提出的所有费用索赔均可不采用工程量清单中的费率而重新计算。监理工程师在审核施工单位提出的费用索赔时应注意：索赔费用只能是施工单位实际发生的费用，而且必须符合工程项目所在国或所在地区的有关法律和规定。另外，绝大部分的费用索赔是不包括利润的，只涉及直接费和管理费。只有遇到工程变更时，才可以索赔到费用和利润。

（12）项目监理机构在确定索赔批准额时，可采用实际费用法。索赔批准额等于施工单位为了某项索赔事件所支付的合理实际开支减去施工合同中的计划开支，再加上应得的管理费和利润。

总监理工程师应在施工合同规定的期限内签署费用索赔审批表。

（13）总监理工程师附送索赔审查报告的内容

总监理工程师在签署费用索赔审批表时，可附一份索赔审查报告。索赔审查报告可包括以下内容：

1）正文：受理索赔的日期，工作概况，确认的索赔理由及合同依据，经过调查、讨论、协商而确定的计算方法及由此而得出的索赔批准额和结论。

2）附件：总监理工程师对索赔的评价，施工单位索赔报告及其有关证据、资料。

（14）费用索赔与工期索赔的互联处理

费用索赔与工期索赔有时候会相互关联，在这种情况下，建设单位可能不愿给予工程延期批准或只给予部分工程延期批准，此时的费用索赔批准不仅要考虑费用补偿还要给予赶工补偿。所以总监理工程师要综合作出费用索赔和工程延期的批准决定。

（15）建设单位向施工单位的索赔处理原则

由于施工单位的原因造成建设单位的额外损失，建设单位向施工单位提出费用索赔时，总监理工程师在审查索赔报告后，应公正地与建设单位和施工单位进行协商，并及时作出答复。

（16）施工单位提请报审、项目监理机构复查提出和审查后的索赔金额必须大写。

（17）审核确定索赔数量时应注意的几个具体问题：

1）定价基础

单价和费用构成：施工过程中的工程数量、施工方案、进度计划、工艺操作和招投标时期是不同的，从而构成索赔单价的差异；因施工时间变化对各种建筑材料、子项预算构成单价的价格影响；合同条款对单价和费率的规定。

2）计算范围：是指索赔涉及的工程范围和数量，是计算索赔的基础。

① 应注意索赔涉及的工程范围和数量双方有无争议；

② 合同条件以外施工过程中的有关记录中涉及的本次索赔事宜；

③ 进度计划中延期及采取相应措施中的费用增加；

④ 专项技术分析原因中涉及索赔，可能计入的索赔范围。

3）款项或费用的构成

① 单价中包含着工程的直接费、管理费和利润。索赔设计工程往往不应包括管理费和利润。例如机械闲置费不应按台班计算，而应按实际租金或折旧费计算，人工费不应按日工计算，只能按劳务成本（工资、奖金、差旅费、法定补贴、保险费等）计算。

② 在运输道路上施工单位因违章（如运输工具选择不当、超重等对路桥造成损失），不应计入索赔的内容，因为公路章程任何人都应遵守，施工单位属明知故犯。如果发包单位指使或强令施工单位进行此类行为时，其损失可由发包单位负责，可以计入索赔内容。

（18）对待索赔，合同有关各方都应高度重视，并力求尽早妥善处理好，索赔本身会带来许多意想不到的麻烦，如不尽早按合同要求处理，只会带来更多的问题。应当充分认识到索赔中绝大部分问题都可以用合同文件来解决，重要的是项目监理机构的专业监理工程师应熟悉索赔事务并能公正而认真的对待索赔。

（19）填表说明

1）"根据施工合同条款_____条的规定"：填写提出费用索赔所依据的施工合同条目。

2）"由于_____的原因"：填写导致费用索赔事件的名称。

3）索赔的理由：指索赔事件造成施工单位直接经济损失，索赔事件是由于非施工单位的责任发生的等情况的详细理由及事件经过。

4）索赔金额的计算：指索赔金额计算书。

5）证明材料：指上述两项所需的各种凭证。

6）审核意见：专业监理工程师对所报资料审查、与监理同期记录核对、计算，并将审查情况报告总监理工程师。不满足索赔条件，总监理工程师在不同意此索赔前"□"内划"√"。满足索赔条件，总监理工程师应分别与建设单位、施工单位协商，达成一致或总监理工程师公正地自主决定后，在同意此项索赔前"□"内划"√"，并填写商定（或自主决定）的金额。

7）同意/不同意索赔的理由：指由总监理工程师填写的同意、部分同意或不同意索赔的理由和依据。

8）索赔金额的计算：指项目监理机构对索赔金额的计算过程及方法。

第5章 施工物资文件

5.1 出厂质量证明文件及出厂检测报告

5.1.1 出厂质量证明文件及出厂检测报告表式与说明

5.1.1.1 主要原材料、成品、半成品、构配件、设备出厂证明汇总表

1. 资料表式（表5-1）

主要原材料、成品、半成品、构配件、设备出厂证明汇总表　　　　表5-1

工程名称				施工单位					
名称	品种	型号（规格）	代表数量	单位	使用部位	出厂证或出厂试验编号	进场复试报告编号	见证记录编号	备注
施工项目技术负责人				填表人		填表日期		年　月　日	

2. 应用说明

（1）本表系市政基础设施工程的主要原材料、成品、半成品、构配件、设备的出厂合格证及复试报告的汇总目录表。可按形成资料的序列依序列记。本表由施工单位汇整填写。

1）本表适用于市政基础设施工程及其所辖构（建）筑物用砂、石、砌块、水泥、钢筋（材）、石灰、沥青、涂料、混凝土外加剂、防水材料、粘结材料、防腐保温材料等，均应分别依序进行整理汇总。

2）汇总整理按工程进度为序进行，如路基、基层、面层；地基基础、主体工程等。

（2）汇总整理内容按5.1.1.2："主要原材料、成品、半成品、构配件、设备材料"的

名目，分别依序进行汇整。汇整时可按不同的某一材料、构配件进场顺序形成的资料汇整填写。这样便于核对其某一材料、构配件的品种、规格、数量、尺寸等是否满足设计文件要求。

1）_____合格证及试验报告汇总表应按施工过程中依序形成的某原材料试（检）验报告，按以上表式经核查后全部逐一汇总不得缺漏。

2）各种不同材料的检验必须按相关现行标准要求进行。材料检验的试验单位必须具有相应的资质，不具备相应资质的试验室出具的材料试验报告无效。

3）某种材料的品种、规格，应满足设计要求的品种、规格要求，由核查人判定是否符合该要求。

（3）核查结果应符合以下要求：

1）有见证取样、送样试验要求的：必须保证进行见证取样、送样试验。实行见证取样和送样，可核查试验室出具的试验报告单上注明见证取样人的单位、姓名和见证资质证号，否则为无效试验报告单。

2）出厂合格证采用抄件或影印件时应加盖抄件（注明原件存放单位）或影印件单位章，经手人签字。

3）凡执行见证取样、送样的材料均必须有出厂合格证和试验报告（双试）。材料使用以复试报告为准。试验内容齐全且均应在使用前取得。

5.1.1.2 主要原材料、成品、半成品、构配件、设备出厂质量合格证书或出厂检（试）验报告粘贴表

1. 资料表式（表 5-2）

_____合 格 证 粘 贴 表 表 5-2

审核：　　　　　　整理：　　　　　　　　　　　年　　月　　日

2. 应用说明

_____合格证粘贴表是为整理不同厂家提供的出厂合格证，因规格、形式不一，为统一规格，达到规范、齐整而规定的表式。

（1）本表适用于砂、石、砖、水泥、钢筋、沥青、防水材料、防腐材料等的出厂合格证的整理粘贴，上述材料的合格证均应进行整理粘贴。

（2）合格证或出厂检验报告的整理粘贴可按不同材料进场时间及工程进度为序，应按品种分别整理粘贴。

（3）某种材料合格证的整理粘贴，其品种、规格、数量应满足设计要求。性能质量应满足相应标准质量要求。

（4）合格证粘贴应：

1）保证资料的真实性。

2）合格证内容应包括：材料或产品名称、规格、等级、数量（质量或件数）、批号或生产日期、出厂日期、材料或产品出厂检验项目的各项检验结果和供方质检部门印记（必须符合设计和标准与规范要求），材料或产品应用标准编号、生产许可证编号，应标明的材料或产品注意事项、材料或产品安全警语（合理缺项除外）。

5.1.2 _____材料检验报告（通用）

1. 资料表式（表5-3）

_____材料检验报告表（通用）   表5-3

委托单位：   试验编号：

工程名称		委托日期	
使用部位		报告日期	
试样名称及规格型号		检验类别	
生产厂家		批　号	

序　号	检 验 项 目	标 准 要 求	实测结果	单项结论

依据标准：

检验结论：

备　注：

试验单位：   技术负责人：   审核：   试（检）验：

2. 应用说明

_____材料检验报告表是指为保证工程质量对用于工程的除已明确有编列的试验表式以外的材料，根据标准要求可应用本表进行有关指标的测试，由试验单位出具试验证明文件。

（1）材料检验的目的基本要求

1）材料质量检验是通过一系列的检测手段，将所取的材料试验数据与材料质量标准相比较，借以判断材料质量的可靠性，以确认能否使用于工程。

材料质量的抽样数量和检验方法，要能反映该批材料质量的性能。重要材料或非匀质材料应酌情增加取样数量。

2）材料质量标准是用于衡量材料质量的尺度，也是作为验收、检验材料的依据。不同材料应用不同的质量标准，应分别对照执行。受检材料必须满足相应标准质量要求。

3）材料质量控制的内容主要有：材料的质量标准、材料的性能、材料的取样、试验方法、材料的适用范围和施工要求。

4）进口材料、设备应会同商检局检验，如核对凭证时发现问题，应取得供方商检人员签署的合格的商务记录。

（2）填表说明

1）标准要求：指标准对测试有关项目质量指标的要求，由试验部门填写。

2）实测结果：指试验室测定的实际结果，由试验部门填写。

3）单项结论：指材料的单项试验结果，由试验室填写能否使用的单项结论。

5.1.3　水泥产品合格证、出厂检验报告粘贴表

水泥出厂质量合格证书或出厂检验报告粘贴表按表 5-2 执行。均分类按序贴于该表上。

水泥出厂质量合格证书或出厂检（试）验报告的检验项目必试项目为：强度、安定性和凝结时间等。水泥出厂检验项目为化学指标、凝结时间、安定性和强度。进场水泥应保证：

（1）所有牌号、强度等级、品种的水泥应有合格证。水泥出厂合格证内容应包括：水泥牌号、厂标、水泥品种、强度等级、出厂日期、批号、合格证编号、抗压强度、抗折强度、安定性、凝结时间。

（2）从出厂日期起 3 个月内为有效期，超过 3 个月（快硬硅酸盐水泥超过一个月）另做试验。水泥进场日期超 3 个月没复试，为不符合要求。

（3）合格证中应有 3 天、7 天、28 天抗压、抗折强度和安定性试验结果。水泥复试可以提出 7 天强度以适应施工需要，但必须在 28 天后补充 28 天水泥强度报告。应注意出厂编号、出厂日期应一致。

（4）应核查水泥出厂合格证是否齐全。

5.1.4　各类砌砖、砌块合格证和出厂检验报告粘贴表

各类砌砖、砌块合格证和出厂检验报告的粘贴用表按表 5-2 表式执行。均分类按序贴于该表上。

5.1.5　砂子、石子产品合格证和出厂检验报告粘贴表

5.1.5.1　砂子产品合格证和出厂检验报告粘贴表

砂子产品合格证和出厂检验报告的粘贴用表按表 5-2 表式执行。均分类按序贴于该表上。

5.1.5.2　石子产品合格证和出厂检验报告粘贴表

石子产品合格证和出厂检验报告的粘贴用表按表 5-2 表式执行。均分类按序贴于该表上。

5.1.6　钢筋、钢材产品合格证和出厂检验报告粘贴表

5.1.6.1　钢筋混凝土用钢筋产品合格证和出厂检验报告粘贴表

钢筋混凝土用钢筋产品合格证和出厂检验报告的粘贴用表按表 5-2 表式执行。均分类按序贴于该表上。

5.1.6.2　钢结构用钢材产品合格证和出厂检验报告粘贴表

钢结构用钢材产品合格证和出厂检验报告粘贴表用表按表 5-2 表式执行。均分类按序贴于该表上。

5.1.7　预应力混凝土用钢丝和钢绞线等的产品合格证和出厂检验报告粘贴表

5.1.7.1　预应力混凝土用钢丝产品合格证和出厂检验报告粘贴表

预应力混凝土用钢丝产品合格证和出厂检验报告的粘贴用表按表 5-2 表式执行。均分类按序贴于该表上。

5.1.7.2　预应力混凝土用钢绞线产品合格证和出厂检验报告粘贴表

预应力混凝土用钢绞线产品合格证和出厂检验报告的粘贴用表按表 5-2 表式执行。均分类按序贴于该表上。

5.1.7.3　金属螺旋管合格证粘贴表

（1）金属螺旋管合格证的粘贴用表按表 5-2 表式执行。
（2）金属螺旋管合格证应按施工过程中依序形成的以上表式，经核查符合要求后全部粘贴表内，不应缺漏。

5.1.8　焊条（剂）产品合格证和出厂检验报告粘贴表

焊条（剂）产品合格证和出厂检验报告的粘贴用表按表 5-2 表式执行。均分类按序贴于该表上。

5.1.9　粉煤灰产品合格证和出厂检验报告粘贴表

粉煤灰产品合格证和出厂检验报告的粘贴用表按表 5-2 表式执行。均分类按序贴于该表上。

5.1.10 混凝土外加剂产品合格证和出厂检验报告粘贴表

混凝土外加剂产品合格证和出厂检验报告的粘贴用表按表 5-2 表式执行。均分类按序贴于该表上。

5.1.11 预拌（商品）混凝土产品合格证和出厂检验报告粘贴表

5.1.11.1 预拌（商品）混凝土产品合格证粘贴表

预拌（商品）混凝土产品合格证的粘贴用表按表 5-2 表式执行。均分类按序贴于该表上。

5.1.11.2 预拌（商品）混凝土出厂检验报告粘贴表

预拌（商品）混凝土出厂检验报告的粘贴用表按表 5-2 表式执行。均分类按序贴于该表上。

5.1.12 预制构件、钢构件产品合格证和出厂检验报告粘贴表

5.1.12.1 预制构件产品合格证和出厂检验报告粘贴表

预制构件产品合格证和出厂检验报告的粘贴用表按表 5-2 表式执行。均分类按序贴于该表上。

5.1.12.2 钢构件产品合格证和出厂检验报告粘贴表

钢构件产品合格证和出厂检验报告的粘贴用表按表 5-2 表式执行。均分类按序贴于该表上。

5.1.13 石材检验报告粘贴表

石材检验报告的粘贴用表按表 5-2 表式执行。均分类按序贴于该表上。

5.1.14 沥青产品合格证和出厂检验报告粘贴表

沥青产品合格证和出厂检验报告的粘贴表用表按表 5-2 表式执行。均分类按序贴于该表上。

5.1.15 防水卷材产品合格证和出厂检验报告粘贴表

防水卷材产品合格证和出厂检验报告的粘贴表用表按表 5-2 表式执行。均分类按序贴于该表上。

5.1.16 涂装材料产品合格证和出厂检验报告粘贴表

涂装材料产品合格证和出厂检验报告的粘贴表按表 5-2 执行。均分类按序贴于该表上。

5.1.17 防腐材料产品合格证和出厂检验报告粘贴表

防腐材料产品合格证和出厂检验报告的粘贴表用表按表 5-2 表式执行。均分类按序贴于该表上。

5.1.18 保温材料等产品合格证和出厂检验报告粘贴表

保温材料等产品合格证和出厂检验报告的粘贴表用表按表 5-2 表式执行。均分类按序贴于该表上。

5.1.19 橡胶止水带（圈）产品合格证和出厂检验报告粘贴表

橡胶止水带（圈）产品合格证和出厂检验报告的粘贴表用表按表 5-2 表式执行。均分类按序贴于该表上。

5.1.20 设备及配件等的出厂质量合格证明及性能检验报告（进口产品的商检报告）

5.1.20.1 设备出厂质量合格证明及性能检验报告（进口产品的商检报告）粘贴表

设备出厂质量合格证明及性能检验报告（进口产品的商检报告）的粘贴用表按表 5-2 表式执行。均分类按序贴于该表上。

5.1.20.2 设备进口产品的商检报告粘贴表

设备进口产品的商检报告的粘贴用表按表 5-2 表式执行。均分类按序贴于该表上。

5.1.20.3 配件等的出厂质量合格证明及性能检验报告（进口产品的商检报告）粘贴表

配件等的出厂质量合格证明及性能检验报告（进口产品的商检报告）的粘贴用表按表 5-2 表式执行。均分类按序贴于该表上。

5.1.20.4 配件进口产品的商检报告粘贴表

配件进口产品的商检报告的粘贴用表按表 5-2 表式执行。均分类按序贴于该表上。

5.1.21 其他材料、产品合格证和出厂检验报告粘贴表

其他材料、产品合格证和出厂检验报告粘贴表是指"5.1 出厂质量证明文件及出厂检测报告"项下未包括的材料、产品，而设计文件中使用该材料或产品，可按种类分别进行粘贴。

5.2 进场检验通用表格

5.2.1 材料、构配件进场验收记录

1. 资料表式（表 5-4）

材料、构配件进场验收记录 表 5-4

收货日期 年 月 日	材料、构配件名称	单位	数量	送货单 编 号	供货单位名称
材料 （设备） 数量及 质量 情况	1. 不同品种的各自应送产品数量； 2. 不同品种的各自实收产品数量； 3. 实收质量状况。				
有效 地点 及 保管 状况	1. 露天或仓库； 2. 能否正常保管。				
备 注	1. 运输单位名称； 2. 送货人名称； 3. 其他。				
施工单位材料员：	供货单位人员：		专职质检员：		专业技术负责人：

注：1. 每品种、批次填表一次。

2. 进场验收记录为管理资料，不作为归存资料。

2. 应用说明

（1）材料、构配件进场后，应由施工单位会同建设（监理）单位共同对进场物资进行检查验收，填写《材料（设备）进场验收记录》。

（2）主要检验内容包括：

1）物资出厂质量证明文件及检验（测）报告是否齐全。

2）实际进场物资数量、规格和品种等与计划的符合性，是否满足设计和施工计划要求。

3）物资外观质量是否满足设计要求或规范规定。

4）按规定需进行抽检的材料、构配件是否及时抽检，检验结果和结论应齐全且符合要求。

（3）按规定应进场复试的工程物资，必须在进场检查验收合格后取样复试。

5.2.2 见证取样送检汇总表

1. 资料表式（表5-5）

见证试验检测汇总表

表 5-5

工程名称：_____

施工单位：_____

建设单位：_____

监理单位：_____

见 证 人：_____

试验室名称：_____

试验项目	应送试总次数	有见证试验次数	不合格次数	备注

施工单位：   制表人：

注：此表由施工单位汇总填写，报当地质量监督总站（或站）。

2. 填表说明

（1）见证人：指已取得见证取样送检资质并对某一品种实际送试的见证人。填写见证人姓名。

（2）应送试总次数：指该试验项目，该品种根据标准规定应送检的代表批次的应送数量的总次数。

（3）有见证试验次数：指该试验项目，该品种按见证取样要求的实际送检批次数。

（4）不合格次数：指该试验项目，该品种按见证取样送检的批次中，按标准规定测试结果，不符合某标准规定的批次数。

5.3 进场复试报告

5.3.1 主要材料、半成品、构配件、设备进场复检汇总表

1. 资料表式（表 5-6）

主要材料、半成品、构配件、设备进场复检汇总表 表 5-6

工程名称					施工单位					
名称	品种	型号（规格）	代表数量	单位	使用部位	出厂证或出厂试验编号	进场复试报告编号	见证记录编号	备注	
施工项目技术负责人				填表人			填表日期		年　月　日	

2. 应用说明

（1）本表系市政基础设施工程的主要原材料、成品、半成品、构配件、设备的出厂合格证及复试报告的汇总目录表。可按形成资料的序列依序列记。本表由施工单位汇整填写。

1）本表适用于市政基础设施工程及其所辖构（建）筑物用砂、石、砌块、水泥、钢筋（材）、石灰、沥青、涂料、混凝土外加剂、防水材料、粘结材料、防腐保温材料等，应分别依序进行整理汇总。

2）汇总整理按工程进度为序进行。

（2）汇总整理内容按第 5.1.1.1 节"主要原材料、成品、半成品、构配件、设备出厂证明汇总表"的名目，分别依序进行汇整。汇整时可按不同的某一材料、构配件进场顺序形成的资料汇整填写。这样便于核对某一材料、构配件的品种、规格、数量、尺寸等是否满足设计文件要求。

1）＿＿＿＿＿＿＿合格证及试验报告汇总表应按施工过程中依序形成的某原材料试（检）验报告依以上表式经核查后逐一汇总，不得缺漏。

2）各种不同材料的检验必须按相关现行标准要求进行。材料检验的试验单位必须具有相应的资质，不具备相应资质的试验室出具的材料试验报告无效。

3）某种材料的品种、规格，应满足设计要求，由核查人判定是否符合该要求。

（3）汇总时应对以下内容进行核查，核查结果应符合以下要求：

1）有见证取样、送样试验要求的：必须保证进行见证取样、送样试验。实行见证取样和送样，应核查试验室出具的试验报告单上注明的见证取样人的单位、姓名和见证资质证号，否则为无效试验报告单。

2）出厂合格证采用抄件或影印件时应加盖抄件（注明原件存放单位）或影印件单位章，经手人签字。

3）凡执行见证取样、送样的材料均必须有出厂合格证和试验报告（双试）。材料使用以复试报告为准。试验内容齐全且均应在使用前取得。

注：关于复试报告与试验报告的说明

1. 复试报告是指某材料，不论有无生产厂家或因中转需要已提出了试验报告，在用于工程前均必须进行复试。

2. 试验报告是指由原生产厂家提供的试验报告或因中转需要而进行试验提出的试验报告，而不是用于工程前的复试报告。试验报告是不能代替复试报告的。

3. 试验报告或复试报告均必须具有真实性。

5.3.2 见证取样送检检验成果汇总表

（1）见证取样送检检验成果汇总表按 5.2.2 见证取样送检汇总表相关要求执行。

（2）见证取样送检检验成果汇总是指如下八项内容的试（检）验均必须实行见证取样送检检验制度，并对实施见证取样送检检验的子项予以汇总，即为见证取样送检检验成果汇总表。

（3）国家规定必须实行的见证取样检测：

1）水泥物理力学性能检验；

2）钢筋（含焊接与机械连接）力学性能检验；

3）砂、石常规检验；

4）混凝土、砂浆强度检验；

5）简易土工试验；

6）混凝土掺加剂检验；

7）预应力钢绞线、锚夹具检验；

8）沥青、沥青混合料检验。

注：尚应包括国家和省规定必须实行见证取样、送样的其他试块、试件和材料。

（4）见证取样、送检要求：

1）保证应进行取样、送检的子项全部执行取样、送检工作。

2）保证见证取样、送检试件的文件（资料）的真实性。取样、送检试件的测试结果全部符合设计和规范要求。

5.3.3 钢筋（材）进场复试报告

1. 资料表式（表 5-7）

钢筋（材）进场复试报告

表 5-7

试验编号：＿＿＿＿＿＿＿＿＿＿＿

委托单位：＿＿＿＿＿＿＿＿＿＿＿＿＿＿＿＿＿＿＿＿　试验委托人：＿＿＿＿＿＿＿＿＿＿＿

工程名称：＿＿＿＿＿＿＿＿＿＿＿＿＿＿＿＿＿　部　　　位：＿＿＿＿＿＿＿＿＿＿＿

钢材种类：＿＿＿＿＿＿＿＿　级别规格：＿＿＿＿＿＿　牌号：＿＿＿＿＿＿　产地：＿＿＿＿＿

试件代表数量：＿＿＿＿＿＿＿＿＿　来样日期：＿＿＿＿＿＿＿　试验日期：＿＿＿＿＿＿＿

一、力学试验结果

试件编号	规格	截面积（mm²）	屈服点（N/mm²）	极限强度（N/mm²）	伸长率（%）	冷弯试验		
						弯心直径（mm）	角度	评定

二、化学分析结果

试件编号	分析编号	化学成分分析					
		C%（碳）	S%（硫）	P%（磷）	Mn%（锰）	Si%（硅）	

注：用于结构时，根据规范及设计要求计算 R_m^0/R_{eL}^0 和 R_m^0/R_{eL}。

结论：＿＿

试验单位：　　　　技术负责人：　　　　　审核：　　　　　试（检）验：

报告日期：　　年　月　日

2. 应用说明

钢筋机械性能试验报告是指为保证用于市政基础设施工程钢筋的机械性能（屈服强度、抗拉强度、伸长率、弯曲条件）满足设计或标准要求而进行的试验项目。

（1）基本要求

钢筋的必试项目：力学性能和工艺性能试验，必要时进行化学成分检验。必须实行见证取样，试验室应在见证取样人名单上加盖公章和经手人签字。

1）工程中所用受力钢筋应有出厂合格证和复试报告。凡用于工程的钢筋，第一次复试不符合标准要求的，应取双倍试件数量进行复试。对加工中出现的异常现象，应进行化学成分检验，或依据设计要求进行其他专项检验。

2）无出厂合格证时，应做机械性能试验和化学成分检验。

3）凡使用进口钢筋，均应做机械性能试验及化学成分检验，如需焊接尚应做焊接性能试验。

4）出厂合格证采用抄件或影印件时应加盖抄件（注明原件存放单位及钢材批量）或影印件单位章，经手人签字。

（2）构筑物工程用钢筋的品种、规格、性能等均应符合设计要求和国家现行标准《钢筋混凝土用钢　第1部分：热轧光圆钢筋》（GB 1499.1—2008）、《钢筋混凝土用钢　第2部分：热轧带肋钢筋》（GB 1499.2—2007）、《碳素结构钢》（GB/T 700—2006）、《环氧树脂涂层钢筋》（JG 3042—1997）和《冷轧带肋钢筋》（GB 13788—2008）等的规定。

5.3.3.1　钢筋混凝土用钢　第1部分：热轧光圆钢筋应用技术要求

执行标准：《钢筋混凝土用钢　第1部分：热轧光圆钢筋》（GB 1499.1—2008）　　（摘选）

（1）热轧光圆钢筋的屈服强度特征值分为235、300级。牌号为HPB235、HPB300。热轧光圆钢筋的公称横截面面积与理论重量见表5-8所列。

热轧光圆钢筋的公称横截面面积和理论重量　　　　　表5-8

公称直径（mm）	公称横截面面积（mm²）	理论重量（kg/m）
6（6.5）	28.27（33.18）	0.222（0.260）
8	50.27	0.395
10	78.54	0.617
12	113.1	0.888
14	153.9	1.21
16	201.1	1.58
18	254.5	2.00
20	314.2	2.47
22	380.1	2.98

注：表中理论重量按密度为 7.85g/cm³ 计算。公称直径 6.5mm 的产品为过渡性产品。

（2）技术要求

1）钢筋牌号及化学成分（熔炼分析）应符合表5-9的规定。

钢筋牌号及化学成分　　　　　表5-9

牌　　号	化学成分（质量分数）/%　不大于				
	C	Si	Mn	P	S
HPB235	0.22	0.30	0.65	0.045	0.050
HPB300	0.25	0.55	1.50		

注：1. 钢中残余元素铬、镍、铜含量应各不大于 0.30%，供方如能保证可不作分析。

　　2. 钢筋的成品化学成分允许偏差应符合《钢的成品化学成分允许偏差》（GB/T 222—2006）的规定。

2）力学性能、工艺性能。

钢筋的屈服强度 R_{eL}、抗拉强度 R_m、断后伸长率 A、最大力总伸长率 A_{gt} 等力学性能特征值应符合表5-10的规定。弯曲性能：按表3规定的弯芯直径弯曲180°后，钢筋受弯曲部位表面不得产生裂纹。

钢筋的力学性能 表 5-10

牌　号	R_{eL} (MPa)	R_{m} (MPa)	A (%)	A_{gt} (%)	冷弯试验 180° d——弯芯直径 d_{n}——钢筋公称直径
		不小于			
HPB235	235	370	25.0	10.0	$d=d_{\mathrm{n}}$
HPB300	300	420			

3）每批钢筋的检验项目、取样方法和试验方法应符合表 5-11 的规定。

钢筋的检验 表 5-11

序号	检验项目	取样数量	取样方法	试验方法
1	化学成分（熔炼分析）	1	GB/T 20066	GB/T 223 GB/T 4336
2	拉伸	2	任选两根钢筋切取	GB/T 228、GB 1499.1—2008 8.2
3	弯曲	2	任选两根钢筋切取	GB/T 232、GB 1499.1—2008 8.2
4	尺寸	逐支（盘）	GB 1499.1—2008 8.3	
5	表面	逐支（盘）	目视	
6	重量偏差	GB 1499.1—2008 8.4		GB 1499.1—2008 8.4

注：对化学分析和拉伸试验结果有争议时，仲裁试验分别按 GB/T 223、GB/T 228 进行。

4）检验规则。

① 组批规则。

A. 钢筋应按批进行检查和验收，每批由同一牌号、同一炉罐号、同一尺寸的钢筋组成。每批重量通常不大于 60t。超过 60t 的部分，每增加 40t（或不足 40t 的余数），增加一个拉伸试验试样和一个弯曲试验试样。

B. 允许由同一牌号、同一冶炼方法、同一浇注方法的不同炉罐号组成混合批。各炉罐号含碳量之差不大于 0.02%，含锰量之差不大于 0.15%。混合批的重量不大于 60t。

② 钢筋检验项目和取样数量应符合表及组批规则的规定。各检验项目的检验结果应符合（GB 1499.1—2008）标准的有关规定。

5.3.3.2　钢筋混凝土用钢第 2 部分：热轧带肋钢筋应用技术要求

执行标准：《钢筋混凝土用钢第 2 部分：热轧带肋钢筋》GB 1499.2—2007（摘选）

（1）钢筋的公称横截面面积与理论重量列于表 5-12。

钢筋的公称横截面面积与理论重量 表 5-12

公称直径（mm）	公称横截面面积（mm²）	理论重量（kg/m）
6	28.27	0.222
8	50.27	0.395
10	78.54	0.617

公称直径（mm）	公称横截面面积（mm²）	理论重量（kg/m）
12	113.1	0.888
14	153.9	1.21
16	201.1	1.58
18	254.5	2.00
20	314.2	2.47
22	380.1	2.98
25	490.9	3.85
28	615.8	4.83
32	804.2	6.3l
36	1018	7.99
40	1257	9.87
50	1964	15.42

注：表中理论重量按密度为 7.85g/cm³ 计算。

（2）技术要求。

1）牌号和化学成分。

① 钢筋牌号及化学成分和碳当量（熔炼分析）应符合表 5-13 的规定。根据需要，钢中还可加入 V、Nb、Ti 等元素。

钢筋牌号及化学成分和碳当量（熔炼分析）　　　　　表 5-13

牌　　　号	化学成分（质量分数）（%），不大于					
	C	Si	Mn	P	S	Ceq
HRB335 HRBF335	0.25	0.80	1.60	0.045	0.045	0.52
HRB400 HRBF400	0.25	0.80	1.60	0.045	0.045	0.54
HRB500 HRBF500	0.25	0.80	1.60	0.045	0.045	0.55

② 碳当量 C_{eq}（百分比）值可按下式计算：

$$C_{eq} = C + Mn/6 + (Cr + V + Mo)/5 + (Cu + Ni)/15$$

2）力学性能。

① 钢筋的屈服强度 R_{eL}、抗拉强度 R_m、断后伸长率 A、最大力总伸长率 A_{gt} 等力学性能特征值应符合表 5-14 的规定。表 5-14 所列各力学性能特征值，可作为交货检验的最小保证值。

热轧带肋钢筋的力学性能 表 5-14

编 号	A_{gt}（%）	R_{eL}（MPa）	R_m（MPa）	A（%）
		不 小 于		
HRB335 HRBF335	7.5	335	455	17
HRB400 HRBF400	7.5	400	540	16
HRB500 HRBF500	7.5	500	630	15

② 直径 28～40mm 各牌号钢筋的断后伸长率 A 可降低 1％；直径大于 40mm 各牌号钢筋的断后伸长率 A 可降低 2％。

③ 有较高要求的抗震结构适用牌号为：在《钢筋混凝土用钢 第 2 部分：热轧带肋钢筋》（GB 1499.2—2007）已有牌号后加 E（例如：HRB400E、HRBF400E）的钢筋。该类钢筋应满足以下的要求。

钢筋实测抗拉强度与实测屈服强度之比 R_m^0/R_{eL}^0 不小于 1.25。钢筋实测屈服强度与表 5-14 规定的屈服强度特征值之比 R_{eL}^0/R_{eL} 不大于 1.30。

钢筋的最大力总伸长率 A_{gt} 不小于 9％。

注：R_m^0 为钢筋实测抗拉强度；R_{eL}^0 为钢筋实测屈服强度。

④ 对于没有明显屈服强度的钢，屈服强度特征值 R_{eL} 应采用规定非比例延伸强度 $R_{p0.2}$。

3）工艺性能。

① 弯曲性能按表 5-15 规定的弯芯直径弯曲 180°后，钢筋受弯曲部位表面不得产生裂纹。

热轧带肋钢筋的弯曲性能 表 5-15

牌 号	公称直径 d （mm）	弯曲试验弯芯直径
HRB335 HRBF335	6～25	$3d$
	28～50	$4d$
	＞40～50	$5d$
HRB400 HRBF400	6～25	$4d$
	28～50	$5d$
	＞40～50	$6d$
HRB500 HRBF500	6～25	$6d$
	28～50	$7d$
	＞40～50	$8d$

②反向弯曲性能。

反向弯曲试验的弯芯直径比弯曲试验相应增加一个钢筋公称直径。

反向弯曲试验：先正向弯曲 90°后再反向弯曲 20°。两个弯曲角度均应在去载之前测量。经反向弯曲试验后，钢筋受弯曲部位表面不得产生裂纹。

4）每批钢筋的检验项目、取样方法和试验方法应符合表 5-16 的规定。

热胶带肋、钢筋的检验 表 5-16

序号	检验项目	取样数量	取样方法	试验方法
1	化学成分（熔炼分析）	1	GB/T 20066	GB/T 223、GB/T 4336
2	拉伸	2	任选两根钢筋切取	GB/T 228、GB 1499.2—2007 8.2
3	弯曲	2	任选两根钢筋切取	GB/T 232、GB 1499.2—2007 8.2
4	反向弯曲	1		YB/T 5126、GB 1499.2—2007 8.2
5	疲劳试验	供需双方协议		
6	尺寸	逐支		GB 1499.2—2007 8.3
7	表面	逐支		目视
8	重量偏差	GB 1499.2—2007 8.4		GB 1499.2—2007 8.4
9	晶粒度	2	任选两根钢筋切取	GB/T 6394

注： 对化学分析和拉伸试验结果有争议时，仲裁试验分别按 GB/T 223、GB/T 228 进行。

5）拉伸、弯曲、反向弯曲试验。

① 拉伸、弯曲、反向弯曲试验试样不允许进行车削加工。

② 计算钢筋强度用截面面积采用表 5-8 所列公称横截面面积。

③ 最大力总伸长率 A_{gt} 的检验，除按表 5-16 规定采用《钢的成品化学成分允许偏差》（GB/T 222—2006）的有关试验方法外，也可采用《钢筋混凝土用钢 第 2 部分：热轧带肋钢筋》（GB 1499.2—2007）附录 A 的方法。

④ 反向弯曲试验时，经正向弯曲后的试样，应在 100℃ 温度下保温不少于 30min，经自然冷却后再反向弯曲。当供方能保证钢筋经人工时效后的反向弯曲性能时，正向弯曲后的试样亦可在室温下直接进行反向弯曲。

6）组批规则。

① 钢筋应按批进行检查和验收，每批由同一牌号、同一炉罐号、同一规格的钢筋组成。每批重量通常不大于 60t。超过 60t 的部分，每增加 40t（或不足 40t 的余数），增加一个拉伸试验试样和一个弯曲试验试样。

② 允许由同一牌号、同一冶炼方法、同一浇注方法的不同炉罐号组成混合批，但各炉罐号含碳量之差不大于 0.02%，含锰量之差不大于 0.15%。混合批的重量不大于 60t。

7）检验结果。各检验项目的检验结果应符合（GB 1499.2—2007）标准中尺寸、外形、重量及允许偏差和技术要求的规定。

5.3.3.3 预应力混凝土用预应力钢丝应用技术要求

执行标准：《预应力混凝土用钢丝》（GB/T 5223—2002/XG2—2008） （摘选）

1. 尺寸、外形、质量及允许偏差

（1）光圆钢丝的尺寸及允许偏差应符合表 5-17 的规定。每米质量参见表 5-20 所列，计算钢丝每米参考质量时钢的密度为 7.85g/cm³。

（2）螺旋肋钢丝的尺寸及允许偏差应符合表 5-18 的规定，钢丝的公称横截面积、每米参考质量与光圆钢丝相同。

光圆钢丝尺寸及允许偏差、每米参考质量   表 5-17

公称直径 d_n（mm）	直径允许偏差（mm）	公称横截面积 S_n（mm²）	每米参考质量（g/m）
3.00	±0.04	7.07	55.5
4.00		12.57	98.6
5.00	±0.05	19.63	154
6.00		28.27	222
6.25		30.68	241
7.00		38.48	302
8.00		50.26	394
9.00	±0.06	63.62	499
10.00		78.54	616
12.00		113.1	888

螺旋肋钢丝的尺寸及允许偏差   表 5-18

公称直径 d_n（mm）	螺旋肋数量（条）	基圆尺寸		外轮廓尺寸		单肋尺寸	螺旋肋导程 C（mm）
		基圆直径 D_1（mm）	允许偏差（mm）	外轮廓直径 D（mm）	允许偏差（mm）	宽度 a（mm）	
4.00	4	3.85	±0.05	4.25	±0.05	0.90～1.30	24～30
4.80	4	4.60		5.10		1.30～1.70	28～36
5.00	4	4.80		5.30		1.30～1.70	28～36
6.00	4	5.80		6.30		1.60～2.00	30～38
6.25	4	6.00		6.70		1.60～2.00	30～40
7.00	4	6.73		7.46		1.80～2.20	35～45
8.00	4	7.75		8.45	±0.10	2.00～2.40	40～50
9.00	4	8.75		9.45		2.10～2.70	42～52
10.00	4	9.75		10.45		2.50～3.00	45～58

（3）三面刻痕钢丝的尺寸及允许偏差应符合表 5-19 的规定。钢丝的横截面积、每米参考质量与光圆钢丝相同。三条痕中的其中一条倾斜方向与其他两条相反。

三面刻痕钢丝尺寸及允许偏差   表 5-19

公称直径 d_n/mm	刻痕深度		刻痕长度		节 距	
	公称深度 a（mm）	允许偏差（mm）	公称长度 b（mm）	允许偏差（mm）	公称节距 L（mm）	允许偏差（mm）
≤5.00	0.12	±0.05	3.5	±0.05	5.5	±0.05
>5.00	0.15		5.5		8.0	

注：公称直径指横截面积等同于光圆钢丝横截面积时所对应的直径。

（4）光圆及螺旋肋钢丝的不圆度不得超出其直径公差的 1/2。

(5) 盘重。每盘钢丝由一根组成，其盘重不小于 500kg，允许有 10％的盘数小于 500kg 但不小于 100kg。

(6) 盘内径。

1) 冷拉钢丝的盘内径应不小于钢丝公称直径的 100 倍。

2) 消除应力钢丝的盘内径不小于 1700mm。

2. 技术要求

(1) 牌号及化学成分

制造钢丝用钢的牌号和化学成分应符合《预应力钢丝及钢绞线用热轧盘条》（YB/T 146—1998）或《制丝用非合金钢盘条》（YB/T 170）的规定，也可采用其他牌号制造。

(2) 力学性能

1) 冷拉钢丝的力学性能应符合表 5-20 的规定。规定非比例伸长应力 $\sigma_{p0.2}$ 值不小于公称抗拉强度的 75％。除抗拉强度、规定非比例伸长应力外，对压力管道用钢丝还需进行断面收缩率、扭转次数、松弛率的检验；对其他用途钢丝还需进行断后伸长率、弯曲次数的检验。

2) 消除应力的光圆及螺旋肋钢丝的力学性能应符合表 5-21 的规定。规定非比例伸长应力 $\sigma_{p0.2}$ 值对低松弛钢丝应不小于公称抗拉强度的 88％，对普通松弛钢丝应不小于公称抗拉强度的 85％。

3) 消除应力的刻痕钢丝的力学性能应符合表 5-22 规定。规定非比例伸长应力 $\sigma_{p0.2}$ 值对低松弛钢丝应不小于公称抗拉强度的 88％，对普通松弛钢丝应不小于公称抗拉强度的 85％。

4) 为便于日常检验，表 5-23 中最大力下的总伸长率可采用 $L_0＝200mm$ 的断后伸长率代替，但其数值应不少于 1.5％；表 5-21 和表 5-22 中最大力下的总伸长率可采用 $L_0＝200mm$ 的断后伸长率代替，但其数值应不少于 3.0％。仲裁试验以最大力下总伸长率为准。

5) 每一交货批钢丝的实际强度不应高于其公称强度级 200MPa。

冷拉钢丝的力学性能 表 5-20

公称直径 d_n（mm）	抗拉强度 σ_b（MPa）不小于	规定非比例伸长应力 $\sigma_{p0.2}$（MPa）不小于	最大力下总伸长率（$L_0＝200mm$）A_{gt}（％）不小于	弯曲次数（次/180°）不小于	弯曲半径 R（mm）	断面收缩率 φ（％）不小于	每 210mm 扭矩的扭转次数 n 不小于	初始应力相当于 70％公称抗拉强度时，1000h 后应力松弛率 r（％）不大于
3.00	1470	1100		4	7.5	—	—	
	1570	1180		4	10		8	
4.00	1670	1250		4	10	35	8	
5.00	1770	1330	1.5	4	15		8	8
6.00	1470	1100		5	15		7	
	1570	1180		5	15	30	6	
7.00	1670	1250		5	20		6	
8.00	1770	1330		5	20		5	

公称直径 d_n（mm）	抗拉强度 σ_b（MPa）不小于	规定非比例伸长应力 $\sigma_{p0.2}$（MPa）不小于		最大力下总伸长率（$L_0=200mm$）A_{gt}(%)不小于	弯曲次数（次/180°）不小于	弯曲半径 R（mm）	初始应力相当于公称抗拉强度的百分数（%）	1000h 后应力松弛率 r（%）不大于	
		WLR	WNR				对所有规格	WLR	WNR
4.00	1470	1290	1250		3	10			
	1570	1380	1330						
4.80	1670	1470	1410		4	15	60	1.0	4.5
	1770	1560	1500						
5.00	1860	1640	1580	3.5					
6.00	1470	1290	1250		4	15	70	2.0	8
	1570	1380	1330		4	20			
6.25	1670	1470	1410		4	20			
7.00	1770	1560	1500		4	20			
8.00	1470	1290	1250		4	20	80	4.5	12
9.00	1560	1380	1330		4	25			
10.00	1470	1290	1250		4	25			
12.00					4	30			

公称直径 d_n（mm）	抗拉强度 σ_b（MPa）不小于	规定非比例伸长应力 $\sigma_{p0.2}$（MPa）不小于		最大力下总伸长率（$L_0=200mm$）A_{gt}（%）不小于	弯曲次数（次/180°）不小于	弯曲半径 R（mm）	初始应力相当于公称抗拉强度的（%）	1000h 后应力松弛率 r（%）不大于	
		WLR	WNR				对所有规格	WLR	WNR
≤5.0	1470	1290	1250				60	1.0	4.5
	1570	1380	1330						
	1670	1470	1410			15			
	1770	1560	1500				70	2.0	8
	1860	1640	1580	3.5	3				
>5.0	1470	1290	1250				80	4.5	12
	1570	1380	1330						
	1670	1470	1410			20			
	1770	1560	1500						

3. 检验规则

钢丝的检验规则按《钢丝验收、包装、标志及质量证明书的一般规定》（GB/T 2013—2008）及《钢及钢产品交货一般技术要求》（GB/T 17505—1998）的规定。

（1）检查和验收：钢丝的工厂检查由供方技术监督部门按表 5-23 进行，需方可按《预应力混凝土用钢丝》（GB/T 5223—2002）标准进行检查验收。

（2）组批规则：钢丝应成批检查和验收，每批钢丝由同一牌号、同一规格、同一加工状态的钢丝组成，每批质量不大于 60t。

（3）检验项目及取样数量

1）不同品种钢丝的检验项目应按照表 5-20～表 5-22 相应的规定进行，取样数量应符合表 5-23 的规定。

2）1000h 应力松弛试验和疲劳性能试验只进行型式检验，即当原料、生产工艺、设备有较大变化，新产品投产及停产后重新生产时应进行检验。

供方出厂常规检验项目及取样数量　　　　　　　表 5-23

序号	检验项目	取样数量	取样部位	检验方法
1	表面	逐盘		目视
2	外形尺寸	逐盘		按本标准 8.2 规定执行
3	消除应力钢丝伸直性	1 根/盘		用分度值为 1mm 的量具测量
4	抗拉强度	1 根/盘		按本标准 8.4.1 规定执行
5	规定非比例伸长应力	3 根/每批		按本标准 8.4.2 规定执行
6	最大力下总伸长率	3 根/每批		按本标准 8.4.3 规定执行
7	断后伸长率	1 根/盘	在每（任一）盘中任意一端截取	按本标准 8.4.4 规定执行
8	弯曲	1 根/盘		按本标准 8.5 规定执行
9	扭转	1 根/盘		按本标准 8.6 规定执行
10	断面收缩率	1 根/盘		按本标准 8.4.5 规定执行
11	镦头强度	3 根/每批		按本标准 8.8 规定执行
12*	应力松弛性能	不少于 1 根/每合同批		按本标准 8.7 规定执行

* 合同批为一个订货合同的总量。在特殊情况下，松弛试验可以由工厂连续检验提供同一种原料、同一生产工艺的数据所代替。

注：表中本标准系指《预应力混凝土用钢丝》（GB/T 5223—2002）。

5.3.3.4　预应力混凝土用钢绞线应用技术要求

执行标准：《预应力混凝土用钢绞线》（GB/T 5224—2003/XG1—2008）　　**（摘选）**

1. 尺寸、外形、质量及允许偏差

（1）1×2 结构钢绞线尺寸及允许偏差、每米参考质量应符合表 5-24 的规定，外形如图 5-1 所示。

（2）1×3 结构钢绞线尺寸及允许偏差、每米参考质量应符合表 5-25 的规定，外形如图 5-2 所示。

（3）1×7 结构钢绞线尺寸及允许偏差、每米参考质量应符合表 5-26 的规定，外形如图 5-3 所示。

（4）经供需双方协商，可提供表 5-24～表 5-26 以外规格的钢绞线。

（5）盘重。每盘卷钢绞线质量不小于 1000kg，允许有 10% 的盘卷质量小于 1000kg，但不能小于 300kg。

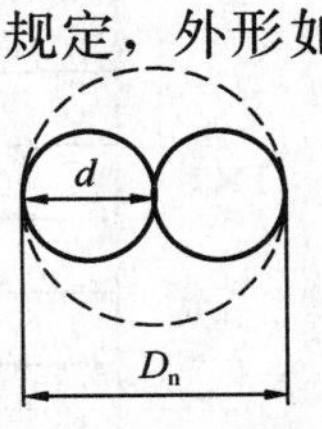

（6）盘径。钢绞线盘卷内径不小于 750mm，卷宽为 750±50mm，或

图 5-1　1×2 结构钢绞线外形示意图

600±50mm。供方应在质量证明书中注明盘卷尺寸。

1×2 结构钢绞线尺寸及允许偏差、每米参考质量　　表 5-24

钢绞线结构	公称直径		钢绞线直径允许偏差（mm）	钢绞线参考截面积 S_n（mm²）	每米钢绞线参考质量（g/m）
	钢绞线直径 D_n（mm）	钢丝直径 d（mm）			
1×2	5.00	2.50	+0.15 −0.05	9.82	77.1
	5.80	2.90		13.2	104
	8.00	4.00	+0.20 −0.10	25.1	197
	10.00	5.00		39.3	309
	12.00	6.00		56.5	444

1×3 结构钢绞线尺寸及允许偏差、每米参考质量　　表 5-25

钢绞线结构	公称直径		钢绞线测量尺寸 A（mm）	测量尺寸 A 允许偏差（mm）	钢绞线参考截面积 S_n（mm²）	每米钢绞线参考质量（g/m）
	钢绞线直径 D_n（mm）	钢丝直径 d（mm）				
1×3	6.20	2.90	5.41	+0.15 −0.05	19.8	155
	6.50	3.00	5.60		21.2	166
	9.60	4.00	7.46	+0.20 −0.10	37.7	296
	8.74	4.05	7.56		38.6	303
	10.80	5.00	9.33		58.9	462
	12.90	6.00	11.2		84.8	666
1×3Ⅰ	8.74	4.05	7.56		38.6	303

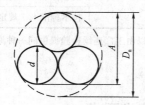

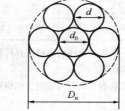

图 5-2　1×3 结构钢绞线外形示意图　　　　图 5-3　1×7 结构钢绞线外形示意图

1×7 结构钢绞线的尺寸及允许偏差、每米参考质量　　表 5-26

钢绞线结构	公称直径 D_n（mm）	直径允许偏差（mm）	钢绞线参考截面积 S_n（mm²）	每米钢绞线参考质量（g/m）	中心钢丝直径 D_0 加大范围（%）不小于
1×7	9.50	+0.30 −0.15	54.8	430	
	11.10		74.2	582	
	12.70	+0.40 −0.20	98.7	775	
	15.20		140	1101	
	15.70		150	1178	2.5
	17.80		191	1500	
	21.60		285	2237	
(1×7) C	12.70	+0.40 −0.20	112	890	
	15.20		165	1295	
	18.00		223	1750	

2. 技术要求

（1）牌号及化学成分。制造钢绞线用钢由供方根据产品规格和力学性能确定。牌号和化学成分应符合《预应力钢丝及钢绞线用热轧盘条》（YB/T 146—1998）或《制丝用非合金钢盘条》（YB/T 170）的规定，也可采用其他的牌号制造。成分不作为交货条件。

（2）制造

1）制造钢绞线用盘条应为索氏体化盘条，经冷拉后捻制成钢绞线。捻制刻痕钢绞线的钢丝应符合《预应力混凝土用钢丝》（GB/T 5223—2002）中相应条款的规定。

2）钢绞线的捻距为钢绞线公称直径的 12～16 倍。模拔钢绞线其捻距应为钢绞线公称直径的 14～18 倍。钢绞线内不应有折断、横裂和相互交叉的钢丝。

3）钢绞线的捻向一般为左（S）捻，右（Z）捻需在合同中注明。

4）捻制后，钢绞线应进行连续的稳定化处理。

5）成品钢绞线应用砂轮锯切割，切断后应不松散，如离开原来位置，可以用手复原到原位。

6）成品钢绞线只允许保留拉拔前的焊接点。

（3）力学性能

1）1×2 结构钢绞线的力学性能应符合表 5-27 规定。

2）1×3 结构钢绞线的力学性能应符合表 5-28 规定。

3）1×7 结构钢绞线的力学性能应符合表 5-29 规定。

1×2 结构钢绞线力学性能 表 5-27

钢绞线结构	钢绞线公称直径 D_n（mm）	抗拉强度 R_m（MPa）不小于	整根钢绞线的最大力 F_m（kN）不小于	规定非比例延伸力 $F_{p0.2}$（kN）不小于	最大力总伸长率（$L_0 \geqslant 400mm$）A_{gt}（%）不小于	应力松弛性能	
						初始负荷相当于公称最大力的百分数（%）	1000h 后应力松弛率 r（%）不大于
1×2	5.00	1570	15.4	13.9	对所有规格	对所有规格	对所有规格
		1720	16.9	15.2			
		1860	18.3	16.5			
		1960	19.2	17.3			
	5.80	1570	20.7	18.6		60	1.0
		1720	22.7	20.4			
		1860	24.6	22.1			
		1960	25.9	23.3	3.5	70	2.5
	8.00	1470	36.9	33.2			
		1570	39.4	35.5			
		1720	43.2	38.9		80	4.5
		1860	46.7	42.0			
		1960	49.2	44.3			
	10.00	1470	57.8	52.0			
		1570	61.7	55.5			
		1720	67.6	60.8			
		1860	73.1	65.8			
		1960	77.0	69.3			
	12.00	1470	83.1	74.8			
		1570	88.7	79.8			
		1720	97.2	87.5			
		1860	105	94.5			

注：规定非比例延伸力 $F_{p0.2}$ 值不小于整根钢绞线公称最大力 F_m 的 90%。

1×3 结构钢绞线力学性能

表 5-28

钢绞线结构	钢绞线公称直径 D_n (mm)	抗拉强度 R_m (MPa) 不小于	整根钢绞线的最大力 F_m (kN) 不小于	规定非比例延伸力 $F_{p0.2}$ (kN) 不小于	最大力总伸长率 ($L_0 \geqslant 400mm$) A_{gt} (%) 不小于	应力松弛性能	
						初始负荷相当于公称最大力的百分数 (%)	1000h 后应力松弛率 r (%) 不大于
1×3	6.20	1570	31.1	28.0	对所有规格	对所有规格	对所有规格
		1720	34.1	30.7			
		1860	36.8	33.1			
		1960	38.8	34.9			
	6.50	1570	33.3	30.0		60	1.0
		1720	36.5	32.9			
		1860	39.4	35.5			
		1960	41.6	37.4	3.5	70	2.5
	8.60	1470	55.4	49.9			
		1570	59.2	53.3			
		1720	64.8	58.3		80	4.5
		1860	70.1	63.1			
		1960	73.9	66.5			
	8.74	1570	60.6	54.5			
		1670	64.5	58.1			
		1860	71.8	64.6			
	10.80	1470	86.6	77.9			
		1570	92.5	83.3			
		1720	101	90.9			
		1860	110	99.0			
		1960	115	104			
	12.90	1470	125	113			
		1570	133	120			
		1720	146	131			
		1860	158	142			
		1960	166	149			
1×3 I	8.74	1570	60.6	54.5			
		1670	64.5	58.1			
		1860	71.8	64			

注: 规定非比例延伸力 $F_{p0.2}$ 值不小于整根钢绞线公称最大力 F_m 的 90%。

钢绞线结构	钢绞线公称直径 D_n（mm）	抗拉强度 R_m（MPa）不小于	整根钢绞线的最大力 F_m（kN）不小于	规定非比例延伸力 $F_{p0.2}$（kN）不小于	最大力总伸长率（$L_0 \geqslant 400mm$）A_{gt}（%）不小于	应力松弛性能 初始负荷相当于公称最大力的百分数（%）	1000h 后应力松弛率 r（%）不大于
1×7	9.5	1720	94.3	84.9	对所有规格	对所有规格	对所有规格
		1860	102	91.8			
		1960	107	96.3			
	11.10	1720	128	115		60	1.0
		1860	138	124			
		1960	145	131			
	12.70	1720	170	153	3.5	70	2.5
		1860	184	166			
		1960	193	174			
	15.20	1470	206	185		80	4.5
		1570	220	198			
		1670	234	211			
		1720	241	217			
		1860	260	234			
		1960	274	247			
	15.70	1770	266	239			
		1860	279	251			
	17.80	1720	327	294			
		1860	353	318			
	21.60	1770	504	454			3.5
		1860	530	477			
(1×7) C	12.70	1860	208	187			
	15.20	1820	300	270			
	18.00	1720	384	346			

注：规定非比例延伸力 $F_{p0.2}$ 值不小于整根钢绞线公称最大力 F_m 的 90%。

    4）供方每一交货批钢绞线的实际强度不能高于其抗拉强度级别 200MPa。

    5）钢绞线弹性模量为（195±10）GPa，但不作为交货条件。

    6）允许使用推算法确定 1000h 松弛率（允许用至少 1000h 的测试数据推算 1000h 的松弛率值）。

3. 检验规则

钢绞线的检验规则应按《钢及钢产品交货一般技术要求》（GB/T 17505—1998）的规定。

（1）检查和验收。产品的检查由供方技术监督部门按表 7 的规定进行，需方可按本标准进行检查验收。

（2）组批规则。钢绞线应成批验收，每批钢绞线由同一牌号、同一规格、同一生产工艺捻制的钢绞线组成。每批质量不大于 60t。

（3）检验项目及取样数量。

1）钢绞线的力学性能要求按表 5-27～表 5-29 的相应规定进行检验。检验项目及取样数量应符合表 5-30 的规定。

序号	检验项目	取样数量	取样部位	检验方法
1	表面	逐盘卷		目视
2	外形尺寸	逐盘卷		按本标准 8.2 规定执行
3	钢绞线伸直性	3 根/每批		用分度值为 1mm 的量具测量
4	整根钢绞线最大力	3 根/每批	在每（任）盘卷中任意一端截取	按本标准 8.4.1 规定执行
5	规定非比例延伸率	3 根/每批		按本标准 8.4.2 规定执行
6	最大力总伸长率	3 根/每批		按本标准 8.4.3 规定执行
7	应力松弛性能	不少于 1 根/每合同批〔注〕		按本标准 8.5 规定执行

注：合同批为一个订货合同的总量。在特殊情况下，松弛试验可以由工厂连续检验提供同一原料、同一生产工艺的数据所代替。

2）1000h 的应力松弛性能试验、疲劳性能试验、偏斜拉伸试验只进行型式检验，仅在原料、生产工艺、设备有重大变化及新产品生产、停产后复产时进行检验。

（4）复验与判定规则

当（3）检验项目及取样数量 1）中规定的某一项检验结果不符合本标准规定时，则该盘卷不得交货。并从同一批未经试验的钢绞线盘卷中取双倍数量的试样进行该不合格项目的复验，复验结果即使有一个试样不合格，则整批钢绞线不得交货，或进行逐盘检验合格后交货。供方有权对复验不合格产品进行重新组批提交验收。

5.3.4 水泥进场复试报告

1. 资料表式（表 5-31）

水泥进场复试报告   表 5-31

试验编号：＿＿＿＿＿＿＿＿＿＿＿＿ 试验日期： 年 月 日

委托单位：＿＿＿＿＿＿＿＿＿＿＿工程名称：＿＿＿＿＿＿＿＿＿＿＿＿＿＿＿＿

水泥品种及强度等级：＿＿＿＿＿厂别及牌号：＿＿＿＿出厂日期：＿＿＿＿取样日期：＿＿＿＿

出厂编号：＿＿＿＿＿＿ 代表数量：＿＿＿＿＿＿ 试验委托人：＿＿＿＿＿＿＿＿＿

（一）细度：0.08mm 筛余＿＿＿＿＿＿＿＿％
（二）标准稠度：＿＿＿＿＿＿＿＿％
（三）凝结时间 初凝＿＿＿＿＿＿h＿＿＿＿＿＿min
             终凝＿＿＿＿＿＿h＿＿＿＿＿＿min
（四）安定性：沸煮法
（五）胶砂流动度：＿＿＿＿＿＿＿＿
（六）其他
（七）强度

龄期 类别	3d	28d	快 测	备 注
抗折强度（MPa）				
抗压强度（MPa）				

结论：＿＿＿
＿＿

试验单位： 技术负责人： 审核： 试（检）验：

                    报告日期： 年 月 日

2. 应用说明

水泥试验报告是为保证建筑工程质量，对用于工程中的水泥的强度、安定性和凝结时间等指标进行测试后由试验单位出具的质量证明文件。

（1）市政工程按其工程需要应用水泥可分为通用水泥、专用水泥和特性水泥。通用水泥是指一般土木建筑工程通常采用的水泥；专用水泥是指具有专门用途的水泥；特性水泥是指某种性能比较突出的水泥。应按设计要求和标准规定实施。

通用硅酸盐水泥包括：硅酸盐水泥、普通硅酸盐水泥、矿渣硅酸盐水泥、火山灰质硅酸盐水泥、粉煤灰硅酸盐水泥、复合硅酸盐水泥。

道路水泥是一种属于硅酸盐类的水泥，具有较好的抗磨性和较高的抗折强度、抗拉强度，且干缩性小，弹性和抗冻性能好。主要适用于道路路面工程。

（2）水泥的品质标准包括物理性质和化学成分。物理性质包括细度、标准稠度用水量、凝结时间、体积安定性（与游离 CaO、MgO、SO_2 和含碱量 Na_2O、K_2O 等有关）和强度等；化学成分主要是限制其中的有害物质。如氧化镁、三氧化硫等。水泥的品质必须符合国家有关标准的规定。

（3）水泥进场检查及使用要求

1）水泥供料单位应按国家规定，及时、完整地交付有关水泥出厂资料。所有进场水泥均必须有出厂合格证。水泥出厂合格证应具有标准规定天数的抗压、抗折强度和安定性试验结果。抗折、抗压强度及安定性试验均必须满足该强度等级之标准要求。

2）水泥进场时应对其品种、级别、包装或散装仓号、出厂日期等进行检查，并应对其强度、安定性及其他必要的质量性能指标进行复验，其质量必须符合现行国家标准《通用硅酸盐水泥》国家标准第 1 号修改单（GB 175—207/XG1—2009）的规定。

3）水泥的品种、数量、强度等级、立窑还是回转窑生产应核查清楚（由于立窑水泥的生产工艺上的某种缺陷，水泥安定性容易出现问题），水泥进场日期不应超期，超期应复试，出厂合格证上的试验项目必须齐全，并符合标准要求等。

4）无出厂合格证的水泥、有合格证但已超期水泥、进口水泥、立窑生产的水泥或对水泥材质有怀疑的，应按规定取样做二次试验，其试验结果必须符合标准规定。

注：水泥需要复试的原则为：用于承重结构、使用部位有强度等级要求的混凝土用水泥，或水泥出厂超过 3 个月（快硬硅酸盐水泥为 1 个月）和进口水泥，使用前均必须进行复试，并提供复试报告。

5）核查是否有主要结构部位所使用水泥无出厂合格证明（或试验报告），或品种、强度等级不符，或超期而未进行复试，或试验内容缺少"必试"项目之一或进口或立窑水泥未做试验等。

6）重点工程或设计有要求必须使用某品种、强度等级水泥时，应核查实际使用是否保证设计要求。

7）水泥应入库堆放，水泥库底部应架空，保证通风防潮，并应分品种、按进厂批量设置标牌分垛堆放。贮存时间一般不应超过 3 个月（按出厂日期算起，在正常干燥环境中，存放 3 个月，强度约降低 10%～20%，存放 6 个月，强度约降低 15%～30%，存放一年强度约降低 20%～40%）。为此，水泥出厂时间在超过 3 个月以上时，必须进行检验，重新确定强度等级，按实际强度使用。对于非通用水泥品种的贮存期规定见表 5-32 所列。

表 5-32

水泥的贮存期规定

水泥品种	贮存期规定	过期水泥处理
快硬硅酸盐水泥	1 个月	必须复试，按复试强度等级使用
高铝水泥	2 个月	必须复试，按复试强度等级使用
硫铝酸盐早强水泥	2 个月	必须复试，按复试强度等级使用

8）水泥试验单的子目应填写齐全，要有品种、强度等级、结论等。水泥质量有问题时，在可使用条件下，由施工技术部门或其技术负责人签注使用意见，并在报告单上注明使用工程项目的部位。安定性不合格时，不准在工程上使用。

9）当核查出厂合格证或试验报告时，除强度指标应符合标准规定外，应特别注意水泥中有害物质含量是否超标。如氧化镁（MgO）、三氧化硫（SO_3）、碱含量等。

10）水泥含碱量及骨料活性成分

水泥中的碱含量，标准规定按 $Na_2O+0.658K_2O$ 计算值来表示，若使用活性骨料（目前已被确定的有蛋白石、玉髓、鳞石英和方石英等），一般规定含量不超过 1％。

① 当水泥中碱含量大于 0.6％时，需对骨料进行碱—骨料反应试验；当骨料中活性成分含量高，可能引起碱—骨料反应时，应根据混凝土结构或构件的使用条件，进行专门试验，以确定是否可用。

② 如必须采用的骨料是碱活性的，就必须选用低碱水泥（当量 $Na_2O<0.06％$），并限制混凝土总碱量不超过 $2.0～3.0kg/m^3$。

③ 如无低碱水泥，则应掺入足够的活性混合材料，如粉煤灰不小于 30％，矿渣不小于 30％或硅灰不小于 7％，以缓解破坏作用。

④ 碱—骨料反应的必要条件是水分。混凝土构件长期处在潮湿环境中（即在有水的条件下）会助长发生碱—骨料反应；而干燥状态下则不会发生反应，所以混凝土的渗透性对碱—骨料反应有很大影响，应保证混凝土密实性和重视建筑物排水，避免混凝土表面积水和接缝存水。

11）对于安定性不合格的水泥，不得用于工程。

（4）填表说明

1）水泥品种及强度等级：如普通水泥、矿渣水泥、火山灰水泥等，照实际的水泥品种填写。如 32.5、42.5 等。照实际送试的水泥强度等级填写。

2）出厂编号：指水泥生产厂在该批水泥出厂时的依序编号。

3）细度：指水泥的颗粒量度，是水泥的重要质量指标，直接影响水泥的水化速度和强度。由试验室按试验结果填写。

4）标准稠度：即标准稠度用水量，由试验室照标稠用水量的试验结果填写。

5）凝结时间初凝（h/min）：从水泥加水拌和起到维卡仪试针沉入净浆中，距底板 0.5～1mm 的时间，为初凝时间，照实际试验的初凝时间填写。

6）凝结时间终凝（h/min）：试针深入净浆不超过 1mm 时的时间为终凝时间，照实际试验的终凝时间填写。

7）安定性（煮沸法）：是反映水泥浆硬化后，体积膨胀不均匀产生变形的重要质量指标，用沸煮法测定。照实际试验安定性的结果填写，安定性不合格的水泥为废品。

8）胶砂流动度：是表示水泥胶砂流动性的一种量度。在一定加水量下，流动度取决于水泥的需水性。流动度以水泥胶砂在流动桌上扩展的平均直径（mm）表示。照试验室试验结果填写。

9）强度：指水泥试验结果的抗压、抗折强度等，照试验室试验结果填写。分别按实际试验的 3 天、28 天或快测填写。

10）龄期：指分别按 3d、28d 测试的委托试件的实际龄期。

11）类别：指水泥试验的类别，按实测的抗折、抗压强度填写。

① 抗折强度（MPa）：指水泥抵抗折断的强度，照实际试验结果填写。

② 抗压强度（MPa）：指水泥抵抗压力的强度，照实际试验结果填写。

12）结论：指对水泥试件的试验结果所下的结论性意见。

3. 通用硅酸盐水泥应用技术要求

执行标准：《通用硅酸盐水泥》国家标准第 1 号修改单（GB 175—2007／XG 1—2009）（摘选）

（1）技术要求

1）通用硅酸盐水泥的化学指标应符合表 5-33 的规定。

通用硅酸盐水泥化学指标（％） 表 5-33

品　　种	代号	不溶物（质量分数）	烧失量（质量分数）	三氧化硫（质量分数）	氧化镁（质量分数）	氯离子（质量分数）
硅酸盐水泥	P·Ⅰ	≤0.75	≤3.0	≤3.5	≤5.0a	≤6.0c
硅酸盐水泥	P·Ⅱ	≤1.50	≤3.5	≤3.5	≤5.0a	≤6.0c
普通硅酸盐水泥	P·O	—	≤5.0a	≤3.5	≤5.0a	≤6.0c
矿渣硅酸盐水泥	P·S·A	—	—	≤4.0	≤6.0b	≤6.0c
矿渣硅酸盐水泥	P·S·B	—	—	≤3.5	—	≤6.0c
火山灰质硅酸盐水泥	P·P	—	—	≤3.5	≤6.0b	≤6.0c
粉煤灰硅酸盐水泥	P·F	—	—	≤3.5	≤6.0b	≤6.0c
复合硅酸盐水泥	P·C	—	—	≤3.5	≤6.0b	≤6.0c

a. 如果水泥压蒸试验合格，则水泥中氧化镁的含量（质量分数）允许放宽至 6.0％。

b. 如果水泥中氧化镁的含量（质量分数）大于 6.0％时，需进行水泥压蒸安定性试验并合格。

c. 当有更低要求时，该指标由买卖双方确定。

2）碱含量（选择性指标）：水泥中碱含量按 $Na_2O+0.658K_2O$ 计算值表示。若使用活性骨料，用户要求提供低碱水泥时，水泥中的碱含量应不大于 0.60％或由买卖双方协商确定。

3）物理指标。

① 凝结时间：硅酸盐水泥初凝时间不小于 45min，终凝时间不大于 390min；普通硅酸盐水泥、矿渣硅酸盐水泥、火山灰质硅酸盐水泥、粉煤灰硅酸盐水泥和复合硅酸盐水泥初凝不小于 45min，终凝不大于 600min。

② 安定性：沸煮法合格。

③ 强度：不同品种不同强度等级的通用硅酸盐水泥，其不同龄期的强度应符合表 5-34 的规定。

④ 细度（选择性指标）：硅酸盐水泥和普通硅酸盐水泥的细度以比表面积表示，其比表面积不小于 $300m^2/kg$；矿渣硅酸盐水泥、火山灰质硅酸盐水泥、粉煤灰硅酸盐水泥和复合硅酸盐水泥的细度以筛余表示，其 $80\mu m$ 方孔筛筛余不大于 10% 或 $45\mu m$ 方孔筛筛余不大于 30%。

通用硅酸盐水泥强度（MPa）   表 5-34

品　　种	强度等级	抗压强度		抗折强度	
		3d	28d	3d	28d
硅酸盐水泥	42.5	≥17.0	≥42.5	≥3.5	≥6.5
	42.5R	≥22.0		≥4.0	
	52.5	≥23.0	≥52.5	≥4.0	≥7.0
	52.5R	≥27.0		≥5.0	
	62.5	≥28.0	≥62.5	≥5.0	≥8.0
	62.5R	≥32.0		≥5.5	
普通硅酸盐水泥	42.5	≥17.0	≥42.5	≥3.5	≥6.5
	42.5R	≥22.0		≥4.0	
	52.5	≥23.0	≥52.5	≥4.0	≥7.0
	52.5R	≥27.0		≥5.0	
矿渣硅酸盐水泥 火山灰硅酸盐水泥 粉煤灰硅酸盐水泥 复合硅酸盐水泥	32.5	≥10.0	≥32.5	≥2.5	≥5.5
	32.5R	≥15.0		≥3.5	
	42.5	≥15.0	≥42.5	≥3.5	≥6.5
	42.5R	≥19.0		≥4.0	
	52.5	≥21.0	≥52.5	≥4.0	≥7.0
	52.5R	≥23.0		≥4.5	

（2）检验规则

1）编号及取样：水泥出厂前按同品种、同强度等级编号和取样。袋装水泥和散装水泥应分别进行编号和取样。每一编号为一取样单位。

2）出厂检验：出厂检验项目为化学指标、凝结时间、安定性和强度。

3）判定规则：检验结果符合化学指标、凝结时间、安定性和强度的规定为合格品；检验结果不符合化学指标、凝结时间、安定性和强度中的任何一项技术要求为不合格品。

4）检验报告：检验报告内容应包括出厂检验项目、细度、混合材料品种和掺加量、石膏和助磨剂的品种及掺加量、属旋窑或立窑生产及合同约定的其他技术要求。当用户需要时，生产者应在水泥发出之日起 7d 内寄发除 28d 强度以外的各项检验结果，32d 内补报 28d 强度的检验结果。

在 90d 内，买方对水泥质量有疑问时，则买卖双方应将共同认可的试样送省级或省级以上国家认可的水泥质量监督检验机构进行仲裁检验。

5.3.5 各类砌砖、砌块进场复试报告

1. 资料表式（表5-35）

各类砌砖、砌块进场复试报告

表 5-35

试验编号：_____

委托单位：_____ 试验委托人：_____

工程名称：_____ 部　　位：_____

种　　类：_____ 强度等级：_____ 厂　　别：_____

代表数量：_____ 来样日期：_____ 试验日期：_____

试件处理日期	试压日期	抗压强度（N/mm²）			平均值	标准值
		单块值				
		1		6		
		2		7		
		3		8		
		4		9		
		5		10		

其他试验：_____

结论：_____

_____

_____

_____

试验单位：　　技术负责人：　　　　　审核：　　　　试（检）验：

报告日期：　　年　月　日

2. 应用说明

（1）各类砌砖、砌块进场复试报告是对用于道路工程中的砖类材料，根据标准规定测试相关检验项目，进行复试后由试验单位出具的质量证明文件。

（2）各类砌砖、砌块进场复试报告。

用于工程的各种品种、强度等级的砖、砌块进场时应有出厂合格证明，进场砖不论有无出厂合格证均必须按（在工地取样）规定批量进行复试。"必试"项目为：尺寸偏差、外观质量、强度等级或力学物理性能、透水系数或吸水率。

（3）批量与抽样应分别按各砖的材料标准规定的批量与抽样的相关规定执行。

（4）填表说明。

1）强度等级：例如（GB 5101—2003）标准规定烧结普通砖强度等级为 5 级，即 MU10、MU15、MU20、MU25 和 MU30，按设计要求的强度等级填写。

2）厂别：填写砖生产厂的厂名，应填写全称。

3）试件处理日期：指试件试压前按要求需进行试件处理的时日，按实际的处理日期

填写。

4) 试压日期：指试件试压的日期，按实际的试压日期填写。

5) 抗压强度（N/mm²）：是砖的"必试"项目之一。每组试验 5 块，按每块砖的实际长度、宽度计算得出承压面积、破坏荷载、极限强度和平均值，并分别填写。

① 单块值：指单块砖的实际试验的强度值，照单块实际的试验结果填写。

② 平均值：指每组砖试件的实际试验强度平均值，照每组实际试验结果的平均值填写。

③ 标准值：指不同品种砖的标准规定的砖的强度值，照实际试验结果填写。

6) 其他试验：指当设计或有特殊需要时进行除抗压强度以外的试验，照实际试验结果填写。

7) 结论：应全面、准确，核心是可用性及注意事项。

(5) 砖类应用技术要求应按不同砖类品种的现行标准执行。

5.3.5.1 烧结普通砖应用的技术要求

执行标准：《烧结普通砖》（GB/T 5101—2003）　（摘选）

烧结普通砖应符合表 5-36、表 5-37 的规定。

烧结普通砖外观质量、泛霜、石灰爆裂（mm）　　　　　　　　　表 5-36

项　　目		优等品	一等品	合格品
外观质量	两条面高度差　　　　　　　　　≤	2	3	4
	弯曲　　　　　　　　　　　　　≤	2	3	4
	杂质凸出高度　　　　　　　　　≤	2	3	4
	缺棱掉角的三个破坏尺寸　不得同时大于	5	20	30
	裂纹长度　　　　　　　　　　　≤			
	a. 大面上宽度方向及其延伸至条面的长度	30	60	80
	b. 大面上长度方向及其延伸至顶面的长度或条顶面水平裂纹的长度	50	80	100
	完整面ª　　　　　　　　　不得少于	二条面和二顶面	一条面和一顶面	—
	颜色	基本一致	—	—
泛　　霜		无泛霜	不允许出现中等泛霜	不允许严重泛霜
石灰爆裂		不允许出现最大破坏尺寸大于 2mm 爆裂区域	a. 最大破坏尺寸大于 2mm 且小于 10mm 的爆裂区域，每组砖样不得多于 15 处。 b. 不允许出现最大破坏尺寸大于 10mm 的爆裂区域	a. 最大破坏尺寸大于 2mm 且小于等于 15mm 爆裂区域，每组砖样不得多于 15 处，其中大于 10mm 的不得多于 7 处。 b. 不允许出现最大破坏尺寸大于 15mm 的爆裂区域

注：1. 为装饰而施加的色差、凹凸纹、拉毛、压花等不算作缺陷。

　　2. 本表根据 GB/T 5101—2003 汇总整理。

　　　　a　凡有下列缺陷之一者，不得称为完整面。

　　　　① 缺损在条面或顶面上造成的破坏面尺寸同时大于 10mm×10mm。

　　　　② 条面或顶面上裂纹宽度大于 1mm，其长度超过 30mm。

　　　　③ 压陷、粘底、焦花在条面或顶面上的凹陷或凸出超过 2mm，区域尺寸同时大于 10mm×10mm。

强度等级	抗压强度平均值 $\bar{f}\geqslant$	变异系数 $\delta\leqslant0.21$ 强度标准值 $f_k\geqslant$	变异系数 $\delta>0.21$ 单块最小抗压强度值 $f_{min}\geqslant$
MU30	30.0	22.0	25.0
MU25	25.0	18.0	22.0
MU20	20.0	14.0	16.0
MU15	15.0	10.0	12.0
MU10	10.0	6.5	7.5

5.3.5.2　蒸压加气混凝土砌块应用的技术要求

执行标准：《蒸压加气混凝土砌块》（GB 11968—2006）　（摘选）

蒸压加气混凝土砌块应符合表 5-38～表 5-43 的规定。

蒸压加气混凝土砌块的强度级别有：A1.0，A2.0，A2.5，A3.5，A5.0，A7.5，A10 七个级别；干密度级别有：B03，B04，B05，B06，B07，B08 六个级别。

蒸压加气混凝土砌块等级：按尺寸偏差与外观质量、干密度、抗压强度和抗冻性分为：优等品（A）、合格品（B）二个等级。

1. 产品规格、强度、干密度及等级

（1）砌块的规格尺寸见表 5-38 所列。

砌块的规格尺寸（mm）　　　　　　　　　　表 5-38

长度 L	宽度 B			高度 H			
600	100	120	125	200	240	250	300
	150	180	200				
	240	250	300				

注：如需要其他规格，可由供需双方协商解决。

（2）砌块等级。砌块按尺寸偏差与外观质量、干密度、抗压强度和抗冻性分为：优等品（A）、合格品（B）二个等级。

（3）砌块产品标记。示例：强度级别为 A3.5、干密度级别为 B05、优等品、规格尺寸为 600mm×200mm×250mm 的蒸压加气混凝土砌块，其标记为：ACB　A3.5　B05　600×200×250A　GB 11968。

2. 产品要求

尺寸偏差和外观　　　　　　　　　　表 5-39

项　　　目			指　　标	
			优等品（A）	合格品（B）
尺寸允许偏差（mm）	长度	L	±3	±4
	宽度	B	±1	±2
	高度	H	±1	±2

项　　目		指　　标	
		优等品（A）	合格品（B）
缺棱掉角	最小尺寸不得大于/mm	0	30
	最大尺寸不得大于/mm	0	70
	大于以上尺寸的缺棱掉角个数，不多于/个	0	2
裂纹长度	贯穿一棱二面的裂纹长度不得大于裂纹所在面的裂纹方向尺寸总和的	0	1/3
	任一面上的裂纹长度不得大于裂纹方向尺寸的	0	1/2
	大于以上尺寸的裂纹条数，不多于/条	0	2
爆裂、粘模和损坏深度不得大于/mm		10	30
平面弯曲		不允许	
表面疏松、层裂		不允许	
表面油污		不允许	

砌块的立方体抗压强度（MPa）　　　　　　　　　**表 5-40**

强度级别	立方体抗压强度	
	平均值不小于	单组最小值不小于
A1.0	1.0	0.8
A2.0	2.0	1.6
A2.5	2.5	2.0
A3.5	3.5	2.8
A5.0	5.0	4.0
A7.5	7.5	6.0
A10.0	10.0	8.0

砌块的干密度（kg/m³）　　　　　　　　　**表 5-41**

干密度级别		B03	B04	B05	B06	B07	B08
干密度	优等品（A）≤	300	400	500	600	700	800
	合格品（B）≤	325	425	525	625	725	825

砌块的强度级别　　　　　　　　　**表 5-42**

干密度级别		B03	B04	B05	B06	B07	B08
强度级别	优等品（A）	A1.0	A2.0	A2.5	A3.5	A5.0	A7.5
	合格品（B）	A1.0	A2.0	A3.5	A5.0	A7.5	A10.0

干燥收缩、抗冻性和导热系数　　　　　　　　　**表 5-43**

	干密度级别		B03	B04	B05	B06	B07	B08
干燥收缩值[a]	标准法（mm/m）　≤		0.50					
	快速法（mm/m）　≤		0.80					
抗冻性	质量损失（%）　≤		5.0					
	冻后强度	优等品（A）	0.8	1.6	2.8	4.0	6.0	8.0
	（MPa）≥	合格品（B）	0.8	1.6	2.0	2.8	4.0	6.0
导热系数（干态）〔W/（m·K）〕　≤			0.10	0.12	0.14	0.16	0.18	0.20

　　a. 规定采用标准法、快速法测定砌块干燥收缩值，若测定结果发生矛盾不能判定时，则以标准法测定的结果为准。

3. 检验规则

（1）出厂检验的项目包括：尺寸偏差、外观质量、立方体抗压强度、干密度。

（2）抽样规则。

同品种、同规格、同等级的砌块，以 10000 块为一批，不足 10000 块亦为一批，随机抽取 50 块砌块，进行尺寸偏差、外观检验。

从外观与尺寸偏差检验合格的砌块中，随机抽取 6 块砌块制作试件，进行如下项目检验：

1）干密度：3 组 9 块；

2）强度级别：3 组 9 块。

（3）判定规则。

若受检的 50 块砌块中，尺寸偏差和外观质量不符合表 5-39 规定的砌块数量不超过 5 块时，判定该批砌块符合相应等级；若不符合表 5-39 规定的砌块数量超过 5 块时，判定该砌块不符合相应等级。

以 3 组干密度试件的测定结果平均值判定砌块的干密度级别，符合表 5-41 时则判定该批砌块合格。

以 3 组抗压强度试件测定结果按表 5-40 判定其强度级别。当强度和干密度级别关系符合表 5-41 规定，同时，3 组试件中各个单组抗压强度平均值全部大于表 5-41 规定的此强度级别的最小值时，判定该批砌块符合相应等级；若有 1 组或 1 组以上此强度级别的最小值时，判定该批砌块不符合相应等级。

出厂检验中受检验产品的尺寸偏差、外观质量、立方体抗压强度、干密度各项检验全部符合相应等级的技术要求规定时，判定为相应等级；否则降等或判定为不合格。

注： 出厂产品应有产品质量证明书。证明书应包括：生产厂名、厂址、商标、产品标记、本批产品主要技术性能和生产日期。

5.3.6 石材（料石、大理石、花岗石等）试验报告

料石、预制砌块宜由预制厂生产，并应提供强度、耐磨性能试验报告及产品合格证。当工程用石材设计有强度要求时，应按设计要求委托具有相应资质试验室进行复试。

5.3.6.1 料石检（试）验报告

1. 资料表式

料石检（试）验按当地建设行政主管部门或其委托单位批准的具有相应资质的试验室提供的复试报告表式执行。

2. 应用说明

（1）料石应表面平整、粗糙，色泽、规格、尺寸应符合设计要求，其抗压强度不宜小于 80MPa，且应符合表 5-44 的要求。

石材物理性能和外观质量 表 5-44

	项 目	单 位	允许值	注
物理性能	饱和抗压强度	MPa	≥80	
	饱和抗折强度	MPa	≥9	
	体积密度	g/cm³	≥2.5	
	磨耗率（狄法尔法）	%	<4	
	吸水率	%	<1	
	孔隙率	%	<3	
外观质量	缺 棱	个	1	面积不超过 5mm×10mm，每块板材
	缺 角	个		面积不超过 2mm×2mm，每块板材
	色 斑	个		面积不超过 15mm×15mm，每块板材
	裂 纹	条	1	长度不超过两端顺延至板边总长度的1/10（长度小于 20mm 不计），每块板
	坑 窝	—	不明显	粗面板材的正面出现坑窝

注：表面纹理垂直于板边沿，不得有斜纹、乱纹现象，边沿直顺、四角整齐，不得有凹、凸不平现象。

（2）料石加工尺寸允许偏差应符合表 5-45 的规定。

料石加工尺寸允许偏差 表 5-45

项 目	允许偏差（mm）	
	粗面材	细面材
长、宽	0 / -2	0 / -1.5
厚（高）	+1 / -3	±1
对角线	±2	±2
平面度	±1	±0.7

注：料石设计有要求时应进行试验，并出具试验报告。

（3）石质路缘石应采用质地坚硬的石料加工，强度应符合设计要求，宜选用花岗石。剁斧加工石质路缘石允许偏差应符合表 5-46 的规定。

剁斧加工石质路缘石允许偏差 表 5-46

项 目		允许偏差
外形尺寸（mm）	长	±5
	宽	±2
	厚（高）	±2
外露面细石面平整度（mm）		3
对角线长度差（mm）		±5
剁斧纹路		应直顺、无死坑

5.3.6.2 天然大理石、花岗石检（试）验报告

天然大理石、花岗石检（试）验报告按当地建设行政主管部门或其委托单位批准的具

有相应资质的试验室提供的复试报告表式执行。

天然大理石、花岗石的技术等级、光泽度、外观等质量要求应符合建材行业标准《天然大理石建筑板材》（GB/T 19766—2005）、《天然花岗石建筑板材》（GB/T 18601—2009）的规定；预制板块的强度等级、规格、质量应符合设计要求；水磨石板块尚应符合国家现行行业标准《建筑装饰用水磨石》（JC/T 507—2012）的规定。

1. 天然大理石建筑板材应用技术要求

执行标准：《天然大理石建筑板材》（GB/T 19766—2005）　　（摘选）

（1）天然大理石技术要求

1）普型板规格尺寸允许偏差，应符合表 5-47 的规定。圆弧板壁厚最小值应不小于 20mm，规格尺寸允许偏差应符合表 5-48 的规定。

普型板规格尺寸允许偏差（mm）　　　　　　　　　　　　　　　表 5-47

项　目		允　许　偏　差		
		优等品	一等品	合格品
长度、宽度		0 −1.0		0 −1.5
厚度	≤12	±0.5	±0.8	±1.0
	>12	±1.0	±1.5	±2.0
干挂板材厚度		+2.0		+3.0 0

圆弧板规格尺寸允许偏差（mm）　　　　　　　　　　　　　　　表 5-48

项　目	允　许　偏　差		
	优等品	一等品	合格品
弦长	0 −1.0		0 −1.5
高度	0 −1.0		0 −1.5

2）普型板平面度允许公差，应符合表 5-49 规定。圆弧板直线度与线轮廓度允许公差，应符合表 5-50 规定。

普型板平面度允许公差（mm）　　　　　　　　　　　　　　　　表 5-49

项　目	允　许　偏　差		
	优等品	一等品	合格品
≤400	0.2	0.3	0.5
>400~≤800	0.5	0.6	0.8
>800	0.7	0.8	1.0

圆弧板直线度与线轮廓度允许公差（mm）　　　　　　　　　　　表 5-50

项　目		允　许　偏　差		
		优等品	一等品	合格品
直线度	≤800	0.6	0.8	1.0
（按板材高度）	>800	0.8	1.0	1.2
线轮廓度		0.8	1.0	1.2

3）角度允许公差。

① 普型板角度允许公差，应符合表 5-51 的规定。

表 5-51

普型板角度允许公差（mm）

项　　目	允　许　偏　差		
	优等品	一等品	合格品
≤400	0.3	0.4	0.5
>400	0.4	0.5	0.7

② 圆弧板角度允许公差：优等品为 0.4mm，一等品为 0.6mm，合格品为 0.8mm。

③ 普型板拼缝板材正面与侧面的夹角不得大于 90°；圆弧板侧面角 α 应不小于 90°。

4）外观质量。同一批板材色调应基本调和，花纹应基本一致。板材正面的外观缺陷质量要求应符合表 5-52 规定。

板材正面的外观缺陷质量要求
表 5-52

名称	规　定　内　容	优等品	一等品	合格品
裂纹	长度超过 10mm 的不允许条数（条）		0	
缺棱	长度不超过 8mm，宽度不超过 1.5mm（长度≤4mm，宽度≤1mm 不计），每米长允许个数（个）	0	1	2
缺角	沿板材边长顺延方向，长度≤3mm，宽度≤3mm（长度≤2mm，宽度≤2mm 不计），每块板允许个数（个）			
色斑	面积不超过 6cm²（面积小于 2cm² 不计），每块板允许个数（个）			
砂眼	直径在 2mm 以下		不明显	有，不影响装饰效果

5）镜面板材的镜向光泽值应不低于 70 光泽单位。板材的其他物理性能指标应符合表 5-53 的规定。

板材的其他物理性能指标
表 5-53

项　　目		指　　标
体积密度（g/cm³）　　　　　≥		2.30
吸水率（%）　　　　　　　　≤		0.50
干燥压缩强度（MPa）　　　　≥		50.0
干燥	弯曲强度（MPa）　　　　≥	7.0
水饱和		
耐磨度ª（1/cm³）　　　　　　≥		10

a. 为了颜色和设计效果，以两块或多块大理石组合拼接时，耐磨度差异应不大于 5，建议适用于经受严重踩踏的阶梯、地面和月台使用的石材耐磨度最小为 12。

（2）检验规则

1）检验项目。

① 普型板：规格尺寸偏差，平面度公差，角度公差，镜向光泽度，外观质量。

② 圆弧板：规格尺寸偏差，角度公差，直线度公差，线轮廓度公差，镜向光泽度，外观质量。

2）组批：同一品种、类别、等级的板材为一批。

3）抽样：采用《计数抽样检验程序》（GB/T 2828）一次抽样正常检验方式，检查水平为Ⅱ。合格质量水平（*AQL* 值）取为 6.5；根据抽样判定表抽取样本（表 5-54）。

抽样判定表 表 5-54

批量范围	样本数	合格判定数（A_c）	不合格判定数（R_e）
≤25	5	0	1
26～50	8	1	2
51～90	13	2	3
91～150	20	3	4
151～280	32	5	6
281～500	50	7	8
501～1200	80	10	11
1201～3200	125	14	15
≥3201	200	21	22

4）判定。

① 单块板材的所有检验结果均符合技术要求中相应等级时，则判定该块板材符合该等级。

② 根据样本检验结果，若样本中发现的等级不合格品数小于或等于合格判定数（A_c），则判定该批符合该等级；若样本中发现的等级不合格品数大于或等于不合格判定数（R_e），则判定该批不符合该等级。

2. 天然花岗石建筑板材应用技术要求

执行标准：《天然花岗石建筑板材》（GB/T 18601—2009） **（摘选）**

（1）天然花岗石建筑板材技术要求

1）等级按加工质量和外观质量分为：

① 毛光板按厚度偏差、平面度公差、外观质量等将板材分为优等品（A）、一等品（B）、合格品（C）三个等级。

② 普型板按规格尺寸偏差、平面度公差、角度公差、外观质量等将板材分为优等品（A）、一等品（B）、合格品（C）三个等级。

③ 圆弧板按规格尺寸偏差、直线度公差、线轮廓度公差、外观质量等将板材分为优等品（A）、一等品（B）、合格品（C）三个等级。

2）要求

① 一般要求。天然花岗石建筑板材的岩矿结构应符合商业花岗石的定义范畴。规格板的尺寸系列见表 5-55 所列，圆弧板、异型板和特殊要求的普型板规格尺寸由供需双方协商确定。

规格板的系列尺寸 表 5-55

边长系列	300[a]、305[a]、400、500、600[a]、800、900、1000、1200、1500、1800
厚度系列	10[a]、12、15、18、20[a]、25、30、35、40、50

a. 常用规格

② 加工质量。

A. 毛光板的平面度公差和厚度偏差应符合表 5-56 的规定。普型板规格尺寸允许偏差见表 5-57 所列。

毛光板的平面度公差和厚度偏差（mm） 表 5-56

项 目		技 术 指 标					
		镜面和细面板材			粗面板材		
		优等品	一等品	合格品	优等品	一等品	合格品
平面度		0.80	1.00	1.50	1.50	2.00	3.00
厚度	≤12	±0.5	±1.0	+1.0 −1.5			
	>12	±1.0	±1.5	±2.0	+1.0 −2.0	±2.0	+2.0 −3.0

普型板规格尺寸允许偏差 表 5-57

项 目		技 术 指 标					
		镜面和细面板材			粗面板材		
		优等品	一等品	合格品	优等品	一等品	合格品
长度、宽度		0 −1.0		0 −1.5	0 −1.0		0 −1.5
厚度	≤12	±0.5	±1.0	+1.0 −1.5	—		
	>12	±1.0	±1.5	±2.0	+1.0 −2.0	±2.0	+2.0 −3.0

B. 圆弧板壁厚最小值应不小于 18mm，规格尺寸允许偏差见表 5-58 所列。普型板平面度允许公差见表 5-59 所列。

圆弧板壁厚及规格尺寸允许偏差（mm） 表 5-58

项 目	技 术 指 标					
	镜面和细面板材			粗面板材		
	优等品	一等品	合格品	优等品	一等品	合格品
弦长	0		0	0 −1.5	0 −2.0	0 −2.0
高度	−1.0		−1.5	0 −1.0	0 −1.0	0 −1.5

普型板平面度允许公差（mm） 表 5-59

项 目	技 术 指 标					
	镜面和细面板材			粗面板材		
	优等品	一等品	合格品	优等品	一等品	合格品
$L \leqslant 400$	0.20	0.35	0.50	0.60	0.80	1.00
$400 < L \leqslant 800$	0.50	0.65	0.80	1.20	1.50	1.80
$L > 800$	0.70	0.85	1.00	1.50	1.80	2.00

③ 圆弧板直线度与线轮廓度允许公差见表 5-60 所列。

圆弧板直线度与线轮廓度允许公差（mm）　　　　　　表 5-60

项　　目		技　术　指　标					
		镜面和细面板材			粗面板材		
		优等品	一等品	合格品	优等品	一等品	合格品
直线度 （按板材高度）	≤800	0.8	1.00	1.20	1.00	1.20	1.50
	>800	1.00	1.20	1.50	1.50	1.50	2.00
线轮廓度		0.80	1.00	1.20	1.00	1.50	2.00

3）角度允许公差

① 普型板角度允许公差见表 5-61 所列。

普型板角度允许公差　　　　　　表 5-61

板材长度（L）	技　术　指　标		
	优等品	一等品	合格品
L≤400	0.30	0.50	0.80
L>400	0.40	0.60	1.00

② 圆弧板端面角度允许公差：优等品为 0.40mm，一等品为 0.60mm，合格品为 0.80mm。

③ 普型板拼缝板材正面与侧面的夹角不得大于 90°；圆弧板侧面角 α 应不小于 90°。

④ 镜面板材的镜向光泽度应不低于 80 光泽单位，特殊需要和圆弧板由供需双方协商确定。

4）外观质量

① 同一批板材的色调应基本调和，花纹应基本一致。

② 板材正面的外观缺陷应符合表 5-62 规定，毛光板外观缺陷不包括缺棱和缺角。

板材正面的外观缺陷　　　　　　表 5-62

缺陷名称	规　定　内　容	技　术　指　标		
		优等品	一等品	合格品
缺棱	长度≤10mm，宽度≤1.2mm（长度<5mm，宽度<1.0mm不计），周边每米长允许个数（个）	0	1	2
缺角	沿板材边长，长度≤3mm，宽度≤3mm（长度≤2mm，宽度≤2mm不计），每块板允许个数（个）			
裂纹	长度不超过两端顺延至板边总长度的1/10（长度<20mm不计），每块板允许条数（条）			
色斑	面积≤15mm×30mm（面积<10mm×10mm不计），每块板允许个数（个）		2	3
色线	长度不超过两端顺延至板边总长度的1/10（长度<40mm不计），每块板允许条数（条）			

注：干挂板材不允许有裂纹存在。

5）天然花岗石建筑板材的物理性能应符合表 5-63 的规定；工程对石材物理性能项目

及指标有特殊要求的，按工程要求执行。

天然花岗石建筑板材的物理性能 表 5-63

项　目		技　术　指　标	
		一般用途	功能用途
体积密度（g/cm³），≥		2.56	2.56
吸水率（%），≤		0.60	0.40
压缩强度（MPa），≥	干燥	100	131
	水饱和		
弯曲强度（MPa），≥	干燥	8.0	8.3
	水饱和		
耐磨性（1/cm³），≥		25	25

注：使用在地面、楼梯踏步、台面等严重踩踏或磨损部位的花岗石石材应检验耐磨性。

6）放射性：天然花岗石建筑板材应符合《建筑材料放射性核素限量》（GB 6566—2010）的规定。

（2）检验规则

1）检验项目

毛光板为厚度偏差、平面度公差、镜向光泽度、外观质量；普型板为规格尺寸偏差、平面度公差、角度公差、镜向光泽度、外观质量；圆弧板为规格尺寸偏差、角度公差、直线度公差、线轮廓度公差、外观质量。

2）组批：同一品种、类别、等级、同一供货批的板材为一批；或为连续安装部位的板材为一批。

3）抽样：采用《计数抽样检验程序　第1部分：按接收质量限（AQL）检索的逐批检验抽样计划》（GB/T 2828.1—2012）一次抽样正常检验方式，检查水平为Ⅱ，合格质量水平（AQL 值）取为 6.5；根据表 5-64 抽取样本。

4）判定

① 单块板材的所有检验结果均符合技术要求中相应等级时，则判定该块板材符合该等级。

② 根据样本检验结果，若样本中发现的等级不合格数小于或等于合格判定数（A_c），则判定该批符合该等级；若样本中发现的等级不合格品数大于或等于不合格判定数（R_e），则判定该批不符合该等级。

检测抽样（块） 表 5-64

批量范围	样本数	合格判定数（A_c）	不合格判定数（R_e）
≤25	5	0	1
26～50	8	1	2
51～90	13	2	3
91～150	20	3	4
151～280	32	5	6

批量范围	样本数	合格判定数（A_c）	不合格判定数（R_e）
281~500	50	7	8
501~1200	80	10	11
1201~3200	125	14	15
≥3201	200	21	22

5.3.7 砂子、石子进场复试报告

5.3.7.1 砂子复试报告

1. 资料表式（表 5-65）

砂 子 复 试 报 告 表 5-65

试验编号：_____

委托单位：_____ 试验委托人：_____ 工程名称：_____

砂子产地：_____ 收样日期：_____ 试验日期：_____

代表数量：_____

一、筛分析 1. M_x _____	2. 颗粒级配_____
二、表观密度_____ g/cm³	三、紧密密度_____
四、堆积密度_____ g/cm³	五、含泥量_____ %
六、泥块含量_____ %	七、吸水率_____ %
八、含水率_____ %	九、轻物质含量_____ %
十、坚固性（重量损失）_____ %	十一、有机物含量_____ %
十二、云母含量_____ %	十三、碱活性_____ %

结论	

试验单位：　　　　　技术负责人：　　　　　审核：　　　　　试（检）验：

报告日期：　　年　　月　　日

2. 应用说明

（1）砂子复试报告是对用于城镇道路工程中的砂的筛分、含泥量、泥块含量等指标进行复试后由试验单位出具的质量证明文件。砂试验报告必须是经省级及其以上建设行政主管部门批准的试验室出具的试验报告单方为有效。

（2）砂应有在工地取样的试验报告单，应试项目齐全，试验编号必须填写，并应符合有关规范要求。

（3）重要工程混凝土使用的砂，应采用化学法和砂浆长度法进行集料的碱活性检验。经检验判断为有潜在危害时，应采取下列措施：

1）使用含碱量小于0.6％的水泥或采取能抑制碱—集料反映的掺合料；

2）当使用含钾、钠离子的外加剂时，必须进行专门试验。

（4）填表说明

1）筛分析：按其不同筛孔尺寸的筛余量进行颗粒级配分析，经计算得出细度模数。砂子颗粒级配应合理，颗粒级配不合理时应由技术负责人签注技术处理意见后方准使用。

① M_x（细度模数）：指砂子试验结果，经计算得出的细度模数。是判别粗、中、细、特细砂的标准。细度模数为1.6～3.7。3.1～3.7为粗砂、2.3～3.0为中砂、1.6～2.2为细砂、0.7～1.5为特细砂。

② 颗粒级配：指各种粒径集料所占的比例，一般用其在规定孔径的一组筛子上的筛余量表示。可分为：连续粒级、单粒级。

2）表观密度（g/cm³）：指集料颗粒单位体积（包括内部封闭空隙）的质量。照试验结果填写。

3）堆积密度（g/cm³）：指集料在自然堆积状态下单位体积的质量。照试验结果填写。

4）泥块含量（％）：指集料中粒径大于5mm，经水洗、手捏后变成小于2.5mm的颗粒的含量。照试验结果填写。

5）含水率（％）：指集料在自然堆放时所含水量与湿重或烘干重量之比。照试验结果填写。

6）坚固性（重量损失）（％）：是指以集料经硫酸钠饱和溶液循环浸泡后的重量损失百分比。照试验结果填写。

7）云母含量（％）：指砂中云母的近似百分含量。照试验结果填写。

8）紧密密度：指集料按规定方法颠实后单位体积的质量。照试验结果填写。

9）含泥量（％）：指砂中粒径小于0.8mm的尘屑、淤泥和黏土的总含量。照试验结果填写。

10）吸水率（％）：吸水率系指按规定方法测得的饱和面干状态下的吸水量与其烘干重量之比。照试验结果填写。

11）轻物质含量（％）：照试验结果填写。

12）有机物含量（％）：是指标准中规定的硫化物、硫酸盐及有机物的含量。照试验结果填写。

13）碱活性（％）：照试验结果填写。

14）结论：应全面、准确，核心是可用性及注意事项。

3. 普通混凝土用砂质量应用技术要求

执行标准：《普通混凝土用砂、石质量及检验方法标准》（JGJ 52—2006） （摘选）

（1）砂的粗细程度按细度模数 μ_f 分为粗、中、细、特细四级，其范围应符合下列规定：

粗砂：$\mu_f=3.7\sim3.1$　　　　中　砂：$\mu_f=3.0\sim2.3$

细砂：$\mu_f=2.2\sim1.6$　　　　特细砂：$\mu_f=1.5\sim0.7$

（2）除特细砂外，砂的颗粒级配可按公称直径 $630\mu m$ 筛孔的累计筛余量（以质量百分率计，下同），分成三个级配区（表5-66），且砂的颗粒级配应处于表5-66中的某一区内。

砂的实际颗粒级配与表5-66中的累计筛余相比，除公称粒径为 5.00mm 和 $630\mu m$ 的累计筛余外，其余公称粒径的累计筛余可稍有超出分界线，但总超出量不应大于5％。

砂的颗粒级配区 表5-66

累计筛余（％） 级配区 公 称 粒 径	Ⅰ区	Ⅱ区	Ⅲ区
5.00mm	0～10	0～10	0～10
2.50mm	5～35	0～25	0～15
1.25mm	35～65	10～50	0～25
$630\mu m$	71～85	41～70	16～40
$315\mu m$	80～95	70～92	55～85
$160\mu m$	90～100	90～100	90～100

配制混凝土时宜优先选用Ⅱ区砂。当采用Ⅰ区砂时，应提高砂率，并保持足够的水泥用量，满足混凝土的和易性；当采用Ⅲ区砂时，宜适当降低砂率；当采用特细砂时，应符合相应的规定。

配制泵送混凝土，宜选用中砂。

（3）天然砂中含泥量应符合表5-67的规定。

天然砂中含泥量 表5-67

混凝土强度等级	≥C60	C30～C35	≤C25
含泥量（按质量计,％）	≤2.0	≤3.0	≤5.0

对于有抗冻、抗渗或其他特殊要求的小于或等于 C25 混凝土用砂，其含泥量不应大于3.0％。

（4）砂中泥块含量应符合表5-68的规定。

砂中的泥块含量 表5-68

混凝土强度等级	≥C60	C30～C35	≤C25
含泥量（按质量计,％）	≤0.5	≤1.0	≤2.0

对于有抗冻、抗渗或其他特殊要求的小于或等于 C25 混凝土用砂，其泥块含量不应大于1.0％。

（5）人工砂或混合砂中石粉含量应符合表5-69的规定。

人工砂或混合砂中石粉含量 表5-69

混凝土强度等级		≥C60	C30～C35	≤C25
石粉含量（％）	＜1.4（合格）	≤5.0	≤7.0	≤10.0
	≥1.4（不合格）	≤2.0	≤3.0	≤5.0

（6）砂的坚固性应采用硫酸钠溶液检验，试样经 5 次循环后，其质量损失应符合表 5-70 的规定。

砂的坚固性指标 表 5-70

混凝土所处的环境条件及其性能要求	5 次循环后的质量损失（%）
在严寒及寒冷地区室外使用并经常处于潮湿或干湿交替状态下的混凝土 对于有抗疲劳、耐磨、抗冲击要求的混凝土 有腐蚀介质作用或经常处于水位变化区的地下结构混凝土	≤8
其他条件下使用的混凝土	≤10

（7）人工砂的总压碎值指标应小于 30%。

（8）当砂中含有云母、轻物质、有机物、硫化物及硫酸盐等有害物质时，其含量应符合表 5-71 的规定。

砂中的有害物质含量 表 5-71

项 目	质 量 指 标
云母含量（按质量计，%）	≤2.0
轻物质含量（按质量计，%）	≤1.0
硫化物及硫酸盐含量（折算成 SO_3 按质量计，%）	≤1.0
有机物含量（用比色法试验）	颜色不应深于标准色，当颜色深于标准色时，应按水泥胶砂强度试验方法进行强度对比试验，抗压强度比不应低于 0.95

对于有抗冻、抗渗要求的混凝土用砂，其云母含量不应大于 1.0%。

当砂中含有颗粒状的硫酸盐或硫化物杂质时，应进行专门检验，确认能满足混凝土耐久性要求后，方可采用。

（9）对于长期处于潮湿环境的重要混凝土结构用砂，应采用砂浆棒（快速法）或砂浆长度法进行骨料的碱活性检验。经上述检验判断为有潜在危害时，应控制混凝土中的碱含量不超过 $3kg/m^3$，或采用能抑制碱—骨料反应的有效措施。

（10）砂中氯离子含量应符合下列规定：

1）对于钢筋混凝土用砂，其氯离子含量不得大于 0.06%（以干砂的质量百分率计）；

2）对于预应力混凝土用砂，其氯离子含量不得大于 0.02%（以干砂的质量百分率计）。

（11）海砂中贝壳含量应符合表 5-72 的规定。

海砂中贝壳含量 表 5-72

混凝土强度等级	≥C40	C30～C35	C15～C25
贝壳含量（按质量计，%）	≤3	≤5	≤8

对于有抗冻、抗渗或其他特殊要求的小于或等于 C25 混凝土用砂，其贝壳含量不应大于 5%。

（12）砂的取样规定

1）每验收批取样方法应按下列规定执行：

① 从料堆上取样时，取样部位应均匀分布。取样前应先将取样部位表层铲除，然后由各部位抽取大致相等的砂 8 份，石子为 16 份，组成各自一组样品。

② 从皮带运输机上取样时，应在皮带运输机机尾的出料处用接料器定时抽取砂 4 份、石 8 份组成各自一组样品。

③ 从火车、汽车、货船上取样时，应从不同部位和深度抽取大致相等的砂 8 份、石 16 份组成各自一组样品。

2）除筛分析外，当其余检验项目存在不合格项时，应加倍取样进行复验。当复验仍有一项不满足标准要求时，应按不合格品处理。

注：如经观察，认为各节车皮间（汽车、货船间）所载的砂、石质量相差甚为悬殊时，应对质量有怀疑的每节列车（汽车、货船）分别取样和验收。

3）对于每一单项检验项目，砂、石的每组样品取样数量应分别满足表 5-73 的规定。当需要做多项检验时，可在确保样品经一项试验后不致影响其他试验结果的前提下，用同组样品进行多项不同的试验。

每一单项检验项目所需砂最少取样质量　　　　表 5-73

试 验 项 目	最少取样质量（g）
筛分析	4400
表观密度	2600
吸水率	4000
紧密密度和堆积密度	5000
含 水 率	1000
含 泥 量	4400
泥块含量	20000
石粉含量	1600
人工砂压碎值指标	分成公称粒级 2.50～5.00mm；1.25～2.50mm；630μm～1.25mm；315～630μm；160～315μm 每个粒级各需 1000g
有机物含量	2000
云母含量	600
轻物质含量	3200
坚固性	分成公称粒级 2.50～5.00mm；1.25～2.50mm；630μm～1.25mm；315～630μm；160～315μm 每个粒级各需 100g
硫化物及硫酸盐含量	50
氯离子含量	2000
贝壳含量	10000
碱活性	20000

5.3.7.2 石子复试报告

1. 资料表式（表 5-74）

石 子 复 试 报 告   表 5-74

试验编号：＿＿＿＿＿＿＿＿＿

委托单位：＿＿＿＿＿＿＿ 试验委托人：＿＿＿＿＿＿ 工程名称：＿＿＿＿＿＿＿

石子产地：＿＿＿＿＿＿＿ 收样日期：＿＿＿＿＿＿ 试验日期：＿＿＿＿＿＿＿

代表数量：＿＿＿＿＿＿＿ 依据标准：＿＿＿＿＿＿

一、筛分析 ＿＿＿＿＿＿＿＿	二、表观密度＿＿＿＿＿＿ g/cm³
三、堆积密度＿＿＿＿＿＿ g/cm³	四、紧密密度＿＿＿＿＿＿ g/cm³
五、含泥量＿＿＿＿＿＿＿＿％	六、泥块含量＿＿＿＿＿＿＿％
七、有机物含量＿＿＿＿＿＿＿％	八、针片状含量＿＿＿＿＿＿％
九、压碎指标值＿＿＿＿＿＿＿％	十、坚固性（重量损失）＿＿＿＿＿＿％
十一、含水率＿＿＿＿＿＿＿％	十二、吸水率＿＿＿＿＿＿＿％
十三、碱活性＿＿＿＿＿＿＿％	

结　　论

试验单位：　　　　技术负责人：　　　　审核：　　　　试（检）验：

报告日期：　　年　　月　　日

2. 应用说明

（1）基本说明

1）石子复试报告是对用于工程中的石子的表观密度、堆积密度、紧密密度、筛分析、含泥量、泥块含量、针片状含量、压碎指标以及石子有机物含量等进行复试后由试验单位出具的质量证明文件。用于工程的石子有碎石和卵石。碎石是指符合工程要求的岩石，经开采并按一定尺寸加工而成的有棱角的粒料。

2）石子试验报告必须是经省及其以上建设行政主管部门或其委托单位批准的试验室出具的试验报告方为有效报告。

3）石子及其他骨料应有工地取样的试验报告单，应试项目齐全，试验编号必须填写，并应符合有关规范要求。对重要工程混凝土使用的碎石或卵石应进行碱活性检验。

4）当怀疑石中因含有活性二氧化硅而可能引起碱—骨料反应时，应根据混凝土结构构件的使用条件进行专门试验，以确定其是否可用。

5）混凝土工程所使用的石子按产地不同和批量要求进行试验，一般混凝土工程的石子必须试验项目为颗粒级配、含水率、比重、容重、含泥量，对超过规定但仍可在某些部位使用的应由技术负责人签注，注明使用部位及处理方法。

6) 对 C30 及 C30 以上的混凝土、防水混凝土、特殊部位混凝土设计提出要求的或无可信质量证明依据的应加试有害杂质含量等。

7) 混凝土强度等级为 C40 及其以上混凝土或设计有要求时应对所用石子硬度进行试验。

（2）对有抗渗或其他特殊要求的混凝土，其所用碎石或卵石的含泥量不应大于 1%。泥块含量不应大于 0.5%；小于等于 C10 的混凝土用碎石或卵石含泥量可放宽到 2.5%，泥块含量可放宽到 1%。

（3）石子使用注意事项

1) 混凝土用石取样后，每组样品应妥善包装，避免细料散失及防止污染。并附样品卡片，标明样品的编号、取样时间、代表数量、产地、样品量、要求检验项目及取样方法等。

2) 对重要工程的混凝土所使用的碎石或卵石应进行碱活性检验。

进行碱活性检验时，首先应采用岩相法检验碱活性集料的品种、类型和数量（也可由地质部门提供）。若集料中含有活性二氧化硅时，应采用化学法和砂浆长度法进行检验；若含有活性碳酸盐集料时，应采用岩石柱法进行检验。

经上述检验，集料判定为有潜在危害时，属碱—碳酸盐反应的不宜作混凝土集料，如必须使用，应以专门的混凝土试验结果作出最后评定。

潜在危害属碱—硅反应的，应遵守以下规定方可使用：

① 使用含碱量小于 0.6% 的水泥或采用能抑制碱—集料反应的掺合料；

② 当使用含钾、钠离子的混凝土外加剂时，必须进行专门的试验。

3) 重视粗骨料的选择和使用。按工程需要合理选择粗骨料的级配、形状等。低强度等级的混凝土宜用卵石，高强度等级宜用碎石。

（4）填表说明

1) 筛分析：按其不同筛孔尺寸的筛余量进行颗粒级配分析，经计算得出是连续粒级或单粒级。

2) 表观密度（g/cm³）：指集料颗粒单位体积（包括内部封闭空隙）的质量。照试验结果填写。

3) 堆积密度（g/cm³）：指集料在自然堆积状态下单位体积的质量。照试验结果填写。

4) 紧密密度（g/cm³）：指集料按规定方法颠实后单位体积的质量。照试验结果填写。

5) 含泥量（%）：指石子中粒径小于 0.8mm 的尘屑、淤泥和黏土的总含量。照试验结果填写。

6) 泥块含量（%）：指集料中粒径大于 5mm，经水洗、手捏后变成小于 2.5mm 的颗粒的含量。照试验结果填写。

7) 有机物含量（%）：是指标准中规定石子中硫化物、硫酸盐及有机物的含量。照试验结果填写。

8) 针片状含量（%）：指针状颗粒系指长度大于 2.4 倍平均粒径者，片状颗粒系指厚度小于 0.4 倍平均粒径者。是指其针片状物在石子中的含量。

9) 压碎指标值（%）：指碎石或卵石抵抗压碎的能力。照试验结果填写。

10) 坚固性（重量损失）（%）：是指以集料经硫酸钠饱和溶液循环浸泡后的重量损失百分比。照试验结果填写。

11）含水率（％）：指集料在自然堆放时所含水量与湿重或烘干重量之比。照试验结果填写。

12）吸水率（％）：吸水率系指按规定方法测得的饱和面干状态下的吸水量与其烘干重量之比。照试验结果填写。

13）碱活性（％）：照试验结果填写。

14）结论：应全面、准确，核心是可用性及注意事项。

3. 普通混凝土用石质量应用技术要求

执行标准：《普通混凝土用砂、石质量及检验方法标准》（JGJ 52—2006）   （摘选）

（1）碎石或卵石的颗粒级配，应符合表 5-75 的要求。混凝土用石应采用连续粒级。

单粒级宜用于组合成满足要求的连续粒级；也可与连续粒级混合使用，以改善其级配或配成较大粒度的连续粒级。当卵石的颗粒级配不符合本标准表 5-75 要求时，应采取措施并经试验证实能确保工程质量后，方允许使用。

碎石或卵石的颗粒级配范围　　　　　　　　　　　表 5-75

级配情况	公称粒级（mm）	累计筛余，按质量（％）											
		方孔筛筛孔边长尺寸（mm）											
		2.36	4.75	9.5	16.0	19.0	26.5	31.5	37.5	53	63	75	90
连续粒级	5～10	95～100	80～100	0～15	0	—	—	—	—	—	—	—	—
	5～16	95～100	85～100	30～60	0～10	0	—	—	—	—	—	—	—
	5～20	95～100	90～100	40～80	—	0～10	0	—	—	—	—	—	—
	5～25	95～100	90～100	—	30～70	—	0～5	0	—	—	—	—	—
	5～31.5	95～100	95～100	70～90	—	15～45	—	0～5	0	—	—	—	—
	5～40	—	95～100	70～90	—	30～65	—	—	0～5	0	—	—	—
单粒级	10～20	—	95～100	85～100	—	0～15	0	—	—	—	—	—	—
	16～31.5	—	95～100	—	85～100	—	—	0～10	0	—	—	—	—
	20～40	—	—	95～100	—	80～100	—	—	0～10	0	—	—	—
	31.5～63	—	—	—	95～100	—	—	75～100	45～75	—	0～10	0	—
	40～80	—	—	—	95～100	—	—	—	70～100	—	30～60	0～10	0

注：公称粒级的上限为该粒级的最大粒径。

（2）碎石或卵石中针、片状颗粒含量应符合表 5-76 的规定。

针、片状颗粒含量　　　　　　　　　　　表 5-76

混凝土强度等级	≥C60	C30～C55	≤C25
针、片状颗粒含量（按质量计，％）	≤8	≤15	≤25

（3）碎石或卵石中含泥量应符合表 5-77 的规定。

碎石或卵石中的含泥量　　　　　　　　　　　表 5-77

混凝土强度等级	≥C60	C30～C55	≤C25
含泥量（按质量计，％）	≤0.5	≤1.0	≤2.0

对于有抗冻、抗渗或其他特殊要求的混凝土，其所用碎石或卵石中含泥量不应大于1.0%。当碎石或卵石的含泥是非黏土质的石粉时，其含泥量可由表5-77的0.5%、1.0%、2.0%，分别提高到1.0%、1.5%、3.0%。

（4）碎石或卵石中泥块含量应符合表5-78的规定。

碎石或卵石中的泥块含量　　　　　　表5-78

混凝土强度等级	≥C60	C30～C55	≤C25
泥块含量（按质量计，%）	≤0.2	≤0.5	≤0.7

对于有抗冻、抗渗或其他特殊要求的强度等级小于C30的混凝土，其所用碎石或卵石中泥块含量不应大于0.5%。

（5）碎石的强度可用岩石的抗压强度和压碎值指标表示。岩石的抗压强度应比所配制的混凝土强度至少高20%。当混凝土强度等级大于或等于C60时，应进行岩石抗压强度检验。岩石强度首先应由生产单位提供，工程中可采用压碎值指标进行质量控制。碎石的压碎值指标宜符合表5-79的规定。

碎石的压碎值指标　　　　　　表5-79

岩石品种	混凝土强度等级	碎石压碎指标值（%）
沉积岩	C40～C60	≤10
	≤C35	≤16
变质岩或深成的火成岩	C40～C60	≤12
	≤C35	≤20
喷出的火成岩	C40～C60	≤13
	≤C35	≤30

注：沉积岩包括石灰岩、砂岩等。变质岩包括片麻岩、石英岩等。深成的火成岩包括花岗岩、正长岩、闪长岩和橄榄岩等。喷出的火成岩包括玄武岩和辉绿岩等。

卵石的强度可用压碎值指标表示。其压碎值指标宜符合表5-80的规定。

卵石的压碎值指标　　　　　　表5-80

混凝土强度等级	C40～C60	≤C35
压碎指标值（%）	≤12	≤16

（6）碎石或卵石的坚固性应用硫酸钠溶液法检验，试样经5次循环后，其质量损失应符合表5-81的规定。

碎石或卵石的坚固性指标　　　　　　表5-81

混凝土所处的环境条件及其性能要求	5次循环后的质量损失（%）
在严寒及寒冷地区室外使用并经常处于潮湿或干湿交替状态下的混凝土；有腐蚀介质作用或经常处于水位变化区的地下结构或有抗疲劳、耐磨、抗冲击要求的混凝土	≤8
其他条件下使用的混凝土	≤12

（7）碎石或卵石中的硫化物和硫酸盐含量以及卵石中有机物等有害物质含量，应符合表5-82的规定。

表 5-82

碎石或卵石中的有害物质含量

项 目	质量要求
硫化物及硫酸盐含量（折算成 SO_3 按质量计） （％）	≤1.0
卵石中有机质含量 （用比色法试验）	颜色应不深于标准色。颜色深于标准色时，应配制成混凝土进行强度对比试验，抗压强度比应不低于 0.95

当碎石或卵石中含有颗粒状硫酸盐或硫化物杂质时，应进行专门检验，确认能满足混凝土耐久性要求后，方可采用。

(8) 对于长期处于潮湿环境的重要结构混凝土，其所使用的碎石或卵石应进行碱活性检验。

进行碱活性检验时，首先应采用岩相法检验碱活性骨料的品种、类型和数量。当检验出骨料中含有活性二氧化硅时，应采用快速砂浆棒法和砂浆长度法进行碱活性检验；当检验出骨料中含有活性碳酸盐时，应采用岩石柱法进行碱活性检验。

经上述检验，当判定骨料存在潜在碱—碳酸盐反应危害时，不宜用做混凝土骨料；否则，应通过专门的混凝土试验，做最后评定。

当判定骨料存在潜在碱—硅反应危害时，应控制混凝土中的碱含量不超过 $3kg/m^3$，或采用能抑制碱—骨料反应的有效措施。

(9) 石子的取样规定

1) 每验收批取样方法应按下列规定执行：

① 从料堆上取样时，取样部位应均匀分布。取样前应先将取样部位表层铲除，然后由各部位抽取大致相等的砂 8 份，石子 16 份，组成各自一组样品。

② 从皮带运输机上取样时，应在皮带运输机机尾的出料处用接料器定时抽取砂 4 份、石 8 份组成各自一组样品。

③ 从火车、汽车、货船上取样时，应从不同部位和深度抽取大致相等的砂 8 份、石 16 份组成各自一组样品。

2) 除筛分析外，当其余检验项目存在不合格项时，应加倍取样进行复验。当复验仍有一项不满足标准要求时，应按不合格品处理。

注：如经观察，认为各节车皮间（汽车、货船间）所载的砂、石质量相差甚为悬殊时，应对质量有怀疑的每节列车（汽车、货船）分别取样和验收。

3) 对于每一单项检验项目，砂、石的每组样品取样数量应分别满足表 5-83 的规定。当需要做多项检验时，可在确保样品经一项试验后不致影响其他试验结果的前提下，用同组样品进行多项不同的试验。

4) 每一单项检验项目所需碎石或卵石的最小取样质量见表 5-83。

每一单项检验项目所需碎石或卵石的最小取样质量（kg）　　　　**表 5-83**

试验项目	最大粒径（mm）							
	10	16	20	25	31.5	40	63	80
筛分析	10	15	16	20	25	32	50	64
表观密度	8	8	8	8	12	16	24	24
含水率	2	2	2	2	3	3	4	6

试验项目	最大粒径（mm）							
	10	16	20	25	31.5	40	63	80
吸水率	8	8	16	16	16	24	24	32
堆积密度、紧密密度	40	40	40	40	80	80	120	120
含泥量	8	8	24	24	40	40	80	80
泥块含量	8	8	24	24	40	40	80	80
针、片状含量	1.2	4	8	12	20	40	—	
硫化物、硫酸盐	1.0							

注：有机物含量、坚固性、压碎值指标及碱-骨料反应检验，应按试验要求的粒级及质量取样。

5.3.8　粉煤灰进场复试报告

1. 资料表式（表5-84）

粉煤灰进场复试报告　　　　　　　　　　　　　　　　表5-84

样品名称＿＿＿＿＿＿＿＿＿　　样品状态＿＿＿＿＿＿＿＿＿　　报 告 编 号＿＿＿＿＿＿＿＿＿
委托单位＿＿＿＿＿＿＿＿＿　　建设单位＿＿＿＿＿＿＿＿＿　　任务单编号＿＿＿＿＿＿＿＿＿
工程名称＿＿＿＿＿＿＿＿＿　　委 托 人＿＿＿＿委托日期＿＿＿＿　　委托单编号＿＿＿＿＿＿＿＿＿
抽样单位＿＿＿＿＿＿＿＿＿　　抽样地点＿＿＿＿＿＿＿＿＿　　检 测 类 别＿＿＿＿＿＿＿＿＿
检测日期＿＿＿＿＿＿＿＿＿　　检测标准＿＿＿＿＿＿＿＿＿
检测环境＿＿＿＿＿＿＿＿＿　　检测依据＿＿＿＿＿＿＿＿＿

试件编号	试件尺寸（mm）		试件截面积（mm²）	极限荷载（N）	抗压强度（MPa）		检验结论
	长	宽			单块值	平均值	
1							
2							
3							
4							
5							
6							
检测设备							

检测报告说明：1. 若对报告有异议，应于收到报告之日起十五日内，以书面形式向检测单位提出，逾期视为对报告无异议。
2. 本报告未加盖公章及资质者，结果无效。

试验单位：　　　　　技术负责人：　　　　　　　　审核：　　　　　　　　　试（检）验：
　　　　　　　　　　　　　　　　　　　　　　　报告日期：　　　年　月　日

2. 应用说明

构筑物工程用粉煤灰的必试项目：化学成分、烧失量、细度和含水量等。

（1）粉煤灰应符合下列规定：

1）粉煤灰中的 SiO_2、Al_2O_3 和 Fe_2O_3 总量宜大于 70%；在温度为 700℃ 时的烧失量宜小于或等于 10%。

2）当烧失量大于 10% 时，应经试验确认混合料强度符合要求时，方可采用。

3）细度应满足 90% 通过 0.3mm 筛孔，70% 通过 0.075mm 筛孔，比表面积宜大于 2500cm²/g。

（2）粉煤灰应用注意事项

1）粉煤灰应有合格证和试验报告。粉煤灰使用以复试报告为准。试验内容必须齐全且均应在使用前取得。

2）提供粉煤灰的合格试验单应满足工程使用粉煤灰的数量、品种、强度等级等要求，且粉煤灰的必试项目不得缺漏。

3）粉煤灰使用前必须复试，做一般试验，同时应对其粉煤灰的有害成分含量根据要求另做试验。

4）重点工程和设计有要求的粉煤灰品种必须符合设计要求。

5）试验报告单的试验编号必须填写。这是防止弄虚作假、备查试验室、核实报告试验数据正确性的重要依据。

6）粉煤灰试验报告单必须和配合比通知单上的粉煤灰品种、粉煤灰等级相一致。

7）必须实行见证取样，试验室应在见证取样人名单上加盖公章和经手人签字。

8）粉煤灰出厂合格证或试验报告不齐，为不符合要求。粉煤灰先用后试或不做复试，为不符合要求。

3. 掺合料用粉煤灰应用技术要求

（1）掺合料用粉煤灰试验报告是指掺合料用粉煤灰应用于混凝土中作为矿物掺合料时提供的试验报告。其质量应符合现行国家标准《用于水泥和混凝土中的粉煤灰》（GB/T 1596—2005）等的规定。矿物掺合料的掺量应通过试验确定。应按进场的批次和产品的抽样检验方案确定抽检数量。

（2）粉煤灰质量

批量：以连续供应的 200t 相同等级的粉煤灰为一批，不足 200t 者按一批计，粉煤灰的数量按干灰（含水量小于 10%）的重量计算。

取样：散装灰从运输工具、贮灰库或料堆中的不同部位取 15 份试样，每份试样 2kg，混合拌匀。袋装灰从每批任抽 10 袋，从每袋中分取试样不小于 1kg，按散装灰取样方法混合抽取均匀试样（表 5-85）。

<table>
<tr><td colspan="3" align="center">粉煤灰技术指标</td><td colspan="3" align="right">表 5-85</td></tr>
<tr><td rowspan="2">序号</td><td rowspan="2" colspan="2" align="center">指　　标</td><td colspan="3" align="center">级　　别</td></tr>
<tr><td>I</td><td>II</td><td>III</td></tr>
<tr><td>1</td><td>细度（0.045mm 方孔筛的筛余）（%）</td><td>不大于</td><td>12</td><td>20</td><td>45</td></tr>
<tr><td>2</td><td>需水量比（%）</td><td>不大于</td><td>95</td><td>105</td><td>115</td></tr>
<tr><td>3</td><td>烧失量（%）</td><td>不大于</td><td>5</td><td>8</td><td>15</td></tr>
<tr><td>4</td><td>含水量（%）</td><td>不大于</td><td>1</td><td>1</td><td>不规定</td></tr>
<tr><td>5</td><td>三氧化硫（%）</td><td>不大于</td><td>3</td><td>3</td><td>3</td></tr>
</table>

5.3.9　混凝土外加剂进场复试报告

外加剂试验报告是指施工单位根据设计要求的砂浆、混凝土强度等级等需掺加外加剂后才能达到要求而进行的试验，外加剂质量需要提请试验单位进行试验并出具质量证明文件。

外加剂资料表式按当地建设行政主管部门批准的具有相应资质的试验单位出具的试验报告单表式执行。

1. 掺外加剂混凝土性能质量要求

混凝土外加剂：根据《混凝土外加剂》（GB 8076—2008），受检混凝土性能指标应符合表 5-86 的要求。

受检混凝土性能指标表

表 5-86

项目	高性能减水剂 HPWR			高效减水剂 HWR		普通减水剂 WR			引气减水剂 AEWR	泵送剂 PA	早强剂 Ac	缓凝剂 Re	引气剂 AE
	早强型 HPWR-A	标准型 HPWR-S	缓凝型 HPWR-R	标准型 HWR-S	缓凝型 HWR-R	早强型 WR-A	标准型 WR-S	缓凝型 WR-R					
减水率（%），不小于	25	25	25	14	14	8	8	8	10	12	—	—	6
泌水率比（%），不大于	50	60	70	90	100	95	100	100	70	70	100	100	70
含气量（%）	≤6.0	≤6.0	≤6.0	≤3.0	≤4.5	≤4.0	≤4.0	≤5.5	≥3.0	≤5.5	—	—	≥3.0
凝结时间之差(min) 初凝	−90~+90	−90~+120	>+90	−90~+120	>+90	−90~+90	−90~+120	>+90	−90~+120	—	−90~+90	>+90	−90~+120
凝结时间之差(min) 终凝													
1h经时变化量 坍落度(mm)	—	≤80	≤60	—	—	—	—	—	—	≤80	—	—	—
1h经时变化量 含气量(%)	—	—	—	—	—	—	—	—	−1.5~+1.5	—	—	—	−1.5~+1.5
抗压强度比（%），不小于 1d	180	170	—	140	—	135	—	—	—	—	135	—	—
抗压强度比（%），不小于 3d	170	160	—	130	—	130	115	—	115	—	130	—	95
抗压强度比（%），不小于 7d	145	150	140	125	125	110	115	110	110	115	110	100	95
抗压强度比（%），不小于 28d	130	140	130	120	120	100	110	110	100	110	100	100	90
收缩率比（%），不大于 28d	110	110	110	135	135	135	135	135	135	135	135	135	135
相对耐久性（200次）（%），不小于								—80				80	

注：
1. 表中抗压强度比、收缩率比、相对耐久性为强制性指标，其余为推荐性指标。
2. 除含气量和相对耐久性外，表中所列数据为掺外加剂混凝土与基准混凝土的差值或比值。
3. 凝结时间之差性能指标中的"—"号表示延缓，"+"号表示提前。
4. 相对耐久性（200次）性能指标中的"≥80"表示将 28d 龄期的受检混凝土试件快速冻融循环 200 次后，动弹性模量保留值≥80%。
5. 1h 含气量经时变化量指标中的"—"号表示含气量增加，"+"号表示含气量减少。
6. 其他品种的外加剂是否需要测定相对耐久性等需要由供、需双方协商确定。
7. 当用户对泵送剂等产品有特殊要求时，需要进行的补充试验项目、试验方法及指标，由供需双方协商决定。

129

2. 掺防冻剂混凝土性能质量要求

混凝土防冻剂：根据《混凝土防冻剂》（JC 475—2004），掺防冻剂混凝土性能应符合表 5-87 的要求。

表 5-87

掺防冻剂混凝土性能指标

试　验　项　目		性　　能			指　　标		
		一　等　品			合　格　品		
减水率（%）		10			—		
泌水率（%）		80			100		
含气量（%）		2.5			2.0		
凝结时间差（min）	初　凝	$-150\sim+150$			$-210\sim+210$		
	终　凝						
抗压强度 比（%）　≥	规定温度	-5	-10	-15	-5	-10	-15
	R_{-7}	20	12	10	20	10	8
	R_{+28}	100		95	95		90
	R_{-7+28}	95	90	85	90	85	80
	R_{-7+56}	100			100		
28d 收缩率比（%）　≤		135					
渗透高度比（%）　≤		100					
50 次冻融强度损失率比（%）　≤		100					
对钢筋锈蚀作用		应说明对钢筋无锈蚀作用					
释放氨量		含有氨或氨基类的防冻剂释放氨量应符合《混凝土外加剂中释放氨的限量》（GB 18588—2001）规定的限值〔此规范规定：混凝土外加剂中释放氨的量≤0.10%（质量分数）〕					

3. 混凝土膨胀剂性能质量要求

执行标准：《混凝土膨胀剂》（GB 23439—2009）　　（摘选）

（1）定义

混凝土膨胀剂是指与水泥、水拌合后经水化反应生成钙矾石、氢氧化钙或钙矾石和氢氧化钙，使混凝土产生膨胀的外加剂。

（2）分类

1）分类

① 按水化产物分为：硫铝酸钙类混凝土膨胀剂（代号 A）、氧化钙类混凝土膨胀剂（代号 C）、硫铝酸钙—氧化钙类混凝土膨胀剂（代号 AC）。

② 按限制膨胀率分为：Ⅰ型和Ⅱ型。

2）标记

按产品名称（EA）、代号、型号、标准号顺序标记。

示例：Ⅰ型硫铝酸钙类混凝土膨胀剂标记为 EA A Ⅰ GB 23439—2009；

　　　　Ⅱ型氧化钙类混凝土膨胀剂标记为 EA C Ⅱ GB 23439—2009；

Ⅱ型硫铝酸钙—氧化钙类混凝土膨胀剂标记为 EA AC Ⅱ GB 23439－2009。

（3）要求

混凝土膨胀剂的技术指标见表 5-88 所列。

混凝土膨胀剂的技术指标

表 5-88

化学成分	项 目		指标值	
			Ⅰ 型	Ⅱ 型
	氧化镁（%）	≤	5.0	
	碱含量（选择性指标）① （%）	≤	0.75	
物理性能	细度	比表面积（m²/kg） ≥	200	
		1.18mm 筛筛余（%） ≤	0.5	
	凝结时间（min）	初凝 ≥	45	
		终凝 ≤	600	
	限制膨胀率② （%）	水中 7d ≥	0.025	0.050
		空气中 21d ≥	−0.020	−0.010
	抗压强度（MPa）≥	7d	20.0	
		28d	40.0	

① 按 $Na_2O+0.658K_2O$ 计算值表示。若使用活性骨料，用户要求提供低碱混凝土膨胀剂时，混凝土膨胀剂中的碱含量应不大于 0.75%，或由供需双方商定。

② 强制性指标，其余为推荐性指标。

（4）检验结论：1）减水剂、早强剂、缓凝剂、引气剂、泵送剂、防冻剂、防水剂、膨胀剂经检验各项指标应全部符合相应混凝土（砂浆）技术性能标准要求，否则为不合格品。2）各类外加剂原则上应不含氯离子，或含微量氯离子，否则判为不合格。3）检验结论中，应有外加剂的名称规格、等级、掺量，防冻剂还应说明使用温度及掺量。

5.3.10 沥青进场复试报告

1. 资料表式（表 5-89）

沥青进场复试报告

表 5-89

试验编号：_____

委托单位：_____ 试验委托人：_____ 收样日期：_____

工程名称：_____ 部位：_____

品种及强度等级：_____ 产地：_____

代表数量：_____ 试样编号：_____ 试验日期：_____

试验结果：

1. 软化点℃(环球法)_____

2. 延度（cm）15℃_____ 25℃_____

3. 25℃针入度（1/10mm）_____

4. 其他_____

结论：_____

试验单位：_____ 技术负责人：_____ 审核：_____ 试（检）验：_____

报告日期： 年 月 日

2. 应用说明

沥青进场复试报告是对用于工程中的沥青材料的针入度、软化点和延伸度等指标进行复试后由试验单位出具的质量证明文件。

（1）沥青是一种有机胶结料。沥青根据来源主要有石油沥青和煤沥青。石油沥青可分为固体石油沥青、半固体石油沥青和液体石油沥青（包括油渣）；煤沥青（焦油沥青）可分为软煤沥青和硬煤沥青。

（2）沥青的性质

1）石油沥青：密度：近于1.0；气味：加热后有松香或油味，无毒；温度稳定性：随着温度变化，稠度变化较小；大气稳定性：较好，老化慢；黏度及粘结力：黏度小，对物料粘结力较差；抗腐蚀性：较差；适用场合：公路路面、屋面等温度变化较大处。

2）煤沥青：密度：1.20左右；气味：加热后有触鼻臭味，有毒；温度稳定性：随着温度变化，稠度变化大，冬季易脆，夏季易软化；大气稳定性：较差，老化快；黏度及粘结力：黏度较大，对物料粘结力较好；抗腐蚀性：较好；适用场合：地下防水工程、防腐材料。

（3）沥青的必试项目：延度、针入度、软化点等（其他指标视不同的道路等级而定）。

（4）沥青材料必须有出厂合格证和在工地取样的试验报告，试验单子项填写齐全，不得漏填或错填，复试单试验编号必须填写。不合格的沥青材料不得用于工程并必须通过技术负责人专项处理，签署退场处理意见。

（5）沥青材料应根据工程需要选用，可按《城镇道路工程施工与质量验收规范》（CJJ 1—2008）对沥青材料的技术要求选用。

沥青的强度等级的选用是至关重要的，应认真对待，免于失误。

（6）必须实行见证取样，试验室应在见证取样人名单上加盖公章和经手人签字。

（7）试验的代表批量和使用数量的代表批量应一致。

（8）试验编号、报告日期、试验结论必须填写，责任制签字要齐全，不得漏签或代签。

（9）填表说明

1）品种及强度等级：指沥青的品种和强度等级，按委托单的品种和强度等级填写。

2）试样编号：由试验室按收做试件的时间依序编号。

3）试验结果：按试验室的试验结果填写。

① 软化点℃（环球法）：由试验室按环球法测试的软化点的测试结果填写。

② 延度（cm）15℃、25℃：由试验室按延度的测试结果填写，分别测试15℃、25℃条件下的延度值。

③ 25℃针入度（1/10mm）：试验室按25℃针入度的条件试验测试的结果填写。

④ 其他：指设计或工程特殊需要进行的其他项目试验。

4）结论：应全面、准确，核心是可用性及注意事项。

3. 通用沥青复试报告

（1）资料表式

通用沥青复试报告表式按沥青进场复试报告表式执行。

注: "通用沥青"是试想可以用于"《城镇道路工程施工与质量验收规范》(CJJ 1—2008)规定的分部分项工程"的沥青,与用于道路工程的沥青材料有所区别,称谓为通用沥青材料。

(2)应用说明

通用沥青复试报告是对用于工程中的沥青材料的针入度、软化点和延伸度等指标进行复试后由试验单位出具的质量证明文件。

1)沥青材料必须有出厂合格证和在工地取样的试验报告,试验单子项填写齐全,不得漏填或错填,复试单试验编号必须填写。不合格的沥青材料不得用于工程并必须通过技术负责人专项处理,并应签署退场处理意见。

2)试验的代表批量和使用数量的代表批量应一致。

3)沥青材料必试项目:针入度、软化点和延伸度;玛蹄脂由试验室确定配合比;必试项目:耐热度、柔韧性和粘结力。

4)必须实行见证取样,试验室应在见证取样人名单上加盖公章和经手人签字。

5)建筑石油沥青技术要求见表 5-90 所列。

建筑石油沥青技术要求 表 5-90

项 目		质量指标			试验方法
		10 号	30 号	40 号	
针入度(25℃,100g,5s)(1/10mm)		10~25	26~35	36~50	GB/T 4509
针入度(46℃,100g,5s)(1/10mm)		报告[a]	报告[a]	报告[a]	GB/T 4509
针入度(0℃,200g,5s)(1/10mm)	不小于	3	6	6	GB/T 4509
延度(25℃,5cm/min)(cm)	不小于	1.5	2.5	3.5	GB/T 4508
软化点(环球法)(℃)	不低于	95	75	60	GB/T 4507
溶解度(三氯乙烯)(%)	不小于	99.0			GB/T 11148
蒸发后质量变化(163℃,5h)(%)	不大于	1			GB/T 11964
蒸发后 25℃针入度比[b](%)	不小于	65			GB/T 4509
闪点(开口杯法)(℃)	不低于	260			GB/T 267

a. 报告应为实测值。

b. 测定蒸发损失后样品的 25℃针入度与原 25℃针入度之比乘以 100 后,所得的百分比,称为蒸发后针入度比。

注: 本表选自《建筑石油沥青》(GB/T 494—2010)。

5.3.11 防水卷材复试报告

1. 资料表式（表5-91）

防水卷材复试报告　　　　　　表 5-91

试验编号：＿＿＿＿＿＿＿＿＿

委托单位：＿＿＿＿＿＿＿＿＿＿　试验委托人：＿＿＿＿＿＿＿＿＿＿　试样编号：＿＿＿＿＿＿＿

工程名称：＿＿＿＿＿＿＿＿＿＿　部位：＿＿＿＿＿＿＿＿＿＿＿＿＿＿＿＿＿＿＿＿＿＿＿＿＿＿

种类牌号、强度等级：＿＿＿＿＿＿＿＿＿＿＿　生产厂：＿＿＿＿＿＿＿＿＿＿＿＿＿＿＿＿＿＿

代表数量：＿＿＿＿＿＿＿＿＿＿　来样日期：＿＿＿＿＿＿＿＿＿　试验日期：＿＿＿＿＿＿＿＿

结果：

一、拉伸 拉力＿＿＿＿＿＿＿ N 拉伸强度＿＿＿＿＿＿＿ N/mm²	五、柔韧性 { 低温柔性 低温弯折性 }
二、断裂伸长率（延伸率）＿＿＿＿＿＿％	温度＿＿＿＿＿＿＿＿＿＿℃ ＿＿＿＿＿＿＿＿＿＿＿＿＿
三、耐热度＿＿＿＿＿＿℃	＿＿＿＿＿＿＿＿＿＿＿＿＿
四、不透水性（抗渗透性）＿＿＿＿＿＿	六、其他

结论：＿＿

＿＿

试验单位：　　　技术负责人：　　　审核：　　　　　试（检）验：

报告日期：　　　年　月　日

2. 应用说明

（1）防水卷材复试报告是对用于工程中的防水卷材的耐热度、不透水性、拉力、柔度等指标进行复试后由试验单位出具的质量证明文件。

（2）屋面防水用卷材厚度应按表5-92执行。

卷材厚度选用表　　　　　　表 5-92

层面防水等级	设防道数	合成高分子防水卷材	高聚物改性沥青防水卷材	沥青防水卷材
Ⅰ级	三道或三道以上设防	不应小于1.5mm	不应小于3mm	—
Ⅱ级	二道设防	不应小于1.2mm	不应小于3mm	—
Ⅲ级	一道设防	不应小于1.2mm	不应小于4mm	三毡四油
Ⅳ级	一道设防	—	—	二毡三油

（3）新型防水材料性能必须符合设计要求并应有合格证和有效鉴定材料，进场后必须复试。

（4）防水材料的进场检查

1）防水材料品种繁多，性能各异，应按各自标准要求进行外观检查，并应符合相应标准的规定。

2）检查出厂合格证，与进场材料分别对照检查商标品种、强度等级、各项技术指标。

3）检查不合格的防水材料应由专业技术负责人签发不合格防水材料处理使用意见书，提出降级使用或作他用退货等技术措施，确认必须退换的材料不得用于工程。

4）按规定在现场进行抽样复检，对试件进行编号后按见证取样规定送试验室复试。

（5）卷材防水层应采用高聚物改性沥青防水卷材、合成高分子防水卷材或沥青防水卷材。所选用的基层处理剂、接缝胶粘剂、密封材料等配套材料应与铺贴的卷材材性相容，使之粘结良好。

（6）取样要求

各类防水材料的取样方法、数量、代表批量见表 5-93 所列。

各类防水材料的取样方法、数量、代表批量　　　　　　　　　　表 5-93

序号	名　称	方　法　及　数　量	代　表　批　量
1	石油沥青纸胎油毡、油纸	在重量检查合格的 10 卷中取重量最轻的，外观、面积合格的无接头的一卷作为物理性能试样，若最轻的一卷不符合抽样条件时，可取次轻的一卷，切除距外层卷头 2.5m 后，顺纵向截取 0.5m 长的全幅卷材两块	同品种、强度等级 1500 卷
2	弹性体改沥青防水卷材	在卷重检查合格的样品中取重量最轻的，外观、面积、厚度合格的，无接头的一卷作为物理性能试验样品，若最轻的一卷不符合抽样条件时，可取次轻的一卷，切除距外层卷头 2.5m 后，顺纵向截取 0.5m 长的全幅卷材两块	同品种、强度等级 1000 卷
3	塑性体改沥青防水卷材		
4	改性沥青聚乙烯胎防水卷材	从卷重、外观、尺寸偏差均合格的产品中任取一卷，在距端部 2m 处顺纵向取长度 1m 的全幅卷材两块	
5	聚氯乙烯防水卷材	外观、表面质量检验合格的卷材，任取一卷，在距端部 0.3m 处截取长度 3m 的全幅卷材两块	同类型、同规格 5000m²
6	氯化聚乙烯防水卷材		
7	三元丁橡胶防水卷材	从规格尺寸、外观合格的卷材中任取一卷，在距端部 3m 处，顺纵向截取长度 0.5m 的全幅卷材两块	同规格、等级 300 卷
8	三元乙丙片材	从规格尺寸、外观合格的卷材中任取一卷，在距端部 0.3m 处，顺纵向截取长度 1.5m 的全幅卷材两块	同规格、等级 3000m²
9	水性沥青基防水涂料	任取一桶，使之均匀，按上、中、下三个位置，用取样器取出 4kg，等分两等份，分别置于洁净的瓶内，并密封置于 5～35℃的室内	5t
10	水性聚氯乙烯焦油防水涂料		5t
11	聚氨酯防水涂料	取样方法同上，取样数量为甲、乙组分总量 2kg 两份	甲组分 5t，乙组分按与甲组分重量比
12	沥　青	取样时从每个取样单位的不同部位分五处取数量大致相等的洁净试样，共 2kg，混合均匀等分成两等份	20t

(7) 填表说明

1) 试验委托人：指委托试验单位的具体办理委托试验的人，一般应为建设、施工或监理单位委托试验的人，填写委托试验人姓名。

2) 拉力试验：试件以被拉断时的应力（N）为测定值。分别进行拉力（N）、拉伸强度试验，按实际试验结果填写。

3) 断裂伸长率（延伸率）：指卷材在一定温度和外力作用下的变形能力，照实际试验结果填写。

4) 剥离强度（层面）：卷材的测试项目之一，照实际试验结果填写。

5) 粘合性：卷材的测试项目之一，照实际试验结果填写。

6) 耐热度：卷材的测试项目之一，在80±2℃温度下，恒温无效时，无皱纹、起泡现象，照实际试验结果填写。

7) 不透水性：卷材的测试项目之一，在20±2℃温度下，用动水压法，0.1MPa保持30分钟不透水。照实际试验结果填写。

8) 柔韧性：卷材的测试项目之一，在0℃、18℃±2℃、25±2℃和−20℃情况下试验无裂纹为合格，照实际试验结果填写。

9) 结论：由试验室按试验结果填写，结论应明确：合格或不合格。

5.3.11.1 石油沥青纸胎油毡应用技术要求

执行标准：《石油沥青纸胎油毡》（GB 326—2007） （摘选）

（1）石油沥青纸胎油毡的技术指标见表5-94所列。

石油沥青纸胎油毡物理性能 表5-94

项　　目		指　标		
		Ⅰ型	Ⅱ型	Ⅲ型
卷重（kg/卷）　　　≥		17.5	22.5	28.5
单位面积浸涂材料总量（g/m²）　≥		600	750	1000
不透水性	压力（MPa）　≥	0.02	0.02	0.10
	保持时间（min）　≥	20	30	30
吸水率（%）　　　≤		3.0	2.0	1.0
耐热度		（85±2）℃，2h涂盖层无滑动、流淌和集中性气泡		
拉力（纵向）（N/50mm）　≥		240	270	340
柔度		（18±2）℃，绕φ20mm棒或弯板无裂纹		

注：本标准Ⅲ型产品物理性能要求为强制性的，其余为推荐性的

（2）外观质量

1) 成卷油毡应卷紧、卷齐，端面里进外出不得超过10mm。

2) 成卷油毡在10～45℃任一产品温度下展开，在距卷芯1000mm长度外不应有10mm以上的裂纹或粘结。

3) 纸胎必须浸透，不应有未被浸透的浅色斑点，不应有胎基外露和涂油不均。

4) 毡面不应有孔洞、硌伤、长度20mm以上的疙瘩、糨糊状粉浆、水迹，不应有距卷芯1000mm以外长度100mm以上的折纹、折皱；20mm以内的边缘裂口或长20mm、深20mm以内的缺边不应超过4处。

5）每卷油毡中允许有一处接头，其中较短的一段长度不应少于 2500mm，接头处应剪切整齐，并加长 150mm，每批卷材中接头不应超过 5％。

5.3.11.2 聚氯乙烯防水卷材应用技术要求

执行标准：《聚氯乙烯（PVC）防水卷材》（GB 12952—2011）　　（摘选）

聚氯乙烯（PVC）防水卷材材料性能指标应符合表 5-95 的规定。

材料性能指标　　　　　　　　　　　　　　　　　表 5-95

序号	项　目			指　标				
				H	L	P	G	GL
1	中间胎基上面树脂层厚度/mm		≥	—				
2	拉伸性能	最大拉力/（N/cm）	≥	—	120	250	—	120
		拉伸强度/MPa	≥	10.0	—	—	10.0	—
		最大拉力时伸长率/%	≥	10.0	—	—	10.0	—
		断裂伸长率/%	≥	200	150	—	200	100
3	热处理尺寸变化率/%		≤	2.0	1.0	0.5	0.1	0.1
4	低温弯折性			−25℃无裂纹				
5	不透水性			0.3MPa，2h 不透水				
6	抗冲击性能			0.5kg・m，不透水				
7	抗静态荷载[a]			—	—	20kg 不透水		
8	接缝剥离强度/（N/mm）		≥	4.0 或卷材破坏		3.0		
9	直角撕裂强度/（N/mm）		≥	50	—	—	50	
10	梯形撕裂强度/N		≥	—	150	250		220
11	吸水率（70℃，168h）/%	浸水后	≤	4.0				
		晾置后	≥	−0.40				
12	热老化（80℃）	时间/h		672				
		外观		无起泡、裂纹、粘结和孔洞				
		最大拉力保持率/%	≥	—	85	85	—	85
		拉伸强度保持率/%	≥	85	—	—	85	—
		最大拉力时伸长率保持率/%	≥	—	—	80		
		断裂伸长率保持率/%	≥	80	80	—	80	80
		低温弯折性		−20℃无裂纹				
13	耐化学性	外观		无起泡、裂纹、粘结和孔洞				
		最大拉力保持率/%	≥	—	85	85	—	85
		拉伸强度保持率/%	≥	85	—	—	85	—
		最大拉力时伸长率保持率/%	≥	—	—	80		
		断裂伸长率保持率/%	≥	80	80	—	80	80
		低温弯折性		−20℃无裂纹				

序号	项 目		指 标				
			H	L	P	G	GL
14	人工气候加速老化c	时间/h	1500b				
		外观	无起泡、裂纹、粘结和孔洞				
		最大拉力保持率/% ≥	—	85	85	—	85
		拉伸强度保持率/% ≥	85	—	—	85	—
		最大拉力时伸长率保持率/% ≥	—	—	—	80	—
		断裂伸长率保持率/% ≥	80	80	—	80	80
		低温弯折性	−20℃无裂纹				

a 抗静态荷载仅对用于压铺屋面的卷材要求。

b 单层卷材屋面使用产品的人工气候加速老化时间为2500h。

c 非外露使用的卷材不要求测定人工气候加速老化。

5.3.12 防水涂料试验报告

1. 资料表式（表5-96）

防水涂料试验报告   表5-96

委托单位：   试验编号：

工程名称及使用部位				委托日期	
试样名称及规格型号				报告日期	
生 产 厂 家				检验类别	
代 表 数 量				批 号	
试验结果	一、延伸性		mm		
	二、拉伸强度		MPa		
	三、断裂伸长率		%		
	四、粘结性		MPa		
	五、耐热度	温度（℃）		评定	
	六、不透水性				
	七、柔韧性（低温）	温度（℃）		评定	
	八、固体含量				
	九、其他				
依据标准：					
检验结论：					
备 注：					
试验单位：	技术负责人：	审核：		试（检）验：	

注：防水涂料试验报告表式，可根据当地的使用惯例制定的表式应用，但延伸性（mm）、拉伸强度（MPa）、断裂伸长率（%）、粘结性（MPa）、耐热度［温度（℃）、评定］、不透水性、柔韧性（低温）：［温度（℃）、评定］、固体含量、其他、依据标准、检验结果等项试验内容必须齐全。实际试验项目根据工程实际择用。

2. 应用说明

防水涂料试验报告是对用于工程中的防水涂料的耐热度、不透水性、拉伸强度、柔度等指标进行复试后由试验单位出具的质量证明文件。

（1）建筑防水涂料一般应进行固体含量、耐热度、粘结性、延伸性、拉伸性、加热伸缩率、低温柔性、干燥时间、不透水性和人工加速老化等性能试验。

（2）厚质涂料涂刷量为（180±0.1）g/mm；薄质涂料涂刷量为（56±0.1）g/mm。

5.3.12.1　水乳型沥青防水涂料应用技术要求

执行标准：《水乳型沥青防水涂料》JC/T 408—2005　（摘选）

1. 分类

（1）类型

产品按性能分为 H 型和 L 型。

（2）标记

按产品类型和标准号顺序标记。

示例：H 型水乳型沥青防水涂料标记为：

水乳型沥青防水涂料 H JC/T 408—2005

2. 要求

（1）外观

样品搅拌后均匀无色差、无凝胶、无结块，无明显沥青丝。

（2）物理力学性能

物理力学性能应满足表 5-97 的要求。

水乳型沥青防水涂料物理力学性能　　　　　　　　　　　　　　　　表 5-97

项　目		L	H
固体含量（%）　≥		45	
耐热度（℃）		80±2	110±2
		无流淌、滑动、滴落	
不透水性		0.10MPa，30min 无渗水	
粘结强度（MPa）　≥		0.30	
表干时间（h）　≤		8	
实干时间（h）　≤		24	
低温柔度[a]（℃）	标准条件	−15	0
	碱处理		
	热处理	−10	5
	紫外线处理		
断裂伸长率（%）　≥	标准条件		
	碱处理	600	
	热处理		
	紫外线处理		

a. 供需双方可以商定温度更低的低温柔度指标。

3. 检验规则

(1) 检验分类：按检验类型分为出厂检验和型式检验。

1) 出厂检验项目包括：外观、固体含量、耐热度、表干时间、实干时间、低温柔度（标准条件）、断裂伸长率（标准条件）。

2) 型式检验项目包括《聚氨酯防水涂料》（GB/T 19250—2003）第 4 章中所有内容，在下列情况下进行型式检验：

① 新产品投产或产品定型鉴定时；

② 正常生产时，每年进行一次；

③ 原材料、工艺等发生较大变化，可能影响产品质量时；

④ 出厂检验结果与上次型式检验结果有较大差异时；

⑤ 产品停产六个月以上恢复生产时；

⑥ 国家质量监督检验机构提出型式检验要求时。

(2) 组批：以同一类型、同一规格 5t 为一批，不足 5t 亦作为一批。

(3) 抽样：在每批产品中按《色漆、清漆和色漆与清漆用原材料取样》（GB/T 3186—2006）规定取样，总共取 2kg 样品，放入干燥密闭容器中密封好。

(4) 判定规则

1) 单项判定

① 外观：抽取的样品外观符合标准规定时，判该项合格。否则判该批产品不合格。

② 物理力学性能

A. 固体含量、粘结强度、断裂伸长率以其算术平均值达到标准规定的指标判为该项合格。

B. 耐热度、不透水性、低温柔度以每组三个试件分别达到标准规定判为该项合格。

C. 表干时间、实干时间达到标准规定时判为该项合格。

D. 各项试验结果均符合表 5-97 规定，则判该批产品物理力学性能合格。

E. 若有两项或两项以上不符合标准规定，则判该批产品物理力学性能不合格。

F. 若仅有一项指标不符合标准规定，允许在该批产品中再抽取同样数量的样品，对不合格项进行单项复验。达到标准规定时，则判该批产品物理力学性能合格，否则判为不合格。

2) 总判定

外观、物理力学性能均符合《聚氨酯防水涂料》（GB/T 19250—2003）第 4 章规定的全部要求时，判该批产品合格。

5.3.12.2 聚氨酯防水涂料应用技术要求

执行标准：《聚氨酯防水涂料》（GB/T 19250—2003）

1. 分类

(1) 分类：产品按组分分为单组分（S）、多组分（M）两种。产品按拉伸性能分为Ⅰ、Ⅱ两类。

（2）标记：按产品名称、组分、类和标准号顺序标记。

示例：Ⅰ类单组分聚氨酯防水涂料标记为，PU 防水涂料 SI GB/T 19250—2003

2. 一般要求

本标准包括的产品不应对人体、生物与环境造成有害的影响，所涉及与使用有关的安全与环保要求，应符合我国相关国家标准和规范的规定。

3. 技术要求

（1）外观：产品为均匀黏稠体，无凝胶、结块。

（2）物理力学性能：单组分聚氨酯防水涂料物理力学性能应符合表 5-98 的规定。多组分聚氨酯防水涂料物理力学性能应符合表 5-99 的规定。

单组分聚氨酯防水涂料物理力学性能　　　　　　　　表 5-98

序号	项　　目			Ⅰ	Ⅱ
1	拉伸强度（MPa）		≥	1.9	2.45
2	断裂伸长率（%）		≥	550	450
3	撕裂强度（N/mm）		≥	12	14
4	低温弯折性（℃）		≤		−40
5	不透水性 0.3MPa，30min				不透水
6	固体含量（%）		≥		80
7	表干时间（h）		≤		12
8	实干时间（h）		≤		24
9	加热伸缩率（%）		≤		1.0
			≥		−4.0
10	潮湿基面粘结强度[a]（MPa）		≥		0.50
11	定伸时老化	加热老化			无裂纹及变形
		人工气候老化[b]			无裂纹及变形
12	热处理	拉伸强度保持率（%）			80～150
		断裂伸长率（%）	≥	500	400
		低温弯折性（℃）	≤		−35
13	碱处理	拉伸强度保持率（%）			60～150
		断裂伸长率（%）	≥	500	400
		低温弯折性（℃）	≤		−35
14	酸处理	拉伸强度保持率（%）			80～150
		断裂伸长率（%）	≥	500	400
		低温弯折性（℃）	≤		−35
15	人工气候老化[b]	拉伸强度保持率（%）			80～150
		断裂伸长率（%）	≥	500	400
		低温弯折性（℃）	≤		−35

a. 仅用于地下工程潮湿基面时要求。

b. 仅用于外露使用的产品。

序号	项　目			Ⅰ	Ⅱ
1	拉伸强度（MPa）		≥	1.9	2.45
2	断裂伸长率（%）		≥	450	450
3	撕裂强度（N/mm）		≥	12	14
4	低温弯折性（℃）		≤	−35	
5	不透水性 0.3MPa，30min			不透水	
6	固体含量（%）		≥	92	
7	表干时间（h）		≤	8	
8	实干时间（h）		≤	24	
9	加热伸缩率（%）		≤	1.0	
			≥	−4.0	
10	潮湿基面粘结强度ᵃ（MPa）		≥	0.50	
11	定伸时老化	加热老化		无裂纹及变形	
		人工气候老化ᵇ		无裂纹及变形	
12	热处理	拉伸强度保持率（%）		80～150	
		断裂伸长率（%）	≥	400	
		低温弯折性（℃）	≤	−30	
13	碱处理	拉伸强度保持率（%）		60～150	
		断裂伸长率（%）	≥	400	
		低温弯折性（℃）	≤	−30	
14	酸处理	拉伸强度保持率（%）		80～150	
		断裂伸长率（%）	≥	400	
		低温弯折性（℃）	≤	−30	
15	人工气候老化ᵇ	拉伸强度保持率（%）		80～150	
		断裂伸长率（%）	≥	400	
		低温弯折性（℃）	≤	−30	

a. 仅用于地下工程潮湿基面时要求。

b. 仅用于外露使用的产品。

4. 检验规则

（1）检验分类：按检验类型分为出厂检验和型式检验。

1）出厂检验项目包括：外观、拉伸强度、断裂伸长率、低温弯折性、不透水性、固体含量、表干时间、实干时间、潮湿基面粘结强度（用于地下潮湿基面时）。

2）型式检验项目包括技术要求中所有规定，在下列情况下进行型式检验：

① 新产品投产或产品定型鉴定时；

② 正常生产时，每半年进行一次。人工气候老化（外露使用产品）每两年进行一次；

③ 原材料、工艺等发生较大变化，可能影响产品质量时；

④ 出厂检验结果与上次型式检验结果有较大差异时；

⑤ 产品停产 6 个月以上恢复生产时；

⑥ 国家质量监督检验机构提出型式检验要求时。

（2）组批：以同一类型、同一规格 15t 为一批，不足 15t 亦作为一批（多组分产品按组分配套组批）。

（3）抽样：在每批产品中按《色漆、清漆和色漆与清漆用原材料取样》（GB/T 3186—2006）规定取样，总共取 3kg 样品（多组分产品按配合比取）。放入不与涂料发生反应的干燥密闭容器中密封好。

（4）判定规则

1）单项判定

① 外观：抽取的样品外观符合标准规定肘，判该项合格。

② 物理力学性能

A. 拉伸强度、断裂伸长率、撕裂强度、固体含量、加热伸缩率、潮湿基面粘结强度、处理后拉伸强度保持率、处理后断裂伸长率以其算术平均值达到标准规定的指标判为该项合格。

B. 不透水性、低温弯折性、定伸时老化以 3 个试件分别达到标准规定判为该项合格。

C. 表干时间、实干时间达到标准规定时判为该项合格。

D. 各项试验结果均符合表 5-97 或表 5-98 规定，则判该批产品物理力学性能合格。

E. 若有两项或两项以上不符合标准规定，则判该批产品物理力学性能不合格。

F. 若仅有一项指标不符合标准规定，允许在该批产品中再抽同样数量的样品，对不合格项进行单项复验。达到标准规定时，则判该批产品物理力学性能合格，否则判为不合格。

2）总判定

外观、物理力学性能均符合《聚氨酯防水涂料》（GB/T 19250—2003）第 5 章规定的全部要求时，判该批产品合格。

5.3.13 焊条（焊剂）复试报告

1. 资料表式

焊条（焊剂）复试报告资料表式按当地建设行政主管部门批准的具有相应资质的试验单位出具的试验表式执行。

2. 应用说明

（1）焊条（焊剂）应有与母材相同的可焊性试验报告。工程上使用的焊条、焊丝和焊剂，必须有出厂合格证或出厂检验报告。

（2）焊接材料（焊条、焊丝、焊剂、合成粉末及焊接用气体）管理

1）焊接材料应由了解焊接材料用途和重要性并应按择优定点或指定的供货单位进行采购。

2）焊接材料管理人员对烘干、保温、发放与回收应做详细记录。以达到焊接材料使用的可溯性。

3）焊丝、焊带表面必须光滑、整洁，对非镀铜或防腐处理的焊丝及焊带，使用前应除油、除锈及清洗处理。

4）使用过程中应保持焊接材料的识别标志，以保证正确使用，焊接材料的回收应满足：标记清楚、整洁、无污染。

5）焊剂一般不宜重复使用。当新、旧焊剂为同批号且旧焊剂的混合比在50%以下（一般控制在30%左右）；在混合前，旧焊剂的熔渣、杂质及粉尘已清除或混合焊剂的颗粒度符合规定要求时允许重复使用。

（3）焊条、焊剂的主要技术性能应分别符合相应标准的规定。

5.3.13.1 非合金钢及细晶粒钢焊条应用技术要求

执行标准：《非合金钢及细晶粒钢焊条》（GB/T 5117—2012）（摘选）

1. 范围与型号

（1）本标准适用于抗拉强度低于570MPa的非合金钢及细晶粒钢焊条。

（2）焊条型号由五部分组成：

1）第一部分用字母"E"表示焊条。

2）第二部分为字母"E"后面的紧邻两位数字，表示熔敷金属的最小抗拉强度代号，见表5-100所列。

3）第三部分为字母"E"后面的第三和第四两位数字，表示药皮类型、焊接位置和电流类型，见表5-101所列。

4）第四部分为熔敷金属的化学成分分类代号，可为"无标记"或短划"—"后的字母、数字或字母和数字的组合，见表5-102所列。

5）第五部分为熔敷金属的化学成分代号之后的焊后状态代号，其中"无标记"表示焊态，"P"表示热处理状态，"AP"表示焊态和焊后热处理两种状态均可。

6）除以上强制分类代号外，根据供需双方协商，可在型号后依次附加可选代号：

①字母"U"，表示在规定试验温度下，冲击吸收能量可以达到47J以上，见2. 技术要求项下（4）力学性能中3）；

②扩散氢代号"HX"，其中X代表15、10或5，分别表示每100 g熔敷金属中扩散氢含量的最大值（mL），见2. 技术要求项下（6）熔敷金属扩散氢含量。

7）型号示例

示例：

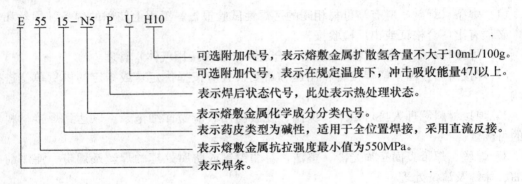

可选附加代号，表示熔敷金属扩散氢含量不大于10mL/100g。
可选附加代号，表示在规定温度下，冲击吸收能量47J以上。
表示焊后状态代号，此处表示热处理状态。
表示熔敷金属化学成分分类代号。
表示药皮类型为碱性，适用于全位置焊接，采用直流反接。
表示熔敷金属抗拉强度最小值为550MPa。
表示焊条。

示例 2：

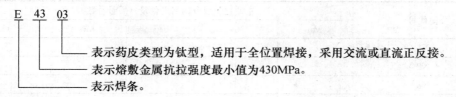

表示药皮类型为钛型，适用于全位置焊接，采用交流或直流正反接。
表示熔敷金属抗拉强度最小值为430MPa。
表示焊条。

熔敷金属抗拉强度代号 表 5-100

抗拉强度代号	最小抗拉强度值（MPa）	抗拉强度代号	最小抗拉强度值（MPa）
43	430	55	550
50	490	57	570

药皮类型代号 表 5-101

代号	药皮类型	焊接位置a	电流类型
03	钛型	全位置b	交流和直流正、反接
10	纤维素	全位置	直流反接
11	纤维素	全位置	交流和直流反接
12	金红石	全位置b	交流和直流正接
13	金红石	全位置b	交流和直流正、反接
14	金红石＋铁粉	全位置b	交流和直流正、反接
15	碱性	全位置b	直流反接
16	碱性	全位置b	交流和直流反接
18	碱性＋铁粉	全位置b	交流和直流反接
19	钛铁矿	全位置b	交流和直流正、反接
20	氧化铁	PA、PB	交流和直流正接
24	金红石＋铁粉	PA、PB	交流和直流正、反接
27	氧化铁＋铁粉	PA、PB	交流和直流正、反接
28	碱性＋铁粉	PA、PB、PC	交流和直流反接
40	不作规定	由制造商确定	
45	碱性	全位置	直流反接
48	碱性	全位置	交流和直流反接

a. 焊接位置见，其中 PA＝平焊、PB＝平角焊、PC＝横焊、PG＝向下立焊。

b. 此处"全位置"并不一定包含向下立焊，由制造商确定。

熔敷金属化学成分分类代号 表 5-102

分类代号	主要化学成分的名义含量（质量分数）（%）				
	Mn	Ni	Cr	Mo	Cu
无标记、－1、－P1、－P2	1.0	—	—	—	—
－1M3	—	—	—	0.5	—
－3M2	1.5	—	—	0.4	—
－3M3	1.5	—	—	0.5	—

分类代号	主要化学成分的名义含量（质量分数）（%）				
	Mn	Ni	Cr	Mo	Cu
—N1	—	0.5	—	—	—
—N2	—	1.0	—	—	—
—N3	—	1.5	—	—	—
—3N3	1.5	1.5	—	—	—
—N5	—	2.5	—	—	—
—N7	—	3.5	—	—	—
—N13	—	6.5	—	—	—
—N2M3	—	1.0	—	0.5	—
—NC	—	0.5	—	—	0.4
—CC	—	—	0.5	—	0.4
—NCC	—	0.2	0.6	—	0.5
—NCC1	—	0.6	0.6	—	0.5
—NCC2	—	0.3	0.2	—	0.5
—G	其他成分				

2. 技术要求

（1）药皮

1）焊条药皮应均匀、紧密地包覆在焊芯周围，焊条药皮上不应有影响焊接质量的裂纹、气泡、杂质及脱落等缺陷。

2）焊条引弧端药皮应倒角，焊芯端面应露出。焊条沿圆周的露芯应不大于圆周的1/2。碱性药皮类型焊条长度方向上露芯长度应不大于焊芯直径的 1/2 或 1.6mm 两者的较小值。其他药皮类型焊条长度方向上露芯长度应不大于焊芯直径的 2/3 或 2.4mm 两者的较小值。

3）焊条偏心度应符合如下规定：

①直径不大于 2.5mm 的焊条，偏心度应不大于 7%；

②直径为 3.2mm 和 4.0mm 的焊条，偏心度应不大于 5%；

③直径不小于 5.0mm 的焊条，偏心度应不大于 4%。

偏心度计算方法见公式及图 5-4。

$$P = \frac{T_1 - T_2}{(T_1 + T_2)/2} \times 100\%$$

式中　P——焊条偏心度；

　　T_1——焊条断面药皮最大厚度＋焊芯直径；

　　T_2——焊条同一断面药皮最小厚度＋焊芯直径。

（2）T 形接头角焊缝

角焊缝的试验要求应符合表 5-103 的规定。两焊脚长度差及凸度要求应符合表 5-104 的规定。

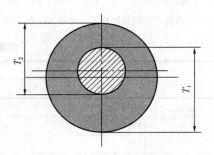

图 5-4　焊条偏心度测量示意图

角焊缝要求（mm）

表 5-103

药皮类型	电流类型	焊条尺寸[a]	焊接位置[b]	试板厚度 t	试板宽度 w	试板长度[c] l	焊脚尺寸
03	交流和直流反接	5.0	PF、PD	10 或 12	≥75	≥300	≤10.0
		6.0	PB			≥400	≥8.0
10	直流反接	5.0	PF、PD	10 或 12	≥75	≥300	≤8.0
		6.0	PB			≥400	≥6.0
11	交流和直流反接	5.0	PF、PD	10 或 12	≥75	≥300	≤8.0
		6.0	PB			≥400	≥6.0
12	交流和直流正接	5.0	PF、PD	10 或 12	≥75	≥300	≤10.0
		6.0	PB			≥400	≥8.0
13	交流和直流正、反接	5.0	PF、PD	10 或 12	≥75	≥300	≤10.0
		6.0	PB			≥400	≥8.0
14	交流和直流正、反接	4.0	PF、PD	10 或 12	≥75	≥300	≤8.0
		6.0	PB			≥400	≥8.0
15	直流反接	4.0	PF、PD	10 或 12	≥75	≥300	≤8.0
		6.0	PB			≥400	≥8.0
16	交流和直流反接	4.0	PF、PD	10 或 12	≥75	≥300	≤8.0
		6.0	PB			≥400	≥8.0
18	交流和直流反接	4.0	PF、PD	10 或 12	≥75	≥300	≤8.0
		6.0	PB			≥400	≥8.0
19	交流和直流反接	5.0	PF、PD	10 或 12	≥75	≥300	≤10.0
		6.0	PB			≥400	≥8.0
20	交流和直流正接	6.0	PB	10 或 12	≥75	≥400	≥8.0
24	交流和直流正、反接	6.0	PB	10 或 12	≥75	≥400 或 ≥650[c]	≥8.0
27	交流和直流正接	6.0	PB	10 或 12	≥75	≥400 或 ≥650[c]	≥8.0
28	交流和直流反接	6.0	PB	10 或 12	≥75	≥400 或 ≥650[c]	≥8.0
40	供需双方协商			10 或 12	≥75	供需双方协商	
45	直流反接	4.0	PE、PG	10 或 12	≥75	≥300	≤8.0
		4.5	PE、PG				≥6.0
48	交流和直流反接	4.0	PD、PG	10 或 12	≥75	≥300	≤8.0
		5.0	PB、PG			≥300 或 ≥400[d]	≥6.5

a. 当焊条尺寸小于规定尺寸时，应采用最大尺寸的焊条，并按比例调整要求。除非该焊条尺寸不要求试验。
b. 焊接位置见《焊缝——工作位置——倾角和转角的定义》（GB/T 16672—1996），其中 PB＝平角焊、PD＝仰角焊、PF＝向上立焊、PG＝向下立焊。
c. 对于 450mm 长的焊条，试板长度 l 不小于 400mm；对于 700mm 长的焊条，试板长度 l 不小于 650mm。
d. 对于 350mm 长的焊条，试板长度 l 不小于 300mm；对于 450mm 或 460mm 长的焊条，试板长度 l 不小于 400mm。

两焊脚长度差及凸度要求（mm）

表 5-104

实测焊脚尺寸	两焊脚长度差	凸 度
≤4.0	≤1.0	≤2.0
4.5	≤1.5	≤2.0
5.0、5.5	≤2.0	≤2.0

实测焊脚尺寸	两焊脚长度差	凸　　度
6.0、6.5	≤2.5	≤2.0
7.0、7.5、8.0	≤3.0	≤2.5
8.5	≤3.5	≤2.5
≥9.0	≤4.0	≤2.5

（3）熔敷金属化学成分：焊条的熔敷金属化学成分应符合表5-105的规定。

（4）力学性能

1）熔敷金属拉伸试验结果应符合表5-106的规定。

2）焊缝金属夏比V形缺口冲击试验温度按表5-106要求，测定五个冲击试样的冲击吸收能量。在计算五个冲击吸收能量的平均值时，应去掉一个最大值和一个最小值。余下的三个值中有两个应不小于27J，另一个允许小于27J，但应不小于20J，三个值的平均值应不小于27J。

3）如果焊条型号中附加了可选择的代号"U"，焊缝金属夏比V形缺口冲击要求则按表5-106规定的温度，测定三个冲击试样的冲击吸收能量。三个值中仅有一个值允许小于47J，但应不小于32J，三个值的平均值应不小于47J。

（5）焊缝射线探伤

药皮类型12焊条不要求焊缝射线探伤试验，药皮类型15、16、18、19、20、45和48焊条的焊缝射线探伤应符合《金属熔化焊焊接接头射线照相》（GB/T 3323—2005）中的Ⅰ级规定，其他药皮类型焊条的焊缝射线探伤应符合《金属熔化焊焊接接头射线照相》（GB/T 3323—2005）中的Ⅱ级规定。

（6）熔敷金属扩散氢含量要求可由供需双方协商确定，扩散氢代号见表5-107所列。

熔敷金属化学成分　　　　　　　　　　表 5-105

焊条型号	化学成分（质量分数）（%）									
	C	Mn	Si	P	S	Ni	Cr	Mo	V	其他
E4303	0.20	1.20	1.00	0.040	0.035	0.30	0.20	0.30	0.08	—
E4310	0.20	1.20	1.00	0.040	0.035	0.30	0.20	0.30	0.08	—
E4311	0.20	1.20	1.00	0.040	0.035	0.30	0.20	0.30	0.08	—
E4312	0.20	1.20	1.00	0.040	0.035	0.30	0.20	0.30	0.08	—
E4313	0.20	1.20	1.00	0.040	0.035	0.30	0.20	0.30	0.08	—
E4315	0.20	1.20	1.00	0.040	0.035	0.30	0.20	0.30	0.08	—
E4316	0.20	1.20	1.00	0.040	0.035	0.30	0.20	0.30	0.08	—
E4318	0.03	0.60	0.40	0.025	0.015	0.30	0.20	0.30	0.08	—
E4319	0.20	1.20	1.00	0.040	0.035	0.30	0.20	0.30	0.08	—
E4320	0.20	1.20	1.00	0.040	0.035	0.30	0.20	0.30	0.08	—
E4324	0.20	1.20	1.00	0.040	0.035	0.30	0.20	0.30	0.08	—
E4327	0.20	1.20	1.00	0.040	0.035	0.30	0.20	0.30	0.08	—
E4328	0.20	1.20	1.00	0.040	0.035	0.30	0.20	0.30	0.08	—
E4340	—	—	—	0.040	0.035	—	—	—	—	—

焊条型号	化学成分（质量分数）（%）									
	C	Mn	Si	P	S	Ni	Cr	Mo	V	其他
E5003	0.15	1.25	0.90	0.040	0.035	0.30	0.20	0.30	0.08	—
E5010	0.20	1.25	0.90	0.035	0.035	0.30	0.20	0.30	0.08	—
E5011	0.20	1.25	0.90	0.035	0.035	0.30	0.20	0.30	0.08	—
E5012	0.20	1.20	1.00	0.035	0.035	0.30	0.20	0.30	0.08	—
E5013	0.20	1.20	1.00	0.035	0.035	0.30	0.20	0.30	0.08	—
E5014	0.15	1.25	0.90	0.035	0.035	0.30	0.20	0.30	0.08	—
E5015	0.15	1.60	0.90	0.035	0.035	0.30	0.20	0.30	0.08	—
E5016	0.15	1.60	0.75	0.035	0.035	0.30	0.20	0.30	0.08	—
E5016-1	0.15	1.60	0.75	0.035	0.035	0.30	0.20	0.30	0.08	—
E5018	0.15	1.60	0.90	0.035	0.035	0.30	0.20	0.30	0.08	—
E5018-1	0.15	1.60	0.90	0.035	0.035	0.30	0.20	0.30	0.08	—
E5019	0.15	1.25	0.90	0.035	0.035	0.30	0.20	0.30	0.08	—
E5024	0.15	1.25	0.90	0.035	0.035	0.30	0.20	0.30	0.08	—
E5024-1	0.15	1.25	0.90	0.035	0.035	0.30	0.20	0.30	0.08	—
ES027	0.15	1.60	0.75	0.035	0.035	0.30	0.20	0.30	0.08	—
E5028	0.15	1.60	0.90	0.035	0.035	0.30	0.20	0.30	0.08	—
F5048	0.15	1.60	0.90	0.035	0.035	0.30	0.20	0.30	0.08	—
E5716	0.12	1.60	0.90	0.03	0.03	1.00	0.30	0.35	—	—
E5728	0.12	1.60	0.90	0.03	0.03	1.00	0.30	0.35	—	—
E5010-P1	0.20	1.20	0.60	0.03	0.03	1.00	0.30	0.50	0.10	—
E5S10-P1	0.20	1.20	0.60	0.03	0.03	1.00	0.30	0.50	0.10	—
E5518-P2	0.12	0.90~1.70	0.80	0.03	0.03	1.00	0.20	0.50	0.05	—
E5545-P2	0.12	0.90~1.70	0.80	0.03	0.03	1.00	0.20	0.50	0.05	—
E5003-1M3	0.12	0.60	0.40	0.03	0.03	—	—	0.40~0.65	—	—
E5010-1M3	0.12	0.60	0.40	0.03	0.03	—	—	0.40~0.65	—	—
E5011-1M3	0.12	0.60	0.40	0.03	0.03	—	—	0.40~0.65	—	—
E5015-1M3	0.12	0.90	0.60	0.03	0.03	—	—	0.40~0.65	—	—
E5016-1M3	0.12	0.90	0.60	0.03	0.03	—	—	0.40~0.65	—	—
E5018-1M3	0.12	0.90	0.80	0.03	0.03	—	—	0.40~0.65	—	—
E5019-1M3	0.12	0.90	0.40	0.03	0.03	—	—	0.40~0.65	—	—

焊条型号	化学成分（质量分数）（%）									
	C	Mn	Si	P	S	Ni	Cr	Mo	V	其他
E5020-1M3	0.12	0.60	0.40	0.03	0.03	—	—	0.40～0.65	—	—
E5027-1M3	0.12	1.00	0.40	0.03	0.03	—	—	0.40～0.65	—	—
E5518-3M2	0.12	1.00～1.75	0.80	0.03	0.03	0.90	—	0.25～0.45	—	—
E5515-3M3	0.12	1.00～1.80	0.80	0.03	0.03	0.90	—	0.40～0.65	—	—
E5516-3M3	0.12	1.00～1.80	0.80	0.03	0.03	0.90	—	0.40～0.65	—	—
E5518-3M3	0.12	1.00～1.80	0.80	0.03	0.03	0.90	—	0.40～0.65	—	—
E5015-N1	0.12	0.60～1.60	0.90	0.03	0.03	0.30～1.00	—	0.35	0.05	—
E5016-N1	0.12	0.60～1.60	0.90	0.03	0.03	0.30～1.00	—	0.35	0.05	—
E5028-N1	0.12	0.60～1.60	0.90	0.03	0.03	0.30～1.00	—	0.35	0.05	—
E5515-N1	0.12	0.60～1.60	0.90	0.03	0.03	0.30～1.00	—	0.35	0.05	—
E5516-N1	0.12	0.60～1.60	0.90	0.03	0.03	0.30～1.00	—	0.35	0.05	—
E5528-N1	0.12	0.60～1.60	0.90	0.03	0.03	0.30～1.00	—	0.35	0.05	—
E5015-N2	0.08	0.40～1.40	0.50	0.03	0.03	0.80～1.10	0.15	0.35	0.05	—
E5016-N2	0.08	0.40～1.40	0.50	0.03	0.03	0.80～1.10	0.15	0.35	0.05	—
E5018-N2	0.08	0.40～1.40	0.50	0.03	0.03	0.80～1.10	0.15	0.35	0.05	—
E5515-N2	0.12	0.40～1.25	0.80	0.03	0.03	0.80～1.10	0.15	0.35	0.05	—
E5516-N2	0.12	0.40～1.25	0.80	0.03	0.03	0.80～1.10	0.15	0.35	0.05	—
E5518-N2	0.12	0.40～1.25	0.80	0.03	0.03	0.80～1.10	0.15	0.35	0.05	—
E5015-N3	0.10	1.25	0.60	0.03	0.03	1.10～2.00	—	0.35	—	—
E5016-N3	0.10	1.25	0.60	0.03	0.03	1.10～2.00	—	0.35	—	—

焊条型号	化学成分（质量分数）（%）									
	C	Mn	Si	P	S	Ni	Cr	Mo	V	其他
E5515-N3	0.10	1.25	0.60	0.03	0.03	1.10~2.00	—	0.35	—	—
E5516-N3	0.10	1.25	0.60	0.03	0.03	1.10~2.00	—	0.35	—	—
E5516-3N3	0.10	1.60	0.60	0.03	0.03	1.10~2.00	—	—	—	—
E5518-N3	0.10	1.25	0.80	0.03	0.03	1.10~2.00	—	—	—	—
E5015-N5	0.05	1.25	0.50	0.03	0.03	2.00~2.75	—	—	—	—
E5016-N5	0.05	1.25	0.50	0.03	0.03	2.00~2.75	—	—	—	—
E5018-N5	0.05	1.25	0.50	0.03	0.03	2.00~2.75	—	—	—	—
E5028-N5	0.10	1.00	0.80	0.025	0.020	2.00~2.75	—	—	—	—
E5515-N5	0.12	1.25	0.60	0.03	0.03	2.00~2.75	—	—	—	—
E5516-N5	0.12	1.25	0.60	0.03	0.03	2.00~2.75	—	—	—	—
E5518-N5	0.12	1.25	0.80	0.03	0.03	2.00~2.75	—	—	—	—
E5015-N7	0.05	1.25	0.50	0.03	0.03	3.00~3.75	—	—	—	—
E5016-N7	0.05	1.25	0.50	0.03	0.03	3.00~3.75	—	—	—	—
E5018-N7	0.05	1.25	0.50	0.03	0.03	3.00~3.75	—	—	—	—
E5515-N7	0.12	1.25	0.80	0.03	0.03	3.00~3.75	—	—	—	—
E5516-N7	0.12	1.25	0.80	0.03	0.03	3.00~3.75	—	—	—	—
E5518-N7	0.12	1.25	0.80	0.03	0.03	3.00~3.75	—	—	—	—
E5515-N13	0.06	1.00	0.60	0.025	0.020	6.00~7.00	—	—	—	—
E5516-N13	0.06	1.00	0.60	0.025	0.020	6.00~7.00	—	—	—	—
E5518-N2M3	0.10	0.80~1.25	0.60	0.02	0.02	0.80~1.10	0.10	0.40~0.65	0.02	Cu：0.10 Al：0.05

焊条型号	化学成分（质量分数）（%）									
	C	Mn	Si	P	S	Ni	Cr	Mo	V	其他
E5003-NC	0.12	0.30～1.40	0.90	0.03	0.03	0.25～0.70	0.30	—	—	Cu：0.20～0.60
E5016-NC	0.12	0.30～1.40	0.90	0.03	0.03	0.25～0.70	0.30	—	—	Cu：0.20～0.60
E5028-NC	0.12	0.30～1.40	0.90	0.03	0.03	0.25～0.70	0.30	—	—	Cu：0.20～0.60
E5716-NC	0.12	0.30～1.40	0.90	0.03	0.03	0.25～0.70	0.30	—	—	Cu：0.20～0.60
E5728-NC	0.12	0.30～1.40	0.90	0.03	0.03	0.25～0.70	0.30	—	—	Cu：0.20～0.60
E5003-CC	0.12	0.30～1.40	0.90	0.03	0.03	—	0.30～0.70	—	—	Cu：0.20～0.60
E5016-CC	0.12	0.30～1.40	0.90	0.03	0.03	—	0.30～0.70	—	—	Cu：0.20～0.60
E5028-CC	0.12	0.30～1.40	0.90	0.03	0.03	—	0.30～0.70	—	—	Cu：0.20～0.60
E5716-CC	0.12	0.30～1.40	0.90	0.03	0.03	—	0.30～0.70	—	—	Cu：0.20～0.60
E5728-CC	0.12	0.30～1.40	0.90	0.03	0.03	—	0.30～0.70	—	—	Cu：0.20～0.60
E5003-NCC	0.12	0.30～1.40	0.90	0.03	0.03	0.05～0.45	0.45～0.75	—	—	Cu：0.30～0.70
E5016-NCC	0.12	0.30～1.40	0.90	0.03	0.03	0.05～0.45	0.45～0.75	—	—	Cu：0.30～0.70
E5028-NCC	0.12	0.30～1.40	0.90	0.03	0.03	0.05～0.45	0.45～0.75	—	—	Cu：0.30～0.70
E5716-NCC	0.12	0.30～1.40	0.90	0.03	0.03	0.05～0.45	0.45～0.75	—	—	Cu：0.30～0.70
E5728NCC	0.12	0.30～1.40	0.90	0.03	0.03	0.05～0.45	0.45～0.75	—	—	Cu：0.30～0.70
E5003-NCC1	0.12	0.50～1.30	0.35～0.80	0.03	0.03	0.40～0.80	0.45～0.70	—	—	Cu：0.30～0.75
E5016-NCC1	0.12	0.50～1.30	0.35～0.80	0.03	0.03	0.40～0.80	0.45～0.70	—	—	Cu：0.30～0.75
E5028-NCC1	0.12	0.50～1.30	0.80	0.03	0.03	0.40～0.80	0.45～0.70	—	—	Cu：0.30～0.75
E5516-NCC1	0.12	0.50～1.30	0.35～0.80	0.03	0.03	0.40～0.80	0.45～0.70	—	—	Cu：0.30～0.75
E5518-NCC1	0.12	0.50～1.30	0.35～0.80	0.03	0.03	0.40～0.80	0.45～0.70	—	—	Cu：0.30～0.75

焊条型号	化学成分（质量分数）（%）									
	C	Mn	Si	P	S	Ni	Cr	Mo	V	其他
E5716-NCC1	0.12	0.50~1.30	0.35~0.80	0.03	0.03	0.40~0.80	0.45~0.70	—	—	Cu：0.30~0.75
E5728-NCC1	0.12	0.50~1.30	0.80	0.03	0.03	0.40~0.80	0.45~0.70	—	—	Cu：0.30~0.75
E5016-NCC2	0.12	0.40~0.70	0.40~0.70	0.025	0.025	0.20~0.40	0.15~0.30	—	0.08	Cu：0.30~0.60
E5018-NCC2	0.12	0.40~0.70	0.40~0.70	0.025	0.025	0.20~0.40	0.15~0.30	—	0.08	Cu：0.30~0.60
E50XX-G[a]	—	—	—	—	—	—	—		—	
E55XX-G[a]	—	—	—	—	—	—	—		—	
E57XX-G[a]	—	—	—	—	—	—	—		—	

表中单值均为最大值。a. 焊条型号中"XX"代表焊条的药皮类型，见表5-101所列。

力 学 性 能

表 5-106

焊条型号	抗拉强度 R_m（MPa）	屈服强度[a]R_{el}（MPa）	断后伸长率 A（%）	冲击试验温度（℃）
E4303	≥430	≥330	≥20	0
E4310	≥430	≥330	≥20	-30
E4311	≥430	≥330	≥20	-30
E4312	≥430	≥330	≥16	—
E4313	≥430	≥330	≥16	—
E4315	≥430	≥330	≥20	-30
E4316	≥430	≥330	≥20	-30
E4318	≥430	≥330	≥20	-30
E4319	≥430	≥330	≥20	-20
E4320	≥430	≥330	≥20	—
E4324	≥430	≥330	≥16	—
E4327	≥430	≥330	≥20	-30
E4328	≥430	≥330	≥20	-20
E4340	≥430	≥330	≥20	0
E5003	≥490	≥400	≥20	0
E5010	490~650	≥400	≥20	-30
E5011	490~650	≥400	≥20	-30
E5012	≥490	≥400	≥16	—
E5013	≥490	≥400	≥16	—
E5014	≥490	≥400	≥16	—
E5015	≥490	≥400	≥20	-30
E5016	≥490	≥400	≥20	-30
E5016-1	≥490	≥400	≥20	-45
E5018	≥490	≥400	≥20	-30

焊条型号	抗拉强度 R_m (MPa)	屈服强度^a R_{eL} (MPa)	断后伸长率 A (%)	冲击试验温度 (℃)
E5018-1	≥490	≥400	≥20	−45
E5019	≥490	≥400	≥20	−20
E5024	≥490	≥400	≥16	—
E5024-1	≥490	≥400	≥20	−20
E5027	≥490	≥400	≥20	−30
E5028	≥490	≥400	≥20	−20
E5048	≥490	≥400	≥20	−30
E5716	≥570	≥490	≥16	−30
E5728	≥570	≥490	≥16	−20
ES010-P1	≥490	≥420	≥20	−30
E5510-P1	≥550	≥460	≥17	−30
E5518-P2	≥550	≥460	≥17	−30
E5545-P2	≥550	≥460	≥17	−30
E5003-1M3	≥490	≥400	≥20	—
E5010-1M3	≥490	≥420	≥20	—
E5011-1M3	≥490	≥400	≥20	—
E5015-1M3	≥490	≥400	≥20	—
E5016-1M3	≥490	≥400	≥20	—
E5018-1M3	≥490	≥400	≥20	—
E5019-1M3	≥490	≥400	≥20	—
E5020-1M3	≥490	≥400	≥20	—
E5027-1M3	≥490	≥400	≥20	—
E5518-3M2	≥550	≥460	≥17	−50
E5515-3M3	≥550	≥460	≥17	−50
E5516-3M3	≥550	≥460	≥17	−50
E5518-3M3	≥550	≥460	≥17	−50
E5015-N1	≥490	≥390	≥20	−40
E5016-N1	≥490	≥390	≥20	−40
E5028-N1	≥490	≥390	≥20	−40
E5515-N1	≥550	≥460	≥17	−40
E5516-N1	≥550	≥460	≥17	−40
E5528-N1	≥550	≥460	≥17	−40
E5015-N2	≥490	≥390	≥20	−40
E5016-N2	≥490	≥390	≥20	−40
E5018-N2	≥490	≥390	≥20	−50
E5515-N2	≥550	470～550	≥20	−40
E5516-N2	≥550	470～550	≥20	−40
E5518-N2	≥550	470～550	≥20	−40
E5015-N3	≥490	≥390	≥20	−40
E5016-N3	≥490	≥390	≥20	−40

焊条型号	抗拉强度 R_m（MPa）	屈服强度$^a R_{el}$（MPa）	断后伸长率 A（%）	冲击试验温度（℃）
E5515-N3	≥550	≥460	≥17	−50
E5516-N3	≥550	≥460	≥17	−50
E5516-3N3	≥550	≥460	≥17	−50
E5518-N3	≥550	≥460	≥17	−50
E5015-N5	≥490	≥390	≥20	−75
E5016-N5	≥490	≥390	≥20	−75
E5018-N5	≥490	≥390	≥20	−75
E5028-N5	≥490	≥390	≥20	−60
E5515-N5	≥550	≥460	≥17	−60
E5516-N5	≥550	≥460	≥17	−60
E5518-N5	≥550	≥460	≥17	−60
E5015-N7	≥490	≥390	≥20	−100
E5016-N7	≥490	≥390	≥20	−100
E5018-N7	≥490	≥390	≥20	−100
E5515-N7	≥550	≥460	≥17	−75
E5516-N7	≥550	≥460	≥17	−75
E5518-N7	≥550	≥460	≥17	−75
E5515-N13	≥550	≥460	≥17	−100
E5516-N13	≥550	≥460	≥17	−100
E5518-N2M3	≥550	≥460	≥17	−40
E5003-NC	≥490	≥390	≥20	0
E5016-NC	≥490	≥390	≥20	0
E5028-NC	≥490	≥390	≥20	0
E5716-NC	≥570	≥490	≥16	0
E5728-NC	≥570	≥490	≥16	0
E5003-CC	≥490	≥390	≥20	0
E5016-CC	≥490	≥390	≥20	0
E5028-CC	≥490	≥390	≥20	0
E5716-CC	≥570	≥490	≥16	0
E5728-CC	≥570	≥490	≥16	0
E5003-NCC	≥490	≥390	≥20	0
E5016-NCC	≥490	≥390	≥20	0
E5028-NCC	≥490	≥390	≥20	0
E5716-NCC	≥570	≥490	≥16	0
E5728-NCC	≥570	≥490	≥16	0
E5003-NCC1	≥490	≥390	≥20	0
E5016-NCC1	≥490	≥390	≥20	0
E5028-NCC1	≥490	≥390	≥20	0
E5516-NCC1	≥550	≥460	≥17	−20
E5518-NCC1	≥550	≥460	≥17	−20

焊条型号	抗拉强度 R_m (MPa)	屈服强度a R_{el} (MPa)	断后伸长率 A (%)	冲击试验温度 (℃)
E5716-NCC1	≥570	≥490	≥16	0
E5728-NCC1	≥570	≥490	≥16	0
E5016-NCC2	≥490	≥420	≥20	−20
E5018-NCC2	≥490	≥420	≥20	−20
E50XX-Gb	≥490	≥400	≥20	—
E55XX-Gb	≥550	≥460	≥17	—
E57X-Gb	≥570	≥490	≥16	—

a. 当屈服发生不明显时，应测定规定塑性延伸强度 $R_{p0.2}$。
b. 焊条型号中"XX"代表焊条的药皮类型，见表 5-101 所列。

熔敷金属扩散氢含量　　　　　　　　　　　　　　　　　表 5-107

扩散氧代号	扩散氢含量 （mL/100g）
H15	≤15
H10	≤10
H5	≤5

3. 检验规则

（1）取样方法：每批焊条检验时，按照需要数量至少在三个部位取有代表性的样品。

（2）复验：任何一项检验不合格时，该项检验应加倍复验。对于化学分析，仅复验那些不满足要求的元素。当复验拉伸试验时，抗拉强度、屈服强度及断后伸长率同时作为复验项目。其试样可在原试件上截取，也可在新焊制的试件上截取，加倍复验结果均应符合该项检验的规定。

5.3.13.2　热强钢焊条应用技术要求

执行标准：《热强钢焊条》（GB/T 5118—2012）（摘选）

1. 范围与型号

（1）本标准适用于焊条电弧焊用热强钢焊条。

（2）焊条型号由四部分组成：

1）第一部分用字母"E"表示焊条。

2）第二部分为字母"E"后面的紧邻两位数字，表示熔敷金属的最小抗拉强度代号，见表 5-108 所列。

熔敷金属抗拉强度代号　　　　　　　　　　　　　　　　表 5-108

抗拉强度代号	最小抗拉强度值 (MPa)	抗拉强度代号	最小抗拉强度值 (MPa)
50	490	55	550
52	520	62	620

3）第三部分为字母"E"后面的第三和第四两位数字，表示药皮类型、焊接位置和电流类型，见表 5-109 所列。

药皮类型代号　　　　　　　　　　　表 5-109

代号	药皮类型	焊接位置a	电流类型
03	钛型	全位置c	交流和直流正、反接
10b	纤维素	全位置	直流反接
11b	纤维素	全位置	交流和直流反接
13	金红石	全位置c	交流和直流正、反接
15	碱性	全位置c	直流反接
16	碱性	全位置c	交流和直流反接
18	碱性＋铁粉	全位置（PG 除外）	交流和直流反接
19b	钛铁矿	全位置c	交流和直流正、反接
20b	氧化铁	PA、PB	交流和直流正接
27b	氧化铁＋铁粉	PA、PB	交流和直流正接
40	不作规定	由制造商确定	

a. 焊接位置见《焊缝——工作位置——倾角和转角的定义》（GB/T 16672—1996），其中 PA＝平焊、PB＝平角焊、PG＝向下立焊。

b. 仅限于熔敷金属化学成分代号 1M3。

c. 此处"全位置"并不一定包含向下立焊，由制造商确定。

4）第四部分为短划"—"后的字母、数字或字母和数字的组合，表示熔敷金属的化学成分分类代号，见表 5-110 所列。

熔敷金属化学成分分类代号　　　　　　　　表 5-110

分类代号	主要化学成分的名义含量
—1M3	此类焊条中含有 Mo，Mo 是在非合金钢焊条基础上的唯一添加合金元素。数字 1 约等于名义上 Mn 含量两倍的整数，字母"M"表示 Mo，数字 3 表示 Mo 的名义含量，大约 0.5%
—×C×M×	对于含铬—钼的热强钢，标识"C"前的整数表示 Cr 的名义含量，"M"前的整数表示 Mo 的名义含量。对于 Cr 或者 Mo，如果名义含量少于 1%，则字母前不标记数字。如果在 Cr 和 Mo 之外还加入了 W、V、B、Nb 等合金成分，则按照此顺序，加于铬和钼标记之后。标识末尾的"L"表示含碳量较低。最后一个字母后的数字表示成分有所改变
—G	其他成分

5）除以上强制分类代号外，根据供需双方协商，可在型号后附加扩散氢代号"HX"，其中 X 代表 15、10 或 5，分别表示每 100g 熔敷金属中扩散氢含量的最大值（mL），见 2. 技术要求项下（6）熔敷金属扩散氢含量。

6）型号示例

本标准中完整焊条型号示例如下：

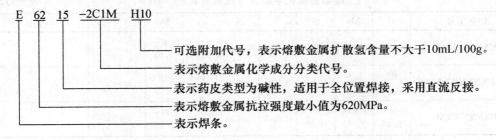

E　62　15　−2C1M　H10

可选附加代号，表示熔敷金属扩散氢含量不大于10mL/100g。

表示熔敷金属化学成分分类代号。

表示药皮类型为碱性，适用于全位置焊接，采用直流反接。

表示熔敷金属抗拉强度最小值为620MPa。

表示焊条。

2. 技术要求

（1）药皮：同 5.3.13.1 节。

（2）T 形接头角焊缝

角焊缝的试验要求、焊脚尺寸、两焊脚长度差及凸度应符合表 5-111 的规定。

角焊缝要求（mm）   表 5-111

药皮类型	电流类型	焊条尺寸[a]	焊接位置[b]	试板厚度 t	试板宽度 w	试板长度[c] l	焊脚尺寸	两焊脚长度差	凸度
03	交流	5.0	PF、PD	10	≥75	≥300	≤10.0	≤2.0	≤1.5
		6.0	PB	12		≥400	≥8.0	≤3.5	≤2.0
10	直流反接	5.0	PF、PD	10	≥75	≥300	≤8.0	≤3.5	≤1.5
		6.0	PB	12		≥400	≥6.5	≤2.5	≤2.0
11	交流	5.0	PF、PD	10	≥75	≥300	≤8.0	≤3.5	≤1.5
		6.0	PB	12		≥400	≥6.5	≤2.5	≤2.0
13	交流	5.0	PF、PD	12	≥75	≥300	≤10.0	≤2.0	≤1.5
		6.0	PB	12		≥400	≥8.0	≤3.5	≤2.0
15	直流反接	4.0	PF、PD	10	≥75	≥300	≤8.0	≤3.5	≤2.0
		6.0	PB	12		≥400	≥8.0	≤3.5	≤2.0
16	交流	4.0	PF、PD	10	≥75	≥300	≤8.0	≤3.5	≤2.0
		6.0	PB	12		≥400	≥8.0	≤3.5	≤2.0
18	交流	4.0	PF、PD	10	≥75	≥300	≤8.0	≤3.5	≤2.0
		6.0	PB	12		≥400	≥8.0	≤3.5	≤2.0
19	交流	5.0	PF、PD	10	≥75	≥300	≤10.0	≤2.0	≤1.5
		6.0	PB	12		≥400	≥8.0	≤3.5	≤2.0
20	交流	6.0	PB	12	≥75	≥400	≥8.0	≤3.5	≤2.0
27	交流	6.0	PB	12	≥75	≥400 或≥650[d]	≥8.0	≤3.5	≤2.0
40		供需双方协商		10～12	≥75		供需双方协商		

a. 当焊条尺寸小于规定尺寸时，应采用最大尺寸的焊条，并按比例调整要求。除非该焊条尺寸不要求试验。
b. 焊接位置见《焊缝——工作位置——倾角和转角的定义》（GB/T 16672—1996），其中 PB＝平角焊、PD＝仰角焊、PF＝向上立焊。
c. 对于 300mm 长的焊缝，试板长度 l 不小于 250mm；对于 350mm 长的焊缝，试板长度 l 不小于 300mm。
d. 对于 450mm 长的焊缝，试板长度 l 不小于 400mm；对于 700mm 长的焊缝，试板长度 l 不小于 650mm。

（3）熔敷金属化学成分：焊条的熔敷金属化学成分应符合表 5-112 的规定。

熔敷金属化学成分（质量分数）（％）   表 5-112

焊条型号	C	Mn	Si	P	S	Cr	Mo	V	其他[a]
EXXXX-1M3	0.12	1.00	0.80	0.030	0.030	—	0.40～0.65	—	—
EXXXX-CM	0.05～0.12	0.90	0.80	0.030	0.030	0.40～0.65	0.40～0.65	—	—
EXXXX-C1M	0.07～0.15	0.40～0.70	0.30～0.60	0.030	0.030	0.40～0.60	100～1.25	0.05	—

焊条型号	C	Mn	Si	P	S	Cr	Mo	V	其他[a]
EXXXX-1CM	0.05~0.12	0.90	0.80	0.030	0.030	1.00~1.50	0.40~0.65	—	—
EXXXX-1CML	0.05	0.90	1.00	0.030	0.030	1.00~1.50	0.40~0.65	—	—
EXXXX-1CMV	0.05~0.12	0.90	0.60	0.030	0.030	0.80~1.50	0.40~0.65	0.10~0.35	—
EXXXX-1CMVNb	0.05~0.12	0.90	0.60	0.030	0.030	0.80~1.50	0.70~1.00	0.15~0.40	Nb：0.10~0.25
EXXXX-1CMWV	0.05~0.12	0.70~1.10	0.60	0.030	0.030	0.80~1.50	0.70~1.00	0.20~0.35	W：0.25~0.50
EXXXX-2C1M	0.05~0.12	0.90	1.00	0.030	0.030	2.00~2.50	0.90~1.20	—	—
EXXXX-2C1ML	0.05	0.90	1.00	0.030	0.030	2.00~2.50	0.90~1.20	—	—
EXXXX-2CML	0.05	0.90	1.00	0.030	0.030	1.75~2.25	0.40~0.65	—	—
EXXXX-2CMWVB	0.05~0.12	1.00	0.60	0.030	0.030	1.50~2.50	0.30~0.80	0.20~0.60	W：0.20~0.60 B：0.001~0.003
EXXXX-2CMVNb	0.05~0.12	1.00	0.60	0.030	0.030	2.40~3.00	0.70~1.00	0.25~0.50	Nb：0.35~0.65
EXXXX-ZC1MV	0.05~0.15	0.40~1.50	0.60	0.030	0.030	2.00~2.60	0.90~1.20	0.20~0.40	Nb：0.010~0.050
EXXXX-3C1MV	0.05~0.15	0.40~1.50	0.60	0.030	0.030	2.60~3.40	0.90~1.20	0.20~0.40	Nb：0.010~0.050
EXXXX-5CM	0.05~0.10	1.00	0.90	0.030	0.030	4.0~6.0	0.45~0.65	—	Ni：0.40
EXXXX-5CML	0.05	1.00	0.90	0.030	0.030	4.0~6.0	0.45~0.65	—	Ni：0.40
EXXXX-5CMV	0.12	0.5~0.9	0.50	0.030	0.030	4.5~6.0	0.40~0.70	0.10~0.35	Cu：0.5
EXXXX-7CM	0.05~0.10	1.00	0.90	0.030	0.030	6.0~8.0	0.45~0.65	Ni：0.40	
EXXXX-7CML	0.05	1.00	0.90	0.030	0.030	6.0~8.0	0.45~0.65	—	Ni：0.40
EXXXX-9C1M	0.05~0.10	1.00	0.90	0.030	0.030	8.0~10.5	0.85~1.20	—	Ni：0.40
EXXXX-9C1ML	0.05	1.00	0.90	0.030	0.030	8.0~10.5	0.85~1.20	Ni：0.40	
EXXXX-9C1MV	0.08~0.13	1.25	0.30	0.01	0.01	8.0~10.5	0.85~1.20	0.15~0.30	Ni：1.0 Mn+Ni≤1.50 Cu：0.25 Al：0.04 Nb：0.02~0.10 N：0.02~0.07

焊条型号	C	Mn	Si	P	S	Cr	Mo	V	其他[a]
EXXXX-9C1MV1[b]	0.03~0.12	1.00~1.80	0.60	0.025	0.025	8.0~10.5	0.80~1.20	0.15~0.30	Ni：1.0 Cu：0.25 Al：0.04 Nb：0.02~0.10 N：0.02~0.07
EXXXX-G	其他成分								

注：表中单值均为最大值。
　　a. 如果有意添加表中未列出的元素，则应进行报告，这些添加元素和在常规化学分析中发现的其他元素的总
　　　量不应超过 0.50%。
　　b. Ni＋Mn 的化合物能降低 AC1 点温度，所要求的焊后热处理温度可能接近或超过了焊缝金属的 AC1 点。

（4）熔敷金属力学性能：熔敷金属拉伸试验结果应符合表 5-113 的规定。

熔敷金属力学性能　　　　　　　　　　　　　　　　　　　　　表 5-113

焊条型号[a]	抗拉强度 R_m （MPa）	屈服强度[b] R_{el} （MPa）	断后伸长率 A （%）	预热和道间温度 （℃）	焊后热处理[c]	
					热处理温度 （℃）	保温时间[d] （min）
E50XX-1M3	≥490	≥390	≥22	90~110	605~645	60
E50YY-1M3	≥490	≥390	≥20	90~110	605~645	60
E55XX-CM	≥550	≥460	≥17	160~190	675~705	60
E5540-CM	≥550	≥460	≥14	160~190	675~705	60
E5503-CM	≥550	≥460	≥14	160~190	675~705	60
E55XX-C1M	≥550	≥460	≥17	160~190	675~705	60
E55XX-1CM	≥550	≥460	≥17	160~190	675~705	60
E5513-1CM	≥550	≥460	≥14	160~190	675~705	60
E52XX-1CML	≥520	≥390	≥17	160~190	675~705	60
E5540-1CMV	≥550	≥460	≥14	250~300	715~745	120
E5515-1CMV	≥550	≥460	≥15	250~300	715~745	120
E5515-1CMVNb	≥550	≥460	≥15	250~300	715~745	300
E5515-1CNWV	≥550	≥460	≥15	250~300	715~745	300
E62XX-2C1M	≥620	≥530	≥15	160~190	675~705	60
E6240-2C1M	≥620	≥530	≥12	160~190	675~705	60
E6213-2C1M	≥620	≥530	≥12	160~190	675~705	60
E55XX-2C1ML	≥550	≥460	≥15	160~190	675~705	60
E55XX-2CML	≥550	≥460	≥15	160~190	675~705	60
E5540-2CMWVB	≥550	≥460	≥14	250~300	745~775	120
E5515-2CMWVB	≥550	≥460	≥15	320~360	745~775	120
E5515-2CMVNb	≥550	≥460	≥15	250~300	715~745	240
E62XX-2C1MV	≥620	≥530	≥15	160~190	725~755	60
E62XX-3C1MV	≥620	≥530	≥15	160~190	725~755	60
E55XX-5CM	≥550	≥460	≥17	175~230	725~755	60
E55XX-5CML	≥550	≥460	≥17	175~230	725~755	60

焊条型号[a]	抗拉强度 R_m （MPa）	屈服强度[b] R_{el} （MPa）	断后伸长率 A （%）	预热和道间温度 （℃）	焊后热处理[c] 热处理温度 （℃）	保温时间[d] （min）
E55XX-5CMV	≥550	≥460	≥14	175～230	740～760	240
E55XX-7CM	≥550	≥460	≥17	175～230	725～755	60
E55XX-7CML	≥550	≥460	≥17	175～230	725～755	60
E62XX-9C1M	≥620	≥530	≥15	205～260	725～755	60
E62XX-9C1ML	≥620	≥530	≥15	205～260	725～755	60
E62XX-9C1MV	≥620	≥530	≥15	200～315	745～775	120
E62XX-9C1MV1	≥620	≥530	≥15	205～260	725～755	60
EXXXX-G[e]	供需双方协商确认					

a. 焊条型号中 XX 代表药皮类型 15、16 或 18，YY 代表药皮类型 10、11、19、20 或 27。

b. 当屈服发生不明显时，应测定规定塑性延伸强度 $R_{po.2}$。

c. 试件放入炉内时，以 85～275℃/h 的速率加热到规定温度。达到保温时间后，以不大于 200℃/h 的速率随炉冷却至 300℃ 以下。试件冷却至 300℃ 以下的任意温度时，允许从炉中取出，在静态大气中冷却至室温。

d. 保温时间公差为 0～10min。

e. 熔敷金属抗拉强度代号见表 5-108 所列，药皮类型代号见表 5-109 所列。

（5）药皮类型 15、16、18、19 和 20 焊条的焊缝射线探伤应符合《金属熔化焊焊接接头射线照相》（GB/T 3323—2005）中的 I 级规定，其他药皮类型焊条的焊缝射线探伤应符合《金属熔化焊焊接接头射线照相》（GB/T 3323—2005）中的 II 级规定。

（6）熔敷金属扩散氢含量要求可由供需双方协商确定，扩散氢代号见表 5-114 所列。

熔敷金属扩散氢含量 表 5-114

扩散氢代号	扩散氢含量 （mL/100g）
H15	≤15
H10	≤10
H5	≤5

3. 检验规则

（1）取样方法：每批焊条检验时，按照需要数量至少在三个部位取有代表性的样品。

（2）复验：任何一项检验不合格时，该项检验应加倍复验。对于化学分析，仅复验那些不满足要求的元素。当复验拉伸试验时，抗拉强度、屈服强度及断后伸长率同时作为复验项目。其试样可在原试件上截取，也可在新焊制的试件上截取，加倍复验结果均应符合该项检验的规定。

5.3.13.3　碳素钢埋弧焊用焊剂应用技术要求

执行标准：《埋弧焊用碳钢焊丝和焊剂》（GB/T 5293—1999）（摘选）

（1）焊缝金属拉伸力学性能要求见表 5-115 所列。

焊剂型号	抗拉强度 （kgf/mm²）	屈服强度 （kgf/mm²）	伸　长　率 （%）
HJ3×₂×₃−H×××	42.0～56.0	≥31.0	≥22.0
HJ4×₂×₃−H×××	42.0～56.0	≥33.6	≥22.0
HJ5×₂×₃−H×××	49.0～66.0	≥40.6	≥22.0

注：HJ—埋弧焊用焊剂；×₁—焊缝金属的拉伸力学性能；×₂—拉伸试样和冲击试样的状态；×₃—焊缝金属冲击值≥3.5kgf·m/cm² 时的最低试验温度；H×××—焊丝牌号。

（2）焊缝金属的冲击值：所有焊剂型号内在试验温度 0～−60℃ 情况下，冲击值均≥3.5kgf·m/cm²。

（3）碳素钢埋弧焊用焊剂使用说明：每批焊剂系指用批号不变的原材料、按同一配方、以相同的制造工艺所生产的焊剂而言，且每批焊剂的重量不得超过 50t；在焊剂使用说明书中应注明焊剂的类型（熔炼型、陶质型或烧结型）、渣系、焊接电流种类及极性、使用前的烘干温度、使用注意事项等内容。

5.3.14　预拌混凝土复试报告

预拌混凝土是施工单位根据设计文件要求，向商品混凝土生产厂购置成品混凝土，由生产厂用专用混凝土运输车，送至施工现场，按混凝土工艺要求进行混凝土浇筑施工。购置混凝土需完成确认预拌混凝土出厂质量证书内的相关标准与要求、完成预拌混凝土订货与交货工作。

5.3.14.1　预拌混凝土出厂质量证书

1. 资料表式（表 5-116）

预拌混凝土出厂质量证书　　　　　　　表 5-116

订货单位：　　　　　　　　　　　合同编号：

工程名称：　　　　　　　　　　　混凝土配合比编号：

浇筑部位：　　　　　　　　　　　供应数量：

强度等级：　　　　　　　　供应日期：　年　月　日至　年　月　日

原材料名称					
品种与规格					
试验编号					

强度统计结果			合格评定结果			其他 指标
均值 （N/mm²）	标准差 （N/mm²）	标准值的保证率 $P(f_{cu}, f_{cu,k})$（%）	采用的评定方法	批数	合格率 （%）	

技术负责人：　　　　　　填表人：　　　　搅拌站（供方）

盖　章

年　月　日

2. 应用说明

（1）预拌混凝土出厂质量证书是指预拌混凝土生产厂家提供的质量合格证明文件。

执行标准：《预拌混凝土》（GB/T 14902—2012）

（2）分类、性能等级及标记

1）分类：预拌混凝土分为常规品和特制品。

①常规品

常规品应为除表5-117特制品以外的普通混凝土，代号A，混凝土强度等级代号C。

②特制品

特制品代号B，包括的混凝土种类及其代号应符合表5-117的规定。

特制品的混凝土种类及其代号　　　　　　　　　　表5-117

混凝土种类	高强混凝土	自密实混凝土	纤维混凝土	轻骨料混凝土	重混凝土
混凝土种类代号	H	S	F	L	W
强度等级代号	C	C	C（合成纤维混凝土） CF（钢纤维混凝土）	LC	C

2）性能等级

①混凝土强度等级应划分为：C10、C15、C20、C25、C30、C35、C40、C45、C50、C55、C60、C65、C70、C75、C80、C85、C90、C95 和 C100。

②混凝土拌合物坍落度和扩展度的等级划分应符合表5-118和表5-119的规定。

混凝土拌合物的坍落度等级划分　　　　　　　　　　表5-118

等　级	坍落度（mm）	等　级	坍落度（mm）
S1	10～40	S4	160～210
S2	50～90	S5	≥220
S3	100～150		

混凝土拌合物的扩展度等级划分　　　　　　　　　　表5-119

等　级	扩展直径（mm）	等　级	扩展直径（mm）
F1	≤340	F4	490～550
F2	350～410	F5	560～620
F3	420～480	F6	≥630

③预拌混凝土耐久性能的等级划分应符合表5-120～表5-123的规定。

混凝土抗冻性能、抗水渗透性能和抗硫酸盐侵蚀性能的等级划分　　表5-120

抗冻等级（快冻法）	抗冻标号（慢冻法）	抗渗等级	抗硫酸盐等级
F50	F250	F50	P4	KS30
F100	F300	F100	P6	KS60
F150	F350	F150	P8	KS90
F200	F400	F200	P10	KS120
			P12	KS150
＞F400		＞F200	＞P12	＞KS150

混凝土抗氯离子渗透性能（84d）的等级划分（RCM法） 表 5-121

等级	RCM-Ⅰ	RCM-Ⅱ	RCM-Ⅲ	RCM-Ⅳ	RCM-Ⅴ
氯离子迁移系数 D_{RCM}（RCM法）（$\times 10^{-12} m^2/s$）	$\geqslant 4.5$	$\geqslant 3.5, <4.5$	$\geqslant 2.5, <3.5$	$\geqslant 1.5, <2.5$	<1.5

混凝土抗氯离子渗透性能的等级划分（电通量法） 表 5-122

等级	Q-Ⅰ	Q-Ⅱ	Q-Ⅲ	Q-Ⅳ	Q-Ⅴ
电通量 Q_s（C）	$\geqslant 4000$	$\geqslant 2000, <4000$	$\geqslant 1000, <2000$	$\geqslant 500, <1000$	<500

注：混凝土试验龄期宜为 28d。当混凝土中水泥混合材与矿物掺合料之和超过胶凝材料用量的 50% 时，测试龄期可为 56d。

混凝土抗碳化性能的等级划分 表 5-123

等级	T-Ⅰ	T-Ⅱ	T-Ⅲ	T-Ⅳ	T-Ⅴ
碳化深度 d_m（m）	$\geqslant 30$	$\geqslant 20, <30$	$\geqslant 10, <20$	$\geqslant 0.1, <10$	<0.1

3）标记

①预拌混凝土标记应按下列顺序：

A. 常规品或特制品的代号，常规品可不标记；

B. 特制品混凝土种类的代号，兼有多种类情况可同时标出；

C. 强度等级；

D. 坍落度控制目标值，后附坍落度等级代号在括号中；自密实混凝土应采用扩展度控制目标值，后附扩展度等级代号在括号中；

E. 耐久性能等级代号，对于抗氯离子渗透性能和抗碳化性能，后附设计值在括号中；

F. 本标准号。

②标记示例

示例 1：采用通用硅酸盐水泥、河砂（也可是人工砂或海砂）、石、矿物掺合料、外加剂和水配制的普通混凝土，强度等级为 C50，坍落度为 180mm，抗冻等级为 F250，抗氯离子渗透性能电通量 Q_s 为 1000C，其标记为：

A-C50-180（S4）-F250 Q-Ⅲ（1000）-GB/T 14902

示例 2：采用通用硅酸盐水泥、砂（也可是陶砂）、陶粒、矿物掺合料、外加剂、合成纤维和水配制的轻骨料纤维混凝土，强度等级为 LC40，坍落度为 210mm，抗渗等级为 P8，抗冻等级为 F150，其标记为：

B-LF-LC40-210（S4）-P8F150-GB/T 14902

（3）原材料和配合比

1）水泥

①水泥应符合《通用硅酸盐水泥》国家标准第 1 号修改单（GB 175—2007/XG1—2009）、《中热硅酸盐水泥　低热硅酸盐水泥　低热矿渣硅酸盐水泥》（GB 200—2003）和《道路硅酸盐水泥》（GB 13693—2005）等的规定。

②水泥进场应提供出厂检验报告等质量证明文件，并应进行检验。检验项目及检验批量应符合《混凝土质量控制标准》（GB 50164—2011）的规定。

2）骨料

①普通混凝土用骨料应符合《普通混凝土用砂、石质量及检验方法标准》（JGJ 52—2006）的规定，海砂应符合《海砂混凝土应用技术规范》（JGJ 206—2010）的规定，再生粗骨料和再生细骨料应分别符合《混凝土用再生粗骨料》（GB/T 25177—2010）和《混凝土和砂浆用再生细骨料》（GB/T 25176—2010）的规定，轻骨料应符合《轻集料及其试验方法　第1部分：轻集料》（GB/T 17431.1—2010）的规定，重晶石骨料应符合《重晶石防辐射混凝土应用技术规范》（GB/T 50557—2010）的规定。

②骨料进场时应进行检验。普通混凝土用骨料检验项目及检验批量应符合《混凝土质量控制标准》（GB 50164—2011）的规定，再生骨料检验项目及检验批量应符合《再生骨料应用技术规程》（JGJ/T 240—2011）的规定，轻骨料检验项目及检验批量应符合《轻骨料混凝土技术规程》（JGJ 51—2002）的规定，重晶石骨料检验项目及检验批量应符合《重晶石防辐射混凝土应用技术规范》（GB/T 50557—2010）的规定。

3）水

①混凝土拌合物用水应符合《混凝土用水标准》（JGJ 63—2006）的规定。

②混凝土拌合物用水检验项目应符合《混凝土用水标准》（JGJ 63—2006）的规定，检验频率应符合《混凝土结构工程施工质量验收规范》（GB 50204—2002）的规定。

4）外加剂

①外加剂应符合《混凝土外加剂》（GB 8076—2008）、《混凝土膨胀剂》（GB 23439—2009）、《混凝土外加剂应用技术规范》（GB 50119—2013）和《混凝土防冻剂》（JC 475—2004）的规定。

②外加剂进场应提供出厂检验报告等质量证明文件，并应进行检验。检验项目及检验批量应符合《混凝土质量控制标准》（GB 50164—2011）的规定。

5）矿物掺合料

①粉煤灰应符合《用于水泥和混凝土中的粉煤灰》（GB/T 1596—2005）的规定，粒化高炉矿渣粉应符合《用于水泥和混凝土中的粒化高炉矿渣分》（GB/T 18046—2008）的规定，硅灰应符合《高强高性能混凝土用矿物外加剂》（GB/T 18736—2002）的规定，钢渣粉应符合《用于水泥和混凝土中的钢渣粉》（GB/T 20491—2006）的规定，粒化电炉磷渣粉应符合《混凝土用粒化电炉磷渣粉》（JG/T 317—2011）的规定，天然火山灰质材料应符合《纤维增强复合材料筋》（JG/T 351—2012）的规定。

②矿物掺合料进场应提供出厂检验报告等质量证明文件，并应进行检验。检验项目及检验批量应符合《混凝土质量控制标准》（GB 50164—2011）的规定。

6）纤维

①用于混凝土中的钢纤维和合成纤维应符合《纤维混凝土应用技术规程》（JGJ/T 221—2010）的规定。

②钢纤维和合成纤维进场应提供出厂检验报告等质量证明文件，并应进行检验。检验项目及检验批量应符合《纤维混凝土应用技术规程》（JGJ/T 221—2010）的规定。

7）配合比

①普通混凝土配合比设计应由供货方按《普通混凝土配合比设计规程》（JGJ 55—2011）的规定执行；轻骨料混凝土配合比设计应由供货方按《轻骨料混凝土技术规程》

（JGJ 51—2002）的规定执行；纤维混凝土配合比设计应由供货方按《纤维混凝土应用技术规程》（JGJ/T 221—2010）的规定执行；重晶石混凝土配合比设计应由供货方按《重晶石防辐射混凝土应用技术规范》（GB/T 50557—2010）的规定执行。

②应根据工程要求对设计配合比进行施工适应性调整后确定施工配合比。

（4）质量要求

1）强度

混凝土强度应满足设计要求，检验评定应符合《混凝土强度检验评定标准》（GB/T 50107—2010）的规定。

2）坍落度和坍落度经时损失

混凝土坍落度实测值与控制目标值的允许偏差应符合表 5-124 的规定。常规品的泵送混凝土坍落度控制目标值不宜于大于 180mm，并应满足施工要求，坍落度经时损失不宜于大于 30mm/h，特制品混凝土坍落度应满足相关标准规定和施工要求。

混凝土拌合物稠度允许偏差（mm）　　　　表 5-124

项　　目	控制目标值	允许偏差
坍落度	≤40	±10
	50～90	±20
	≥100	±30
扩展度	≥350	±30

3）扩展度

扩展度实测值与控制目标值的允许偏差宜于符合表 5-124 的规定。自密度混凝土扩展度控制目标值不宜小于 550mm，并应满足施工要求。

4）含气量

混凝土含气量实测值不宜大于 7%，并与合同规定值的允许偏差不宜超过 ±1.0%。

5）水溶性氯离子含量

混凝土拌合物中水溶性氯离子最大含量实测值应符合表 5-125 的规定。

混凝土拌合物中水溶性氯离子最大含量　　　　表 5-125

环境条件	水溶性氯离子最大含量		
	钢筋混凝土	预应力混凝土	素混凝土
干燥环境	0.3		
潮湿但不含氯离子的环境	0.2	0.06	1.0
潮湿而含有氯离子的环境、盐渍土环境	0.1		
除冰盐等侵蚀性物质的腐蚀环境	0.06		

6）耐久性能

混凝土耐久性能应满足设计要求，检验评定应符合《混凝土耐久性检验评定标准》（JGJ/T 193—2009）的规定。

7）其他性能

当需方提出其他混凝土性能要求时，应按国家现行有关标准规定进行试验，无相应标准时应按合同规定进行试验；试验结果应满足标准或合同的要求。

（5）制备

1）一般规定

①混凝土搅拌站（楼）应符合《混凝土搅拌站（楼）》（GB/T 10171—2005）的规定。

②预拌混凝土的制备应包括原材料贮存、计量、搅拌和运输。

③特制品的制备除应符合本节规定外，重晶石混凝土、轻骨料混凝土和纤维混凝土还应分别符合《重晶石防辐射混凝土应用技术规范》（GB/T 50557—2010）、《轻骨料混凝土技术规程》（JGJ 51—2002）、《纤维混凝土应用技术规程》（JGJ/T 221—2010）的规定。

④预拌混凝土制备应符合环保的规定，并宜符合《医疗废物专用包装袋、容器和警示标志标准》（HJ 421—2008）的规定。粉料输送及称量应在密封状态下进行，并应有收尘装置；搅拌站机房宜为封闭系统；运输车出厂前应将车外壁和料斗壁上的混凝土残浆清洗干净；搅拌站应对生产过程中产生的工业废水和固体废弃物进行回收处理和再生利用。

2）原材料贮存

①各种原材料应分仓贮存，并应有明显的标识。

②水泥应按品种、强度等级和生产厂家分别标识和贮存；应防止水泥受潮及污染，不应采用结块的水泥；水泥用于生产时的温度不宜高于60℃；水泥出厂超过3个月应进行复检，合格者方可使用。

③骨料堆场应为能排水的硬质地面，并应有防尘和遮雨设施；不同品种、规格的骨料应分别贮存，避免混杂或污染。

④外加剂应按品种和生产厂家分别标识和贮存；粉状外加剂应防止受潮结块，如有结块，应进行检验，合格者应经粉碎至全部通过 $300\mu m$ 方孔筛筛孔后方可使用；液态外加剂应贮存在密闭容器内，并应防晒和防冻。如有沉淀等异常现象，应经检验合格后方可使用。

⑤矿物掺合料应按品种、质量等级和产地分别标识和贮存，不应与水泥等其他粉状料混杂，并应防潮、防雨。

⑥纤维应按品种、规格和生产厂家分别标识和贮存。

3）计量

①固体原材料应按质量进行计量，水和液体外加剂可按体积进行计量。

②原材料计量应采用电子计量设备。计量设备应能连续计量不同混凝土配合比的各种原材料，并应具有逐盘记录和储存计量结果（数据）的功能，其精度应符合《混凝土搅拌站（楼）》（GB/T 10171—2005）的规定。计量设备应具有法定计量部门签发的有效检定证书，并应定期校验。混凝土生产单位每月应至少自检一次；每一工作班开始前，应对计量设备进行零点校准。

③原材料的计量允许偏差不应大于表5-126规定的范围，并应每班检查1次。

混凝土原材料计量允许偏差（mm）　　　表 5-126

原材料品种	水泥	骨料	水	外加剂	掺合料
每盘计量允许偏差	±2	±3	±1	±1	±2
累计计量允许偏差[a]	±1	±2	±1	±1	±1

a. 累计计量允许偏差是指每一运输车中各盘混凝土的每种材料计量的偏差。

4）搅拌

①搅拌机型式应为强制式，并应符合《混凝土搅拌站（楼）》（GB/T 10171—2005）的规定。

②搅拌应保证预拌混凝土拌合物质量均匀；同一盘混凝土的搅拌匀质性应符合《混凝土质量控制标准》（GB 50164—2011）的规定。

③预拌混凝土搅拌时间应符合下列规定：

A. 对于采用搅拌运输车运送混凝土的情况，混凝土在搅拌机中的搅拌时间应满足设备说明书的要求，并且不应少于 30s（从全部材料投完算起）。

B. 对于采用翻斗车运送混凝土的情况，应适当延长搅拌时间。

C. 在制备特制品或掺用引气剂、膨胀剂和粉状外加剂的混凝土时，应适当延长搅拌时间。

5）运输

①混凝土搅拌运输车应符合相关标准的规定；翻斗车应仅限用于运送坍落度小于80mm 的混凝土拌合物。运输车在运输时应能保证混凝土拌合物均匀并不产生分层、离析。对于寒冷、严寒或炎热的天气情况，搅拌运输车的搅拌罐应有保温和隔热措施。

②搅拌运输车在装料前应将搅拌罐内积水排尽，装料后严禁向搅拌罐内的混凝土拌合物中加水。

③当卸料前需要在混凝土拌合物中掺入外加剂时，应在外加剂掺入后采用快档旋转搅拌罐进行搅拌；外加剂掺量和搅拌时间应有经试验确定的预案。

④预拌混凝土从搅拌机入搅拌运输车至卸料时的运输时间不宜大于 90min，如需延长运送时间，则应采取相应的有效技术措施，并应通过试验验证；当采用翻斗车时，运输时间不应大于 45min。

（6）检验规则

1）一般规定

①预拌混凝土质量检验分为出厂检验和交货检验。出厂检验的取样和试验工作应由供方承担；交货检验的取样和试验工作应由需方承担，当需方不具备试验和人员的技术资质时，供需双方可协商确定并委托有检验资质的单位承担，并应在合同中予以明确。

②交货检验的试验结果应在试验结束后 10d 内通知供方。

③预拌混凝土质量验收应以交货检验结果作为依据。

2）检验项目

①常规品应检验混凝土强度、拌合物坍落度和设计要求的耐久性能；掺有引气型外加剂的混凝土还应检验拌合物的含气量。

②特制品除应检验常规品应检验的所列项目外，还应按相关标准和合同规定检验其他项目。

3）取样与检验频率

①混凝土出厂检验应在搅拌地点取样；混凝土交货检验应在交货地点取样，交货检验试样应随机从同一运输车卸料量的 1/4～3/4 之间抽取。

②混凝土交货检验取样及坍落度试验应在混凝土运到交货地点时开始算起 20min 内完成，试件制作应在混凝土运到交货地点时开始算起 40min 内完成。

③混凝土强度检验的取样频率应符合下列规定：

A. 出厂检验时，每100盘相同配合比混凝土取样不应少于1次，每一个工作班相同配合比混凝土达不到100盘时应按100盘计，每次取样应至少进行一组试验。

B. 交货检验的取样频率应符合《混凝土强度检验评定标准》（GB/T 50107—2010）的规定。

④混凝土坍落度检验的取样频率应与强度检验相同。

⑤同一配合比混凝土拌合物中的水溶性氯离子含量检验应至少取样检验1次。海砂混凝土拌合物中的水溶性氯离子含量检验的取样频率应符合《海砂混凝土应用技术规范》（JGJ 206—2010）的规定。

⑥混凝土耐久性能检验的取样频率应符合《混凝土耐久性检验评定标准》（JGJ/T 193—2009）的规定。

⑦混凝土的含气量、扩展度及其他项目检验的取样频率应符合国家现行有关标准和合同的规定。

4）评定

①混凝土强度检验结果符合（4）质量要求项下1）款规定时为合格。

②混凝土坍落度、扩展度和含气量的检验结果分别符合（4）质量要求项下2）、3）和4）款的规定时为合格；若不符合要求，则应立即用试样余下部分或重新取样进行复检，当复检结果分别符合（4）质量要求项下2）、3）和4）款的规定时，应评定为合格。

③混凝土拌合物中水溶性氯离子含量检验结果符合（4）质量要求项下5）款的规定时为合格。

④混凝土耐久性能检验结果符合（4）质量要求项下5）款的规定时为合格。

⑤其他的混凝土性能检验结果符合（4）质量要求项下7）款规定时为合格。

（7）订货与交货

1）供货量

①预拌混凝土供货量应以体积计，计算单位为立方米（m³）。

②预拌混凝土体积应由运输车实际装载的混凝土拌合物质量除以混凝土拌合物的表观密度求得。

注：一辆运输车实际装载量可由用于该车混凝土中全部原材料的质量之和求得，或可由运输车卸料前后的重量差求得。

③预拌混凝土供货量应以运输车的发货总量计算。如需要以工程实际量（不扣除混凝土结构中的钢筋所占体积）进行复核时，其误差应不超过±2%。

2）订货

①购买预拌混凝土时，供需双方应先签订合同。

②合同签订后，供方应按订货单组织生产和供应。订货单应至少包括以下内容：

A. 订货单位及联系人；

B. 施工单位及联系人；

C. 工程名称；

D. 浇筑部位及浇筑方式；

E. 混凝土标记；

F. 标记内容以外的技术要求；

G. 订货量（m³）；

H. 交货地点；

I. 供货起止时间。

3）交货

①供方应按分部工程向需方提供同一配合比混凝土的出厂合格证。出厂合格证应至少包括以下内容：

A. 出厂合格证编号；

B. 合同编号；

C. 工程名称；

D. 需方；

E. 供方；

F. 供货日期；

G. 浇筑部位；

H. 混凝土标记；

I. 标记内容以外的技术要求；

J. 供货量（m³）；

K. 原材料的品种、规格、级别及检验报告编号；

L. 混凝土配合比编号；

M. 混凝土质量评定。

②交货时，需方应指定专人及时对供方所供预拌混凝土的质量、数量进行确认。

③供方应随每一辆运输车向需方提供该车混凝土的发货单，发货单应至少包括以下内容。

A. 合同编号；

B. 发货单编号；

C. 需方；

D. 供方；

E. 工程名称；

F. 浇筑部位；

G. 混凝土标记；

H. 本车的供货量（m³）；

I. 运输车号；

J. 交货地点；

K. 交货日期；

L. 发车时间和到达时间；

M. 供需（含施工方）双方交接人员签字。

5.3.14.2 预拌混凝土订货单

资料表式（表 5-127）

预拌混凝土订货单

表 5-127

合同编号： 　　　　　　　　　　供货起止时间：　　年 月 日～ 　　年 月 日

订货单位及联系人： 　　　　　　　　　　　工程名称：

施工单位及联系人： 　　　　　　　　　　　混凝土订货量：

交货地点：　　　　　运距：　　　　公里　　　　泵 车：用　 ；不用

订货单位对混凝土的技术要求： 　　　　　　　混凝土标记：

浇筑部位				
浇筑方式				
浇筑时间				
浇筑数量				
强度等级				
坍落度（mm）				
水泥品种				
集　　料				
外 加 剂				
其他要求				

混凝土强度评定方法：

混凝土单价（元/m³）：

运　　费（元/m³）：　　　　泵车费（元/m³）　　　　泵车管加长费：

外加剂费（元/m³）：　　　　总合价：

订　货　单　位		混凝土生产单位：　　　　站（厂）	
代 表 人：　　　电话：		代 表 人：　　　电话：	
现场联系人：　　　电话：		技术负责人：　　　电话：	

171

5.3.14.3 预拌混凝土发货单

资料表式（表5-128）

预拌混凝土发货单

表 5-128

工程名称：　　　　　　　　　　　　　　　　　　合同编号：

供方名称：			
需方名称：			
交货地点：		交货日期：　　年　月　日	
运　输 车　号：		发车：　　　　时　　　　分 到达：　　　　时　　　　分	
本车供应量（m³）		累计供应量（m³）：	
混凝土标记：			
浇筑部位：		强度等级：	
坍落度（mm）：	水泥：	集料：	外加剂：
收货人：	供货人：	司　机：	

5.3.15　砂浆抗压强度检验报告

5.3.15.1　砂浆抗压强度检验报告汇总表

1. 资料表式（表5-129）

砂浆抗压强度检验报告汇总表

表 5-129

工程名称			施工单位			
序号	试验编号	制作日期	部位名称	砂浆强度		达到设计强度（％）	备注
				设计要求	试验结果		
施工项目技术负责人			填表人		填表日期		年　月　日

2. 应用说明

砂浆抗压强度检验报告汇总表是指单位工程中砂浆试块试验报告的整理汇总表，以便于核查砂浆强度是否符合设计要求。

（1）砂浆抗压强度检验报告的整理顺序按工程进度和不同强度等级为序进行整理，如地基基础、主体工程等。

（2）砂浆的品种、强度等级应满足设计要求的品种、强度等级，否则为试验报告不全。由核查人判定是否符合要求。

5.3.15.2 砂浆抗压强度检验报告

1. 资料表式（表 5-130）

砂浆抗压强度试验报告

表 5-130

试验编号：_____

委托单位：_____ 试验委托人：_____

工程名称：_____ 部位：_____

砂浆种类：_____ 强度等级：_____ 稠度：_____ cm

水泥品种：_____ 等级：_____ 厂别：_____

砂产地及种类：_____ 掺合料种类：_____ 外加剂种类：_____

配比编号	项目	各种材料用量（kg）				
		水泥	砂	水	掺合料	外加剂
	每 m³					
	每盘					

制模日期：_____ 养护条件：_____ 要求龄期：_____

要求试验日期：_____ 试块收到日期：_____ 试块制作人：_____

试块编号	试压日期	实际龄期（d）	试块规格（mm）	受压面积（mm²）	荷载（kN）		抗压强度（N/mm²）	达到设计强度（%）
					单块	平均		

试验单位： 技术负责人： 审核 试（检）验：

报告日期： 年 月 日

2. 应用说明

（1）砂浆强度以标准养护龄期 28d 的试块抗压试验结果为准，在冬施条件下养护时应增加同条件养护的试块，并有测温记录。

（2）商务部、住房和城乡建设部、公安部等于 2007 年相继发文推广预拌砂浆，各地也先后出台相关管理措施。因此，市政基础设施工程在条件允许的情况下应采用预拌砂浆，并应认真实施。

预拌砂浆是指由水泥、砂以及所需外加剂和掺合料等成分，按一定比例，经集中剂量拌制后，通过专用设备运输、由专业化厂家生产的用于建设工程的各种砂浆拌合物。

（3）砌筑工程用预拌砂浆

墙体砌筑应符合下列规定：

1）施工中宜采用立杆、挂线法控制砌体的位置、高程与垂直度。

2）砌筑砂浆的强度应符合设计要求。稠度宜按表5-131控制。

<table>
<tr><td colspan="2" style="text-align:center">砂浆稠度选用</td><td style="text-align:right">表 5-131</td></tr>
<tr><td colspan="2">砌　块　种　类</td><td>稠度（cm）</td></tr>
<tr><td colspan="2">烧结普通砖砌体/粉煤灰砖砌体</td><td>70～90</td></tr>
<tr><td colspan="2">混凝土多孔砖/实心砖砌体/普通混凝土小型空心砌块砌体/蒸压灰砂砖砌体/蒸压粉煤灰砖砌体</td><td>50～70</td></tr>
<tr><td colspan="2">烧结多孔砖/实心砖砌体/轻骨料混凝土小型空心砌块砌体/蒸压加气混凝土砌块砌体</td><td>60～80</td></tr>
<tr><td colspan="2">石砌体</td><td>30～50</td></tr>
</table>

3）墙体每日连续砌筑高度不宜超过1.2m。分段砌筑时，分段位置应设在基础变形缝部位。相邻砌筑段高差不宜超过1.2m。

4）沉降缝嵌缝板安装应位置准确、牢固，缝板材料符合设计规定。

5）砌块应上下错缝、丁顺排列、内外搭接，砂浆应饱满。

（4）砂浆平均抗压强度等级应符合设计规定，任一组试件抗压强度最低值不应低于设计强度的85%。

检查数量：同一配合比砂浆，每50m³砌体中，做1组（6块），不足50m³按1组计。

（5）试块制作

1）将内壁事先涂刷薄层机油（或脱模剂）的7.07cm×7.07cm×7.07cm的无底金属或塑料试模（试模内表面应机械加工），其不平度应为每100mm不超过0.05mm。组装后各相邻面的不垂直度不超过±0.5°，放在预先铺有吸水性较好的湿纸（应为湿的新闻纸或其他未粘过胶凝材料的纸，纸的大小要以能盖过砖的四边为准）的普通砖上（砖4个垂直面粘过水泥或其他胶结材料后，不允许再使用），砖的吸水率不应小于10%。砖的含水率不大于20%。

2）砂浆拌合后一次注满试模内，用直径10mm、长350mm的钢筋捣棒（其中一端呈半球形）均匀由外向里螺旋方向插捣25次，为了防止低稠度砂浆插捣后可能留下孔洞，允许用油灰刀沿模壁插数次。然后在四侧用油漆刮刀沿试模壁插捣数次，砂浆应高出试模顶面6～8mm。

3）当砂浆表面开始出现麻斑状态时（约15～30min），将高出部分的砂浆沿试模顶面削平。

（6）试块养护

1）试块制作后，一般应在正温度环境中养护一昼夜（24±2h），当气温较低时，可适当延长时间，但不应超过两昼夜，然后对试块进行编号并拆模。

2）试块拆模后，应在标准养护条件或自然养护条件下继续养护至28d，然后进行试压。

3）标准养护

①水泥混合砂浆应在温度为20±3℃，相对湿度为60%～80%的条件下养护。

②水泥砂浆和微沫砂浆应在温度为20±3℃，相对湿度为90%以上的潮湿条件下

养护。

　　③养护期间试件彼此间隔不少于 10mm。

　　4）试件的强度计算

　　①砂浆立方体抗压强度应按下列公式计算：

$$f_{m,cu} = \frac{N_u}{A}$$

式中　$f_{m,cu}$——砂浆立方体抗压强度（MPa）；

　　　　N_u——立方体破坏压力（N）；

　　　　A——试件承压面积（mm²）。

　　砂浆立方体抗压强度计算应精确至 0.1MPa。

　　②以六个试件测值的算术平均值作为该组试件的抗压强度值，平均值计算精确至 0.1MPa。

　　③当六个试件的最大值或最小值与平均值的差超过 20%时，以中间四个试件的平均值作为该组试件的抗压强度值。

　　例：某一组砂浆试件经试压后分别为：

5.1N/mm²、5.3N/mm²、4.9N/mm²、5.8N/mm²、6.0N/mm²、4.1N/mm²

则 $f_{m,cu} = \dfrac{5.1+5.3+4.9+5.8+6.0+4.1}{6} = 5.2N$

其中最大值差 $\dfrac{6.0-5.2}{5.2} \times 100\% = 15\% < 20\%$

其中最小值差 $\dfrac{5.2-4.1}{5.2} \times 100\% = 21.2\% > 20\%$

所以 $f_{m,cu} = \dfrac{5.1+5.3+4.9+5.8}{4} = 5.28 \approx 5.3N/mm²$

结论：该组试件抗压强度值 $f_{m,cu} = 5.3N/mm²$

　　（7）砂浆强度评定说明

　　1）砂浆试块：其结果评定是以六个试块（70.7mm×70.7mm×70.7mm）测值的算术平均值作为该组试块的抗压强度代表值，平均值计算精确到 0.1MPa。当六个试块的最大值或最小值与平均值之差超过 20%时，去掉最大值和最小值，以剩余四个试块的平均值为该组试块的抗压强度代表值。

　　2）单组砂浆试块：当单位分项工程中仅有一组试块时，其强度不应低于设计强度值。

　　（8）填表说明

　　1）部位：按委托单上的使用部位填写。

　　2）强度等级：指设计要求的砂浆强度等级，照实际填写。

　　3）砂浆种类：指设计要求的砂浆种类，照实际填写。

　　4）配合比号：按试验通知单建议的施工配合比，或按调整后的配合比填写，调整后的配合比不得低于试配单的建议值。

　　5）成型日期：指砂浆试块的制模成型日期按委托单成型日期填写。

　　6）破型日期：指实际试压的日期，照实际破型日期填写。

7）龄期：指 3d、7d、28d 龄期强度，以 28d "标养" 为准。

8）荷载：指每一试块单位面积上的荷载值。

9）抗压强度：即按标准规定的取值方法，计算得出的强度值。

10）达到设计强度的百分比：强度代表值与设计等级的百分比。

注：试块试验不合格时，可按混凝土的有关技术要求进行处理。

5.3.15.3 砂浆抗压强度统计评定

1. 资料表式（表 5-132）

砂浆抗压强度统计评定 表 5-132

施工单位：_____

工程名称		部位		强度等级		养护方法	
试块组数	设计强度		平均值		最小值	评定数据	
$n=$	$f_{m,k}=$		$m_{f_{cu}}=$		$f_{cu,min}=$	$0.85f_{m,kl}=$	
每组强度值：（MPa）							
评定依据：《砌体结构工程施工质量验收规范》（GB 50203—2011）							
一、同品种、同强度等级砂浆各组试块的平均值 $m_{f_{cu}}>f_{m,k}$					结论		
二、任意一组试块强度 $f_{cu,min}\geqslant0.85f_{m,k}$							
三、仅有一组试块时，其强度不应低于 $f_{m,k}$							
参加人员	监理（建设）单位	施 工 单 位					
		施工项目技术负责人	专职质检员	施工员		资 料 员	

2. 应用说明

（1）试件的试验

1）试件的试验步骤

①试件从养护地点取出后，应尽快进行试验，以免试件内部的温湿度发生显著变化。试验前先将试件擦拭干净，测量尺寸，并检查其外观。试件尺寸测量精确至 1mm，并据

176

此计算试件的承压面积。如实测尺寸与公称尺寸之差不超过 1mm，可按公称尺寸进行计算。

②将试件安放在试验机的下压板上（或下垫板上），试件的承压面应与成型时的顶面垂直，试件中心应与试验机下压板（或下垫板）中心对准。开动试验机，当上压板与试件（或上垫板）接近时，调整球座，使接触面均衡受压。承压试验应连续而均匀地加荷，加荷速度应为每秒钟 0.5～1.5kN（砂浆强度 5MPa 及 5MPa 以下时，取下限为宜，砂浆强度 5MPa 以上时，取上限为宜），当试件接近破坏而开始迅速变形时，停止调整试验机油门，直至试件破坏，然后记录破坏荷载。

2）试件的强度计算

①砂浆立方体抗压强度应按下列公式计算：

$$f_{m,cu} = \frac{N_u}{A}$$

式中　　$f_{m,cu}$——砂浆立方体抗压强度（MPa）；

　　　　N_u——立方体破坏压力（N）；

　　　　A——试件承压面积（mm²）。

砂浆立方体抗压强度计算应精确至 0.1MPa。

②以六个试件测值的算术平均值作为该组试件的抗压强度值，平均值计算精确至 0.1MPa。

（2）砂浆强度检验评定

砂浆试块强度应有按规定要求的强度统计评定资料。

1）最小一组试件的强度不应低于 $0.85f_{m,k}$。

2）单位工程中同品种、同强度等级仅有一组试件时，其强度不应低于 $f_{m,k}$。

注：砂浆强度按单位工程内同品种、同强度等级为同一验收批评定。

3）按上述检验评定不合格或留置组数不足时，可经法定检测单位鉴定，采用非破损或截取墙体检验等方法检验评定后，作出相应处理。

（3）砂浆强度评定说明

1）砂浆试块：其结果评定是以六个试块（70.7mm×70.7mm×70.7mm）测值的算术平均值作为该组试块的抗压强度代表值，平均值计算精确到 0.1MPa。当六个试块的最大值或最小值与平均值之差超过 20% 时，去掉最大值和最小值，以剩余四个试块的平均值为该组试块的抗压强度代表值。

2）单组砂浆试块：同品种、同强度等级砂浆各组平均值不小于设计强度，任意一组试块的强度代表值不小于设计强度的 85%。

当单位工程中仅有一组试块时，其强度不应低于设计强度值。

5.3.16　预应力锚具、夹具试验报告

1. 资料表式

预应力锚具、夹具试验报告按当地建设行政主管部门批准的试验室出具的试验报告表式执行。

2. 应用说明

（1）预应力锚具、夹具和连接器应进行静载荷性能试验，并应提供预应力锚具、夹具和连接器静载荷性能试验报告，试验单位应具有相应资质等级。

（2）预应力锚具、夹具和连接器静载荷性能试验结果必须符合《预应力筋用锚具、夹具和连接器》（GB/T 14370—2007）的规定。

（3）取样批量：以同一材料和同一生产工艺、不超过 200 套为一批。

（4）静载锚固性能试验应测量下列项目：

1）试件的实测极限拉力 F_{apu}（F_{apu}^c）。

注：F_{apu}——预应力筋锚具组装件的实测极限拉力。

F_{apu}^c——预应力筋锚具组装件中各根预应力钢材计算极限拉力之和（kN）。

2）达到实测极限拉力时的总应变 $\varepsilon_{apu,tot}$。

注：$\varepsilon_{apu,tot}$——实测极限拉力时的总应变。

3）试验过程中，还应观测下列项目：

①各根预应力筋与锚具、夹具或连接器之间的相对位移；

②锚具、夹具或连接器各零件之间的相对位移；

③在达到预应力钢材抗拉强度标准值的 80% 以后，持荷 1h 时间内，锚具、夹具或连接器的变形；

④试件的破坏部位与破坏形式。

全部试验结果均应做出记录，并据此确定锚具、夹具或连接器的锚固效率系数 η_a 和 η_g。

（5）锚固性能检验：从同一批中抽取 6 套锚具，将锚具装在预应力筋的两端，组成 3 个预应力筋锚具组装体；锚具的锚固能力不得低于预应力筋标准抗拉强度的 90%，锚固时预应力筋的内缩量，不超过锚具设计要求的数值，螺栓端杆锚具的强度，不得低于预应力筋的实际抗拉强度。如有一套不合格，则取双倍数量的锚具重新检验；再不合格，则该批锚具为不合格。

（6）使用要求

1）预应力筋用锚具、夹具或连接器应上专人保管。贮存、运输及使用期间均应妥善维护，避免锈蚀、沾污、遭受机械损伤和混淆、散失。保管期间的临时性维护措施，应不影响使用性能和永久性防锈措施的实施。

2）预应力筋用锚具、夹具或连接器安装前必须清洗干净。凡按设计规定需要在锚固零件上涂抹改善锚固性能的物质，应在安装时涂抹。

3）为保证锚具和连接器安装时与孔道对中，锚垫板上宜设置对中止口或对中标志。

4）预应力筋张拉前施工单位应组织技术培训，负责张拉的技术人员和操作工作应严格执行本规程和其他有关规定，以确保张拉工作顺利进行。

5）张拉过程中必须严格执行各项安全措施，以确保人身及设备安全。

6）当用超张拉方法补偿预应力筋的松弛损失和孔道摩擦损失时，预应力筋的张拉应符合现行国家标准《混凝土结构工程施工质量验收规范》（GB 50204—2002）的有关规定。

7）利用螺母锚固的支承式锚具，安装前应逐个检查螺纹的配合情况。对于大直径螺纹的表面应涂润滑脂，以确保张拉或锚固过程中顺利旋合。

8）夹片式、锥塞式等具有自锚性能的锚具，在预应力筋张拉和锚固过程中以及锚固以后，均不得大力敲击或振动，防止因锚固失效导致预应力筋飞出伤人。

9）预应力筋锚固后，如因故必须放松时，对于支承式锚具可用张拉设备松开锚具，将预应力逐渐缓慢地卸除；对于夹片式、锥塞式等具有自锚性能的锚具，宜用专门的放松设备将锚具松开，不宜直接将锚具切去。

10）预应力筋张拉锚固完毕后，应尽快灌浆。切割外露于锚具的预应力筋必须用砂轮锯或氧乙炔焰，严禁使用电弧。当用氧乙炔焰切割时，火焰不得接触锚具，切割过程中还应用水冷却锚具，切割后预应力筋的外露长度不应小于 30mm。

11）预应力筋张拉锚固及灌浆完毕后，对暴露于结构外部的锚具或连接器必须尽快实施永久性防护措施，防止水分和其他有害介质侵入。防护措施还应具有符合设计要求的防水隔热功能。

（7）预应力筋端部锚具的制作质量应符合下列要求：

1）挤压锚具制作时压力表油压应符合操作说明书的规定，挤压后预应力筋外端应露出挤压套筒 1～5mm。

2）钢绞线压花锚成型时，表面应清洁、无油污，梨形头尺寸和直线段长度应符合设计要求。

3）钢丝镦头的强度不得低于钢丝强度标准值的 98％。

5.3.17 预应力混凝土用金属波纹管复试报告

1. 资料表式

预应力混凝土用金属波纹管复试报告应由具有相应资质等级的实验单位提供。

2. 应用说明

（1）预应力混凝土用金属波纹管的尺寸和性能应符合国家现行标准《预应力混凝土用金属波纹管》（JG 225—2007）的规定。

（2）预应力混凝土用金属波纹管在使用前应进行外观检查，其内外表面应清洁，无锈蚀，不应有油污、孔洞和不规则的褶皱，咬口不应有开裂或脱扣。

（3）预应力混凝土用金属波纹管取样数量、检验内容及质量要求见《预应力混凝土用金属波纹管》（JG 225—2007）。

3. 预应力混凝土用金属波纹管应用技术要求

执行标准：《预应力混凝土用金属波纹管》（JG 225—2007）（摘选）

本标准适用于以镀锌或不镀锌低碳钢带螺旋折叠咬口制成并用于后张法预应力混凝土结构构件中预留孔的金属管。

（1）分类与标记

1）分类：预应力混凝土用金属波纹管按径向刚度分为标准型和增强型；按截面形状分为圆形与扁形；也可按每两个相邻折叠咬口之间凸起波纹的数量分为双波、多波。

2）标记：预应力混凝土用金属波纹管的标记由代号、内径尺寸及径向刚度类别三部分组成：

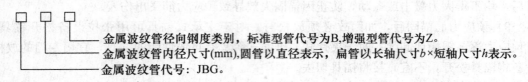

金属波纹管径向钢度类别，标准型管代号为B,增强型管代号为Z。
金属波纹管内径尺寸(mm),圆管以直径表示，扁管以长轴尺寸b×短轴尺寸h表示。
金属波纹管代号：JBG。

示例1：内径为70mm的标准型圆管标记为：JBG-70B。
示例2：内径为70mm的增强型圆管标记为：JBG-70Z。
示例3：长轴为65mm、短轴为20mm的标准型扁管标记为：JBG-65×20B。
示例4：长轴为65mm、短轴为20mm的增强型扁管标记为：JBG-65×20Z。

（2）要求

1）材料

用于制作预应力混凝土用金属波纹管的钢带应为软钢带，性能应符合《碳素结构钢冷轧钢带》（GB 716—1991）的规定；当采用镀锌钢带时，其双面镀锌层重量不应小于60g/m²，性能应符合《连续热镀锌钢板及钢带》（GB/T 2518—2008）的规定。钢带应附有产品合格证或质量保证书。钢带厚度宜根据金属波纹管的直径及刚度指标要求确定，不同直径的标准型及增强型金属波纹管的钢带厚度不应小于表 5-133 和表 5-134 的规定。

圆管内径与钢带厚度对应关系表（mm） 表 5-133

圆管内径		40	45	50	55	60	65	70	75	80	85	90	958	96	102	108	114	120	126	132
最小钢带厚度	标准型	0.28	0.28	0.30	0.30	0.30	0.30	0.30	0.30	0.35	0.35	0.35	0.35	0.40	0.40	0.40	0.40	0.40	0.40	0.40
	增强型	0.30	0.30	0.35	0.35	0.35	0.35	0.40	0.40	0.45	0.45	0.50	0.50	0.50	0.50	0.50	0.50	0.60		

注：当有可靠的工程经验时，金属波纹管的钢带厚度可进行适当调整。直径95mm的波纹管仅用做连接用管。

扁管规格与钢带厚度对应关系表（mm） 表 5-134

扁管规格		52×20	65×20	78×20	60×22	76×22	90×22
最小钢带厚度	标准型	0.30	0.35	0.40	0.35	0.40	0.45
	增强型	0.35	0.40	0.45	0.40	0.45	0.50

2）外观

预应力混凝土用金属波纹管外观应清洁，内外表面应无锈蚀、油污、附着物、孔洞和不规则的褶皱，咬口无开裂、脱扣。

3）构造

①预应力混凝土用金属波纹管螺旋向宜为右旋。

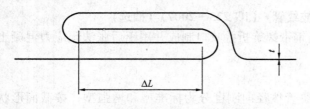

图 5-5　金属波纹管折叠咬口剖面结构

②预应力混凝土用金属波纹管折叠咬口的重叠部分宽度不应小于钢带厚度的 8 倍，且不应小于 2.5mm。折叠咬口部分的剖面结构如图 5-5 所示。

③预应力混凝土用金属波纹管折叠咬口部分之间的凸起波纹顶部和根

部均应为圆弧过渡，不应有折角。

4）尺寸

①预应力混凝土用金属波纹圆管的内径尺寸及其允许偏差应符合表 5-135 的规定。

圆管内径尺寸及其允许偏差（mm）　　　　表 5-135

内径	40	45	50	55	60	65	70	75	80	85	90	95	96	102	108	114	120	126	132
允许偏差	±0.5																		

注：表中未列尺寸的规格由供需双方协议确定。

②预应力混凝土用金属波纹扁管的内径尺寸及其允许偏差应符合表 5-136 的规定。

扁管内径尺寸及其允许偏差（mm）　　　　表 5-136

		适用于 φ12.7 预应力钢绞线			适用于 φ15.2 预应力钢绞线		
短轴方向	长度 h	20	20	20	22	22	22
	允许偏差	0，+1.0			0，+1.5		
长轴方向	长度 b	52	65	78	60	76	90
	允许偏差	±1.0			±1.5		

注：表中未列尺寸的规格由供需双方协议确定。

③预应力混凝土用金属波纹管的波纹高度值，应根据管径及径向刚度要求确定，其波纹高度不应小于表 5-137 的规定，波纹高度如图 5-6 所示。

金属波纹管的波纹高度（mm）　　　　表 5-137

圆管内径	40	45	50	55	60	65	70	75	80	85	90	95	96	≥102
最小波纹高度 h_c	2.5	2.5	2.5	2.5	2.5	2.5	2.5	2.5	2.5	2.5	2.5	2.5	3.0	3.0

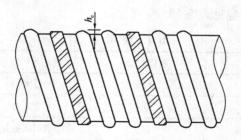

图 5-6　金属波纹管波纹高度示意图

④预应力混凝土用金属波纹管外径尺寸、长度及其允许偏差由供需双方协议确定。

5）径向刚度：预应力混凝土用金属波纹管径向刚度应符合表 5-138 的规定。

金属波纹管径向刚度要求　　　　表 5-138

截面形状		圆　形	扁　形
集中荷载（N）	标准型	800	500
	增强型		
均布荷载（N）	标准型	$F=0.31 d_e^2$	$F=0.15 d_e^2$
	增强型		

181

截面形状			圆　形	扁　形
δ	标准型	$d \leqslant 75mm$	$\leqslant 0.20$	$\leqslant 0.20$
		$d > 75mm$	$\leqslant 0.15$	
	增强型	$d \leqslant 75mm$	$\leqslant 0.10$	$\leqslant 0.15$
		$d > 75mm$	$\leqslant 0.08$	

注：圆管内径及扁管短轴长度均为公称尺寸：

　　F——均布荷载值（N）；

　　d——圆管内径（mm）；

　　d_e——扁管等效内径（mm），$d_e = \dfrac{2(b+h)}{\pi}$；

　　δ——内径变形比；$\delta = \dfrac{\Delta d}{d}$ 或 $\delta = \dfrac{\Delta d}{h}$，式中 Δd——外径变形值。

6）抗渗漏性能

在规定的集中荷载作用后或在规定的弯曲情况下，预应力混凝土用金属波纹管允许水泥浆泌水渗出，但不得渗出水泥浆。

（3）检验规则

1）检验分类：预应力混凝土用金属波纹管均应进行出厂检验和型式检验，并按《预应力混凝土用金属波纹管》（JG 225—2007）附录 A 填写检验数据。

2）出厂检验

①出厂检验由生产厂质量检验部门进行，检验合格方准出厂。

②组批：预应力混凝土用金属波纹管按批进行检验。每批应由同一个钢带生产厂生产的同一批钢带所制造的预应力混凝土用金属波纹管组成。每半年或累计 50000m 生产量为一批，取产量最多的规格。

③取样数量、检验内容见表 5-139 所列。

出　厂　检　验　内　容　　　　　　　　　　　表 5-139

序号	项目名称	取样数量	试验方法	合格标准
1	外观	全部	目测	外观
2	尺寸	3	尺寸检查	材料、尺寸
3	集中荷载下径向刚度	3	径向刚度试验方法	径向刚度
4	集中荷载作用后抗渗漏	3	抗渗漏性能试验方法	抗渗漏性能
5	弯曲后抗渗漏	3	抗渗漏性能试验方法	抗渗漏性能

3）型式检验

①凡属于下列情况之一者，需进行型式检验：

A. 新产品或老产品转厂生产的试制定型鉴定；

B. 正式生产后，如材料、设备、工艺有较大改变，可能影响产品性能时；

C. 正常生产时，每 2 年应进行一次；

D. 产品停产半年以上，恢复生产时；

E. 出厂检验结果与上次型式检验有较大差异时；

F. 国家质量监督机构提出进行型式检验要求时。

②组批

同一波纹数量、同一截面形状、同一刚度特性的波纹管中，选取三个典型规格的产品进行检验。

③取样数量、检验内容见表 5-140 所列。

型 式 检 验 内 容
表 5-140

序号	项目名称	取样数量	试验方法	合格标准
1	外观	6	目测	外观
2	尺寸	6	尺寸检查	材料、尺寸
3	集中荷载下径向刚度	6	径向刚度试验方法	径向刚度
4	均布荷载下径向刚度	6	径向刚度试验方法	径向刚度
5	集中荷载作用后抗渗漏	6	抗渗漏性能试验方法	抗渗漏性能
6	弯曲后抗渗漏	6	抗渗漏性能试验方法	抗渗漏性能

4）检验结果判定

当检验结果有不合格项目时，应取双倍数量的试件对该不合格项目进行复验，复验仍不合格时，该批产品为不合格品，型式检验不合格。

5.3.18 预制小型混凝土构件及金属构件复检报告

5.3.18.1 预制小型混凝土构件复检报告

预制小型混凝土构件工厂生产时应提供出厂质量合格证明与相关质量保证资料及检查验收资料，由生产厂家提供。不同混凝土预制构件的出厂质量合格证明与相关质量保证资料应齐全，混凝土预制构件的品种、规格、数量和强度均应符合设计要求。

1. 资料表式

预制小型混凝土构件复检报告按当地建设行政主管部门核定的表格形式执行。

2. 应用说明

给水排水构筑物工程用小型混凝土预制构件应符合下列规定：

（1）预制钢筋混凝土构件应有生产日期、出厂检验合格标识与产品合格证及相应的钢筋、混凝土原材料检测、试验资料。安装前应进行检验，确认合格。

（2）预制构件运输应支撑或紧固稳定，不应损伤构件。构件混凝土强度不应低于设计规定，且不得低于设计强度的 70%。

（3）预制构件的存放场地，应平整坚实，排水顺畅。构件应分类存放，支垫正确、稳固，方便吊运。

（4）起吊点应符合设计规定，设计未规定时，应经计算确定。构件起吊时，绳索与构件水平面所成角度不宜小于 60°。

5.3.18.2 预制金属构件复检报告

1. 资料表式

预制金属构件复检报告按当地建设行政主管部门核定的表格形式执行。

2. 应用说明

预制金属构件应有出厂质量合格证明与相关质量保证资料及检查验收资料，相关资料由生产厂家提供。不同预制金属构件的出厂质量合格证明与相关质量保证资料应齐全，预制金属构件的品种、规格、数量和强度均应符合设计要求。预制金属构件用材的物理性能和化学成分以及外观质量均应符合设计要求。

设计人员对构件进行有关试验时应按设计要求进行。

5.3.19 保温材料、防腐材料检验报告

5.3.19.1 保温材料检验报告

1. 膨胀珍珠岩绝热制品的检验报告

（1）资料表式（表5-141）

膨胀珍珠岩检验报告 　　　　　　　　　　　　　　　　表5-141

资质证号：　　　　　　　　　统一编号：　　　　　　　　　共 页 第 页

委托单位				委托日期	
工程名称				报告日期	
使用部位				检测类别	
产品名称				生产厂家	
样品数量				规格型号	
样品状态				样品标识	
见证单位				见证人	

序号	检验项目		计量单位	标准要求	检测结果	单项判定
1	尺寸偏差		mm			
2	外观质量		—			
3	密度		kg/m³			
4	导热系数	298±2K	W/（m·K）			
		623±2K（S类要求此项）	W/（m·K）			
5	抗压强度		MPa			
6	抗折强度		MPa			
7	质量含水率		%			

依据标准		试验方法执行标准	
检测结论			
备　　注			

批准：　　　　　审核：　　　　　校对：　　　　　检测：

（2）应用说明

1）膨胀珍珠岩绝热制品试验报告用表按当地建设行政主管部门批准的试验室出具的试验报告直接归存。

2）膨胀珍珠岩绝热制品是指用于以膨胀珍珠岩为主要成分，掺加胶粘剂、掺加或不掺加增强纤维而制成的膨胀珍珠岩绝热制品。

（3）膨胀珍珠岩绝热制品应用的技术要求

执行标准：《膨胀珍珠岩绝热制品》（GB/T 10303—2001）（摘选）

1）膨胀珍珠岩绝热制品的产品分类

①膨胀珍珠岩绝热制品的品种

A. 按产品密度分为 200 号、250 号、350 号。

B. 按产品有无憎水性分为普通型和憎水型（用 Z 表示）。

C. 产品按用途分为建筑物用膨胀珍珠岩绝热制品（用 J 表示）；设备及管道、工业炉窑用膨胀珍珠岩绝热制品（用 S 表示）。

②形状：按制品外形分为平板（用 P 表示）、弧形板（用 H 表示）和管壳（用 G 表示）。

③等级：膨胀珍珠岩绝热制品按质量分为优等品（用 A 表示）和合格品（用 B 表示）。

④产品标记

A. 产品标记方法：标记中的顺序为产品名称、密度、形状、产品的用途、憎水性、长度×宽度（内径）×厚度、等级、本标准号。

B. 标记示例

示例 1：长为 600mm、宽为 300mm、厚为 50mm，密度为 200 号的建筑物用憎水型平板优等品标记为：膨胀珍珠岩绝热制品 200PJZ　600×300×50A　GB/T 10303。

示例 2：长为 400mm、内径为 57mm、厚为 40mm，密度为 250 号的普通型管壳合格品标记为：膨胀珍珠岩绝热制品 250GS　400×57×40B　GB/T 10303。

示例 3：长为 500mm、内径为 560mm、厚为 80mm，密度为 300 号的憎水型弧形合格品标记为：膨胀珍珠岩绝热制品 300HSZ　500×560×80B　GB/T 10303。

2）技术要求

①尺寸

A. 平板：长度 400～600mm；宽度 200～400mm；厚度 40～100mm。

B. 弧形板：长度 400～600mm；内径＞1000mm；厚度 40～100mm。

C. 管壳：长度 400～600mm；内径 57～1000mm；厚度 40～100mm。

D. 特殊规格的产品可按供需双方的合同执行，但尺寸偏差及外观质量应符合表 5-142 的规定。

②膨胀珍珠岩绝热制品的尺寸偏差及外观质量应符合表 5-142 的要求。

③膨胀珍珠岩绝热制品的物理性能指标应符合表 5-143 的要求。

④S 类产品 923 K（650℃）时的匀温灼烧线收缩率应不大于 2%，且灼烧后无裂纹。

⑤憎水型产品的憎水率应不小于 98%。

⑥当膨胀珍珠岩绝热制品用于奥氏体不锈钢材料表面绝热时，其浸出液的氯离子、氟离子、硅酸根离子、钠离子含量应符合《覆盖奥氏体不锈钢用绝热材料规范》（GB/T 17393—2008）的要求。

项　目		指　标			
		平板		弧形板、管壳	
		优等品	合格品	优等品	合格品
尺寸允许偏差	长度（mm）	±3	±5	±3	±5
	宽度（mm）	±3	±5	—	—
	内径（mm）			$+3$ $+1$	$+5$ $+1$
	厚度（mm）	$+3$ -1	$+5$ -2	$+3$ -1	$+5$ -2
	垂直度偏差（mm）	≤2	≤5	≤5	≤8
	合缝间隙（mm）	—	—	≤2	≤5
外观质量	裂纹	不允许			
	缺棱掉角	优等品：不允许。 合格品：1. 三个方向投影尺寸的最小值不得大于 10 mm，最大值不得大于投影方向边长的 1/3。 　　　　2. 三个方向投影尺寸的最小值不大于 10 mm、最大值不大于投影方向边长的 1/3。缺棱掉角总数不得超过 4 个。 注：三个方向投影尺寸的最小值不大于 3 mm 的棱损伤不作为缺棱，最小值不大于 4 mm 的角损伤不作为掉角			
	弯曲度（mm）	优等品：≤3，合格品：≤5			

项　目		指　标				
		200 号		250 号		350 号
		优等品	合格品	优等品	合格品	合格品
密度（kg/m³）		≤200		≤250		≤350
导热系数 [W/（m·K）]	298±2K	≤0.060	≤0.068	≤0.068	≤0.072	≤0.087
	623±2K（S 类要求此项）	≤0.10	≤0.11	≤0.11	≤0.12	≤0.12
抗压强度（MPa）		≥0.40	≥0.30	≥0.50	≥0.40	≥0.40
抗折强度（MPa）		≥0.20	—	≥0.25	—	—
质量含水率（%）		≤2	≤5	≤2	≤5	≤10

⑦掺有可燃性材料的产品，用户有不燃性要求时，其燃烧性能级别应达到《建筑材料及制品燃烧性能分级》（GB 8624—2012）中规定的 A 级（不燃材料）。

3）检验规则

①交付检验的检验项目为产品外观质量、尺寸偏差、密度、质量含水率、抗压强度。交付检验时，若仅为外观质量、尺寸偏差不合格，允许供方对产品逐个挑选检查后重新进行交付检验。

②型式检验的项目为"技术要求"规定要求中的全部项目。

③组批规则

以相同原材料、相同工艺制成的膨胀珍珠岩绝热制品按形状、品种、尺寸、等级分批验收，每 10000 块为一检验批量，不足 10000 块者亦视为一批。

④抽样规则

从每批产品中随机抽取 8 块制品作为检验样本，进行尺寸偏差与外观质量检验。尺寸偏差与外观质量检验合格的样品用于其他项目的检验。

⑤判定规则

A. 样本的尺寸偏差、外观质量不合格数不超过两块，则判定该批膨胀珍珠岩绝热制品的尺寸偏差、外观质量合格，反之为不合格。

B. 当所有检验项目的检验结果均符合本标准"技术要求"的要求时，则判定该批产品合格；当检验项目有两项以上（含两项）不合格时，则判定该批产品不合格；当检验项目有一项不合格时，可加倍抽样复检不合格项。如复检结果两组数据的平均值仍不合格，则判定该批产品不合格。

2. 玻璃棉及其制品的检验报告

（1）资料表式（表 5-144）

玻璃棉及其制品检验报告　　　　　　　　　　　　　　　表 5-144

资质证号：　　　　　　　　　统一编号：　　　　　　　　　　　　共　页　第　页

委托单位			委托日期	
工程名称			报告日期	
使用部位			检测类别	
产品名称			生产厂家	
样品数量			规格型号	
样品状态			样品标识	
见证单位			见证人	

序号	检验项目	计量单位	标准要求	检测结果	单项判定
1	密度	kg/m³			
2	导热系数	W/（m·K）			
3	热阻 R 值	W/（m·K）			
4	热荷重收缩温度	℃			
5	燃烧性能	—			
6	密度单值允许偏差	kg/m³			
7	吸水率	%			
8	吸湿率	%			
9	憎水率	%			
10	最高使用温度	℃			
11	尺寸及允许偏差	mm			

依据标准		试验方法 执行标准	
检测结论			
备　　注			

批准：　　　　　　审核：　　　　　　校对：　　　　　　检测：

（2）应用指导

1）绝热用玻璃棉及其制品试验报告用表按表 5-144 或当地建设行政主管部门批准的试验室出具的试验报告，直接归存。

2）绝热用玻璃棉及其制品是指用于绝热用玻璃棉、玻璃棉板、玻璃棉带、玻璃棉毯、玻璃棉毡和玻璃棉管壳。

（3）玻璃棉及其制品应用的技术要求

执行标准：《绝热用玻璃棉及其制品》（GB/T 13350—2008）（摘选）

1）绝热用玻璃棉及其制品的分类与标记

①玻璃棉按纤维平均直径分为两个种类，见表 5-145 所列。

玻璃棉种类（μm） 表 5-145

玻璃棉种类	纤维平均直径
1 号	≤5.0
2 号	≤8.0

玻璃棉制品按其形态分为玻璃棉、玻璃棉板、玻璃棉带、玻璃棉毯、玻璃棉毡和玻璃棉管壳。

②产品标记

A. 产品标记由三部分组成：产品名称、产品技术特性、本标准编号。

B. 产品技术特性由以下几部分组成：

a. 用数字 1 或 2 表示玻璃棉种类；

b. 用小写英文字母 a 或 b 表示生产工艺，后空一格；

c. 表示制品密度的数字，单位为 kg/m³，后接 "—"；

d. 表示制品尺寸的数字，板、毡、毯、带以 "长度×宽度×厚度" 表示，管壳以 "内径×长度×厚度" 表示，单位为 mm；

e. 制造商标记，包括热阻 R 值、贴面等，彼此用逗号分开，放于圆括号内。

C. 示例 1：密度为 48kg/m³，长度×宽度×厚度为 1200mm×600mm×50mm，制造商标称热阻 R 值为 1.4m²·K/W，外覆铝箔，纤维平均直径不大于 8.0 μm，以离心法生产的玻璃棉板，标记为：

玻璃棉板　2b 48—1200×600×50（R1.4，铝箔）GB/T 13350—2008

D. 示例 2：密度为 64 kg/m³，内径×长度×壁厚为 φ89mm×1000mm×50mm，纤维直径不大于 5.0μm，以火焰法生产的玻璃棉管壳，标记为：玻璃棉管壳　1a 64—φ89×1000×50 GB/T 13350—2008。

2）技术要求（以下所有物理性能指标均仅针对基材）

①制品的含水率不大于 1.0%。棉及制品的渣球含量，应符合表 5-146 的规定。

棉的渣球含量（%） 表 5-146

玻璃棉种类		渣球含量（粒径＞0.25 mm）
火焰法	1a	≤1.0
	2a	≤4.0
离心法	1b、2b	≤0.3

②棉的物理性能应符合表 5-147 规定。

棉的物理性能指标 表 5-147

玻璃棉种类	导热系数（平均温度 70^{+5}_{-2}℃） [W/（m·K）]	热荷重收缩温度 （℃）
1号	≤0.041	≥400
2号	≤0.042	≥400

③板

A. 外观表面应平整，不得有妨碍使用的伤痕、污迹、破损，树脂分布基本均匀，外覆层与基材的粘结平整牢固。

B. 尺寸及允许偏差应符合表 5-148 的规定。

板的尺寸及允许偏差 表 5-148

种类	密度 kg/m³	厚度 mm	允许偏差	宽度 mm	允许偏差	长度 mm	允许偏差
2号	24	25，30，40	+5，0	600	+10，−3	1200	+10，−3
		50，75	+8，0				
		100	+10，0				
	32，40	25，30，40，50，75，100	+3，−2				
	48，64	15，20，25，30，40，50					
	80，96，120	12，15，20，25，30，40	±2				

C. 物理性能应符合表 5-149 的规定。导热系数指标按标称密度以内插法确定。

板的物理性能指标 表 5-149

种类	密度 （kg/m³）	密度单值允许偏差 （kg/m³）	导热系数（平均温度 70^{+5}_{-2}℃） [W/（m·K）]	燃烧性能	热荷重收缩温度 （℃）
2号	24	±2	≤0.049	不燃	≥250
	32	±4	≤0.046		≥300
	40	+4，−3	≤0.044		≥350
	48		≤0.043		
	64	±6			
	80	±7			
	96	+9，−8	≤0.042		≥400
	120	±12			

④带

A. 外观表面应平整，不得有妨碍使用的伤痕、污迹、破损，树脂分布基本均匀，板条粘结整齐，无脱落。尺寸及允许偏差应符合表 5-150 的规定。

种类	长度	长度允许偏差	宽　度	宽度允许偏差	厚　度	厚度允许偏差
2 号	1820	±20	605	±15	25	+4， −2

B. 物理性能应符合表 5-151 的规定。

带的物理性能指标　　　　　　表 5-151

种类	密　度 （kg/m³）	密度单值允许偏差 （%）	导热系数（平均温度 70^{+5}_{-2}℃） ［W/（m·K）］	燃烧性能	热荷重收缩温度 （℃）
2 号	32	±15	≤0.052	不燃	≥300
	40				≥350
	48				350
	64				≥400
	80				
	96				≥400
	120				

⑤毯

外观表面应平整，边缘整齐，不得有妨碍使用的伤痕、污迹、破损。尺寸及允许偏差应符合表 5-152 的规定。其他尺寸可由供需双方商定，其允许偏差仍按表 5-152 规定。

毯的尺寸及允许偏差（mm）　　　　　　表 5-152

种类	长度	长度允许偏差	宽　度	宽度允许偏差	厚　度	厚度允许偏差
1 号	2500	不允许负偏差	600	不允许负偏差	25	
					30	
					40	
					50	
					75	
2 号	1000 1200	+10， −3	600	+10， −3	25	不允许负偏差
					40	
					50	
	5000	不允许负偏差			75	
					100	

物理性能应符合表 5-153 的规定。

毯的物理性能指标　　　　　　表 5-153

种类	密　度 （kg/m³）	密度单值允许偏差 （%）	导热系数（平均温度 70^{+5}_{-2}℃） ［W/（m·K）］	热荷重收缩温度 （℃）
1 号	≥24	+15， −10	≤0.047	≥350
2 号	24～40		≤0.048	≥350
	41～120		≤0.043	≥400

⑥毡

A. 外观表面应平整，不得有妨碍使用的伤痕、污迹、破损，覆面与基材的粘贴平整、牢固。

B. 尺寸及允许偏差应符合表 5-154 的规定。

表 5-154

毡的尺寸及允许偏差（mm）

种类	长度	长度允许偏差	宽度	宽度允许偏差	厚度	厚度允许偏差
2号	1000 1200 2800	+10, −3	600 1200 1800	+10, −3	25 30 40 50 75 100	不允许负偏差
	5500 11000 20000	不允许负偏差				

C. 物理性能应符合表 5-155 的规定。

毡的物理性能指标　　　　表 5-155

种类	密度 （kg/m³）	密度单值允许偏差 （%）	导热系数（平均温度 70^{+5}_{-2}℃） [W/（m·K）]	燃烧性能	热荷重收缩温度 （℃）
2号	10	+20, −10	≤0.062	不燃	≥250
	12 16		≤0.058		
	20 24		≤0.53		≥300
	32 40		≤0.48		≥350
	48		≤0.043		≥400

⑦管壳

A. 外观表面应平整，纤维分布均匀，不得有妨碍使用的伤痕、污迹、破损，轴向无翘曲且与端面垂直。尺寸及允许偏差应符合表 5-156 的规定。

管壳尺寸及允许偏差（mm）　　　　表 5-156

长度	长度允许偏差	厚度	厚度允许偏差	内径	内径允许偏差
1000	+5, −3	20 25 30	+3, −2	22、38、 45、57、89	+3, −1
		40 50	+5, −2	108、133、 159、194	+4, −1
				219、245、 273、325	+5, −1

B. 物理性能应符合表 5-157 的规定。管壳的偏心度应不大于 10%。

管壳物理性能指标 表 5-157

密　度 （kg/m³）	密度单值允许偏差 （%）	导热系数（平均温度 $70^{+5}_{-2}℃$） ［W/（m·K）］	燃烧性能	热荷重收缩温度 （℃）
45～90	+15 −0	≤0.043	不燃	≥350

⑧特定要求

A. 标记中有热阻 R 值时，其热阻 R 值（平均温度 25±5℃）应大于或等于生产商标称值的 95%。

B. 腐蚀性：用于覆盖铝、铜、钢材时，采用 90% 置信度的秩和检验法，对照样的秩和应不小于 21。用于覆盖奥氏体不锈钢时，应符合《覆盖奥氏体不锈钢用绝热材料规范》（GB/T 17393—2008）的要求。

C. 有防水要求时，其质量吸湿率应不大于 5.0%，憎水率应不小于 98.0%，吸水性能指标由供需双方协商决定。

D. 对有机物含量有要求时，其指标由供需双方商定。

E. 有要求时，应进行最高使用温度的评估。试验给定的热面温度应为生产厂对最高使用温度的声称值，在该热面温度下，任何时刻试样内部温度不应超过热面温度，且试验后，试样总的质量、密度和热阻的变化应不大于±5.0%，外观除颜色外应无显著变化。

3）检验规则

①产品出厂时，必须进行出厂检验。出厂检验项目为：

A. 棉：纤维平均直径、渣球含量；

B. 板、带、毡、管壳、毯：外观、尺寸、密度、管壳偏心度（仅限于管壳）、纤维平均直径、渣球含量、含水率。

②型式检验

型式检验项目为本标准"基本要求、棉、板、带、毯、毡和管壳"相关规定的全部技术要求。有特定要求时，可对"特定要求"的规定进行选择性测试。

③组批与抽样

A. 以同一原料、同一生产工艺、同一品种、稳定连续生产的产品为一个检查批。

B. 抽样

C. 样本抽取：单位产品应从检查批中随机抽取，样本可以由一个或几个单位产品构成。所有的单位产品被认为是质量相同的，必需的试样可随机地从单位产品上切取。

D. 抽样方案：型式检验和出厂检验批量大小及样本大小的二次抽样方案按表 5-158 的规定。

计数检查二次抽样方案 表 5-158

型式检验					出厂检验					
批量大小			样本大小		批量大小				样本大小	
管壳包	棉包	板、毡、带 （m²）	第一样本	总样本	管壳包	棉包	板、毡、带 （m²）	生产期 （d）	第一样本	总样本
15	150	1500	2	4	30	300	3000	1	2	4

型式检验					出厂检验					
批量大小			样本大小		批量大小				样本大小	
管壳包	棉包	板、毡、带（m²）	第一样本	总样本	管壳包	棉包	板、毡、带（m²）	生产期（d）	第一样本	总样本
25	250	2500	3	6	50	500	5000	2	3	6
50	500	5000	5	10	100	1000	10000	3	5	10
90	900	9000	8	16	180	1800	18000	7	8	16
150	1500	15000	13	26						
280	2800	28000	20	40						
>280	>2800	>28000	32	64						

④判定规则

A. 外观、尺寸、密度、管壳偏心率、纤维平均直径、渣球含量、含水率采用计数检查二次抽样方案，判定规则按表 5-159 的规定，其接收质量限（AQL）为 15。

计数检查的判定规则　　　　　　　　　　　　　表 5-159

样 本 大 小		第 一 样 本		总 样 本	
第一样本	总样本	接收数 A_c	拒收数 R_e	接收数 A_c	拒收数 R_e
I	II	III	IV	V	VI
2	4	0	2	1	2
3	6	0	3	3	4
5	10	1	4	4	5
8	16	2	5	6	7
13	26	3	7	8	9
20	40	5	9	12	13
32	64	7	11	18	19

B. 导热系数、热阻、热荷重收缩温度、燃烧性能、有机物含量、腐蚀性、憎水率、吸湿率、吸水性、最高使用温度等性能，应在经计数检查合格的检验批中随机抽取满足试验方法要求的样本量进行检验，上述各项均应符合"技术要求"的相关要求，若有任一项不符合，则判为不合格。

C. 同时符合"外观、尺寸、密度、管壳偏心率、纤维平均直径、渣球含量、含水率"和"导热系数、热阻、热荷重收缩温度、燃烧性能、有机物含量、腐蚀性、憎水率、吸湿率、吸水性、最高使用温度"的规定，判定该批产品合格，否则判定该批产品不合格。

3. 岩棉、矿渣棉及其制品检验报告

（1）资料表式（表 5-160）

资质证号：　　　　　　　　统一编号：　　　　　　　　　　　共 页 第 页

委托单位		委托日期	
工程名称		报告日期	
使用部位		检测类别	
产品名称		生产厂家	
样品数量		规格型号	
样品状态		样品标识	
见证单位		见证人	

序号	检验项目	计量单位	标准要求	检测结果	单项判定
1	尺寸及允许偏差	mm			
2	密度	kg/m³			
3	导热系数（平均温度 70_0^{+5}℃，试验密度 150kg/m³）	W/（m·K）	0.044		
4	热荷重收缩温度	℃	650		
5	燃烧性能	—			
6	有机物含量	%			
7	吸水率	%			
8	吸湿率	%			
9	憎水率	%			
依据标准			试验方法执行标准		
检测结论					
备　注		密度应不大于设计规定的密度值			
批准：	审核：	校对：		检测：	

注： 1. 密度系指表观密度，压缩包装密度不适用。

　　　2. 标准要求栏中未填写标准参数的，由试验单位按被试试件的标准规定填记。

（2）应用说明

绝热用岩棉、矿渣棉及其制品是指适用于以岩石、矿渣等为主要原料，经高温熔融，用离心等方法制成的棉及以热固型树脂为胶结剂生产的绝热制品。

绝热用岩棉、矿渣棉及其制品检验报告用表按表 5-160 或当地行政主管部门批准的试验室出具的试验报告直接归存。

（3）岩棉、矿渣棉及其制品应用的技术要求

执行标准：《绝热用岩棉、矿渣棉及其制品》（GB/T 11835—2007）（摘选）

1）分类和标记

①产品分类按制品形式分为：岩棉、矿渣棉；岩棉扳、矿渣棉板；岩棉带、矿渣棉带；岩棉毡、矿渣棉毡；岩棉缝毡、矿渣棉缝毡；岩棉贴面毡、矿渣棉贴面毡和岩棉管壳、矿渣棉管壳（以下简称棉、板、带、毡、缝毡、贴面毡和管壳）。

②产品标记由三部分组成：产品名称、产品技术特征（密度、尺寸）、标准号，商业代号也可列于其后。

标记示例：

示例 1：矿渣棉

矿渣棉 GB/T 11835（商业代号）

示例 2：密度为 150 kg/m³，长度×宽度×厚度为 1 000 mm×800 mm×60 mm 的岩棉板

岩棉板 150－1 000×800×60 GB/T 11835（商业代号）

示例 3：密度为 130 kg/m³，内径×长度×壁厚为 ϕ89 mm× 910 mm×50 mm 的矿渣棉管壳

矿渣棉管壳　130－ϕ89×910×50 GB/T 11835（商业代号）

2）技术要求

①基本要求

棉及制品的纤维平均直径应不大于 7.0μm。棉及制品的渣球含量（粒径大于 0.25 mm）应不大于 10.0%（质量分数）。

②棉的物理性能应符合表 5-161 的规定。

棉的物理性能指标　　　　表 5-161

性　　　能		指　　标
密度（kg/m³）	≤	150
导热系数（平均温度 70^{+5}_0℃，试验密度 150 kg/m³）［W/（m·K）］	≤	0.044
热荷重收缩温度（℃）	≥	650

注：密度系指表观密度，压缩包装密度不适用。

③板

A. 板的外观质量要求：表面平整，不得有妨碍使用的伤痕、污迹、破损。板的尺寸及允许偏差，应符合表 5-162 的规定。

板的尺寸及允许偏差（mm）　　　　表 5-162

长　　度	长度允许偏差	宽　　度	宽度允许偏差	厚　　度	厚度允许偏差
910 1000 1200 1500	+15， －3	600 630 910	+5， －3	30～150	+5， －3

B. 板的物理性能应符合表 5-163 的规定。

板的物理性能指标　　　　表 5-163

密度 （kg/m³）	密度允许偏差（%）		导热系数［W/（m·K）］ （平均温度 70^{+5}_0℃）	有机物 含量 （%）	燃烧性能	热荷重 收缩温度 （℃）
	平均值与 标称值	单值与 平均值				
40～80	±15	±15	≤0.044	≤4.0	不燃材料	≥500
81～100						
101～160			≤0.043			≥600，
161～300			≤0.044			

注：其他密度产品，其指标由供需双方商定。

④带

A. 带的外观质量要求：表面平整，不得有妨碍使用的伤痕、污迹、破损，板条间隙均匀，无脱落。带的尺寸及允许偏差，应符合表 5-164 的规定。

带的尺寸及允许偏差（mm） 表 5-164

长　度	宽　度	宽度允许偏差	厚　度	厚度允许偏差
1200 2400	910	+10, −5	30 50 75 100 150	+4, −2

注：长度允许偏差由供需双方商定。

B. 带的物理性能应符合表 5-165 的规定。

带的物理性能指标 表 5-165

密度 （kg/m³）	密度允许偏差（%）		导热系数 ［W/（m·K）］ （平均温度 70_0^{+5}℃）	有机物 含量[a] （%）	燃烧性能[a]	热荷重 收缩温度[a] （℃）
	平均值与 标称值	单值与 平均值				
40～100	±15	±15	≤0.052	≤4.0	不燃材料	≥600
101～160			≤0.049			

注：a. 系指基材。

⑤毡、缝毡和贴面毡

A. 毡、缝毡和贴面毡的外观质量要求：表面平整，不得有妨碍使用的伤痕、污迹、破损，贴面毡的贴面与基材的粘贴应平整、牢固。毡、缝毡和贴面毡的尺寸及允许偏差，应符合表 5-166 的规定。其他尺寸可由供需双方商定，但允许偏差应符合表 5-166 的规定。

毡、缝毡和贴面毡的尺寸及允许偏差 表 5-166

长度(mm)	长度允许偏差(%)	宽度(mm)	宽度允许偏差(mm)	厚度(mm)	厚度允许偏差(mm)
910 3000 4000 5000 6000	±2	600 630 910	+5, −3	30～150	正偏差不限, −3

B. 毡、缝毡和贴面毡基材的物理性能应符合表 5-167 的规定。

毡、缝毡和贴面毡基材的物理性能指标 表 5-167

密度[a] （kg/m³）	密度允许偏差（%）		导热系数 ［W/（m·K）］ （平均温度 70_0^{+5}℃）	有机物 含量 （%）	燃烧性能	热荷重 收缩温度 （℃）
	平均值与 标称值	单值与 平均值				
40～100	±15	±15	≤0.044	≤1.5	不燃材料	≥400
101～160			≤0.043			≥600

注：a. 厚度为正偏差时，密度用标称厚度计算。

C. 缝毡用基材应辅放均匀，其缝合质量应符合表 5-168 的规定。

缝毡的缝合质量指标 表 5-168

项　目	指　标
边线与边缘距离（mm）	≤75
缝线行距（mm）	≤100
开线长度（mm）	≤240

项 目	指 标
开线根数（开线长度不小于 160mm）（根）	≤3
针脚间距（mm）	≤80

⑥管壳

A. 管壳的外观质量要求：表面平整，不得有妨碍使用的伤痕、污迹、破损，轴向无翘曲且与端面垂直。管壳的尺寸及允许偏差，应符合表 5-169 的规定。

管壳的尺寸及允许偏差（mm）　　　　　　　　　　表 5-169

长 度	长度允许偏差	厚 度	厚度允许偏差	内 径	内径允许偏差
910 1000 1200	+5， −3	30 40	+4， −2	22～89	+3， −1
		50 60 80 100	+5， −3	102～325	+3， −1

B. 管壳的偏心度应不大于 10%。

C. 管壳的物理性能应符合表 5-170 的规定。

管壳的物理性能指标　　　　　　　　　　表 5-170

密度 （kg/m³）	密度允许偏差（%）		导热系数［W/（m·K）］ （平均温度 70_0^{+5}℃）	有机物 含量 （%）	燃烧性能	热荷重 收缩温度 （℃）
	平均值与 标称值	单值与 平均值				
40～200	±15	±15	≤0.044	≤5.0	不燃材料	≥600

⑦选做性能

A. 腐蚀性

a. 用于覆盖铝、铜、钢材时，采用 90% 置信度的秩和检验法，对照样的秩和应不小于 21。

b. 用于覆盖奥氏体不锈钢时，其浸出液离子含量应符合《覆盖奥氏体不锈钢用绝热材料规范》（GB/T 17393—2008）的要求。

B. 有防水要求时，其质量吸湿率应不大于 5.0%，憎水率应不小于 98.0%，吸水性能指标由供需双方协商决定。

C. 用户有要求时，应进行最高使用温度的评估。制品的最高使用温度宜不低于600℃。在给定的热面温度下，任何时刻试样内部温度不应超过热面温度，且试验后，质量、厚度及导热系数的变化应不大于 5.0%；外观无显著变化。

3）检验规则

①产品出厂时，必须进行出厂检验。

②组批与抽样

A. 以同一原料、同一生产工艺、同一品种、稳定连续生产的产品为一个检查批。同一批被检产品的生产时限不得超过一周。

B. 出厂检验、型式检验的抽样方案按《绝热用岩棉、矿渣棉及其制品》 （GB/T

11835—2007）标准附录 F 中 F.1 的规定进行。

③检查项目与判定规则

出厂检验和型式检查的检查项目和判定规则按《绝热用岩棉、矿渣棉及其制品》（GB/T 11835—2007）标准附录 F 中的 F.2 和 F.3 进行。

4. 柔性泡沫橡塑绝热制品的检验

（1）资料表式（表 5-171）

柔性泡沫橡塑绝热制品检验报告 表 5-171

资质证号：　　　　　　　　　　统一编号：　　　　　　　　　　　　共　页　第　页

委托单位				委托日期		
工程名称				报告日期		
使用部位				检测类别		
产品名称				生产厂家		
样品数量				规格型号		
样品状态				样品标识		
见证单位				见证人		

序号	检验项目		计量单位	标准要求	检测结果	单项判定
1	板、管规格尺寸及允许偏差		mm			
2	表观密度		kg/m³	≤95		
3	燃烧性能		—	Ⅰ类（氧指数≥32％ 且烟密度≤75） Ⅱ类（氧指数≥26％） 当用于建筑领域时，制品燃烧性能应不低于《建筑材料及制品燃烧性能分级》(GB 8624—2012)C 级		
4	导热系数	−20℃（平均温度）	W/(m・K)	≤0.034		
		0℃（平均温度）	W/(m・K)	≤0.036		
		40℃（平均温度）	W/(m・K)	≤0.041		
5	透湿性能	透湿系数	g/(m・s・Pa)	≤1.3×10⁻¹⁰		
		湿阻因子	—	≥1.5×10³		
6	真空吸水率		％	≤10		
7	尺寸稳定性 105±3℃，7d		％	≤10.0		
8	压缩回弹率 压缩率50％，压缩时间72h		％	≥70		
9	抗老化性 150h		—	轻微起皱，无裂纹，无针孔，不变形		
依据标准				试验方法 执行标准		
检测结论						
备　注						

批准：　　　　　　审核：　　　　　　校对：　　　　　　检测：

198

（2）应用说明

柔性泡沫橡塑绝热制品是指以天然或合成橡胶和其他有机高分子材料的共混体为基材，加各种添加剂如抗老化剂、阻燃剂、稳定剂、硫化促进剂等，经混炼、挤出、发泡和冷却定型，加工而成的具有闭孔结构的柔性绝热制品。

柔性泡沫橡塑绝热制品检验报告用表按表5-171或当地建设行政主管部门批准的试验室出具的试验报告直接归存。

（3）柔性泡沫橡塑绝热制品应用的技术要求

执行标准：《柔性泡沫橡塑绝热制品》（GB/T 17794—2008）（摘选）

1）分类和标记

①分类

按制品燃烧性能分为Ⅰ类和Ⅱ类（表5-174）。

按制品形状分为板和管。

②产品标记

A. 标记方法

标记顺序为：产品名称、品种、形状、宽度（内径）×厚度×长度、标准号。

板材用B表示，管材用G表示。

B. 标记示例

宽度1000 mm、厚度25 mm、长度8000 mm的Ⅰ类板制品的标记表示为：

柔性泡沫橡塑绝热制品　Ⅰ　B 1000×25×8000　GB/T 17794—2008

内径114 mm、壁厚20 mm、长度2000 mm的Ⅱ类管制品的标记表示为：

柔性泡沫橡塑绝热制品　Ⅱ　Gϕ114×20×2000　GB/T 17794—2008

2）技术要求

①规格尺寸和允许偏差

A. 板的规格尺寸和允许偏差见表5-172所列。

板的规格尺寸和允许偏差（mm） 表5-172

Ⅰ、Ⅱ类					
长（l）		宽（w）		厚（h）	
尺寸	允许偏差	尺寸	允许偏差	尺寸	允许偏差
2000	±10				
4000	±10			$3 \leqslant h \leqslant 15$	+3，0
6000	±15	1000	±10		
8000	±20	1500			
1000	±25			$h \geqslant 15$	+5，0
15000	±30				

B. 管的规格尺寸和允许偏差见表5-173所列。

C. 其他规格由供需双方商定，但厚度（壁厚）和内径的允许偏差应符合本标准的规定。

②外观质量

除去工厂机械切割出的断面外，所有表面均应有自然的表皮。产品表面平整，允许有细微、均匀的皱褶，但不应有明显的起泡、裂口等可见缺陷。

管的规格尺寸和允许偏差（mm） 表 5-173

I、II类					
长（l）		内径（d）		壁厚（h）	
尺寸	允许偏差	尺寸	允许偏差	尺寸	允许偏差
1800 2000	±10	$6 \leqslant d \leqslant 22$	+3.5, +1.0	$3 \leqslant h \leqslant 15$	+3, 0
		$22 < d \leqslant 108$	+4.0, +1.0	$h > 15$	+5, 0
		$d > 108$	+6.0, +1.0		

③产品的物理机械性能指标应符合表 5-174 的规定。

物理性能指标 表 5-174

项 目		单位	性能指标	
			I 类	II 类
表观密度		kg/m³	≤95	
燃烧性能		—	氧指数≥32%且烟密度≤75	氧指数≥26%
			当用于建筑领域时，制品燃烧性能应不低于《建筑材料及 制品燃烧性能分级》（GB 8624—2012）C 级	
导热 系数	−20℃（平均温度）	W/（m·K）	≤0.034	
	0℃（平均温度）		≤0.036	
	40℃（平均温度）		≤0.041	
透湿 性能	透湿系数	g/（m·s·Pa）	$\leqslant 1.3 \times 10^{-10}$	
	湿阻因子		$\geqslant 1.5 \times 10^{3}$	
真空吸水率		%	≤10	
尺寸稳定性 105℃±3℃，7d		%	≤10.0	
压缩回弹率 压缩率50%，压缩时间72h		%	≥70	
抗老化性 150h		—	轻微起皱，无裂纹，无针孔，不变形	

3）检验规则

①出厂检验

A. 产品出厂时须进行出厂检验。出厂检验的检验项目为：尺寸及允许偏差、外观、表观密度、真空吸水率、尺寸稳定性、压缩回弹率。

B. 尺寸、外观的抽样方案及判定规则见《柔性泡沫橡塑绝热制品》（GB/T 17794—2008）附录 D（规范性附录）的规定。

C. 表观密度、真空吸水率、尺寸稳定性、压缩回弹率的检验，在符合尺寸、外观的抽样方案及判定规则的合格的样品中，随机抽取三块（条）样品，按第 6 章规定的试验方法进行检验，检验结果应符合表 5-181 的规定。如有任一项指标不合格，则判定该批产品不合格。

②型式检验

A. 型式检验的检验项目为规格尺寸和允许偏差、外观质量、物理性能规定的全部项目。

B. 型式检验时尺寸、外观按尺寸、外观的抽样方案及判定规则规定的要求检验和判定，其他物理性能按检验规则中①出厂检验的 C. 项检验和判定。

5.3.19.2　防腐材料复试报告

1. 资料表式

防腐材料试验报告按具有相应资质等级的试验单位提供的试验报告执行。

2. 应用说明

防腐蚀工程用材料按《建筑防腐蚀工程施工质量验收规范》（GB 50224—2010）规范要求的标准执行。

3. 块材防腐蚀材料复试报告

（1）块材的品种、规格和等级，应符合设计要求；当设计无要求时，耐酸砖、耐酸耐温砖的耐酸度、吸水率和耐急冷急热性应符合表 5-175 的规定。

耐酸砖、耐酸耐温砖的质量　　　　　　　　　　　表 5-175

项　目		耐酸度（％）	吸水率 A（％）	耐急冷急热性（℃）	
耐酸砖	一类	≥99.8	0.2≤A<0.5	温差 100	试验一次后，试样不得有裂纹、剥落等破损现象
	二类	≥99.8	0.5≤A<2.0	温差 100	
	三类	≥99.8	2.0≤A<4.0	温差 130	
	四类	≥99.7	4.0≤A<5.0	温差 150	
耐酸耐温砖	一类	≥99.7	A≤5.0	200	试验一次后，试样不得有新生裂纹和破损剥落现象
	二类	≥99.7	5.0～8.0	250	

（2）天然石材应组织均匀，结构致密，无风化。不得有裂纹或不耐酸的夹层，其耐酸度不应小于 95％；抗压强度：花岗石、石英石不应小于 100MPa；石灰石不应小于 60MPa。表面平整度的允许偏差：机械切割表面应为 2mm；人工加工或机械刨光的表面应为 3mm。不得有缺棱掉角等现象。

4. 水玻璃类防腐蚀材料复试报告

（1）水玻璃类主要原材料的取样数量应符合下列规定：

1）从每批号桶装水玻璃中随机抽样 3 桶，每桶取样不少于 1000g，可混合后检测；当该批号小于或等于 3 桶时，可随机抽样 1 桶，样品量不少于 3000g。

2）粉料或骨料应从不同粒径规格的每批号中随机抽样 3 袋，每袋不少于 1000g，可混合后检测；当该批号小于或等于 3 袋时，可随机抽样 1 袋，样品量不少于 3000g。

3）当抽样检测结果有一项指标为不合格时，应再进行一次抽样复检。如仍有一项指标不合格时，应判定该产品质量为不合格。

（2）水玻璃类材料制成品的取样数量应符合下列规定：

1）当施工前需要检测时，水玻璃、粉料或骨料的取样数量按"水玻璃类主要原材料的取样数量规定"执行，并按确定的施工配合比制样，经养护后检测。

2）当需要对已配制材料进行检测时，应随机抽样 3 个配料批次，每个批次的同种样块至少 3 个，并应在水玻璃初凝前制样完毕，经养护后检测。

3）当检测结果有一项指标为不合格时，应再进行一次抽样复检。如仍有一项指标不合格时，应判定该产品质量为不合格。

（3）水玻璃类防腐蚀工程施工的环境温度宜为 15～30℃，相对湿度不宜大于 80%；当施工的环境温度，钠水玻璃材料低于 10℃，钾水玻璃材料低于 15℃时，应采取加热保温措施；原材料使用时的温度，钠水玻璃不应低于 15℃，钾水玻璃不应低于 20℃。

（4）钠水玻璃的质量要求

1）钠水玻璃的质量，应符合现行国家标准《工业硅酸钠》（GB/T 4209—2008）及表 5-176 的规定，其外观应为无色或略带色的透明或半透明黏稠液体。

钠水玻璃的质量 表 5-176

项 目	指 标	项 目	指 标
密度（20℃，g/cm³）	1.44～1.47	二氧化硅（%）	≥25.70
氧化钠（%）	≥10.20	模数	2.60～2.90

施工用钠水玻璃的密度（20℃，g/cm³），应符合下列规定：

用于胶泥：1.40～1.43；

用于砂浆：1.40～1.42；

用于混凝土：1.38～1.42。

2）钾水玻璃的质量，应符合表 5-177 的规定，其外观应为白色或灰白色黏稠液体。

钾水玻璃的质量 表 5-177

项 目	指 标
密度（20℃，g/cm³）	1.40～1.46
模数	2.60～2.90
二氧化硅（%）	25.00～29.00

注：采用密实型钾水玻璃材料时，其质量应采用中上限。

3）钠水玻璃固化剂为氟硅酸钠，其纯度不应小于 98%，含水率不应大于 1%，细度要求全部通过孔径 0.15mm 的筛。当受潮结块时，应在不高于 100℃的温度下烘干并研细过筛后方可使用。

4）钾水玻璃的固化剂应为缩合磷酸铝，宜掺入到钾水玻璃胶泥、砂浆、混凝土混合料内。

5）钠水玻璃材料的粉料、粗细骨料的质量应符合下列规定：

①粉料的耐酸度不应小于95％，含水率不应大于0.5％，细度要求0.15mm筛孔筛余量不应大于5％，0.088mm筛孔筛余量应为10％～30％。

②细骨料的耐酸度不应小于95％，含水率不应大于0.5％，并不得含有泥土。当细骨料采用天然砂时，含泥量不应大于1％。水玻璃砂浆采用细骨料时，粒径不应大于1.25mm。钠水玻璃混凝土用的细骨料的颗粒级配，应符合表5-178的规定。

细骨料的颗粒级配　　　　　　表 5-178

筛孔（mm）	5	1.25	0.315	0.16
累计筛余量（%）	0～10	20～55	70～95	95～100

③粗骨料的耐酸度不应小于95％，浸酸安定性应合格，含水率不应大于0.5％，吸水率不应大于1.5％，并不得含有泥土。

粗骨料的最大粒径，不应大于结构最小尺寸的1/4，粗骨料的颗粒级配，应符合表5-179的规定。

粗骨料的颗粒级配　　　　　　表 5-179

筛孔（mm）	最大粒径	1/2 最大粒径	5
累计筛余量（%）	0～5	30～60	90～100

6）璃制成品的质量应符合下列规定：

①钠水玻璃胶泥的质量应符合表5-180的规定，其浸酸安定性应符合附录B的规定。

钠水玻璃胶泥的质量　　　　　　表 5-180

项　目	指　标	项　目	指　标
初凝时间（min）	≥45	与耐酸砖粘结强度（MPa）	≥1.0
终凝时间（h）	≤12	吸水率（%）	≤15
抗拉强度（MPa）	≥2.5		

②普通型钠水玻璃砂浆的抗压强度，不应小于15MPa；普通型钠水玻璃混凝土的抗压强度，不应小于20MPa。密实型钠水玻璃砂浆的抗压强度，不应小于20MPa；密实型钠水玻璃混凝土的抗压强度，不应小于25MPa；抗渗强度等级，不应小于1.2MPa。浸酸安定性均应合格。

7）钾水玻璃胶泥、砂浆、混凝土混合料的质量应符合下列规定：

①钾水玻璃胶泥混合料的含水率不应大于0.5％，细度要求0.45mm筛孔筛余量不应大于5％，0.16mm筛孔筛余量宜为30％～50％。

②钾水玻璃砂浆混合料的含水率不应大于0.5％，细度宜符合表5-181的规定。

钾水玻璃砂浆混合料的细度　　　　　　表 5-181

最大粒径（mm）	筛余量（%）	
	最大粒径的筛	0.16mm 的筛
1.25	0～5	60～65
2.50	0～5	63～68
5.00	0～5	67～72

③钾水玻璃混凝土混合料的含水率不应大于 0.5%。粗骨料的最大粒径不应大于结构截面最小尺寸的 1/4；用做整体地面面层时，不应大于面层厚度的 1/3。

5. 树脂类防腐蚀材料复试报告

（1）树脂类防腐蚀材料的质量要求按"水玻璃类主要原材料的取样数量规定"执行。

（2）树脂类防腐蚀工程所用的环氧树脂、乙烯基酯树脂、不饱和聚酯树脂、呋喃树脂、酚醛树脂、玻璃纤维增强材料、粉料和细骨料等原材料的质量应符合设计要求或国家现行有关标准的规定。

（3）树脂类材料制成品的质量应符合表 5-182 的规定。

表 5-182

树脂类材料制成品的质量

项　　目		环氧树脂	乙烯基酯树脂	不饱和聚酯树脂				呋喃树脂	酚醛树脂
				双酚 A 型	二甲苯型	间苯型	邻苯型		
抗压强度（MPa）≥	胶泥	80	80	70	80	80	80	70	70
	砂浆	70	70	70	70	70	70	60	—
抗拉强度（MPa）≥	胶泥	9	9	9	9	9	9	6	6
	砂浆	7	7	7	7	7	7	6	—
	玻璃钢	100	100	100	100	90	90	80	60
胶泥粘结强度（MPa）≥	与耐酸砖	3	2.5	2.5	3	1.5	1.5	1.5	1

注：当玻璃钢用于隔离层等非受力结构时，抗拉强度值可不作要求。

（4）树脂玻璃鳞片胶泥制成品的质量应符合表 5-183 的规定。

表 5-183

树脂玻璃鳞片胶泥制成品的质量

项　　目		乙烯基酯树脂	环氧树脂	不饱和聚酯树脂
粘结强度（MPa）≥	水泥基层	1.5	2.0	1.5
	钢材基层	2.0	1.0	2.0
抗渗性（MPa）≥		1.5	1.5	1.5

6. 沥青类防腐蚀材料复试报告

（1）沥青类防腐蚀工程的检查数量按"水玻璃类主要原材料的取样数量规定"执行。

（2）沥青类防腐蚀工程所用的沥青、防水卷材、高聚物改性沥青防水卷材、粉料和粗、细骨料等应符合设计要求或国家现行有关标准的规定。

（3）沥青胶泥的浸酸质量变化不应大于 1%。沥青砂浆和沥青混凝土的抗压强度，20℃时不应小于 3.0 MPa，50℃时不应小于 1.0 MPa。饱和吸水率（体积计）不应大于 1.5%，浸酸安定性应合格。

7. 聚合物水泥砂浆防腐蚀材料复试报告

（1）基层处理和聚合物水泥砂浆防腐蚀工程面层的检查数量按"基层处理工程的检查数量规定"执行。

（2）聚合物水泥砂浆主要原材料和制成品的取样数量按"水玻璃类主要原材料和成品

的取样数量规定"执行。

（3）聚合物水泥砂浆防腐蚀工程所用的阳离子氯丁胶乳、聚丙烯酸酯乳液、环氧树脂乳液、硅酸盐水泥和细骨料等原材料质量应符合设计要求或国家现行有关标准的规定。

（4）聚合物水泥砂浆制成品的质量应符合表 5-184 的规定。

聚合物水泥砂浆制成品的质量 表 5-184

项　目	阳离子氯丁胶乳 水泥砂浆	聚丙烯酸酯乳液 水泥砂浆	环氧树脂乳液 水泥砂浆
抗压强度（MPa）	≥30	≥30	≥35
抗折强度（MPa）	≥3.0	≥4.5	≥4.5
与水泥砂浆粘结强度（MPa）	≥1.2	≥1.2	≥2.0
抗渗等级（MPa）	≥1.6	≥1.5	≥1.5
吸水率（%）	≤4.0	≤5.5	≤4.0
初凝时间（min）	>45		
终凝时间（h）	<12		

8. 涂料类防腐蚀材料复试报告

（1）涂料类防腐蚀工程的检查数量按"基层处理工程的检查数量规定"执行。

（2）涂料类品种、规格和性能的检查数量应符合下列规定：

1）应从每次批量到货的材料中，根据设计要求按不同品种进行随机抽样检查。样品大小可由施工单位与供货厂家双方协商确定。

2）当抽样检测结果有一项指标为不合格时，应再进行一次抽样复检。如仍有一项指标不合格时，应判定该产品质量为不合格。

（3）涂料类的品种、型号、规格和性能质量应符合设计要求或国家现行有关标准的规定。

（4）涂料类防腐蚀工程的涂装施工条件、涂装配套系统、施工工艺和涂装间隔时间应符合设计规定或国家现行有关标准的规定。

（5）涂层附着力应符合设计规定。涂层与钢铁基层的附着力，划格法不应大于 1 级，拉开法不应小于 5 MPa。涂层与混凝土基层的附着力（拉开法）不应小于 1.5MPa。

（6）涂层的层数和厚度应符合设计规定。涂层厚度小于设计规定厚度的测点数不应大于 10%，且测点处实测厚度不应小于设计规定厚度的 90%。

检验方法：检查施工记录和隐蔽工程记录。钢基层表面用磁性测厚仪检测。混凝土基层表面用超声波测厚仪检测，也可对同步样板进行检测。

9. 聚氯乙烯塑料板防腐蚀工程复试报告

（1）聚氯乙烯塑料板防腐蚀工程的检查数量：每 10m² 抽查 1 处，每处测点不得少于 3 个；当不足 10m² 时，按 10m² 计。

（2）聚氯乙烯塑料板品种、规格和性能的检查数量：

1）应从每次批量到货的材料中，根据设计要求按不同品种进行随机抽样检查。样品大小可由施工单位与供货厂家双方协商确定。

2）当抽样检测结果有一项指标为不合格时，应再进行一次抽样复检。如仍有一项指标不合格时，应判定该产品质量为不合格。

（3）聚氯乙烯塑料防腐蚀工程所用的硬聚氯乙烯塑料板、软聚氯乙烯塑料板、聚氯乙烯焊条和胶粘剂等原材料的质量，应符合设计要求或国家现行有关标准的规定。

（4）从事聚氯乙烯塑料焊接作业的焊工，应持有上岗证件；焊工焊接的试件、试样的质量应进行过程测试，并应通过试件、试样检测及过程测试鉴定。

（5）池槽衬里面层、地面面层和构配件的焊接与转角、地漏、门口、预留孔、管道出入口应结合严密、粘结牢固、接缝平整、无空鼓。

检验方法：观察检查、敲击法检查和检查施工记录。

5.3.20　橡胶止水带（圈）检验报告

1. 资料表式

橡胶止水带（圈）检验报告按当地建设行政主管部门核定的表格形式或当地建设行政主管部门批准的试验室出具的试验报告直接归存。

2. 应用说明

专用的柔性接口橡胶圈材质及相关性能应符合相关规范规定和设计要求，其外观质量应符合表 5-185 的规定。

橡胶圈外观质量要求　　　　　　　　　　　　　　　　　　　　表 5-185

缺陷名称	中间部分	边翼部分
气泡	直径≤1mm 气泡，不超过 3 处/m	直径≤2mm 气泡，不超过 3 处/m
杂质	面积≤4mm² 气泡，不超过 3 处/m	面积≤8mm² 气泡，不超过 3 处/m
凹痕	不允许	允许有深度不超过 0.5mm、面积不大于 10mm² 的凹痕，不超过 2 处/m
接缝	不允许有裂口及"海绵"现象；高度≤1.5mm 的凸起，不超过 2 处/m	
中心偏心	中心孔周边对称部位厚度差不超过 1mm	

5.3.21　其他材料复试报告

其他材料复试报告，根据工程需要和设计文件规定使用的材料，均应按标准或规范要求进行复试，并提供其材料复试报告。

第6章 施 工 测 量

施工测量是指工程开工前及施工中，根据施工图设计在现场恢复道路中线、定出构筑物位置等测量放样的作业。

6.1 测量交接桩记录

1. 资料表式

工程交桩复核记录按当地建设行政主管部门或其委托单位批准的应用表式执行。

2. 应用说明

（1）交桩是建设单位的责任，一般应通过监理或设计单位交桩，交桩后施工单位必须进行复测，并对所交的桩进行确认。

（2）对交桩进行检查，交桩不论是建设单位交，还是委托设计或监理单位交桩一定要确保承包单位复测无误才可认桩。如有问题须请建设单位处理。确认无误后由承包单位建立施工控制网，并妥善保管。

（3）当施工单位对交验的桩位通过复测提出质疑时，应通过建设单位邀请当地建设行政主管部门认定的规划勘察部门或勘察设计单位复核红线桩及水准点引测的成果；最终完成交桩过程，并通过会议纪要的方式予以确认。

6.2 工程定位测量与复测记录

1. 资料表式（表 6-1）

工程定位测量与复测记录   表 6-1

工程名称			施工单位			
复核部位			施测日期			
使用仪器			室外温度			
原施测人			测量复核人			
测量复核情况						
附 图						
复核结论						
参加人员	监理（建设）单位		施 工 单 位			
			施工项目技术负责人	测 量	复 测	计 算

2. 应用说明

（1）工程定位测量与复测记录是指建设工程根据当地建设行政主管部门给定总图范围内的构（建）筑物及其他建设物的位置、标高进行的测量与复测，以保证其标高、位置。

（2）对某一工程而言，测量主要包括施工测量和竣工测量。施工测量是工程开工前及施工中，根据施工图设计在现场进行恢复道路中线、定出构造物位置等测量放样的作业；竣工测量是工程竣工后，为编制工程竣工文件，对实际完成的各项工程进行的一次全面量测的作业。

（3）工程施工测量（在工程施工阶段进行的测量工作）贯穿于施工各个阶段，场地平整、土方开挖、基础及墙体砌筑、构件安装、烟囱、水塔、道路铺设、管道敷设、沉降观测等，并做好记录，鉴于工程测量的重要性，规定凡工程测量均必须进行复测，以确保工程测量正确无误。

（4）测量与复测的内容要求：工程测量与复测记录包括平面位置定位、标高定位、测设点位和提供施工技术资料。

1）工程平面位置定位：根据场地上构（建）筑物主轴线控制点或其他控制点，将其轴线的交点，用经纬仪投测至地面木桩顶面作为标志的小钉上。

2）测设点位：是将已经设计好的各种不同的构（建）筑物的几何尺寸和位置，按照设计要求，运用测量仪器和工具标定到地面及楼层上，并设置相应的标志，作为施工的依据。

3）提供施工技术资料：是在工程竣工后，将施工中各项测量数据及建筑物的实际位置、尺寸和地下设施位置等资料，按规定格式，整理或编绘技术资料。

（5）不论是何种构（建）筑物，烟囱、水塔等均应有由城建部门提供的永久水准点的位置与高度，以此测设单位工程的远控桩、引桩。

（6）施工测量应实行施工单位复核制、监理单位复测制，填写相关记录，并符合下列规定：

1）施工前，建设单位应组织有关单位进行现场交桩，施工单位对所交桩复核测量；原测桩有遗失或变位时，应补钉桩校正，并应经相应的技术质量管理部门和人员认定。

2）临时水准点和构筑物轴线控制桩的设置应便于观测且必须牢固，并应采取保护措施；临时水准点的数量不得少于2个。

3）临时水准点、轴线桩及构筑物施工的定位桩、高程桩，必须经过复核方可使用，并应经常校核。

4）与拟建工程衔接的已建构筑物平面位置和高程，开工前必须校测。

5）给水排水构筑物工程测量应满足当地规划部门的有关规定。

注： 施工测量的具体规定详见《工程测量规范》（GB 50026—2007）和《城市测量规范》（CJJ/T 8—2011）。

（7）施工测量的允许偏差应符合表6-2的规定，并应满足国家现行标准《工程测量规范》（GB 50026—2007）和《城市测量规范》（CJJ/T 8—2011）的有关规定。有特定要求的构筑物施工测量还应遵守其特殊规定。

施工测量允许偏差

表 6-2

序号	项　目		允许偏差
1	水准测量高程闭合差	平　地	$\pm 20\sqrt{L}$（mm）
		山　地	$\pm\sqrt{n}$（mm）
2	导线测量方位角闭合差		$24\sqrt{n}$（″）
3	导线测量相对闭合差		1/5000
4	直接丈量测距的两次较差		1/5000

注：1. L 为水准测量闭合线路的长度（km）。

　　2. n 为水准或导线测量的测站数。

（8）平面位置定位应注意：

1）仪器不均匀下沉对测角的影响；

2）对中不准对测角的影响；

3）水平度盘不水平对测角的影响；

4）照准误差对测角的影响；

5）视准轴不垂直横轴和横轴不垂直竖轴对测角的影响；

6）刻度盘刻划不均匀和游标盘偏心差对测角的影响。

（9）对施工测量、放线成果进行复验和确认

1）对交桩进行检查，交桩不论建设单位交桩，还是委托设计或监理单位交桩一定要确保承包单位复测无误才可认桩。如有问题须请建设单位处理。确认无误后由承包单位建立施工控制网，并妥善保管。

当由监理单位交桩时，对工程师而言，特别需要做好水准点与坐标控制点的交验。

2）承包单位在测量放线完毕后，应进行自检，合格后填写施工测量放线报验申请表，承建单位填报的《施工测量方案报审表》，应将施工测量方案、专职测量人员的岗位证书及测量设备鉴定证书报送项目监理机构审批认可。

3）承包单位按《施工测量方案》对建设单位交给施工单位的红线桩、水准点进行校核复测，并在施工场地设置平面坐标控制网（或控制导线）及高程控制网后，填写《施工测量放线报验申请表》并应附上相应放线的依据资料及测量放线成果表供项目监理机构审核查验。

4）当施工单位对交验的桩位通过复测提出质疑时，应通过建设单位邀请当地建设行政主管部门认定的规划勘察部门或勘察设计单位复核红线桩及水准点引测的成果；最终完成交桩过程，并通过会议纪要的方式予以确认。

5）专业监理工程师应实地查验放线精度是否符合规范及标准要求，施工轴线控制桩的位置、轴线和高程的控制标志是否牢靠、明显等。经审核、查验合格，签认施工测量报验申请表。

（10）填表说明

1）工程名称：按施工企业和建设单位签订的施工合同的工程名称或图注的工程名称，照实际填写。

2）施工单位：指建设与施工单位合同书中的施工单位，填写合同书中定名的施工单位名称。

3）复核部位：指测量复核的复核部位，照实际的复核部位填写。

4）日期：指测量复核的复核日期，照实际的复核日期填写。

5）原施测人：指测量的原施测人，填写原施测人姓名。

6）测量复核人：指测量的测量复核人，签字有效。

7）测量复核情况（示意图）：绘制示意图即填写测量复核情况。

8）复核结论：按测量复核的结果是否满足规范要求确认其测量复核的结论，照确认的测量复核结果填写其合格或不合格的结论意见。

6.3 高程测设与复测记录

1. 资料表式（表6-3）

水准点测设与复测记录 表6-3

工程名称： 施工单位： 测设与复测部位： 日期：

测点	后视 (1)	前视 (2)	高差（3）		高程（m） (4)	备注
			＋ (3)＝(1)－(2)	－ (3)＝(1)－(2)		

计算：

　　实测闭合差＝　　　　　　　　容许闭合差＝

结论：

参加人员	监理（建设）单位	施　工　单　位		
		施工项目技术负责人	测　量	复　测	计　算

2. 应用说明

（1）水准点测设与复测记录是指建设工程根据当地建设行政主管部门给定总图范围内的构（建）筑物及其他建设物的位置、标高进行的测设与复测，以保证其标高、位置。

为了统一全国高程测量系统和满足各种工程建设需要，国家在各地埋设了很多固定的标志，并按国家水准测量控制次序和施测精度及方法统一测出它们的高程，这些高程控制点称为水准点。国家水准测量分为一、二、三、四个等级。一、二等水准测量是国家高程控制网的骨干，三、四等水准测量以一、二等水准测量为依据，进一步加密以直接提供各种工程建设需要的高程控制点的测量。一般普通建筑施工用的为等外水准点测量，也称普通水准点测量。

（2）水准测量是高程测量中精度高、用途广的一种方法。水准点是用水准测量方法，测定其高程达到一定精度的高程控制点。水准点是经测定高程的固定标点，作为水准测量的根据点。水准点测量是测量各点高程的作业。高程（标高）是某点沿铅垂线方向到绝对基面的距离，称为绝对高程，简称高程。某点沿铅垂线方向到某假定水准基面的距离，称为假定高程。水准点复测是对已完成的水准测量进行校核的测量作业。

（3）建设单位应提供测量定位近点的依据点、位置、数据，并应现场交底，如导线点、三角点、水准点和水准点级别。应符合设计对坐标、标高等精度的要求。

（4）施工测量相关要求与6.2节相同。

（5）应注意标高定位的影响因素

1）诸如水准仪本身的视准轴和水准管不平行；

2）支架安设在非坚实土上；

3）行人和震动影响；

4）水准仪的位置应尽量安置在水准点与建筑物龙门桩的中间，减少或抵销前后视产生的误差；

5）读数前定平水准管，读数后检查水准管气泡是否居中；

6）读数前对光消除视差影响；

7）扶尺者应保证测尺垂直。

（6）当施工单位对交验的桩位通过复测提出质疑时，应通过建设单位邀请当地建设行政主管部门认定的规划勘察部门或勘察设计单位复核红线桩及水准点引测的成果；最终完成交桩过程，并通过会议纪要的方式予以确认。

（7）填表说明

1）工程名称：按施工企业和建设单位签订的施工合同的工程名称或图注的工程名称，照实际填写。

2）施工单位：指建设与施工单位合同书中的施工单位，填写合同书中定名的施工单位名称。

3）测设与复测部位：指测设与复测的水准点的部位。

4）日期：指测设与复测的水准点的复测日期。

5）测点：指水准点测设与复测的测点数量，按现场实际的测点数依序填写。

①后视（1）：填写某测点的后视水准点的复测高程值。

②前视（2）：填写某测点的前视水准点的复测高程值。

③高差（3）：填写某测点的水准点的复测高程的高差值，为正值（＋）时，高差值为（3）＝（1）－（2）；为负值（－）时为（3）＝（1）－（2）。

④高程（4）：填写某测点的水准点的复测高程值。

⑤备注：某测点的水准点测设与复测需要说明的事宜。

6）计算：按若干测点的水准点复测结果计算：①实测闭合差＝　　　　；②容许闭合差＝　　　　。

7）结论：按表列各测点的计算结果是否满足规范要求确认其水准点测设与复测的结论，照确认的水准点复测结果填写合格或不合格的结论意见。

8）观测：指水准点复测的观测人，本人签字有效。

9）复测：指水准点复测的复测人，本人签字有效。

10）计算：指水准点复测的计算人，签字有效。

11）施工项目技术负责人：一般指施工单位项目经理部的技术负责人，签字有效。

6.4 测量复核记录

1. 资料表式（表6-4）

工程名称		施工单位	
复核部位		日　期	
原施测人		测量复核人	
测量复核情况（示意图） 施工负责人：　　　年　月　日			
监理复核意见： 监理工程师：　　　年　月　日			

2. 应用说明

（1）工程平面控制测量记录、水准点复测记录均应对测量结果进行复核，以保证测量结果的正确性。测量复核记录包括：构筑物工程的工程平面控制测量的测量复测记录和水准点的测量复测记录。

（2）测量复核的内容要求

1）工程平面位置定位：根据场地上构（建）筑物主轴线控制点或其他控制点，将其轴线的交点，用经纬仪投测至地面木桩顶面作为标志的小钉上。

2）工程的标高定位：根据施工现场水准控制点标高（或从附近引测的大地水准点标高），推算±0.000标高，或根据±0.000标高与某构（建）筑物、某处标高的相对关系，用水准仪和水准尺（或刨光的直木杆）在供放线用的龙门桩上标出标高的定位工作。

3）测设点位：是将已经设计好的各种不同的构（建）筑物的几何尺寸和位置，按照设计要求，运用测量仪器和工具标定到地面及楼层上，并设置相应的标志，作为施工的依据。

4）提供施工技术资料：是在工程竣工后，将施工中各项测量数据及构（建）筑物的实际位置、尺寸和地下设施位置等资料，按规定格式，整理或编绘技术资料。

6.5 给水排水构筑物工程竣工测量

（1）竣工测量是指工程竣工后，为编制施工文件，对实际完成的各项工程进行的一次全面测量的作业。

（2）施工企业应提供承接的给水排水构筑物工程的竣工测量成果的平面、水准控制测量的高程测量成果记录。

（3）成果记录应包括：

1）经符合确认的城镇水准点。

2）应按《给水排水构筑物工程施工及验收规范》（GB 50141—2008）规范规定的测量方法建立首级工程控制，并符合相应水准测量的控制精度。

3）应按平面、水准控制、三角测量、水平角方向观测、测距等的主要技术指标测量的符合《给水排水构筑物工程施工及验收规范》（GB 50141—2008）规范要求的记录。

6.6 沉降观测记录

1. 资料表式（表6-5）

沉 降 观 测 记 录 表 6-5

施工单位： 编号：

工 程 名 称				观测点布置简图			
水 准 点 编 号							
水准点所在位置							
水准点高程（m）							
观测日期：							
	自　　年　　月　　日起 至　　年　　月　　日止						
观 测 点	观测时间			实测标高（m）	本期沉降量（mm）	总沉降量（mm）	说　明
	月	日	时				

复核： 计算： 测量：

2. 应用说明

为保证构筑物质量满足设计对构筑物使用年限的要求而对该构筑物进行的沉降观测，以保证构筑物的正常使用。

（1）水准基点的设置

1）水准基点应引自城市固定水准点。基点的设置以保证其稳定、可靠、方便观测为原则。对于安全等级为一级的构筑物，宜设置在基岩上。安全等级为二级的构筑物，可设在压缩性较低的土层上。

2）水准基点的位置应靠近观测对象，但必须在构筑物的地基变形影响范围以外，并避免交通车辆等因素对水准基点的影响。在一个观测区内，水准基点一般不少于三个。水准标石的构造可参照图 6-1、图 6-2。

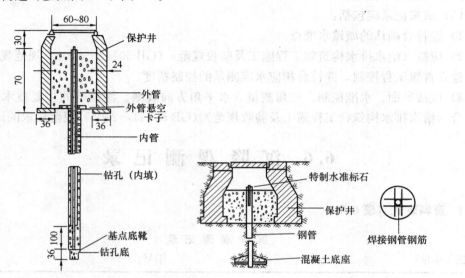

图 6-1　深埋钢管水准基点标石　　　　图 6-2　浅埋钢管水准标石

3）确定水准点离观测构筑物的最近距离，可按下列经验公式估算

$$L = 10\sqrt{s^{\infty}}$$

式中　L——水准点离观测构筑物的最近距离（m）；

　　　s^{∞}——观测建筑物最终沉降量的理论计算值（cm）。

4）观测水准点是沉降观测的基本依据，应设置在沉降或振动影响范围之外，并符合工程测量规范的规定。

5）沉降点的布设应根据构筑物的体型、结构、工程地质条件、沉降规律等因素综合考虑，要求便于观测和不易遭到损坏，标志应稳固、明显、结构合理，不影响构筑物的美观和使用。沉降点一般可设在下列各处：

①构筑物的角点、中点及沿周边每隔 6～12m 设一点；构筑物宽度大于 15m 的内部承重墙（柱）上；圆形、多边形的构筑物宜沿纵横轴线对称布点。

②基础类型、埋深和荷载有明显不同处及沉降缝、新老构筑物连接处的两侧，伸缩缝的任一侧。

③工业厂房各轴线的独立柱基上。

④箱形基础底板，除四角外还宜在中部设点。

⑤基础下有暗浜或地基局部加固处。

⑥重型设备基础和动力基础的四角。

注：单座建筑的端部及建筑平面变化处，观测点宜适当加密。

⑦观测点的位置应避开障碍物，便于观测和长期保存。

6）观测点可设置在地面以上或地面以下。对于要求长期观测的构筑物，观测点宜设

214

在室外地面以下，以便于长期观测和保护。观测点的埋设高度应方便观测，也应考虑沉降对观测点的影响。观测点应采取保护措施，避免在施工和使用期间受到破坏。观测点的构造可参照图 6-3、图 6-4。

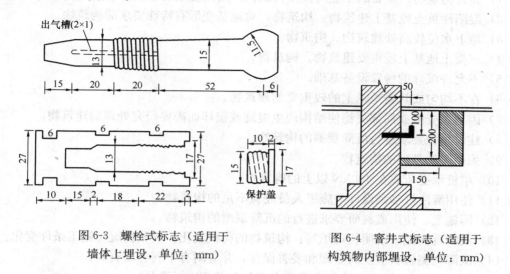

图 6-3　螺栓式标志（适用于墙体上埋设，单位：mm）

图 6-4　窨井式标志（适用于构筑物内部埋设，单位：mm）

（2）观测的时间和次数，应按设计规定并符合下列要求：

1）施工期观测：基槽开挖时，可用临时测点作为起始读数，基础完成后换成永久性测点。

2）荷载变化期间，沉降观测周期应符合不列要求：

①高层建筑施工期间每增加 1～2 层，电视塔、烟囱等每增高 10～15m 应观测一次；工业建筑应在不同荷载阶段分别进行观测，整个施工期间的观测不应少于 4 次。

②基础混凝土浇筑，回填土及结构安装等增加较大荷载前后应进行观测。

③基础周围大量积水、挖方、降水及暴雨前后应观测。

④出现不均匀沉降时，根据情况应增加观测次数。

⑤施工期间因故暂停施工，超过三个月，应在停工时及复工前进行观测。

3）结构封顶至工程竣工，沉降观测周期应符合下列要求：

①均匀沉降且连续三个月风平均沉降量不超过 1mm 时，每三个月观测一次。

②连续二次每三个月平均沉降量不超过 2mm 时，每六个月观测一次。

③外界发生剧烈变化应及时观测。

④交工前观测一次。

4）使用期一般第一年至少观测 5～6 次，即每 2～3 个月观察一次，第二年起约每季度观测一次，即每隔 4 个月左右观察一次，第四年以后每半年一次，至沉降稳定为止。

观测期限一般为：砂土地基，二年；黏性土地基，五年；软土地基，十年或十年以上。

5）当建筑物发生过大沉降或产生裂缝时，应增加观测的次数，必要时应进行裂缝观测。

6）沉降稳定标准可采用半年沉降量不超过 2mm。当工程有特殊要求时，应根据要求

215

进行观测。

(3) 一般需进行沉降观测的构筑物

1) 高耸构筑物；重要的工业与民用构筑物；造型复杂的十四层以上的高层建筑。

2) 湿陷性黄土地基上建筑物、构筑物；对地基变形有特殊要求的构筑物。

3) 地下水位较高处建筑物、构筑物。

4) 三类土地基上较重要建筑物、构筑物。

5) 不允许沉降的特殊设备基础。

6) 在不均匀或软弱地基上的较重要的建筑物。

7) 因地基变形或局部失稳使结构产生裂缝或损坏而需要研究处理的建筑物。

8) 建设单位要求进行沉降观测的构筑物。

9) 采用天然基础的构筑物。

10) 单桩承受荷载在 400kN 以上的构筑物。

11) 使用灌注桩基础设计与施工人员经验不足的构筑物。

12) 因施工、使用或科研要求进行的沉降观测的构筑物。

13) 沉降观测记录说明栏可填写：构筑物的荷载变化；气象情况与施工条件变化。

(4) 沉降观测资料应及时整理和妥善保存，并应附有下列各项资料：

1) 根据水准点测量得出的每个观测点高程和其逐次沉降量；

2) 根据建筑物和构筑物的平面图绘制的观测点的位置图，根据沉降观测结果绘制的沉降量，地基荷载与连续时间三者的关系曲线图及沉降量分布曲线图；

3) 计算出的建筑物和构筑物的平均沉降量，弯曲和相对倾斜值；

4) 水准点的平面布置图和构造图，测量沉降的全部原始资料。

(5) 沉降观测网应布设附合或闭合路线。

(6) 填表说明

1) 施工单位：指建设与施工单位合同书中的施工单位，签字有效。

2) 编号：指施工单位承建的该工程的施工技术文件编号。

3) 工程名称：按施工企业和建设单位签订的施工合同的工程名称或图注的工程名称，照实际填写。

4) 水准点编号：指所在位置、水准点高程等，按城建部门提供的资料填写。

5) 水准点所在位置：照实际水准点所在的位置填写。

6) 水准点高程（m）：指水准点所在位置的高程，按城建部门提供的资料填写。

7) 观测日期：应按自____年____月____日起至____年____月____日填写。

8) 观测点布置简图。

9) 观测点：按平面图上标注的测点编号依序填写。

10) 观测时间：指沉降观测的实际观测时日，按月、日、时填写。

11) 实测标高（m）：按沉降观测时日的每一测点的实测数据填写。

12) 本期沉降量（mm）：本期各点实测标高分别减去前期实测标高，及控制水准点标高后的数值。

13) 总沉降量（mm）：前期累计沉降量加本期的沉降量之和。

14) 说明：填写沉降观测记录中需要说明的事宜。

第7章 施 工 记 录

7.1 _____施工记录（通用）

1. 资料表式（表7-1）

_____施工记录表（通用）　　　　　　　　　表 7-1

分部分项或部位			记录日期			
施工班组人数			主要施工机具			
依据标准			强制性条文执行			
施工内容：						
检查结果：						
参加人员	监理（建设）单位		施 工 单 位			
			项目技术负责人	专职质检员	施工员	记 录

2. 应用说明

施工记录（通用）表式是为未定专项施工记录表式而又需在施工过程中进行必要记录的施工项目时采用。

（1）构筑物工程应填记施工记录。

（2）重要部位和关键工序的施工记录均必须有监理签认。

（3）施工记录均应参照相关标准规范并结合工程实际，强调主要检测内容，均应进行记录。

（4）凡相关专业技术施工质量验收规范中主控项目或一般项目的检查方法中要求检查施工记录的项目均应按资料的要求对该项施工过程或成品质量进行检查并填写施工记录。存在问题时应有处理建议。

（5）施工记录（通用）表式由项目经理部的专职质量检查员或工长实施记录，由项目技术负责人审定。

（6）施工记录是施工过程的记录，记录施工过程中执行设计文件、操作工艺、质量标准和技术管理等的各自执行手段的实际完成情况。

施工记录是验收的原始记录。必须强调施工记录的真实性和准确性，且不得任意涂改。

担任施工记录的人员应具有一定的业务素质，以确保做好施工记录的工作。

（7）填表说明

1）施工依据与材质：指该施工子项或部位的施工工艺的依据标准和施工子项或部位用材料的质量。

2）问题与处理意见：指该施工子项或部位施工中存在某种问题及该问题的处理意见。

3）鉴定意见与建议：指该施工子项或部位施工中存在某种问题需进行特殊验算或处理后提出的鉴定意见或建议。

7.1.1 土石方与地基基础施工记录

7.1.1.1 土石方工程施工记录

1. 基坑开挖与回填施工记录

（1）资料表式

基坑开挖与回填施工记录按 7.1 节_____施工记录（通用）的相关内容执行。

（2）应用说明

1）基坑开挖

①基坑开挖与支护施工方案应包括以下主要内容：

A. 施工平面布置图及开挖断面图；

B. 挖、运土石方的机械型号、数量；

C. 土石方开挖的施工方法；

D. 围护与支撑的结构形式，支设、拆除方法及安全措施；

E. 基坑边坡以外堆土石方的位置及数量，弃运土石方运输路线及土石方挖运平衡表；

F. 开挖机械、运输车辆的行驶线路及斜道设置；

G. 支护结构、周围环境的监控量测措施。

②施工除应符合《给水排水构筑物工程施工及验收规范》（GB 50141—2008）第 3 章的规定外，还应满足现行国家标准《建筑地基基础工程施工质量验收规范》（GB 50202—2002）、《建筑边坡工程技术规范》（GB 50330—2002）的相关规定。

③基坑底部为倒锥形时，坡度变换处增设控制桩；同时沿圆弧方向的控制桩也应加密。

④基坑的边坡应经稳定性验算确定。土质条件良好、地下水位低于基坑底面高程、周围环境条件允许时，深度在 5m 以内边坡不加支撑时，边坡最陡坡度应符合表 7-2 的规定。

深度在 5m 以内的基坑边坡的最陡坡度 表 7-2

序号	土的类别	边坡坡度（高：宽）		
		坡顶无荷载	坡顶有静载	坡顶有动载
1	中密的砂土	1：1.00	1：1.25	1：1.50
2	中密的碎石类土（充填物为砂土）	1：0.75	1：1.00	1：1.25
3	硬塑的粉土	1：0.67	1：0.75	1：1.00
4	中密的碎石类土（充填物为黏性土）	1：0.50	1：0.67	1：0.75
5	硬塑的粉质黏土、黏土	1：0.33	1：0.50	1：0.67
6	老黄土	1：0.10	1：0.25	1：0.33
7	软土（经井点降水后）	1：1.25		

⑤土石方应随挖、随运，宜将适用于回填的土分类堆放备用。

⑥基坑开挖的顺序、方法应符合设计要求，并应遵循"对称平衡、分层分段（块）、限时挖土、限时支撑"的原则。

⑦采用明排水的基坑，当边坡岩土出现裂缝、沉降失稳等征兆时，必须立即停止开挖，进行加固、削坡等处理。

雨期施工基坑边坡不稳定时，其坡度应适度放缓；并应采取保护措施。

⑧设有支撑的基坑，应遵循"开槽支撑、先撑后挖、分层开挖和严禁超挖"的原则开挖，并应按施工方案在基坑边堆置土方；基坑边堆置土方不得超过设计的堆置高度。

⑨基坑的降排水应符合下列规定：

A. 降排水系统应于开挖前 2～3 周运行；对深度较大，或对土体有一定固结要求的基坑，运行时间还应适当提前。

B. 及时排除基坑积水，有效地防止雨水进入基坑。

C. 基坑受承压水影响时，应在开挖前检查承压水的降压情况。

⑩软土地层或地下水位高、承压水水压大、易发生流砂、管涌地区的基坑，必须确保降排水系统有效运行；如发现涌水、流砂、管涌现象，必须立即停止开挖，查明原因并妥善处理后方能继续开挖。

⑪基坑施工中，地基不得扰动或超挖；局部扰动或超挖，并超出允许偏差时，应与设计商定或采取下列处理措施：

A. 排水不良发生扰动时，应全部清除扰动部分，用卵石、碎石或级配砾石回填。

B. 岩土地基局部超挖时，应全部清除基底碎渣，回填低强度混凝土或碎石。

⑫超固结岩土复合边坡遇水结冰冻融易产生坍滑时，应及时采取措施防止坍塌与滑坡。

⑬开挖深度大于 5m，或地基为软弱土层，地下水渗透系数较大或受场地限制不能放坡开挖时，应采取支护措施。

2）基坑回填

①基坑回填应在构筑物的地下部分验收合格后及时进行。不需做满水试验的构筑物，在墙体的强度未达到设计强度以前进行基坑回填时，其允许回填高度应与设计商定。

②回填材料应符合设计要求或有关规范规定。

③回填前应清除基坑内的杂物、建筑垃圾，并将积水排除干净。

④每层回填厚度及压实遍数，应根据土质情况及所用机具，经过现场试验确定，层厚差不得超出 100mm。

⑤应均匀回填、分层压实，其压实度应符合《给水排水构筑物工程施工及验收规范》（GB 50141—2008）表 4.7.7 的规定和设计要求。

⑥钢、木板桩支撑的基坑回填，支撑的拆除应自下而上逐层进行。基坑填土压实高度达到支撑或土锚杆的高度时，方可拆除该层支撑。拆除后的孔洞及拔出板桩后的孔洞宜用砂填实。

⑦雨期应经常检验回填土的含水量，随填、随压，防止松土淋雨；填土时基坑四周被破坏的土堤及排水沟应及时修复；雨天不宜填土。

⑧冬期在道路或管道通过的部位不得回填冻土，其他部位可均匀掺入冻土，其数量不

应超过填土总体积的 15%，但冻土的块径不得大于 150mm。

⑨基坑回填后，必须保持原有的测量控制桩点和沉降观测桩点；并应继续进行观测直至确认沉降趋于稳定，四周建（构）筑物安全为止。

⑩基坑回填土表面应略高于地面，整平，并利于排水。

2. 基坑支护施工记录

（1）资料表式

基坑支护施工记录按 7.1 节_____施工记录（通用）的相关内容执行。

（2）应用说明

1）基坑支护应综合考虑基坑深度及平面尺寸、施工场地及周围环境要求、施工装备、工艺能力及施工工期等因素，并应按照表 7-3 选用支护结构。

支护结构形式及其适用条件　　　　　　　　　　表 7-3

序号	类别	结构形式	适 用 条 件	备 注
1	水泥土类	粉喷桩	基坑深度≤6m，土质较密实，侧壁安全等级二、三级基坑	采用单排、多排布置成连续墙体，亦可结合土钉喷射混凝土
		深层搅拌桩	基坑深度≤7m，土层渗透系数较大，侧壁安全等级二、三级基坑	组合成土钉墙，加固边坡同时起隔渗作用
2	钢筋混凝土类	预制桩	基坑深度≤7m，软土层，侧壁安全等级二、三级基坑；周围环境对振动敏感的应采用静力压桩	与粉喷桩、深层搅拌桩结合使用
		钻孔桩	基坑深度≤14m，侧壁安全等级一、二、三级基坑	与锁口梁、围檩、锚杆组合成支护体系，亦可与粉喷、搅拌桩结合
		地下连续墙	基坑深度大于 12m，有降水要求，土层为软土层，侧壁安全等级一、二、三级基坑	与地下结构外墙结合，以及楼板梁等结合形成支护体系
3	钢板桩类	型钢组合桩	基坑深度小于 8m，软土地基，有降水要求时应与搅拌桩等结合，侧壁安全等级一、二、三级基坑；不宜用于周围环境对沉降敏感的基坑	用单排或双排布置，与锁口梁、围檩、锚杆组成支护体系
		拉森式专用钢板桩	基坑深度小于 11m，能满足降水要求，适用侧壁安全等级一、二、三级基坑；不宜用于周围环境对沉降敏感的基坑	布置成弧形、拱形，自行止水
4	木板桩类	木桩	基坑深小于 6m，侧壁安全等级三级基坑	木材强度满足要求
		企口板桩	基坑深度小于 5m，侧壁安全等级二、三级基坑	木材强度满足要求

2）基坑支护应符合下列规定：

①支护结构应具有足够的强度、刚度和稳定性。

②支护部件的型号、尺寸、支撑点的布设位置，各类桩的入土深度及锚杆的长度和直径等应经计算确定。

③围护墙体、支撑围檩、支撑端头处设置传力构造，围檩及支撑不应偏心受力，围檩集中受力部位应加肋板。

④支护结构设计应根据表7-4选用相应的侧壁安全等级及重要性系数。

基坑侧壁安全等级及重要性系数　　　　　　　　　　　　表7-4

序号	安全等级	破坏后果	重要性系数（y_0）
1	一级	支护结构破坏、土体失稳或过大变形对环境及地下结构的影响严重	1.10
2	二级	支护结构破坏、土体失稳或过大变形对环境及地下结构的影响一般	1.00
3	三级	支护结构破坏、土体失稳或过大变形对环境及结构影响轻微	0.90

⑤支护不得妨碍基坑开挖及构筑物的施工。

⑥支护安装和拆除方便、安全、可靠。

3）支护的设置应符合下列规定：

①开挖到规定深度时，应及时安装支护构件。

②设在基坑中下层的支撑梁及土锚杆，应在挖土至规定深度后及时安装。

③支护的连接点必须牢固可靠。

4）支护系统的维护、加固应符合下列规定：

①土方开挖和结构施工时，不得碰撞或损坏边坡、支护构件、降排水设施等。

②施工机具设备、材料，应按施工方案均匀堆（停）放。

③重型施工机械的行驶及停置必须在基坑安全距离以外。

④做好基坑周边地表水的排泄和地下水的疏导。

⑤雨期应覆盖土边坡，防止冲刷、浸润下滑，冬期应防止冻融。

5）支护出现险情时，必须立即进行处理，并应符合下列规定：

①支护结构变形过大、变形速率过快时，应在坑底与坑壁间增设斜撑、角撑等。

②边坡土体裂缝呈现加速扩张趋势，必须立即采取反压坡脚、减载、削坡等安全措施，保持稳定后再行全面加固。

③坑壁漏水、流砂时，应采取措施进行封堵，封堵失效时必须立即灌注速凝浆液固结土体，阻止水土流失，保护基坑的安全与稳定。

④基坑周边构筑物出现沉降失稳、裂缝、倾斜等征兆时，必须及时加固处理并采取其他安全措施。

6）基坑开挖与支护施工应进行量测监控，监测项目、监测控制值应根据设计要求及基坑侧壁安全等级进行选择，并应符合表7-5的规定。

基坑开挖监测项目　　　　　　　　　　　　　　　　　表7-5

侧壁安全等级	地下管线位移	地表土体沉降	周围建（构）筑物沉降	围护结构顶位移	围护结构墙体测斜	支撑轴力	地下水位	支撑立柱隆沉	土压力	孔隙水压力	坑底隆起	土体水平位移	土体分层沉降
一级	√	√	√	√	√	√	√	◇	◇	◇	◇	◇	◇
二级	√	√	√	√	√	√	√	◇	◇	◇	◇	◇	◇
三级	√	√	√	√	◇	◇	√	◇	◇	◇	◇	◇	◇

注："√"为必选项目，"◇"为可选项目，可按设计要求选择。

7）基坑开挖应做到：

①基底不应受浸泡或受冻；天然地基不得扰动、超挖。

②地基承载力应符合设计要求。

③基坑边坡稳定、围护结构安全可靠，无变形、沉降、位移，无线流现象；基底无隆起、沉陷、涌水（砂）等现象。

④基坑边坡护坡完整，无明显渗水现象；围护墙体排列整齐，钢板桩咬合紧密，混凝土墙体结构密实、接缝严密，围檩与支撑牢固可靠。

7.1.1.2 地基基础施工记录

1. 地基钎探记录

（1）资料表式（表7-6）

地基钎探记录　　　　　　　　　　表7-6

年　　月　　日

工程名称								
施工单位					检验部位			
桩号或井号	点　号	锤　击　数					应检点	实检点
		0～30 (cm)	30～60 (cm)	60～90 (cm)	90～120 (cm)	120～150 (cm)		
地基高程								
示意图 （可另附图）								
参加人员	监理（建设）单位	施　工　单　位						
		项目技术负责人		专职质检员		施工员		

工程数量

（2）应用说明

地基钎探是为了探明基底下对沉降影响最大的一定深度内的土层情况而进行的工作记录，因此，基槽完成后，一般均应按照设计和规范要求进行钎探。

钎探应有结论分析，如发现软弱层、土质不均、墓穴、古井或其他异常情况等，应由设计提出处理意见并在钎探图中标明位置。

钎探用工具一般锤重用 N_{10}、落距50cm、钎探直径 $\phi25$、钎头 $\phi40$、成60°锥体。如施工方有其他成熟经验的施工钎探工具也可使用，但应达到钎探目的。

1）钎探点布置

①基槽完成后，一般均应按照设计要求进行钎探，设计无要求时可按②～⑤款规则布置。

222

②槽宽小于800mm时，在槽中心布置探点一排，间距一般为1～1.5m，应视地层复杂情况而定。

③槽宽800～2000mm时，在距基槽两边200～500mm处，各布置探点一排，间距一般为1～1.5m，应视地层复杂情况而定。

④槽宽2000mm以上者，应在槽中心及两槽边200～500mm处，各布置探点一排，每排探点间距一般为1～1.5m，应视地层复杂情况而定。

⑤矩形基础：按梅花形布置，纵向和横向探点间距均为1～2m，一般为1.5m，较小基础至少应在四角及中心各布置一个探点。

注： 基槽转角处应再补加一个点。

2）钎探记录分析

①钎探应绘图编号，并按编号顺序进行击打，应固定打钎人员，锤击高度离钎顶500～700mm为宜，用力均匀，垂直打入土中，记录每贯入300mm钎段的锤击次数，钎探完成后应对记录进行分析比较，锤击数过多、过少的探点应标明与检查，发现地质条件不符合设计要求时应会同设计、勘察人员确定处理方案。

②钎探结果往往出现开挖后持力层的基土60cm范围内钎探击数偏低，可能与土的卸载、含水量或灵敏度有关，应作全面分析。

③基础验槽时，持力层基土钎探击数偏低，与地质勘察报告给定的地基容许承载力有差异。综合其原因大概为：基土卸荷、含水量高、搅动或是土的灵敏度偏高。

④钎探孔应用砂土罐实，钎探记录应存档。同一工程使用的钎锤规格、型号必须一致。

3）填表说明

①工程名称：按施工企业和建设单位签订施工合同的工程名称或图注的工程名称，照实际填写。

②施工单位：指建设与施工单位合同书中的施工单位及其代表，填写合同定名的施工单位名称。

③工程数量：指按地基钎探布置图确定的钎探孔的总数量。

④检验部位：指地基钎探的深度范围，照实际填写。

⑤桩号或井号：指道路工程桩的编号或井号的编号。

⑥点号：照实际的点号填写。

⑦锤击数：指每30cm深度的锤击数，钎探深度一般不小于1.5m。

⑧应检点：按规范规定计算的应检点填写。

⑨实检点：按检查点的实测值填写。

⑩地基高程：按地基高程测得点的平均值填写。

⑪示意图（可另附图）：指地基钎探的布置图，桩号或井号区间均必须绘制钎探孔布置图。

⑫驻地监理：指监理单位派驻施工现场的项目监理机构的专业监理工程师或其代表人员，签字有效。

⑬施工项目技术负责人：指负责该单位工程项目经理部级的技术负责人，本人签字有效。

⑭专职质检员：指负责该单位工程项目经理部级的专职质检员，本人签字有效。

2. 基坑（槽）检验施工记录

（1）资料表式（表 7-7）

基坑（槽）检验施工记录 表 7-7

工程名称： 施工单位：

项　次	项　目	查验情况	附图或说明
建　筑　面　积		项　目　经　理	
开　挖　时　间		项目技术负责人	
完　成　时　间		质　检　员	
验　收　时　间		记　录　人	
1	土壤类别		
2	基槽几何尺寸		
3	地基情况		
4	地表水情况		
5	基坑底水情况		
6	放坡要求		
7	基坑底标高		
8	基底是否为老土层		
9	其　他		
检验情况			
检验结果			

建设单位	监理单位	设计单位	勘察单位	施工单位

（2）应用说明

1）所有构筑物工程的土石方与地基基础中构成的基坑（槽）均应进行施工验槽。遇到下列情况之一时，应进行专门的施工勘察或处理：

①工程地质条件复杂，详勘阶段难以查清时；

②开挖基槽发现土质、土层结构与勘察资料不符时；

③施工中边坡失稳，需查明原因，进行观察处理时；

④施工中，地基土受扰动，需查明其性状及工程性质时；

⑤地基处理，需进一步提供勘察资料时；

⑥构（建）筑物有特殊要求，或在施工时出现新的岩土工程地质问题时。

2）施工勘察或处理应针对需要解决的岩土工程问题布置工作量，勘察方法应根据具体条件和情况选用适当方法处理。例如采用施工验槽、钻探取样或原位测试等。

3）当需要进行施工勘察时，施工勘察报告的主要内容有：

①工程概况；

②目的和要求；

③原因分析；

④工程安全性评价；

⑤处理措施及建议。

4）天然地基基础基槽检验要点

①基槽开挖后，应检验下列内容：

A. 核对基坑的位置、平面尺寸、坑底标高；

B. 核对基坑土质和地下水情况；

C. 空穴、古墓、古井、防空掩体及地下埋设物的位置、深度、性状。

②在进行直接观察时，可用袖珍式贯入仪作为辅助手段。

③遇到下列情况之一时，应在基坑底普遍进行轻型动力触探：

A. 持力层明显不均匀；

B. 浅部有软弱下卧层；

C. 有浅埋的坑穴、古墓、古井等，直接观察难以发现时；

D. 勘查报告或设计文件规定应进行轻型动力触探时。

④采用轻型动力触深进行基槽检验时，检验深度及间距可按表 7-8 执行。

轻型动力触探检验深度及间距表 表 7-8

排列方式	基坑宽度（m）	检验深度（m）	检验间距
中心一排	<0.8	1.2	
两排错开	0.8~2.0	1.5	1.0~1.5m 视地质复杂情况
梅花形	>2.0	2.1	

注：轻型动力触探对基槽进行检验的深度和检验间距本表可供参考。应注意当地对此有规定时应以地方规定为好，地方经验更具有区域性指导意义。

⑤遇下列情况之一时，可不进行轻型动力触探：

A. 基坑不深处有承压水层，触探可造成冒水涌砂时；

B. 持力层为砾石或卵石层，且其厚度满足设计要求时。

5）地基验槽的基本要求

①地基验槽记录必须能反映验槽的主要程序、地基的主要质量特征。且必须经土方工程质量验收合格后，方准提请有关单位进行验槽。必须提交地基质量验收资料供验槽时参考。

②地基土的钎探已经完成并对钎探结果作出分析。钎孔必须用砂灌实。验槽时对分析结果作出判定。核查内容包括下面三点：

A. 按基础平面设计的钎探点平面图，检查是否满足钎探布孔和孔深的要求，孔深范围内基土坚硬程度是否一致。

B. 打钎记录单上，锤重、落距、钎径是否符合规范要求，钎探日期应填写清楚、真实并有项目经理部级的工程技术负责人、打钎人签字。

C. 根据打钎记录分析，地基需要处理时要有处理意见，并在打钎点平面布置图上标明部位、区段、标高及处理方法（锤击数一定要描述在平面上再进行分析，才能从总体上发现有无问题）。

③参加验槽的人员，必须对已开挖的基槽按顺序详细的、严肃认真的、全部进行踏勘与分析，不可带有丝毫的随意性。观察基土的土质概况；槽壁走向、分布、基土特征；检查地基持力层是否与勘察设计资料相符，地基土的颜色是否均匀一致，是否为老土，属何种土壤类别，表层土的坚硬程度、有无局部软硬不均；检查基槽的几何尺寸、标高、挖土深度（是否满足最小埋置深度）、机械开挖施工预留高度、基土是否被扰动等。

注：机械开挖施工应注意槽底标高（基土预留厚度）。

④如发现有文物、古迹遗址、化石等，应及时报告文物管理部门处理。对旧基础、管道、旧检查井、人防工事、古墓、坑、穴、菜窖、电缆沟道等，应在有关人员指挥下挖露出原始形状，以便及时研究处理。

⑤雨期施工，开挖基槽被雨水浸后，应配合设计、勘察、质监部门专题研究，决定是否需要进行处理。

⑥验槽

A. 初验：由项目经理部级的专业技术负责人会同施工人员初验后，经分析作出，并提出初验结论。

B. 复验：由参加验槽的单位和人员分析后作出，若有异常尚应另附有关资料，并应做出复验结论。

⑦工程地质的施工结果应符合工程地质报告要求。验槽须有建设、设计、施工、监理部门各方有关人员参加并签字，并应提出结论意见，质监部门监督实施。不请求质量监督部门监督地基验槽为不符合要求。

6）地基验槽完成后采取地基处理

①地基验收时经参加验收的有关方认为确需地基处理时，地基处理方案应由设计、勘察部门提出，经监理单位同意后由施工单位实施。或由施工单位根据参加人员提出的方案整理成书面地基处理方案，经设计方签字后实施。

②地基处理方案中原有工程名称、验收时间、钎探记录分析、实际地基与地质勘察报告是否一致，应研究和提出需处理的部位及地基实际情况，处理的具体方法和质量要求。

③建设、设计、勘察、施工、监理等部门参加验收人员必须签字。

7）填表说明

①建筑面积：按施工图设计根据建筑面积计算规定计算的实际面积填写。

②验槽项目

A. 可按表 7-7 基坑（槽）检验施工记录表内子项以及施工现场存在的实际情况进行，总体上保证基坑（槽）符合设计和规范要求。

B. 基槽土方工程必须经过质量验收后，方准提请有关单位进行基槽检验。验槽前，施工单位应核对持力层基土与"地质报告"提供的土质是否一致，不论是否一致均应在初验结论栏内予以说明。

（3）基坑开挖的相关资料

1）坡度选择条件

开槽深度在 5m 以内，施工期较短，无地下水（或在基底以下），且土的湿度正常，构造均匀，不加支撑时，坑壁坡度选择，可参见表 7-9 所列。

基坑坑壁坡度　　　　　　　　表 7-9

坑壁土类	坑壁坡度（竖向：横向）		
	基坡顶缘无荷载	基坡顶缘有静载	基坑顶缘有动载
砂类土	1：1	1：1.25	1：1.5
碎、卵石类土	1：0.75	1：1	1：1.25
砂质黏土	1：0.67	1：0.75	1：1
砂质黏土，黏土	1：0.33	1：0.5	1：0.75
极软岩	1：0.25	1：0.33	1：0.67
软质岩	直槽	1：0.1	1：0.25
硬质岩	直槽	直槽	直槽

注：坑壁土类按照《公路桥涵地基与基础设计规范》（JTG D63—2007）划分，可参见市政工程施工手册一卷一篇第 7.1.4 条。

2）基坑支护

①基坑不加支撑的开挖深度

当无地下水时，不加支撑开直槽的最大挖深一般不得超过表 7-10 的规定。

不设支撑直槽允许深度表　　　　　　　　表 7-10

土　　名	深　　度（m）
堆填的砂土和砾石土	1.0
砂质黏土和粉质黏土	1.25
黏土	1.5
特别坚实的土	2.0

②坑壁支撑要点

开挖坑壁土壤不稳定，或设置边坡有困难时，则应在开挖中设置支撑，以确保安全施工。

深度在 5m 以内的直槽，宜用板撑支护，并按表 7-11 的规定选用。

基坑槽的支撑　　　　　　　　表 7-11

序号	土的情况	基坑深度（m）	支　撑
1	天然湿度的黏土类土、地下水很少	3 以内	不连续的支撑
2	天然湿度的黏土类土、地下水很少	3~5	连续支撑
3	松散的和湿度很高的土	不论深度如何	连续支撑
4	松散的和湿度较高的土 地下水很多且有带走土粒的危险	不论深度如何	如未采用降低地下水位法，则用板桩支撑

3. 地基承载力核查施工记录

（1）资料表式

地基承载力核查施工记录按 7.1 节_____施工记录（通用）的相关内容执行。

（2）应用说明

构筑物工程的基坑（槽）均承受较大荷载，地基承载力能否符合设计要求对构筑物工程的安全起到决定性的作用。因此，凡属构筑物工程的基坑（槽）的地基承载力均必须进行核查、验证。基坑（槽）的地基承载力必须符合设计要求。

4. 基坑（槽）检验要点与要求

（1）检查基底平面位置、尺寸大小、基底标高，应符合施工图设计的要求。

（2）检查地基的地质情况和承载力，应满足设计和相关规范的要求。

（3）检查地基处理和排水情况。地基处理方法应正确，地基处理和排水结果应满足设计和规范要求。

（4）检查施工记录及有关试验资料，施工记录应齐全，记录内容应正确，相关试验资料齐全并符合相关标准、规范要求。

7.1.2 取水与排放构筑物施工记录

7.1.2.1 取水构筑物施工记录

取水构筑物是指给水系统中，收集、输送原水而设置的各种构筑物的总称。

1. 地下水取水构筑物施工记录

（1）资料表式

地下水取水构筑物施工记录按 7.1 节_____施工记录（通用）的相关内容执行。

（2）应用说明

1）施工完毕并经检验合格后，应按下列规定进行抽水清洗。

①抽水清洗前应将构筑物中的泥沙和其他杂物清除干净。

②抽水清洗时，大口井应在井中水位降到设计最低动水位以下停止抽水；渗渠应在集水井中水位降到集水管底以下停止抽水，待水位回升至静水位左右应再行抽水；抽水时应取水样，测定含砂量；设备能力已经超过设计产水量而水位未达到上述要求时，可按实际抽水设备的能力抽水清洗。

③水中的含砂量小于或等于 1/200000（体积比）时，停止抽水清洗。

④应及时记录抽水清洗时的静水位、水位下降值、含砂量测定结果。

2）抽水清洗后，应按下列规定测定产水量：

①测定大口井或渗渠集水井中的静水位。

②抽出的水应排至降水影响半径范围以外。

③按设计产水量进行抽水，并测定井中的相应动水位；含水层的水文地质情况与设计不符时，应测定实际产水量及相应的水位。

④测定产水量时，水位和水量的稳定延续时间应符合设计要求；设计无要求时，岩石地区不少于 8h，松散层地区不少于 4h。

⑤宜采用薄壁堰测定产水量。

⑥及时记录产水量及其相应的水位下降值检测结果。

⑦宜在枯水期测定产水量。

3）大口井、渗渠施工所用的管节、滤料应符合下列规定：

①管节的规格、性能及尺寸公差应符合国家相关产品标准的规定。

②井筒混凝土无漏筋、孔洞、夹渣、疏松现象。

③辐射管管节的外观应直顺、无残缺、无裂缝，管端光洁平齐且与管节轴线垂直。

④有裂缝、缺口、露筋的集水管不得使用，进水孔眼数量和总面积的允许偏差应为设计值的±5%。

⑤滤料的制备应符合下列规定：

A. 滤料的粒径、不均匀系数及性质符合设计要求。

B. 严禁使用风化的岩石质滤料。

C. 滤料经过筛选检验合格后，按不同规格堆放在干净的场地上，并防止杂物混入。

D. 标明堆放的滤料的规格、数量和铺设的层次。

E. 滤料在铺设前应冲洗干净；其含泥量不应大于1.0%（重量比）。

⑥铺设大口井或渗渠的反滤层前，应将大口井中或渗渠沟槽中的杂物全部清除，并经检查合格后，方可铺设反滤层；反滤层、滤料层均匀度应符合设计要求。

⑦滤料在运输和铺设过程中，应防止不同规格的滤料或其他杂物混入；冬期施工，滤料中不得含有冻块。

⑧滤料铺设时，应采用溜槽或其他方法将滤料送至大口井井底或渗渠槽底，不得直接由高处向下倾倒。

2. 地表水固定式取水构筑物施工记录

（1）资料表式

地表水固定式取水构筑物施工记录按7.1节_____施工记录（通用）的相关内容执行。

（2）应用说明

1）采用预制取水头部进行浮运沉放施工应符合下列规定：

①取水头部预制的场地应符合下列规定：

A. 场地周围应有足够供堆料、锚固、下滑、牵引以及安装施工机具、机电设备、牵引绳索的地段。

B. 地基承载力应满足取水头部的荷载要求，达不到荷载要求时，应对地基进行加固处理。

②混凝土预制构件的制作应按《给水排水构筑物工程施工及验收规范》（GB 50141—2008）第6章的有关规定执行。

③预制钢构件的加工、制作、拼装应按现行国家标准《钢结构工程施工质量验收规范》（GB 50205—2001）的有关规定执行。

④预制构件沉放完成后，应按设计要求进行底部结构施工，其混凝土底板宜采用水下混凝土封底。

2）取水头部水上打桩应符合表7-12的规定。

序号	项　　目		允许偏差（mm）
1	上面有盖梁的轴线位置	垂直于盖梁中心线	150
2		平行于盖梁中心线	200
3	上面无纵横梁的桩轴线位置		1/2 桩径或边长
4	桩顶高程		+100，−50

3）取水头部浮运前应设置下列测量标志：

①取水头部中心线的测量标志。

②取水头部进水管口的中心测量标志。

③取水头部各角吃水深度的标志，圆形时为相互垂直两中心线与圆周交点吃水深度的标志。

④取水头部基坑定位的水上标志。

⑤下沉后，测量标志应仍露出水面。

4）取水头部浮运前准备工作应符合下列规定：

①取水头部的混凝土强度达到设计要求，并经验收合格。

②取水头部清扫干净，水下孔洞全部封闭，不得漏水。

③拖曳缆绳绑扎牢固。

④下滑机具安装完毕，并经过试运转。

⑤检查取水头部下水后的吃水平衡，不平衡时，应采取浮托或配重措施。

⑥浮运拖轮、导向船及测量定位人员均做好准备工作。

⑦必要时应进行封航管理。

5）取水头部的定位，应采用经纬仪三点交叉定位法。岸边的测量标志，应设在水位上涨不被淹没的稳固地段。

6）取水头部沉放前准备工作应符合下列规定：

①拆除构件拖航时保护用的临时措施。

②对构件底面外形轮廓尺寸和基坑坐标、标高进行复测。

③备好注水、灌浆、接管工作所需的材料，做好预埋螺栓的修整工作。

④所有操作人员应持证上岗，指挥通信系统应清晰畅通。

7）取水头部定位后，应进行测量检查，及时按设计要求进行固定。施工期间应对取水头部、进水间等构筑物的进水孔口位置、标高进行测量复核。

3. 地表水活动式取水构筑物施工记录

（1）资料表式

地表水活动式取水构筑物施工记录按 7.1 节＿＿＿＿＿＿施工记录（通用）的相关内容执行。

（2）应用说明

1）水下抛石施工应符合下列规定：

①抛石顶宽不得小于设计要求。

②抛石时应采用标控位置；宜通过试抛确定水流流速、水深及抛石方法对抛石位置的影响。

③所用抛石应有良好的级配。

④抛石施工应由深处向岸堤进行。

⑤抛石时应测水深，测量的频率应能指导抛石的正确作业。

⑥宜采用断面方格网法控制定点抛石。

2）缆车、浮船的接管车斜坡道、斜坡道上框架等结构的施工以及斜坡道上轨枕、轨梁、轨道的铺设，应按设计要求和国家有关规范执行。

3）缆车、浮船接管车的制作应符合设计要求，并应符合下列规定：

①钢制构件焊接过程应采取防止变形措施。

②钢制构件加工完毕应及时进行防腐处理。

4）摇臂管的钢筋混凝土支墩，应在水位上涨至平台前完成。

5）摇臂管安装前应及时测量挠度；如挠度超过设计要求，应会同设计单位采取补强措施，复测合格后方可安装。

6）摇臂管及摇臂接头在安装前应水压试验合格，其试验压力为设计压力的 1.5 倍，且不小于 0.4MPa。

7）摇臂接头的铸件材质及零部件加工尺寸应符合设计要求。铸件切削加工后，不得进行导致部位变形的任何补焊。

8）摇臂接头应在岸上进行试组装调试，使接头转动灵活。

9）摇臂管安装应符合下列规定：

①摇臂接头的岸、船两端组装就位，调试完成。

②浮船上、下游锚固妥当，并能按施工要求移动泊位。

③江河流速超过 1m/s 时应采取安全措施。

④避开雨天、雪天和五级风以上的天气。

10）浮船与摇臂管联合试运行前，浮船应验收合格并符合下列规定方可试运行：

①船上机电设备应按国家有关规范规定安装完毕，且安装检验与设备联动调试应合格。

②进水口处应有防漂浮物的装置及清理设备；船舷外侧应有防撞击设施。

③安全设施及防火器材应配置合理、完备，符合船舶管理的有关规定。

④各水密舱的密封性能良好，所安装的管道、电缆等设施未破坏水密舱的密封效果。

⑤抛锚位置应正确，锚链和缆绳强度的安全系数应符合规定，工作正常可靠。

11）浮船与摇臂管应按下列步骤联动试运行，并做好记录：

①空载试运行应符合下列规定：

A. 配电设备、所有用电设备试运转。

B. 测定摇臂管的空载挠度。

C. 移动浮船泊位，检查摇臂管水平移动。

D. 测定浮船四角干舷高度。

②满载试运行应符合下列规定：

A. 机组应按设计要求连续试运转 24h。

B. 测定浮船四角干舷高度，船体倾斜度应符合设计要求；设计无要求时，不允许船体向摇臂管方向倾斜；船体向水泵吸水管方向的倾斜度不得超过船宽的2%，且不大于100mm；超过时，应会同有关单位协商处理；船舱底部应无漏水。

C. 测定摇臂管的挠度。

D. 移动浮船泊位，检查摇臂管的水平移动。

E. 检查摇臂接头，有渗漏时应首先调整压盖的紧力；调整压盖无效时，再检查、调整填料涵的尺寸。

12）缆车、浮船接管车应按下列步骤试运行，并做好记录：

①配电设备、所有用电设备试运转。

②移动缆车、浮船接管车行走平稳，出水管与斜坡管连接正常。

③起重设备试吊合格。

④水泵机组按设计要求的负荷连续试运转24h。

⑤水泵机组运行时，缆车、浮船的振动值应在设计允许的范围内。

7.1.2.2 排放构筑物施工记录

排放构筑物是指排水系统中，处置、排放污水而设置的各种构筑物的总称。

1. 资料表式

排放构筑物施工记录按7.1节_____施工记录（通用）的相关内容执行。

2. 应用说明

（1）土石方与地基基础、砌体及混凝土结构施工应符合《给水排水构筑物工程施工及验收规范》（GB 50141—2008）第4章和第6章的相关规定，并应符合下列规定：

1）基础应建在原状土上，地基松软或被扰动时，应按设计要求处理。

2）排放出水口的泄水孔应畅通，不得倒流。

3）翼墙变形缝应按设计要求设置、施工，位置准确，设缝顺直，上下贯通。

4）翼墙临水面与岸边排放口端面应平顺连接。

5）管道出水口防潮门井的混凝土浇筑前，其预埋件安装应符合防潮门产品的安装要求。

（2）翼墙背后填土应符合《给水排水构筑物工程施工及验收规范》（GB 50141—2008）第4.6节的规定，并应符合下列规定：

1）在混凝土或砌筑砂浆达到设计抗压强度后，方可进行。

2）填土时，墙后不得有积水。

3）墙后反滤层与填土应同时进行。

4）回填土分层压实。

（3）岸边排放的出水口护坡、护坦施工应符合下列规定：

1）石砌体铺浆砌筑应符合下列规定：

①水泥砂浆或细石混凝土应按设计强度提高15%，水泥强度等级不低于32.5级，细石混凝土的石子粒径不宜大于20mm，并应随拌随用。

②封砌整齐、坚固，灰浆饱满、嵌缝严密，无掏空、松动现象。

2）石砌体干砌砌筑应符合下列规定：

①底部应垫稳、填实，严禁架空。

②砌紧口缝，不得叠砌和浮塞。

3）护坡砌筑的施工顺序应自下而上、分段上升；石块间相互交错，砌体缝隙严密，无通缝。

4）具有框格的砌筑工程，宜先修筑框格，然后砌筑。

5）护坡勾缝应自上而下进行，并应符合《给水排水构筑物工程施工及验收规范》（GB 50141—2008）第 6.5.14 条规定。

6）混凝土浇筑护坦应符合下列规定：

①砂浆、混凝土宜分块、间隔浇筑。

②砂浆、混凝土在达到设计强度前，不得堆放重物和受强外力。

7）如遇中雨或大雨，应停止施工并有保护措施。

8）水下抛石施工时，按《给水排水构筑物工程施工及验收规范》（GB 50141—2008）第 5.4 节的相关规定进行。

（4）水中排放出水口从出水管道内垂直顶升施工，应符合现行国家标准《给水排水管道工程施工及验收规范》（GB 50268—2008）的规定，并应符合下列规定：

1）顶升立管完成后，应按设计要求稳管、保护。

2）在水下揭去帽盖前，管道内必须灌满水。

3）揭帽盖的安全措施准备就绪。

4）排放头部装置应按设计要求进行安装，且位置准确、安装稳固。

（5）砌筑水泥砂浆、细石混凝土以及混凝土结构的试块验收合格标准应符合下列规定：

1）水泥砂浆应符合《给水排水构筑物工程施工及验收规范》（GB 50141—2008）第 6.5.2、6.5.3 条的规定。

2）细石混凝土，每 100m³ 的砌体为一个验收批，应至少检验一次强度；每次应制作试块一组，每组三块；并符合《给水排水构筑物工程施工及验收规范》（GB 50141—2008）第 6.2.8 条第 6 款的规定。

3）混凝土结构的混凝土应符合《给水排水构筑物工程施工及验收规范》（GB 50141—2008）第 6.2.8 条的规定。

7.1.3 水处理构筑物施工记录

水处理构筑物是指给水（排水）系统中，对原水（污水）进行水质处理、污泥处理，而设置的各种构筑物的总称。

1. 资料表式

水处理构筑物施工记录按 7.1 节_____施工记录（通用）的相关内容执行。

2. 应用说明

（1）水处理构筑物施工应符合下列规定：

1）编制施工方案时，应根据设计要求和工程实际情况，综合考虑各单体构筑物施工方法和技术措施，合理安排施工顺序，确保各单体构筑物之间的衔接、联系，满足设计工艺要求。

2）应做好各单体构筑物不同施工工况条件下的沉降观测。

3）涉及设备安装的预埋件、预留孔洞以及设备基础等有关结构施工，在隐蔽前安装单位应参与复核；设备安装前还应进行交接验收。

4）水处理构筑物底板位于地下水位以下时，应进行抗浮稳定验算；当不能满足要求时，必须采取抗浮措施。

5）满足其相应的工艺设计、运行功能、设备安装的要求。

（2）水处理构筑物的满水试验应符合《给水排水构筑物工程施工及验收规范》（GB 50141—2008）第9.2节的规定，并应符合下列规定：

1）编制试验方案。

2）混凝土或砌筑砂浆强度已达到设计要求；与所试验构筑物连接的已建管道、构筑物的强度符合设计要求。

3）混凝土结构，试验应在防水层、防腐层施工前进行。

4）装配式预应力混凝土结构，试验应在保护层喷涂前进行。

5）砌体结构，设有防水层时，试验应在防水层施工以后；不设有防水层时，试验应在勾缝以后。

6）与构筑物连接的管道、相邻构筑物，应采取相应的防差异沉降的措施；有伸缩补偿装置的，应保持松弛、自由状态。

7）在试验的同时应进行构筑物的外观检查，并对构筑物及连接管道进行沉降量监测。

8）满水试验合格后，应及时按规定进行池壁外和池顶的回填土方等项施工。

（3）水处理构筑物施工完毕必须进行满水试验。消化池满水试验合格后，还应进行气密性试验。

（4）水处理构筑物的防水、防腐、保温层应按设计要求进行施工，施工前应进行基层表面处理。

（5）构筑物的防水、防腐蚀施工应按现行国家标准《地下工程防水技术规范》（GB 50108—2008）、《建筑防腐蚀工程施工及验收规范》（GB 50212—2002）等的相关规定执行。

（6）普通水泥砂浆、掺外加剂水泥砂浆的防水层施工应符合下列规定：

1）宜采用普通硅酸盐水泥、膨胀水泥或矿渣硅酸盐水泥和质地坚硬、级配良好的中砂，砂的含泥量不得超过1%。

2）施工应符合下列规定：

①基层表面应清洁、平整、坚实、粗糙。

②施作水泥砂浆防水层前，基层表面应充分湿润，但不得有积水。

③水泥砂浆的稠度宜控制在70～80mm，采用机械喷涂时，水泥砂浆的稠度应经试配

确定。

④掺外加剂的水泥砂浆防水层厚度应符合设计要求，但不宜小于 20mm。

⑤多层做法刚性防水层宜连续操作，不留施工缝；必须留施工缝时，应留成阶梯槎，按层次顺序，层层搭接；接槎部位距阴阳角的距离不应小于 200mm。

⑥水泥砂浆应随拌随用。

⑦防水层的阴、阳角应为圆弧形。

3）水泥砂浆防水层的操作环境温度不应低于 5℃，基层表面应保持 0℃以上。

4）水泥砂浆防水层宜在凝结后覆盖并洒水养护 14d；冬期应采取防冻措施。

（7）位于构筑物基坑施工影响范围内的管道施工应符合下列规定：

1）应在沟槽回填前进行隐蔽验收，合格后方可进行回填施工。

2）位于基坑中或受基坑施工影响的管道，管道下方的填土或松土必须按设计要求进行夯实，必要时应按设计要求进行地基处理或提高管道结构强度。

3）位于构筑物底板下的管道，沟槽回填应按设计要求进行；回填处理材料可采用灰土、级配砂石或混凝土等。

（8）管道穿过水处理构筑物墙体时，穿墙部位施工应符合设计要求；设计无要求时可预埋防水套管，防水套管的直径应至少比管道直径大 50mm。待管道穿过防水套管后，套管与管道空隙应进行防水处理。

（9）构筑物变形缝的止水带应按设计要求选用，并应符合下列规定：

1）塑料或橡胶止水带的形状、尺寸及其材质的物理性能，均应符合国家有关标准规定，且无裂纹、气泡、孔洞。

2）塑料或橡胶止水带对接接头应采用热接，不得采用叠接；接缝应平整牢固，不得有裂口、脱胶现象；T 字接头、十字接头和 Y 字接头，应在工厂加工成型。

3）金属止水带应平整、尺寸准确，其表面的铁锈、油污应清除干净，不得有砂眼、钉孔。

4）金属止水带接头应视其厚度，采用咬接或搭接方式；搭接长度不得小于 20mm，咬接或搭接必须采用双面焊接。

5）金属止水带在伸缩缝中的部分应涂防锈和防腐涂料。

6）钢边橡胶止水带等复合止水带应在工厂加工成型。

7.1.4 泵房施工记录

1. 资料表式

泵房施工记录按 7.1 节_____施工记录（通用）的相关内容执行。

2. 应用说明

（1）泵房施工前准备工作应符合下列规定：

1）施工前应对其施工影响范围内的各类建（构）筑物、河岸和管线的基础等情况进行实地详勘调查，根据安全需要采取相应保护措施。

2）复核泵站内泵房以及各单体构筑物的位置坐标、控制点和水准点；泵房及进出水流道、泵房与泵站内进出水构筑物、其他单体构筑物连接的管道或构筑物，其位置、走向、坡度和标高应符合设计要求。

3）分建式泵站施工应与泵站内进出水构筑物、其他单体构筑物、连接管道兼顾，合理安排单体构筑物的施工顺序；合建式泵站，其泵房施工应包括进出水构筑物等。

4）岸边泵房宜在枯水期施工，并应在汛前施工至安全部位；需度汛时，对已建部分应有防护措施。

（2）泵房施工应符合下列规定：

1）土石方与地基基础工程应按《给水排水构筑物工程施工及验收规范》（GB 50141—2008）第 4 章的相关规定执行。

2）泵房地下部分的混凝土及砌筑结构工程应按《给水排水构筑物工程施工及验收规范》（GB 50141—2008）第 6 章的有关规定执行。

3）泵房地下部分采用沉井法施工时，应符合《给水排水构筑物工程施工及验收规范》（GB 50141—2008）第 7.3 节的规定；水中泵房沉井采用浮运法施工时可按《给水排水构筑物工程施工及验收规范》（GB 50141—2008）第 5.3 节的相关规定执行。

4）泵房地面建筑部分的结构工程应符合现行国家标准《建筑地面工程施工质量验收规范》（GB 50209—2010）及其相关专业规范的规定。

5）泵站内与泵房有关的进出水构筑物、其他单体构筑物以及管渠等工程的施工，应按《给水排水构筑物工程施工及验收规范》（GB 50141—2008）的相关章节规定执行。

6）预制成品管铺设的管道工程应符合现行国家标准《给水排水管道工程施工及验收规范》（GB 50268—2008）的相关规定。

7.1.5 调蓄构筑物施工记录

调蓄构筑物是指给水（排水）系统中，平衡调配（调节）与输送、分配处理水量而设置的各种构筑物的总称。

1. 资料表式

调蓄构筑物施工记录按 7.1 节＿＿＿＿＿＿施工记录（通用）的相关内容执行。

2. 应用说明

（1）调蓄构筑物工程除按《给水排水构筑物工程施工及验收规范》（GB 50141—2008）第 8 章的规定和设计要求执行外，还应符合下列规定：

1）土石方与地基基础应按《给水排水构筑物工程施工及验收规范》（GB 50141—2008）第 4 章的相关规定执行。

2）水柜、调蓄池等贮水构筑物的混凝土和砌体工程应按《给水排水构筑物工程施工及验收规范》（GB 50141—2008）第 6 章的有关规定执行。

3）与调蓄构筑物有关的管道、进出水构筑物和砌体工程等应按《给水排水构筑物工程施工及验收规范》（GB 50141—2008）的相关章节规定执行。

（2）调蓄构筑物施工前应根据设计要求，复核已建的与调蓄构筑物有关的管道、进出水构筑物的位置坐标、控制点和水准点。施工时应采取相应技术措施、合理安排各构筑物的施工顺序，避免新、老管道、构筑物之间出现影响结构安全、运行功能的差异沉降。

（3）调蓄构筑物施工过程中应编制施工方案，并应包括施工过程中施工影响范围内的建（构）筑物、地下管线等监控量测方案。

（4）调蓄构筑物施工应制定高空、起重作业及基坑支护、模板支架工程等的安全技术措施。

（5）施工完毕的贮水调蓄构筑物必须进行满水试验。

（6）贮水调蓄构筑物的满水试验应符合《给水排水构筑物工程施工及验收规范》（GB 50141—2008）第6.1.3条的规定，并应编制测定沉降变形的方案，在满水试验过程中，应根据方案测定水池的沉降变形量。

7.2 降低地下水

7.2.1 井点施工记录（通用）

1. 资料表式（表7-13）

井 点 施 工 记 录（通用）   表 7-13

工程名称					施工单位			
井点类别					井点孔施工机具规格			
施工日期					天气情况			
井点编号	冲孔起讫时间	井点孔		井点管		灌砂量（kg）	滤管长度（m）	滤管底端标高	沉淀管长度（m）	备 注
		直径（mm）	深度（m）	直径（mm）	全长（m）					
参加人员	监理（建设）单位			施 工 单 位					
			专业技术负责人		质检员		记录人		

2. 应用说明

（1）降低地下水应有专项设计，并按设计要求办理。

（2）为了保证施工的正常进行，防止边坡塌方和地基承载能力下降，必须做好基坑的降水工作，使坑底保持干燥。降水的方法有集水井降水和井点降水两类。

集水井降水法是在开挖基坑时沿坑底周围开挖排水沟，再于坑底设集水井，使基坑内的水经排水沟流向集水井,然后用水泵抽出坑外。

井点降水法有轻型井点、喷射井点和电渗井点几种。它属于人工降低地下水位的方法,除上述三种属于井点降水法之外,还有管井井点法和深井泵降水法。

(3) 管井井点是沿开挖的基坑,每隔一定距离(20～50m)设置一个管井,每个管井单独用一台水泵(潜水泵、离心泵)进行抽水,以降低地下水位。用此法可降低地下水位5～10m。

(4) 深井泵是在当降水深度超过10m以上时,在管井内用一般的水泵降水满足不了要求时、改用特制的深井泵,即称深井泵降水法。

(5) 各类井点的适用范围见表7-14所列。

各类井点的适用范围 表7-14

项　　次	井点类别	土层渗透系数 (m/昼夜)	降低水位深度 (m)
1	单层轻型井点	0.1～50	3～6
2	多层轻型井点	0.1～50	6～12 (由井点层数而定)
3	喷射井点	0.1～2	8～20
4	电渗井点	<0.1	根据选用的井点确定
5	管井井点	20～200	3～5
6	深井井点	10～250	>15

(6) 填表说明

1) 井点孔施工机具规格:填写井点施工实际使用的机具规格,如套管冲枪等。

2) 井点类别:按实际采用的井点种类填写,如轻型井点(单层或多层)、喷射井点、电渗井点、管井井点、深井泵等。

3) 井点编号:按某"井点系统"设计的井点编号填写,如"轻型"1号、2号等。

4) 冲孔起讫时间:按冲孔的实际时间填写,如某日某时至某时。

5) 井点孔:

①直径:指实际的成孔直径,按量测结果填写。

②深度:指实际的成孔深度,按量测结果填写。

6) 井点管:

①直径:照实际埋入井点管的直径填写。

②全长:照实际埋入井点管的总长度填写。

7) 灌砂量:指单孔的灌砂量,不应小于设计灌砂量的95%。

8) 滤管长度:不同井点系统滤管长度不同,按实际选用的井点系统的滤管长度填写。

9) 滤管底端标高:照滤管底端标高填写。

10) 沉淀管长度:照施工图设计沉淀管长度填写。

7.2.2 轻型井点降水记录

1. 资料表式（表 7-15）

轻型井点降水记录   表 7-15

工程名称				施工单位							
观测时间		降水机组		地下水流量 (m³/h)	观测孔水位读数 (m)				记事	观测记录者	
时	分	真空表读数 （毫米汞柱）	压力表读数 (N/mm²)		1	2	3	…			
备注	降水泵房编号： 机组类别： 气象： 实际使用机组数量： 井点数量：开 根，停 根 观测日期：										
参加人员	监理（建设）单位			施 工 单 位							
				专业技术负责人		质检员			试验员		

2. 应用说明

（1）降低地下水应有专项设计，并按设计要求办理。

（2）轻型井点降低地下水，是沿基础周围以一定的间距埋入井管（下端为滤管），在地面上用水平铺设的集水总管将各井管连接起来，再于一定位置设置真空泵或离心水泵，开动真空泵和离心水泵后，地下水在真空吸力作用下，经滤管进入井管、集水总管排出，达到降水目的。

1）轻型井点布置可根据一个地区、单位的实践规律，或经计算确定间距。

2）一层井点降水时降低地下水的深度，约 3～6m，地下水位较高需两层或多层井点降水时，一般不用轻型井点，因设备数量多，挖土量大，不经济。

3）轻型井点施工记录包括井点施工记录和轻型井点降水记录。

井点为小直径的井，井点施工记录是轻型井点、喷射井点、管井井点、深井井点的"井孔"施工全过程中的有关记录。不同井点采用的不同的施工机械设备、施工方法与措施，应符合施工组织设计的要求，井孔的深度、直径应满足降水设计的要求。垂直孔径宜上下一致，滤管位置应按要求的位置埋设并应居中，应设在透水性较好的含水土层中，井孔淤塞严禁将滤管插入土中，灌砂滤料前应将孔内泥浆适当稀释，灌填高度应符合要求，灌填数量不少于计算值的 95％，井孔口应有保护措施。

（3）填表说明

1）观测时间：指某日的某一时间进行了观测，如××点××分。

2）降水机组

①真空表读数：按轻型井点抽水设备系统装设的真空表运转时的指针读数填写。

②压力表读数：按轻型井点抽水设备系统装设的压力表运转时的指针读数填写。

3）地下水流量：按轻型井点若干机组每小时的排水总数量填写。

4）观测孔水位读数：轻型井点降水设若干观测孔，每一观测孔均应定时观测，并按水位表的读数分别记录。

5）记事：包括换工作水时间、抽出地下水含泥量、边坡稳定简要描述及井点系统运转情况等。

①换工作水的时间：工作水应保持清洁，不清洁会使喷嘴混合室等部位很快磨损，一般第一次换水应在两天后进行，正常抽水时如发现工作水不清洁，应随时予以更换并应记录。

②抽出地下水的含泥量：应定期取样测试，按实际测试结果填写。

③边坡稳定情况描述包括：

A. 基坑概况，如基坑几何尺寸、土壤类别、固结情况；B. 有无流砂现象；C. 附近建筑物有无相互影响等。

④井点系统运转情况：按每一个机组的井点系统的实际运转情况简述，主要包括井点管畅阻情况，水泵运转是否有故障，是否检修过，原因是什么？排水效果如何？

7.2.3　喷射井点降水记录

1. 资料表式（表7-16）

喷射井点降水记录　　　　　　　　　　　　　　　表7-16

工程名称							施工单位			
观测时间		工作水压力（N/mm²）	地下水流量（m³/h）	观测孔水位读数（m）				实际抽水的井点编号	记事	观测记录者
时	分			1	2	3	…			
备注	降水泵房编号：　　　　　　　　　　气候： 机组编号：在运转　　　在停止　　　在修理　　　井点数量：开　　根，停　　根。 观测日期：									
参加人员	监理（建设）单位	施　工　单　位								
		专业技术负责人		质检员				试验员		

2. 应用说明

（1）降低地下水应有专项设计，并按设计要求办理。

（2）喷射井点有喷水井点和喷气井点之分，其工作原理相同，只是工作流体不同，喷水井点以压力水作为工作流体，喷气井点以压缩空气工作为工作流体。

（3）喷射井点用于深层降水，一般降水深度大于 6m 时采用，降水深度可达 8～20m 及其以下，在渗透参数为 3～50m/天的砂土中应用最为有效。渗透系数为 0.1～3m/天的粉砂的淤泥质土中效果显著。

（4）喷射井点的主要工作部件是喷射井点内管底端的抽水装置——喷嘴和混合室，当喷射井点工作时，由地面高压离心泵供应的高压工作水（压力 0.7～0.8MPa），经过内外管之间的环形空间直达底端，高压工作水由特制内管的两侧进入到喷嘴喷出，喷嘴处由于过水断面突然收缩变小，使工作水具有极高的流速（30～60m/s），在喷口附近造成负压（形成真空），而将地下水经滤管吸入，吸入的地下水在混合室与工作水混合，进入扩散室，水流流速相对变小，水流压力相对增大，将地下水与工作水一起扬升出地面，经排水管道系统排至某水池或水箱，其中一部分水全部用高压水泵压入井点管作为高压工作水，余下部分水利用低压水泵排走。

（5）喷射井管的间距一般为 2～3m。冲孔直径为 400～600mm，深度比滤管底深 1m 以上。喷射井点用的高压工作水应经常保持清洁，不得含泥砂或杂物。试抽两天后应更换清水。

成孔与填砂：应用套管冲扩成孔，然后用压缩空气排泥，再插入井点管，最后仔细填砂。

（6）填表说明

1）观测时间：指某日的某一时间进行的观测，如××点××分。

2）工作水压力：按计算求得：$P = \dfrac{P_0}{d}$

式中　P——水泵工作水压力；

　　　P_0——水高度，水箱至井管底部的总高度；

　　　d——水高度与喷嘴前面工作水头的比。

3）地下水流量：按喷射井点每小时的排水总数量填写。

4）观测孔：喷射井点降水设若干观测孔，每一观测孔均应定时进行观测，并按编号分别记录。

5）实际抽水的井点编号：指"运行抽水"井点的编号，照实际抽水的井点编号填写。

6）记事：包括换工作水时间、工作水含泥量、真空度、基坑边坡稳定简要描述及井点系统运转情况等。

①换工作水时间：工作水应保持清洁，不清洁会使喷嘴、混合室等部位很快磨损，一般第一次换水应在两天后进行，正常抽水时如发现工作水不清洁，应予更换并应记录。

②工作水含泥量：按工作水抽样检验结果填写。

③真空度：地面测定真空度不宜小于 93300Pa，按真空表测定的数据填写。

④基坑边坡稳定情况：包括基坑概况，如基坑几何尺寸、土壤类别、固结情况；有无

流砂现象；附近建筑物有无相互影响等。

⑤井点系统运转情况：指单元井点系统内高压水泵、进回水总管、井点管、水池、水箱、电源系统等运转是否正常，有无需要检修之处等。

7.2.4　电渗井点降水记录

1. 资料表式（表7-17）

电渗井点降水记录 表7-17

工程名称						施工单位					
观测时间		连续通电时间	电气设备		井　点　设　备		地下水流量（m³/h）	观测孔水位读数（m）			记　事	观测记录者
时	分		电流（A）	电压（V）	真空表读数（毫米汞柱）	压力表读数（N/mm²）		1	2	…		
备注	降水泵房编号：　　　　　　井点类别：　　　　　　机组数量：　　　　　气候： 通电方式：（连续、间歇）　井点根数：　　　　　直流电机（或电焊机）数量： 观测日期：											
参加人员	监理（建设）单位			施　工　单　位								
				项目技术负责人			专职质检员			施工员		

2. 应用说明

（1）降低地下水应有专项设计，并按设计要求办理。

（2）电渗井点：适用于渗透性差的（渗透系数小于 0.1m/d）淤泥和淤泥状黏土中，一般与轻型井点和喷射井点结合使用，效果较好。

（3）电渗排水是利用井点管（轻型井点或喷射井点）本身作阴极，沿基坑外围布置，以套管冲枪成孔埋设钢管（$\phi 50 \sim \phi 75$）或钢筋（$\phi 25$ 以上）作阳极，钢管或钢筋垂直埋设于井点管内侧，严禁与相邻阴极相碰，阳极露出地面高度约 $20 \sim 40cm$，埋入地下的深度比井点管深 50cm。阳极间距为 $0.8 \sim 1.0m$（采用轻型井点）或 $1.2 \sim 1.5m$（采用喷射井点），平行交错排列阴阳极，数量宜相等，或阳极数量多于阴极数量，阴阳极分别用电线或扁钢、钢筋连接通路，接至直流发电机（常用 $9.6 \sim 55kW$ 直流电焊机代用）的相应电极上，通电后应用电压比降使带负电荷的土粒向阳极移动（电泳作用），带正电荷的孔隙水向阴极方向集中，产生电渗现象，在电渗和真空的双重作用下，强制黏土中的水在井点附近积集，由井点管迅速排出。井点管连续抽水，达到降水目的。通电电压不宜大于

60V，土中电流密度宜为 0.5～1.0A/m²。

（4）填表说明

1）观测时间：指某日的某一时间进行观测，如××点××分。

2）连续通电时间：照实际通电时间（一般采用间歇通电，即通电 24h 后，停电 2～3h 再通电）填写。

3）电气设备电流、电压：指实际使用设备的电流和电压。

4）井点设备

①真空表读数：按轻型或喷射井点真空表的实际读数填写。

②压力表读数：按轻型或喷射井点压力表的实际读数填写。

5）地下水流量：按施工组织设计核定的地下水流量，或按电渗井点每小时的排水总量填写。

6）观测孔水位读数：电渗井点设若干个观测孔，每个观测孔应定时观测并按编号分别记录。

7）记事：包括换工作水时间、通电停电时间、通电井点根数、基坑边坡稳定情况简要描述等。

①换工作水时间：工作水保持清洁，不清洁会使喷嘴、混合室等部位很快磨损，一般第一次换水应在两天后进行，正常抽水时如发现工作水不清洁，应予更换并应记录。

②通电停电时间：指通电停电的实际时间。

③通电井点根数：指实际运行时通电井点管的根数。

④基坑边坡稳定情况描述：包括基坑概况，如基坑几何尺寸、土壤类别、固结情况；有无流砂现象；附近建筑物有无相互影响等。

7.2.5 管井井点降水记录

1. 资料表式（表 7-18）

管井井点降水记录 表 7-18

工程名称					施工单位				
观测时间		地下水流量（m³/h）	各井点内水位读数（m）		电压（V）	各泵电流读数			记事	观测记录者
时	分		1	2	⋯		1	2	3	⋯		
备注	实际抽水进点数量：			气候：		观测日期：					
参加人员	监理（建设）单位			施 工 单 位						
		项目技术负责人		专职质检员			施工员			

243

2. 应用说明

（1）降低地下水应有专项设计，并按设计要求办理。

（2）管井井点适用于渗透系数大、地下水位丰富的土层、砂层或轻型井点不易解决的地方。管井井点系统由滤水井管、吸水管、水泵（采用离心水泵、一般每个管井装一台）组成，沿基坑外围每隔一定距离设置一个管井，其深度和距离根据降水面积和深度以及含水层的渗透系数而定。最大埋深 10m，间距 10～15m。

（3）填表说明

1）观测时间：指某日的某一时间进行了观测，如××点××分。

2）地下水流量：按施工组织设计核定的地下水流量，或按管井井点若干机组每小时排水总数量填写。

3）各井点内水位读数：应按时对各个井管内的水位进行测定，并分别予以记录。

4）电压：离心泵电机的电压值。

5）各泵电流读数：不同管井内离心泵电机的电流读数。

6）记事：包括水泵运转、抽出水的含泥量及基坑边坡稳定情况简要描述等。

①水泵运转：按实际运转情况简述。

②抽出水的含泥量：应定期取样测试，按实际测试结果填写。

③基坑边坡稳定情况：包括基坑概况，如基坑几何尺寸、土壤类别、固结情况；有无流砂现象；附近建筑物有无相互影响等。

7）观测记录者：填写观测人的姓名。

7.3 地基处理施工记录

7.3.1 换填垫层法施工记录

1. 综合说明

换填垫层法是将基础底面以下拟处理范围内的浅层软弱土层挖去，置换为低压缩性、稳定性强的坚硬、较粗粒径的其他材料，常用的材料有砂（中砂、粗砂）、碎石、砾砂、素土、灰土、二灰（石灰、粉煤灰）、煤渣、矸渣、经检验合格的工业废料等，性能稳定、无侵蚀性的低压缩性材料。砂、砾石类及矿渣垫层不宜用于湿陷性黄土地基，砂垫层不宜用于有振动和地下水位较高、流速较大的地基，膨胀土、冻土等因性能不稳定，一般不适于作垫层。经分层夯压密实，作为基础的持力层的一种地基处理方法。换填垫层法适用于软弱地基的浅层处理。由于垫层的强度、刚度较高，通过垫层的扩散作用，可以减小作用于垫层下天然土层的压力集度，并减小地基土体的压缩变形量。垫层的作用一般可以有以下几个方面：

（1）提高地基承载力；

（2）减少沉降量；

（3）加速软弱土层的排水固结；

（4）消除膨胀土的胀缩作用；

（5）防止季节性冻土的冻胀作用；

（6）消除湿陷性黄土的湿陷作用；

（7）用于处理暗浜和暗沟的建筑场地等。

垫层厚度应保证基础底面压力经某一厚度垫层扩散后，施加在其下的天然地基土层的自重应力与附加应力之和，小于天然土层的容许承载力。垫层的宽度一方面要满足基础压力的扩散要求，另一方面还要根据垫层侧面天然土层的允许承载力确定，要避免垫层受压侧向挤入天然土层，致使基础沉降加大。不同的垫层有其不同的适用范围，详见表 7-19 所列。

垫层的适用范围 表 7-19

垫 层 种 类		适 用 范 围
砂（砂砾碎石）垫层		多用于中小型建筑工程的浜、塘、沟等的局部处理，适用于一般饱和、非饱和的软弱土和水下黄土地基处理，不宜用于湿陷性黄土地基，也不适宜用于大面积堆载，密集基础和动力基础的软土地基处理，砂垫层不宜用于有地下水，且流速快、流量大的地基处理，不宜采用粉细砂做垫层
土垫层	素土垫层	适用于中小型工程及大面积回填、湿陷性黄土地基的处理
	灰土或二灰土垫层	适用于中小型工程，尤其适用于湿陷性黄土地基的处理
粉煤灰垫层		用于厂房、机场、港区陆域和堆场等大、中、小工程的大面积填筑，粉煤灰垫层在地下水位以下时，其强度降低幅度在 30% 左右
砂渣垫层		用于中小型建筑工程，尤其适用地坪、堆场等工程大面积的地基处理和场地平整、铁路、道路地基等。但对于受酸性或碱性废水影响的地基不得用矿渣作垫层

2. 压实与压实参数

压实是换土垫层法最基本的工法手段，压实参数必须满足标准与规范的要求。

（1）土的压实系数 λ_c

$$\lambda_c = \frac{\rho_d}{\rho_{dmax}}$$

式中　ρ_d——现场上的实际控制干密度（g/cm^3）；

ρ_{dmax}——现场上的最大干密度（g/cm^3）。

（2）土的最大干密度

夯实土的干密度 ρ_{dmax} 和最优含水量一般应通过室内击实试验测得。击实试验目前有两种：标准击实试验及重型击实试验。一般建筑工程采用标准击实试验；特殊工程，需要土的密实度高时，如高速公路、重载铁路路基应用重型击实试验，对标准击实试验的最大干密度值，当无试验资料时可按下式估算：

$$\rho_{dmax} = \eta \frac{\rho_\omega d_s}{1 + 0.01\omega_{op} d_s}$$

式中　ρ_ω——水的密度（g/cm^3）；

245

η——经验系数，黏土取 0.95，粉质黏土取 0.96，粉土取 0.97；

d_s——土粒相对密度；

ω_{op}——最优含水量。

压实密度大小，一般根据使用要求及土的性质等确定，也可参考表 7-20 选用。

压实土垫层质量控制值

表 7-20

结构部位	填土部位	压实系数 λ_c	控制最优含水量 ω_{op}（%）
砌体承重结构和框架结构	在地基主要受力层范围内	≥0.97	$\omega_{op} \pm 2$
	在地基主要受力层以下	≥0.95	
简支结构和排架结构	在地基主要受力层范围内	≥0.96	
	在地基主要受力层以下	≥0.94	

（3）含水量

含水量的大小对于分层压实的填土至关重要，用现场填土做垫层时含水量要尽量接近最优含水量，当无试验资料时，最优含水量可按表 7-21 及表 7-22 选取，或按液限确定，粉质黏土 $\omega_{op}=0.4\omega_L+6$，对于黏性土，$\omega_{op}=0.6\omega_L-3$ 计算，也可按当地经验确定。

土的最优含水量和最大干密度参考表

表 7-21

土的种类	变 动 范 围	
	最优含水量（%）（重量比）	最大干密度（g/cm³）
砂 土	8～12	1.80～1.88
黏 土	19～23	1.58～1.70
粉质黏土	12～15	1.85～1.95
粉 土	16～22	1.61～1.80

土的最优含水量 ω_{op} 参考值

表 7-22

土的塑性指数 I_p	最大干密度 ρ_{dmax}（g/cm³）	相应最优含水量（ω_{op}）（%）
<0	1.85	<13
0～14	1.75～1.85	13～15
14～17	1.70～1.75	15～17
17～20	1.65～1.70	17～19
20～22	1.60～1.65	19～21

黏性土在施工时控制含水量与最优含水量之差，使用振动碾压时可控制在 -6%～+2% 范围之内。灰土垫层施工时含水量宜控制在 $\omega_{op}\pm 2\%$ 的范围；粉煤灰垫层施工时控制在 $\omega_{op}\pm 4\%$ 的范围内。

3. 按经验数据确定地基承载力参考值（对垫层本身强度而言）

（1）按干质量密度确定：

1）当干质量密度≥1.67g/cm³，比例界限压力≤20t/m²；

2）当干质量密度≥1.70g/cm³，比例界限压力≤25t/m²。

（2）按压实系数确定：见表 7-23 所列。

压实土的类别	压实系数	承载力
碎石、卵石		20～30
砂夹石（卵石、碎石全重为 30%～50%）	0.94～0.97	20～25
土夹石（卵石、碎石全重为 30%～50%）		15～20
黏性土（8<I_p<14）		13～18

注： 以上确定地基承载力的方法仅供参考。

7.3.1.1 _____ 地基施工记录

1. 资料表式（表 7-24）

_____ 施工记录表（通用）　　　　　　　表 7-24

分部分项或部位		记录日期	
施工班组人数		主要施工机具	
依据标准		强制性条文执行	

施工内容：

检查结果：

参加人员	监理（建设）单位	施 工 单 位			
		项目技术负责人	专职质检员	施工员	记 录

2. 应用说明

施工记录（通用）表式是为未定专项施工记录表式而又需在施工过程中进行必要记录的施工项目时采用。

（1）构筑物工程应填记施工记录。

（2）重要部位和关键工序的施工记录均必须有监理签认。

（3）施工记录均应参照相关标准规范并结合工程实际，强调主要检测内容，均应进行记录。

（4）凡相关专业技术施工质量验收规范中主控项目或一般项目的检查方法中要求进行检查施工记录的项目均应按资料的要求对该项施工过程或成品质量进行检查并填写施工记录。存在问题时应有处理建议。

（5）施工记录（通用）表式由项目经理部的专职质量检查员或工长实施记录，由项目技术负责人审定。

（6）施工记录是施工过程的记录，记录施工过程中执行设计文件、操作工艺、质量标准和技术管理等的各自执行手段的实际完成情况。

施工记录是验收的原始记录。必须强调施工记录的真实性和准确性，且不得任意涂改。

担任施工记录的人员应具有一定的业务素质，以确保做好施工记录的工作。

（7）填表说明

1）施工依据与材质：指该施工子项或部位的施工工艺的依据标准和施工子项或部位用材料的质量。

2）问题与处理意见：指该施工子项或部位施工中存在某种问题及该问题的处理意见。

3）鉴定意见与建议：指该施工子项或部位施工中存在某种问题需进行特殊验算或处理后提出的鉴定意见或建议。

7.3.1.2 灰土地基施工记录

1. 资料表式（表 7-25）

灰土地基施工记录表（通用）　　　　　　　　　　表 7-25

记录项目或部位		记录日期			
施工班组人数		主要施工机具			
技术交底时间		交　底　人			
施工内容					
依据标准					
施工过程与质量					
强制性条文执行					
测试与检验					
问题记录与处理意见					
参加人员	监理（建设）单位		施　工　单　位			
		专业技术负责人	质检员	施工员	记　录

248

2. 应用说明

（1）灰土垫层与材料

1）灰土垫层是我国一种传统地基处理方法。用灰土作为垫层，在我国已有千余年历史，全国各地都积累了丰富的经验。北京城墙的地基，苏州古塔的地基，陕西三原县清龙桥护堤的地基都是用灰土建造的。这些灰土迄今还很坚硬，强度较大。目前国内采用灰土垫层作为地基的多层建筑已高达六～七层。

灰土垫层是将基础底面下一定范围内的软弱土层挖去，用按一定体积合配合比的灰土在最优含水量情况下分层回填夯实或压实。它适用于处理1～4m厚的软弱土层。

灰土垫层可以用于处理浅层湿陷性黄土，可以消除湿陷性，其承载力标准值可达250kPa。

2）灰土材料

①生石灰

生石灰是一种无机的胶结材料，可分为气硬性和水硬性。它不但能在空气中硬化，而且还能在水中硬化。

灰土垫层中石灰 $CaO+MgO$ 总量达8%左右，和土的体积比一般以2：8或3：7为最佳（土料较湿时可用3：7灰土，承载力要求不高时可用1：9灰土）。垫层强度随灰量的增加而提高，但当含灰量超过一定值后，灰土强度增加很慢。灰土垫层中所用的石灰宜达到国家三等石灰标准，生石灰标准见表7-26所列。在施工现场用做灰土的熟石灰应过筛，其粒径不得大于5mm。熟石灰中不得夹有未熟化的生石灰块，也不得含有过多的水分。所谓熟石灰是指 CaO 加 H_2O 变成的 $Ca(OH)_2$。石灰的贮存时间不宜超过3个月，长期存放将会使其活性降低。灰土用石灰应以生石灰消解3～4天后过筛使用。

生石灰的技术指标　　　　　　　　　　　　　　　表 7-26

指标项目 类别 等级	钙质生石灰			镁质生石灰		
	一等	二等	三等	一等	二等	三等
有效钙加氧化镁含量不小于（%）	85	80	70	80	75	65
未消化残渣含量（5mm圆孔筛的筛孔）不大于（%）	7	11	17	10	14	20

②土料

灰土中的土不仅作为填料，而且参与化学反应，尤其是土中的粘粒（<0.005mm）或胶粒（<0.002mm）具有一定活性和胶结性，含量越多（即土的塑性指数越高），则灰土的强度也越高。

在施工现场宜采用就地基坑（槽）中挖出的黏性土（塑性指数宜大于5）拌制灰土。淤泥、耕土、冻土、膨胀土以及有机物含量超过8%的土料都不得使用。土料应予以过筛，其粒径不得大于15mm。

（2）灰土垫层施工要点

1）灰土垫层施工前必须验槽，如发现坑（槽）内有局部软弱土层或孔穴，应挖出后用素土或灰土分层夯实。

2）施工时，应将灰土拌合均匀，控制含水量，其控制标准在最优含水量 $\omega_{op} \pm 2\%$ 的范围内。如含水量过多或不足时，应晾干或洒水润湿。一般可按经验在现场直接判断，其方法是手握灰土成团，两指轻捏挤碎，这时灰土基本上接近最优含水量。

3）分段施工时，不得在墙角、桩基及承重窗间墙下接缝。上下两层灰土的接缝距离不得小于 50cm，接缝处的灰土应夯实。

4）按要求掌握分层虚铺厚度。灰土最大虚铺厚度可参考表 7-27 执行，每层灰土的夯打遍数应根据设计要求的压实系数确定。

灰土最大虚铺厚度

表 7-27

夯实机具种类	夯具质量（t）	虚铺厚度（mm）	备　　注
石夯、木夯	0.04～0.08	200～250	人力送夯，落高 400～500mm，一夯压半夯
轻型夯实机械	—	200～250	蛙式（柴油）打夯机
压路机	6～10	200～300	双轮

5）在地下水位以下基坑（槽）内施工时，应采取排水措施。夯实后的灰土在 3 天之内不得受水浸泡。

注：土垫层施工控制说明：土垫层是指采用素土制作的垫层，在湿陷性黄土地区为了消除浅层的湿陷性，常被采用。土垫层的计算原则同砂垫层。土垫层的土料以黏性土为主。施工时应使土的含水量接近最优含水量，一般控制在 $\omega_{op} \pm 2\%$。土垫层应该分层填筑，每层厚度应根据夯实机具的能量决定，一般每层厚度为 200～250mm。土料应过筛，有机质含量不得超过 5%。也不得含有冻土或膨胀土。

（3）取样与检测

1）对素土、灰土应随施工分层（必须分层检验）用环刀法取样进行检测，测定其干密度和含水量，也可采用击实法进行测试。值得注意的是击实试验时土样是在有侧限的击实筒内，不可能发生侧向位移，力作用在有限体积的整个土体上，夯实均匀，在最优含水量状态下获得的最大干密度。而施工现场的土料，土块大小不一，含水量和铺土厚度等很难控制均匀，不利因素较多，压实土的均质性差。因此，在相应的压实功能下，施工现场所能达到的干土密度一般都低于击实试验所得到的最大干土密度。因此对现场应以压实系数 D_y 与控制含水量来进行检验。

2）对素土、灰土和砂垫层可用贯入仪检验垫层质量，对砂垫层也可用钢筋检验。并均应通过现场试验以控制压实系数所对应的贯入度为合格标准。压实系数的检验可采用环刀法或其他方法。

3）垫层的质量检验必须分层进行。每夯压完成一层，应检验该层的平均压实系数。当压实系数符合设计要求后，才能铺填上层。

当采用环刀法取样时，取样点应位于每层 2/3 的深度处。

4）当采用贯入仪或钢筋检验垫层的质量时，大基坑每 50～100m² 应不少于 1 个检验点；整片垫层每 100m² 不应少于 4 点；基槽每 10～20m 应不少于 1 个点；每个单独柱基应不少于 1 个点。

5）垫层法检测可适当多打一些钎探点，以判别地基土的均匀程度，从而保证垫层法处理地基基土的均匀性。

（4）几点说明

1）基坑（槽）在铺打灰土前，基层必须先行钎探，并办完验槽的隐检手续。

2）施工前应根据工程特点、填料种类、设计压实系数、施工条件等合理确定填料含水率控制范围、铺设厚度和夯击遍数等参数。

3）施工前，测量放线工应做好水平高程和标志。如在基坑（槽）或沟的边坡上每隔3m钉上灰土上平的木橛；在室内和散水的边墙上弹上水平线或在地坪上钉好标准水平高程的木桩。

4）地基范围内不应留有孔洞。完工后如无技术措施，不得在影响其稳定的区域内进行挖掘工程。

7.3.1.3 砂和砂石地基施工记录

（1）砂和砂石地基施工记录表式按表7-25灰土地基施工记录表式执行。

（2）对砂石地基用材料的要求

砂、石垫层材料，宜采用级配良好、质地坚硬的材料，其颗粒的不均匀系数最好不小于10，以中粗砂为好，可掺入一定数量的碎（卵）石，重要的是要拌合和分布均匀。细砂也可以作为垫层材料，但施工操作不易压实，而且强度也不高，使用时宜掺入一定数量的碎（卵）石。砂垫层含泥量不宜超过5％，也不得含有草根、垃圾等有机质杂物。如用做排水固结的砂石垫层材料，含泥量不宜超过3％，并且不应夹有过大的石块或碎石，因为碎石过大会导致垫层本身的不均匀压缩，一般要求碎（卵）石最大粒径不宜大于50mm。

利用当地材料是采用砂石垫层的必要条件，但有的地区，仅有特细砂或细砂，一般设计要求采用中砂或粗砂，特细砂或细砂用做垫层其强度和变形性质都不甚理想。为满足设计要求可采用特细砂或细砂中掺加碎（卵）石的方法，这样砂石垫层强度提高较多、压缩模量增加，对砂石垫层的工程性能有很大改善，不失为一个好方法。

（3）砂与石的配合比与铺填

1）砂与石的配合比可采用砂：石＝2：8、3：7或1：1，一般每层砂与石的虚铺厚度为200～250mm，不同施工设备的垫层每层铺填厚度及压实遍数对不具备试验条件的场合，可参照表7-28选用。

2）铺填厚度及压实遍数

①垫层的每层铺填厚度及压实遍数可参照表7-28选用。

垫层的每层铺填厚度及压实遍数 表7-28

施 工 设 备	每层铺填厚度（m）	每层压实遍数
平碾（8～12t）	0.2～0.3	6～8（矿渣10～12）
羊足碾（5～16t）	0.2～0.35	8～16
蛙式夯（200kg）	0.2～0.25	3～4
振动碾（8～15t）	0.6～1.3	6～8
插入式振动器	0.2～0.5	
平板式振动器	0.15～0.25	

②鉴于砂和砂石垫层每层铺筑厚度与最优含水量直接影响砂石垫层的施工质量，砂和砂石垫层每层铺筑厚度及最优含水量可参照表 7-29 选用。

砂和砂石垫层每层铺筑厚度及最优含水量 表 7-29

项次	压实方法	每层铺筑厚度（mm）	施工时最优含水量 w（%）	施工说明	备注
1	平振法	200～250	15～20	用平板式振捣器往复振捣	不宜使用干细砂或含泥量较大的砂所铺筑的砂垫层
2	插振法	振捣器插入深度	饱和	1. 用插入式振捣器； 2. 插入间距可根据机械振幅大小决定； 3. 不应插至下卧黏性土层； 4. 插入振捣器完毕后所留的孔洞，应用砂填实	不宜使用干细砂或含泥量较大的砂所铺筑的砂垫层
3	水撼法	250	饱和	1. 注水高度应超过每次铺筑面； 2. 钢叉摇撼捣实，插入点间距为 100mm； 3. 钢叉分四齿，齿的间距 80mm，长 300mm，木柄长 90mm，重 40N	湿陷性黄土、膨胀土地区不得使用
4	夯实法	150～200	8～12	1. 用木夯或机械夯； 2. 木夯重 400N，落距 400～500mm； 3. 一夯压半夯，全面夯实	
5	碾压法	250～350	8～12	60～100kN 压路机往复碾压	1. 适用于大面积砂垫层； 2. 不宜用于地下水位以下的砂垫层

注：在地下水位以下的垫层其最下层的铺筑厚度可比上表增加 50mm。

（4）施工方法和机具的选择

砂和砂石垫层采用什么方法和机具施工对于垫层的质量是至关重要的，除下卧层是高灵敏度的软土，在铺设第一层时要注意不能采用振动能量大的机具扰动下卧土层外，在一般情况下，砂和砂石垫层首选振动法，因为振动比碾压更能使砂和砂石密实。我国目前常采用的方法有振动法，包括平振、插振；夯实法；水撼法；碾压法等。常采用的机具有：振捣器、振动压实机、平板振动器、蛙式打夯机等。

（5）垫层的压实标准和垫层承载力

1）各种垫层的压实标准可参照表 7-30 选用。

2）垫层承载力可参照表 7-31 选用。

（6）砂石垫层施工

砂或砂石垫层作为处理软弱地基的方法之一，其成败的关键是施工质量。砂或砂石垫层施工时，由于面积大，总厚度和分层厚度铺筑不均匀以致振捣夯压不均匀是影响施工质量的关键。因此，检验砂或砂石垫层质量应适当增加测试的样本数量，以保证其施工质量达到设计要求。

各种垫层的压实标准　　　　　　　　　　　　　　　　　表 7-30

施工方法	换填材料类别	压实系数 λ_c
碾压、振密或夯实	碎石、卵石	0.94～0.97
	砂夹石（其中卵石、碎石占全重的 30%～50%）	
	土夹石（其中卵石、碎石占全重的 30%～50%）	
	中砂、粗砂、砾砂、角砾、圆砾、石屑	
	粉质黏土	
	灰土	0.95
	粉煤灰	0.90～0.95

注：1. 压实系数 λ_c 为土的控制干密度 ρ_d 与最大干密度 ρ_{dmax} 的比值；土的最大干密度宜采用击实试验确定，碎石或卵石的最大干密度可取 $2.0\sim2.2t/m^3$。

2. 当采用轻型击实试验时，压实系数 λ_c 宜取高值，采用重型击实试验时，压实系数 λ_c 可取低值。

3. 矿渣垫层的压实指标为最后二遍压实的压陷差小于 2mm。

垫 层 的 承 载 力　　　　　　　　　　　　　　　　　表 7-31

换 填 材 料	承载力特征值 f_{ak}（kPa）
碎石、卵石	200～300
砂夹石（其中卵石、碎石占全重的 30%～50%）	200～250
土夹石（其中卵石、碎石占全重的 30%～50%）	150～200
中砂、粗砂、砾砂、圆砾、角砾	150～200
粉质黏土	130～180
石屑	120～150
灰土	200～250
粉煤灰	120～150
矿渣	200～300

注：压实系数小的垫层，承载力特征值取低值，反之取高值；原状矿渣垫层取低值，分级矿渣或混合矿渣垫层取高值。

1）基槽应保持无水状态。铺设砂石前应清理浮土，加固边坡，防止振捣时塌方。

2）铺设砂石垫层应按同一标高进行，如深度不同，应由深至浅。分层铺设时应在接头处做斜坡，每层接槎必须拉开 0.5～1.0m。

3）砂石材料的含泥量应在标准规定的限度内，清除砂石中的杂草、树根等有机杂质。

4）验槽合格后，分层铺设砂石，每层厚约 300mm（以不埋设振捣棒体为准），振实压密。

用压路机碾压时，压实遍数和压路机的吨位有关，可参照有关资料经试验后确定压实遍数。

5）垫层法施工时，垫层接头处应重复振捣，垫层厚度较大，用插入式振捣棒振完所留孔洞应用砂填实，在振捣首层砂石和基槽边部时，切勿把振捣棒插入原土层，以免破坏基土的结构，同时也要避免软土混入砂石垫层而降低砂石垫层的强度（承载力）；在季节性冻结区应注意不得采用夹有冰块的砂石作垫层。

6）砂石应保持一定的含水率，这样便于振实。用振捣棒振实时，间隙一般为 400～500mm；插入振捣依次振实，直至完成。

7）级配砂石成活后，如不连续施工，应适当洒水湿润。

8）砂石垫层厚度不宜小于 100mm，冻结的天然砂石不得使用，地下水位高于基坑（槽）底面施工时，应采取排水或降低地下水位的措施，使其保持无积水状态。

（7）砂、砂石垫层的质量检验

对砂、砂石垫层的质量检验，砂垫层用容积不小于 200cm² 的环刀取样，测定其干砂土的密度，以不小于该砂料在中密状态时的干土密度值为合格（中砂在中密状态时的干密度，一般为 1.55～1.60kN/m³）；对于砂石或碎石垫层的质量检验，可在垫层中设置纯砂检查点或用灌砂法进行检查。用静力触探检验砂垫层质量被工程界认为是一个好方法。静力触探可沿深度贯入连续测值，方法简捷，可以获得较多的样本，能较为准确地对砂或砂石垫层的总体质量进行评价并提供依据。

垫层法还可用贯入测定法进行质量检验，用贯入仪、钢筋、钢叉等，检查时应将其表面砂刷去 3cm 左右后再进行测试，以不大于通过试验所确定的贯入度为合格。

（8）砂石垫层施工注意事项

1）由于砂、砂石垫层或砂桩均系人工所造，施工时存在人为因素，有的独立基础数量较多等原因，虽然垫层厚度相等，但基础尺寸不同且密实度往往不一致，导致在荷载作用下基础沉降不均匀；整层的接头处往往密实度较差，该处往往容易出现问题。砂石垫层地基房屋建成后，相邻新建建筑物地基用锤击桩施工时，由于受振影响，造成建筑物倾斜或开裂的例子是有的。

2）用砂石垫层处理独立基础时，应注意垫层密实度不均匀可能造成的建筑物开裂，可适当多打一些钎探点，以此判别垫层土的均匀程度，来保证垫层法处理地基土的均匀性。

3）砂和砂石地基应选用机械压实以达到设计要求的密度和承载力。

4）在软土地基上采用砂垫层时，在垫层的最下一层，宜先铺设 15～20cm 厚的松砂，用木夯仔细夯实，不得使用振捣器；用细砂作垫层材料时，不宜使用振捣法和水撼法。

5）当地下水位高于基坑（槽）底时，施工前应采取排水或降低地下水位的措施，使地下水位经常保持在施工面以下 50cm 左右。

6）对于湿陷性黄土地基不应选用具有透水性的砂石垫层。

7.3.1.4　粉煤灰地基施工记录

（1）粉煤灰地基施工记录表式按表 7-25 灰土地基施工记录表式执行。

（2）粉煤灰地基加固工程，应在正式施工前进行试验段施工，论证设定的施工参数及加固效果。为验证加固效果所进行的载荷试验，其施加载荷应不低于设计载荷的 2 倍。

粉煤灰填筑的施工参数宜在试验后确定。每摊铺一层后，先用履带式机具或轻型压路机初压 1～2 遍，然后用中、重型振动压路机振碾 3～4 遍，速度为 2.0～2.5km/h，再静碾 1～2 遍，碾压轮变应相互搭接，后轮必须超过两施工段的接缝。

（3）粉煤灰地基的施工质量检验必须分层进行。每层铺筑厚度按设计要求进行，每层铺筑厚度的允许偏差为 ±50mm，应在每层的压实系数符合设计要求后铺填上层土。

（4）对粉煤灰地基，其竣工后的结果（地基强度或承载力）必须达到设计要求的标准，检验数量，每单位工程应不应少于 3 点，1000m² 以上工程，每 100m² 至少应有 1 点，3000m² 以上工程，每 300m² 至少应有 1 点。每一独立基础下至少应有 1 点，基槽每 20 延米应有 1 点。

（5）施工前应检查粉煤灰材料，检验项目主要包括：粉煤灰粒径（0.001～2.0mm）、氧化铝及二氧化硅含量（≥70%）、烧失量（≤12%），并对基槽清底状况、地质条件予以检验（粉煤灰质量的检验项目、批量和检验方法应符合国家现行标准规定）。

（6）施工过程中应检查铺筑厚度、碾压遍数、施工含水量控制（施工含水量与最优含水量比较允许偏差值为±2%）、搭接区碾压程度、压实系数等。

（7）施工结束后，应检验地基的承载力，检验结果应符合设计要求。

7.3.2 夯实地基施工记录

7.3.2.1 强夯施工现场试夯记录

1. 资料表式（表7-32）

强夯的施工现场记录表 表 7-32

施工单位＿＿＿＿＿＿＿＿＿＿＿＿＿＿＿＿＿＿＿＿＿＿＿＿＿＿＿＿＿＿＿＿＿＿

工程名称＿＿＿＿＿＿＿＿＿＿＿＿＿＿＿＿ 施工日期 年 月 日

建筑物名称＿＿＿＿＿＿＿＿＿＿＿＿＿＿＿＿ 夯击遍数 第 遍

夯击坑编号	夯击次数	落距（m）	锤顶面距地面高（cm）					时间
			一	二	三	四	平均	
备注		锤体高度：　　　　　　cm						

参加人员	监理（建设）单位	施 工 单 位			
		项目技术负责人	专职质检员	施工员	记 录

2. 填表说明

（1）夯击遍数：按正方形或梅花形网格排列，根据夯击坑形状、孔隙水压力及建筑基础特点确定的间距，布置的夯击点依次夯击完成为第一遍，以下各遍均在中间补点，最后一遍锤印彼此搭接使表面平整。夯击遍数由设计确定，第一遍按实际填写。

（2）夯击坑编号：按强夯施工图设计的坑位编号填写。

（3）夯击次数：指每个夯击坑的夯击次数，按每夯击坑的实际夯击次数填写。

（4）落距：按施工时的实际落距填写，规范规定落距不宜小于 6m。

（5）锤顶面距地面高：指夯锤每次夯击落地后锤顶面距地面高度，照每次实测数填写。

（6）锤体高度：指实际使用夯锤的高度。

7.3.2.2　强夯地基施工记录

1. 资料表式（表 7-33）

强夯地基施工记录　　　　　　　　　　　　　　　　表 7-33

施工单位＿＿＿＿＿＿＿＿＿＿＿＿＿＿　施工日期＿＿＿＿＿＿＿＿＿＿＿＿＿　　至＿＿＿＿＿＿＿＿＿＿＿

工程名称＿＿＿

建筑物名称＿＿＿＿＿＿＿＿＿＿＿＿＿＿＿＿＿　占地面积＿＿＿＿＿＿＿＿＿＿＿＿＿＿＿＿＿　m^2

场地标高＿＿＿＿＿＿＿＿＿＿＿＿＿＿＿＿ m　　地下水位标高＿＿＿＿＿＿＿＿＿＿＿＿＿ m

地层土质＿＿

起重设备＿＿＿＿＿＿＿＿＿　夯锤规格＿＿＿＿＿＿＿＿＿＿＿＿＿　重量＿＿＿＿＿＿＿＿＿＿吨

夯击遍数：第＿＿＿＿＿＿＿＿遍　　　本遍每个夯击坑击数＿＿＿＿＿＿＿＿＿＿＿击

本遍夯击坑数＿＿＿＿＿＿＿＿＿＿＿＿个　　　本遍总夯击击数＿＿＿＿＿＿＿＿＿＿＿击

本遍夯击遍数＿＿＿＿＿＿＿＿＿＿遍　　　　总夯击坑数＿＿＿＿＿＿＿＿＿＿＿击

平均夯击能＿＿＿＿＿＿＿＿＿＿＿＿ $t \cdot m/m^2$　　总夯击击数＿＿＿＿＿＿＿＿＿＿＿个

场地平均沉降量＿＿＿＿＿＿＿＿＿＿＿ cm　累计＿＿＿＿＿＿＿＿＿＿＿＿＿＿＿ cm

建筑物基础夯击坑布置简图				
参加人员	监理（建设）单位	施　工　单　位		
		项目技术负责人	专职质检员	施工员	记　录

2. 应用说明

（1）夯实地基处理应符合下列规定：

1）强夯和强夯置换施工前，应在施工现场有代表性的场地选取一个或几个试验区，进行试夯或试验施工。每个试验区面积不宜小于 20m×20m，试验区数量应根据建筑场地复杂程度、建筑规模及建筑类型确定。

2）场地地下水位高，影响施工或夯实效果时，应采取降水或其他技术措施进行处理。

（2）强夯置换处理地基，必须通过现场试验确定其适用性和处理效果。

（3）强夯处理地基的设计应符合下列规定：

1）强夯的有效加固深度，应根据现场试夯或地区经验确定。在缺少试验资料或经验时，可按表 7-34 进行预估。

强夯的有效加固深度（m）　　　　　　　　　　表 7-34

单击夯击能 E（kN·m）	碎石土、砂土等粗颗粒土	粉土、粉质黏土、湿陷性黄土等细颗粒土
1000	4.0～5.0	3.0～4.0
2000	5.0～6.0	4.0～5.0
3000	6.0～7.0	5.0～6.0
4000	7.0～8.0	6.0～7.0
5000	8.0～8.5	7.0～7.5
6000	8.5～9.0	7.5～8.0
8000	9.0～9.5	8.0～8.5
10000	9.5～10.0	8.5～9.0
12000	10.0～11.0	9.0～10.0

注：强夯法的有效加固深度应从最初起夯面算起；单击夯击能 $E > 12000$kN·m 时，强夯的有效加固深度应通过试验确定。

2）夯点的夯击次数，应根据现场试夯的夯击次数和夯沉量关系曲线确定，并应同时满足下列条件：

①最后两击的平均夯沉量，宜满足表 7-35 的要求，当单击夯击能 $E > 12000$kN·m 时，应通过试验确定。

强夯法最后两击平均夯沉量（mm）　　　　　　　　表 7-35

单击夯击能 E（kN·m）	最后两击平均夯沉量不大于（mm）
$E < 4000$	50
$4000 \leqslant E < 6000$	100
$6000 \leqslant E < 8000$	150
$8000 \leqslant E < 12000$	200

②夯坑周围地面不应发生过大的隆起。

③不因夯坑过深而发生提锤困难。

3）夯击遍数应根据地基土的性质确定，可采用点夯 2～4 遍，对于渗透性较差的细颗粒土，应适当增加夯击遍数；最后以低能量满夯 2 遍，满夯可采用轻锤或低落距锤多次夯击，锤印搭接。

4）两遍夯击之间，应有一定的时间间隔，间隔时间取决于土中超静孔隙水压力的消散时间。当缺少实测资料时，可根据地基土的渗透性确定，对于渗透性较差的黏性土地基，间隔时间不应少于 2～3 周；对于渗透性好的地基可连续夯击。

5）夯击点位置可根据基础底面形状，采用等边三角形、等腰三角形或正方形布置。第一遍夯击点间距可取夯锤直径的 2.5～3.5 倍，第二遍夯击点应位于第一遍夯击点之间。以后各遍夯击点间距可适当减小。对处理深度较深或单击夯击能较大的工程，第一遍夯击点间距宜适当增大。

6）强夯处理范围应大于建筑物基础范围，每边超出基础外缘的宽度宜为基底下设计处理深度的 1/2～2/3，且不应小于 3m；对可液化地基，基础边缘的处理宽度，不应小于 5m；对湿陷性黄土地基，应符合现行国家标准《湿陷性黄土地区建筑规范》（GB 50025—2004）的有关规定。

7）根据初步确定的强夯参数，提出强夯试验方案，进行现场试夯。应根据不同土质条件，待试夯结束一周至数周后，对试夯场地进行检测，并与夯前测试数据进行对比，检验强夯效果，确定工程采用的各项强夯参数。

8）根据基础埋深和试夯时所测得的夯沉量，确定起夯面标高、夯坑回填方式和夯后标高。

9）强夯地基承载力特征值应通过现场静载荷试验确定。

10）强夯地基变形计算，应符合现行国家标准《建筑地基基础设计规范》（GB 50007—2011）的有关规定。夯后有效加固深度内土的压缩模量，应通过原位测试或土工试验确定。

（4）强夯处理地基的施工，应符合下列规定：

1）强夯夯锤质量宜为 10～60t，其底面形式宜采用圆形，锤底面积宜按土的性质确定，锤底静接地压力值宜为 25～80kPa，单击夯击能高时，取高值，单击夯击能低时，取低值，对于细颗粒土宜取低值。锤的底面宜对称设置若干个上下贯通的排气孔，孔径宜为 300～400mm。

2）强夯法施工，应按下列步骤进行：

①清理并平整施工场地。

②标出第一遍夯点位置，并测量场地高程。

③起重机就位，夯锤置于夯点位置。

④测量夯前锤顶高程。

⑤将夯锤起吊到预定高度，开启脱钩装置，夯锤脱钩自由下落，放下吊钩，测量锤顶高程；若发现因坑底倾斜而造成夯锤歪斜时，应及时将坑底整平。

⑥重复步骤⑤，按设计规定的夯击次数及控制标准，完成一个夯点的夯击；当夯坑过深，出现提锤困难，但无明显隆起，而尚未达到控制标准时，宜将夯坑回填至与坑顶齐平后，继续夯击。

⑦换夯点，重复步骤③～⑥，完成第一遍全部夯点的夯击。

⑧用推土机将夯坑填平，并测量场地高程。

⑨在规定的间隔时间后，按上述步骤逐次完成全部夯击遍数；最后，采用低能量满夯，将场地表层松土夯实，并测量夯后场地高程。

（5）强夯置换处理地基的设计，应符合下列规定：

1）强夯置换墩的深度应由土质条件决定。除厚层饱和粉土外，应穿透软土层，到达较硬土层上，深度不宜超过 10m。

2）强夯置换的单击夯击能应根据现场试验确定。

3）墩体材料可采用级配良好的块石、碎石、矿渣、工业废渣、建筑垃圾等坚硬粗颗粒材料，且粒径大于 300mm 的颗粒含量不宜超过 30%。

4）夯点的夯击次数应通过现场试夯确定，并应满足下列条件：

①墩底穿透软弱土层，且达到设计墩长。

②累计夯沉量为设计墩长的 1.5～2.0 倍。

③最后两击的平均夯沉量可按表 7-35 确定。

5）墩位布置宜采用等边三角形或正方形。对独立基础或条形基础可根据基础形状与宽度作相应布置。

6）墩间距应根据荷载大小和原状土的承载力选定，当满堂布置时，可取夯锤直径的 2～3 倍。对独立基础或条形基础可取夯锤直径的 1.5～2.0 倍。墩的计算直径可取夯锤直径的 1.1～1.2 倍。

7）强夯置换处理范围应符合第（3）条中 6）款的规定。

8）墩顶应铺设一层厚度不小于 500mm 的压实垫层，垫层材料宜与墩体材料相同，粒径不宜大于 100mm。

9）强夯置换设计时，应预估地面抬高值，并在试夯时校正。

10）强夯置换地基处理试验方案的确定，应符合《建筑地基处理技术规范》（JGJ 79—2012）第 6.3.3 条第 7 款的规定。除应进行现场静载荷试验和变形模量检测外，尚应采用超重型或重型动力触探等方法，检查置换墩着底情况，以及地基土的承载力与密度随深度的变化。

11）软黏性土中强夯置换地基承载力特征值应通过现场单墩静载荷试验确定；对于饱和粉土地基，当处理后形成 2.0m 以上厚度的硬层时，其承载力可通过现场单墩复合地基静载荷试验确定。

12）强夯置换地基的变形宜按单墩静载荷试验确定的变形模量计算加固区的地基变形，对墩下地基土的变形可按置换墩材料的压力扩散角计算传至墩下土层的附加应力，按现行国家标准《建筑地基基础设计规范》（GB 50007—2011）的有关规定计算确定；对饱和粉土地基，当处理后形成 2.0m 以上厚度的硬层时，可按《建筑地基处理技术规范》（JGJ 79—2012）第 7.1.7 条的规定确定。

（6）强夯置换处理地基的施工应符合下列规定：

1）强夯置换夯锤底面宜采用圆形，夯锤底静接地压力值宜大于 80 kPa。

2）强夯置换施工应按下列步骤进行：

①清理并平整施工场地，当表层土松软时，可铺设 1.0～2.0m 厚的砂石垫层。

②标出夯点位置，并测量场地高程。

③起重机就位，夯锤置于夯点位置。

④测量夯前锤顶高程。

⑤夯击并逐击记录夯坑深度；当夯坑过深，起锤困难时，应停夯，向夯坑内填料直至与坑顶齐平，记录填料数量；工序重复，直至满足设计的夯击次数及质量控制标准，完成一个墩体的夯击；当夯点周围软土挤出，影响施工时，应随时清理，并宜在夯点周围铺垫碎石后，继续施工。

⑥按照"由内而外、隔行跳打"的原则，完成全部夯点的施工。

⑦推平场地，采用低能量满夯，将场地表层松土夯实，并测量夯后场地高程。

⑧铺设垫层，分层碾压密实。

（7）夯实地基宜采用带有自动脱钩装置的履带式起重机，夯锤的质量不应超过起重机械额定起重质量。履带式起重机应在臂杆端部设置辅助门架或采取其他安全措施，防止起落锤时，机架倾覆。

（8）当场地表层土软弱或地下水位较高时，宜采用人工降低地下水位或铺填一定厚度的砂石材料的施工措施。施工前，宜将地下水位降低至坑底面以下 2m。施工时，坑内或场地积水应及时排除。对细颗粒土，尚应采取晾晒等措施降低含水量。当地基土的含水量低，影响处理效果时，宜采取增湿措施。

（9）施工前，应查明施工影响范围内地下构筑物和地下管线的位置，并采取必要的保护措施。

（10）当强夯施工所引起的振动和侧向挤压对邻近建构筑物产生不利影响时，应设置监测点，并采取挖隔振沟等隔振或防振措施。

（11）施工过程中的监测应符合下列规定：

1）开夯前，应检查夯锤质量和落距，以确保单击夯击能量符合设计要求。

2）在每一遍夯击前，应对夯点放线进行复核，夯完后检查夯坑位置，发现偏差或漏夯应及时纠正。

3）按设计要求，检查每个夯点的夯击次数、每击的夯沉量、最后两击的平均夯沉量和总夯沉量、夯点施工起止时间。对强夯置换施工，尚应检查置换深度。

4）施工过程中，应对各项施工参数及施工情况进行详细记录。

（12）夯实地基施工结束后，应根据地基土的性质及所采用的施工工艺，待土层休止期结束后，方可进行基础施工。

（13）强夯处理后的地基竣工验收，承载力检验应根据静载荷试验、其他原位测试和室内土工试验等方法综合确定。强夯置换后的地基竣工验收，除应采用单墩静载荷试验进行承载力检验外。尚应采用动力触探等查明置换墩着底情况及密度随深度的变化情况。

（14）夯实地基的质量检验应符合下列规定：

1）检查施工过程中的各项测试数据和施工记录，不符合设计要求时应补夯或采取其他有效措施。

2）强夯处理后的地基承载力检验，应在施工结束后间隔一定时间进行，对于碎石土和砂土地基，间隔时间宜为 7～14d；粉土和黏性土地基，间隔时间宜为 14～28d；强夯置换地基，间隔时间宜为 28d。

3）强夯地基均匀性检验，可采用动力触探试验或标准贯入试验、静力触探试验等原位测试，以及室内土工试验。检验点的数量，可根据场地复杂程度和建筑物的重要性确定，对于简单场地上的一般建筑物，按每 400m² 不少于 1 个检测点，且不少于 3 点；对于复杂场地或重要建筑地基，每 300m² 不少于 1 个检验点，且不少于 3 点。强夯置换地基，可采用超重型或重型动力触探试验等方法，检查置换墩着底情况及承载力与密度随深度的变化，检验数量不应少于墩点数的 3%，且不少于 3 点。

4）强夯地基承载力检验的数量，应根据场地复杂程度和建筑物的重要性确定，对于简单场地上的一般建筑，每个建筑地基载荷试验检验点不应少于 3 点；对于复杂场地或重要建筑地基应增加检验点数。检测结果的评价，应考虑夯点和夯间位置的差异。强夯置换地基单墩载荷试验数量不应少于墩点数的 1%，且不少于 3 点；对饱和粉土地基，当处理后墩间土能形成 2.0m 以上厚度的硬层时，其地基承载力可通过现场单墩复合地基静载荷试验确定，检验数量不应少于墩点数的 1%，且每个建筑载荷试验检验点不应少于 3 点。

（15）强夯实践中应注意的几个问题

1）在强夯的实践中，要充分考虑可能引起强夯效果差异性的主要因素，及时总结强夯实施中存在的问题，对指导工程实践、达到预定强夯效果具有极其重要的意义。

①注意区域性地基土的特点。

②及时分析夯击土击实实验结果。特别注意基土含水量、干密度等的变化。

③对夯实土及时进行渗透性分析。由于区域性和基土的工程性质差异，压实和含水量对渗透有很大影响。因此，及时分析发现问题是至关重要的。

2）检查强夯施工过程中的各项测试数据和施工记录，当不符合设计要求时，不应当简单地采取补夯方法，重要的是分析不符合设计要求的原因和程度，从而采取补夯或其他有效措施。

3）强夯法的噪声危害：

①振动和噪声均对环境产生恶劣影响。

②相邻建（构）筑物受振常引起民事纠纷。软黏土中距夯点 18m，砂性土中距夯点 14m 与地震度相当，采用 3000kg 的单击能量强夯，在 10m 远处产生的水平振动加速度达 0.6m/s^2。会对附近的精密设备、仪器的正常工作造成影响，人感觉很不舒服。因此，强夯只宜在远离城区的场地施工，在城区应采取挖掘隔振沟、钻设隔振孔等方法处理。

③ 当强夯施工所产生的振动对邻近建筑物或设备会产生有害的影响时，应设置监测点，并采取挖隔振沟等隔振或防振措施。

4）强夯施工中应特别注意的几个问题

①为了使强夯后的地表达到设计基底标高，强夯常推掉一层表土在基坑内进行，这时应防止雨水流入基坑，强夯场地也应保持平整，不使雨水汇入低凹处，因为即使降雨 100mm，也仅使雨过地皮湿，不影响强夯，但集中汇聚于一处，将使表层或局部地区含水量过大，引起翻浆难以解决，造成强夯施工困难，这时需挖除或填料。

②在饱和软弱土地基上施工，应保证吊车的稳定，因此有一定厚度的砂砾石、矿渣等粗粒料垫层是必要的。这应根据需要设置，粗粒料粒径不应大于 10cm，也不宜用粉细砂。在液化砂基中强夯，为防止夯坑涌砂流土，宜用碎石、卵石等填料而不宜用砂。

③注意吊车、夯锤附近人员的安全，为防止飞石伤人，吊车驾驶室应加防护网，起锤后，人员应在 10m 以外并戴安全帽，严禁在吊臂前站立。

（16）填表说明

1）场地标高：指强夯施工区内未夯击前的场地标高，按实际复测的场地标高填写。

2）地下水位标高：指强夯施工区内未夯击前的地下水位标高，按地质报告或实际复测的地下水位标高填写。

3）地层土质：一般按工程地质报告测得的地层土质填写，并应填写强夯设计影响深度以下 5～8m 的实际地层土质。

4）起重设备：照实际选定的起重设备填写，一般多使用起重能力为 15t、30t 和 50t 的履带式起重机或其他起重设备。也可采用专用三脚架或龙门架作为起重设备。

5）夯锤规格：按夯锤的实际直径和高度填写。

7.3.3 水泥土搅拌法施工记录

7.3.3.1 水泥土搅拌桩复合地基施工记录

1. 资料表式（表 7-36）

水泥土搅拌桩复合地基施工记录表   表 7-36

第 页 共 页

工程名称：   水泥品种强度等级：   水灰比：   年 月 日

日期	序号	施工工序	每米下沉或提升时间																开始时间	终止时间	工艺时间	来浆时间	停浆时间	总喷浆时间	总施工时间	材料用量	备注
			1	2	3	4	5	6	7	8	9	10	11	12	13	14	15									
		预搅下沉																									
		喷浆提升																									
		重复下沉																									
		重复提升																									
		预搅下沉																									
		喷浆提升																									
		重复下沉																									
		重复提升																									

参加人员	监理（建设）单位				施 工 单 位			
					专业技术负责人	质检员	试 验	施工员

2. 应用说明

（1）水泥土搅拌桩复合地基处理应符合下列规定：

1）适用于处理正常固结的淤泥、淤泥质土、素填土、黏性土（软塑、可塑）、粉土（稍密、中密）、粉细砂（松散、中密）、中粗砂（松散、稍密）、饱和黄土等土层。不适用于含大孤石或障碍物较多且不易清除的杂填土、欠固结的淤泥和淤泥质土、硬塑及坚硬的黏性土、密实的砂类土，以及地下水渗流影响成桩质量的土层。当地基土的天然含水量小于 30%（黄土含水量小于 25%）时不宜采用粉体搅拌法。冬期施工时，应考虑负温对处理地基效果的影响。

2）水泥土搅拌桩的施工工艺分为浆液搅拌法（以下简称湿法）和粉体搅拌法（以下简称干法）。可采用单轴、双轴、多轴搅拌或连续成槽搅拌形成柱状、壁状、格栅状或块状水泥土加固体。

3）对采用水泥土搅拌桩处理地基，除应按现行国家标准《岩土工程勘察规范》（GB 50021—2001）要求进行岩土工程详细勘察外，尚应查明拟处理地基土层的 pH 值、塑性指数、有机质含量、地下障碍物及软土分布情况、地下水位及其运动规律等。

4）设计前，应进行处理地基土的室内配合比试验。针对现场拟处理地基土层的性质，选择合适的固化剂、外掺剂及其掺量，为设计提供不同龄期、不同配合比的强度参数。对竖向承载的水泥土强度宜取 90d 龄期试块的立方体抗压强度平均值。

5）增强体的水泥掺量不应小于 12%，块状加固时水泥掺量不应小于加固天然土质量的 7%；湿法的水泥浆水灰比可取 0.5～0.6。

6）水泥土搅拌桩复合地基宜在基础和桩之间设置褥垫层，厚度可取 200～300mm。褥垫层材料可选用中砂、粗砂、级配砂石等，最大粒径不宜大于 20mm。褥垫层的夯填度不应大于 0.9。

（2）水泥土搅拌桩用于处理泥炭土、有机质土、pH 值小于 4 的酸性土、塑性指数大于 25 的黏土。或在腐蚀性环境中以及无工程经验的地区使用时，必须通过现场和室内试验确定其适用性。

（3）水泥土搅拌桩复合地基设计应符合下列规定：

1）搅拌桩的长度，应根据上部结构对地基承载力和变形的要求确定，并应穿透软弱土层到达地基承载力相对较高的土层；当设置的搅拌桩同时为提高地基稳定性时，其桩长应超过危险滑弧以下不少于 2.0m；干法的加固深度不宜大于 15m，湿法加固深度不宜大于 20m。

2）复合地基的承载力特征值，应通过现场单桩或多桩复合地基静载荷试验确定。初步设计时可按 (7-1) 估算，处理后桩间土承载力特征值 f_{sk}（kPa）可取天然地基承载力特征值；桩间土承载力发挥系数 β，对淤泥、淤泥质土和流塑状软土等处理土层，可取 0.1～0.4，对其他土层可取 0.4～0.8；单桩承载力发挥系数 λ 可取 1.0。

$$f_{spk} = \lambda m \frac{R_a}{A_p} + \beta(1-m)f_{sk} \tag{7-1}$$

式中　λ——单桩承载力发挥系数，可按地区经验取值；

　　　R_a——单桩竖向承载力特征值（kN）；

　　　A_p——桩的截面积（m²）；

　　　β——桩间土承载力发挥系数，可按地区经验取值。

3）单桩承载力特征值，应通过现场静载荷试验确定。初步设计时可按式 (7-2) 估算，桩端端阻力发挥系数可取 0.4～0.6；桩端端阻力特征值，可取桩端土未修正的地基承载力特征值，并应满足式 (7-3) 的要求，应使由桩身材料强度确定的单桩承载力不小于由桩周土和桩端土的抗力所提供的单桩承载力。

$$R_a = u_p \sum_{i=1}^{n} q_{si}l_{pi} + a_p q_p A_p \tag{7-2}$$

式中　u_p——桩的周长（m）；

　　　q_{si}——桩周第 i 层土的侧阻力特征值（kPa），可按地区经验确定；

　　　l_{pi}——桩长范围内第 i 层土的厚度（m）；

　　　a_p——桩端端阻力发挥系数，应按地区经验确定；

　　　q_p——桩端端阻力特征值（kPa），可按地区经验确定；对于水泥搅拌桩、旋喷桩应取未经修正的桩端地基土承载力特征值。

$$R_a = \eta f_{cu} A_p \tag{7-3}$$

式中　f_{cu}——与搅拌桩桩身水泥土配合比相同的室内加固土试块，边长为 70.7mm 的立方体在标准养护条件下 90d 龄期的立方体抗压强度平均值（kPa）；

　　　　η——桩身强度折减系数，干法可取 0.20～0.25；湿法可取 0.25。

4）桩长超过 10m 时，可采用固化剂变掺量设计。在全长桩身水泥总掺量不变的前提下，桩身上部 1/3 桩长范围内，可适当增加水泥掺量及搅拌次数。

5）桩的平面布置可根据上部结构特点及对地基承载力和变形的要求，采用柱状、壁状、格栅状或块状等加固形式。独立基础下的桩数不宜少于 4 根。

6）当搅拌桩处理范围以下存在软弱下卧层时，应按现行国家标准《建筑地基基础设计规范》（GB 50007—2011）的有关规定进行软弱下卧层地基承载力验算。

7）复合地基的变形计算应符合《建筑地基处理技术规范》（JGJ 79—2012）第 7.1.7 条和第 7.1.8 条的规定。

（4）用于建筑物地基处理的水泥土搅拌桩施工设备，其湿法施工配备注浆泵的额定压力不宜小于 5.0MPa；干法施工的最大送粉压力不应小于 0.5MPa。

（5）水泥土搅拌桩施工应符合下列规定：

1）水泥土搅拌桩施工现场施工前应予以平整，清除地上和地下的障碍物。

2）水泥土搅拌桩施工前，应根据设计进行工艺性试桩，数量不得少于 3 根，多轴搅拌施工不得少于 3 组。应对工艺试桩的质量进行检验，确定施工参数。

3）搅拌头翼片的枚数、宽度、与搅拌轴的垂直夹角、搅拌头的回转数、提升速度应相互匹配，干法搅拌时钻头每转一圈的提升（或下沉）量宜为 10～15mm，确保加固深度范围内土体的任何一点均能经过 20 次以上的搅拌。

4）搅拌桩施工时，停浆（灰）面应高于桩顶设计标高 500mm。在开挖基坑时，应将桩顶以上土层及桩顶施工质量较差的桩段，采用人工挖除。

5）施工中，应保持搅拌桩机底盘的水平和导向架的竖直，搅拌桩的垂直度允许偏差和桩位偏差应满足《建筑地基处理技术规范》（JGJ 79—2012）第 7.1.4 条的规定；成桩直径和桩长不得小于设计值。

6）水泥土搅拌桩施工应包括下列主要步骤：

①搅拌机械就位、调平。

②预搅下沉至设计加固深度。

③边喷浆（或粉）、边搅拌提升直至预定的停浆（或灰）面。

④重复搅拌下沉至设计加固深度。

⑤根据设计要求，喷浆（或粉）或仅搅拌提升直至预定的停浆（或灰）面。

⑥关闭搅拌机械。

在预（复）搅下沉时，也可采用喷浆（粉）的施工工艺，确保全桩长上下至少再重复搅拌一次。

对地基土进行干法咬合加固时，如复搅困难，可采用慢速搅拌，保证搅拌的均匀性。

7）水泥土搅拌湿法施工应符合下列规定：

①施工前，应确定灰浆泵输浆量、灰浆经输浆管到达搅拌机喷浆口的时间和起吊设备提升速度等施工参数，并应根据设计要求，通过工艺性成桩试验确定施工工艺。

②施工中所使用的水泥应过筛，制备好的浆液不得离析，泵送浆应连续进行。拌制水

泥浆液的罐数、水泥和外掺剂用量以及泵送浆液的时间应记录；喷浆量及搅拌深度应采用经国家计量部门认证的监测仪器进行自动记录。

③搅拌机喷浆提升的速度和次数应符合施工工艺要求，并设专人进行记录。

④当水泥浆液到达出浆口后，应喷浆搅拌 30s，在水泥浆与桩端土充分搅拌后，再开始提升搅拌头。

⑤搅拌机预搅下沉时，不宜冲水，当遇到硬土层下沉太慢时，可适量冲水。

⑥施工过程中，如因故停浆，应将搅拌头下沉至停浆点以下 0.5m 处，待恢复供浆时，再喷浆搅拌提升；若停机超过 3h，宜先拆卸输浆管路，并加以清洗。

⑦壁状加固时，相邻桩的施工时间间隔不宜超过 12h。

8）水泥土搅拌干法施工应符合下列规定：

①喷粉施工前，应检查搅拌机械、供粉泵、送气（粉）管路、接头和阀门的密封性、可靠性，送气（粉）管路的长度不宜大于 60m。

②搅拌头每旋转一周，提升高度不得超过 15mm。

③搅拌头的直径应定期复核检查，其磨耗量不得大于 10mm。

④当搅拌头到达设计桩底以上 1.5m 时，应开启喷粉机提前进行喷粉作业；当搅拌头提升至地面下 500mm 时，喷粉机应停止喷粉。

⑤成桩过程中，因故停止喷粉，应将搅拌头下沉至停灰面以下 1m 处，待恢复喷粉时，再喷粉搅拌提升。

（6）水泥土搅拌桩干法施工机械必须配置经国家计量部门确认的具有能瞬时检测并记录出粉体计量装置及搅拌深度自动记录仪。

（7）水泥土搅拌桩复合地基质量检验应符合下列规定：

1）施工过程中应随时检查施工记录和计量记录。

2）水泥土搅拌桩的施工质量检验可采用下列方法：

①成桩 3d 内，采用轻型动力触探（N_{10}）检查上部桩身的均匀性，检验数量为施工总桩数的 1%，且不少于 3 根。

②成桩 7d 后，采用浅部开挖桩头进行检查，开挖深度宜超过停浆（灰）面下 0.5m，检查搅拌的均匀性，量测成桩直径，检查数量不少于总桩数的 5%。

3）静载荷试验宜在成桩 28d 后进行。水泥土搅拌桩复合地基承载力检验应采用复合地基静载荷试验和单桩静载荷试验，验收检验数量不少于总桩数的 10%复合地基静载荷试验数量不少于 3 台（多轴搅拌为 3 组）。

4）对变形有严格要求的工程，应在成桩 28d 后，采用双管单动取样器钻取芯样做水泥土抗压强度检验，检验数量为施工总桩数的 0.50 倍，且不少于 6 点。

（8）基槽开挖后，应检验桩位、桩数与桩顶桩身质量，如不符合设计要求，应采取有效补强措施。

（9）施工注意事项

1）在成桩过程中，如发生意外事故（如提升过快、搅拌不均匀、输浆管路堵塞、断浆或断电），影响桩身质量时，应在 24h 内采取重新搅拌或补浆等处理措施，同时，搅拌桩施工间隔时间也不得超过 24h。

2）搅拌头直径尺寸的负误差不得超过 40mm。

3）搅拌桩的施工属隐蔽验收工程，因此应有完整"隐验"记录。

4）施工过程中应随时检查施工记录，并对每根桩进行质量评定。对于不合格的桩应根据其位置和数量等具体情况，分别采取补桩或加强邻桩等措施。

（10）填表说明

1）水灰比：照实际水灰比填写，应与水泥土试块配方的水灰比相一致。

2）施工工序：指涂层搅拌桩施工，包括预搅下沉、喷浆提升、重复下沉、重复提升等操作程序。

3）每米下沉或提升时间：指水泥土搅拌施工设备施工时下沉、提升的时间，应按预搅下沉、喷浆提升、重复下沉、重复提升分别记录。

4）开始时间：指预搅下沉、喷浆提升、重复下沉、重复提升各环节开始时间分别记录。

5）终止时间：指预搅下沉、喷浆提升、重复下沉、重复提升各环节的终止时间分别记录。

6）工艺时间：指预搅下沉、喷浆提升、重复下沉、重复提升各环节实际供浆的时间。

7）来浆时间：指喷浆提升和重复提升环节的来浆时间，照实际填写。

8）停浆时间：指喷浆提升和重复提升环节的停浆时间，照实际填写。

9）总喷浆时间：指喷浆提升和重复提升喷浆的总喷浆时间。

10）总施工时间：指预搅下沉、喷浆提升、重复下沉、重复提升的总施工时间。

7.3.3.2 水泥土搅拌桩供灰记录

1. 资料表式（表 7-37）

水泥土搅拌桩供灰记录表　　　　　　表 7-37

工程名称：　　　　　　　　　　　　　　　　　第　页　共　页

日期	桩号	输浆管道走浆时间	水泥品种强度等级	拌灰罐数	每罐用量（t）	水泥总用量（t）	外掺剂总用量（t）	开泵时间	停泵时间	总喷浆时间	泵前管内状态	泵后管内状态	备注

参加人员	监理（建设）单位	施 工 单 位			
		专业技术负责人	质检员	试 验	施工员

2. 应用说明

（1）水泥土搅拌桩供灰记录是为按照供灰仪表记录的供灰数量实施的记录。

（2）填表说明

1）输浆管道走浆时间：按输浆管道走浆的供浆表的走浆时间填写。

2）水泥品种及强度等级：照实际使用的品种、强度等级填写，应与水泥土试块用水泥的配方相一致。

3）拌灰罐数：照实际的拌灰罐数填记。

4）每罐用量：照实际，核算后应和设计的供灰数量相一致。

5）水泥总用量：照实际，应不低于设计的水泥总数量或相一致。

6）外掺剂总用量：照实际，应和设计的外加剂总用量相一致。

7）总喷浆时间：指喷浆提升和重复提升喷浆的总喷浆时间。

8）泵前管内状态：指供灰泵前输浆管的畅通情况，照实际。

9）泵后管内状态：指供灰泵后输浆管的畅通情况，照实际。

7.3.3.3 水泥土搅拌轻便触探检测记录

1. 资料表式（表7-38）

轻便触探检测记录表 表 7-38

工程名称： 第 页 共 页

序号	成桩日期	触探日期	桩身龄期	轻便触探击数 N_{10}								加固土土样描述
				0.0~0.3 m	0.5~0.8 m	1.0~1.3 m	1.5~1.8 m	2.0~2.3 m	2.5~2.8 m	3.0~3.3 m	3.5~3.8 m	

参加人员	监理（建设）单位	施 工 单 位			
		专业技术负责人	质检员	试 验	施工员

2. 应用说明

（1）水泥土搅拌桩轻便触探检测记录是为检测水泥土搅拌桩质量而进行的检测方法之一。

（2）成桩后3d内，可用轻型动力触探器中附带的钻头，在搅拌桩身中钻（N_{10}），检查每米桩身的均匀性。检验数量为施工总桩数的1％，且不少于3根。

（3）成桩7d后，采用浅部开挖桩头进行检查，开挖深度宜超过停浆（灰）面下0.5m，检查搅拌的均匀性，量测成桩直径，检查数量不少于总桩数的5％。

（4）填表说明

1）桩身龄期：指施工图设计的某桩号的桩身龄期，照实际填写。

2）轻便触探击数：指施工图设计的某桩号进行轻便触探试验时轻便触探击数，用 N_{10} 的轻便触探器触探，分别照 0.0～0.3m、0.5～0.8m、1.0～1.3m、1.5～1.8m、2.0～2.3m、2.5～2.8m、3.0～3.3m、3.5～3.8m 填写。

3）加固土土样描述：按轻便触探取出的加固土土样进行描述，照实际加固土土样进行描述。

7.3.4 水泥粉煤灰碎石桩复合地基施工记录

1. 资料表式（表7-39、表7-40）

水泥粉煤灰碎石桩复合地基施工记录　　　　　　　　　　　　表 7-39

工程名称：

日期	序号	桩号	孔深(m)	桩顶标高(m)	成孔时间		成桩时间		投料量(m³)	浮浆厚度(m)	备注
					起	止	起	止			
参加人员	监理（建设）单位					施　工　单　位					
			专业技术负责人			质检员			试验员		

注：本表为长螺旋钻成孔水泥粉煤灰碎石桩施工记录用表。

水泥粉煤灰碎石桩桩位偏差量测统计表　　　　　　　　　　　表 7-40

工程名称：

桩号	偏移方向与距离（cm）				桩号	偏移方向与距离（cm）			
	东	西	南	北		东	西	南	北
参加人员	监理（建设）单位				施　工　单　位				
			专业技术负责人		质检员		试验员		

2. 应用说明

（1）水泥粉煤灰碎石桩复合地基适用于处理黏性土、粉土、砂土和自重固结已完成的素填土地基。对淤泥质土应按地区经验或通过现场试验确定其适用性。

（2）水泥粉煤灰碎石桩复合地基设计应符合下列规定：

1）水泥粉煤灰碎石桩，应选择承载力和压缩模量相对较高的土层作为桩端持力层。

2）桩径：长螺旋钻中心压灌、干成孔和振动沉管成桩宜为 350～600mm；泥浆护壁钻孔成桩宜为 600～800mm；钢筋混凝土预制桩宜为 300～600mm。

3）桩间距应根据基础形式、设计要求的复合地基承载力和变形、土性及施工工艺确定：

①采用非挤土成桩工艺和部分挤土成桩工艺，桩间距宜为3～5倍桩径。

②采用挤土成桩工艺和墙下条形基础单排布桩的桩间距宜为3～6倍桩径。

③桩长范围内有饱和粉土、粉细砂、淤泥、淤泥质土层，采用长螺旋钻中心压灌成桩施工中可能发生窜孔时宜采用较大桩距。

4）桩顶和基础之间应设置褥垫层，褥垫层厚度宜为桩径的40％～60％。褥垫材料宜采用中砂、粗砂、级配砂石和碎石等，最大粒径不宜大于30mm。

5）水泥粉煤灰碎石桩可只在基础范围内布桩，并可根据建筑物荷载分布、基础形式和地基土性状，合理确定布桩参数：

①内筒外框结构内筒部位可采用减小桩距、增大桩长或桩径布桩。

②对相邻柱荷载水平相差较大的独立基础，应按变形控制确定桩长和桩距。

③筏板厚度与跨距之比小于1/6的平板式筏基、梁的高跨比大于1/6且板的厚跨比（筏板厚度与梁的中心距之比）小于1/6的梁板式筏基，应在柱（平板式筏基）和梁（梁板式筏基）边缘每边外扩2.5倍板厚的面积范围内布桩。

④对荷载水平不高的墙下条形基础可采用墙下单排布桩。

6）复合地基承载力特征值应按《建筑地基处理技术规范》JGJ 79—2012 第7.1.5条规定确定。初步设计时，可按式（7.1.5-2）估算，其中单桩承载力发挥系数 λ 和桩间土承载力发挥系数 β 应按地区经验取值，无经验时 λ 可取 0.8～0.9；β 可取 0.9～1.0；处理后桩间土的承载力特征值 f_{sk}，对非挤土成桩工艺，可取天然地基承载力特征值；对挤土成桩工艺，一般黏性土可取天然地基承载力特征值；松散砂土、粉土可取天然地基承载力特征值的 1.2～1.5 倍，原土强度低的取大值。按式（7.1.5-3）估算单桩承载力时，桩端端阻力发挥系数 α_p，可取 1.0；桩身强度应满足《建筑地基处理技术规范》（JGJ 79—2012）第7.1.6条的规定。

附：《建筑地基处理技术规范》（JGJ 79—2012）第7.1.5条：

7.1.5 复合地基承载力特征值应通过复合地基静载荷试验或采用增强体静载荷试验结果和其周边土的承载力特征值结合经验确定，初步设计时，可按下列公式估算：

1 对散体材料增强体复合地基应按下式计算：

$$f_{spk} = [1 + m(n-1)]f_{sk} \qquad (7.1.5-1)$$

式中 f_{spk}——复合地基承载力特征值（kPa）；

f_{sk}——处理后桩间土承载力特征值（kPa），可按地区经验确定；

n——复合地基桩土应力比，可按地区经验确定；

m——面积置换率，$m = d^2/d_e^2$；d 为桩身平均直径（m），d_e 为一根桩分担的处理地基面积的等效圆直径（m）；等边三角形布桩 $d_e = 1.05s$，正方形布桩 $d_e = 1.13s$，矩形布桩 $d_e = 1.13\sqrt{s_1 s_2}$，s、s_1、s_2 分别为桩间距、纵向桩间距和横向桩间距。

2 对有粘结强度增强体复合地基应按下式计算：

$$f_{spk} = \lambda m \frac{R_a}{A_p} + \beta(1-m)f_{sk} \qquad (7.1.5-2)$$

式中 λ——单桩承载力发挥系数，可按地区经验取值；

R_a——单桩竖向承载力特征值（kN）；

A_p——桩的截面积（m^2）；

β——桩间土承载力发挥系数，可按地区经验取值。

3 增强体单桩竖向承载力特征值可按下式估算：

$$R_a = u_p \sum_{i=1}^{n} q_{si} l_{pi} + a_p q_p A_p \qquad (7.1.5-3)$$

式中 u_p——桩的周长（m）；

q_{si}——桩周第 i 层土的侧阻力特征值（kPa），可按地区经验确定；

l_{pi}——桩长范围内第 i 层土的厚度（m）；

a_p——桩端端阻力发挥系数，应按地区经验确定；

q_p——桩端端阻力特征值（kPa），可按地区经验确定；对于水泥搅拌桩、旋喷桩应取未经修正的桩端地基土承载力特征值。

附：第 7.1.6 条：

7.1.6 有粘结强度复合地基增强体桩身强度应满足式（7.1.6-1）的要求。当复合地基承载力进行基础埋深的深度修正时，增强体桩身强度应满足式（7.1.6-2）的要求。

$$f_{cu} \geqslant 4 \frac{\lambda R_a}{A_p} \qquad (7.1.6-1)$$

$$f_{cu} \geqslant 4 \frac{\lambda R_a}{A_p} \left[1 + \frac{\gamma_m (d - 0.5)}{f_{spa}} \right] \qquad (7.1.6-2)$$

式中 f_{cu}——桩体试块（边长 150mm 立方体）标准养护 28d 的立方体抗压强度平均值（kPa），对水泥土搅拌桩应符合《建筑地基处理技术规范》（JGJ 79—2012）第 7.3.3 条的规定；

γ_m——基础底面以上土的加权平均重度（kN/m^3），地下水位以下取有效重度；

d——基础埋置深度（m）；

f_{spa}——深度修正后的复合地基承载力特征值（kPa）。

7）处理后的地基变形计算应符合《建筑地基处理技术规范》（JGJ 79—2012）第 7.1.7 条和第 7.1.8 条的规定。

附：第 7.1.7 条：

7.1.7 复合地基变形计算应符合现行国家标准《建筑地基基础设计规范》（GB 50007—2011）的有关规定，地基变形计算深度应大于复合土层的深度。复合土层的分层与天然地基相同，各复合土层的压缩模量等于该层天然地基压缩模量的 ζ 倍，ζ 值可按下式确定：

$$\zeta = \frac{f_{spk}}{f_{ak}} \qquad (7.1.7)$$

式中 f_{ak}——基础底面下天然地基承载力特征值（kPa）。

附：第 7.1.8 条：

7.1.8 复合地基的沉降计算经验系数 ψ_s 可根据地区沉降观测资料统计值确定，无经验取值时，可采用表 7.1.8 的数值。

沉降计算经验系数 ψ_s 表 7.1.8

$\overline{E}_s$ （MPa）	4.0	7.0	15.0	20.0	35.0
ψ_s	1.0	0.7	0.4	0.25	0.2

注：$\overline{E}_s$ 为变形计算深度范围内压缩模量的当量值，应按下式计算：

$$\overline{E}_s = \frac{\sum\limits_{i=1}^{n} A_i + \sum\limits_{j=1}^{m} A_j}{\sum\limits_{i=1}^{n} \dfrac{A_i}{E_{spi}} + \sum\limits_{j=1}^{m} \dfrac{A_j}{E_{sj}}} \qquad (7.1.8)$$

式中 A_i——加固土层第 i 层土附加应力系数沿土层厚度的积分值；

A_j——加固土层下第 j 层土附加应力系数沿土层厚度的积分值。

（3）水泥粉煤灰碎石桩施工应符合下列规定：

1）可选用下列施工工艺：

①长螺旋钻孔灌注成桩：适用于地下水位以上的黏性土、粉土、素填土、中等密实以上的砂土地基。

②长螺旋钻中心压灌成桩：适用于黏性土、粉土、砂土和素填土地基，对噪声或泥浆污染要求严格的场地可优先选用；穿越卵石夹层时应通过试验确定适用性。

③振动沉管灌注成桩：适用于粉土、黏性土及素填土地基；挤土造成地面隆起量大时，应采用较大桩距施工。

④泥浆护壁成孔灌注成桩，适用于地下水位以下的黏性土、粉土、砂土、填土、碎石土及风化岩层等地基。桩长范围和桩端有承压水的土层应通过试验确定其适应性。

2）长螺旋钻中心压灌成桩施工和振动沉管灌注成桩施工应符合下列规定：

①施工前，应按设计要求在试验室进行配合比试验；施工时，按配合比配制混合料；长螺旋钻中心压灌成桩施工的坍落度宜为 160～200mm，振动沉管灌注成桩施工的坍落度宜为 30～50mm；振动沉管灌注成桩后桩顶浮浆厚度不宜超过 200mm。

②长螺旋钻中心压灌成桩施工钻至设计深度后，应控制提拔钻杆时间，混合料泵送量应与拔管速度相配合，不得在饱和砂土或饱和粉土层内停泵待料；沉管灌注成桩施工拔管速度宜为 1.2～1.5m/min，如遇淤泥质土，拔管速度应适当减慢；当遇有松散饱和粉土、粉细砂或淤泥质土，当桩距较小时，宜采取隔桩跳打措施。

③施工桩顶标高宜高出设计桩顶标高不少于 0.5m；当施工作业面高出桩顶设计标高较大时，宜增加混凝土灌注量。

④成桩过程中，应抽样做混合料试块，每台机械每台班不应少于一组。

3）冬期施工时，混合料入孔温度不得低于 5℃，对桩头和桩间土应采取保温措施。

4）清土和截桩时，应采用小型机械或人工剔除等措施，不得造成桩顶标高以下桩身断裂或桩间土扰动。

5）褥垫层铺设宜采用静力压实法，当基础底面下桩间土的含水量较低时，也可采用动力夯实法，夯填度不应大于 0.9；

6）泥浆护壁成孔灌注成桩和锤击、静压预制桩施工，应符合现行行业标准《建筑桩基技术规范》（JGJ 94—2008）的规定。

（4）水泥粉煤灰碎石桩复合地基质量检验应符合下列规定。

1）施工质量检验应检查施工记录、混合料坍落度、桩数、桩位偏差、褥垫层厚度、夯填度和桩体试块抗压强度等。

2）竣工验收时，水泥粉煤灰碎石桩复合地基承载力检验应采用复合地基静载荷试验和单桩静载荷试验。

3）承载力检验宜在施工结束 28d 后进行，其桩身强度应满足试验荷载条件；复合地基静载荷试验和单桩静载荷试验的数量不应少于总桩数的 1%，且每个单体工程的复合地基静载荷试验的试验数量不应少于 3 点。

4）采用低应变动力试验检测桩身完整性，检查数量不低于总桩数的 10%。

（5）应用水泥粉煤灰碎石桩应注意的几个问题：

1）拔管速率以 1.2～1.5m/min 为宜。

2）从桩土作用的发挥考虑，桩距大于 4 倍桩径为宜。因为无论是振动沉管还是振动拔管，都对周围土体产生扰动或挤密，振动的影响与土的性质密切相关，挤密效果好的土，施工时振动可使土体密度增加，场地发生下沉；不可挤密的土则要发生地表隆起，桩距越小隆起量越大，以至于导致已打的桩产生缩颈或断桩，桩距越大越容易控制施工质量。但应根据不同的土性，分别加以考虑。必须缩桩距或桩距偏小且有比较坚硬的土层时，可考虑采用螺旋钻预钻孔或引孔的措施。

3）混合料的坍落度控制在 3～5cm，和易性很好，当拔管速率为 1.2～1.5m/min 时，桩顶浮浆一般可控制在 10cm 左右，成桩质量密易控制。

4）当天然地基土的承载力标准值 $f_k \leqslant 50$kPa 时，水泥粉煤灰碎石桩的适用性值得研究。

5）当塑性指数高的饱和软黏土，成桩时土的挤密分量为零。承载力的提高唯一取决于桩的置换作用，由于桩间土承载力太小，土的荷载分担比例太低，因此不宜再做复合地基。

6）采用水泥粉煤灰碎石桩处理地基，必须保证适当的置换率。当置换率较低时，桩间土应按天然地基土考虑。

7）由于水泥粉煤灰碎石桩的设计是按摩擦力考虑的，因此测试试验应采用动、静对比的方法进行，以测定天然地基土与桩间土的物理力学性质、单桩承载力复合地基承载力、单桩桩身质量等。

（6）填表说明

1）水泥粉煤灰碎石桩施工记录（表 7-39）

①桩号：施工图设计的桩位编号或施工单位施工组织设计根据施工需要对桩位的编号。

②孔深（m）：指水泥粉煤灰碎石桩某一桩号的钻孔深度。

③桩顶标高：指水泥粉煤灰碎石桩某一桩号的桩顶标高。

④成孔时间：指水泥粉煤灰碎石桩某一桩号的成孔时间。

⑤成桩时间：指水泥粉煤灰碎石桩某一桩号的成桩时间。

⑥投料量（m³）：指水泥粉煤灰碎石桩某一桩号的投入混凝土的数量。

⑦浮浆厚度（m）：指水泥粉煤灰碎石桩某一桩号成桩后桩顶的浮浆厚度。

2）水泥粉煤灰碎石桩桩位偏差量测统计表（表 7-40）

①桩号：施工图设计的桩位编号或施工单位施工组织设计根据施工需要对桩位的编号。

②偏移方向与距离（cm）：指水泥粉煤灰碎石桩某一桩号成桩后桩顶向某一方向（东、西、南、北）与桩中心线偏移的距离。

7.4 桩基施工记录

7.4.1 预制桩施工

7.4.1.1 试打桩情况记录

1. 资料表式（表7-41）

工程名称：　　　　　　　　　　　　　　　　试打日期：　　年　月　日

建设单位		设计单位		总包单位		打桩单位	
设计桩型		混凝土强度等级		配筋情况		施工机械	

工程桩控制标准：
试打桩桩号及情况：
评定意见：

参加人员	监理（建设）单位	施 工 单 位		
		专业技术负责人	质检员	记录人

2. 应用说明

试打桩情况记录是对桩的贯入度、持力层强度、桩的承载力，以及施工过程中遇到的各种问题及反常情况的过程记录。

（1）试打桩应按照设计要求选择沉桩方法、选择桩锤重。

（2）试打桩应认真记录试打过程的有关沉桩情况，按设计要求确定有关沉桩的技术参数及有关注意事项。

（3）填表说明

1）工程桩控制标准：根据设计提供的有关参数确定。

2）试打桩桩号及情况：用于工程桩时，按桩位布置图编号，画出各土层的深度，记录打桩时每米的锤击数、最后贯入度以及各种异常情况。用于非工程桩时，按试桩编号填写，并做好试打桩记录。

3）试打桩时，建设、设计、监理单位必须参加，并对结果签字盖章。

7.4.1.2 钢筋混凝土预制桩打桩记录

1. 资料表式（表7-42）

钢筋混凝土预制桩打桩记录　　　　　　　　　　　　　　　　　表 7-42

施工单位＿＿＿＿＿＿＿＿＿＿＿＿＿＿　工程名称＿＿＿＿＿＿＿＿＿＿＿＿＿＿＿＿＿

施工班组＿＿＿＿＿＿＿＿＿＿＿＿＿＿　桩的规格＿＿＿＿＿＿＿＿＿＿＿＿＿＿＿＿＿

桩锤类型及冲击部分重量＿＿＿＿＿＿＿＿　自然地面标高＿＿＿＿＿＿＿＿＿＿＿＿＿＿＿

桩帽重量＿＿＿＿＿＿＿　气候＿＿＿＿＿　桩顶设计标高＿＿＿＿＿＿＿＿＿＿＿＿＿＿＿

编号	打桩日期	桩入土每米锤击次数																									落距（mm）	桩顶高出或低于设计标高（m）	最后贯入度（mm/10击）
		1	2	3	4	5	6	7	8	9	10	11	12	13	14	15	16	17	18	19	20	21	22	23	24			

备注			
参加人员	监理（建设）单位	施　工　单　位	
		专业技术负责人	质检员	记录人

注：打桩记录可根据地方习惯，当按桩入土每米锤击次数记录时选择表7-42；当按每阵锤击次数记录时，可选择表7-43。

钢筋混凝土预制桩打桩记录　　　　　　　　　　　　　　　　表 7-43

工程名称：　　　　　　　　　桩号：　　　　　　　桩机型号：

施工单位：　　　设计桩尖标高（m）：　　　设计最后 50cm 贯入度（cm/次数）：

接桩型式：　　桩锤重量（t）：　　停打桩尖标高（m）：　　桩断面尺寸及长度（cm）：

桩号	桩位	每阵锤击次数	每阵打入深度（m）	每阵平均贯入度（cm/次）	累计贯入渡（cm/次）	累计次数	最后50cm锤击次数	最后50cm贯入度（cm/次）	备注

参加人员	监理（建设）单位	施　工　单　位		
		专业技术负责人	质检员	记录人

注：打桩记录可根据地方习惯，当按桩入土每米锤击次数记录时选择表 7-42；当按每阵锤击次数记录时，可选择表 7-43。

2. 应用说明

（1）混凝土预制桩的制作

1）混凝土预制桩可在施工现场预制，预制场地必须平整、坚实。

2）制桩模板宜采用钢模板，模板应具有足够刚度，并应平整，尺寸应准确。

3）钢筋骨架的主筋连接宜采用对焊和电弧焊，当钢筋直径不小于 20mm 时，宜采用机械接头连接。主筋接头配置在同一截面内的数量，应符合下列规定：

①当采用对焊或电弧焊时，对于受拉钢筋，不得超过 50%。

②相邻两根主筋接头截面的距离应大于 $35d_g$（d_g 为主筋直径），并不应小于 500mm。

③必须符合现行行业标准《钢筋焊接及验收规程》（JGJ 18—2012）和《钢筋机械连接技术规程》（JGJ 107—2010）的规定。

4）预制桩钢筋骨架的允许偏差应符合表 7-44 的规定。

预制桩钢筋骨架的允许偏差　　　　　　　　　　　　　　　表 7-44

项次	项　　　目	允许偏差（mm）
1	主筋间距	±5
2	桩尖中心线	10
3	箍筋间距或螺旋筋的螺距	±20
4	吊环沿纵轴线方向	±20
5	吊环沿垂直于纵轴线方向	±20

项次	项　　目	允许偏差（mm）
6	吊环露出桩表面的高度	±10
7	主筋距桩顶距离	±5
8	桩顶钢筋网片位置	±10
9	多节桩桩顶预埋件位置	±3

注：本表选自《建筑桩基技术规范》（JGJ 94—2008）表 7.1.4。

　　5）确定桩的单节长度时应符合下列规定：

　　①满足桩架的有效高度、制作场地条件、运输与装卸能力。

　　②避免在桩尖接近或处于硬持力层中时接桩。

　　6）浇筑混凝土预制桩时，宜从桩顶开始灌注，并应防止另一端的砂浆积聚过多。

　　7）锤击预制桩的骨料粒径宜为 5～40mm。

　　8）锤击预制桩，应在强度与龄期均达到要求后，方可锤击。

　　9）重叠法制作预制桩时，应符合下列规定：

　　①桩与邻桩及底模之间的接触面不得粘连。

　　②上层桩或邻桩的浇筑，必须在下层桩或邻桩的混凝土达到设计强度的 30% 以上时，方可进行。

　　③桩的重叠层数不应超过 4 层。

　　10）混凝土预制桩的表面应平整、密实，制作允许偏差应符合表 7-45 的规定。

混凝土预制桩制作允许偏差　　　　　　　　　　表 7-45

桩　　型	项　　目	允许偏差（mm）
钢筋混凝土实心桩	横截面边长	±5
	桩顶对角线之差	≤5
	保护层厚度	±5
	桩身弯曲矢高	不大于 1‰桩长且不大于 20
	桩尖偏心	≤10
	桩端面倾斜	≤0.005
	桩节长度	±20
钢筋混凝土管桩	直径	±5
	长度	±0.5% 桩长
	管壁厚度	−5
	保护层厚度	+10，−5
	桩身弯曲（度）矢高	1‰桩长
	桩尖偏心	≤10
	桩头板平整度	≤2
	桩头板偏心	≤2

　　11）《建筑桩基技术规范》（JGJ 94—2008）规范未作规定的预应力混凝土桩的其他要求及离心混凝土强度等级评定方法，应符合国家现行标准《先张法预应力混凝土管桩》（GB 13476—2009）和《预应力混凝土空心方桩》（JG 197—2006）的规定。

（2）混凝土预制桩的起吊、运输和堆放

1）混凝土实心桩的吊运应符合下列规定：

①混凝土设计强度达到70％及以上方可起吊，达到100％方可运输。

②桩起吊时应采取相应措施，保证安全平稳，保护桩身质量。

③水平运输时，应做到桩身平稳放置，严禁在场地上直接拖拉桩体。

2）预应力混凝土空心桩的吊运应符合下列规定：

①出厂前应做出厂检查，其规格、批号、制作日期应符合所属的验收批号内容。

②在吊运过程中应轻吊轻放，避免剧烈碰撞。

③单节桩可采用专用吊钩勾住桩两端内壁直接进行水平起吊。

④运至施工现场时应进行检查验收，严禁使用质量不合格及在吊运过程中产生裂缝的桩。

3）预应力混凝土空心桩的堆放应符合下列规定：

①堆放场地应平整坚实，最下层与地面接触的垫木应有足够的宽度和高度。堆放时桩应稳固，不得滚动。

②应按不同规格、长度及施工流水顺序分别堆放。

③当场地条件许可时，宜单层堆放；当叠层堆放时，外径为500～600mm的桩不宜超过4层，外径为300～400mm的桩不宜超过5层。

④叠层堆放桩时，应在垂直于桩长度方向的地面上设置2道垫木，垫木应分别位于距桩端1/5桩长处；底层最外缘的桩应在垫木处用木楔塞紧。

⑤垫木宜选用耐压的长木枋或枕木，不得使用有棱角的金属构件。

4）取桩应符合下列规定：

①当桩叠层堆放超过2层时，应采用吊机取桩，严禁拖拉取桩。

②三点支撑自行式打桩机不应拖拉取桩。

（3）锤击沉桩

1）沉桩前必须处理空中和地下障碍物，场地应平整，排水应畅通，并应满足打桩所需的地面承载力。

2）桩锤的选用应根据地质条件、桩型、桩的密集程度、单桩竖向承载力及现有施工条件等因素确定，也可按《建筑桩基技术规范》（JGJ 94—2008）附录H选用。

3）桩打入时应符合下列规定：

①桩帽或送桩帽与桩周围的间隙应为5～10mm。

②锤与桩帽、桩帽与桩之间应加设硬木、麻袋、草垫等弹性衬垫。

③桩锤、桩帽或送桩帽应和桩身在同一中心线上。

④桩插入时的垂直度偏差不得超过0.5％。

4）打桩顺序要求应符合下列规定：

①对于密集桩群，自中间向两个方向或四周对称施打。

②当一侧毗邻建筑物时，由毗邻建筑物处向另一方向施打。

③根据基础的设计标高，宜先深后浅。

④根据桩的规格，宜先大后小，先长后短。

5）打入桩（预制混凝土方桩、预应力混凝土空心桩、钢桩）的桩位偏差，应符合表

7-46 的规定。斜桩倾斜度的偏差不得大于倾斜角正切值的 15％（倾斜角系桩的纵向中心线与铅垂线间夹角）。

打入桩桩位的允许偏差 表 7-46

项 目	允许偏差（mm）
带有基础梁的桩：（1）垂直基础梁的中心线 （2）沿基础梁的中心线	$100+0.01H$ $150+0.01H$
桩数为 1～3 根桩基中的桩	100
桩数为 4～16 根桩基中的桩	1/2 桩径或边长
桩数大于 16 根桩基中的桩：（1）最外边的桩 （2）中间桩	1/3 桩径或边长 1/2 桩径或边长

注：H 为施工现场地面标高与桩顶设计标高的距离。

6）桩终止锤击的控制应符合下列规定：

①当桩端位于一般土层时，应以控制桩端设计标高为主，贯入度为辅。

②桩端达到坚硬、硬塑的黏性土、中密以上粉土、砂土、碎石类土及风化岩时，应以贯入度控制为主，桩端标高为辅。

③贯入度已达到设计要求而桩端标高未达到时，应继续锤击 3 阵，并按每阵 10 击的贯入度不应大于设计规定的数值确认，必要时，施工控制贯入度应通过试验确定。

7）当遇到贯入度剧变，桩身突然发生倾斜、位移或有严重回弹、桩顶或桩身出现严重裂缝、破碎等情况时，应暂停打桩，并分析原因，采取相应措施。

8）当采用射水法沉桩时，应符合下列规定：

①射水法沉桩宜用于砂土和碎石土。

②沉桩至最后 1～2m 时，应停止射水，并采用锤击至规定标高，终锤控制标准可按（3）锤击沉桩中 6）条有关规定执行。

9）施打大面积密集桩群时，应采取下列辅助措施：

①对预钻孔沉桩，预钻孔孔径可比桩径（或方桩对角线）小 50～100mm，深度可根据桩距和土的密实度、渗透性确定，宜为桩长的 1/3～1/2；施工时应随钻随打；桩架宜具备钻孔锤击双重性能。

②对饱和黏性土地基，应设置袋装砂井或塑料排水板；袋装砂井直径宜为 70～80mm，间距宜为 1.0～1.5m，深度宜为 10～12m；塑料排水板的深度、间距与袋装砂井相同。

③应设置隔离板桩或地下连续墙。

④可开挖地面防振沟，并可与其他措施结合使用，防振沟沟宽可取 0.5～0.8m，深度按土质情况决定。

⑤应控制打桩速率和日打桩量，24h 内休止时间不应少于 8h。

⑥沉桩结束后，宜普遍实施一次复打。

⑦应对不少于总桩数 10％的桩顶上涌和水平位移进行监测。

⑧沉桩过程中应加强邻近建筑物、地下管线等的观测、监护。

10）预应力混凝土管桩的总锤击数及最后 1.0m 沉桩锤击数应根据桩身强度和当地工程经验确定。

11）锤击沉桩送桩应符合下列规定：

①送桩深度不宜大于 2.0m。

②当桩顶打至接近地面需要送桩时，应测出桩的垂直度并检查桩顶质量，合格后应及时送桩。

③送桩的最后贯入度应参考相同条件下不送桩时的最后贯入度并修正。

④送桩后遗留的桩孔应立即回填或覆盖。

⑤当送桩深度超过 2.0m 且不大于 6.0m 时，打桩机应为三点支撑履带自行式或步履式柴油打桩机；桩帽和桩锤之间应用竖纹硬木或盘圆层叠的钢丝绳作"锤垫"，其厚度宜取 150～200mm。

12）送桩器及衬垫设置应符合下列规定。

①送桩器宜做成圆筒形，并应有足够的强度、刚度和耐打性。送桩器长度应满足送桩深度的要求，弯曲度不得大于 1/1000。

②送桩器上下两端面应平整，且与送桩器中心轴线相垂直。

③送桩器下端面应开孔，使空心桩内腔与外界连通。

④送桩器应与桩匹配：套筒式送桩器下端的套筒深度宜取 250～350mm，套管内径应比桩外径大 20～30mm；插销式送桩器下端的插销长度宜取 200～300mm，杆销外径应比（管）桩内径小 20～30mm，对于腔内存有余浆的管桩，不宜采用插销式送桩器。

⑤送桩作业时，送桩器与桩头之间应设置 1～2 层麻袋或硬纸板等衬垫。内填弹性衬垫压实后的厚度不宜小于 60mm。

13）施工现场应配备桩身垂直度观测仪器（长条水准尺或经纬仪）和观测人员，随时量测桩身的垂直度。

附：锤重选择表，见表 7-47 所列。

锤重选择表 表 7-47

锤 型		柴 油 锤 （t）						
		D25	D35	D45	D60	D72	D80	D100
锤的动力性能	冲击部分重（t）	2.5	3.5	4.5	6.0	7.2	8.0	10.0
	总重（t）	6.5	7.2	9.6	15.0	18.0	17.0	20.0
	冲击力（kN）	2000～2500	2500～4000	4000～5000	5000～7000	7000～10000	＞10000	＞12000
	常用冲程（m）	1.8～2.3						
桩的截面尺寸	预制方桩、预应力管桩的边长或直径（mm）	350～400	400～450	450～500	500～550	550～600	600以上	600以上
	钢管桩直径（mm）	400		600	900	900～1000	900以上	900以上

锤　型			柴 油 锤 （t）						
			D25	D35	D45	D60	D72	D80	D100
持力层	黏性土、粉土	一般进入深度（m）	1.5～2.5	2.0～3.0	2.5～3.5	3.0～4.0	3.0～5.0		
		静力触探比贯入阻力 P_s 平均值（MPa）	4	5	＞5	＞5	＞5		
	砂土	一般进入深度（m）	0.5～1.5	1.0～2.0	1.5～2.5	2.0～3.0	2.5～3.5	4.0～5.0	5.0～6.0
		标准贯入击数 $N_{63.5}$（未修正）	20～30	30～40	40～45	45～50	50	＞50	＞50
锤的常用控制贯入度（cm/10 击）			2～3			3～5		4～8	5～10
设计单桩极限承载力（kN）			800 ～1600	2500 ～4000	3000 ～5000	5000 ～7000	7000 ～10000	＞10000	＞10000

注：1. 本表仅供选锤用；

2. 本表适用于桩端进入硬土层一定深度的长度为 20～60m 的钢筋混凝土预制桩及长度为 40～60m 的钢管桩。

（4）静压沉桩

1）采用静压沉桩时，场地地基承载力不应小于压桩机接地压强的 1.2 倍，且场地应平整。

2）静力压桩宜选择液压式和绳索式压桩工艺；宜根据单节桩的长度选用顶压式液压压桩机和抱压式液压压桩机。

3）选择压桩机的参数应包括下列内容：

①压桩机型号、桩机质量（不含配重）、最大压桩力等。

②压桩机的外型尺寸及拖运尺寸。

③压桩机的最小边桩距及最大压桩力。

④长、短船型履靴的接地压强。

⑤夹持机构的型式。

⑥液压油缸的数量、直径，率定后的压力表读数与压桩力的对应关系。

⑦吊桩机构的性能及吊桩能力。

4）压桩机的每件配重必须用量具核实，并将其质量标记在该件配重的外露表面；液压式压桩机的最大压桩力应取压桩机的机架重量和配重之和乘以 0.9。

5）当边桩空位不能满足中置式压桩机施压条件时，宜利用压边垫机构或选用前置式液压压桩机进行压桩，但此时应估计最大压桩能力减少造成的影响。

6）当设计要求或施工需要采用引孔法压桩时，应配备螺旋钻孔机，或在压桩机上配备专用的螺旋钻。当桩端需进入较坚硬的岩层时，应配备可入岩的钻孔桩机或冲孔桩机。

7）最大压桩力不宜小于设计的单桩竖向极限承载力标准值，必要时可由现场试验确定。

8）静力压桩施工的质量控制应符合下列规定：

①第一节桩下压时垂直度偏差不应大于 0.5%。

②宜将每根桩一次性连续压到底，且最后一节有效桩长不宜小于 5m。

③抱压力不应大于桩身允许侧向压力的 1.1 倍。

④对于大面积桩群，应控制日压桩量。

9）终压条件应符合下列规定：

①应根据现场试压桩的试验结果确定终压标准。

②终压连续复压次数应根据桩长及地质条件等因素确定。对于入土深度大于或等于8m的桩，复压次数可为2～3次；对于入土深度小于8m的桩，复压次数可为3～5次。

③稳压压桩力不得小于终压力，稳定压桩的时间宜为5～10s。

10）压桩顺序宜根据场地工程地质条件确定，并应符合下列规定：

①对于场地地层中局部含砂、碎石、卵石时，宜先对该区域进行压桩。

②当持力层埋深或桩的入土深度差别较大时，宜先施压长桩后施压短桩。

11）压桩过程中应测量桩身的垂直度。当桩身垂直度偏差大于1%时，应找出原因并设法纠正；当桩尖进入较硬土层后，严禁用移动机架等方法强行纠偏。

12）出现下列情况之一时，应暂停压桩作业，并分析原因，采取相应措施：

①压力表读数显示情况与勘察报告中的土层性质明显不符。

②桩难以穿越硬夹层。

③实际桩长与设计桩长相差较大。

④出现异常响声；压桩机械工作状态出现异常。

⑤桩身出现纵向裂缝和桩头混凝土出现剥落等异常现象。

⑥夹持机构打滑。

⑦压桩机下陷。

13）静压送桩的质量控制应符合下列规定：

①测量桩的垂直度并检查桩头质量，合格后方可送桩，压桩、送桩作业应连续进行。

②送桩应采用专制钢质送桩器，不得将工程桩用做送桩器。

③当场地上多数桩的有效桩长小于或等于15m或桩端持力层为风化软质岩，需要复压时，送桩深度不宜超过1.5m。

④除满足本条上述3款规定外，当桩的垂直度偏差小于1%，且桩的有效桩长大于15m时，静压桩送桩深度不宜超过8m。

⑤送桩的最大压桩力不宜超过桩身允许抱压压桩力的1.1倍。

14）引孔压桩法质量控制应符合下列规定：

①引孔宜采用螺旋钻干作业法；引孔的垂直度偏差不宜大于0.5%。

②引孔作业和压桩作业应连续进行，间隔时间不宜大于12h；在软土地基中不宜大于3h。

③引孔中有积水时，宜采用开口型桩尖。

15）当桩较密集，或地基为饱和淤泥、淤泥质土及黏性土时，应设置塑料排水板、袋装砂井消减超孔压或采取引孔等措施，并可按（3）锤击沉桩中的9）条的规定执行。在压桩施工过程中应对总桩数10%的桩设置上涌和水平偏位观测点，定时检测桩的上浮量及桩顶水平偏位值，若上涌和偏位值较大，应采取复压等措施。

16）对预制混凝土方桩、预应力混凝土空心桩、钢桩等压入桩的桩位偏差，应符合表7-46的规定。

（5）填表说明

最后贯入度：一般指贯入度已达到，而桩尖标高尚未达到时，应继续锤击 3 阵，其每阵实际的平均贯入度为最后贯入度。振动沉桩时，按最后 3 次振动（加压）每次 10min 或 5min，测出每分钟的平均贯入度为最后贯入度。

7.4.1.3　混凝土预制桩接桩记录

（1）混凝土预制桩接桩记录用表按 7.1 节_____施工记录（通用）执行。

（2）混凝土预制桩的接桩

1）桩的连接可采用焊接、法兰连接或机械快速连接（螺纹式、啮合式）。

2）接桩材料应符合下列规定：

①焊接接桩：钢板宜采用低碳钢，焊条宜采用 E43；并应符合现行国家标准《钢结构焊接规范》（GB 50661—2011）要求。

②法兰接桩：钢钣和螺栓宜采用低碳钢。

3）采用焊接接桩除应符合现行国家标准《钢结构焊接规范》（GB 50661—2011）的有关规定外，尚应符合下列规定：

①下节桩段的桩头宜高出地面 0.5m。

②下节桩的桩头处宜设导向箍；接桩时上下节桩段应保持顺直，错位偏差不宜大于 2mm。接桩就位纠偏时，不得采用大锤横向敲打。

③桩对接前，上下端板表面应采用铁刷子清刷干净，坡口处应刷至露出金属光泽。

④焊接宜在桩四周对称地进行，待上下桩节固定后拆除导向箍再分层施焊；焊接层数不得少于 2 层，第一层焊完后必须把焊渣清理干净，方可进行第二层的施焊，焊缝应连续、饱满。

⑤焊好后的桩接头应自然冷却后方可继续锤击，自然冷却时间不宜少于 8min，严禁采用水冷却或焊好即施打。

⑥雨天焊接时，应采取可靠的防雨措施。

⑦焊接接头的质量检查宜采用探伤检测，同一工程探伤抽样检验不得少于 3 个接头。

4）采用机械快速螺纹接桩的操作与质量应符合下列规定：

①接桩前应检查桩两端制作的尺寸偏差及连接件，无受损后方可起吊施工，其下节桩端宜高出地面 0.8m。

②接桩时，卸下上下节桩两端的保护装置后，应清理接头残物，涂上润滑脂。

③应采用专用接头锥度对中，对准上下节桩进行旋紧连接。

④可采用专用链条式扳手进行旋紧（臂长 1m，卡紧后人工旋紧再用铁锤敲击板臂），锁紧后两端板尚应有 1～2mm 的间隙。

5）采用机械啮合接头接桩的操作与质量应符合下列规定：

①将上下接头板清理干净，用扳手将已涂抹沥青涂料的连接销逐根旋入上节桩工形端头板的螺栓孔内，并用钢模板调整好连接销的方位。

②剔除下节桩Ⅱ型端头板连接槽内泡沫塑料保护块，在连接槽内注入沥青涂料，并在端头板面周边抹上宽度 20mm、厚度 3mm 的沥青涂料；当地基土、地下水含中等以上腐蚀介质时，桩端头板面应满涂沥青涂料。

③将上节桩吊起，使连接销与Ⅱ型端头板上各连接口对准，随即将连接销插入连接槽内。

④加压使上下节桩的桩头板接触，完成接桩。

7.4.1.4　钢筋混凝土预制桩补桩资料

1. 应用说明

已打入桩不符合要求时，应进行补桩并应有补桩记录。补桩试验用表按 7.1 节_____施工记录（通用）执行。

补桩要有补桩平面图，图中应标注清楚原桩和补桩的平面位置，补桩要有编号，要说明补桩的规格、打入深度、沉入记录、贯入度记录、质量情况，并有制图人及补打桩负责人签字。

注：补桩应由施工单位的技术负责人通过承载能力计算和稳定性验算和分析，必须确保通过补桩能够满足设计要求。

补桩记录表与桩施工记录表填写要求相同。

2. 桩型与成桩工艺选择

桩型与成桩工艺应根据建筑结构类型、荷载性质、桩的使用功能、穿越土层、桩端持力层、地下水位、施工设备、施工环境、施工经验、制桩材料供应等条件选择。可按表 7-48 进行。

桩型与成桩工艺选择　　　　表 7-48

桩类			桩身(mm)	扩底端(mm)	最大桩长(m)	一般黏性土及其填土	淤泥和淤泥质土	粉土	砂土	碎石土	季节性冻土膨胀土	非自重湿陷性黄土	自重湿陷性黄土	中间有硬夹层	中间有砾石夹层	硬黏性土	密实砂土	碎石土	软质岩石和风化岩石	以上	以下	振动和噪声	排浆	孔底有无挤密
非挤土成桩	干作业法	长螺旋钻孔灌注桩	300~800	—	28	○	×	○	△	×	○	○	△	×	△	×	○	○	△	○	×	无	无	无
		短螺旋钻孔灌注桩	300~800	—	20	○	×	○	△	×	○	○	△	×	×	×	○	△	×	○	×	无	无	无
		钻孔扩底灌注桩	300~600	800~1200	30	○	×	○	△	×	○	○	△	×	△	○	○	△	×	○	×	无	无	无
		机动洛阳铲成孔灌注桩	300~500	—	20	○	×	○	×	×	○	○	△	×	×	○	△	×	×	○	×	无	无	无
		人工挖孔扩底灌注桩	800~2000	1600~3000	30	○	×	○	△	×	○	○	△	△	△	○	○	△	△	○	×	无	无	无
	泥浆护壁法	潜水钻成孔灌注桩	500~800	—	50	○	○	○	○	△	○	○	○	△	△	○	○	△	△	○	○	无	有	无
		反循环钻成孔灌注桩	600~1200	—	80	○	○	○	○	△	○	○	○	△	△	○	○	△	△	○	○	无	有	无
		正循环钻成孔灌注桩	600~1200	—	80	○	○	○	○	△	○	○	○	△	△	○	○	△	△	○	○	无	有	无
		旋挖成孔灌注桩	600~1200	—	600	○	○	○	○	△	○	○	○	△	△	○	○	△	△	○	○	无	无	无
		钻孔扩底灌注桩	600~1200	1000~1600	30	○	△	○	○	△	○	○	○	△	△	○	○	△	△	○	○	无	有	无
	套管护壁	贝诺托灌注桩	800~1600	—	50	○	△	○	○	△	○	○	○	△	△	○	○	△	△	○	○	无	无	无
		短螺旋钻孔灌注桩	300~800	—	20	○	×	○	△	×	○	○	△	×	×	○	△	×	×	○	△	无	有	无

桩　类		桩　径		最大桩长 (m)	穿越土层											桩端进入持力层				地下水位		对环境影响		孔底有无挤
		桩身 (mm)	扩底端 (mm)		一般黏性土及其填土	淤泥和淤泥质土	粉土	砂土	碎石土	季节性冻土膨胀土	黄土 非自重湿陷性黄土	黄土 自重湿陷性黄土	中间有硬夹层	中间有砂夹层	中间有碎石夹层	硬黏性土	密实砂土	碎石土	软质岩石和风化岩石	以上	以下	振动和噪声	排浆	
部分挤土成桩	灌注桩	冲击成孔灌注桩	600~1200	—	50	○	△	△	△	○	△	×	×	○	○	○	○	○	○	○	○	○	有	有	无
		长螺旋钻孔压灌桩	300~800	—	25	○	△	△	△	○	△	○	○	○	△	△	△	△	△	△	○	△	无	无	无
		钻孔挤扩多支盘桩	700~900	1200~1600	40	○	△	△	△	○	○	○	○	○	○	○	○	○	○	×	○	○	无	有	无
	预制桩	预钻孔打入式预制桩	500		50	○	△	△	△	×	○	○	○	△	△	△	△	△	△	×	○	○	有	无	无
		静压混凝土（预应力混凝土）敞口管桩	800		60	○	○	△	△	×	△	○	○	△	△	○	△	○	○	×	○	○	有	无	无
		H形钢桩	规格		80	○	○	△	△	○	○	○	○	△	△	○	△	○	○	○	○	○	有	无	无
		敞口钢管桩	600~900		80	○	○	△	△	○	○	○	○	△	△	○	△	○	○	○	○	○	有	无	无
挤土成桩	灌注桩	内夯沉管灌注桩	325、377	460~700	25	○	△	△	△	○	△	○	○	×	△	×	×	△	×	×	○	○	有	无	无
	预制桩	打入式混凝土预制桩 闭口钢管桩、混凝土管桩	500×500 1000		60	○	○	△	△	×	○	○	○	△	△	○	△	○	○	×	○	○	有	无	无
		静压桩	1000		60	○	○	△	△	△	○	○	○	△	△	△	△	○	○	×	○	○	无	无	有

注：1. 表中符号○表示比较合适；△表示有可能采用；×表示不宜采用。

　　2. 本表选自《建筑桩基技术规范》（JGJ 94—2008）。

7.4.2　灌注桩施工

7.4.2.1　钻孔桩记录汇总表

1. 资料表式（表7-49）

钻 孔 桩 记 录 汇 总 表　　　　表 7-49

工程名称：

序号	墩（台）号	设计直径 (m)	终孔直径 (m)	设计孔底标高 (m)	终孔孔底标高 (m)	灌注前孔底标高 (m)	备　注 （有变更的要注明）

附　图：桩平面位置偏差图示　参照设计图纸编号：（　　　　）

施工项目技术负责人：　　　审核：　　　填表：　　　　　年　月　日

2. 应用说明

（1）钻孔桩记录汇总表是钻孔桩成孔完成并进行质量检查后进行的钻孔桩记录的汇总。应按钻孔桩施工图设计的墩（台）号和桩号按施工序列逐一进行汇总，不得缺漏。

（2）钻孔桩记录汇总内容：钻孔桩数量、墩（台）号、桩号、设计直径、终孔直径、设计孔底标高和终孔孔底标高汇总齐全，应附有桩的平面位置图。

（3）每一类型的钻孔（挖孔）桩的施工记录，汇总统计中应查阅必须同时具有：钻孔桩钻进记录；成孔质量检查记录、桩混凝土灌注记录。

（4）钻孔桩记录汇总时对终孔直径和终孔孔底标高应进行严格复查，以确保桩径和桩长。汇总中发现的三类桩应经技术负责人签批确认，以保证桩体质量。

（5）填表说明

1）工程名称：按施工企业和建设单位签订的施工合同中的工程名称或图注的工程名称，照实际填写。

2）序号：指钻孔桩记录汇总表的序号。

3）墩（台）号：按施工图设计图注的墩（台）编号填写。

4）设计直径（m）：指钻孔桩的桩孔的设计直径。

5）终孔直径（m）：指钻孔桩的桩孔施工成孔完成后的直径。

6）设计孔底标高（m）：指钻孔桩的桩孔的设计孔底标高。

7）终孔孔底标高（m）：指钻孔桩的桩孔施工成孔完成后的孔底标高。

8）灌注前孔底标高（m）：指钻孔桩的桩孔施工成孔完成后浇筑桩体材料前实测的孔底标高。

9）备注（有变更的要注明）：其他需要说明的事宜。

10）附图：绘制桩的平面位置偏差图示，参照设计图纸编号：（　　　　）。

7.4.2.2　钻孔桩钻进记录

1. 资料表式（表7-50）

2. 应用说明

（1）灌注桩施工准备

1）灌注桩施工应具备下列资料：

①建筑场地岩土工程勘察报告；

②桩基工程施工图及图纸会审纪要；

③建筑场地和邻近区域内的地下管线、地下构筑物、危房、精密仪器车间等的调查资料；

④主要施工机械及其配套设备的技术性能资料；

⑤桩基工程的施工组织设计；

⑥水泥、砂、石、钢筋等原材料及其制品的质检报告；

施工单位：

钻 孔 桩 钻 进 记 录　　　　表 7-50

工程名称		墩（台）号		桩位编号		地面标高（m）	
设计桩尖标高（m）		护筒顶标高（m）		护筒底标高（m）			
钻机类型及编号（m）		钻头类型及直径		设计孔深（m）			

时间					工作内容	钻进深度（m）					孔底标高（m）	沉渣物厚度（m）	孔斜度	孔位偏差（mm）				地质情况	泥浆				其他
年月日	起		止		共计	钻杆长度	起钻读数	停钻读数	本次进尺	累计进尺				前	后	左	右		相对密度		黏度		
	时	分	时	分															进	出	进	出	

钻孔中出现的问题及处理方法	

参加人员	施工单位	施工项目技术负责人	专职质检员	施工员
	监理（建设）单位		记录	

286

⑦有关荷载、施工工艺的试验参考资料。

2) 钻孔机具及工艺的选择，应根据桩型、钻孔深度、土层情况、泥浆排放及处理条件综合确定。

3) 施工组织设计应结合工程特点，有针对性地制定相应质量管理措施，主要应包括下列内容：

①施工平面图：标明桩位、编号、施工顺序、水电线路和临时设施的位置；采用泥浆护壁成孔时，应标明泥浆制备设施及其循环系统。

②确定成孔机械、配套设备以及合理施工工艺的有关资料，泥浆护壁灌注桩必须有泥浆处理措施。

③施工作业计划和劳动力组织计划。

④机械设备、备件、工具、材料供应计划。

⑤桩基施工时，对安全、劳动保护、防火、防雨、防台风、爆破作业、文物和环境保护等方面应按有关规定执行。

⑥保证工程质量、安全生产和季节性施工的技术措施。

4) 成桩机械必须经鉴定合格，不得使用不合格机械。

5) 施工前应组织图纸会审，会审纪要连同施工图等应作为施工依据，并应列入工程档案。

6) 桩基施工用的供水、供电、道路、排水、临时房屋等临时设施，必须在开工前准备就绪，施工场地应进行平整处理，保证施工机械正常作业。

7) 基桩轴线的控制点和水准点应设在不受施工影响的地方。开工前，经复核后应妥善保护，施工中应经常复测。

8) 用于施工质量检验的仪表、器具的性能指标，应符合现行国家相关标准的规定。

（2）一般规定

1) 不同桩型的适用条件应符合下列规定：

①泥浆护壁钻孔灌注桩宜用于地下水位以下的黏性土、粉土、砂土、填土、碎石土及风化岩层。

②旋挖成孔灌注桩宜用于黏性土、粉土、砂土、填土、碎石土及风化岩层。

③冲孔灌注桩除宜用于上述地质情况外，还能穿透旧基础、建筑垃圾填土或大孤石等障碍物。在岩溶发育地区应慎重使用，采用时，应适当加密勘察钻孔。

④长螺旋钻孔压灌桩后插钢筋笼宜用于黏性土、粉土、砂土、填土、非密实的碎石类土、强风化岩。

⑤干作业钻、挖孔灌注桩宜用于地下水位以上的黏性土、粉土、填土、中等密实以上的砂土、风化岩层。

⑥在地下水位较高，有承压水的砂土层、滞水层、厚度较大的流塑状淤泥、淤泥质土层中不得选用人工挖孔灌注桩。

⑦沉管灌注桩宜用于黏性土、粉土和砂土；夯扩桩宜用于桩端持力层为埋深不超过20m的中、低压缩性黏性土、粉土、砂土和碎石类土。

2) 成孔设备就位后，必须平整、稳固，确保在成孔过程中不发生倾斜和偏移。应在成孔钻具上设置控制深度的标尺，并应在施工中进行观测记录。

3）成孔的控制深度应符合下列要求：

①摩擦型桩：摩擦桩应以设计桩长控制成孔深度；端承摩擦桩必须保证设计桩长及桩端进入持力层深度。当采用锤击沉管法成孔时，桩管入土深度控制应以标高为主，以贯入度控制为辅。

②端承型桩：当采用钻（冲）、挖掘成孔时，必须保证桩端进入持力层的设计深度；当采用锤击沉管法成孔时，桩管入土深度控制以贯入度为主，以控制标高为辅。

4）灌注桩成孔施工的允许偏差应满足表 7-51 的要求。

灌注桩成孔施工允许偏差   表 7-51

序号	成 孔 方 法		桩径允许偏差（mm）	垂直度允许偏差（%）	桩位允许偏差（mm）	
					1~3 根桩、条形桩基沿垂直轴线方向和群桩基础中的边桩	条形桩基沿轴线方向和群桩基础的中间桩
1	泥浆护壁冲（钻）孔桩	$d \leqslant 1000mm$	±50	1	$d/6$ 且不大于 100	$d/4$ 且不大于 150
		$d > 1000mm$	±50		$100+0.01H$	$150+0.01H$
2	锤击（振动）沉管、振动冲击沉管成孔	$d \leqslant 500mm$	−20	1	70	150
		$d > 500mm$	−20		100	150
3	螺旋钻、机动洛阳铲钻孔扩底		−20	1	70	150
4	人工挖孔桩	现浇混凝土护壁	±50	0.5	50	150
		长钢套管护壁	±20	1	100	200

注：1 桩径允许偏差的负值是指个别断面。

2 H 为施工现场地面标高与桩顶设计标高的距离；d 为设计桩径。

5）钢筋笼制作、安装的质量应符合下列要求：

①钢筋笼的材质、尺寸应符合设计要求，制作允许偏差应符合表 7-52 的规定。

钢筋笼制作允许偏差   表 7-52

项 次	项 目	允许偏差（mm）
1	主筋间距	±10
2	箍筋间距	±20
3	钢筋笼直径	±10
4	钢筋笼长度	±100

②分段制作的钢筋笼，其接头宜采用焊接或机械式接头（钢筋直径大于 20mm），并应遵守国家现行标准《钢筋机械连接技术规程》（JGJ 107—2010）、《钢筋焊接及验收规程》（JGJ 18—2012）和《混凝土结构工程施工质量验收规范》（GB 50204—2002）的规定。

③加劲箍宜设在主筋外侧，当因施工工艺有特殊要求时也可置于内侧。

④导管接头处外径应比钢筋笼的内径小 100mm 以上。

⑤搬运和吊装钢筋笼时，应防止变形，安放应对准孔位，避免碰撞孔壁和自由落下，就位后应立即固定。

6）粗骨料可选用卵石或碎石，其粒径不得大于钢筋间最小净距的 1/3。

7）检查成孔质量合格后应尽快灌注混凝土。直径大于 1m 或单桩混凝土量超过 25m³ 的桩，每根桩桩身混凝土应留有 1 组试件；直径不大于 1m 的桩或单桩混凝土量不超过 25m³ 的桩，每个灌注台班不得少于 1 组；每组试件应留 3 件。

8）在正式施工前，宜进行试成孔。

9）灌注桩施工现场所有设备、设施、安全装置、工具配件以及个人劳保用品必须经常检查，确保完好和使用安全。

（3）泥浆护壁成孔灌注桩

1）泥浆的制备和处理

①除能自行造浆的黏性土层外，均应制备泥浆。泥浆制备应选用高塑性黏土或膨润土。泥浆应根据施工机械、工艺及穿越土层情况进行配合比设计。

②泥浆护壁应符合下列规定：

A. 施工期间护筒内的泥浆面应高出地下水位 1.0m 以上，在受水位涨落影响时，泥浆面应高出最高水位 1.5m 以上。

B. 在清孔过程中，应不断置换泥浆，直至灌注水下混凝土。

C. 灌注混凝土前，孔底 500mm 以内的泥浆相对密度应小于 1.25；含砂率不得大于 8%；黏度不得大于 28s。

D. 在容易产生泥浆渗漏的土层中应采取维持孔壁稳定的措施。

③废弃的浆、渣应进行处理，不得污染环境。

2）正、反循环钻孔灌注桩的施工

①对孔深较大的端承型桩和粗粒土层中的摩擦型桩，宜采用反循环工艺成孔或清孔，也可根据土层情况采用正循环钻进，反循环清孔。

②泥浆护壁成孔时，宜采用孔口护筒，护筒设置应符合下列规定：

A. 护筒埋设应准确、稳定，护筒中心与桩位中心的偏差不得大于 50mm。

B. 护筒可用 4～8mm 厚钢板制作，其内径应大于钻头直径 100mm，上部宜开设 1～2 个溢浆孔。

C. 护筒的埋设深度：在黏性土中不宜小于 1.0m；砂土中不宜小于 1.5m。护筒下端外侧应采用黏土填实；其高度尚应满足孔内泥浆面高度的要求。

D. 受水位涨落影响或水下施工的钻孔灌注桩，护筒应加高加深，必要时应打入不透水层。

③当在软土层中钻进时，应根据泥浆补给情况控制钻进速度；在硬层或岩层中的钻进速度应以钻机不发生跳动为准。

④钻机设置的导向装置应符合下列规定：

A. 潜水钻的钻头上应有不小于 $3d$ 长度的导向装置。

B. 利用钻杆加压的正循环回转钻机，在钻具中应加设扶正器。

⑤如在钻进过程中发生斜孔、塌孔和护筒周围冒浆、失稳等现象时，应停钻，待采取相应措施后再进行钻进。

⑥钻孔达到设计深度，灌注混凝土之前，孔底沉渣厚度指标应符合下列规定：

A. 对端承型桩，不应大于 50mm。

B. 对摩擦型桩，不应大于 100mm。

C. 对抗拔、抗水平力桩，不应大于 200mm。

3）冲击成孔灌注桩的施工

①在钻头锥顶和提升钢丝绳之间应设置保证钻头自动转向的装置。

②冲孔桩孔口护筒，其内径应大于钻头直径 200mm，护筒应按（3）泥浆护壁成孔灌注桩的 2）正、反循环钻孔灌注桩的施工中的②条设置。

③泥浆的制备、使用和处理应符合（3）泥浆护壁成孔灌注桩的 1）泥浆的制备和处理中的①～③条的规定。

④冲击成孔质量控制应符合下列规定：

A. 开孔时，应低锤密击，当表土为淤泥、细砂等软弱土层时，可加黏土块夹小片石反复冲击造壁，孔内泥浆面应保持稳定。

B. 在各种不同的土层、岩层中成孔时，可按照表 7-53 的操作要点进行。

C. 进入基岩后，应采用大冲程、低频率冲击，当发现成孔偏移时，应回填片石至偏孔上方 300～500mm 处，然后重新冲孔。

D. 当遇到孤石时，可预爆或采用高低冲程交替冲击，将大孤石击碎或挤入孔壁。

E. 应采取有效的技术措施防止扰动孔壁、塌孔、扩孔、卡钻和掉钻及泥浆流失等事故。

F. 每钻进 4～5m 应验孔一次，在更换钻头前或容易缩孔处，均应验孔。

G. 进入基岩后，非桩端持力层每钻进 300～500mm 和桩端持力层每钻进 100～300m 时，应清孔取样一次，并应做记录。

冲击成孔操作要点　　　　　　　　　　　　　　　　　　表 7-53

项　目	操　作　要　点	备　注
在护筒刃脚以下 2m 以内	小冲程 1m 左右，泥浆相对密度 1.2～1.5，软弱层投入黏土块夹小片石	土层不好时提高泥浆相对密度或加黏土块
黏性土层	中、小冲程 1～2m，泵入清水或稀泥浆，经常清除钻头上的泥块	防粘钻可投入碎砖石
粉砂或中粗砂层	中冲程 2～3m，泥浆相对密度 1.2～1.5，投入黏土块，勤冲勤掏渣	
砂卵石层	中、高冲程 2～4m，泥浆相对密度 1.3 左右，勤掏渣	
软弱土层或塌孔回填重钻	小冲程反复冲击，加黏土块夹小片石，泥浆相对密度 1.3～1.5	

⑤排渣可采用泥浆循环或抽渣筒等方法，当采用抽渣筒排渣时，应及时补给泥浆。

⑥冲孔中遇到斜孔、弯孔、梅花孔、塌孔及护筒周围冒浆、失稳等情况时，应停止施工，采取措施后方可继续施工。

⑦大直径桩孔可分级成孔，第一级成孔直径应为设计桩径的 0.6～0.8 倍。

⑧清孔宜按下列规定进行：

A. 不易塌孔的桩孔，可采用空气吸泥清孔。

B. 稳定性差的孔壁应采用泥浆循环或抽渣筒排渣，清孔后灌注混凝土之前的泥浆指标应按（3）泥浆护壁成孔灌注桩的1）泥浆的制备和处理中的①条执行。

C. 清孔时，孔内泥浆面应符合（3）泥浆护壁成孔灌注桩的1）泥浆的制备和处理中的②条的规定。

D. 灌注混凝土前，孔底沉渣允许厚度应符合（3）泥浆护壁成孔灌注桩的2）正、反循环钻孔灌注桩的施工中的⑨条的规定。

4）旋挖成孔灌注桩的施工

①旋挖钻成孔灌注桩应根据不同的地层情况及地下水位埋深，采用干作业成孔和泥浆护壁成孔工艺，干作业成孔工艺可按干作业成孔灌注桩的要求执行。

②泥浆护壁旋挖钻机成孔应配备成孔和清孔用泥浆及泥浆池（箱），在容易产生泥浆渗漏的土层中可采取提高泥浆相对密度、掺入锯末、增黏剂提高泥浆黏度等维持孔壁稳定的措施。

③泥浆制备的能力应大于钻孔时的泥浆需求量，每台套钻机的泥浆储备量不应少于单桩体积。

④旋挖钻机施工时，应保证机械稳定、安全作业，必要时可在场地铺设能保证其安全行走和操作的钢板或垫层（路基板）。

⑤每根桩均应安设钢护筒，护筒应满足（3）泥浆护壁成孔灌注桩的2）正、反循环钻孔灌注桩的施工中的②条的规定。

⑥成孔前和每次提出钻斗时，应检查钻斗和钻杆连接销子、钻斗门连接销子以及钢丝绳的状况，并应清除钻斗上的渣土。

⑦旋挖钻机成孔应采用跳挖方式，钻斗倒出的土距桩孔口的最小距离应大于 6m，并应及时清除。应根据钻进速度同步补充泥浆，保持所需的泥浆面高度不变。

⑧钻孔达到设计深度时，应采用清孔钻头进行清孔，并应满足（3）泥浆护壁成孔灌注桩的1）泥浆的制备和处理中的②条和第③条要求。孔底沉渣厚度控制指标应符合（3）泥浆护壁成孔灌注桩的2）正、反循环钻孔灌注桩的施工中的⑥条规定。

5）水下混凝土的灌注

① 钢筋笼吊装完毕后，应安置导管或气泵管二次清孔，并应进行孔位、孔径、垂直度、孔深、沉渣厚度等检验，合格后应立即灌注混凝土。

② 水下灌注的混凝土应符合下列规定：

A. 水下灌注混凝土必须具备良好的和易性，配合比应通过试验确定；坍落度宜为 180～220mm；水泥用量不应少于 $360kg/m^3$（当掺入粉煤灰时水泥用量可不受此限）。

B. 水下灌注混凝土的含砂率宜为 40%～50%，并宜选用中粗砂；粗骨料的最大粒径应小于 40mm 并应满足（2）一般规定中的 6）条的要求。

C. 水下灌注混凝土宜掺外加剂。

③导管的构造和使用应符合下列规定：

A. 导管壁厚不宜小于 3mm，直径宜为 200～250mm，直径制作偏差不应超过 2mm，导管的分节长度可视工艺要求确定，底管长度不宜小于 4m，接头宜采用双螺纹方扣快速接头。

B. 导管使用前应试拼装、试压，试水压力可取 0.6～1.0MPa。

C. 每次灌注后应对导管内外进行清洗。

④ 使用的隔水栓应有良好的隔水性能，并应保证顺利排出；隔水栓宜采用球胆或与桩身混凝土强度等级相同的细石混凝土制作。

⑤灌注水下混凝土的质量控制应满足下列要求：

A. 开始灌注混凝土时，导管底部至孔底的距离宜为 $300\sim500$mm。

B. 应有足够的混凝土储备量，导管一次埋入混凝土灌注面以下不应少于 0.8m。

C. 导管埋入混凝土深度宜为 $2\sim6$m。严禁将导管提出混凝土灌注面，并应控制提拔导管速度，应有专人测量导管埋深及管内外混凝土灌注面的高差，填写水下混凝土灌注记录。

D. 灌注水下混凝土必须连续施工，每根桩的灌注时间应按初盘混凝土的初凝时间控制，对灌注过程中的故障应记录备案。

E. 应控制最后一次灌注量，超灌高度宜为 $0.8\sim1.0$m，凿除泛浆后必须保证暴露的桩顶混凝土强度达到设计等级。

（4）长螺旋钻孔压灌桩

1）当需要穿越老黏土、厚层砂土、碎石土以及塑性指数大于 25 的黏土时，应进行试钻。

2）钻机定位后，应进行复检，钻头与桩位点偏差不得大于 20mm，开孔时下钻速度应缓慢；钻进过程中，不宜反转或提升钻杆。

3）钻进过程中，当遇到卡钻、钻机摇晃、偏斜或发生异常声响时，应立即停钻，查明原因，采取相应措施后方可继续作业。

4）根据桩身混凝土的设计强度等级，应通过试验确定混凝土配合比；混凝土坍落度宜为 $180\sim220$mm；粗骨料可采用卵石或碎石，最大粒径不宜大于 30mm；可掺加粉煤灰或外加剂。

5）混凝土泵型号应根据桩径选择，混凝土输送泵管布置宜减少弯道，混凝土泵与钻机的距离不宜超过 60m。

6）桩身混凝土的泵送压灌应连续进行，当钻机移位时，混凝土泵料斗内的混凝土应连续搅拌，泵送混凝土时，料斗内混凝土的高度不得低于 400mm。

7）混凝土输送泵管宜保持水平，当长距离泵送时，泵管下面应垫实。

8）当气温高于30℃时，宜在输送泵管上覆盖隔热材料，每隔一段时间应洒水降温。

9）钻至设计标高后，应先泵入混凝土并停顿 $10\sim20$s，再缓慢提升钻杆。提钻速度应根据土层情况确定，且应与混凝土泵送量相匹配，保证管内有一定高度的混凝土。

10）在地下水位以下的砂土层中钻进时，钻杆底部活门应有防止进水的措施，压灌混凝土应连续进行。

11）压灌桩的充盈系数宜为 $1.0\sim1.2$。桩顶混凝土超灌高度不宜小于 $0.3\sim0.5$m。

12）成桩后，应及时清除钻杆及泵管内残留混凝土。长时间停置时，应采用清水将钻杆、泵管、混凝土泵清洗干净。

13）混凝土压灌结束后，应立即将钢筋笼插至设计深度。钢筋笼插设宜采用专用插筋器。

（5）沉管灌注桩和内夯沉管灌注桩

1）锤击沉管灌注桩施工

①锤击沉管灌注桩施工应根据土质情况和荷载要求，分别选用单打法、复打法或反插法。

②锤击沉管灌注桩施工应符合下列规定：

A. 群桩基础的基桩施工，应根据土质、布桩情况，采取消减负面挤土效应的技术措施，确保成桩质量；

B. 桩管、混凝土预制桩尖或钢桩尖的加工质量和埋设位置应与设计相符，桩管与桩尖的接触应有良好的密封性。

③灌注混凝土和拔管的操作控制应符合下列规定：

A. 沉管至设计标高后，应立即检查和处理桩管内的进泥、进水和吞桩尖等情况，并立即灌注混凝土；

B. 当桩身配置局部长度钢筋笼时，第一次灌注混凝土应先灌至笼底标高，然后放置钢筋笼，再灌至桩顶标高。第一次拔管高度应以能容纳第二次灌入的混凝土量为限。在拔管过程中应采用测锤或浮标检测混凝土面的下降情况。

C. 拔管速度应保持均匀，对一般土层拔管速度宜为 1m/min，在软弱土层和软硬土层交界处拔管速度宜控制在 0.3～0.8m/min。

D. 采用倒打拔管的打击次数，单动汽锤不得少于 50 次/min，自由落锤小落距轻击不得少于 40 次/min；在管底未拔至桩顶设计标高之前，倒打和轻击不得中断。

④混凝土的充盈系数不得小于 1.0；对于充盈系数小于 1.0 的桩，应全长复打，对可能断桩和缩颈桩，应进行局部复打。成桩后的桩身混凝土顶面应高于桩顶设计标高 500mm 以内。全长复打时，桩管入土深度宜接近原桩长，局部复打应超过断桩或缩颈区 1m 以上。

⑤全长复打桩施工时应符合下列规定：

A. 第一次灌注混凝土应达到自然地面。

B. 拔管过程中应及时清除粘在管壁上和散落在地面上的混凝土。

C. 初打与复打的桩轴线应重合。

D. 复打施工必须在第一次灌注的混凝土初凝之前完成。

⑥混凝土的坍落度宜为 80～100mm。

2）振动、振动冲击沉管灌注桩施工

①振动、振动冲击沉管灌注桩应根据土质情况和荷载要求，分别选用单打法、复打法、反插法等。单打法可用于含水量较小的土层，且宜采用预制桩尖；反插法及复打法可用于饱和土层。

②振动、振动冲击沉管灌注桩单打法施工的质量控制应符合下列规定：

A. 必须严格控制最后 30s 的电流、电压值，其值按设计要求或根据试桩和当地经验确定。

B. 桩管内灌满混凝土后，应先振动 5～10s，再开始拔管，应边振边拔，每拔出 0.5～1.0m，停拔，振动 5～10s；如此反复，直至桩管全部拔出。

C. 在一般土层内，拔管速度宜为 1.2～1.5m/min，用活瓣桩尖时宜放慢速度，用预制桩尖时可适当加快；在软弱土层中宜控制在 0.6～0.8m/min。

③振动、振动冲击沉管灌注桩反插法施工的质量控制应符合下列规定：

A. 桩管灌满混凝土后，先振动再拔管，每次拔管高度 0.5～1.0m，反插深度 0.3～0.5m；在拔管过程中，应分段添加混凝土，保持管内混凝土面始终不低于地表面或高于地下水位 1.0～1.5m 以上，拔管速度应小于 0.5m/min。

B. 在距桩尖处 1.5m 范围内，宜多次反插以扩大桩端部断面。

C. 穿过淤泥夹层时，应减慢拔管速度，并减少拔管高度和反插深度，在流动性淤泥中不宜使用反插法。

④振动、振动冲击沉管灌注桩复打法的施工要求可按（5）沉管灌注桩和内夯沉管灌注桩的 1）锤击沉管灌注桩施工中的④条和第⑤条的要求执行。

3）内夯沉管灌注桩施工

①当采用外管与内夯管结合锤击沉管进行夯压、扩底、扩径时，内夯管应比外管短 100mm，内夯管底端可采用闭口平底或闭口锥底（图 7-1）。

②外管封底可采用于硬性混凝土、无水混凝土配料，经夯击形成阻水、阻泥管塞，其高度可为 100mm。当内、外管间不会发生间隙涌水、涌泥时，亦可不采用上述封底措施。

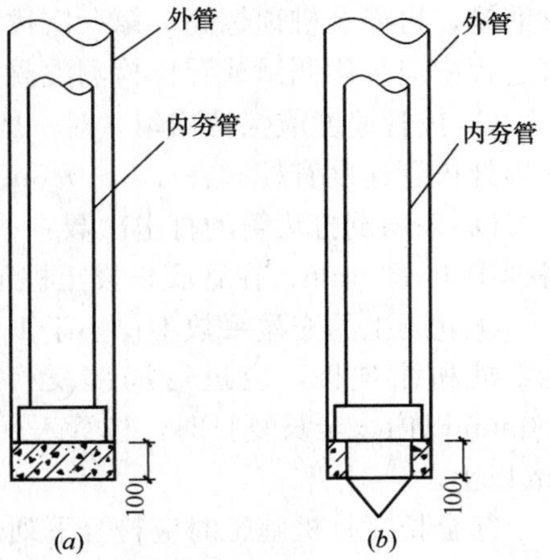

③桩端夯扩头平均直径可按下列公式估算：

一次夯扩　　$D_1 = d_0 \sqrt{\dfrac{H_1 + h_1 - C_1}{h_1}}$

二次夯扩　　$D_2 = d_0 \sqrt{\dfrac{H_1 + H_2 + h_1 - C_1 - C_2}{h_2}}$

图 7-1　内外管及管塞
(a) 平底内夯管；(b) 锥底内夯管

式中　D_1、D_2——第一次、第二次夯扩扩头平均直径（m）；

d_0——管直径（m）；

H_1、H_2——第一次、第二次夯扩工序中，外管内灌注混凝土面从桩底算起的高度（m）；

h_1、h_2——第一次、第二次夯扩工序中，外管从桩底算起的上拔高度（m），分别可取 $H_1/2$，$H_2/2$；

C_1、C_2——第一次、第二次夯扩工序中，内外管同步下沉至离桩底的距离，均可取为 0.2m（图 7-2）。

④桩身混凝土宜分段灌注；拔管时内夯管和桩锤应施压外管中的混凝土顶面，边压边拔。

⑤施工前宜进行试成桩，并应详细记录混凝土的分次灌注量、外管上拔高度、内管夯击次数、双管同步沉入深度，并应检查外管的封底情况，有无进水、涌泥等，经核定后可作为施工控制依据。

（6）干作业成孔灌注桩

1）钻孔（扩底）灌注桩施工

① 钻孔时应符合下列规定：

A. 钻杆应保持垂直稳固，位置准确，防止因钻杆晃动引起扩大孔径。

B. 钻进速度应根据电流值变化，及时调整。

C. 钻进过程中，应随时清理孔口积土，遇到地下水、塌孔、缩孔等异常情况时，应及时处理。

②钻孔扩底桩施工，直孔部分应按（6）干作业成孔灌注桩的1）钻孔（扩底）灌注桩施工的①、③、④条规定执行，扩底部位尚应符合下列规定：

A. 应根据电流值或油压值，调节扩孔刀片削土量，防止出现超负荷现象。

B. 扩底直径和孔底的虚土厚度应符合设计要求。

③成孔达到设计深度后，孔口应予保护，应按（2）一般规定中的4）条规定验收，并应做好记录。

④灌注混凝土前，应在孔口安放护孔漏斗，然后放置钢筋笼，并应再次测量孔内虚土厚度。扩底

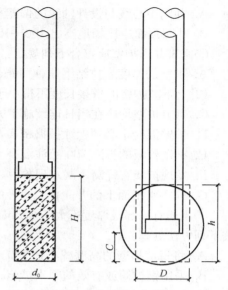

图 7-2　扩底端

桩灌注混凝土时，第一次应灌到扩底部位的顶面，随即振捣密实；浇筑桩顶以下 5m 范围内混凝土时，应随浇筑随振捣，每次浇筑高度不得大于 1.5m。

2）人工挖孔灌注桩施工

①人工挖孔桩的孔径（不含护壁）不得小于 0.8m，且不宜大于 2.5m；孔深不宜大于 30m。当桩净距小于 2.5m 时，应采用间隔开挖。相邻排桩跳挖的最小施工净距不得小于 4.5m。

②人工挖孔桩混凝土护壁的厚度不应小于 100mm，混凝土强度等级不应低于桩身混凝土强度等级，并应振捣密实；护壁应配置直径不小于 8mm 的构造钢筋，竖向筋应上下搭接或拉结。

③人工挖孔桩施工应采取下列安全措施：

A. 孔内必须设置应急软爬梯供人员上下；使用的捯链、吊笼等应安全可靠，并配有自动卡紧保险装置，不得使用麻绳和尼龙绳吊挂或脚踏井壁凸缘上下；捯链宜用按钮式开关，使用前必须检验其安全起吊能力。

B. 每日开工前必须检测井下的有毒、有害气体，并应有相应的安全防范措施；当桩孔开挖深度超过 10m 时，应有专门向井下送风的设备，风量不宜少于 25L/s。

C. 孔口四周必须设置护栏，护栏高度宜为 0.8m。

D. 挖出的土石方应及时运离孔口，不得堆放在孔口周边 1m 范围内，机动车辆的通行不得对井壁的安全造成影响。

E. 施工现场的一切电源、电路的安装和拆除必须遵守现行行业标准《施工现场临时用电安全技术规范》（JGJ 46—2005）的规定。

④开孔前，桩位应准确定位放样，在桩位外设置定位基准桩，安装护壁模板必须用桩中心点校正模板位置，并应由专人负责。

⑤第一节井圈护壁应符合下列规定：

A. 井圈中心线与设计轴线的偏差不得大于 20mm。

B. 井圈顶面应比场地高出 100～150mm，壁厚应比下面井壁厚度增加 100～150mm。

⑥修筑井圈护壁应符合下列规定：

A. 护壁的厚度、拉结钢筋、配筋、混凝土强度等级均应符合设计要求。

B. 上下节护壁的搭接长度不得小于 50mm。

C. 每节护壁均应在当日连续施工完毕。

D. 护壁混凝土必须保证振捣密实，应根据土层渗水情况使用速凝剂。

E. 护壁模板的拆除应在灌注混凝土 24h 之后。

F. 发现护壁有蜂窝、漏水现象时，应及时补强。

G. 同一水平面上的井圈任意直径的极差不得大于 50mm。

⑦当遇有局部或厚度不大于 1.5m 的流动性淤泥和可能出现涌土涌砂时，护壁施工可按下列方法处理：

A. 将每节护壁的高度减小到 300～500mm，并随挖、随验、随灌注混凝土。

B. 采用钢护筒或有效的降水措施。

⑧挖至设计标高后，应清除护壁上的泥土和孔底残渣、积水，并应进行隐蔽工程验收。验收合格后，应立即封底和灌注桩身混凝土。

⑨灌注桩身混凝土时，混凝土必须通过溜槽；当落距超过 3m 时，应采用串筒，串筒末端距孔底高度不宜大于 2m；也可采用导管泵送；混凝土宜采用插入式振捣器振实。

⑩当渗水量过大时，应采取场地截水、降水或水下灌注混凝土等有效措施。严禁在桩孔中边抽水边开挖，同时不得灌注相邻桩。

（7）灌注桩后注浆

1）灌注桩后注浆工法可用于各类钻、挖、冲孔灌注桩及地下连续墙的沉渣（虚土）、泥皮和桩底、桩侧一定范围土体的加固。

2）后注浆装置的设置应符合下列规定：

①后注浆导管应采用钢管，且应与钢筋笼加劲筋绑扎固定或焊接。

②桩端后注浆导管及注浆阀数量宜根据桩径大小设置：对于直径不大于 1200mm 的桩，宜沿钢筋笼圆周对称设置 2 根；对于直径大于 1200mm 而不大于 2500mm 的桩，宜对称设置 3 根。

③对于桩长超过 15m 且承载力增幅要求较高者，宜采用桩端桩侧复式注浆；桩侧后注浆管阀设置数量应综合地层情况、桩长和承载力增幅要求等因素确定，可在离桩底 5～15m 以上、桩顶 8m 以下，每隔 6～12m 设置一道桩侧注浆阀，当有粗粒土时，宜将注浆阀设置于粗粒土层下部，对于干作业成孔灌注桩宜设于粗粒土层中部。

④对于非通长配筋桩，下部应有不少于 2 根与注浆管等长的主筋组成的钢筋笼通底。

⑤钢筋笼应沉放到底，不得悬吊，下笼受阻时不得撞笼、墩笼、扭笼。

3）后注浆阀应具备下列性能：

①注浆阀应能承受 1MPa 以上静水压力；注浆阀外部保护层应能抵抗砂石等硬质物的剧撞而不致使注浆阀受损。

②注浆阀应具备逆止功能。

4）浆液配合比、终止注浆压力、流量、注浆量等参数设计应符合下列规定：

①浆液的水灰比应根据土的饱和度、渗透性确定，对于饱和土，水灰比宜为 0.45～0.65；对于非饱和土，水灰比宜为 0.7～0.9（松散碎石土、砂砾宜为 0.5～0.6）；低水灰比浆液宜掺入减水剂。

②桩端注浆终止注浆压力应根据土层性质及注浆点深度确定，对于风化岩、非饱和黏性土及粉土，注浆压力宜为 3～10MPa；对于饱和土层注浆压力宜为 1.2～4MPa，软土宜取低值，密实黏性土宜取高值。

③注浆流量不宜超过 75L/min。

④单桩注浆量的设计应根据桩径、桩长、桩端桩侧土层性质、单桩承载力增幅及是否复式注浆等因素确定，可按下式估算：

$$G_c = \alpha_p d + \alpha_s nd$$

式中　α_p、α_s——分别为桩端、桩侧注浆量经验系数，$\alpha_p = 1.5～1.8$，$\alpha_s = 0.5～0.7$；对于卵、砾石、中粗砂取较高值；

n——桩侧注浆断面数；

d——基桩设计直径（m）；

G_c——注浆量，以水泥质量计（t）。

对独立单桩、桩距大于 $6d$ 的群桩和群桩初始注浆的数根基桩的注浆量应按上述估算值乘以 1.2 的系数。

⑤后注浆作业开始前，宜进行注浆试验，优化并最终确定注浆参数。

5）后注浆作业起始时间、顺序和速率应符合下列规定：

①注浆作业宜于成桩 2d 后开始；不宜迟于成桩 30d 后。

②注浆作业与成孔作业点的距离不宜小于 8～10m。

③对于饱和土中的复式注浆顺序宜先桩侧后桩端；对于非饱和土宜先桩端后桩侧；多断面桩侧注浆应先上后下；桩侧桩端注浆间隔时间不宜少于 2h。

④桩端注浆应对同一根桩的各注浆导管依次实施等量注浆。

⑤对于桩群注浆宜先外围、后内部。

6）当满足下列条件之一时可终止注浆：

①注浆总量和注浆压力均达到设计要求。

②注浆总量已达到设计值的 75%，且注浆压力超过设计值。

7）当注浆压力长时间低于正常值或地面出现冒浆或周围桩孔串浆，应改为间歇注浆，间歇时间宜为 30～60min，或调低浆液水灰比。

8）后注浆施工过程中，应经常对后注浆的各项工艺参数进行检查，发现异常应采取相应处理措施。当注浆量等主要参数达不到设计值时，应根据工程具体情况采取相应措施。

9）后注浆桩基工程质量检查和验收应符合下列要求：

①后注浆施工完成后应提供水泥材质检验报告、压力表检定证书、试注浆记录、设计工艺参数、后注浆作业记录、特殊情况处理记录等资料。

②在桩身混凝土强度达到设计要求的条件下，承载力检验应在注浆完成 20d 后进行，浆液中掺入早强剂时可于注浆完成 15d 后进行。

7.4.2.3 钻孔桩成孔质量检查记录

1. 资料表式（表 7-54）

钻孔桩成孔质量检查记录表　　　　　　　　　　表 7-54

年　月　日

工程名称			施工单位				
墩台号			桩编号			孔垂直度	
护筒顶标高（m）		设计孔底标高（m）			孔位偏差（m）		
设计直径（m）		成孔孔底标高（m）			前	后	左	右
成孔直径（m）		灌注前孔底标高（m）					
钻孔中出现的问题及处理方法							
钢筋骨架	骨架总长（m）			骨架底面标高（m）			
	骨架每节长（m）			连接方法			
检查意见							
参加人员	监理（建设）单位		施 工 单 位				
			专业技术负责人	质检员		记录人	

2. 应用说明

（1）凡钻孔类桩成孔均应用该表进行桩孔质量检查。标高、直径、孔位偏差应填写实测数据。检查意见应填写是否符合设计和规范要求。

（2）填表说明

1）墩台号：按施工图设计图注的墩（台）编号填写。

2）桩编号：指施工图设计图注的桩号。

3）孔垂直度：钻孔桩成孔后的孔的垂直度。

4）护筒顶标高（m）：护筒埋深按护壁成孔护筒要求的护筒顶标高，照实际护筒顶标高填写。

5）设计孔底标高（m）：按施工图设计标注的孔底标高填写。

6）孔位偏差（m）：指钻孔桩成孔后的实际孔位偏差。

①前：指钻孔桩成孔后前孔的实测孔位与设计前孔位的偏差。

②后：指钻孔桩成孔后后孔的实测孔位与设计后孔位的偏差。

③左：指钻孔桩成孔后左孔的实测孔位与设计左孔位的偏差。

④右：指钻孔桩成孔后右孔的实测孔位与设计右孔位的偏差。

7）成孔孔底标高（m）：指钻孔桩成孔后实测的孔底标高。

8）成孔直径（m）：指钻孔桩成孔后实测的成孔直径。

9）灌注前孔底标高（m）：指钻孔桩的桩孔施工成孔完成后浇筑桩体材料前实测的孔底标高。

10）钻孔中出现的问题及处理方法：指钻孔成孔施工过程中出现的问题及对问题的处理方法。

11）钢筋骨架：指钻孔桩用钢筋骨架。

①骨架总长（m）：指钻孔桩用钢筋骨架的总长度。

②骨架底面标高（m）：指钻孔桩用钢筋骨架底面标高。

③骨架每节长（m）：指钻孔桩用钢筋骨架的骨架每节长度。

④连接方法：指钻孔桩用钢筋骨架的连接方法。

7.4.2.4 钻孔桩水下混凝土灌注记录

1. 资料表式（表 7-55）

表 7-55

钻孔桩水下混凝土灌注记录

日期：

工程名称		施工单位	
墩台编号			
桩编号		桩设计直径(m)	设计桩底标高(m)
护筒顶标高(m)		钢筋骨架底标高(m)	
混凝土强度等级	水泥 品种/等级		坍落度(cm)
灌注前孔底标高(m)			
计算混凝土方量(m³)			

时间	护筒顶至混凝土面深度(m)	护筒顶至导管下口深度(m)	导管拆除数量 节数	导管拆除数量 长度(m)	实灌混凝土数量 本次数量(m³)	实灌混凝土数量 累计数量(m³)	钢筋位置情况、孔内情况、停灌原因，停灌时间、事故原因和处理情况等重要记事

参加人员	监理(建设)单位	施工单位			
		施工项目技术负责人	专职质检员	施工员	记录

300

2. 应用说明

水下混凝土的灌注

1) 钢筋笼吊装完毕后, 应安置导管或气泵管二次清孔, 并应进行孔位、孔径、垂直度、孔深、沉渣厚度等检验, 合格后应立即灌注混凝土。

2) 水下灌注的混凝土应符合下列规定:

①水下灌注混凝土必须具备良好的和易性, 配合比应通过试验确定; 坍落度宜为 180～220mm; 水泥用量不应少于 $360kg/m^3$ (当掺入粉煤灰时水泥用量可不受此限)。

②水下灌注混凝土的含砂率宜为 40%～50%, 并宜选用中粗砂; 粗骨料的最大粒径应小于 40mm 并应满足《建筑桩基技术规范》(JGJ 94—2008) 第 6.2.6 条的要求。

附: 第 6.2.6 条

粗骨料可选用卵石或碎石, 其粘给不得大于刮筋间距最小偏距的 1/3。

③水下灌注混凝土宜掺外加剂。

3) 导管的构造和使用应符合下列规定:

①导管壁厚不宜小于 3mm, 直径宜为 200～250mm, 直径制作偏差不应超过 2mm, 导管的分节长度可视工艺要求确定, 底管长度不宜小于 4m, 接头宜采用双螺纹方扣快速接头。

②导管使用前应试拼装、试压, 试水压力可取为 0.6～1.0MPa。

③每次灌注后应对导管内外进行清洗。

4) 使用的隔水栓应有良好的隔水性能, 并应保证顺利排出; 隔水栓宜采用球胆或与桩身混凝土强度等级相同的细石混凝土制作。

5) 灌注水下混凝土的质量控制应满足下列要求:

①开始灌注混凝土时, 导管底部至孔底的距离宜为 300～500mm。

②应有足够的混凝土储备量, 导管一次埋入混凝土灌注面以下不应少于 0.8m。

③导管埋入混凝土深度宜为 2～6m。严禁将导管提出混凝土灌注面, 并应控制提拔导管速度, 应有专人测量导管埋深及管内外混凝土灌注面的高差, 填写水下混凝土灌注记录。

④灌注水下混凝土必须连续施工, 每根桩的灌注时间应按初盘混凝土的初凝时间控制, 对灌注过程中的故障应记录备案。

⑤应控制最后一次灌注量, 超灌高度宜为 0.8～1.0m, 凿除泛浆后, 必须保证暴露的桩顶混凝土强度达到设计等级。

7.4.3 灌注桩水下混凝土检（试）验汇总表

1. 资料表式（表 7-56）

灌注桩水下混凝土检（试）验汇总表 表 7-56

工程名称　　　　　　　　　年　月　日

序号	试验编号	施工部位	留置组数	设计要求强度等级	试块成型日期	龄期	混凝土试块强度等级	备注

填表单位：　　　　　　　　审核：　　　　　　　　制表：

2. 应用说明

（1）灌注桩水下混凝土检验汇总表按混凝土试块形成的不同强度等级及时间序列进行汇总整理。

（2）汇总整理过程中发现的混凝土强度等级不符合设计和规范要求时，应以文字形式提请技术负责人予以处理。

7.5 预应力混凝土施工记录

7.5.1 预应力张拉

7.5.1.1 预应力张拉数据表

1. 资料表式（表 7-57）

表 7-57

预 应 力 张 拉 数 据 表

工程名称				施工单位							部 位						
预应力钢筋编号	预应力钢筋种类	规格		张拉方式	抗拉标准强度 (MPa)	张拉控制应力 (MPa)	超张拉控制应力 (MPa)	张拉初始应力 (MPa)	控制张拉力 (kN)	超张张拉力 (kN)	张拉初始力 (kN)	孔道累计转角 θ (rad)	孔道长度 X (m)	钢材弹性模量 E	孔道摩擦系数 μ	孔道偏差系数 K	计算伸长值 ΔL (cm)
		直径 (mm)	根数	截面积 (mm²)													

施工项目技术负责人　　　　　　　填表人　　　　　　　填表日期　　年　月　日

2. 应用说明

（1）预应力张拉数据表应逐项填写，内容齐全，必须按预应力钢筋的种类和每根不同规格的预应力钢筋的编号和实际的张拉初始应力等逐一填写，不得缺漏。

（2）预应力张拉设备：油泵、千斤顶、压力表等应有由法定计量检测单位进行校验的报告和张拉设备配套标定的报告并绘有相应的 P—T 曲线。

（3）预应力张拉应详细记录张拉过程，作为原始数据备存。

（4）预应力张拉值应有设计数据和理论张拉伸长值的计算资料。

（5）填表说明

1）工程名称：按施工企业和建设单位签订的施工合同的工程名称或图注的工程名称，照实际填写。

2）施工单位：指建设与施工单位合同书中的施工单位，填写合同书中定名的施工单位名称。

3）部位：是指预应力筋张拉所在部位，照实际填写。

4）预应力钢筋编号：指被张拉预应力筋的编号，照实际填写。

5）预应力钢筋种类：指被张拉预应力筋的种类。如钢丝、钢绞线等，照实际填写。

6）规格：指被张拉预应力筋的规格，应分别填写直径（mm）、根数、截面积（mm²）。

7）张拉方式：按实际的张拉方式填写，如先张、后张等。

8）抗拉标准强度（MPa）：指施工图设计标注的预应力钢筋标准规定的抗拉强度。

9）张拉控制应力（MPa）：指规范规定的张拉控制应力。

10）超张控制应力（MPa）：指规范规定的超张控制应力。

11）张拉初始应力（MPa）：指规范规定的张拉初始应力。

12）控制张拉力（kN）：指实际操作时的控制张拉力。

13）超张张拉力（kN）：指实际操作时的超张张拉力。

14）张拉初始力（kN）：指实际操作时的张拉初始力。

15）孔道累计转角 θ（rad）：按实际孔道累计转角 θ（rad）值填写。

16）孔道长度 X（m）：填写实际的孔道长度值。

17）钢材弹性模量 E：指预应力钢筋用钢材的弹性模量，照实际填写。

18）孔道摩擦系数 μ：按孔道摩擦系数的实际计算值填写。

19）孔道偏差系数 K：按孔道偏差系数的实际计算值填写。

20）计算伸长值 ΔL（cm）：按实际量测的伸长值减原始长度，照实际填写。

7.5.1.2 先张法预应力张拉记录

1. 资料表式（表 7-58）

先张法预应力张拉记录 表 7-58

工程名称					施工单位			
结构部位			构件编号			构件长度（m）		
钢束种类			钢束规格			钢束弹模（MPa）		
钢束编号			钢束长度			设计张拉力（kN）		
设计控制应力（MPa）			张拉混凝土强度（MPa/d）			张拉日期		
序号	张拉端		千斤顶编号			油表编号		
1	初应力时油表读数（MPa）尺读数（mm）							
2	两倍初应力时油表读数（MPa）尺读数（mm）							
3	（mm）							
4	（mm）							
5	（mm）							
6	（mm）							
7	终应力时油表读数（MPa）尺读数（mm）							
8	回油前油表读数（MPa）							
9	应力偏差（%）							
10	钢束理论延伸量（mm）							
11	张拉束实际伸量（mm）							
12	伸长率偏差（%）							
13	钢丝、滑丝情况							
参加人员	监理（建设）单位		施 工 单 位					
			项目技术负责人	专职质检员	施工员		记　录	

注：1. 当设计无要求时，实际延伸量可根据比率进行计算。如：初应力取15%的终应力，则实际延伸量＝（终应力尺读数－初应力尺读数）÷0.85。初应力的取值应根据束长而定，整体张拉时各级张拉的尺读数应分别填写最大值和最小值、张拉束实际延伸量的计算按各级尺读数的平均值；采用此方法计算时可不填2～6项。

2. 若按两倍初应力控制时，伸长值计算方法可参照后张法。

2. 应用说明

（1）本表为先张法预应力张拉记录用表。应按表列要求逐一按测试结果记录。

305

（2）预应力张拉的基本要求

1）预应力筋锚具、夹具和连接器应有出厂合格证，并在进场时按下列规定进行验收：

①外观检查：应从每批中抽取 10% 但不少于 10 套的锚具，检查其外观和尺寸。当有一套表面有裂纹或超过产品标准及设计图纸规定尺寸的允许偏差时，应另取双倍数量的锚具重做检查，如仍有一套不符合要求，则不得使用或逐套检查，合格者方可使用。

②硬度检查：应从每批中抽取 5% 但不少于 5 件的锚具，对其中有硬度要求的零件做硬度试验，对多孔夹片式锚具的夹片，每套至少抽 5 片。每个零件测试三点，其硬度应在设计要求范围内，当有一个零件不合格时，应另取双倍数量的零件重做试验，如仍有一个零件不合格，则不得使用或逐个检查，合格者方可使用。

③静载锚固性能试验：经上述两项试验合格后，应从同批中抽取 6 套锚具（夹具或连接器）组成 3 个预应力筋锚具（夹具或连接器）组装件，进行静载锚固性能试验，当有一个试件不符合要求时，应另取双倍数量的锚具（夹具或连接器）重做试验，如仍有一套不合格，则该批锚具（夹具或连接器）为不合格品。

注：对一般工程的锚具（夹具或连接器）进场验收，其静载锚固性能，也可由锚具生产厂提供试验报告。

2）预应力筋用锚具、夹具和连接器应按设计要求采用，其性能应符合现行国家标准《预应力筋用锚具、夹具和连接器》（GB/T 14370—2007）等的规定。按进场批次和产品的抽样检验方案确定。

3）现场施加预应力筋张拉记录表应逐项填写，内容齐全，为符合要求。

4）预应力筋进场时，应按观行国家标准《预应力混凝土用钢绞线》（GB/T 5224—2003）等的规定抽取试件做力学性能检验，其质量必须符合有关标准的规定。按进场的批次和产品的抽样检验方案确定。

5）无粘结预应力筋的涂包质量应符合国家现行标准《无粘结预应力钢绞线》（JG 161—2004）等的规定。每 60t 为一批，每批抽取一组试件。

6）预应力筋张拉及放张时，混凝土强度应符合设计要求；当设计无具体要求时，不应低于设计的混凝土立方体抗压强度标准值的 75%。

7）预应力筋的张拉顺序、张拉力应符合设计及施工技术方案的要求。

当采用应力控制方法张拉时，应校核预应力筋的伸长值。实际伸长值与设计计算伸长值的相对允许偏差为 ±6%。

8）预应力筋张拉锚固后实际建立的预应力值与工程设计规定检验值的相对允许偏差为 ±5%。对先张法施工，每工作班抽查预应力筋总数的 1%，且不少于 3 根；对后张法施工，在同一检验批内，抽查预应力筋总数的 3%，且不少于 5 束。

9）锚固阶段张拉端预应力筋的内缩量应符合设计要求。每工作班抽查预应力筋总数的 3%，且不应少于 3 束。

10）施加预应力所用的机具设备及仪表，应定期维护和校验。

张拉设备应配套校验，以确定张拉力与仪表读数的关系曲线。压力表的精度不宜低于 1.5 级，校验张拉设备用的试验机或测力计精度不得低于 ±2%。校验时千斤顶活塞的运行方向，应与实际张拉工作状态一致。

11）张拉过程中应避免预应力筋断裂或滑脱；当发生断裂或滑脱时，必须符合下列规定：

①对后张法预应力结构构件，断裂或滑脱的数量严禁超过同一截面预应力筋总根数的3%，且每束钢丝不得超过一根；对多跨双向连续板，其同一截面应按每跨计算。

②对先张法预应力构件，在浇筑混凝土前发生断裂或滑脱的预应力筋必须予以更换。

12）安装张拉设备时，直线预应力筋，应使张拉力的作用线与孔道中心线重合；曲线预应力筋，应使张拉力的作用线与孔道中心线末端的切线重合。

13）当采用应力控制方法张拉时，应校核预应力筋的伸长值。如实际伸长值比计算伸长值大于10%或小于5%时，应暂停张拉，在采取措施予以调整后，方可继续张拉。

14）预应力筋的计算伸长值 Δl（mm），可按下式计算：

$$\Delta l = \frac{F_p \cdot l}{A_p \cdot E_s}$$

式中 F_p——预应力筋的平均张拉力（kN），直线筋取张拉端的拉力；两端张拉的曲线筋，取张拉端的拉力与跨中扣除孔道摩阻损失后拉力的平均值；

A_p——预应力筋的截面面积（mm²）；

l——预应力筋的长度（mm）；

E_s——预应力筋的弹性模量（kN/mm²）。

预应力筋的实际伸长值，宜在初应力为张拉控制应力10%左右时开始量测，但必须加上初应力以下的推算伸长值；对后张法，尚应扣除混凝土构件在张拉过程中的弹性压缩值。

15）锚固阶段张拉端预应力筋的内缩量，不宜大于表 7-59 的规定。

锚固阶段张拉端预应力筋的内缩量允许值（mm）　　　　　　表 7-59

锚　具　类　别	内缩量允许值
支承式锚具（镦头锚、带有螺栓端杆的锚具等）	1
锥　塞　式　锚　具	5
夹　片　式　锚　具	5
每块后加的锚具垫板	1
夹片式锚具无顶压	6～8

注：1. 内缩量值系指预应力筋锚固过程中，由于锚具零件之间和锚具与预应力筋之间的相对移动和局部塑性变形造成的回缩量。

2. 当设计对锚具内缩量允许值有专门规定时，可按设计规定确定。

（3）先张法预应力施工

1）先张法墩式台座的承力台墩，其承载能力和刚度必须满足要求，且不得倾覆和滑移，其抗倾覆和抗滑移安全系数，应符合现行国家标准《建筑地基基础设计规范》的规定。台座的构造，应适合构件生产工艺的要求；台座的台面，宜采用预应力混凝土。

2）在铺放预应力筋时，应采取防止隔离剂沾污预应力筋的措施。

3）当同时张拉多根预应力筋时，应预先调整初应力，使其相互之间的应力一致。

4）张拉后的预应力筋与设计位置的偏差不得大于5mm，且不得大于构件截面最短边长的 4%。每工作班抽查预应力筋总数的 3%，且不应少于 3 束。

5）放张预应力筋时，混凝土强度必须符合设计要求；当设计无专门要求时，不得低于设计的混凝土强度标准值的 75%。

6）预应力筋的放张顺序，应符合设计要求；当设计无专门要求时，应符合下列规定：对承受轴心预压力的构件（如压杆、桩等），所有预应力筋应同时放张；对承受偏心预压力的构件，应先同时放张预压力较小区域的预应力筋，再同时放张预压力较大区域的预应力筋；当不能按上述规定放张时，应分阶段、对称、相互交错地放张。

7）放张后预应力筋的切断顺序，宜由放张端开始，逐次切向另一端。

（4）填表说明

1）工程名称：按施工企业和建设单位签订的施工合同的工程名称或图注的工程名称，照实际填写。

2）施工单位：指建设与施工单位合同书中的施工单位，填写合同书中定名的施工单位名称。

3）结构部位：是指预应力筋张拉所在结构部位，照实际填写。

4）构件编号：指被张拉预应力构件所在位置的编号。

5）构件长度（m）：指被张拉预应力构件的长度，应填写构件的实际长度。

6）钢束种类：指被张拉预应力钢束的种类，照实际填写。

7）钢束规格：指被张拉预应力钢束的规格，照实际填写。

8）钢束弹模（MPa）：指被张拉预应力钢束的弹性模量，照实际填写。

9）钢束编号：指被张拉预应力钢束的编号，照实际填写。

10）钢束长度：指被张拉预应力钢束的长度，照实际填写。

11）设计张拉力（kN）：指被张拉预应力筋的设计张拉力。

12）设计控制应力（MPa）：指被张拉预应力筋的设计控制应力。

13）张拉混凝土强度（MPa/d）：指被张拉预应力混凝土强度。

14）张拉日期：照实际的张拉日期填写。

15）张拉端：通常指压力表 A 端。

16）千斤顶编号：指张拉机具千斤顶的编号，照实际填写。

17）油表编号：指张拉机具用油表的编号，照实际填写。

18）初应力时油表读数（MPa）尺读数（mm）：照张拉用油表设定的初应力值填写。

19）两倍初应力时油表读数（MPa）尺读数（mm）：照张拉用两倍初应力时油表读数填写。

20）终应力时油表读数（MPa）尺读数（mm）：照张拉用油表的终应力值读数填写。

21）回油前油表读数（MPa）：照实际填写。

22）应力偏差（%）：照应力偏差的实际值填写。

23）钢束理论延伸量（mm）：按钢束界定的理论延伸量值填写。

24）张拉束实际伸量（mm）：按张拉束实际伸量实际值填写。

25）伸长率偏差（%）：照伸长率偏差的实际值填写。

26）钢丝、滑丝情况：按张拉过程自始至终钢丝、滑丝的实际情况简记。

7.5.1.3 后张法预应力张拉记录

1. 资料表式（表7-60）

后张法预应力张拉记录   表 7-60

工程名称		施工单位			结构部位	
构件编号		钢束种类		钢束规格		钢束弹模（MPa）	
千斤顶编号		油压表编号		锚具名称		限位块槽深（mm）	
设计控制应力（MPa）		张拉时强度（MP）/龄期（d）			张拉日期	

序号	记录数据 / 项目		钢束编号										
			钢束长度（m）										
			设计张拉力（kN）										
		张拉端	A	B	A	B	A	B	A	B	A	B	A	B
1	初应力时读数（油表读数/尺读）（MPa/mm）												
2	两倍初应力时读数（同上）（MPa/mm）												
3													
4													
5	终应力时读数（油表读数/尺读）（MPa/mm）												
6													
7	工具夹片位移量（mm）	初应力时夹片外露量											
8		终应力时夹片外露量											
9		位移量（序7-8）											
10	回油（安装）前油表读数（MPa）												
11	安装时应力偏差〔序（10-5）/5〕（%）												
12	钢束理论延伸量（mm）												
13	千斤顶段钢束理论延伸量（mm）												
14	张拉束实际延伸量（序5-1+2-1-9-13）（mm）												
15	安装时延伸量〔序（14-12）/5〕（%）												
16	油压表回"0"时尺读数（mm）												
17	回缩量（序5-16-13）（mm）												
18	工作夹片外露量（mm）												
19	断丝滑丝及处理	张拉部位及直弯束示意图											

参加人员	监理（建设）单位		施 工 单 位			
			项目技术负责人	专职质检员	施工员	记录

说明：1. "钢筋束长度"不包括锚外工作长度。

2. 理论伸长量是指构件两端工作锚之间，对设计弹性模量作了修正后的钢束延伸量。

3. 由于行程不够，序3、序4分别记录某一同级荷载的末、初读数，此时序14＝（5-4+3-1+2-1-9-13）。

309

2. 应用说明

（1）本表为后张法预应力张拉记录用表。应按表列要求逐一按测试结果记录。

（2）预应力张拉的基本要求见 7.5.1.2 节相关内容。

（3）后张法预应力施工

1）预留孔道的尺寸与位置应正确，孔道应平顺。端部的预埋钢板应垂直于孔道中心线。

2）孔道可采用预埋波纹管、钢管抽芯、胶管抽芯等方法成型。钢管应平直光滑，胶管宜充压力水或采取其他措施以增强刚度，波纹管应密封良好并有一定的轴向刚度，接头应严密，不得漏浆。

各种成孔管道用的钢筋井字架间距：钢管不宜大于 1m；波纹管不宜大于 0.8mm；胶管大宜大于 0.5mm，曲线孔道宜加密。

灌浆孔间距：预埋波纹管不宜大于 30m；轴芯成型孔道不宜大于 12m；曲线孔道的曲线波峰部位，宜设置泌水管。

3）当铺设已穿有预应力筋的波纹管或其他金属管道时，严禁电火花损伤管道内的钢丝或钢绞线。

4）孔道成型后，应立即逐孔检查，发现堵塞，应及时疏通。

5）预应力筋张拉时，结构的混凝土强度应符合设计要求，当设计无具体要求时，不应低于设计强度标准值的 75%。

6）预应力筋的张拉顺序应符合设计要求，当设计无具体要求时，可采用分批、分阶段对称张拉。

采用分批张拉时，应计算分批张拉的预应力损失值，分别加到先张拉预应力筋的张拉控制应力值内，或采用同一张拉值逐根复拉补足。

7）预应力筋张拉端的设置，应符合设计要求；当设计无具体要求时，应符合下列规定：抽芯成型孔道：对曲线预应力筋和长度大于 24m 的直线预应力筋，应在两端张拉；对长度不大于 24m 的直线预应力筋，可在一端张拉；预埋波纹管孔道：对曲线预应力筋和长度大于 30m 的直线预应力筋，宜在两端张拉；对长度不大于 30m 的直线预应力筋可在一端张拉。

当同一截面中有多根一端张拉的预应力筋时，张拉端宜设置在结构的两端。

当两端同时拉同一根预应力筋时，宜先在一端锚固，再在另一端补足张力后进行锚固。

8）平卧重叠浇筑的构件，宜先上后下逐层进行张拉。为了减少上下层之间因摩阻引起的预应力损失，可逐层加大张拉力。底层张拉力，对钢丝、钢绞线、热处理钢筋，不宜比顶层张拉力大 5%；对冷拉 Ⅱ、Ⅲ、Ⅳ 级钢筋，不宜比顶层张拉力大 9%，且不得超过最大张拉控制应力允许值的规定。当隔离层效果较好时，可采用同一张拉值。

9）预应力筋锚固后的外露长度不宜小于 30mm，锚具应用封端混凝土保护，当需长期外露时，应采取防止锈蚀的措施。

10）预应力筋张拉后，孔道应及时灌浆；当采用电热法时，孔道灌浆应在钢筋冷却后进行。

11）用连接器连接的多跨连续预应力筋的孔道灌浆，应张拉完一跨随即灌注一跨，不得在各跨全部张拉完毕后，一次连续灌浆。

12) 孔道灌浆应采用普通硅酸盐水泥配制的水泥浆；对空隙大的孔道，可采用砂浆灌浆。水泥浆及砂浆强度，均不应少于 $20N/mm^2$。

13) 灌浆用水泥浆的水灰比宜为 0.4 左右，搅拌后 3h 泌水率宜控制在 2%，最大不得超过 3%，当需要增加孔道灌浆的密实性时，水泥浆中可掺入对预应力筋无腐蚀作用的外加剂。

注：矿渣硅酸盐水泥：按上述要求试验合格后，也可使用。

14) 灌浆前孔道应湿润、洁净：灌浆顺序宜先灌注下层孔道；灌浆应缓慢均匀地进行，不得中断，并应排气通顺；在灌满孔道并封闭排气孔后，宜再继续加压至 0.5～0.6MPa，稍后再封闭灌浆孔。

不掺外加剂的水泥浆，可采用二次灌浆法。

（4）填表说明

1) 工程名称：按施工企业和建设单位签订的施工合同的工程名称或图注的工程名称，照实际填写。

2) 施工单位：指建设与施工单位合同书中的施工单位，填写合同书中定名的施工单位名称。

3) 结构部位：是指预应力筋张拉所在结构部位，照实际填写。

4) 构件编号：指被张拉预应力构件所在位置的编号。

5) 钢束种类：指被张拉预应力钢束的种类，照实际填写。

6) 钢束规格：指被张拉预应力钢束的规格，照实际填写。

7) 钢束弹模（MPa）：指被张拉预应力钢束的弹性模量，照实际填写。

8) 千斤顶编号：指张拉机具千斤顶的编号，照实际填写。

9) 油压表编号：指张拉机具用油表的编号，照实际填写。

10) 锚具名称：按实际使用的锚具名称填写，应符合施工组织设计规定使用的锚具。

11) 限位块槽深（mm）：照实际的限位块槽深填写。

12) 设计控制应力（MPa）：指被张拉预应力筋的设计控制应力。

13) 张拉时强度（MPa）/龄期（d）：照实际张拉时强度（MPa）/龄期（d）填写。

14) 张拉日期：照实际的张拉日期填写。

15) 记录数据

①钢束编号：指被张拉预应力钢束的编号，照实际填写。

②钢束长度：指被张拉预应力钢束的长度，照实际填写。

③设计张拉力（kN）：指被张拉预应力筋的设计张拉力。

④张拉端：通常指压力表 A 端。

16) 初应力时读数（油表读数/尺读）（MPa/mm）：照张拉用油表设定的初应力时的读数填写。

17) 两倍初应力时读数（同上）（MPa/mm）：照张拉用油表两倍初应力时的读数填写。

18) 终应力时读数（油表读数/尺读）（MPa/mm）：照张拉用油表终应力时的读数填写。

19) 工具夹片位移量（mm）：分别填写如下数据。

①初应力时夹片外露量：照初应力时夹片外露量的实际值填写。

②终应力时夹片外露量：照终应力时夹片外露量的实际值填写。

③位移量（序 7－8）：照序号 7－8 的实际位移量填写。

20）回油（安装）前油表读数（MPa）：照回油（安装）前油表读数填写。

21）安装时应力偏差〔序(10−5)/5〕(％)：按序号(10−5)/5(％)的平均值填写并计算出百分率。

22）钢束理论延伸量（mm）：照钢束界定的理论延伸量填写。

23）千斤顶段钢束理论延伸量（mm）：照千斤顶段钢束理论延伸量填写。

24）张拉束实际延伸量（序5−1＋2−1−9−13）（mm）：照序号5−1＋2−1−9−13的实际延伸量的计算结果的实际值填写。

25）安装时延伸量〔序（14−12）/5〕(％)：按序号（14−12）/5(％)的安装时延伸量填写。

26）油压表回"0"时尺读数（mm）：照实际油压表回"0"时尺读数填写。

27）回缩量（序5−16−13）（mm）：按序号5−16−13的回缩量计算结果的实际值填写。

28）工作夹片外露量（mm）：照实际工作夹片外露量（mm）填写。

29）断丝滑丝及处理：照实际断丝滑丝及处理情况填写。

30）张拉部位及直弯束示意图：示意图应正确、简洁、清晰。

7.5.2 预应力孔道压浆记录

1. 资料表式（表7-61）

预应力张拉孔道压浆记录   表7-61

工程名称					施工单位			
部位（构件）编号								
孔道编号	起止时间	压强（MPa）	水泥品种及等级	水灰比	冒浆情况	水泥浆用量（m³）	气温（℃）／净浆温度（℃）	28d 水泥浆试件强度（MPa）

检查结果：

参加人员	监理（建设）单位	施 工 单 位			
		项目技术负责人	专职质检员	施工员	记 录

312

2. 应用说明

（1）预应力筋张拉后，孔道应及时灌浆；当采用电热法时，孔道灌浆应在钢筋冷却后进行。

（2）用连接器连接的多跨连续预应力筋的孔道灌浆，应张拉完一跨随即灌注一跨，不得在各跨全部张拉完毕后，一次连续灌浆。

（3）孔道灌浆应采用普通硅酸盐水泥配制的水泥浆；对空隙大的孔道，可采用砂浆灌浆。水泥浆及砂浆强度，均不应少于 20N/mm²。

（4）灌浆用水泥浆的水灰比宜为 0.4 左右，搅拌后 3h 泌水率宜控制在 2%，最大不得超过 3%，当需要增加孔道灌浆的密实性时，水泥浆中可掺入对预应力筋无腐蚀作用的外加剂。

注： 矿渣硅酸盐水泥：按上述要求试验合格后，也可使用。

（5）灌浆前孔道应湿润、洁净；灌浆顺序宜先灌注下层孔道；灌浆应缓慢均匀地进行，不得中断，并应排气通顺；在灌满孔道并封闭排气孔后，宜再继续加压至 0.5～0.6MPa，稍后再封闭灌浆孔。

不掺外加剂的水泥浆，可采用二次灌浆法。

（6）预应力孔道压浆每一工作班留取不少于三组 70.7mm×70.7mm×70.7mm 试件，其中一组作为标准养护 28d 的强度资料，其他两组作移运和吊装时强度参考值资料。

（7）填表说明

1）孔道编号：按施工图设计的孔道编号。

2）起止时间：指预应力张拉孔道灌浆的开始和完成时间，按月、日、时起至月、日、时止。

3）压强（MPa）：指灌浆的压力强度，压强一般稳定在 4～5 个大气压左右。

4）水泥品种及等级：按实际使用的等级及品种填写。

5）水灰比：灰浆配合比应根据孔道形式、灌浆方法、材料性能及设备等条件由试验决定。水灰比应控制在 0.4～0.45 之间，搅拌后 3h 泌水率不宜大于 2%，且不应大于3%，尽量减少灰浆的收缩性，使与构件混凝土良好结合。钢筋束与钢丝束都采用纯水泥浆灌入，不成束的预应力筋及孔道较大者，可在水泥浆内掺入一定数的细砂。

6）冒浆情况：指预应力张拉孔道压浆时的冒浆情况。

7）水泥浆用量（m³）：按施工单位根据孔道断面及长度计算得的水泥浆用量，照计算结果填写。

8）气温（℃）：指预应力孔道灌浆时的大气温度，按实测的大气温度填写。

9）净浆温度（℃）：指预应力孔道灌浆时的净浆温度，按实测的净浆温度填写。

10）28d 水泥浆试件强度（MPa）：灌浆用水泥浆的抗压强度不应小于 30N/mm²。试件按标准养护 28d，试件为边长 70.7mm 的立方体试件，每工作班留置一组试件。

11）检查结果：指预应力张拉孔道压浆的检查结果。

7.5.3 电热法施加预应力记录

1. 资料表式（表 7-62）

电热法施加预应力记录表   表 7-62

工程名称：   构件名称、型号：

张拉日期	张拉顺序	钢筋长度(mm)	钢筋直径(mm)	通电时间(s)	伸长(mm)	一次电压(V₁)	一次电流(A₁)	二次电压(V₂)	二次电流(A₂)	孔道温度(℃)	用电量(kW·h)	校核应力			备注
												计算应力(N/mm²)	实际应力(N/mm²)	误差(%)	
1	2	3	4	5	6	7	8	9	10	11	12	13	14	15	16
钢筋张拉顺序编号草图															

项目技术负责人：   质检员：   记录：

2. 应用说明

电热法施加预应力记录是利用钢筋热胀冷缩原理，以强大的低压电流使预应力钢筋在短时间内发热、伸长至设计伸长值时锚固，然后停电、钢筋冷却，使混凝土构件获得预压应力实施过程的记录。目的是为满足设计对其提出的要求。

（1）综合说明与要求

1）钢筋张拉顺序编号草图应注明了清晰，便于施工。

2）采用电热法张拉时，预应力筋的电热温度，不应超过 350℃，反复电热次数不宜超过三次。

成批生产前应检查所建立的预应力值，其偏差不应大于相应阶段预应力值的 10%或小于 5%。

3）电热法适用于用冷拉 HRB335、HRB400、HRB500 级钢筋配筋的一般构件，但对抗裂度较严的结构则不宜采用。当圆形结构（如水池、油罐）采用钢筋作预应力筋时，仍可采用电热法张拉。采用波纹管或其他金属管作预留孔道的结构，不得采用电热法张拉。长线台座上的预应力钢筋因长度较长，散热快，耗电量大，不能采用电热张拉法。

4）冷拉钢筋作预应力筋时，其反复电热次数不宜超过三次，因为电热次数过多，会引起钢筋失去冷强效应，降低钢筋强度。

5）后张电热张拉钢筋是以控制钢筋的伸长值来建立必需的预应力值，对预应力筋的弹性模量，应先经试验确定。应注意，由于电热张拉是以控制伸长建立预应力值的，往往由于对钢材材质掌握不好，而使预应力值不易得到准确的控制。故应在构件成批生产前，应用千斤顶对构件抽样加以校核，摸索出钢筋伸长与建立应力之间的规律，作为成批生产

314

的根据。

6）预应力筋电热张拉过程中，应随时测定电流、电压和钢筋电热温度，并做好记录。可采用交流电压表测定电压，钳形电流表测定电流，采用半导体点温计测定钢筋表面的温度，或用变色测温铅笔，利用笔中色素在一定温度下起变化的特性来测定温度。

7）电热张拉完成后，间隔一段时间，用拉伸机抽样校核预应力筋的应力。校核时，预应力值偏差不得超过设计规定张拉控制应力值的$+10\%$或-5%。不论张拉时环境温度如何，预应力筋应力校核的时间，应在断电后 $2\sim24h$ 内进行。

校核应力的取值，必须考虑相应阶段的预应力损失。

注：电热法张拉工艺其伸长值、拉伸机校核应力、变压器选择均应经计算确定。

（2）伸长值的计算确定

电热张拉所建立的预应力，是以钢筋的伸长值来控制的，伸长值的计算公式为：

$$\Delta_l = \frac{\sigma_k + 300}{E_g} L$$

式中 Δ_l——钢筋电热所需的伸长值（cm）；

σ_k——预应力筋的张拉控制应力，先张法构件按表 7-63 的规定采用；对后张法构件，为提高其抗裂度，可适当提高 σ_k 值，但电热完毕时钢筋的预应力值不得大于表 7-63 中后张法规定的数值；

E_g——预应力筋的弹性模量（kg/cm^2），由试验确定，无条件试验时，按下列数值采用：

Ⅰ级钢筋为 2.1×10^6；

Ⅱ、Ⅲ、Ⅳ级及热处理钢筋为 2.0×10^6；

冷拔低碳钢丝、碳素钢丝、刻痕钢筋、钢绞线为 1.8×10^6；

L——电热前钢筋总长度（cm）；

300——考虑钢筋不直以及在高温和应力状态下的塑性变形所产生的预应力损失（kg/cm^2），约合伸长值为 $0.00015L$。

张拉控制应力值 σ_k（kg/cm^2）　　　　　　　表 7-63

钢　种	张 拉 方 法	
	先张法	后张法
钢丝、钢绞线	$0.7R_y^b$	$0.65R_y^b$
冷拉热轧钢筋	$0.9R_y^b$	$0.85R_y^b$

注：1. R_y^b 为钢筋的标准强度，见表 7-63 所列。

2. 在下列情况下，张拉控制应力可按表中数值提高 $0.05R_y^b$：

（1）为了提高构件制作、运输及吊装阶段的抗裂度而设置在使用阶段受压区的预应力筋；

（2）为了部分抵消由于应力松弛、摩擦、钢筋分批张拉以及预应力筋与台座之间的温差等因素产生的预应力损失。

3. 钢丝、钢绞线的张拉控制应力值 σ_k 不应小于 $0.4R_y^b$。

4. 冷拉热轧钢筋采用电热张拉时，张拉控制应力 σ_k 可用 $0.9R_y^b$。

（3）应力校验

应力校验一般用拉杆式千斤顶，也可用压力传感器测定。校验宜在停电后 $2\sim24h$ 内进行。此时，校验的应力值可近似地用下列公式计算（如停电超过 24h 再校验，尚应考虑相应阶段的应力损失）：

$$\sigma_{yf} = \sigma'_k - \sigma_{s4}$$

式中　σ_{yf}——校验时钢筋应建立的预应力值；

σ_{s4}——钢筋的应力松弛损失值，$\sigma_{s4} = 5\% \sigma'_k$。

（4）电热张拉注意事项

1）电热变压器或电弧焊机，应尽量靠近张拉钢筋的旁边，以缩短二次线路长度，减少线路电阻。

2）若两台电热变压器同时使用时，应注意保证接线方式和线路正确。

3）在通电过程中，要不断检查仪表读数，主要掌握二次电流和钢筋温度变化情况。

4）预应力钢筋的张拉次序，应按照设计要求依次分组对称张拉，防止构件产生偏心受压。

5）在通电过程中，如发现钢筋伸长很慢，而构件的混凝土温度升高又很快，说明有分流，应当立即停电，检查原因。

6）合闸通电时，要专人负责，统一指挥；一次导线（除采用绝缘胶皮线外）接到现场，必须架立在上空通过，以免触电。

7）电热设备选用必须正确，最好选用三相低压变压器，变压器应装有可变电阻调节电流，同时应带有冷却设备，以便持续使用。

（5）圆形构筑物电热张拉钢筋施工应符合下列规定：

1）张拉前，应根据电工、热工等参数计算伸长值，并应取一环做试张拉，进行验证。

2）预应力筋的弹性模量应由试验确定。

3）张拉可采用螺栓端杆、墩粗头插 U 形垫板、帮条锚具 U 形垫板或其他锚具。

4）张拉作业应符合下列规定：

①张拉顺序，设计无要求时，可由池壁顶端开始，逐环向下。

②与锚固肋相交处的钢筋应有良好的绝缘处理。

③端杆螺栓接电源处应除锈，并保持接触紧密。

④通电前，钢筋应测定初应力，张拉端应刻画伸长标记。

⑤通电后，应进行机具、设备、线路绝缘检查，测定电流、电压及通电时间。

⑥电热温度不应超过 350℃。

⑦张拉过程中应采用木锤连续敲打各段钢筋。

⑧伸长值控制允许偏差为±6%；经电热达到规定的伸长值后，应立即进行锚固，锚固必须牢固可靠。

⑨每一环预应力筋应对称张拉，并不得间断。

⑩张拉应一次完成；必须重复张拉时，同一根钢筋的重复次数不得超过 3 次，当发生裂纹时，应更换预应力筋。

⑪张拉过程中，发现钢筋伸长时间超过预计时间过多时，应立即停电检查。

5）应在每环钢筋中选一根钢筋，在其两端和中间附近各设一处测点进行应力值测定；初读数应在钢筋初应力建立后通电前测量，末读数应在断电并冷却后测量。

6）电热法张拉应按表 7-62 电热法施加预动记录表做好记录。

（6）填表说明

1）构件名称、型号：按构件的实际型号填写。

2）张拉日期：照实际的张拉日期。

3）张拉顺序：按施工组织设计安排的张拉顺序进行。

4）钢筋长度（mm）：照实际，钢筋长度应与设计要求的钢筋长度相一致。

5）钢筋直径（mm）：照实际，钢筋直径应与设计要求的钢筋直径相一致。

6）通电时间（s）：照实际的通电时间填写。

7）伸长（mm）：指电热法施加预应力的伸长值，照实际填写。

8）一次电压（V_1）：第一次通电的电压，照实际填写。

9）一次电流（A_1）：第一次通电的电流，照实际填写。

10）二次电压（V_2）：第二次通电的电压，照实际填写。

11）二次电流（A_2）：第二次通电的电流，照实际填写。

12）孔道温度（℃）：指后张法预应力钢筋孔道的温度，照实际测量的孔道温度填写。

13）用电量（kW·h）：照实际用电量填写。

14）校核应力

①计算应力（N/mm²）：照施工图设计提供的计算应力填写。

②实际应力（N/mm²）：照实际，最大张拉控制应力，应符合设计和施工规范的要求。

③误差（％）：照实际校核测得的误差值，预应力张拉校核误差，不应超过施工规范的要求。

7.5.4 缠绕钢丝应力测量记录

1. 资料表式（表 7-64）

缠绕钢丝应力测量记录　　　　　　　　　　　　表 7-64

工程名称				施工单位			
构筑物名称				构筑物外径（m）			
锚固肋数				钢筋环数			
钢筋直径（mm）				每段钢筋长度（m）			
日　期 （年　月　日）	环　号	肋　号	平均应力 （N/mm²）		应力损失 （N/mm²）	应力损失率 （％）	备　注
参加人员	监理（建设）单位		施　工　单　位				
			项目技术负责人	专职质检员	施工员		测　试

2. 应用说明

(1) 预制安装水池壁板缠绕钢丝应力测定必须填写预制安装水池壁板缠绕钢丝应力测定记录。

(2) 不认真进行预制安装水池壁板缠绕钢丝应力测定及填写记录的为不符合要求。

(3) 预制安装水池壁板缠绕钢丝应力测定的测定人必须本人签字，不签字或代签为不符合要求。

(4) 一般规定

1) 水池底板与壁板采用杯槽连接时，安装杯槽模板前，应复测杯槽中心线位置。杯槽模板必须安装牢固。

2) 杯槽内壁与底板的混凝土应同时浇筑，不应留置施工缝；外壁宜后浇。

3) 施加预应力前，应先清除池壁外表面的混凝土浮粒、污物，壁板外侧接缝处宜采用水泥砂浆抹平压光，洒水养护。

4) 浇筑壁板接缝的混凝土强度应达到设计强度的70%及以上，方可施加板壁环向预应力。

5) 施加预应力前，应在池壁上标记预应力钢丝、钢筋的位置和次序号。

6) 测定钢丝、钢筋预应力值的仪器应在使用前进行标定。

7) 带有锚具槽的壁板数量和布置，应符合设计规定；当设计无规定，且水池直径小于或等于25m时，可采用4块；不大于75m时，可采用8块。并应沿水池的周长均匀布置。

8) 池壁缠丝或电热张拉钢筋前，在池壁周围，必须设置防护栏杆。

(5) 构件的制作及吊装

1) 预制构件的合格构件，应有证明书及合格印记。

2) 构件运输及吊装的混凝土强度应符合设计规定，当设计无规定时，不应低于设计强度的70%。

3) 构件的堆放，应符合下列规定：

①应按构件的安装部位配套就近堆放。

②堆放时，应按设计受力条件支垫并保持稳定；对曲梁，应采用三点支承。

③堆放构件的场地，应夯实，并有排水措施。

④构件上的标志应向外。

4) 构件安装前，应经复查合格后方可使用；有裂缝的构件，应进行鉴定。

5) 柱、梁及壁板等在安装前应标注中心线，并在杯槽、杯口上标出中心线。

6) 壁板安装前应将不同类别的壁板按预定位置顺序编号。壁板两侧面宜凿毛，并将浮渣、松动的混凝土等冲洗干净。

7) 构件应按设计位置起吊，曲梁宜采用三点吊装。吊绳与构件平面的交角不应小于45°；当小于45°时，应进行强度验算。

8) 构件安装就位后，应采取临时固定措施。曲梁应在梁的跨中临时支撑，待上部二期混凝土达到设计强度的70%及以上时，方可拆除支撑。

9) 安装的构件，必须在轴线位置及高程进行校正后焊接或浇筑接头混凝土。

10）装配式预应力混凝土水泥壁板的接缝型式，应符合下列规定：

①壁板接缝的内模宜一次安装到顶；外模应分段随浇随支，分段支模高度不宜超过 1.5m。

②浇筑前，接缝的壁板表面应洒水保持湿润，模内应洁净。

③接缝的混凝土强度应符合设计规定，当设计无规定时，应比壁板混凝土强度提高一级。

④浇筑时间应根据气温和混凝土温度选在壁板间缝宽较大时进行。

⑤混凝土如有离析现象，应进行二次拌合。

⑥混凝土分层浇筑厚度不宜超过 250mm，并应采用机械振捣，配合人工捣固。

11）杯槽中壁板里侧和外侧的填料可在施加预应力后进行，或在施加预应力前填塞里侧柔性防水填料。

（6）壁板缠丝

1）缠绕环向预应力钢丝时，应符合下列规定：

①预应力钢丝接头应采用 18～20 号钢铁丝并密排绑扎牢固，其搭接长度不应小于 250mm。

②缠绕预应力钢丝，应由池壁顶向下进行，第一圈距池顶的距离应按设计规定或依缠丝机设备确定，并不宜大于 500mm。

③池壁两端不能用绕丝机缠绕的部位，应在顶端和底端附近局部加密或改用电热张拉。

④已缠绕的钢丝，不得用尖硬或重物撞击。

2）施加预应力时，每缠一盘钢丝应测定一次钢丝应力，并应做记录。

（7）填表说明

1）工程名称：按施工企业和建设单位签订的施工合同的工程名称或图注的工程名称，照实际填写。

2）施工单位：指建设与施工单位合同书中的施工单位名称，填写施工单位名称。

3）构筑物名称：指预制安装水池的名称，照施工图设计图注的构筑物名称填写。

4）构筑物外径：指预制安装水池的外径尺寸，照施工图设计图注的构筑物外径尺寸填写。

5）锚固肋数：照施工图设计图注的预制安装水池壁板的锚固肋的数量填写。

6）钢筋环数：照施工图设计图注的预制安装水池壁板的钢筋环数的数量填写。

7）钢筋直径：照施工图设计图注的预制安装水池壁板的钢筋直径填写。

8）每段钢筋长度：按施工组织设计根据水池直径编制的每段钢筋长度填写。

9）日期（年、月、日）：分别指水池壁板缠绕钢丝应力的测定日期。

10）环号：按预制安装水池施工图设计标注的环号填写。

11）肋号：按预制安装水池施工图设计标注的肋号填写。

12）平均应力（N/mm²）：指水池壁板缠绕钢丝测定的平均应力，以 N/mm² 计。

13）应力损失（N/mm²）：指水池壁板缠绕钢丝测定的应力损失，以 N/mm² 计。

14）应力损失率（％）：指平均应力与应力损失之比，按计算的应力损失率填写，以％计。

15) 备注：填写需要说明的其他事宜。

7.6 混凝土施工记录

7.6.1 混凝土浇筑申请书

1. 资料表式（表7-65）

混凝土浇筑申请书　　　　　　　表7-65

工程名称：　　　　　　　　　　　　　　　　　　　　　　　施工单位：

申请浇灌时间：		申请浇灌混凝土的部位：		
混凝土强度等级：		混凝土配合比单编号：		
材料用量	水泥	水	砂	石	掺加剂
干料用量	kg	kg	kg	kg	
每盘用量	kg	kg	kg	kg	
准备工作情况					
批准意见	施工单位（章） 批准人：				
监理（建设）单位意见	批准人：				
申请单位：		年　月　日			

320

2. 应用说明

（1）混凝土浇筑申请书是指为保证混凝土工程质量，对混凝土施工前进行的检查与批准的申请。

（2）凡进行混凝土施工，不论工程量大小或为保证混凝土施工质量、保证后续工序正常进行，施工单位均应填写《混凝土浇筑申请书》，根据工程及单位管理实际情况履行混凝土浇筑手续，均必须填报混凝土浇灌申请。

1）结构混凝土、防水混凝土和特殊要求的混凝土施工，均必须填报混凝土浇筑申请。

2）混凝土浇筑申请由施工班组填写申报。应按表列内容准备完毕并经批准后，方可浇筑混凝土。

3）混凝土浇筑申请填报之前，混凝土施工的各项准备工作均应齐备，特别是混凝土用材料已满足施工要求。并已经施工单位的技术负责人签章批准，方可提出申请。

4）提请混凝土浇筑申请书，专业监理工程师和施工技术负责人应核查混凝土施工用材料的出厂合格质量证明文件和试验报告。同时提供混凝土开盘鉴定资料。

（3）混凝土浇灌申请由施工班组填写、申报。由监理（建设）单位批准。应按表列内容准备完毕并经批准后，方可浇灌混凝土。

（4）填表说明

1）申请浇灌混凝土的部位：照实际填写。

2）申请浇灌时间：填写混凝土浇灌的开始时间。

3）混凝土配合比通知单编号：按试验室试配单的混凝土配合比通知单编号填写。

4）混凝土强度等级：按实际试配的混凝土强度等级填写，不得低于设计的混凝土强度等级。

5）材料用量

①水泥：应按每立方米干料用量、每盘用量分别填写水泥的用量。

②水：应按每立方米干料用量、每盘用量分别填写水的用量。

③砂：应按每立方米干料用量、每盘用量分别填写砂的用量。

④石：应按每立方米干料用量、每盘用量分别填写石的用量。

⑤掺加剂：应按每立方米干料用量、每盘用量分别填写掺加剂的使用量。

6）准备工作情况：应按表列项目详细检查后填写，存在问题必须处理。

7）批准意见：指施工单位的技术负责人经核实混凝土浇灌申请书后，同意施工时签署的批准意见。批准人应为项目经理部的专业技术负责人。

8）监理（建设）单位意见：指项目监理机构核查混凝土浇灌申请书后，同意施工时签署的意见。批准人应为专业监理工程师。

7.6.2 混凝土开盘鉴定

1. 资料表式（表 7-66）

混凝土开盘鉴定

表 7-66

工程名称：　　　　　　　　　　　　　　　　　　　　　施工单位：

混凝土施工部位					混凝土配合比编号				
混凝土设计强度					鉴定日期				
混凝土配合比	水灰比	砂率	水泥(kg)	水(kg)	砂(kg)	石(kg)			坍落度（工作度）
试配配合比									
实际使用施工配合比	砂子含水率：　　%			石子含水率：　　%					

鉴定结果：

鉴定项目	混凝土拌合物			原材料检验				
	坍落度	保水性		水泥	砂	石	掺合料	外加剂
设计								
实际								

鉴定意见：

参加开盘鉴定各单位代表签字或盖章			
监理（建设）单位代表	施工单位项目负责人	混凝土试配单位代表	施工单位技术负责人

注： 该表用于执行《混凝土结构工程施工质量验收规范》（GB 50204—2002）人行地道结构、挡土墙等工程。

2. 应用说明

混凝土开盘鉴定是确保混凝土质量的重要措施之一。混凝土开盘鉴定是指对于首次使用的混凝土配合比，结构工程不论混凝土灌注工程量大小，浇筑前均必须对混凝土配合比、拌合物和易性及原材料准确度等进行鉴定。

混凝土配合比首次使用进行开盘鉴定，其工作性应满足设计要求。开始生产时应至少留置一组标准养护试件作为验证的依据。

（1）混凝土开盘鉴定资料应按不同混凝土配合比分别进行鉴定。必须在施工现场进行，并详细记录混凝土开盘鉴定的有关内容。

（2）开盘鉴定应进行核查的工作：认真进行开盘鉴定并填写鉴定结果；实际施工配合比不得小于试配配合比；进行拌合物和易性试拌，检查坍落度，并制作试块，按龄期试压，并应对试拌检查过程予以记录。

（3）混凝土开盘鉴定的基本要求

1）混凝土施工应做开盘鉴定，不同配合比的混凝土都要有开盘鉴定。

混凝土开盘鉴定要有施工单位、监理单位、搅拌单位的主管技术部门和质量检验部门参加，做试配的试验室也应派人参加鉴定，混凝土开盘鉴定一般在施工现场浇筑点进行。

2）混凝土开盘鉴定内容

①混凝土所用原材料检验，包括水泥、砂、石、外加剂等，应与试配所用的原材料相符合。

②试配配合比换算为施工配合比。根据现场砂、石材料的实际含水率，换算出实际单方混凝土加水量，计算每罐和实际用料的称重。

实际加水量＝配合比中用水量－砂用量×砂含水率－石子用量×石子含水率

砂、石实际用量＝配合比中砂、石用量×（1＋砂、石含水率）

每罐混凝土用料量＝单方混凝土用料量×每罐混凝土的方量值

实际用料的称重值＝每罐混凝土用料量＋配料容器或车辆自重＋磅秤盖重

③混凝土拌合物的检验，即鉴定拌合物的和易性，应用坍落度法或维勃稠度试验。

④混凝土计量、搅拌和运输的检验。水泥、砂、石、水、外加剂等的用量必须进行严格控制，每盘均必须严格计量，否则混凝土的强度波动是很大的。

3）不设置混凝土搅拌站，在施工现场拌制混凝土时，搅拌设备应按一机二磅设置计量器具，计量器具应标注计量材料的品种，运料车辆应做好配备，并注明用量、品种，必须盘盘过磅。

（4）原材料计量允许偏差的规定

混凝土原材料每盘称量偏差不得超过：水泥、掺合材料±2％；粗、细骨料±3％；水、外加剂溶液±2％。

注：1. 各种衡器应定期校验，保持准确。

2. 骨料含水率应经常测定，雨天施工应增加测定次数。

3. 原材料、施工管理过程中的失误都会对混凝土强度造成不良影响。例如：

（1）用水量增大即水灰比变大，会带来混凝土强度的降低，见表7-67所列。

（2）施工中砂石集料称量误差也会影响混凝土强度，例如砂石总用量为1910kg，砂骨料称量出现负误差5％，将少称砂石1910×5％＝95.5kg，以砂石表面密度均为2.65g/cm³计，折合绝对体积 $V＝95.5/2650＝0.036m³$，从而多用水泥0.036（按第一例的水泥用量）×300＝10.8kg。砂石重量如出现正偏差5％，则多称95.5kg，由于砂吸水率将降低混凝土和易性，不易操作，工人也会增加用水量，从而降低混凝土强度。

保证混凝土质量，严格计量，对混凝土搅拌、运输严加控制，做好混凝土开盘鉴定，是保证混凝土质量的一项有效措施，对分析混凝土标准差会有一定的作用。

用水量增加5%时混凝土强度降低值 表 7-67

配合比	水泥强度等级	水泥用量（kg）	用水量（kg）	水灰比	实测强度（MPa）	混凝土强度（MPa）	强度降低值（%）
原配合比	52.5	300	190	1.58	55	26.82	
变更后的配合比	52.5	300	199.5	1.46	66	23.78	11.3

注：1. 表内混凝土强度值为碎石集料的计算值。

2. 强度计算公式：$R_{28}=0.46R_c (C/W-0.52)$……（碎石集料）；$R_{28}=0.48R_c (C/W-0.6)$……（卵石集料）。

（5）混凝土中掺用外加剂的质量及应用技术应符合现行国家标准《混凝土外加剂》（GB 8076—2008）、《混凝土外加剂应用技术规范》（GB 50119—2013）等和有关环境保护的规定。

（6）混凝土中氯化物和碱的总含量应符合现行国家标准《混凝土结构设计规范》（GB 50010—2010）和设计的要求。

（7）混凝土中掺用矿物掺合料的质量应符合现行国家标准《用于水泥和混凝土中的粉煤灰》（GB/T 1596—2005）等的规定。矿物掺合料的掺量应通过试验确定。

（8）混凝土搅拌的最短时间

混凝土搅拌的最短时间可按表 7-68 采用。

混凝土搅拌的最短时间（s） 表 7-68

混凝土坍落度（mm）	搅拌机机型	搅拌机出料量（L）		
		<250	250～500	>500
≤30	强 制 式	60	90	120
	自 落 式	90	120	150
>30	强 制 式	60	60	90
	自 落 式	90	90	120

注：1. 混凝土搅拌的最短时间系指自全部材料装入搅拌筒中起，到开始卸料止的时间。

2. 当掺有外加剂时，搅拌时间应适当延长。

3. 全轻混凝土宜采用强制式搅拌机搅拌，砂轻混凝土可采用自落式搅拌机搅拌，但搅拌时间应延长 60～90s。

4. 采用强制式搅拌机搅拌轻骨料混凝土的加料顺序是：当轻骨料在搅拌前预湿时，先加粗、细骨料和水泥搅拌 30s，再加水继续搅拌；当轻骨料在搅拌前未预湿时，先加 1/2 的总用水量和粗、细骨料搅拌 60s，再加水泥和剩余用水量继续搅拌。

5. 当采用其他形式的搅拌设备时，搅拌的最短时间应按设备说明书的规定或经试验确定。

7.6.3 混凝土浇筑记录

1. 资料表式（表7-69）

混凝土浇筑记录 表7-69

施工单位							
工程名称				浇筑部位			
浇筑日期		天气情况			室外气温		℃
设计强度等级（MPa）		钢筋模板验收负责人					
混凝土拌制方法	商品混凝土	供料厂名					
		强度等级（MPa）		配合比编号			
	现场拌合	强度等级（MPa）		配合比编号			
实测坍落度（cm）		出盘温度（℃）			入模温度（℃）		
混凝土完成数量（m³）		完成时间					
试块留置	数量（组）			编号			
标养							
见证							
同条件							
混凝土浇筑中出现的问题及处理方法							
参加人员	监理（建设）单位		施 工 单 位				
		项目技术负责人	专职质检员	施工员	记 录

注：本记录每浇筑一次混凝土，记录一张。

2. 应用说明

现场浇筑 C15（含 C15）强度等级以上混凝土，应填写《混凝土浇筑记录》。

混凝土浇筑施工应做好以下工作：检查混凝土配合比，如有调整应填报调整配合比；按标准规定留置好试块，分别做好同条件养护和标准养护工作，并予以记录。

混凝土浇筑记录是为保证混凝土质量而对混凝土施工状况进行记录，以权衡混凝土施工过程正确性的措施之一。C15 及其以上等级的混凝土工程，不论结构工程混凝土浇筑工程量大小，均要对环境条件、混凝土配合比、浇筑部位、坍落度、试块留置结果等进行的全面的真实记录。

混凝土拌制前，应测定砂、石的含水率，并根据测试结果调整材料用量，提出施工配合比。

（1）现场拌制混凝土

1）混凝土浇筑前的检查

①检查混凝土用材料的品种、规格、数量等核实无误，并经试拌检查认可后发出了混凝土开工令。

②现场安装的搅拌机、计量设备及堆放材料的场地满足混凝土阶段性浇筑量的要求；设备符合性能要求。混凝土搅拌机应有可靠的加水计时装置及降尘和沉淀排水系统。对水泥和骨材料应使用经过校准的衡器计量；检查各种衡器的灵活性及可用程度，不得使用失灵的衡器。

各种衡器应定期校验，应定期测定骨料的含水率，当遇雨天施工或其他原因致使含水率发生显著变化时，应增加测定次数，以便及时调整用水量和骨料用量。

③基本检查要求

A. 机具准备是否齐全，搅拌运输机具以及料斗、串筒、振捣器等设备应按需要准备充足，并考虑发生故障时的应急修理或采用备用机具。

B. 检查模板支架、钢筋、预埋件，已办理完成隐检及预检手续。

C. 浇筑混凝土的架子及通道已支搭完毕并检查合格。

D. 应了解天气状况并考虑防雨、防寒或抽水等措施。

E. 浇筑期间水电供应及照明必须保证不应中断。

F. 已向操作者进行了技术交底。

G. 自动计量时应检查其自动计量设备的灵敏度、使用程度。

H. 检查参加混凝土施工人员：班组、人员数量，并记录班组长姓名。

2）做好混凝土生产配合比、计量与投料顺序检查：

①混凝土配合比和技术要求，应向操作人员交底；悬挂配合比标示牌，牌上应标明配合比和各种材料的每盘用量。

②各种投料的计量应准确（水泥、水、外加剂±2%，骨料±3%）。

③投料顺序和搅拌时间应符合规定。投料顺序：石子→水泥→砂子→水。如用外加剂应与水泥同时加入，如用添加剂应与水同时加入。400L 自落式搅拌机拌合时间通常应≥1.5min。

3）混凝土的运输和浇筑

①混凝土运至浇筑地点，应符合浇筑时规定的坍落度，当有离析现象时，必须在浇筑前进行二次搅拌。

②混凝土应以最少的转载次数和最短的时间，从搅拌地点运至浇筑地点。

混凝土从搅拌机中卸出到浇筑完毕的延续时间不宜超过表 7-70 的规定。

运输到输送入模的延续时间（min）　　　　　　　表 7-70

条　件	气　温	
	≤25℃	>25℃
不掺外加剂	90	60
掺外加剂	150	120

4）采用泵送混凝土应符合下列规定：

①混凝土的供应，必须保证输送混凝土的泵能连续工作。

②输送管线宜直，转弯宜缓，接头应严密，如管道向下倾斜，应防止混入空气产生阻塞。

③泵送前应先用适量的与混凝土内成分相同的水泥浆或水泥砂浆润滑输送管内壁；预计泵送间歇时间超过 45min 或当混凝土出现离析现象时，应立即用压力水或其他方法冲洗管内残留的混凝土。

④在泵送过程中，料斗内应具有足够的混凝土，以防止吸入空气产生阻塞。

⑤混凝土泵宜与混凝土搅拌运输车配套使用，应使混凝土搅拌站的供应和混凝土搅拌运输车的运输能力大于混凝土泵的泵送能力，以保证混凝土泵能连续工作，保证不堵塞。

混凝土泵排量大，在进行浇筑建筑物时，最好用布料机进行布料。

⑥泵送结束要及时清洗泵体和管道，用水清洗时将管道拆开，放入海绵球及清洗活塞，再通过法兰使高压水软管与管道连接，高压水推动活塞和海绵球，将残存的混凝土压出并清洗管道。

⑦用混凝土泵浇筑的结构物，要加强养护，防止因水泥用量较大而引起龟裂。如混凝土浇筑速度快，对模板的侧压力大，模板和支撑应保证稳定和有足够的强度。

5）在地基或基土上浇筑混凝土时，应清除淤泥和杂物，并应有排水和防水措施。

对于干燥的非黏性土，应用水湿润；对未风化的岩石，应用水清洗，但其表面不得留有积水。

6）对模板及其支架、钢筋和预埋件必须进行检查，并做好记录，符合设计要求后方能浇筑混凝土。

7）在浇筑混凝土前，对模板内的杂物和钢筋上的油污等应清理干净；对模板的缝隙和孔洞应予堵严；对木模板应浇水湿润，但不得有积水。

8）混凝土自高处倾落的自由高度，不应超过 2m。

9）在浇筑竖向结构混凝土前，应先在底部填以 50～100mm 厚与混凝土内砂浆成分相同的水泥砂浆；浇筑中不得发生离析现象；当浇筑高度超过 3m 时，应采用串筒、溜管或振动溜管使混凝土下落。

10）混凝土浇筑层的厚度，应符合表 7-71 的规定。

11）浇筑混凝土应连续进行。当必须间歇时，其间歇时间宜缩短，并应在前层混凝土凝结之前，将次层混凝土浇筑完毕。

混凝土运输、浇筑及间歇的全部时间不得超过表 7-72 的规定，当超过时应留置施工缝。

12）采用振捣器捣实混凝土应符合下列规定：

①每一振点的振捣延续时间，应使混凝土表面呈现浮浆和不再沉落。

②当采用插入式振捣器时，捣实普通混凝土的移动间距，不宜大于振捣器作用半径的1.5 倍；捣实轻骨料混凝土的移动间距，不宜大于其作用半径；振捣器与模板的距离，不应大于其作用半径的 0.5 倍，并应避免碰撞钢筋、模板、芯管、吊环、预埋件或空心胶囊等；振捣器插入下层混凝土内的深度应不小于 50mm。

混凝土分层振捣的最大厚度 表 7-71

振捣方法	混凝土分层振捣最大厚度
振动棒	振动棒作用部分长度的 1.25 倍
平板振动器	200mm
附着振动器	根据设置方式，通过试验确定

运输、输送入模及其间歇总的时间限值（min） 表 7-72

条　件	气　温	
	≤25℃	>25℃
不掺外加剂	180	150
掺外加剂	240	210

③当采用表面振动器时，其移动间距应保证振动器的平板能覆盖已振实部分的边缘。

④当采用附着式振动器时，其设置间距应通过试验确定，并应与模板紧密连接。

⑤当采用振动台振实干硬性混凝土和轻骨料混凝土时，宜采用加压振动的方法，压力为 1～3kN/m^2。

13）在混凝土浇筑过程中，应经常观察模板、支架、钢筋、预埋件和预留孔洞的情况，当发现有变形、移位时，应及时采取措施进行处理。

14）混凝土自然养护

①应在浇筑完毕后的 12h 以内对混凝土加以覆盖和浇水养护。

②混凝土的浇水养护时间，对采用硅酸盐水泥、普通硅酸盐水泥或矿渣硅酸盐水泥拌制的混凝土，不得少于 7d，对掺用缓凝型外加剂或有抗渗性要求的混凝土，不得少于 14d。

③浇水次数应能保持混凝土处于润湿状态。

④混凝土的养护用水应与拌制用水相同。

注：1. 当日平均气温低于 5℃时，不得浇水。

2. 当采用其他品种水泥时，混凝土的养护应根据所采用水泥的技术性能确定。

⑤采用塑料布覆盖养护的混凝土，其敞露的全部表面应用塑料布覆盖严密，并应保持塑料布内有凝结水。

注：混凝土的表面不便浇水或使用塑料布养护时，宜涂刷保护层（如薄膜养生液等），防止混凝土内部水分蒸发。

对大体积混凝土的养护，应根据气候条件采取控温措施，并按需要测定浇筑后的混凝土表面和内部温度，将温差控制在设计要求的范围以内；当设计无具体要求时，温差不宜超过 25℃。

⑥现浇板养护期间，当混凝土强度小于 12MPa 时，不得进行后续施工。当混凝土强度小于 10MPa 时，不得在现浇板上吊运、堆放重物。吊运重物时，应减轻对现浇板的冲击影响。

注：1. 混凝土施工记录每台班记录一张，注明开始及终止浇筑时间。
　　2. 拆模日期及试块试压结果应记录在施工日志中。

（2）预拌（商品）混凝土

预拌（商品）混凝土是施工单位根据设计文件要求，向商品混凝土生产厂购置成品混凝土，由生产厂用专用混凝土运输车，送至施工现场，按混凝土工艺要求进行混凝土浇筑施工。购置混凝土需完成确认预拌（商品）混凝土出厂质量证书内的相关标准与要求、完成预拌混凝土订货与交货工作。

预拌（商品）混凝土的质量、检验等及相关要求按 5.3.14 节预拌混凝土复试报告的相关要求执行。

7.6.4　混凝土后浇带施工检查记录

（1）混凝土后浇带施工检查记录应用施工记录通用表式。

（2）混凝土后浇带施工检查是混凝土施工的过程检查。由单位工程技术负责人协同质量检查人员及班组长进行，混凝土后浇带施工检查应邀请驻地监理工程师参加。

（3）检查数量为全数检查，每施工一次做一次检查记录。

注：后浇带应设在对结构受力影响较小的部位，宽度为 700～1000mm。后浇带混凝土浇筑应在主体结构浇筑 60d 后进行较为适宜，浇筑时宜采用微膨胀混凝土。

7.6.5　混凝土坍落度检查记录

1. 资料表式（表 7-73）

混凝土坍落度检查记录 表 7-73

混凝土强度等级				搅拌方式	
时间（年 月 日 时）	施工部位	要求坍落度（mm）	坍落度（m）		备　注
参加人员	监理（建设）单位		施　工　单　位		
		专业技术负责人	质检员		施工员

2. 应用说明

为保证混凝土工程质量，对混凝土拌合物稠度在混凝土施工的浇筑过程中进行坍落度的实测并予以记录，是保证和正确评价混凝土质量的措施之一。

(1) 坍落度试验是混凝土工作性能试验方法的一种，目前被国内施工现场测试混凝土拌合物的工作性能，划分混凝土稠度级别所广泛采用。适用于坍落度值不小于 10mm 的混凝土。

(2) 记录混凝土坍落度施工应检查以下内容：

1) 检查拌制混凝土所用材料、规格和用量，每一工作班至少应检查 2 次。检查混凝土配合比，如有调整应填报调整配合比。

2) 检查记录表内有关内容的填写，必须齐全。

3) 按标准规定留置好标准养护和同条件养护试块，分别进行同条件和标准养护。

(3) 浇筑混凝土应连续进行。并应定时连续根据规范要求检查坍落度（每工作班检查不少于两次）。

(4) 混凝土浇筑坍落度

混凝土浇筑时的坍落度宜按表 7-74 选用。

混凝土浇筑坍落度 表 7-74

结 构 种 类	坍落度（mm）
基础或地面等的垫层，无配筋的大体积结构（挡土墙、基础等）或配筋稀疏的结构	10～30
板、梁和大型及中型截面的柱子等	30～50
配筋密列的结构（薄壁、斗仓、筒仓、细柱等）	50～70
配筋特密的结构	70～90

注：1. 本表系采用机械振捣时的混凝土坍落度，当采用人工捣实时，其值可适当增大。

2. 当需要配制大坍落度混凝土（如泵送混凝土的坍落度一般应为 80～180mm 时），应掺用外加剂。

3. 曲面或斜面结构混凝土坍落度，应根据实际需要另行选定。

4. 轻骨料混凝土坍落度，宜比表中数值减少 10～20mm。

(5) 坍落度的测定方法

坍落度测定方法应符合《普通混凝土拌合物性能试验方法标准》（GB/T 50080—2002）规定，如图 7-3 所示。

1) 湿润坍落度筒及其他用具，并把筒放在吸水的刚性水平底板上，然后用脚踩住两边的脚踏板，使坍落度筒在装料时，保持位置固定。

2) 将混凝土试样，用小铲分三层均匀地装入筒内，使捣实后每层高度约为筒高的 1/3 左右。每层用捣棒应沿螺旋方向在截面上由外向中心均匀插捣 25 次。各次插捣应在截面上均匀分布；插捣筒边混凝土时，捣棒可稍稍倾斜；插底层时，捣棒应贯穿整层深度；插捣第二层和顶层时，捣棒应插透本层至一层的表面。

浇灌顶层时，混凝土应灌到高出筒口。插捣过程中，如混凝土沉落到低于筒口，则应随时添加。顶层插捣完后，应刮去多余混凝土，并用抹刀抹平。

3) 将筒边底板上混凝土清除后，垂直而平稳地上提坍落度筒，坍落度筒的提离过程

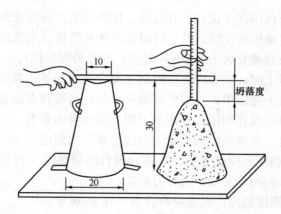

图 7-3　坍落度测定方法（cm）

应在 5～10s 内完成。

从开始装料到提起坍落度筒的全过程应连续进行，并应在 150s 内完成。

4）提起坍落度筒后，量测筒高与坍落后混凝土试体最高点之间的高度差以毫米为单位（精确至 5mm），即为该混凝土拌合物的坍落度值。坍落度筒提离后，如混凝土发生崩塌或一边剪坏现象，则应重新取样另行测定。如第二次试验仍出现上述现象，则表示该混凝土和易性不好，应记录备查。

5）观察坍落后混凝土试体的黏聚性及保水性。

黏聚性的检查方法是：用捣棒在已坍落的混凝土锥体侧面轻轻敲打，此时，如果锥体逐渐下沉，则表示黏聚性良好；如果锥体倒塌，部分崩裂或出现离析现象，则表示黏聚性不好。

保水性是以混凝土拌合物中的稀浆析出的程度来评定的。坍落度筒提起后，如有较多稀浆从底部析出，锥体部分混凝土拌合物也因失浆而骨料外露，则表明混凝土拌合物的保水性能不好。如坍落度筒提起后无稀浆或仅有少量稀浆自底部析出，则表示此混凝土拌合物保水性良好。

（6）坍落度的控制原则

1）预拌混凝土进场时，应按检验批检查入模坍落度，高层建筑应控制在 180mm 以内为宜，其他建筑应控制在 150mm 以内为宜。

2）现场搅拌混凝土的坍落度，应按施工组织设计根据试配报告确定的水灰比严格控制，其允许偏差不应超过表 7-75。

混凝土坍落度与要求坍落度之间的允许偏差（mm）　　　　　表 7-75

要 求 坍 落 度	允 许 偏 差
<50	±10
50～90	±20
>90	±30

（7）混凝土应进行抗压强度试验。有抗冻、抗渗等耐久性要求的混凝土，还应进行抗冻性、抗渗性等耐久性指标的试验。其试件留置方法和数量，应按现行国家标准《混凝土结构工程施工质量验收规范》（GB 50204—2002）的有关规定执行。

（8）采用预拌混凝土时，供方应提供混凝土配合比通知单、混凝土抗压强度报告、混凝土质量合格证和混凝土运输单；当需要其他资料时，供需双方应在合同中明确约定。预拌混凝土质量控制资料的保存期限，应满足工程质量追溯的要求。

（9）混凝土坍落度、维勃稠度的质量检查应符合下列规定：

1）坍落度和维勃稠度的检验方法，应符合现行国家标准《普通混凝土拌合物性能试验方法标准》（GB/T 50080—2002）的有关规定。

2）坍落度、维勃稠度的允许偏差应符合表 7-76 的规定。

3）预拌混凝土的坍落度检查应在交货地点进行。

4）坍落度大于 220mm 的混凝土，可根据需要测定其坍落扩展度，扩展度的允许偏差为±30mm。

混凝土坍落度、维勃稠度的允许偏差　　　　　　　　表 7-76

坍落度		
设计值（mm）	≤40	50～90	≥100
允许偏差（mm）	±10	±20	±30
维勃稠度		
设计值（s）	≥11	10～6	≤5
允许偏差（s）	±3	±2	±1

（10）掺引气剂或引气型外加剂的混凝土拌合物，应按现行国家标准《普通混凝土拌合物性能试验方法标准》（GB/T 50080—2002）的有关规定检验含气量，含气量宜符合表 7-77 的规定。

混凝土含气量限值　　　　　　　　表 7-77

粗骨料最大公称粒径（mm）	混凝土含气量（%）
20	≤5.5
25	≤5.0
40	≤4.5

（11）填表说明

1）要求坍落度（mm）：指混凝土试配确定的坍落度。

2）坍落度（mm）：指混凝土施工时，现场检查实际测得的坍落度。

7.7 混凝土养护测温记录

7.7.1 _____混凝土养护测温记录（通用）

1. 资料表式（表 7-78）

表 7-78

_____混凝土养护测温记录（通用）

工程名称															施工单位					
部　位															养护方法					

测温日期				大气温度（℃）	各 测 孔 温 度（℃）												平均温度（℃）	间隔时间	成熟度（m）	
年	月	日	时		1	2	3	4	5	6	7	8	9	10	11	12			本次	累计

参加人员	监理（建设）单位			施　工　单　位			
				项目技术负责人	专职质检员	施工员	测温员

2. 应用说明

（1）_____混凝土养护测温记录是指标准养护、大体积混凝土测温、设计要求或工程特殊需要进行混凝土测温的均用此表。

（2）基本要求

1）室外日平均气温连续 5d 低于 5℃时起，至室外日平均气温连续 5d 高于 5℃冬施结束，这期间浇筑养护的混凝土均需测温观察。

2）对于采用模板工艺施工和滑模工艺施工的结构工程，由于施工工艺对拆模的要求，当大气平均温度低于 15℃转入低温施工时就应开始测温。

3）采用综合蓄热法，未掺抗冻剂的一般间隔 6h 测一次，若掺加抗冻剂的混凝土达到受冻临界强度之前，每隔 2h 测一次，达到受冻临界强度以后每隔 6h 测一次，若采用蒸汽养护法、干热养护则在升温、降温阶段每隔 1h 测一次，恒温阶段每隔 2h 测一次。

4）全部测温均应在现场技术部门编号，并绘制布置图（包括位置和深度）。测温时，测温仪表应采取与外界气温隔离措施，并留置在测温孔内不少于 3mm。

（3）大体积混凝土浇筑后应测试混凝土表面和内部温度，将温差控制在设计要求的范围之内，当设计无要求时，温差应符合规范规定。新浇筑的大体积混凝土应进行表面保护，减少表面温度的频繁变化，防止或减少因内外温差过大导致混凝土开裂。

（4）冬期施工混凝土和大体积混凝土在浇筑时，根据规范规定设置温孔。测温应编号，并绘制测温孔布置图。大体积混凝土的测温孔应在表面及内部分别设置。

（5）测温的时间、点数以及日次数根据不同的保温方式而不同，但均需符合规范要求。

（6）采用热电偶测温时按表 7-79 要求记录。

热 电 偶 测 温 记 录 表 7-79

测点号	测点位置	恒温点温度（℃）	工 作 点		校 核 点			备注
			热电势（μV）	换算温度（℃）	实测温度（℃）	热电势（μV）	换算温度	
参加人员	监理（建设）单位		施 工 单 位					
			项目技术负责人	专职质检员	施工员		记 录	

（7）填表说明

1）大气温度（℃）：按测温时间的实际大气温度填写。

2）平均温度（℃）：按不同测温点温度的加数平均值。

3）各测孔温度（℃）：每测温一次均应按不同时、分，不同测温孔的温度分别记录。

4）间隔时间：系指本次测温和上次测温的时间间隔。

7.7.2 混凝土同条件养护测温记录

1. 资料表式（表 7-80）

混凝土同条件养护测温记录 表 7-80

工程名称： 施工单位：

部 位		养护方法				测试方法		
测温时间	大气温度（℃）				平均温度（℃）	间隔时间（s）		温差（℃）
	2点	8点	14点	20点				
年 月 日								
年 月 日								
年 月 日								
……								
专业技术负责人：			工长：			试验员：		

334

2. 应用说明

混凝土同条件养护测温记录是为保证常温施工条件下的混凝土质量，对常温施工条件下的混凝土养护进行的测温，对表列的大气温度、浇筑温度等的测试记录。必须保证温度记录、间隔时间、记录频次等的正确性。

（1）混凝土同条件养护测温必须填写混凝土同条件养护测温记录。认真做好同条件施工条件下的测温时间、大气温度、浇筑温度、测温间隔时间等的记录。

（2）同条件混凝土试件养护测温记录应满足等效龄期 600℃/天时的要求。混凝土试件应以见证送样方式送交试验室进行抗压强度试验，以保证混凝土试件的真实性。

（3）填表说明

1）部位：指同条件养护混凝土所在的工程部位。

2）养护方法：如蓄热养护法、蒸汽养护法等，照实际。

3）测试方法：指用何种方法测试同条件混凝土试件，如温度计……。

4）测温时间：指实际测温时间。如：2 点、8 点、14 点、20 点等。

5）大气温度（℃）：指当日实际的大气温度，可按天气预报或实测的大气温度记录。

6）平均温度（℃）：按不同测温点温度的加数平均值。

7）间隔时间（s）：系指本次测温和上次测温的时间间隔。

8）温差（℃）：指混凝土浇筑后内部和表面温度之差，不宜超过 25℃。

7.7.3 冬施混凝土搅拌测温记录

1. 资料表式（表 7-81）

冬施混凝土搅拌测温记录　　　　　　　　　　　　　表 7-81

工程名称				部位				搅拌方式			
混凝土强度等级			坍落度（cm）			水泥品种强度等级					
配合比（水泥：砂：石：水）					外加剂名称及掺量						
测温时间				大气温度（℃）	原材料温度（℃）				出罐温度（℃）	入模温度（℃）	备注
年	月	日	时		水泥	砂	石	水			
参加人员	监理（建设）单位			施　工　单　位							
				施工项目技术负责人	专职质检员		施工员		记　录		

2. 应用说明

（1）冬施混凝土搅拌测温记录是指为保证冬期施工条件下的混凝土质量而对冬期施工条件下的混凝土进行的测温、大气温度、浇筑温度等的测试记录。混凝土施工必须填写混凝土测温记录。混凝土测温记录必须有项目技术负责人、质检员、记录人签字。

（2）冬期施工的仪器仪表准备

大气温度测量：木制百叶箱、最高最低温度计；外加剂浓度测量：比重计；混凝土测温：棒形温度计、电子感应仪等；室内测温：干湿温度计；各种测温表格及文具。

（3）冬期施工测温范围

冬期施工测温应包括：大气温度；水泥、水、砂子、石子等原材料温度；混凝土或砂浆棚室内温度；混凝土或砂浆出罐温度入模或上墙温度；混凝土入模后初始温度和养护温度；其他需测温的项目。

（4）混凝土拌合物的温度主要由出机温度控制。而出机温度则应根据气温和施工的热损失决定，冬施期间混凝土拌合物应满足入模温度要求。

提高和控制入模温度可作为冬期施工的一项主要措施，混凝土拌合物一般入模温度为15～25℃，但不应低＋5℃。

保持拌合物的温度一致，由于骨料温度难以迅速变更和调整，因此，保持拌合物的温度一致主要依靠调节水温来实现。原材料加热的原则为：

1）拌合水：矿渣硅酸盐水泥，加热温度根据热工计算确定，但不得超过80℃；等于或大于42.5MPa的普通硅酸盐水泥、矿渣硅酸盐水泥，加热温度根据热工计算确定，但不得超过60℃。

2）骨料：矿渣硅酸盐水泥，加热温度根据热工计算确定，但不得超过60℃；等于或大于42.5MPa的普通硅酸盐水泥、矿渣硅酸盐水泥，加热温度根据热工计算确定，但不得超过40℃。

（5）测温要求

1）测温时要按项目要求按时进行，测温次数：①大气温度、环境温度：气温测量每昼夜8、12、20、4点共测4次。其他每昼夜测2～4次；②对材料和防冻剂温度每工作班不少于3次；③拌合物出机温度每两小时测一次；④混凝土入模温度每工作班不少于2～4次；⑤温度变化时应加强抽测次数。

2）应对混凝土配合比定时进行检查且应符合设计要求；对坍落度、材料品种、名称、配合比、外加剂掺量等定时进行检查。

（6）填表说明

1）搅拌方式：通常为机械搅拌，按实际填写。

2）混凝土强度等级：按冬施期间施工组织设计确定的混凝土强度等级，照实际填写。

3）坍落度（cm）：按实测的坍落度值填写。

4）水泥品种强度等级：按实际使用的水泥品种强度等级填写。

5）配合比（水泥：砂：石：水）：按冬施混凝土实际配合比填写。

6）外加剂名称及掺量：按实际使用的外加剂名称及掺量填写。

7）测温时间：按下列测温时间 年 月 日 时填写。

8) 大气温度（℃）：按测温时间的实际大气温度填写。

9) 原材料温度（℃）：分别按水泥、砂、石、水的实测温度填写。

10) 出罐温度（℃）：按实际测得的出罐温度填写。

11) 入模温度（℃）：按实际测得的入模温度填写。

7.7.4 冬施混凝土养护测温记录

1. 资料表式（表7-82）

_____混凝土养护测温记录

表7-82

工程名称：

部 位			养护方法					测试方法		
测温时间	大气温度（℃）	浇筑温度（℃）	各测孔温度（℃）					平均温度（℃）	间隔时间（s）	温差（℃）

施工单位：　　　　　施工项目技术负责人：　　　　　技术员：　　　　　测温员：

2. 应用说明

（1）_____混凝土养护测温记录是指标准养护、大体积混凝土测温、设计要求或工程特殊需要进行混凝土测温的均用此表。

（2）测温要求

1) 测温时要按项目要求按时进行，测温次数：

①大气温度、环境温度：气温测量每昼夜8、12、20、4点共测4次。其他每昼夜测于2～4次。

②对材料和防冻剂温度每工作班不少于3次。

③拌合物出机温度每两小时测一次。

④混凝土入模温度每工作班不少于2～4次。

⑤温度变化时应加强抽测次数。

2) 应对混凝土配合比定时进行检查且应符合设计要求；对坍落度、材料品种、名称、配合比、外加剂掺量等定时进行检查。

（3）填表说明

1) 浇筑温度（℃）：系指混凝土振捣后，在混凝土50～100mm深处的温度。

2）各测孔温度（℃）：每测温一次均应按不同时、分，不同测温孔的温度分别记录。

3）平均温度（℃）：按不同测温点温度的加数平均值。

4）间隔时间（s）：系指本次测温和上次测温的时间间隔。

5）温差（℃）：指混凝土浇筑后内部和表面温度之差，不宜超过25℃。冬期混凝土施工养护测温记录可不填此项。

7.7.5 大体积混凝土养护测温记录

1. 资料表式（表7-83）

大体积混凝土养护测温记录　　　　　　　表 7-83

工程名称：			部位：				入模温度：			养护方法：		
测温时间			大气温度（℃）	各测孔温度（℃）							内外温差（℃）	时间间隔（s）	裂缝检查
月	日	时											

施工单位：　　　　施工负责人：　　　　质量检查员：　　　　观测员：

2. 应用说明

（1）大体积混凝土施工基本要求

1）大体积与超长结构混凝土施工前应编制专项施工方案，并进行大体积混凝土温控计算，必要时可设置抗裂钢筋（丝）网。

2）大体积混凝土施工应符合现行国家标准《大体积混凝土施工规范》（GB 50496—2009）的规定。

3）大体积基础底板及地下室外墙混凝土，当采用粉煤灰混凝土时，可利用60d或90d强度进行配合比设计和施工。

4）大体积与超长结构混凝土配合比应经过试配确定。原材料应符合相关标准的要求，宜选用中低水化热低碱水泥，掺入适量的粉煤灰和缓凝型外加剂，并控制水泥用量。

5）大体积混凝土浇筑、振捣应满足下列规定：

①宜避免高温施工；当必须暑期高温施工时，应采取措施降低混凝土拌合物和混凝土内部温度。

②根据面积、厚度等因素，宜采取整体分层连续浇筑或推移式连续浇筑法；混凝土供应速度应大于混凝土初凝速度，下层混凝土初凝前应进行第二层混凝土浇筑。

③分层设置水平施工缝时，除应符合设计要求外，尚应根据混凝土浇筑过程中温度裂

缝控制的要求、混凝土的供应能力、钢筋工程的施工、预埋管件安装等因素确定其位置及间隔时间。

④宜采用二次振捣工艺，浇筑面应及时进行二次抹压处理。

6）大体积混凝土养护、测温应符合下列规定：

①大体积混凝土浇筑后，应在 12h 内采取保湿、控温措施。混凝土浇筑体的里表温差不宜大于 25℃，混凝土浇筑体表面与大气温差不宜大于 20℃。

②宜采用自动测温系统测量温度，并设专人负责；测温点布置应具有代表性，测温频次应符合相关标准的规定。

7）超长大体积混凝土施工可采取留置变形缝、后浇带施工或跳仓法施工。

（2）大体积墩台混凝土浇筑要求

1）大体积墩台基础混凝土，当平截面过大，不能在前层混凝土初凝或能重塑前浇筑完成次层混凝土时，可分块进行浇筑。分块浇筑时应符合下列规定：

①分块宜合理布置，各分块平面积不宜小于 50m²。

②每块高度不宜超过 2m。

③块与块间的竖向接缝面，应与基础平截面短边平行，与平截面长边垂直。

④上下邻层混凝土间的竖向接缝，应错开位置做成企口，并按施工缝处理。

2）大体积混凝土应控制混凝土水化热温度，可参照下述方法：

①用改善骨料级配、降低水灰比、掺加混合料、掺加外加剂、掺入片石等方法减少水泥用量。

②采用水化热低的大坝水泥、矿渣水泥、粉煤灰水泥或低强度等级水泥。

③减小浇筑层厚度，加快混凝土散热速度。

④混凝土用料应避免日光暴晒，以降低初始温度。

⑤在混凝土内埋设冷却管通水冷却。

3）较大体积的混凝土墩台及其基础，可在混凝土中埋放厚度不小于 15cm 的石块。埋放时应符合片石砌体砌筑的规范要求。

4）高大的桥台，若台身后仰，本身自重偏心较大，为平衡台身偏心，施工时应随同填筑台身四周路堤土方，防止桥台后倾或向前滑走。未经填土的台身露出填筑地面高度不应超过 4m，以免因偏心引起基底不均匀沉陷。

5）自高处向模板内倾卸混凝土时，为防止混凝土离析，应符合下列规定：

①从高处直接倾卸时，其自由倾落高度一般不宜超过 2m，以不发生离析为度。

②当倾落高度超过 2m 时，应通过串筒、溜管或振动溜管等设施下落；倾落高度超过 10m 时，应设置减速装置。

③在串筒出料口下面，混凝土堆积高度不宜超过 1m。

7.8 沉井施工记录

7.8.1 沉井下沉施工记录

1. 资料表式（表7-84）

沉井下沉施工记录 表 7-84

工程名称＿＿＿＿＿＿＿＿＿＿＿ 施工单位＿＿＿＿＿＿＿＿＿＿＿＿＿＿ 班次＿＿＿＿＿＿＿＿＿

出土量（m³）					出勤人数（工日）			
含泥量（m³）					气候		温度（℃）	
刃脚编号	1	2	3	4				
刃脚标高（m）						平均标高（m）		
下沉量（mm）						平均值（mm）		
土的类别					该层土 开始标高（m）			
机械设备管路等情况								
刃脚掏空情况								
井内各孔土面标高及锅底情况								
倾斜和水平位移的情况								
备注								
参加人员	监理（建设）单位		施 工 单 位					
			项目技术负责人		专职质检员		施工员	

2. 应用说明

（1）沉井工程的地质勘察资料，是制定施工方案、编制施工组织设计的依据。因此除应有完整的工程地质报告及施工图设计之外，尚应符合下列规定：

1）面积在 200m² 以下的沉井，不得少于一个钻孔。

2）面积在 200² 以上的沉井，应在四角（圆形为相互垂直两直径与圆周的交点）附近各取一个钻孔。

3）沉井面积较大或地质条件复杂时，应根据具体情况增加钻孔数。

（2）每座沉井至少应有一个钻孔提供土的各项物理力学指标，其余钻孔应能鉴别土层变化情况。

（3）沉井刃脚的形状和构造，应与下沉处的土质条件相适应。在软土层下沉的沉井，为防止突然下沉或减少突然下沉的幅度，其底部结构应符合下列规定：

1）沉井平面布置应分孔（格）、圆形沉井亦应设置底梁予以分格。每孔（格）的净空面积可根据地质和施工条件确定。

2）隔墙及底梁应具有足够的强度和刚度。

3）隔墙及底梁的底面，宜高于刃脚踏面 0.5～1.0m。

4）刃脚踏面宜适当加宽，斜面水平倾角不宜大于 60°。

（4）沉井制作应在场地和中轴线验收以后进行。刃脚支设可视沉井重量、施工荷载和地基承载力情况，采用垫架、半垫架、砖垫座或土底模。沉井接高的各节竖向中心线应与前一节的中心线重合或平行。沉井外壁应平滑，如用砖砌筑，应在外壁表面抹一层水泥砂浆。

沉井分节制作的高度，应保证其稳定性并能使其顺利下沉。如采用分节制作一次下沉的方法时，制作总高度不宜超过沉井短边或直径的长度，亦不应超过 12m；总高度超过时，必须有可靠的计算依据和采取确保稳定的措施。

分节制作的沉井，在第一节混凝土达到设计强度的 70% 后，方可浇筑其上一节混凝土。冬期制作沉井时，第一节混凝土或砌筑砂浆未达到设计强度，其余各节未达到设计强度的 70% 前，不应受冻。

（5）沉井若需浮运时，应在混凝土达到设计规定的强度后下（入）水。沉井浮运前，应与航运、气象和水文等部门联系，确定浮运和沉放时间，沉放时应在沉放地点的上游和周围设立明显标志，或用驳船及其公共漂浮设备防护，并应有能满足承载和稳定要求的水下基床。当基床坡度大于 3% 时，应预先整平，其范围应较沉井外壁尺寸放宽 2m。

（6）沉井下沉有排水下沉和不排水下沉两种方法。排水下沉常用明沟集水井排水、井点排水或井点与明沟排水相结合的方法。不排水下沉的方法有：抓斗在水中取土；水力冲刷器冲刷土；空气吸泥机或水力吸泥机吸水中的泥土。沉井工程施工应编制沉井工程施工组织设计，并进行分阶段下沉系数的计算，作为确定下沉施工方法和采取技术措施的依据。沉井第一节的混凝土或砌筑砂浆，达到设计强度以后，其余各节达到设计强度的 70% 后，方可下沉。挖土下沉时，应分层、均匀、对称地进行，使其能均匀竖直下沉，不得有过大的倾斜。由数个井孔组成的沉井，为使其下沉均匀，挖土时各井孔土面高差不应超过 1m。采用泥浆润滑套减阻下沉的沉井，应设置套井，顶面宜高出地面 300～500mm，其外围应回填黏土并分层夯实。沉井外壁设置台阶形泥浆槽，宽度宜为 100～200mm，距刃脚踏面的高度宜大于 3m。

沉井下沉时，槽内应充满泥浆，其液面应接近自然地面，并储备一定数量泥浆，以供下沉时及时补浆。泥浆的性能指标可按地下连续墙泥浆性能指标选用。

沉井下沉过程中，每班至少测量两次，如有倾斜、位移应及时纠正，并应做好记录。

沉井下沉至设计标高，应进行沉降观测，在 8h 内下沉量不大于 10mm 时，方可封底。

（7）干封底时，应符合下列规定：

1）沉井基底土面应全部挖至设计标高。

2）井内积水应尽量排干。

3）混凝土凿毛处应洗刷干净。

4）浇筑时，应防止沉井不均匀下沉，在软土层中封底宜分格对称进行。

5）在封底和底板混凝土未达到设计强度以前，应从封底以下的集水井中不间断地抽水。停止抽水时，应考虑沉井的抗浮稳定性，并采取相应的措施。

（8）采用导管法进行水下混凝土封底，应符合下列规定：

1）基底为软土层时，应尽可能地将井底浮泥清除干净，并铺碎石垫层。

2）基底为岩基时，岩面处沉积物及风化岩碎块等应尽量清除干净。

3）混凝土凿毛处应洗刷干净。

4）水下封底混凝土应在沉井全部底面积上连续浇筑。当井内有间隔墙、底梁或混凝土供应量受到限制时，应预先隔断分格浇筑。

5）导管应采用直径为200～300mm的钢管制作，内避表面应光滑并有足够的强度和刚度，管段的接头应密封良好和便于装拆。每根导管上端应装有数节1m的短管。

6）导管的数量由计算确定，布置时应使各导管的浇筑面积相互覆盖，导管的有效作用半径一般可取3～4m；

7）水下混凝土面平均上升速度不应小于0.25m/h，坡度不应大于1：5。

8）浇筑前，导管中应设置球、塞等以隔水；浇筑时，导管插入混凝土的深度不宜小于1m。

9）水下混凝土达到设计强度后，方可从井内抽水，如提前抽水，必须采取确保质量和安全的措施。

（9）配制水下封底用的混凝土，应符合下列规定。

1）配合比应根据试验确定，在选择施工配合比时，混凝土的试配强度提高10%～15%。

2）水灰比不宜大于0.6。

3）有良好的和易性，在规定的浇筑期间内，坍落度应为16～22cm；在灌注初期，为使导管下端形成混凝土堆，坍落度宜为14～16cm。

4）水泥用量一般为350～400kg/m³。

5）粗骨料可选用卵石或碎石粒径，以5～40mm为宜。

6）细骨料宜采用中、粗砂，砂率一般为45%～50%。

7）可根据需要掺用外加剂。

（10）对下列各分项工程，应进行中间验收并填写隐蔽工程验收记录：

1）沉井的制作场地和筑岛。

2）浮运的沉井水下基床。

3）沉井（每节）应在下沉或浮运前进行中间验收；

4）沉井下沉完毕后位置、偏差和基底的验收应在封底前进行。用不排水法施工的沉井基底，可用触探及潜水检查，必要时可用钻孔方法检查。沉井、沉箱下沉完毕后应做好记录。

（11）填表说明

1）含泥量（m³）：指不排水下沉挖土时，应用水力吸泥机或空气吸泥机等取土时泥浆中的含泥量，按实测结果填写。

2）刃脚标高（m）：指沉井下沉完成后，测量刃脚底面对称的四个点，从而检查沉井下沉偏移情况。还应指出，沉井下沉时，每班至少检测一次。一般下沉一节均应测量1～2次刃脚标高，以便及时调整沉井下沉的偏移。照实测结果填写。

3）平均标高（m）：指测量刃脚底面对称的四个点的算术平均值。

4）下沉量（mm）：指测量对应于刃脚底面对称的四个点的下沉量。

5）平均值（mm）：指测量对应于刃脚底面对称的四个点的算术平均值。

6）机械设备管路等情况：指挖土机械、供排水管路、井点系统、空压机、高压水泵等运转情况，可据实记录。

7）刃脚掏空情况：指刃脚处 1～1.5m 的范围内，一般每隔 2～3m 向刃脚方向逐层全面、对称、均匀的削落土层，每次削 5～10cm，可据实记录。

8）井内各孔土面标高及锅底情况：井内各孔的土面标高指沉井由多个井孔组成对、各井孔内的土面高差宜不大于 0.5m；锅底情况指井底中间的除挖部分，一般锅底应比刃脚底低 1～1.5m，照实际测量结果填写。

9）倾斜及水平位移的情况：指沉井下沉完成后的倾斜及水平位移情况，按上述实测结果评定后简记。

7.8.2 沉井下沉完毕检查记录

1. 资料表式（表 7-85）

沉井下沉完毕检查记录表　　　　　　　　　　　　表 7-85

施工单位＿＿＿＿＿＿＿＿＿工程名称＿＿＿＿＿＿＿＿　＿＿＿＿年＿＿＿＿月＿＿＿＿日

沉井、沉箱开始下沉日期		开始下沉时刃脚标高（m）			
沉井、沉箱下沉完毕日期		下沉完毕时刃脚标高（m）			
基础平整后高于（低于）刃脚下（mm）		刃脚下的土质			
		挖土方法			
为核对预先勘察的地质资料，曾在沉井、沉箱中挖深井（钻孔），挖掘深度达刃脚下（m）					
有无异常情况					
沉井、沉箱平面位置（在刃脚平面上）与设计位置的偏差	水平纵轴线偏移（mm）				
	水平横轴线偏移（mm）				
沉井、沉箱刃脚高差测量结果（m）	编号	1	2	3	4
	设计（m）				
	实测（m）				
检查结论：					
参加人员	监理（建设）单位	施　工　单　位			
		项目技术负责人	专职质检员	施工员	

343

2. 应用说明

沉井下沉及其完毕后的施工应有专项设计，并按设计要求办理。

（1）沉井下沉前，应对其附近的堤防、建（构）筑物采取有效的防护措施，并应在下沉过程中加强观测。

（2）在河、湖中的沉井施工前，应调查洪汛、凌汛、河床冲刷、通航及漂流物等情况，制定防汛及相应的安全措施。

（3）就地制作沉井应符合下列规定：

1）在旱地制作沉井应将原地面平整、夯实；在浅水中或可能被淹没的旱地、浅滩应筑岛制作沉井；在地下水位很低的地区制作沉井，可先开挖基坑至地下水位以上适当高度（一般为 1~1.5m），再制作沉井。

2）制作沉井处的地面承载力应符合设计要求。当不能满足承载力要求时，应采取加固措施。

3）筑岛制作沉井时，应符合下列要求：

①筑岛标高应高于施工期间河水的最高水位 0.5~0.7m，当有冰流时，应适当加高。

②筑岛的平面尺寸，应满足沉井制作及抽垫等施工要求。无围堰筑岛时，应在沉井周围设置不少于 2m 的护道，临水面坡度宜为 1:1.75~1:3。有围堰筑岛时，沉井外缘距围堰的距离应满足下列公式，且不得小于 1.5m；当不能满足时，应考虑沉井重力对围堰产生的侧压力。

$$b \geqslant H \tan (45° - \varphi/2)$$

式中　b——沉井外缘距围堰的距离（m）；

　　　H——筑岛高度（m）；

　　　φ——筑岛用土含水饱和时的摩擦角。

③筑岛材料应是透水性好、易于压实和开挖的无大块颗粒的砂土或碎石土。

④筑岛应考虑水流冲刷对岛体稳定性的影响，并采取加固措施。

⑤在斜坡上或在靠近堤防两侧筑岛时，应采取防止滑移的措施。

4）刃脚部位采用土内模时，宜用黏性土填筑，土模表面应铺 20~30mm 的水泥砂浆，砂浆层表面应涂隔离剂。

5）沉井分节制作的高度，应根据下沉系数、下沉稳定性，经验算确定。底节沉井的最小高度，应能满足拆除支垫或挖除土体时的竖向挠曲强度要求。

6）混凝土强度达到 25% 时可拆除侧模，混凝土强度达 75% 时方可拆除刃脚模板。

7）底节沉井抽垫时，混凝土强度应满足设计文件规定的抽垫要求。抽垫程序应符合设计规定，抽垫后应立即用砂性土回填、捣实。抽垫时应防止沉井偏斜。

（4）沉井下沉应符合下列规定：

1）在渗水量小、土质稳定的地层中宜采用排水下沉。有涌水翻砂的地层，不宜采用排水下沉。

2）下沉困难时，可采用高压射水、降低井内水位、压重等措施下沉。

3）沉井应连续下沉，尽量减少中途停顿时间。

4）下沉时，应自中间向刃脚处均匀对称除土。支承位置处的土，应在最后同时挖除。

应控制各井室间的土面高差，并防止内隔墙底部受到土层的顶托。

5）沉井下沉中，应随时调整倾斜和位移。

6）弃土不得靠近沉井，避免对沉井引起偏压。在水中下沉时，应检查河床因冲、淤引起的土面高差，必要时可采用外弃土调整。

7）在不稳定的土层或沙土中下沉时，应保持井内外水位一定的高差，防止翻沙。

8）纠正沉井倾斜和位移应先摸清情况、分析原因，然后采取相应措施，如有障碍物应先排除再纠偏。

（5）沉井接高应符合下列规定：

1）沉井接高前应调平。接高时应停止除土作业。

2）接高时，井顶露出水面不得小于 150cm，露出地面不得小于 50cm。

3）接高时应均匀加载，可在刃脚下回填或支垫，防止沉井在接高加载时突然下沉或倾斜。

4）接高时应清理混凝土界面，并用水湿润。

5）接高后的各节沉井中轴线应一致。

（6）沉井下沉至设计高程后应清理、平整基底，经检验符合设计要求后，应及时封底。

（7）水下封底施工应符合《城市桥梁工程施工与质量验收规范》（CJJ 2—2008）第10.3.5 条的有关规定，并应符合下列规定：

1）采用数根导管同时浇筑时，导管数量和位置宜符合表 7-86 的规定。

导管作用范围　　　　　　　　　　　表 7-86

导管内径（mm）	导管作用半径（m）	导管下口要求埋入深度（m）
250	1.1 左右	2.0 以上
300	1.3～2.2	
300～500	2.2～4.0	

2）导管底端埋入封底混凝土的深度不宜小于 0.8m。

3）混凝土顶面的流动坡度宜控制在 1∶5 以下。

4）在封底混凝土上抽水时，混凝土强度不得小于 10MPa，硬化时间不得小于 3d。

（8）浮式沉井施工应符合下列规定：

1）沉井制作应符合下列要求：

①沉井的底节应做水压试验，其他各节应经水密试验，合格后方可入水。

②沉井的气筒应按受压容器的有关规定，经检验合格后方可使用。

③沉井的临时性井底，除应做水密试验，确认合格外，尚应满足在水下拆除方便的要求。

2）沉井在浮运前，应对所经水域和沉井位置处河床进行探查，确认水域无障碍物，沉井位置的河床平整；应掌握水文、气象及航运等情况；应检查拖运、定位、导向、锚碇等设施状况，确认合格。

3）浮式沉井底节入水后的初定位置，宜设在墩位上游适当位置。

4）浮式沉井在悬浮状态下接高应符合下列要求：

①沉井悬浮于水中应随时验算沉井的稳定性。

②接高时，必须均匀对称地加载，沉井顶面宜高出水面1.5m以上。

③应随时测量墩位处河床冲刷情况，必要时应采取防护措施。

④带气筒的浮式沉井，气筒应加以保护。

⑤带临时性井底的浮式沉井及双壁浮式沉井，应控制各灌水隔舱间的水头差不得超过设计要求。

5）浮式沉井着床定位应符合下列要求：

①着床宜安排在枯水时期、低潮水位和流速平稳时进行。

②着床前应对锚碇设备进行检查和调整，确保沉井着床位置准确。

③着床前应探明墩位处河床情况，确认符合设计要求。

④着床位置，应根据河床高差、冲淤情况、地层及沉井入土下沉深度等因素研究确定，宜向河床较高位置偏移适当尺寸。

⑤沉井着床后，应尽快下沉，使沉井保持稳定。

（9）填表说明

1）沉井下沉完毕后应按表列内容进行检查，并按检查结果填记结论。

2）刃脚标高（m）：是沉井沉箱下沉时及下沉完毕后必须检测的主要数据。刃脚标高是否符合标准规定直接影响沉井沉箱的工程质量，应检查：开始下沉时的刃脚标高，下沉完毕后的刃脚标高；下沉前基底平整后高于或低于刃脚的数值；刃脚下为何种土质，采用什么方法挖除；应核对工程地质条件是否符合实际，曾在沉井、沉箱中挖探井或钻孔，挖掘深度达到刃脚多少米，是否发现什么；沉井、沉箱的平面位置偏差；沉井、沉箱刃脚高差的测量结果，根据这些对已经完成的沉井、沉箱工程质量作出结论。

7.9 预制构件吊（浮）运、安装施工记录

7.9.1 预制构件吊（浮）运施工记录

1. 资料表式

预制构件吊（浮）运施工记录按7.1节_____施工记录（通用）的相关内容或当地建设行政主管部门核定的表格形式执行。

2. 应用说明

（1）采用预制取水头部进行浮运沉放施工应符合下列规定：

1）取水头部预制的场地应符合下列规定：

①场地周围应有足够供堆料、锚固、下滑、牵引以及安装施工机具、机电设备、牵引绳索的地段。

②地基承载力应满足取水头部的荷载要求，达不到荷载要求时，应对地基进行加固处理。

2）混凝土预制构件的制作应按《给水排水构筑物工程施工及验收规范》（GB 50141—2008）第 6 章的有关规定执行。

3）预制钢构件的加工、制作、拼装应按现行国家标准《钢结构工程施工质量验收规范》（GB 50205—2001）的有关规定执行。

4）预制构件沉放完成后，应按设计要求进行底部结构施工，其混凝土底板宜采用水下混凝土封底。

（2）取水头部浮运前应设置下列测量标志：

1）取水头部中心线的测量标志；

2）取水头部进水管口的中心测量标志；

3）取水头部各角吃水深度的标志，圆形时为相互垂直两中心线与圆周交点吃水深度的标志；

4）取水头部基坑定位的水上标志；

5）下沉后，测量标志应仍露出水面。

（3）取水头部浮运前准备工作应符合下列规定：

1）取水头部的混凝土强度达到设计要求，并经验收合格。

2）取水头部清扫干净，水下孔洞全部封闭，不得漏水。

3）拖曳缆绳绑扎牢固。

4）下滑机具安装完毕，并经过试运转。

5）检查取水头部下水后的吃水平衡，不平衡时，应采取浮托或配重措施。

6）浮运拖轮、导向船及测量定位人员均做好准备工作。

7）必要时应进行封航管理。

（4）取水头部的定位，应采用经纬仪三点交叉定位法。岸边的测量标志，应设在水位上涨不被淹没的稳固地段。

（5）取水头部沉放前准备工作应符合下列规定：

1）拆除构件拖航时保护用的临时措施。

2）对构件底面外形轮廓尺寸和基坑坐标、标高进行复测。

3）备好注水、灌浆、接管工作所需的材料，做好预埋螺栓的修整工作。

4）所有操作人员应持证上岗，指挥通信系统应清晰畅通。

（6）取水头部定位后，应进行测量检查，及时按设计要求进行固定。施工期间应对取水头部、进水间等构筑物的进水孔口位置、标高进行测量复核。

7.9.2　预制构件安装施工记录

1. 资料表式

预制构件安装施工记录按 7.1 节_____施工记录（通用）的相关内容或当地建设行政主管部门核定的表格形式执行。

2. 应用说明

（1）预制装配式钢丝网水泥倒锥壳水柜的装配应符合下列规定：

1）预制的钢丝网水泥扇形板构件宜侧放，支架垫木应牢固稳定。

2）装配准备应符合下列规定：

①下环梁企口面上，应测定每块壳体构件安装的中心位置，并检查其高程。

②应根据水塔中心线设置构件装配的控制桩，用以控制构件的起立高度及其顶部距水柜中心距离。

③构件接缝处表面必须凿毛，伸出的连接钢环应调整平顺，灌缝前应冲洗干净，并使接槎面湿润。

3）装配应符合下列规定：

①吊装时，吊绳与构件接触处应设木垫板；起吊时严禁猛起；吊离地面后应立即检查，确认平稳后，方准提升。

②宜按一个方向顺序进行装配；构件下端与下环梁拼接的三角缝应衬垫；三角缝的上面缝口应临时封堵，构件的临时支撑点应加垫木板。

③构件全部装配并经调整就位后，方可固定穿筋；插入预留钢筋环内的两根穿筋，应各与预留钢环靠紧，并使用短钢筋，在接缝中每隔 0.5m 处与穿筋焊接。

④中环梁安装模板前，应检查已安装固定的倒锥壳壳体顶部高程，按实测高程作为安装模板控制水平的依据；混凝土浇筑前，应先埋设塔顶栏杆的预埋件和伸入顶盖接缝内的预留钢筋，并采取措施控制其位置。

⑤倒锥壳壳体的接缝宜在中环梁混凝土浇筑后进行；接缝宜从下向上浇筑、振动、抹压密实，并应由其中一缝向两边方向进行。

4）水柜顶盖装配前，应先安装和固定上环梁底模，其装配、穿筋、接缝等施工可按照《给水排水构筑物工程施工及验收规范》（GB 50141—2008）的规定执行，但接缝插入穿筋前必须将塔顶栏杆安装好。

（2）钢筋混凝土水柜的施工应符合下列规定：

1）钢筋混凝土水柜的制作应按《给水排水构筑物工程施工及验收规范》（GB 50141—2008）第 6 章的相关规定执行，并应符合设计要求。

2）钢筋混凝土倒锥壳水柜的混凝土施工缝宜留在中环梁内。

3）正锥壳顶盖模板的支撑点应与倒锥壳模板的支撑点相对应。

（3）钢水柜的安装应符合下列规定：

1）钢水柜的制作、检验及安装应符合现行国家标准《钢结构工程施工质量验收规范》（GB 50205—2001）的相关规定和设计要求；对于球形钢水柜还应符合现行国家标准《球形储罐施工规范》（GB 50094—2010）的相关规定。

2）水柜吊装应视吊装机械性能选用一次吊装，或分柜底、柜壁及顶盖三组吊装。

3）吊装前应先将吊机定位，并试吊；经试吊检验合格后，方可正式吊装。

4）水柜内应在与吊点的相应位置加十字支撑，防止水柜起吊后变形。

5）整体吊装单支筒全钢水塔还应符合下列规定：

①吊装前，对吊装机具设备及地锚规格，必须指定专人进行检查。

②主牵引地锚、水塔中心、吊绳、止动地锚四点必须在同一垂直面上。

③吊装离地时，应做一次全面检查，如发现问题，应落地调整，符合要求后，方可正式吊装。

④水塔必须一次立起，不得中途停下；立起至70°后，牵引速度应减缓。

⑤吊装过程中，现场人员均应远离塔高1.2倍的距离以外。

⑥水塔吊装完成，必须紧固地脚螺栓，并安装拉线后，方可上塔解除钢丝绳。

7.10 钢结构预拼装施工记录

1. 资料表式

钢结构预拼装施工记录按7.1节_____施工记录（通用）的相关内容或当地建设行政主管部门核定的表格形式执行。

2. 应用说明

（1）地表水固定式取水构筑物中的预制钢构件的加工、制作、拼装应按现行国家标准《钢结构工程施工质量验收规范》（GB 50205—2001）的有关规定执行。

附：《钢结构工程施工质量验收规范》（GB 50205—2001）钢构件预拼装工程

9.2.1 高强度螺栓和普通螺栓连接的多层板叠，应采用试孔器进行检查，并应符合下列规定：

1 当采用比孔公称直径小 1.0mm 的试孔器检查时，每组孔的通过率不应小于 85%；

2 当采用比螺栓公称直径大 0.3mm 的试孔器检查时，通过率应为 100%。

9.2.2 预拼装的允许偏差应符合（GB 50205—2001）附录 D 的规定。

（2）调蓄构筑物的钢构件预拼装工程

1）钢架、钢圆筒结构水塔塔身应符合下列规定：

①钢材、连接材料、钢构件、防腐材料等的产品质量保证资料应齐全，每批的出厂质量合格证明书及各项性能检验报告应符合国家有关标准规定和设计要求。

②钢构件的预拼装质量经检验合格。

③钢构件之间的连接方式、连接检验等符合设计要求，组装应紧密牢固。

④塔身各部位的结构形式以及预埋件、预留孔洞位置、构造等应符合设计要求，其尺寸偏差不得影响结构性能和相关构件、设备的安装。

⑤采用螺栓连接构件时，螺头平面与构件间不得有间隙；螺栓应全部穿入，其穿入的方向符合规范要求。

⑥采用焊接连接构件时，焊缝表面质量符合设计要求。

⑦钢结构表面涂层厚度及附着力符合设计要求；涂层外观应均匀，无褶皱、空泡、凝块、透底等现象，与钢构件表面附着紧密。

⑧钢架及钢圆筒塔身施工的允许偏差应符合表7-87的规定。

钢架及钢圆筒塔身施工允许偏差 表 7-87

检查项目		允许偏差（mm）		检查数量		检验方法
		钢架塔身	钢圆筒塔身	范围	点数	
1	中心垂直度	$1.5H/1000$，且不大于 30	$1.5H/1000$，且不大于 30	每座	1	垂球配合钢尺量测

检查项目		允许偏差（mm）		检查数量		检验方法
		钢架塔身	钢圆筒塔身	范围	点数	
2	柱间距和对角线差	$L/1000$	—	两柱	1	用钢尺量测
3	钢架节点距塔身中心距离	5	—	每节点	1	用钢尺量测
4	塔身直径 $D_0 \leqslant 2m$	—	$D_0/200$	每座	4	用钢尺量测
	$D_0 > 2m$	—	$+10$	每座	4	用钢尺量测
5	内外表面平整度	—	10	每3m高度	2	用弧长为2m的弧形尺量测
6	焊接附件及预留孔洞中心位置	5	5	每件（每洞）	1	用钢尺量测

注：H 为钢架或圆筒塔身高度（mm）；L 为柱间距或对角线长（mm）；D_0 为筒塔外径。

2）钢架、钢圆筒结构的塔身施工应符合下列规定：

①制定专项方案，并应有施工安全措施。

②钢构件的制作、预拼装经验收合格后方可安装；现场拼接组装应符合国家相应规范的规定和设计要求。

③安装前，钢架或钢圆筒塔身的主杆上应有中线标志。

④钢构件采用螺栓连接时，应符合下列规定。

A. 螺栓孔位不正需扩孔时，扩孔部分应不超过 2mm；不得用气割进行穿孔或扩孔。

B. 钢架或钢圆筒构件在交叉处遇有间隙时，应装设相应厚度的垫圈或垫板。

C. 用螺栓连接构件时，螺杆应与构件面垂直；螺母紧固后，外露丝扣应不少于两扣；剪力的螺栓，其丝扣不得位于连接构件的剪力面内；必须加垫时，每端垫圈不应超过两个。

D. 螺栓穿入的方向，水平螺栓应由内向外；垂直螺栓应由下向上。

E. 钢架或钢圆筒塔身的全部螺栓应紧固，水柜等设备、装置全部安装以后还应全部复拧。

⑤钢构件焊接作业应符合国家有关标准规定和设计要求。

⑥钢构件安装时，螺栓连接、焊接的检验应按设计要求执行。

⑦钢结构防腐应按设计要求施工。

7.11　焊条烘焙、焊接热处理施工记录

7.11.1　焊条烘焙施工记录

1. 资料表式

焊条烘焙施工记录按 7.1 节＿＿＿＿＿＿施工记录（通用）的相关内容或当地建设行政主管部门核定的表格形式执行。

2. 应用说明

（1）当采用低氢型碱性焊条时，应按使用说明书的要求烘焙，且宜放入保温筒内保温使用。

（2）焊接材料贮存场所应干燥、通风良好，应由专人保管、烘干、发放和回收，并应有详细记录。

（3）焊条的保存、烘干应符合下列要求：

1）酸性焊条保存时应有防潮措施，受潮的焊条使用前应在 100～150℃ 范围内烘焙 1～2h。

2）低氢型焊条应符合下列要求：

①焊条使用前应在 300～430℃ 范围内烘焙 1～2h，或按厂家提供的焊条使用说明书进行烘干。焊条放入烘箱的温度不应超过规定最高烘焙温度的一半，烘焙时间以烘箱达到规定最高烘焙温度后开始计算。

②烘干后的低氢焊条应放置于温度不低于 120℃ 的保温箱中存放、待用；使用时应置于保温筒中，随用随取。

③焊条烘干后在大气中放置时间不应超过 4h，用于焊接Ⅲ、Ⅳ类钢材的焊条，烘干后在大气中放置时间不应超过 2h。重新烘干次数不应超过 1 次。

（4）焊剂的烘干应符合下列要求：

1）使用前应按制造厂家推荐的温度进行烘焙，已受潮或结块的焊剂严禁使用。

2）用于焊接Ⅲ、Ⅳ类钢材的焊剂，烘干后在大气中放置时间不应超过 4h。

（5）焊丝和电渣焊的熔化或非熔化导管表面以及栓钉焊接端面应无油污、锈蚀。

（6）栓钉焊瓷环保存时应有防潮措施，受潮的焊接瓷环使用前应在 120～150℃ 范围内烘焙 1～2h。

（7）常用钢材的焊接材料可按表 7-88 的规定选用，屈服强度在 460MPa 以上的钢材，其焊接材料的选用应符合 2. 应用说明中的第（1）条的规定。

常用钢材的焊接材料推荐表

表 7-88

母 材					焊 接 材 料			
GB/T 700 和 GB/T 1591 标准钢材	GB/T 19879 标准钢材	GB/T 714 标准钢材	GB/T 4171 标准钢材	GB/T 7659 标准钢材	焊条电弧焊 SMAW	实心焊丝气体保护焊 GMAW	药芯焊丝气体保护焊 FCAW	埋弧焊 SAW
Q215	—	—	—	ZG200—400H ZG230—450H	GB/T 5117： E43XX	GB/T 8110： ER49—X	GB/T 10045： E43XTX—X GB/T 17493： E43XTX—X	GB/T 5293： F4XX—H08A
Q235 Q275	Q235GJ	Q235q	Q235NH Q265GNH Q295NH Q295GNH	ZG275—485H	GB/T 5117： E43XX E50XX GB/T 5118： E50XX—X	GB/T 8110： ER49—X ER50—X	GB/T 10045： E43XTX—X E50XTX—X GB/T 17493： E43XTX—X E49XTX—X	GB/T 5293： F4XX—H08A GB/T 12470： F48XX—H08MnA

母 材					焊 接 材 料			
Q345 Q390	Q345GJ Q390GJ	Q345q Q370q	Q310GNH Q355NH Q355GNH	—	GB/T 5117： E50XX GB/T 5118： E5015、16—X E5515、16—X[a]	GB/T 8110： ER50—X ER55—X	GB/T 10045： E50XTX—X GB/T 17493： E50XTX—X	GB/T 5293： F5XX—H08MnA F5XX—H10Mn2 GB/T 12470： F48XX—H08MnA F48XX—H10Mn2 F48XX—H10Mn2A
Q420	Q420GJ	Q420q	Q415NH	—	GB/T 5118： E5515、16—X E6015、16—X[b]	GB/T 8110： ER55—X ER62—X[b]	GB/T 17493： E55XTX—X	GB/T 12470： 0F55X—H10Mn2A F55XX—H08MnMoA
Q460	Q460GJ	—	Q460NH	—	GB/T 5118： E5515、16—X E6015、16—X	GB/T 8110： ER55—X	GB/T 17493： E55XTX—X E60XTX—X	GB/T 12470： F55XX— H08MnMoA F55XX— H08Mn2MoVA

注：1. 被焊母材有冲击要求时，熔敷金属的冲击功不应低于母材规定。

2. 焊接接头板厚不小于 25mm 时，宜采用低氢型焊接材料。

3. 表中 X 对应焊材标准中的相应规定。

a. 仅适用于厚度不大于 35mm 的 Q3459 钢及厚度不大于 16mm 的 Q3709 钢；

b. 仅适用于厚度不大于 16mm 的 Q4209 钢。

（8）焊条质量应符合以下要求：

1）药皮应无裂缝、气孔凹凸不平等缺陷，并不得有肉眼看得出的偏心度。

2）焊接过程中，电弧应燃烧稳定，药皮熔化均匀，无成块脱落现象。

3）焊条必须根据焊条说明书的要求烘干后才能使用。

7.11.2 焊接热处理施工记录

1. 资料表式

焊接热处理施工记录按 7.1 节＿＿＿＿＿＿＿施工记录（通用）的相关内容或当地建设行政主管部门核定的表格形式执行。

2. 应用说明

（1）预热和道间温度控制

1）预热温度和道间温度应根据钢材的化学成分、接头的拘束状态、热输入大小、熔敷金属含氢量水平及所采用的焊接方法等综合因素确定或进行焊接试验。

2）常用钢材采用中等热输入焊接时，最低预热温度宜符合表 7-89 的要求。

常用钢材最低预热温度要求（℃）　　　　　　　　　　　表 7-89

钢材类别	接头最厚部件的板厚 t（mm）				
	$t \leqslant 20$	$20 < t \leqslant 40$	$40 < t \leqslant 60$	$60 < t \leqslant 80$	$t > 80$
Ⅰ[a]	—	—	40	50	60
Ⅱ	—	20	60	80	100

钢材类别	接头最厚部件的板厚 t（mm）				
	t≤20	20<t≤40	40<t≤60	60<t≤80	t>80
Ⅲ	20	60	80	100	120
Ⅳ^b	20	80	100	120	150

注：1. 焊接热输入约为 15～25kJ/cm，当热输入每增大 5kJ/cm 时，预热温度可比表中温度降低 20℃。

2. 当采用非低氢焊接材料或焊接方法焊接时，预热温度应比表中规定的温度提高 20℃。

3. 当母材施焊处温度低于 0℃时，应根据焊接作业环境、钢材牌号及板厚的具体情况将表中预热温度适当增加，且应在焊接过程中保持这一最低道间温度。

4. 焊接接头板厚不同时，应按接头中较厚板的板厚选择最低预热温度和道间温度。

5. 焊接接头材质不同时，应按接头中较高强度、较高碳当量的钢材选择最低预热温度。

6. 本表不适用于供货状态为调质处理的钢材；控轧控冷（TMCP）钢最低预热温度可由试验确定。

7. "—"表示焊接环境在 0℃以上时，可不采取预热措施。

   a. 铸钢除外，Ⅰ类钢材中的铸钢预热温度宜参照Ⅱ类钢材的要求确定。

   b. 仅限于Ⅳ类钢材中的 Q460、Q460GJ 钢。

3）电渣焊和气电立焊在环境温度为 0℃以上施焊时可不进行预热；但板厚大于 60mm 时，宜对引弧区域的母材预热且预热温度不应低于 50℃。

4）焊接过程中，最低道间温度不应低于预热温度；静载结构焊接时，最大道间温度不宜超过 250℃；需进行疲劳验算的动荷载结构和调质钢焊接时，最大道间温度不宜超过 230℃。

5）预热及道间温度控制应符合下列规定：

①焊前预热及道间温度的保持宜采用电加热法、火焰加热法，并应采用专用的测温仪器测量。

②预热的加热区域应在焊缝坡口两侧，宽度应大于焊件施焊处板厚的 1.5 倍，且不应小于 100mm；预热温度宜在焊件受热面的背面测量，测量点应在离电弧经过前的焊接点各方向不小于 75mm 处；当采用火焰加热器预热时正面测温应在火焰离开后进行。

6）Ⅲ、Ⅳ类钢材及调质钢的预热温度、道间温度的确定，应符合钢厂提供的指导性参数要求。

（2）焊后消氢热处理

当要求进行焊后消氢热处理时，应符合下列规定：

1）消氢热处理的加热温度应为 250～350℃，保温时间应根据工件板厚按每 25mm 板厚不小于 0.5h，且总保温时间不得小于 1h 确定。达到保温时间后应缓冷至常温。

2）消氢热处理的加热和测温方法应按《钢结构焊接规范》（GB 50661—2011）第 7.6.5 条的规定执行。

（3）焊后消除应力处理

1）设计或合同文件对焊后消除应力有要求时，需经疲劳验算的动荷载结构中承受拉应力的对接接头或焊缝密集的节点或构件，宜采用电加热器局部退火和加热炉整体退火等方法进行消除应力处理；如仅为稳定结构尺寸，可采用振动法消除应力。

2）焊后热处理应符合现行行业标准《碳钢、低合金钢焊接构件　焊后热处理方法》

（JB/T 6046—1992）的有关规定。当采用电加热器对焊接构件进行局部消除应力热处理时，尚应符合下列要求：

①使用配有温度自动控制仪的加热设备，其加热、测温、控温性能应符合使用要求。

②构件焊缝每侧面加热板（带）的宽度应至少为钢板厚度的 3 倍，且不应小于 200mm。

③加热板（带）以外构件两侧宜用保温材料适当覆盖。

3）用锤击法消除中间焊层应力时，应使用圆头手锤或小型振动工具进行，不应对根部焊缝、盖面焊缝或焊缝坡口边缘的母材进行锤击。

4）用振动法消除应力时，应符合现行行业标准《焊接构件振动时效工艺　参数选择及技术要求》（JB/T 10375—2002）的有关规定。

7.12　预埋、预留施工记录

1. 资料表式

预埋、预留施工记录按 7.1 节_____施工记录（通用）的相关内容或当地建设行政主管部门核定的表格形式执行。

2. 应用说明

给水排水构筑物施工中需要进行预埋、预留的工程，应按设计要求和规范规定进行设置。制作的预埋或预留件必须符合设计要求，设置的预埋或预留件的数量、位置、固定方法必须符合设计要求和规范规定。

7.13　防腐、防水、保温层基面处理施工记录

7.13.1　防腐层基面处理施工记录

1. 资料表式

防腐层基面处理施工记录按 7.1 节_____施工记录（通用）的相关内容或当地建设行政主管部门核定的表格形式执行。

2. 应用说明

（1）基层必须坚固、密实：强度必须进行检测并应符合设计要求。严禁有地下水渗漏、不均匀沉陷。不得有起砂、脱壳、裂缝、蜂窝麻面等现象。

（2）基层必须干燥。在深度为 20mm 的厚度层内，含水率不应大于 6%；当采用湿固化型材料时，含水率可不受上述限制，但表面不得有渗水、浮水及积水；当设计对湿度有特殊要求时，应按设计要求进行施工。

（3）基层坡度必须进行检测并应符合设计要求，其允许偏差应为坡长的 ±0.2%，最

大偏差值不得大于 30mm。

（4）基层表面必须洁净。施工前，基层表面处理方法应符合下列规定：

1）当采用手工或动力工具打磨时，表面应无水泥渣及疏松的附着物。

2）当采用喷砂或抛丸时，应使基层表面形成均匀粗糙面。

3）当采用研磨机械打磨时，表面应清洁、平整。当正式施工时，必须用干净的软毛刷、压缩空气或工业吸尘器，将基层表面清理干净。

（5）经过养护的找平层表面严禁出现开裂、起砂、脱层、蜂窝麻面等缺陷。

（6）基层表面应平整，其平整度应采用 2m 直尺检查，并应符合下列规定：

1）当防腐蚀面层厚度不小于 5mm 时，允许空隙不应大于 4mm。

2）当防腐蚀面层厚度小于 5mm 时，允许空隙不应大于 2mm。

（7）承重及结构件等重要混凝土浇筑宜采用大型清水模板一次制成。当采用钢模板时，选用的隔离剂不应污染基层。

（8）当在基层表面进行块材铺砌施工时，基层的阴阳角应做成直角；进行其他种类防腐蚀施工时，基层的阴阳角应做成斜面或圆角。

（9）经过养护的基层表面，不得有白色析出物。

（10）已被油脂、化学药品污染的基层表面或改建、扩建工程中已被侵蚀的疏松基层，应进行表面预处理，处理方法应符合下列规定：

1）当基层表面被介质侵蚀，呈疏松状，并存在高度差时，应采用凿毛机械处理或喷砂处理。

2）当基层表面被介质侵蚀又呈疏松状时，应采用喷砂处理。

3）被腐蚀介质侵蚀的疏松基层，必须凿除干净，采用对混凝土无潜在危险的相应化学品予以中和，再用清水反复洗涤。

4）被油脂、化学药品污染的表面，可使用洗涤剂、碱液或溶剂等洗涤，也可用火烤、蒸气吹洗等方法处理，但不得损坏基层。

5）不平整及缺陷部分，可采用细石混凝土或聚合物水泥砂浆修补，养护后按新的基层进行处理。

（11）凡穿过防腐蚀层的管道、套管、预留孔、预埋件，均应预先埋置或留设。

（12）整体防腐蚀构造基层表面不宜做找平处理。当必须进行找平时，处理方法应符合下列规定：

1）当采用细石混凝土找平时，强度等级不应小于 C20，厚度不应小于 30mm。

2）当基层必须用水泥砂浆找平时，应先涂一层混凝土界面处理剂，再按设计厚度找平。

3）当施工过程不宜进行上述操作时，可采用树脂砂浆或聚合物水泥砂浆找平。

（13）当采用水泥砂浆找平时，表面应压实、抹平，不得拍打，并应进行粗糙化处理。

（14）当水泥砂浆用于砌体结构抹面层时，表面必须平整，不得有起砂、脱壳、蜂窝麻面等现象。

7.13.2 防水层基面处理施工记录

1. 资料表式

防水层基面处理施工记录按 7.1 节_____施工记录（通用）的相关内容或当地建设行政主管部门核定的表格形式执行。

2. 应用说明

（1）防水层基面处理应做好防水混凝土、普通水泥砂浆防水层的配合比。

1）防水混凝土的配合比应符合下列规定：

①试配要求的抗渗水压值应比设计值提高 0.2MPa。

②水泥用量不得少于 $300kg/m^3$；掺有活性掺合料时，水泥用量不得少于 $280kg/m^3$。

③砂率宜为 35%～45%，灰砂比宜为 1：2～1：2.5。

④水灰比不得大于 0.55。

⑤普通防水混凝土坍落度不宜大于 50mm，泵送时入泵坍落度宜为 100～140mm。

2）普通水泥砂浆防水层的配合比

普通水泥砂浆防水层的配合比应按表 7-90 选用；掺外加剂、掺合料、聚合物水泥砂浆的配合比应符合所掺材料的规定。

普通水泥砂浆防水层的配合比   表 7-90

名称	配合比（质量比）		水灰比	适用范围
	水泥	砂		
水泥浆	1	—	0.55～0.60	水泥砂浆防水层的第一层
水泥浆	1	—	0.37～0.40	水泥砂浆防水层的第三、五层
水泥砂浆	1	1.5～2.0	0.40～0.50	水泥砂浆防水层的第二、四层

（2）保证防水材料质量符合要求

1）防水卷材厚度选用应符合表 7-91 的规定。

防　水　卷　材　厚　度   表 7-91

防水等级	设防道数	合成高分子防水卷材	高聚物改性沥青防水卷材
1 级	三道或三道以上设防	单层：不应小于 1.5mm；双层：每层不应小于 1.2mm	单层：不应小于 4mm；双层：每层不应小于 3mm
2 级	二道设防		
3 级	一道设防	不应小于 1.5mm	不应小于 4mm
	复合设防	不应小于 1.2mm	不应小于 3mm

2）防水涂料厚度选用应符合表 7-92 的规定。

防水等级	设防道数	有机涂料			无机涂料	
		反应型	水乳型	聚合物水泥	水泥基	水泥基渗透结晶型
1级	三道或三道以上设防	1.2~2.0	1.2~1.5	1.5~2.0	1.5~2.0	≥0.8
2级	二道设防	1.2~2.0	1.2~1.5	1.5~2.0	1.5~2.0	≥0.8
3级	一道设防	—	—	≥2.0	≥2.0	—
	复合设防	—	—	≥1.5	≥1.5	—

（3）金属板、塑料板质量符合要求

1）金属板质量要求

①金属板防水层所采用的金属材料和保护材料应符合设计要求。金属材料及焊条（剂）的规格、外观质量和主要物理性能，应符合国家现行标准的规定。

②金属板的拼接及金属板与建筑结构的锚固件连接应采用焊接。金属板的拼接焊缝应进行外观检查和无损检验。

③当金属板表面有锈蚀、麻点或划痕等缺陷时，其深度不得大于该板材厚度的负偏差值。

2）塑料板及配套材料必须符合设计要求，塑料板的搭接缝必须采用热风焊接，不得有渗漏。

3）塑料板防水层的铺设应符合下列规定：

①塑料板的缓冲衬垫应用暗钉圈固定在基层上，塑料板边铺边将其与暗钉圈焊接牢固。

②两幅塑料板的搭接宽度应为 100mm，下部塑料板应压住上部塑料板。

③搭接缝采用双条焊缝焊接，单条焊缝的有效焊接宽度不应小于 10mm。

④复合式衬砌的塑料板铺设与内衬混凝土的施工距离不应小于 5m。

（4）防水层基面处理质量应符合设计和规范要求。

7.13.3 保温层基面处理施工记录

1. 资料表式

保温层基面处理施工记录按 7.1 节_____施工记录（通用）的相关内容或当地建设行政主管部门核定的表格形式执行。

2. 应用说明

（1）保温层应按设计要求进行施工，施工前应进行基层表面处理。

（2）保温层的分项工程（验收批）质量验收，应根据施工图设计及其应执行规范，按其工程质量、工艺要求，由施工方编制分项工程（验收批）质量验收表式并实施。

（3）水柜的保温层施工应符合下列规定：

1）应在水柜的满水试验合格后进行喷涂或安装。

2）采用装配式保温层时，保温罩上的固定装置应与水柜上预埋件位置一致。

3）采用空气层保温时，保温罩接缝处的水泥砂浆必须填塞密实。

7.14 隐蔽工程检查验收记录

7.14.1 隐蔽工程检查验收记录（通用）

1. 资料表式（表 7-93）

隐蔽工程检查验收记录（通用）

表 7-93

年　月　日

工程名称			施工单位			
隐检项目			隐检范围			
隐检内容及	检查情况					
	验收意见					
	处理情况及结论				复查人：　　　年　月　日	
参加人员	监理（建设）单位	设计单位	施工单位			
			项目技术负责人	专职质检员	施工员	记录

注：设计单位参加隐蔽验收的项目应根据工作需要，由建设、设计、施工单位协商确定。

2. 应用说明

隐蔽验收项目是指为下道工序所隐蔽的工程项目。关系到结构性能和使用功能的重要部位或项目的隐蔽检查；凡本工序操作完毕，将被下道工序所掩盖、包裹而再无从检查的工程项目均称为隐蔽工程项目。在隐蔽前必须进行隐蔽工程验收。

（1）在隐蔽前必须进行隐蔽工程验收。隐蔽工程验收由项目经理部的技术负责人提出，向项目监理机构提请报验，报验手续应及时办理，不得后补。需要进行处理的隐蔽工程项目必须进行复验，提出复验日期，复验后应做出结论。隐蔽验收的部位要复查材质化验单编号、设计变更、材料代用的文件编号等。隐蔽工程检查验收的报验应在隐验前两天，向项目监理机构提出隐蔽工程的名称、部位和数量。

隐蔽工程验收为不同专业规范检验批验收时应提供的附件资料，凡专业规范某检验批项下的检验方法中规定应提供隐蔽工程验收记录时，均应进行隐蔽工程验收并填写隐蔽工程验收记录。

（2）隐蔽工程验收部位与内容

给水排水构筑物工程需要进行隐蔽工程验收的子项，应按表列内容填写隐蔽工程验收记录。除钢筋工程外主要包括：

1）土方工程：基坑（槽）或管沟开挖竣工图（土质情况、几何尺寸、标高）；排水盲沟设置情况；填方土料、冻土块含量及填土压实试验记录。

2）支护工程：支护方案、技术交底；锚杆、土钉的规格、数量、插入长度、钻孔直径、深度和角度；地下连续墙槽宽、深度、倾斜度、钢筋笼规格、位置、槽底清理、沉渣厚度等。

3）地下防水：施工方案、技术交底；混凝土变形缝、施工缝、后浇带、预埋件等设置形式和构造情况；防水层基层处理；防水材料规格、厚度、铺设方式、搭接密封等。

4）地基基础：基坑（槽）底的土质情况；基槽几何尺寸、标高；钎探、地基容许承载力复查及对不良地基的处理情况；检查地基夯实施工；预制桩基础的混凝土试块制作、试件编号及强度报告；预制桩的出厂合格证。打桩施工及桩位竣工图；防潮层做法、标高。

搅拌类桩施工属于需要隐蔽验收的工程，以上均应有完整"隐验"记录。

5）钢筋工程：按 7.14.2 节钢筋隐蔽工程验收记录执行。

（3）填表说明

1）工程名称：按施工企业和建设单位签订的施工合同的工程名称或图注的工程名称，照实际填写。

2）施工单位：指建设与施工单位合同书中的施工单位及其代表，填写合同定名的施工单位名称。

3）隐检项目：指实际检查的隐蔽检查项目，照实际填写。

4）隐检范围：指实际检查的隐蔽检查项目所在工程部位的区段范围，照实际填写。

5）隐检内容及检查情况：指实际检查的隐蔽检查项目的内容，照实际填写。同时填写检查情况。

6）验收意见：按实际的检查验收结果填写。

7）处理情况及结论：指当存在问题时对提出的建议的改正落实情况及结论意见。

8）复查人：填写复查人的实际姓名，签字有效。

7.14.2 钢筋隐蔽工程验收记录

1. 资料表式（表 7-94）

钢筋隐蔽工程验收记录表 表 7-94

单位工程名称				施工单位			
隐蔽项目部位				要求隐蔽日期		年　月　日	
图　号				检验日期		年　月　日	
隐 检 内 容	钢筋品种、规格、数量			图示：			
	钢筋接头位置和形式						
	除锈和油污						
	钢筋代用						
	其　他						
强制性条文验收与执行			钢材试验单或焊件编号	直径	出厂合格证编号	复试编号	
施工单位检查验收意见							
建设单位的验收意见							
监理单位的验收意见			施工单位	单位工程技术负责人			
				工　长			
设计单位的验收意见				专职质量检查员			

注：重要的隐蔽工程验收设计单位应参加并签章。一般工程设计单位应审查施工单位提供的隐蔽验收记录，核定其可否隐蔽。

2. 应用说明

钢筋隐蔽工程验收是专为钢筋工程设置的隐蔽工程项目。凡某钢筋工程的工序操作完毕后，将被下道工序所掩盖而再无从检查时均应进行钢筋隐蔽工程项目的验收。

（1）凡给水排水构筑物工程的钢筋混凝土工程、预应力混凝土工程中的钢筋工程的钢筋连接、组成与安装等均应进行隐蔽工程验收。给水排水构筑物工程的基础（基础钢筋、沉桩接头钢筋、灌注桩钢筋、地下连续墙钢筋、承台钢筋等）、墩台、混凝土梁（板）、组合梁中的钢筋混凝土工程、拱部与拱上结构中的劲性骨架、箱涵工程的钢筋混凝土部分及其他钢筋工程均应进行隐蔽工程验收。

（2）钢筋隐蔽验收应按国家现行标准《钢筋机械连接技术规程》（JGJ 107—2010）、《钢筋焊接及验收规程》（JGJ 18—2012）的规定对钢筋机械连接接头、焊接接头试件的力学性能检验、外观质量检查结果进行复查，其质量应符合有关规程的规定。

（3）凡钢筋工程均应对：纵向、横向及箍筋钢筋的品种、规格、形状尺寸、数量及位置；钢筋连接方式的数量、接头百分率情况；钢筋除锈情况；预埋件数量及其位置；材料代用情况；绑扎及保护层情况；墙板销子铁、阳台尾部处理等；板缝灌注处理进行隐蔽工程验收。

（4）凡钢筋混凝土工程中的焊接工程均应对：焊接强度试验报告，焊条型号、规格，焊缝长度、厚度，外观按"级别"进行外观检查；超声波、X 光射线检查的主要部位是墙板、梁柱等结构的钢筋焊接部位进行隐蔽工程验收。

（5）填表说明

1）图示：指钢筋隐蔽验收需绘制的隐验简图。

2）隐检内容：应分别按表列项目（钢筋品种、规格、数量、钢筋接头位置和形式、除锈和油污、钢筋代用、胡子筋、其他）及其需要增加项目的内容，逐一填写。

3）钢材试验单或焊件编号：指隐验钢筋的出厂合格证、复试报告、焊接试验报告等的原试验资料。

7.14.3　预应力钢筋隐蔽工程验收记录

（1）预应力钢筋隐蔽工程验收记录按钢筋隐蔽工程验收记录表执行。

（2）预应力钢筋隐蔽工程验收记录是指承包单位根据规范要求提请监理、建设、设计等相关单位对预应力钢筋隐蔽工程进行验收，以保证工程质量。

（3）检查验收预应力筋的品种、级别、规格、数量、位置且必须符合设计要求。

（4）检查验收先张法预应力施工选用的非油质类模板隔离剂，应避免沾污预应力筋。

（5）施工过程中电火花不应损伤预应力筋；受损伤的预应力筋应予以更换。

（6）检查验收后张法有粘结预应力筋的预留孔道规格、数量、位置、形状和灌浆孔、排气管、泌水管等，且应符合设计要求。

（7）检查验收预应力筋束形控制点的竖向位置偏差，应符合《混凝土结构工程施工质量验收规范》（GB 50204—2002）的规定。

（8）检查验收浇筑混凝土前穿入孔道的后张有粘结预应力筋防止锈蚀的措施。

（9）填写预应力钢筋锚具、连接器、品种、规格、数量、位置。

（10）锚固区局部加强构造等。

（11）张拉属隐验内容的可在其空格内逐项填写隐验结果。

第8章　施工检测报告

8.1　回填压实检（试）验报告

各类土的分层、分段压实度试验，根据工程特点可分别按环刀法、蜡封法、灌水法、灌砂法等的不同方法和表式试验土的密度。

8.1.1　回填压实度检验报告

1. 资料表式（表 8-1）

回填压实度检验报告　　　　　　　　　　　表 8-1

工程名称：_____　施工单位：_____
代表部位：_____　击实种类：_____　试验日期：_____

	取 样 桩 号			
	取 样 深 度			
	取 样 位 置			
	土 样 种 类			
湿密度	环刀号			
	环刀＋土质量（g）			
	环刀质量（g）			
	土质量（g）			
	环刀容积（cm³）			
	湿密度			
干密度	盒号			
	盒＋湿土质量（g）			
	盒＋干土质量（g）			
	水质量（g）			
	盒质量（g）			
	干土质量（g）			
	含水量（%）			
	平均含水量（%）			
	干密度（g/cm³）			
	最大干密度（g/cm³）			
	压实度（%）			
备注	1. 本试验经二次平行测定后，其平行差值不得不大于规定。取其算术平均值。 2. 选用轻型击实或重型击实应按设计和规范要求执行。			

施工技术负责人：_____　　审核：_____　　试验：_____

362

2. 应用说明

（1）土壤的击实试验是为保证工程质量，确定回填土的控制最小干密度，由试验单位对工程中的回填土（或其他夯实类土）的干密度指标进行击实试验后出具的质量证明文件。

1）土壤击实试验目的，是模拟工地压实条件，为确定土的最大干土质量密度及最优含水量，为工程设计提供初步的压实标准。击实试验是在一定夯击功能条件下，测定材料的含水量与干密度关系的试验。

2）压实是保证回填基土至关重要的施工工艺方法。压实是指对回填土或其他需要压实土施加动的或静的外力，以提高其密实度的作业。密实度是指回填土或其他需要压实土压实后的干密度与标准最大干密度之比，以百分率表示。压实可使被压实土的强度大大增加、形变减少、渗透系数减少、稳定性增加。

3）回填土或需要压实土的压实度检查与测试采用现场实测方法进行。对施工单位其施工现场试验条件不具备时，可由施工单位试验室或外协试验室协助完成。

（2）土壤压实度试验，应有取样位置图，取点分布应符合设计和标准的规定。如干质量密度低于质量标准时，必须有补夯措施和重新进行测定的报告。

（3）试验报告单的子目应齐全，计算数据准确，签证手续完备，鉴定结论明确。

（4）土体试验报告单的压实度试验结果单体试件必须达到标准规定压实度的 100％为合格。

（5）有见证取样试验要求的必须进行见证取样、送样试验。见证取样在备注中说明。

（6）回填工程没有压实度试验为不符合要求；虽经试验，但没有取样位置图或无结论，且试验结果不符合规范规定应为不符合要求。

（7）回填工程无干土质量密度试验报告单或报告单中的实测数据不符合质量标准；土壤试验有"缺、漏、无"现象及不符合有关规定的内容和要求。该项目应定为不符合要求。

（8）填表说明

1）工程名称：按施工企业和建设单位签订的施工合同的工程名称或图注的工程名称，照实际填写。

2）施工单位：指建设与施工单位合同书中的施工单位名称，填写施工单位名称。

3）代表部位：指土壤压实度试验试样所能代表的部位。

4）击实种类：指土壤压实度试验采取的击实方法。

5）试验日期：即实际试验日期，照实际试验日期填写。

6）取样桩号：指土壤压实度试验取样点所在桩位的编号，按实际的桩位编号填写，不得填写不定量词。

7）取样深度：指土壤压实度试验取样点的取样深度，按实际的取样深度填写。

8）取样位置：指土壤压实度试验取样点的取样位置，按实际的取样位置填写。

9）土样种类：指土壤压实度试验取样点的土样种类，按实际的土样种类填写，如粉土、粉质黏土等。

10）湿密度

①环刀号：指土壤压实度试验试件用环刀的环刀号，该环刀号由生产厂家标定其环刀

号质量。

②环刀＋土质量（g）：指环刀质量加土质量，照实测的环刀质量加土质量填写。

③环刀质量（g）：指环刀质量，照实测的环刀质量填写。

④土质量（g）：指土质量，照实测的土质量填写。

⑤环刀容积（cm³）：指取土环刀的体积。

⑥湿密度：指土壤压实度试验试件的湿密度。

11）干密度：指土壤压实度试验试件的干密度。

①盒号：指土壤压实度试验试件用盒的盒号，该盒号由生产厂家标定其盒号的质量。

②盒＋湿土质量（g）：指标定盒号的质量加湿土质量，照实测的盒质量加湿土质量填写。

③盒＋干土质量（g）：指盒质量加干土质量，照实测的盒质量加干土质量填写。

④水质量（g）：指水质量，照实测的水质量填写。

⑤盒质量（g）：指盒质量，照实测的盒质量填写。

⑥干土质量（g）：指干土质量，照实测的干土质量填写。

⑦含水量（％）：指土中的含水量，照实测值填写。

⑧平均含水量（％）：指土中的平均含水量，照实测值填写。

⑨干密度（g/cm³）：指试件烘干的质量密度，照实际填写。

⑩最大干密度（g/cm³）：由实验单位照实际测试结果的最大干密度值填写。

⑪压实度（％）：即土壤的压实程度。

12）备注：需要说明的事项，如土壤试验结果是否符合要求等。

8.1.1.1 环刀法测定压实度试验方法与要求

执行标准：《公路路基路面现场测试规程》（JTG E 60—2008）（摘选）

1. 目的和适用范围

（1）本方法规定在公路工程现场用环刀法测定土基及路面材料的密度及压实度。

（2）本方法适用于测定细粒土及无机结合料稳定细粒土的密度。但对无机结合料稳定细粒土，其龄期不宜超过 2d，且宜用于施工过程中的压实度检验。

2. 仪具与材料

本试验需要下列仪具与材料：

（1）取土器：如图 8-1 所示，包括环刀、环盖、定向筒和击实锤系统（导杆、落锤、手柄）。环刀内径 6～8cm，高 2～3cm，壁厚 1.5～2mm。

（2）电动取土器：如图 8-2 所示。由底座、行走轮、立柱、齿轮箱、升降机构、取芯头等组成。

1）底座：由底座平台、定位销、行走轮组成。平台是整个仪器的支撑基础；定位销供操作时仪器定位用；行走轮供换点取芯时仪器近距离移动用，当定位时四只轮子可扳起离开地表。

2）立柱：由立柱与立柱套组成，装在底座平台上，作为升降机构、取芯机构、动力和传动机构的支架。

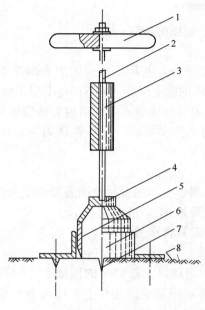

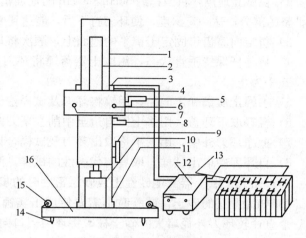

图 8-1 取土器

1—手柄；2—导杆；3—落锤；4—环盖；5—环刀；6—定向筒；7—定向筒齿钉；8—试验地面

图 8-2 电动取土器

1—立柱；2—升降轴；3—电源输入；4—直流电机；5—升降手柄；6、7—电源指示；8—锁紧手柄；9—升降手轮；10—取芯头；11—立柱套；12—调速器；13—电瓶；14—定位销；15—行走轮；16—底座平台

3) 升降机构：由升降手轮、锁紧手柄组成，供调整取芯机构高低用。松开锁紧手柄，转动升降手轮，取芯机构即可升降，到所需位置时拧紧手柄定位。

4) 取芯机构：由取芯头、升降轴组成，取芯头为金属圆筒，下口对称焊接两个合金钢切削刀头，上端面焊有平盖，其上焊螺母，靠螺旋接于升降轴上。取芯头为可换式，有三种规格，即 50mm×50mm、70mm×70mm、100mm×100mm，另配有相应的取芯套筒、扳手、铅盒等。

5) 动力和传动机构：主要由直流电机、调速器、齿轮箱组成。另配电瓶和充电器。当电机工作时，通过齿轮箱的齿轮将动力传给取芯机构，升降轴旋转，取芯头进入旋切工作状态。

6) 电动取土器主要技术参数为：

工作电压 DC24V（36A·h）；

转速 50～70r/min，无级调速；

整机质量约 35kg。

（3）天平：感量 0.1g（用于取芯头内径小于 70mm 样品的称量），或 1.0g（用于取芯头内径 100mm 样品的称量）。

（4）其他：镐、小铁锹、修土刀、毛刷、直尺、钢丝锯、凡士林、木板及测定含水量设备等。

3. 方法与步骤

（1）按有关试验方法对检测试样用同种材料进行击实试验，得到最大干密度（ρ_c）及

365

最佳含水量。

（2）用取土器测定黏性土及无机结合料稳定细粒土密度的步骤：

1）擦净环刀，称取环刀质量 M_2，准确至 0.1g。

2）在试验地点，将面积约 30cm×30cm 的地面清扫干净，并将压实层铲去表面浮动及不平整的部分，达一定深度，使环刀打下后，能达到要求的取土深度，但不得将下层扰动。

3）将定向筒齿钉固定于铲平的地面上，顺次将环刀、环盖放入定向筒内与地面垂直。

4）将导杆保持垂直状态，用取土器落锤将环刀打入压实层中，至环盖顶面与定向筒上口齐平为止。

5）去掉击实锤和定向筒，用镐将环刀及试样挖出。

6）轻轻取下环盖，用修土刀自边至中削去环刀两端余土，用直尺检测直至修平为止。

7）擦净环刀外壁，用天平称取出环刀及试样合计质量 M_1，准确至 0.1g。

8）自环刀中取出试样，取具有代表性的试样，测定其含水量（W）。

（3）用人工取土器测定砂性土或砂层密度时的步骤：

1）如为湿润的砂土，试验时不需要使用击实锤和定向筒。在铲平的地面上，细心挖出一个直径较环刀外径略大的砂土柱，将环刀刃口向下，平置于砂土柱上，用两手平稳地将环刀垂直压下，直至砂土柱突出环刀上端约 2cm 时为止。

2）削掉环刀口上的多余砂土，并用直尺刮平。

3）在环刀上口盖一块平滑的木板，一手按住木板，另一手用小铁锹将试样从环刀底部切断，然后将装满试样的环刀反转过来，削去环刀刃口上部的多余砂土，并用直尺刮平。

4）擦净环刀外壁，称环刀与试样合计质量（M_1），准确至 0.1g。

5）在环刀中取具有代表性的试样测定其含水量。

6）干燥的砂土不能挖成砂土柱时，可直接将环刀压入或打入土中。

（4）用电动取土器测定无机结构料细粒土和硬塑土密度的步骤：

1）装上所需规定的取芯头。在施工现场取芯前，选择一块平整的路段，将四只行走轮打起，四根定位销钉采用人工加压的方法，压入路基土层中。松开锁紧手柄，旋动升降手轮，使取芯头刚好与土层接触，锁紧手柄。

2）将电瓶与调速器接通，调速器的输出端接入取芯机电源插口。指示灯亮，显示电路已通；启动开关，电动机工作，带动取芯机构转动。根据土层含水量调节转速，操作升降手柄，上提取芯机构，停机，移开机器。由于取芯头圆筒外表有几条螺旋状突起，切下的土屑排在筒外顺螺纹上旋抛出地表，因此，将取芯套筒套在切削好的土芯立柱上，摇动即可取出样品。

3）取出样品，立即按取芯套筒长度用修土刀或钢丝锯修平两端，制成所需规格土芯，如拟进行其他试验项目，装入铅盒，送试验室备用。

4）用天平称量土芯带套筒质量 M_1，从土芯中心部分取试样测定含水率。

（5）本试验须进行两次平行测定，其平行差值不得大于 0.03g/cm³。求其算术平均值。

4. 计算

（1）按式（8-1）、式（8-2）计算试样的湿密度及干密度：

$$\rho = \frac{4 \times (m_1 - m_2)}{\pi \cdot d^2 \cdot h} \tag{8-1}$$

$$\rho_d = \frac{\rho}{1 + 0.01W} \tag{8-2}$$

式中　ρ——试样的湿密度（g/cm³）；

　　　ρ_d——试样的干密度（g/cm³）；

　　　m_1——环刀或取芯套筒与试样合计质量（g）；

　　　m_2——环刀或取芯套筒质量（g）；

　　　d——环刀或取芯套筒直径（cm）；

　　　h——环刀或取芯套筒高度（cm）；

　　　W——试样的含水率（%）。

（2）按式（8-3）计算施工压实度：

$$K = \frac{\rho_d}{\rho_c} \times 100 \tag{8-3}$$

式中　K——测试地点的施工压实度（%）；

　　　ρ_d——试样的干密度（g/cm³）；

　　　ρ_c——由击实试验得到的试样的最大干密度（g/cm³）。

5. 报告

试验应报告土的鉴别分类、土的含水量、湿密度、干密度、最大干密度、压实度等。

8.1.1.2　挖坑灌砂法测定压实度试验方法与要求

执行标准：《公路路基路面现场测试规程》（JTG E60—2008）（摘选）

1. 目的和适用范围

（1）本试验法适用于在现场测定基层（或底基层）、砂石路面及路基土的各种材料压实层的密度和压实度，也适用于沥青表面处治、沥青贯入式路面层的密度和压实度检测，但不适用于填石路堤等有大孔洞或大孔隙材料的压实度检测。

（2）用挖坑灌砂法测定密度和压实度时，应符合下列规定：

1）当集料的最大粒径小于 15mm、测定层的厚度不超过 150mm 时，宜采用 $\phi100$ 的小型灌砂筒测试。

2）当集料的最大粒径等于或大于 15mm，但不大于 40mm，测定层的厚度超过 150mm，但不超过 200mm 时，应用 $\phi150$ 的大型灌砂筒测试。

2. 仪具与材料

本试验需要下列仪具与材料：

1）灌砂筒：有大小两种，根据需要采用。型式和主要尺寸如图 8-3 所示，见表 8-2 所列。当尺寸与表中不一致，但不影响使用时，亦可使用。储砂筒筒底中心有一个圆孔，下部装一倒置的圆锥形漏斗，漏斗上端开口，直径与储砂筒的圆孔相同。漏斗焊接在一块铁板上，铁板中心有一圆孔与漏斗上开口相接。在储砂筒筒底与漏斗顶端铁板之间设有开

367

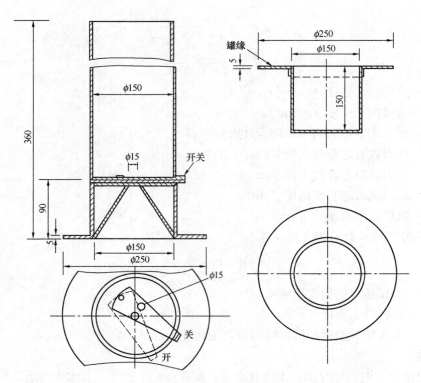

图 8-3　灌砂筒和标定罐（mm）

关。开关为一薄钢板，一端与筒底及漏斗钢板铰接在一起，另一端伸出筒身外。开关钢板上也有一个相同直径的圆孔。

灌砂仪的主要尺寸　　　　　　　　　　　　　　　　　　表 8-2

结　　　构			小型灌砂筒	大型灌砂筒
储砂筒	直径	（mm）	100	150
	容积	（cm³）	2120	4600
流砂孔	直径	（mm）	10	15
金属标定罐	内径	（mm）	100	150
	外径	（mm）	150	200
金属方盘基板	边长	（mm）	350	400
	深	（mm）	40	50
	中孔直径	（mm）	100	150

注：如集料的最大粒径超过 40mm，则应相应地增大灌砂筒和标定罐的尺寸。如集料的最大粒径超过 60mm，灌砂筒和现场试洞的直径应为 200mm。

2）金属标定罐：用薄钢板制作的金属罐，上端周围有一罐缘。

3）基板：用薄钢板制作的金属方盘，盘的中心有一圆孔。

4）玻璃板：边长约 500～600mm 的方形板。

5）试样盘：小筒挖出的试样可用饭盒存放，大筒挖出的试样可用 300mm×500mm× 40mm 的搪瓷盘存放。

6）天平或台秤：称量 10～15kg，感量不大于 1g。用于含水量测定的天平精度，对细粒土、中粒土、粗粒土宜分别为 0.01g、0.1g、1.0g。

7）含水量测定器具：如铝盒、烘箱等。

8）量砂：粒径 0.30～0.60mm 或 0.25～0.50mm 清洁干燥的均匀砂，约 20～40kg，使用前须洗净、烘干，并放置足够的时间，使其与空气的湿度达到平衡。

9）盛砂的容器：塑料桶等。

10）其他：凿子、改锥、铁锤、长把勺、长把小簸箕、毛刷等。

3. 方法与步骤

（1）按现行试验方法对检测对象试样用同种材料进行击实试验，得到最大干密度（ρ_c）及最佳含水量。

（2）按 1. 目的和适用范围的（2）项的规定选用适宜的灌砂筒。

（3）按下列步骤标定灌砂筒下部圆锥体内砂的质量：

1）在灌砂筒筒口高度上，向灌砂筒内装砂至距筒顶 15mm 左右为止。称取装入筒内砂的质量 m_1，准确至 1g。以后每次标定及试验都应该维持装砂高度与质量不变。

2）将开关打开，使灌砂筒筒底的流砂孔、圆锥形漏斗上端开口圆孔及开关钢板中心的圆孔上下对准，让砂自由流出，并使流出砂的体积与工地所挖试坑内的体积相当（或等于标定罐的容积），然后关上开关。

3）不晃动储砂筒的砂，轻轻地将罐砂筒移至玻璃板上，将开关打开，让砂流出，直到筒内砂不再下流时，将开关关上，并细心地取走灌砂筒。

4）收集并称量留在玻璃板上的砂或称量筒内的砂，准确至 1g，玻璃板上的砂就是填满筒下部圆锥体的砂（m_2）。

5）重复上述测量三次，取其平均值。

（4）按下列步骤标定量砂的单位质量 γ_s（g/cm³）：

1）用水确定标定罐的容积 V，准确至 1mL。

2）在储砂筒中装入质量为 m_1 的砂，并将灌砂筒放在标定罐上，将开关打开，让砂流出。在整个流砂过程中，不要碰动灌砂筒，直到储砂筒内的砂不再下流时，将开关关闭。取下灌砂筒，称取筒内剩余砂的质量（m_3），准确至 1g。

3）按式（8-4）计算填满标定罐所需砂的质量 m_a（g）：

$$m_a = m_1 - m_2 - m_3 \tag{8-4}$$

式中　m_a——标定罐中砂的质量（g）；

m_1——装入灌砂筒内的砂的总质量（g）；

m_2——灌砂筒下部圆锥体内砂的质量（g）；

m_3——灌砂入标定罐后，筒内剩余砂的质量（g）。

4）重复上述测量三次，取其平均值。

5）按式（8-5）计算量砂的单位质量 γ_s：

$$\gamma_s = \frac{m_a}{V} \tag{8-5}$$

式中　γ_s——量砂的单位质量（g/cm³）；

V——标定罐的体积（cm³）。

（5）试验步骤

1）在试验地点，选一块平坦表面，并将其清扫干净，其面积不得小于基板面积。

2）将基板放在平坦表面上。当表面的粗糙度较大时，则将盛有量砂（m_5）的灌砂筒放在基板中间的圆孔上，将灌砂筒的开关打开，让砂流入基板的中孔内，直到储砂筒内的砂不再下流时关闭开关。取下灌砂筒，并称量筒内砂的质量（m_6），准确至 1g。

注：当需要检测厚度时，应先测量厚度后再进行这一步骤。

3）取走基板，并将留在试验地点的量砂收回，重新将表面清扫干净。

4）将基板放回清扫干净的表面上（尽量放在原处），沿基板中孔凿洞（洞的直径与灌砂筒一致）。在凿洞过程中，应注意不使凿出的材料丢失，并随时将凿松的材料取出装入塑料袋中，不使水分蒸发。也可放在大试样盒内。试洞的深度应等于测定层厚度，但不得有下层材料混入，最后将洞内的全部凿松材料取出。对土基或基层，为防止试样盘内材料的水分蒸发，可分几次称取材料的质量。全部取出材料的总质量为 m_w，准确至 1g。

5）从挖出的全部材料中取有代表性的样品，放在铝盒或洁净的搪瓷盘中，测定其含水量（W，以%计）。样品的数量如下：用小灌砂筒测定时，对于细粒土，不少于 100g；对于各种中粒土，不少于 500g。用大灌砂筒测定时，对于细粒土，不少于 200g；对于各种中粒土，不少于 1000g；对于粗粒土或水泥、石灰、粉煤灰等无机结合料稳定材料，宜将取出的全部材料烘干，且不少于 2000g，称其质量（m_d），准确至 1g。

注：当为沥青表面处治或沥青贯入式结构类材料时，则省去测定含水量步骤。

6）将基板安放在试坑上，将灌砂筒安放在基板中间（储砂筒内放满砂到要求质量 m_1），使灌砂筒的下口对准基板的中孔及试洞，打开灌砂筒的开关，让砂流入试坑内。在此期间，应注意勿碰动灌砂筒。直到储砂筒内的砂不再下流时，关闭开关。仔细取走灌砂筒，并称量筒内剩余砂的质量（m_4），准确至 1g。

7）如清扫干净的平坦表面的粗糙度不大，也可省去 2）和 3）的操作。在试坑挖好后，将灌砂筒直接对准放在试坑上，中间不需要放基板。打开筒的开关，让砂流入试坑内。在此期间，应注意勿碰动灌砂筒。直到储砂筒内的砂不再下流时，关闭开关。小心地取走灌砂筒，并称量剩余砂的质量（m'_4），准确至 1g。

8）仔细取出试筒内的量砂，以备下次试验时再用。若量砂的湿度已发生变化或量砂中混有杂质，则应该重新烘干、过筛，并放置一段时间，使其与空气的湿度达到平衡后再用。

4. 计算

（1）按式（8-6）或式（8-7）计算填满试坑所用的砂的质量 m_b（g）：

灌砂时，试坑上放有基板时：

$$m_b = m_1 - m_4 - (m_5 - m_6) \tag{8-6}$$

灌砂时，试坑上不放基板时：

$$m_b = m_1 - m'_4 - m_2 \tag{8-7}$$

式中　　m_b——填满试坑的砂的质量（g）；

　　　　m_1——灌砂前灌砂筒内砂的质量（g）；

　　　　m_2——灌砂筒下部圆锥体内砂的质量（g）；

　m_4、m'_4——灌砂后，灌砂筒内剩余砂的质量（g）；

（$m_5 - m_6$）——灌砂筒下部圆锥体内及基板和粗糙表面间砂的合计质量（g）。

（2）按式（8-8）计算试坑材料的湿密度 ρ_{w}（g/cm³）：

$$\rho_{\mathrm{w}} = \frac{m_{\mathrm{w}}}{m_{\mathrm{b}}} \times \gamma_{\mathrm{s}} \tag{8-8}$$

式中　m_{w}——试坑中取出的全部材料的质量（g）；

　　　γ_{s}——量砂的单位质量（g/cm³）。

（3）按式（4-9）计算试坑材料的干密度 ρ_{d}（g/cm³）：

$$\rho_{\mathrm{d}} = \frac{\rho_{\mathrm{w}}}{1 + 0.01W} \tag{8-9}$$

式中　W——试坑材料的含水量（%）。

（4）当为水泥、石灰、粉煤灰等无机结构料稳定土的场合，可按式（8-10）计算干密度 ρ_{d}（g/cm³）：

$$\rho_{\mathrm{d}} = \frac{m_{\mathrm{d}}}{m_{\mathrm{b}}} \times \gamma_{\mathrm{s}} \tag{8-10}$$

式中　m_{d}——试坑中取出的稳定土的烘干质量（g）。

（5）按式（8-11）计算施工压实度：

$$K = \frac{\rho_{\mathrm{d}}}{\rho_{\mathrm{c}}} \times 100 \tag{8-11}$$

式中　K——测试地点的施工压实度（%）；

　　　ρ_{d}——试样的干密度（g/cm³）；

　　　ρ_{c}——由击实试验得到的试样的最大干密度（g/cm³）。

注：当试坑材料组成与击实试验的材料有较大差异时，可以试坑材料作标准击实，求取实际的最大干密度。

5. 报告

各种材料的干密度均应准确至 0.01g/cm³。

8.1.2　土的压实度检验记录

1. 资料表式

土的压实度检验记录表式按当地建设行政主管部门核定的表格形式执行。

2. 应用说明

压实度检验可采用环刀法、蜡封法、灌水法、灌砂法等方法进行，应根据被压实试件的不同类别选用。不同检验方法应分别对压实度的检验进行记录，该记录为原始记录，在资料汇整时应分别附于"压实度检验报告"的后面，以备核查。

8.2　混凝土性能试验与评定

8.2.1　混凝土试块强度试验报告汇总表

1. 资料表式（表 8-3）

工程名称				施工单位			
分部（部位）名称	试块组数 n	设计强度等级（MPa）	平均值（MPa）	最小值（MPa）	标准差	评定结论
施工项目技术负责人		填表人			填表日期		年　月　日

2. 应用说明

混凝土试块强度试验报告汇总表是指核查用于工程的各种品种、强度等级、数量，通过汇总达到便于检查的目的。

（1）混凝土试块强度试验报告汇总表的整理以工程进度为序进行。

（2）各种品种、强度等级、数量的混凝土试件应满足设计要求，否则为合格证、试验报告不全。由核查人判定是否符合该要求。

（3）混凝土强度按单位工程设计强度等级、龄期相同及生产工艺条件、配合比基本相同的混凝土为同一验收批进行验收，应按《混凝土强度检验评定标准》（GB/T 50107—2010）规定的评定方法进行评定（统计方法或非统计方法）。但验收批仅有一组试块时，其强度不低于 $1.15 f_{cu,k}$。

（4）试块组数应按该分部（或部位）提供的组数进行数量核查，经查如其试块组数的提供数量不足，难以按《混凝土强度检验评定标准》（GB/T 50107—2010）评定其强度的真实性时，应对其进行专题研究予以处理。

（5）施工单位送交的各种试件，试验结果不符合标准要求时，试验单位应发送不合格试件通知单，分别送交建设、设计、施工和质监部门，以便及时采取措施。

（6）填表说明

1）分部（部位）名称：指混凝土试块所在分部（部位）的名称，照实际填写。

2）试块组数 n：指该批混凝土试块提供的组数。

3）设计强度等级（MPa）：指该批混凝土试块的设计强度等级。

4）平均值（MPa）：指该批混凝土试块强度的平均值。

5）最小值（MPa）：指该检验批混凝土试块强度的最小值。

6）标准差：指该检验批混凝土立方体抗压强度的标准差。

7）评定结论：应填入评定结果的混凝土强度合格或不合格。

8.2.2 混凝土配合比申请单、通知单

1. 资料表式（表8-4）

混凝土配合比申请单、通知单　　　　　　　　　　表 8-4

委托单位：　　　　　　　　　　　　　　　　　　　　　　试验编号：

工程名称				委托日期	
使用部位				报告日期	
混凝土种类		设计等级		要求坍落度	
水泥品种、强度等级		生产厂家		试验编号	
砂　规　格				试验编号	
石子规格				试验编号	
外加剂种类及掺量				试验编号	
掺合料种类及掺量				试验编号	

配　　合　　比						
材料名称	水泥	砂子	石子	水	外加剂	掺合料
用量（kg/m³）						
质量配合比						
搅拌方法		捣固方法		养护条件		
砂率（%）		水灰比		实测坍落度		

依据标准：

备　　注：

试验单位：　　　技术负责人：　　　审核：　　　　　试（检）验：

2. 应用说明

混凝土配合比申请单、通知单是指施工单位根据设计要求的混凝土强度等级提请试验单位进行混凝土试配，根据试配结果出具的报告单。

执行标准：《普通混凝土配合比设计规程》（JGJ 55—2011）（摘选）

1. 基本规定

（1）混凝土配合比设计应满足混凝土配制强度及其他力学性能、拌合物性能、长期性

能和耐久性能的设计要求。

（2）混凝土配合比设计应采用工程实际使用的原材料；配合比设计所采用的细骨料含水率应小于0.5%，粗骨料含水率应小于0.2%。

（3）混凝土的最大水胶比应符合现行国家标准《混凝土结构设计规范》GB 50010的规定。

（4）除配制C15及其以下强度等级的混凝土外，混凝土的最小胶凝材料用量应符合表8-5的规定。

混凝土的最小胶凝材料用量 表8-5

最大水胶比	最小胶凝材料用量（kg/m³）		
	素混凝土	钢筋混凝土	预应力混凝土
0.60	250	280	300
0.55	280	300	300
0.50	320		
≤0.45	330		

（5）矿物掺合料在混凝土中的掺量应通过试验确定。采用硅酸盐水泥或普通硅酸盐水泥时，钢筋混凝土中矿物掺合料最大掺量宜符合表8-6的规定，预应力混凝土中矿物掺合料最大掺量宜符合表8-7的规定。对基础大体积混凝土，粉煤灰、粒化高炉矿渣粉和复合掺合料的最大掺量可增加5%。采用掺量大于30%的C类粉煤灰的混凝土应以实际使用的水泥和粉煤灰掺量进行安定性检验。

钢筋混凝土中矿物掺合料最大掺量 表8-6

矿物掺合料种类	水胶比	最大掺量（%）	
		采用硅酸盐水泥时	采用普通硅酸盐水泥时
粉煤灰	≤0.40	45	35
	>0.40	40	30
粒化高炉矿渣粉	≤0.40	65	55
	>0.40	55	45
钢渣粉	—	30	20
磷渣粉	—	30	20
硅灰	—	10	10
复合掺合料	≤0.40	65	55
	>0.40	55	45

注：1 采用其他通用硅酸盐水泥时，宜将水泥混合材掺量20%以上的混合材量计入矿物掺合料；

2 复合掺合料各组分的掺量不宜超过单掺时的最大掺量；

3 在混合使用两种或两种以上矿物掺合料时，矿物掺合料总掺量应符合表中复合掺合料的规定。

矿物掺合料种类	水胶比	最大掺量（%）	
		采用硅酸盐水泥时	采用普通硅酸盐水泥时
粉煤灰	≤0.40	35	30
	>0.40	25	20
粒化高炉矿渣粉	≤0.40	55	45
	>0.40	45	35
钢渣粉	—	20	10
磷渣粉	—	20	10
硅灰	—	10	10
复合掺合料	≤0.40	55	45
	>0.40	45	35

注：1　采用其他通用硅酸盐水泥时，宜将水泥混合材掺量 20% 以上的混合材量计入矿物掺合料；

　　2　复合掺合料各组分的掺量不宜超过单掺时的最大掺量；

　　3　在混合使用两种或两种以上矿物掺合料时，矿物掺合料总掺量应符合表中复合掺合料的规定。

（6）混凝土拌合物中水溶性氯离子最大含量应符合表 8-8 的规定，其测试方法应符合现行行业标准《水运工程混凝土试验规程》JTJ 270 中混凝土拌合物中氯离子含量的快速测定方法的规定。

混凝土拌合物中水溶性氯离子最大含量　　　　　　　表 8-8

环境条件	水溶性氯离子最大含量 （%，水泥用量的质量百分比）		
	钢筋混凝土	预应力混凝土	素混凝土
干燥环境	0.30	0.06	1.00
潮湿但不含氯离子的环境	0.20		
潮湿且含有氯离子的环境、盐渍土环境	0.10		
除冰盐等侵蚀性物质的腐蚀环境	0.06		

（7）长期处于潮湿或水位变动的寒冷和严寒环境以及盐冻环境的混凝土应掺用引气剂。引气剂掺量应根据混凝土含气量要求经试验确定，混凝土最小含气量应符合表 8-9 的规定，最大不宜超过 7.0%。

混凝土最小含气量　　　　　　　表 8-9

粗骨料最大公称粒径 （mm）	混凝土最小含气量（%）	
	潮湿或水位变动的寒冷和严寒环境	盐冻环境
40.0	4.5	5.0
25.0	5.0	5.5
20.0	5.5	6.0

注：含气量为气体占混凝土体积的百分比。

（8）对于有预防混凝土碱骨料反应设计要求的工程，宜掺用适量粉煤灰或其他矿物掺合料，混凝土中最大碱含量不应大于 3.0kg/m^3；对于矿物掺合料碱含量，粉煤灰碱含量可取实测值的 1/6，粒化高炉矿渣粉碱含量可取实测值的 1/2。

2. 混凝土配制强度的确定

（1）混凝土配制强度应按下列规定确定：

1）当混凝土的设计强度等级小于 C60 时，配制强度应按下式确定：

$$f_{cu,0} \geqslant f_{cu,k} + 1.645\sigma$$

式中　$f_{cu,0}$——混凝土配制强度（MPa）；

　　　$f_{cu,k}$——混凝土立方体抗压强度标准值，这里取混凝土的设计强度等级值（MPa）；

　　　σ——混凝土强度标准差（MPa）。

2）当设计强度等级不小于 C60 时，配制强度应按下式确定：

$$f_{cu,0} \geqslant 1.15 f_{cu,k}$$

（2）混凝土强度标准差应按下列规定确定：

1）当具有近 1～3 个月的同一品种、同一强度等级混凝土的强度资料，且试件组数不小于 30 时，其混凝土强度标准差 σ 应按下式计算：

$$\sigma = \sqrt{\frac{\sum\limits_{i=1}^{n} f_{cu,i}^2 - n m_{f_{cu}}^2}{n-1}}$$

式中　σ——混凝土强度标准差；

　　　$f_{cu,i}$——第 i 组的试件强度（MPa）；

　　　m_{fcu}——n 组试件的强度平均值（MPa）；

　　　n——试件组数。

对于强度等级不大于 C30 的混凝土，当混凝土强度标准差计算值不小于 3.0MPa 时，应按上式"混凝土强度标准差"计算结果取值；当混凝土强度标准差计算值小于 3.0MPa 时，应取 3.0MPa。

对于强度等级大于 C30 且小于 C60 的混凝土，当混凝土强度标准差计算值不小于 4.0MPa 时，应按上式"混凝土强度标准差"计算结果取值；当混凝土强度标准差计算值小于 4.0MPa 时，应取 4.0MPa。

2）当没有近期的同一品种、同一强度等级混凝土强度资料时，其强度标准差 σ 可按表 8-10 取值。

标准差 σ 值 （MPa）　　　　　　　　　　　　　　　　表 8-10

混凝土强度标准值	≤C20	C25～C45	C50～C55
σ	4.0	5.0	6.0

3. 混凝土配合比计算

（1）水胶比

1）当混凝土强度等级小于 C60 时，混凝土水胶比宜按下式计算：

$$W/B = \frac{\alpha_a f_b}{f_{cu,0} + \alpha_a \alpha_b f_b}$$

式中　W/B——混凝土水胶比；

$\alpha_a\alpha_b$——回归系数,按"3. 混凝土配合比计算项下(1) 水胶比中的 2) 款"的规定取值;

f_b——胶凝材料 28d 胶砂抗压强度(MPa),可实测,且试验方法应按现行国家标准《水泥胶砂强度检验方法(ISO 法)》GB/T 17671 执行;也可按"3. 混凝土配合比计算项下(1) 水胶比中的 3) 款"确定。

2) 回归系数(α_a、α_b)宜按下列规定确定:

①根据工程所使用的原材料,通过试验建立的水胶比与混凝土强度关系式来确定;

②当不具备上述试验统计资料时,可按表 8-11 选用。

回归系数(α_a、α_b)取值表 　　　　表 8-11

系　数	粗骨料品种	碎　石	卵　石
α_a		0.53	0.49
α_b		0.20	0.13

3) 当胶凝材料 28d 胶砂抗压强度值(f_b)无实测值时,可按下式计算:

$$f_b = \gamma_f\gamma_s f_{ce}$$

式中　$\gamma_f\gamma_s$——粉煤灰影响系数和粒化高炉矿渣粉影响系数,可按表 8-12 选用;

f_{ce}——水泥 28d 胶砂抗压强度(MPa),可实测,也可按"3. 混凝土配合比计算项下(1) 水胶比中的 4) 款"确定。

粉煤灰影响系数(γ_f)和粒化高炉矿渣粉影响系数(γ_s) 　　　　表 8-12

掺量(%)	种类	粉煤灰影响系数 γ_f	粒化高炉矿渣粉影响系数 γ_s
0		1.00	1.00
10		0.85~0.95	1.00
20		0.75~0.85	0.95~1.00
30		0.65~0.75	0.90~1.00
40		0.55~0.65	0.80~0.90
50		—	0.70~0.85

注:1　采用 Ⅰ级、Ⅱ级粉煤灰宜取上限值;

　　2　采用 S75 级粒化高炉矿渣粉宜取下限值.采用 S95 级粒化高炉矿渣粉宜取上限值.采用 S105 级粒化高炉矿渣粉可取上限值加 0.05;

　　3　当超出表中的掺量时.粉煤灰和粒化高炉矿渣粉影响系数应经试验确定。

4) 当水泥 28d 胶砂抗压强度(f_{ce})无实测值时,可按下式计算:

$$f_{ce} = \gamma_c f_{ce,g}$$

式中　γ_c——水泥强度等级值的富余系数,可按实际统计资料确定;当缺乏实际统计资料时,也可按表 8-13 选用;

$f_{ce,g}$——水泥强度等级值(MPa)。

水泥强度等级值的富余系数(γ_c) 　　　　表 8-13

水泥强度等级值	32.5	42.5	52.5
富余系数	1.12	1.16	1.10

（2）用水量和外加剂用量

1）每立方米干硬性或塑性混凝土的用水量（m_{w0}）应符合下列规定：

①混凝土水胶比在 0.40～0.80 范围时，可按表 8-14 和表 8-15 选取；

②混凝土水胶比小于 0.40 时，可通过试验确定。

干硬性混凝土的用水量（kg/m³）　　　　　　　　　　表 8-14

拌合物稠度		卵石最大公称粒径（mm）			碎石最大公称粒径（mm）		
项　目	指标	10.0	20.0	40.0	16.0	20.0	40.0
维勃稠度 （S）	16～20	175	160	145	180	170	155
	11～15	180	165	150	185	175	160
	5～10	185	170	155	190	180	165

塑性混凝土的用水量（kg/m³）　　　　　　　　　　表 8-15

拌合物稠度		卵石最大公称粒径（mm）				碎石最大公称粒径（mm）	
项　目	指标	10.0	20.0	31.5	40.0	16.0	20.0
坍落度 （mm）	10～30	190	170	160	150	200	185
	35～50	200	180	170	160	210	195
	55～70	210	190	180	170	220	205
	75～90	215	195	185	175	230	215

注：1　本表用水量系采用中砂时的取值。采用细砂时，每立方米混凝土用水量可增加 5～10kg；采用粗砂时，可减少 5～10kg；

2　掺用矿物掺合料和外加剂时，用水量应相应调整。

2）掺外加剂时，每立方米流动性或大流动性混凝土的用水量（m_{w0}）可按下式计算：

$$m_{w0} = m'_{w0}(1 - \beta)$$

式中　m_{w0}——计算配合比每立方米混凝土的用水量(kg/m³)；

　　　　m'_{w0}——未掺外加剂时推定的满足实际坍落度要求的每立方米混凝土用水量(kg/m³)，以本规程表 8-15 中 90mm 坍落度的用水量为基础，按每增大 20mm 坍落度相应增加 5kg/m³ 用水量来计算，当坍落度增大到 180mm 以上时，随坍落度相应增加的用水量可减少。

　　　　β——外加剂的减水率(%)，应经混凝土试验确定。

3）每立方米混凝土中外加剂用量（m_{a0}）应按下式计算：

$$m_{a0} = m_{b0}\beta_a$$

式中　m_{a0}——计算配合比每立方米混凝土中外加剂用量(kg/m³)；

　　　　m_{b0}——计算配合比每立方米混凝土中胶凝材料用量(kg/m³)；计算应符合"3. 混凝土配合比计算项下的(1)水胶比中的1)款"的规定；

　　　　β_a——外加剂掺量(%)，应经混凝土试验确定。

（3）胶凝材料、矿物掺合料和水泥用量

1）每立方米混凝土的胶凝材料用量（m_{b0}）应按下式计算，并应进行试拌调整，在拌合物性能满足的情况下，取经济合理的胶凝材料用量。

$$m_{b0} = \frac{m_{w0}}{W/B}$$

式中 m_{b0}——计算配合比每立方米混凝土中胶凝材料用量(kg/m^3);

m_{w0}——计算配合比每立方米混凝土的用水量(kg/m^3);

W/B——混凝土水胶比。

2) 每立方米混凝土的矿物掺合料用量（m_{f0}）应按下式计算:

$$m_{f0} = m_{b0}\beta_f$$

式中 m_{f0}——计算配合比每立方米混凝土中矿物掺合料用量(kg/m^3);

β_f——矿物掺合料掺量(%),可结合"1. 基本规定项下的(1)"和"3. 混凝土配合比计算项下(1)水胶比中的1)款"的规定确定。

3) 每立方米混凝土的水泥用量（m_{c0}）应按下式计算:

$$m_{c0} = m_{b0} - m_{f0}$$

式中 m_{c0}——计算配合比每立方米混凝土中水泥用量(k/m^3)。

（4）砂率

1) 砂率（β_s）应根据骨料的技术指标、混凝土拌合物性能和施工要求,参考既有历史资料确定。

2) 当缺乏砂率的历史资料时,混凝土砂率的确定应符合下列规定:

①坍落度小于10mm的混凝土,其砂率应经试验确定;

②坍落度为10~60mm的混凝土,其砂率可根据粗骨料品种、最大公称粒径及水胶比按表8-16选取;

③坍落度大于60mm的混凝土,其砂率可经试验确定,也可在表8-16的基础上,按坍落度每增大20mm、砂率增大1%的幅度予以调整。

混凝土的砂率（%） 表8-16

水胶比	卵石最大公称粒径（mm）			碎石最大公称粒径（mm）		
	10.0	20.0	40.0	16.0	20.0	40.0
0.40	26~32	25~31	24~30	30~35	29~34	27~32
0.50	30~35	29~34	28~33	33~38	32~37	30~35
0.60	33~38	32~37	31~36	36~41	35~40	33~38
0.70	36~41	35~40	34~39	39~44	38~43	36~41

注: 1 本表数值系中砂的选用砂率,对细砂或粗砂,可相应地减少或增大砂率;

2 采用人工砂配制混凝土时,砂率可适当增大;

3 只用一个单粒级粗骨料配制混凝土时,砂率应适当增大。

（5）粗、细骨料用量

1) 当采用质量法计算混凝土配合比时,粗、细骨料用量应按下式（1）计算;砂率应按下式（2）计算。

$$m_{f0} + m_{c0} + m_{g0} + m_{s0} + m_{w0} = m_{cp} \tag{1}$$

$$\beta_s = \frac{m_{s0}}{m_{g0} + m_{s0}} \times 100\% \tag{2}$$

式中　m_{g0}——计算配合比每立方米混凝土的粗骨料用量(kg/m^3)；

　　　　m_{s0}——计算配合比每立方米混凝土的细骨料用量(kg/m^3)；

　　　　β_s——砂率(%)；

　　　　m_{cp}——每立方米混凝土拌合物的假定质量(kg)，可取 $2350 \sim 2450kg/m^3$。

　　2）当采用体积法计算混凝土配合比时，砂率应按上式（2）计算，粗、细骨料用量应按下式计算。

$$\frac{m_{c0}}{\rho_c} + \frac{m_{f0}}{\rho_f} + \frac{m_{g0}}{\rho_g} + \frac{m_{s0}}{\rho_s} + \frac{m_{w0}}{\rho_w} + 0.01\alpha = 1$$

式中　ρ_c——水泥密度（kg/m^3），可按现行国家标准《水泥密度测定方法》GB/T 208 测定，也可取 $2900 \sim 3100kg/m^3$；

　　　　ρ_f——矿物掺合料密度（kg/m^3），可按现行国家标准《水泥密度测定方法》GB/T 208 测定；

　　　　ρ_g——粗骨料的表观密度（kg/m^3），应按现行行业标准《普通混凝土用砂、石质量及检验方法标准》JGJ 52 测定；

　　　　ρ_s——细骨料的表观密度（kg/m^3），应按现行行业标准《普通混凝土用砂、石质疑及检验方法标准》JGJ 52 测定；

　　　　ρ_w——水的密度（kg/m^3），可取 $1000kg/m^3$；

　　　　α——混凝土的含气量百分数，在不使用引气剂或引气型外加剂时，α 可取 1。

4. 混凝土配合比的试配、调整与确定

（1）试配

1）混凝土试配应采用强制式搅拌机进行搅拌，并应符合现行行业标准《混凝土试验用搅拌机》JG 244 的规定，搅拌方法宜与施工采用的方法相同。

2）试验室成型条件应符合现行国家标准《普通混凝土拌合物性能试验方法标准》GB/T 50080 的规定。

3）每盘混凝土试配的最小搅拌量应符合表 8-17 的规定，并不应小于搅拌机公称容量的 1/4 且不应大于搅拌机公称容量。

混凝土试配的最小搅拌量　　　　　　　　　　　　　　　　　　表 8-17

粗骨料最大公称粒径（mm）	拌合物数量（L）
≤31.5	20
40.0	25

4）在计算配合比的基础上应进行试拌。计算水胶比宜保持不变，并应通过调整配合比其他参数使混凝土拌合物性能符合设计和施工要求，然后修正计算配合比，提出试拌配合比。

5）在试拌配合比的基础上应进行混凝土强度试验，并应符合下列规定：

①应采用三个不同的配合比，其中一个应为"4. 混凝土配合比的试配、调整与确定项下（1）试配中的 4）款"确定的试拌配合比，另外两个配合比的水胶比宜较试拌配合比分别增加和减少 0.05，用水量应与试拌配合比相同，砂率可分别增加和减少 1%；

②进行混凝土强度试验时，拌合物性能应符合设计和施工要求；

③进行混凝土强度试验时，每个配合比应至少制作一组试件，并应标准养护到 28d 或设计规定龄期时试压。

（2）配合比的调整与确定

1）配合比调整应符合下列规定：

①根据"4. 混凝土配合比的试配、调整与确定项下（1）试配中的 5）款"混凝土强度试验结果，宜绘制强度和胶水比的线性关系图或插值法确定略大于配制强度对应的胶水比；

②在试拌配合比的基础上，用水量（m_w）和外加剂用量（m_a）应根据确定的水胶比作调整；

③胶凝材料用量（m_b）应以用水量乘以确定的胶水比计算得出；

④粗骨料和细骨料用量（m_g 和 m_s）应根据用水量和胶凝材料用量进行调整。

2）混凝土拌合物表观密度和配合比校正系数的计算应符合下列规定：

①配合比调整后的混凝土拌合物的表观密度应按下式计算：

$$\rho_{c,c} = m_c + m_f + m_g + m_s + m_w$$

式中　$\rho_{c,c}$——混凝土拌合物的表观密度计算值（kg/m³）；

m_c——每立方米混凝土的水泥用量（kg/m³）；

m_f——每立方米混凝土的矿物掺合料用量（kg/m³）；

m_g——每立方米混凝土的粗骨料用量（kg/m³）；

m_s——每立方米混凝土的细骨料用量（kg/m³）；

m_w——每立方米混凝土的用水量（kg/m³）。

②混凝土配合比校正系数应按下式计算：

$$\delta = \frac{\rho_{c,t}}{\rho_{c,c}}$$

式中　δ——混凝土配合比校正系数；

$\rho_{c,t}$——混凝土拌合物的表观密度实测值（kg/m³）。

3）当混凝土拌合物表观密度实测值与计算值之差的绝对值不超过计算值的 2‰时，按"（2）配合比的调整与确定规定"调整的配合比可维持不变；当二者之差超过 2‰时，应将配合比中每项材料用量均乘以校正系数（δ）。

4）配合比调整后，应测定拌合物水溶性氯离子含量，试验结果应符合"基本规定项下表 4　混凝土拌合物中水溶性氯离子最大含量"的规定。

5）对耐久性有设计要求的混凝土应进行相关耐久性试验验证。

6）生产单位可根据常用材料设计出常用的混凝土配合比备用，并应在启用过程中予以验证或调整。遇有下列情况之一时，应重新进行配合比设计：

①对混凝土性能有特殊要求时；

②水泥、外加剂或矿物掺合料等原材料品种、质量有显著变化时。

5. 有特殊要求的混凝土

（1）抗渗混凝土

1）抗渗混凝土的原材料应符合下列规定：

①水泥宜采用普通硅酸盐水泥；

②粗骨料宜采用连续级配，其最大公称粒径不宜大于 40.0mm，含泥量不得大于 1.0%，泥块含量不得大于 0.5%；

③细骨料宜采用中砂，含泥量不得大于 3.0%，泥块含量不得大于 1.0%；

④抗渗混凝土宜掺用外加剂和矿物掺合料，粉煤灰等级应为Ⅰ级或Ⅱ级。

2）抗渗混凝土配合比应符合下列规定：

①最大水胶比应符合表 8-18 的规定；

②每立方米混凝土中的胶凝材料用量不宜小于 320kg；

③砂率宜为 35%～45%。

抗渗混凝土最大水胶比 表 8-18

设计抗渗等级	最大水胶比	
	C20～C30	C30 以上
P6	0.60	0.55
P8～P12	0.55	0.50
>P12	0.50	0.45

3）配合比设计中混凝土抗渗技术要求应符合下列规定：

①配制抗渗混凝土要求的抗渗水压值应比设计值提高 0.2MPa；

②抗渗试验结果应满足下式要求：

$$P_t \geqslant \frac{P}{10} + 0.2$$

式中　　P_t——6 个试件中不少于 4 个未出现渗水时的最大水压值（MPa）；

　　　　P——设计要求的抗渗等级值。

4）掺用引气剂或引气型外加剂的抗渗混凝土，应进行含气量试验，含气量宜控制在 3.0%～5.0%。

（2）抗冻混凝土

1）抗冻混凝土的原材料应符合下列规定：

①水泥应采用硅酸盐水泥或普通硅酸盐水泥；

②粗骨料宜选用连续级配，其含泥量不得大于 1.0%，泥块含量不得大于 0.5%；

③细骨料含泥量不得大于 3.0%，泥块含量不得大于 1.0%；

④粗、细骨料均应进行坚固性试验，并应符合现行行业标准《普通混凝土用砂、石质量及检验方法标准》JGJ 52 的规定；

⑤抗冻等级不小于 F100 的抗冻混凝土宜掺用引气剂；

⑥在钢筋混凝土和预应力混凝土中不得掺用含有氯盐的防冻剂；在预应力混凝土中不得掺用含有亚硝酸盐或碳酸盐的防冻剂。

2）抗冻混凝土配合比应符合下列规定：

①最大水胶比和最小胶凝材料用量应符合表 8-19 的规定；

②复合矿物掺合料掺量宜符合表 8-20 的规定；其他矿物掺合料掺量宜符合"基本规定项下钢筋混凝土中矿物掺合料最大掺量"的规定；

③掺用引气剂的混凝土最小含气量应符合"1. 基本规定项下（7）"的规定。

最大水胶比和最小胶凝材料用量 表 8-19

设计抗冻等级	最大水胶比		最小胶凝材料用量 (kg/m³)
	无引气剂时	掺引气剂时	
F50	0.55	0.60	300
F100	0.50	0.55	320
不低于 F150	—	0.50	350

复合矿物掺合料最大掺量 表 8-20

水胶比	最大掺量（%）	
	采用硅酸盐水泥时	采用普通硅酸盐水泥时 C20～C30
≤0.40	60	50
＞0.40	50	40

注：1 采用其他通用硅酸盐水泥时，可将水泥混合材掺量 20% 以上的混合材量计入矿物掺合料；

2 复合矿物掺合料中各矿物掺合料组分的掺量不宜超过规范 3.0.5-1 中单掺时的限量。

（3）高强混凝土

1）高强混凝土的原材料应符合下列规定：

①水泥应选用硅酸盐水泥或普通硅酸盐水泥；

②粗骨料宜采用连续级配，其最大公称粒径不宜大于 25.0mm，针片状颗粒含量不宜大于 5.0%，含泥量不应大于 0.5%，泥块含量不应大于 0.2%；

③细骨料的细度模数宜为 2.6～3.0，含泥量不应大于 2.0%，泥块含量不应大于 0.5%；

④宜采用减水率不小于 25% 的高性能减水剂；

⑤宜复合掺用粒化高炉矿渣粉、粉煤灰和硅灰等矿物掺合料；粉煤灰等级不应低于 Ⅱ级；对强度等级不低于 C80 的高强混凝土宜掺用硅灰。

2）高强混凝土配合比应经试验确定，在缺乏试验依据的情况下，配合比设计宜符合下列规定：

①水胶比、胶凝材料用量和砂率可按表 8-21 选取，并应经试配确定；

水胶比、胶凝材料用量和砂率 表 8-21

强度等级	水胶比	胶凝材料用量 (kg/m³)	砂率（%）
≥C60，＜C80	0.28～0.34	480～560	
≥C80，＜C100	0.26～0.28	520～580	35～42
C100	0.24～0.26	550～600	

②外加剂和矿物掺合料的品种、掺量，应通过试配确定；矿物掺合料掺量宜为 25%～40%；硅灰掺量不宜大于 10%；

③水泥用量不宜大于 500kg/m³。

3）在试配过程中，应采用三个不同的配合比进行混凝土强度试验，其中一个可为依据表 17 计算后调整拌合物的试拌配合比，另外两个配合比的水胶比，宜较试拌配合比分别增加和减少 0.02。

4）高强混凝土设计配合比确定后，尚应采用该配合比进行不少于三盘混凝土的重复试验，每盘混凝土应至少成型一组试件，每组混凝土的抗压强度不应低于配制强度。

5）高强混凝土抗压强度测定宜采用标准尺寸试件，使用非标准尺寸试件时，尺寸折算系数应经试验确定。

（4）泵送混凝土

1）泵送混凝土所采用的原材料应符合下列规定：

①水泥宜选用硅酸盐水泥、普通硅酸盐水泥、矿渣硅酸盐水泥和粉煤灰硅酸盐水泥；

②粗骨料宜采用连续级配，其针片状颗粒含量不宜大于10%；粗骨料的最大公称粒径与输送管径之比宜符合表8-22的规定。

粗骨料的最大公称粒径与输送管径之比 　　　　　　表8-22

粗骨料品种	泵送高度（m）	粗骨料最大公称粒径与输送管径之比
碎石	<50	≤1：3.0
	50～100	≤1：4.0
	>100	≤1：5.0
卵石	<50	≤1：2.5
	50～100	≤1：3.0
	>100	≤1：4.0

③细骨料宜采用中砂，其通过公称直径为 $315\mu m$ 筛孔的颗粒含量不宜少于15%；

④泵送混凝土应掺用泵送剂或减水剂，并宜掺用矿物掺合料。

2）泵送混凝土配合比应符合下列规定：

①胶凝材料用量不宜小于 $300kg/m^3$；

②砂率宜为 35%～45%。

3）泵送混凝土试配时应考虑坍落度经时损失。

（5）大体积混凝土

1）大体积混凝土所用的原材料应符合下列规定：

①水泥宜采用中、低热硅酸盐水泥或低热矿渣硅酸盐水泥，水泥的 3d 和 7d 水化热应符合现行国家标准《中热硅酸盐水泥低热硅酸盐水泥低热矿渣硅酸盐水泥》GB 200 规定。当采用硅酸盐水泥或普通硅酸盐水泥时，应掺加矿物掺合料，胶凝材料的 3d 和 7d 水化热分别不宜大于 240kJ/kg 和 270kJ/kg。水化热试验方法应按现行国家标准《水泥水化热测定方法》GB/T 12959 执行。

②粗骨料宜为连续级配，最大公称粒径不宜小于 31.5mm，含泥量不应大于 1.0%。

③细骨料宜采用中砂，含泥量不应大于 3.0%。

④宜掺用矿物掺合料和缓凝型减水剂。

2）当采用混凝土 60d 或 90d 龄期的设计强度时，宜采用标准尺寸试件进行抗压强度试验。

3）大体积混凝土配合比应符合下列规定：

①水胶比不宜大于 0.55，用水量不宜大于 $175kg/m^3$；

②在保证混凝土性能要求的前提下，宜提高每立方米混凝土中的粗骨料用量；砂率宜为 38%～42%；

③在保证混凝土性能要求的前提下，应减少胶凝材料中的水泥用量，提高矿物掺合料掺量，矿物掺合料掺量应符合本规程第3.0.5条的规定。

4）在配合比试配和调整时，控制混凝土绝热温升不宜大于50℃。

5）大体积混凝土配合比应满足施工对混凝土凝结时间的要求。

8.2.3 混凝土抗压强度试件试验报告

1. 资料表式（表8-23）

混凝土抗压强度试件试验报告　　　　　　　　　　　　表8-23

委托单位：_____　试验委托人：_____

工程名称：_____　部位：_____

设计强度等级：_____　拟配强度等级：_____　要求坍落度：_____cm 实测坍落度：_____cm

水泥品种及等级：_____　厂别：_____　出厂日期：_____　试验编号：_____

砂子产地及品种：_____　细度模数：_____　含泥量：_____%　试验编号：_____

石子产地及品种：_____　最大粒径：_____　含泥量：_____%　试验编号：_____

掺合料名称：_____　产地：_____　占水泥用量的：_____%

外加剂名称：_____　产地：_____　占水泥用量的：_____%

施工配合比：_____　水灰比：_____　砂率：_____%

配合比编号　　材料名称 用量	水泥	水	砂子	石子	掺合料	外加剂
每立方米用量（kg）						

制模日期：_____　要求龄期：_____　要求试验日期：_____

试块收到日期：_____　试块养护条件：_____

试块 编号	试验 日期	实际 龄期 (d)	试块 规格 (mm)	受压 面积 (mm²)	荷载(kN)		平均抗 压强度 (N/mm²)	折合150mm 立方体强度 (N/mm²)	达到设 计强度 (%)
					单块	平均			
备　注									

试验单位：_____　技术负责人：_____　审核：_____　试(检)验：_____

报告日期：____年____月____日

2. 应用说明

混凝土抗压强度试件试验报告是为保证工程质量，由试验单位对工程中留置的混凝土试块的强度指标进行测试后出具的质量证明文件。

混凝土工程应优先选用预拌（商品）混凝土。只有确无条件使用的情况下，才能选用现场拌制混凝土。

（1）混凝土试块必须在施工现场浇灌地点随机抽取留置试块，并由施工单位提供。

（2）混凝土强度以标准养护龄期 28d 的试块抗压试验结果为准，在冬施条件下养护时应增加同条件养护的试块，并有测温记录。

（3）非标养试块应有测温记录，超龄期试块按有关规定换算为 28d 强度进行评定。

（4）混凝土强度以单位工程按《混凝土结构工程施工质量验收规范》（GB 50204—2002）进行质量验收。

（5）有特殊性能要求的混凝土，应符合相应标准并满足施工规范要求。

（6）混凝土试块的试验内容

混凝土试块试验或混凝土物理力学性能试验，内容有：抗压强度试验、抗拉强度试验、抗折强度试验、抗冻性试验、抗渗性能试验、干缩试验等。对混凝土的质量检验，一般只进行抗压强度试验，对设计有抗冻、抗渗等要求的混凝土尚应分别按设计有关要求进行试验。

（7）混凝土试块取样规定

1）用于检查结构构件混凝土强度的试件，应在混凝土的浇筑地点随机抽取。取样与试件留置应符合下列规定：

①每 100 盘，但不超过 100m³ 的同配合比混凝土，取样次数不应少于一次。

②每一工作班拌制的同配合比混凝土，不足 100 盘和 100m³ 时其取样次数不应少于一次。

③当一次连续浇筑的同配合比混凝土超过 1000m³ 时，每 200m³ 取样不应少于一次。

④对房屋建筑，每一楼层、同一配合比的混凝土，取样不应少于一次。

⑤每次取样应至少留置一组标准养护试件，同条件养护试件的留置组数应根据实际需要确定。

2）对有抗渗要求的混凝土结构，应在浇筑地点随机取样。同一工程、同一配合比的混凝土，取样不应少于两次，留置组数可根据实际需要确定。

3）每次取样应至少留置一组标准试件（每组三个试件）；为确定结构构件的拆模、出池、出厂、吊装、张拉、放张及施工期间的临时负荷时的混凝土强度，应留置同条件养护试件。

注：预拌混凝土除应在预拌混凝土厂内按规定留置试件外，混凝土运到施工现场后，尚应按本条的规定留置试件。

4）结构混凝土强度等级必须符合设计要求和《混凝土强度检验评定标准》（GB/T 50107—2010）要求。

5）不按规定留置标准试块和同条件养护试块的均应为存在质量问题，必须依据经法定单位出具的检测报告进行技术处理。属于结构的处理应由设计单位提出处理方案。

6）混凝土试件的取样应注意其随机性。

7）当混凝土试件的留置数量大于其要求提供的数量时，在提供试验时不能只挑好的试件送试。

（8）普通混凝土、加气混凝土、轻骨料混凝土试样

普通混凝土立方体抗压强度和抗冻性试块试样为正立方体，每组3块（表8-24）。

混凝土抗压强度试件尺寸选择表　　　　　　　　　　　表8-24

骨料最大颗粒直径（mm）	试块尺寸（mm）	强度的尺寸换算系数
≤31.5	100×100×100（非标准试块）	0.95
≤40	150×150×150（标准试块）	1.00
≤63	200×200×200（非标准试块）	1.05

注：混凝土中粗骨料的最大粒径选择试件尺寸，立方体试件边长应不小于骨料最大粒径的3倍。如大型构件的混凝土中骨料直径很大而用边长为100mm的立方体试块，试验结果很难有代表性。

（9）混凝土试块的制作

混凝土抗压试块以同一龄期者为一组，每组至少有3个属于同盘混凝土、在浇筑地点同时制作的混凝土试块。

1）在混凝土拌合前，应将试模擦拭干净，并在模内涂一薄层机油。

2）用振动法捣实混凝土时，将混凝土拌合物一次装满试模，并用捣棒初步捣实，使混凝土拌合物略高出试模，放在振动台上，一手扶住试模，一手用铁抹子在混凝土表面施压，并不断来回擦抹。按混凝土稠度（工作度或坍落度）的大小确定振动时间，所确定的振动时间必须保证混凝土能振捣密实，待振捣时间即将结束时，用铁抹子刮去表面多余的混凝土，并将表面抹平。同一组的试块，每块振动时间必须完全相同，以免密度不均匀影响强度的均匀性。

注：在施工现场制作试块时，也可用平板式振捣器，振动至混凝土表面水泥浆呈现光亮状态时止。

3）用插捣法人工捣实试块时，按下述方法进行：

①对于100mm×100mm×100mm、150mm×150mm×150mm或200mm×200mm×200mm的立方体试块，混凝土拌合物分两层装入，其厚度约相等，每层插捣次数见表8-25所列。

混凝土抗压强度试件制作插捣次数表　　　　　　　　　表8-25

试块尺寸（mm）	每层插捣次数
100×100×100	12
150×150×150	25
200×200×200	50

②插捣时应在混凝土全面积上均匀地进行，由边缘逐渐向中心。

③插捣底层时，捣棒应达到试模底面，捣上层时捣棒应插入该层底面以下2～3cm处。

④面层插捣完毕后，再用抹刀沿四边模壁插捣数下，以消除混凝土与试模接触面的气泡，并可避免蜂窝、麻面现象，然后用抹刀刮去表面多余的混凝土，将表面抹光，使混凝土稍高于试模。

⑤静置半小时后，对试块进行第二次抹面，将试块仔细抹光抹平，以使试块与标准尺寸的误差不超过±1mm。

（10）试块的养护

1) 试块成型后，用湿布覆盖表面，在室温为 16~20℃下至少静放一昼夜，但不得超过两昼夜，然后进行编号及拆模工作；混凝土拆模后，要在试块上写清混凝土强度等级代表的工程部位和制作日期。

2) 拆去试模后，随即将试块放在标准养护室（温度 20±3℃，相对湿度大于 90%，应避免直接浇水）养护至试压龄期为止。

注：1. 现场施工作为检验拆模强度或吊装强度的试块，其养护条件应与构件的养护条件相同。

2. 现场作为检验依据的标准强度试块，允许埋在湿砂内进行养护，但养护温度应控制在 16~20℃范围内。

3. 在标准养护室内，试块宜放在铁架或木架上养护，彼此之间的距离至少为 3~5cm。

4. 试块从标准养护室内取出，经擦干后即进行抗压试验。

5. 无标准养护室时可以养护池代替，池中水温 20±3℃，水的 pH 值不小于 7，养护时间自成型时算起 28d。

（11）混凝土用拌合水要求：拌制混凝土宜用饮用水。污水、pH 值小于 4 的酸性水和含硫酸盐量按 SO_4 计超过 1% 的水，不得用于生产混凝土构件。水中含有碳酸盐时会引起水泥的异常凝结；含有硝酸盐、磷酸盐时能引起缓凝作用；含有腐殖质、糖类等有机物时有的会引起缓凝、有的发生快硬或不硬化；含有洗涤剂等污水时，由于产生过剩的拌生空气，会使混凝土的各种性能恶化；含有超过 0.2% 浓度的氯化物时，会产生促凝性，使早期水化热增大，同时收缩增加，易导致混凝土中钢材的腐蚀，应予高度重视。

（12）填表说明

1) 委托单位：提请委托试验的单位，按全称填写。

2) 试验委托人：提请委托试验单位的试验委托人，填写委托人姓名。

3) 工程名称：按施工企业和建设单位签订的施工合同的工程名称或图注的工程名称，照实际填写。

4) 部位：按试配申请委托单上提供的使用部位填写。

5) 设计强度等级：指施工图设计的混凝土强度等级。

6) 拟配强度等级：指施工单位根据施工图设计及工程特点拟配制的混凝土强度等级。

7) 要求坍落度（cm）：指规范规定的坍落度值或根据工程确定的坍落度。

8) 实测坍落度（cm）：指施工过程中实测的坍落度值，按实测的坍落度平均值填写。

9) 水泥品种及等级：指送交试验单位的"送样"批的水泥品种、强度等级。

①厂别：指送交试验单位的"送样"批的水泥厂别。

②出厂日期：指送交试验单位的"送样"批的水泥的出厂日期。

③试验编号：指送交试验单位的"送样"批的水泥的试验编号。

10) 砂子产地及品种：指送交试验单位的"送样"批的砂子的产地及品种。

①细度模数：指送交试验单位的"送样"批的砂子的细度模数。

②含泥量（%）：指送交试验单位的"送样"批的砂子的含泥量。

③试验编号：指送交试验单位的"送样"批的砂子的试验编号。

11) 石子产地及品种：指送交试验单位的"送样"批的石子的产地及品种。

①最大粒径：指送交试验单位的"送样"批的石子的最大粒径。

②含泥量（%）：指送交试验单位的"送样"批的石子的含泥量。

③试验编号：指送交试验单位的"送样"批的石子的试验编号。

12）掺合料名称：指送交试验单位的"送样"批的掺合料名称。

①产地：指送交试验单位的"送样"批的掺合料的产地。

②占水泥用量的（％）：指送交试验单位的"送样"批的掺合料占水泥用量的百分比。

13）外加剂名称：指送交试验单位的"送样"批的外加剂的名称。

①产地：指送交试验单位的"送样"批的外加剂的产地。

②占水泥用量的（％）：指送交试验单位的"送样"批的外加剂的百分比。

14）施工配合比：指施工实际采用的配合比。

①水灰比：指施工实际采用的水灰比。

②砂率（％）：指施工实际采用的砂率。

15）配合比编号：按试配通知单建议的施工配合比或试配单配合比编号填写，如经调整，配合比不得低于试配单的建议值。

16）材料名称：

①水泥：指受试混凝土试件施工中采用的水泥的强度等级。

②水：指受试混凝土试件施工中采用的水的质量。

③砂子：指受试混凝土试件施工中采用的砂子的品种。

④石子：指受试混凝土试件施工中采用的石子的品种。

⑤掺合料：指受试混凝土试件施工中采用的掺合料的名称。

⑥外加剂：指受试混凝土试件施工中采用的外加剂的名称。

17）每立方米用量（kg）：

①水泥：指每立方米混凝土的水泥用量（kg）。

②水：指每立方米混凝土的水的用量（kg）。

③砂子：指每立方米混凝土的砂子的用量（kg）。

④石子：指每立方米混凝土的石子的用量（kg）。

⑤掺合料：指每立方米混凝土的掺合料的用量（kg）。

⑥外加剂：指每立方米混凝土的外加剂的用量（kg）。

18）制模日期：指混凝土构件的实际制模成型日期。

19）要求龄期：指要求的混凝土拆模时间，照实际要求的龄期填写。

20）要求试验日期：指要求混凝土的试验日期，照实际要求的试验日期填写。

21）试块收到日期：指试块送交试验室的时间，照实际试块收到的日期填写。

22）试块养护条件：指自然、蒸汽，还是其他养护方法，照实际养护方法填写。

23）试块编号：指施工单位按制作的项目进行的编号。

24）试验日期：即实际试压日期。

25）实际龄期（d）：按需要分为 3d、7d、28d，以 28d "标准"为准，照实龄期填写。

26）试块规格（mm）：指受试试块的实际规格。

27）受压面积（mm²）：指受试试块的受压面积。

28）荷载（kN）：指每一单块试件的加压荷载值。

①单块：指每一单块试件的加压荷载值。

②平均：指每组 3 个单块试件的加压荷载的平均值。

29）平均抗压强度（N/mm²）：破坏荷载除以截面面积后的值为标准强度。当试件尺寸为 20cm×20cm×20cm 和 10cm×10cm×10cm 时，应按标准规定换算为 15cm×15cm×15cm 的强度值。

30）折合 150mm 立方体强度（N/mm²）：是指采用试件尺寸为 20cm×20cm×20cm 和 10cm×10cm×10cm 时的折合 150mm 立方体强度（N/mm²）。

31）达到设计强度（%）：实测强度与设计强度之比。

32）备注：填写需要说明的其他事宜。

注：凡试块试验不合格者（指小于规定的最低值或平均强度达不到规定值者），应有处理措施及结论（如后备试块达到要求强度等级并经设计签认；经设计验算签证不需要进行处理；经法定检测单位鉴定达到要求的强度等级，出具证明，并经设计同意；按设计要求进行加固处理者以及返工重做等）。出现类似情况，应按国标《建筑工程施工质量验收统一标准》第 5.0.6 条确定该项目的结论。

3. 混凝土抗压强度（同条件养护）试件试验报告

（1）混凝土抗压强度（同条件养护）试验报告按表 8-13 混凝土抗压强度试件试验报告表式及相关要求执行。

（2）同条件养护试件强度试验说明

1）同条件养护试件的留置方式和取样数量，应符合下列要求：

①同条件养护试件所对应的结构构件或结构部位，应由监理（建设）、施工等各方共同选定。

②对混凝土结构工程中的各混凝土强度等级，均应留置同条件养护试件。

③同一强度等级的同条件养护试件，其留置的数量应根据混凝土工程量和重要性确定，不宜少于 10 组，且不应少于 3 组。

④同条件养护试件拆模后，应放置在靠近相应结构构件或结构部位的适当位置，并应采取相同的养护方法。

2）同条件养护试件应在达到等效养护龄期时进行强度试验。

等效养护龄期应根据同条件养护试件强度与在标准养护条件下 28d 龄期试件强度相等的原则确定。

3）同条件自然养护试件的等效养护龄期及相应的试件强度代表值，宜根据当地的气温和养护条件，按下列规定确定：

①等效养护龄期可取按日平均温度逐日累计达到 600℃·d 时所对应的龄期，0℃及以下的龄期不计入；等效养护龄期不应小于 14d，也不宜大于 60d。

②同条件养护试件的强度代表值应根据强度试验结果按现行国家标准《混凝土强度检验评定标准》（GB/T 50107—2010）的规定确定后，乘折算系数取用；折算系数宜为 1.10，也可根据当地的试验统计结果作适当调整。

4）冬期施工、人工加热养护的结构构件，其同条件养护试件的等效养护龄期可按结构构件的实际养护条件，由监理（建设）、施工等各方根据《混凝土结构工程施工质量验收规范》（GB 50204—2002），2011 年版附录 D 的 D.0.2 条的规定共同确定。

注：结构实体检验用同条件养护试件强度试验报告应附同条件养护试件测温记录。

8.2.4 混凝土抗渗性能试件试验报告单

1. 资料表式（表8-26）

混凝土抗渗性能报告单 表8-26

委托单位： 试验编号：

工程名称			使用部位	
混凝土强度等级	C		设计抗渗等级	P
混凝土配合比编号		成型日期		委托日期	
养护方法		龄期		报告日期	

试件上表渗水部位及剖开渗水高度（cm）： 实际达到压力（MPa）：

①　　②　　③　　④　　⑤　　⑥

试块解剖渗水高度（cm）：

1　　2　　3　　4　5　6

依据标准：

检验结论：

备注：

试验单位： 技术负责人： 审核 试（检）验：

注：混凝土抗渗性能试验报告单表式，可根据当地的使用惯例制定的表式应用，但工程名称、使用部门、混凝土强度等级（C）、设计抗渗等级（P）、混凝土配合比编号、成型日期、委托日期、养护方法、龄期、报告日期、试件上表渗水部位及剖开渗水高度（cm）、实际达到压力（MPa）、依据标准、检验结果等项试验内容必须齐全。实际试验项目根据工程实际择用。

2. 应用说明

混凝土抗渗性能试验报告是为保证工程质量，由试验单位对工程中留置的抗渗混凝土试块的强度指标进行测试后出具的质量证明文件。

（1）防水混凝土的防渗等级

防水混凝土的防渗等级分为：P6、P8、P12、P16、P20 五个等级（表 8-27）。

防水混凝土的防渗等级   表 8-27

工程埋置深度（m）	最大水头 H 与防水混凝土壁厚 h 的比值（H/h）	抗渗等级（MPa）
<10	$H/h<10$	P6(0.6)
10～15	$10 \leqslant H/h<15$	P8(0.8)
15～25	$15 \leqslant H/h<25$	P12(1.2)
25～35	$25 \leqslant H/h<35$	P16(1.6)
>35	$H/h>35$	P20(2.0)

注：1. 本表适用于Ⅳ、Ⅴ级围岩（土层及软弱围岩）。

2. 抗渗等级 P8 表示其设计抗渗压力为 0.8MPa。

3. 高层建筑基础的混凝土强度不宜低于 C30。

（2）抗渗混凝土不论工程量大小均必须由具有资质的试验室进行试配并提供试配报告，施工单位根据现场实际经调整后实施施工。无试配报告不得进行施工。

（3）抗渗混凝土试块由施工单位提供。抗渗混凝土不仅需要满足强度要求，而且需要符合抗渗要求，均应根据需要留置试块。

（4）防水混凝土的抗压强度和抗渗压力必须符合设计要求。

（5）防水混凝土的变形缝、施工缝、后浇带、穿墙套管、埋设件等的设置和构造均应符合设计要求严禁渗漏。

（6）抗渗性能试块基本要求

1）抗渗试块为顶面直径 175mm，底面直径 185mm，高 150mm 的圆台体，或直径与高度均为 150mm 的圆柱体试件。

2）混凝土抗渗性能试件应采用标准条件下养护混凝土抗渗试件的试验结果评定，试件应在浇筑地点制作。

连续浇筑混凝土每 500m³ 应留置一组抗渗试件。采用预拌混凝土的抗渗试件，留置组数应视结构的规模和要求而定。同一混凝土强度等级、同一抗渗强度等级、同一配合比、同一原材料每单位工程不少于两组，每 6 块为一组。

3）试块应在浇筑地点制作，其中至少一组试块应在标准条件下养护，其余试块应在与构件相同条件下养护。

4）试样要有代表性，应在搅拌后第三盘至搅拌结束前 30min 之间取样。

5）每组试样包括同条件试块、抗渗试块、强度试块的试样，必须取同一次拌制的混凝土拌合物。

6）试件成型后 24h 拆模。用钢丝刷刷去两端面水泥浆膜，然后送入标养室。

7）试件一般养护至 28d 龄期进行试验，如有特殊要求，可在其他龄期进行。

（7）防水混凝土用材料应符合下列规定：

1）水泥品种应按设计要求选用，其强度等级不应低于 32.5 级，不得使用过期或受潮结块水泥。

2）碎石或卵石的粒径宜为 5～40mm，含泥量不得大于 1.0％，泥块含量不得大于 0.5％。

3）砂宜用中砂，含泥量不得大于 3.0％，泥块含量不得大于 1.0％。

4）拌制混凝土所用的水，应采用不含有害物质的洁净水。

5）外加剂的技术性能，应符合国家或行业标准一等品及以上的质量要求。

6）粉煤灰的级别不应低于二级，掺量不宜大于 20％；硅粉掺量不应大于 3％，其他掺合料的掺量应通过试验确定。

（8）防水混凝土的配合比应符合下列规定：

1）试配要求的抗渗水压值应比设计值提高 0.2MPa。

2）水泥用量不得少于 300kg/m³；掺有活性掺合料时，水泥用量不得少于 280kg/m³。

3）砂率宜为 35％～45％，灰砂比宜为 1：2～1：2.5。

4）水灰比不得大于 0.55。

5）普通防水混凝土坍落度不宜大于 50mm，泵送时入泵坍落度宜为 100～140mm。

（9）混凝土拌制和浇筑过程控制应符合下列规定：

1）拌制混凝土所用材料的品种、规格和用量，每工作班检查不应少于两次。每盘混凝土各组成材料计量结果的偏差应符合表 8-28 的规定。

混凝土组成材料计量结果的允许偏差（％）   表 8-28

混凝土组成材料	每盘计量	累计计量
水泥、掺合料	±2	±1
粗、细骨料	±3	±2
水、外加剂	±2	±1

注：累计计量仅适用于微机控制计量的搅拌站。

2）混凝土在浇筑地点的坍落度，每工作班至少检查两次。混凝土的坍落度试验应符合现行《普通混凝土拌合物性能试验方法标准》（GB/T 50080—2002）的有关规定。

混凝土实测的坍落度与要求坍落度之间的偏差应符合表 8-29 的规定。

混凝土坍落度允许偏差   表 8-29

要求坍落度（mm）	允许偏差（mm）
≤40	±10
50～90	±15
≥100	±20

（10）混凝土抗渗性能试验应按下列步骤进行：

1）试件养护至试验前一天取出，将表面晾干，然后在其侧面涂一层熔化的密封材料，随即在螺旋或其他加压装置上，将试件压入经烘箱预热过的试件套中，稍冷却后，即可解除压力，连同试件套装在抗渗仪上进行试验。

2）试验从水压为 0.1MPa（1kgf/cm²）开始。以后每隔 8h 增加水压 0.1MPa（1kgf/cm²），并且要随时注意观察试件端面的渗水情况。

3）当 6 个试件中有 3 个试件端面呈有渗水现象时，即可停止试验，记下当时的水压。

4）在试验过程中，如发现水从试件周边渗出，则应停止试验，重新密封。

（11）混凝土抗渗性能试验结果评定

1）混凝土的抗渗等级以每组 6 个试件中 4 个未出现渗水时的最大水压力表示。

其计算式为：

$$S = 10H - 1$$

式中　S——抗渗等级（MPa）；

　　H——6 个试件中三个渗水时的水压力（MPa）。

2）若按委托抗渗等级（S）评定：（6 个试件均无渗水现象）应试压至 $S+1$ 时的水压，方可评为 $>S$。

3）如压力到 1.2MPa，经过 8h，渗水仍不超过 2h，混凝土的抗渗等级应等于或大于 S_{12}。

（12）抗渗混凝土

根据《地下防水工程质量验收规范》GB 50208—2011 混凝土抗渗试块取样（即试块留置）按下列规定：

1）连续浇筑混凝土每 500m³，应留置一组（6 块）混凝土抗渗试块，且每项工程不得少于两组。

2）采用预拌混凝土的抗渗试件，留置组数应视结构的规模和要求而定。

3）如使用材料配合比或施工方法有变化时，均应另行按上述规定留置。

4）抗渗试块应在浇筑地点制作，留置的两组试块，其中一组（六块）应在"标养"室中养护，另一组（六块）在与现场相同条件下养护，养护期不得少于 28d。

（13）填表说明

1）使用部位：指该抗渗混凝土试块所在的分部工程的实际部位，照实际填写。

2）混凝土强度等级：按委托单提供的混凝土强度等级，不应低于设计的混凝土强度等级。

3）设计抗渗等级：一般为施工图设计提出的抗渗等级，照实际填写。

4）混凝土配合比编号：指原试验室提供的混凝土配合比编号。

5）养护方法：指自然、蒸气还是其他养护方法，照实际填写。

6）成型日期：指制作抗渗试块的日期。

7）龄期：指该组混凝土抗渗试块进行试验时的天数。

8）试件上表渗水部位及剖开渗水高度（cm）：对 6 个抗渗混凝土试件的端面分别检查其渗水部位及其渗水高度，照实际检查结果填写。

9）依据标准：由试验室按实际执行标准填写其标准名称。

10）检验结论：由试验室按实际试验结果照实填写。结论应全面、准确，核心是可用性及注意事项。

8.2.5 混凝土抗冻性能试件试验报告单

1. 资料表式（表 8-30）

委托单位：　　　　　　　　　　　　　　　　　　　　　　　　　试验编号：

工程名称		施工部位	
混凝土强度等级		抗冻性能	
成型日期		混凝土配合比编号	
委托日期		报告日期	
冻融循环次数			

抗　冻　试　验　结　果				
试件编号	抗压强度（MPa）		试块单块重量（kg）	
	对比试件	冻融循环次数	冻融循环以前	冻融循环以后
1				
2				
3				
3块平均值				
结　　果	强度损失率	%	重量损失率	%

依据标准及检验结论：

备注：

试验单位：　　　　技术负责人：　　　　审核　　　　试（检）验：

2. 应用说明

混凝土抗冻性能试验报告是为保证工程质量，由试验单位对工程中留置的抗冻混凝土试块的强度指标进行测试后出具的质量证明文件。

（1）不同品种、不同强度等级、不同级配的抗冻混凝土均应在混凝土浇筑地点随机留置试块，并在标准条件下养护，试件的留置数量应符合相应标准的规定。

（2）混凝土抗冻性试验（抗冻强度等级）说明

1）以试块所能承受的最大反复冻融循环次数表示。如 M_{150} 表示混凝土能够承受反复冻融循环 150 次。试块抗冻后抗压强度的下降不得超过 25%。抗冻强度换算系数见表 8-31 所列。

2）立方体试块的尺寸与抗压强度试验相同，见表 8-32 所列。

不同立方体混凝土试块抗冻强度换算系数表　　　表 8-31

小梁试块（mm）	换算和系数
100×100×400	1.05
150×150×600	1.00
200×200×800	0.95

不同立方体混凝土抗冻强度试件尺寸表　　　表 8-32

骨料最大颗粒直径（mm）	试块尺寸（mm）
≤30	100×100×100
≤40	150×150×150
≤50	200×200×200

3）受冻融检验用的试块数量选择，每次试验所需的试件组数应符合表 8-33 的规定，每组试件应为 3 块。

慢冻法试验所需的试件组数　　　表 8-33

设计抗冻强度等级	F25	F50	F100	F150	F200	F250	F300
检查强度时的冻融循环次数	25	50	50 及 100	100 及 150	150 及 200	200 及 250	250 及 300
鉴定 28d 强度所需试件组数	1	1	2	2	2	2	2
冻融试件组数	1	1	2	2	2	2	2
对比试件组数	1	1	2	2	2	2	2
总计试件组数	3	3	5	5	5	5	5

4）抗冻混凝土的试块留置组数，可视结构的规模和要求确定。

5）试块制作、养护方法和步骤，均与混凝土抗压强度试验中之规定相同，试块的养护龄期（包括试块在水中浸泡时间）为 28d。

6）混凝土冻融试验后应按下式计算其强度损失率：

$$\Delta f_c = \frac{f_{co} - f_{cn}}{f_{co}}$$

式中　Δf_c——N 次冻融循环后的混凝土强度损失率，以 3 个试件的平均值计算（%）；

　　　f_{co}——对比试件的抗压强度平均值（MPa）；

　　　f_{cn}——经 N 次冻融循环后的三个试件抗压强度平均值（MPa）。

混凝土试件冻融后的重量损失率可按下式计算：

$$\Delta W_n = \frac{G_0 - G_n}{G_0} \times 100$$

式中　ΔW_n——N 次冻融循环后的重量损失率，以 3 个试件的平均值计算（%）；

　　　G_0——冻融循环试验前的试件重量（kg）；

G_n——N 次冻融循环后的试件重量（kg）。

7）冻融时间规定：对于 100mm×100mm×100mm 及 150mm×150mm×150mm 的立方体试块，每次冻结时间为 4h；200mm×200mm×200mm 的立方体试块，每次冻结时间为 6h。不同尺寸的试块在水中融化时间均不得少于 4h，水池水温应保持在 15～20℃，池中注水深度应超过试块高度至少 2cm，在冻结过程中不得中断。

注：如果在同一冷藏（或冻箱）内，有各种不同尺寸的试块同时进行冻结试验，以其最大试块尺寸之冻结时间进行。

8）混凝土强度试验结果合格条件的评定

①冻融试块在规定冻融循环次数之后的抗压极限强度，同检验用的相当龄期的试块抗压极限强度相比较，其降低值不超过 25% 时，则认为混凝土抗冻性合格。

②如果在试验过程中（未达到规定冻融循环次数以前），受冻融的试块的抗压极限强度，同检验用的相当龄期的试块的抗压极限强度相比较，其降低值已超过 25% 时，则认为混凝土抗冻性不合格。

9）抗冻试块留置数量，应符合表 8-34 要求。

抗冻试块留置数量表　　　　　　　　　　　　　　　　　表 8-34

设计抗冻等级	F25	F50	F100	F150	F200	F250	F300
冻融循环次数	25	50	50 及 100	100 及 150	150 及 200	200 及 250	250 及 300
冻融组数	1	1	1	1	1	1	1
对比试块	1	1	2	2	2	2	2
总计组数	3	3	5	5	5	5	5

当进行冬期施工时，混凝土抗压强度试块留置数量，应遵守《混凝土结构工程施工质量验收规范》（GB 50204—2002）标准要求外，还应增加两组混凝土试块，其中一组与结构同条件养护 28d 后用于检验受冻前的混凝土强度，另一组与结构同条件养护 28d 后转入标养室养护 28d 测抗压强度。

（3）填表说明

1）施工部位：按委托单上的施工部位填写。

2）抗冻性能：指设计要求的冻融循环性能值。

3）混凝土强度等级：按施工图设计的混凝土强度等级。

4）成型日期：照混凝土抗冻性能试块制作的实际日期填写。

5）委托日期：指抗冻混凝土试块送达试验室的日期。

6）混凝土配合比编号：指试验单位提供的抗冻混凝土配合比的编号。

7）试件编号：由实验室按照接收试验的抗冻混凝土试件的实际编号填写。

8）抗冻试验结果

①抗压强度（MPa）：分别按对比试件和冻融循环次数测试的抗冻混凝土的抗压强度值填写。

②试块单块重量（kg）：分别按冻融循环以前和冻融循环以后测试的抗冻混凝土的抗压强度值填写。

8.2.6 混凝土抗压强度统计评定

1. 资料表式

混凝土抗压强度统计评定

表 8-35

工程名称		施工单位		分部名称 (部位)		强度等级 (MPa)		养护方法	
试块组数	设计强度 (MPa)	平均值 (MPa)	标准差	合格判定 系 数	最小值 (MPa)	评 定 数 据 (MPa)			
$n=$	$f_{cu,k}=$	$m_{fcu}=$	S_{fcu}	$\lambda_1=$ $\lambda_3=$ $\lambda_2=$ $\lambda_4=$	$f_{cu,min}=$	$f_{cu,k}+\lambda_1 \cdot s_{fcu}$	$\lambda_2 \cdot f_{cu,k}=$	$\lambda_3 \cdot f_{cu,k}=$	$\lambda_4 \cdot f_{cu,k}=$
每组强度值: (MPa)									

评定依据:《混凝土强度检验评定标准》GB/T 50107—2010

1) 统计组数 $n \geqslant 10$ 组时: $m_{fcu} \geqslant f_{cu,k}+\lambda_1 \cdot S_{fcu}$; $f_{cu,min} \geqslant \lambda_2 \cdot f_{cu,k}$

2) 非统计方法: $m_{fcu} \geqslant \lambda_3 \cdot f_{cu,k}$; $f_{cu,min} \geqslant \lambda_4 \cdot f_{cu,k}$

	结 论	

参 加 人 员	监理(建设)单位	施 工 单 位	
	施工项目技术负责人	专职质检员	施工员
		资料员	

2. 应用说明

混凝土强度评定是指单位混凝土强度进行综合核查评定用表。主要核查水泥等原材料使用是否与实际相符，混凝土强度等级、试压龄期、养护方法、试块留置的部位及组数等是否符合设计要求和有关标准规范的规定。

（1）评定结构构件的混凝土强度应采用标准试件和同条件养护试块共同判定混凝土强度的方法。以保证混凝土强度的真实性。非"标养"试块必须提供 28d 日养护温度记录，作为分析测试结果时参考。

（2）标准养护是指标养试块按标准方法制作的边长为 150mm 的标准尺寸的立方体试件，在温度为 20±3℃、相对湿度为 90% 以上的环境或水中的标准条件下，养护到 28d 龄期时按标准试验方法测得的混凝土立方体抗压强度。

混凝土试块标养为 28d 强度，标养试块要有测试温度、湿度记录。超龄期混凝土应按有关规定换算为 28d 强度，以判定混凝土强度等级。

（3）混凝土试块强度评定核查注意事项

1）采用预拌（商品）混凝土应有出厂合格证，由搅拌站试验室按要求进行试验，试块强度以现场制作试块作为检验结构强度质量的依据。如对进场混凝土有怀疑，应会同搅拌站有关负责人到现场共同取样进行试验，并应进行外观鉴定，决定能否使用，并做好记录反映于资料中。

搅拌站试验的有关数据（原始试验单或单位工程有关试验汇总报表）应交施工单位归入技术档案，留置数量应具有代表性，能正确反映各部位不同混凝土的试块强度。

2）按照施工图设计要求，核查混凝土配合比及试块强度报告单中混凝土强度等级、试压龄期、养护方法、试块的留置部位及组数、试块抗压强度是否符合设计要求及有关规范、标准的规定。

3）核查混凝土试块试验报告单中的水泥是否和水泥出厂合格证或水泥试验报告单中的水泥品种、强度等级、厂牌相一致。对超龄期的水泥或质量有怀疑的水泥应经检验重新鉴定其强度等级，并按实际强度设计和试配混凝土配合比。

4）核查混凝土试块试验报告单中，是否以《混凝土强度检验评定标准》（GB/T 50107—2010）来检评混凝土的强度质量。

5）当混凝土验收批抗压强度不合格时，应及时进行鉴定，并采用相应的技术措施和处理办法，检查处理记录是否齐全、设计单位是否签认。

6）核验每张混凝土试块试验报告单中的试验子目是否齐全，试验编号是否填写，计算是否正确，检验结论是否明确。

7）有抗渗、抗冻设计要求的混凝土，应核查混凝土抗渗、抗冻试验报告单中的部位、组数、强度等级是否符合要求，是否有缺漏部位或组数不全以及强度等级达不到设计要求等情况。

8.2.6.1　混凝土强度检验评定标准应用技术要求

执行标准：《混凝土强度检验评定标准》（GB/T 50107—2010）　　（摘选）

1. 基本规定

（1）混凝土的强度等级应按立方体抗压强度标准值划分。混凝土强度等级应采用符号 C 与立方体抗压强度标准值（以 N/mm² 计）表示。

（2）立方体抗压强度标准值应为按标准方法制作和养护的边长为 150mm 的立方体试件，用标准试验方法在 28d 龄期测得的混凝土抗压强度总体分布中的一个值，强度低于该值的概率应为 5%。

（3）混凝土强度应分批进行检验评定。一个检验批的混凝土应由强度等级相同、试验龄期相同、生产工艺条件和配合比基本相同的混凝土组成。

（4）对大批量、连续生产混凝土的强度应按本标准第 5.1 节中规定的统计方法评定。对小批量或零星生产混凝土的强度应按本标准第 5.2 节中规定的非统计方法评定。

2. 混凝土的取样与试验

（1）混凝土的取样

1）混凝土的取样，宜根据本标准规定的检验评定方法要求制定检验批的划分方案和相应的取样计划。

2）混凝土强度试样应在混凝土的浇筑地点随机抽取。

3）试件的取样频率和数量应符合下列规定：

①每 100 盘，但不超过 100m³ 的同配合比混凝土，取样次数不应少于一次。

②每一工作班拌制的同配合比混凝土，不足 100 盘和 100m³ 时其取样次数不应少于一次。

③当一次连续浇筑的同配合比混凝土超过 1000m³ 时，每 200m³ 取样不应少于一次。

④对房屋建筑，每一楼层、同一配合比的混凝土，取样不应少于一次。

4）每批混凝土试样应制作的试件总组数，除满足本标准第 5 章规定的混凝土强度评定所必需的组数外，还应留置为检验结构或构件施工阶段混凝土强度所必需的试件。

（2）混凝土试件的制作与养护

1）每次取样应至少制作一组标准养护试件。

2）每组 3 个试件应在同一盘或同一车的混凝土中取样制作。

3）检验评定混凝土强度用的混凝土试件，其成型方法及标准养护条件应符合现行国家标准《普通混凝土力学性能试验方法标准》（GB/T 50081—2002）的规定。

4）采用蒸汽养护的构件，其试件应先随构件同条件养护，然后应置入标准养护条件下继续养护，两段养护时间的总和应为设计规定龄期。

（3）混凝土试件的试验

1）混凝土试件的立方体抗压强度试验应根据现行国家标准《普通混凝土力学性能试验方法标准》（GB/T 50081—2002）的规定执行。每组混凝土试件强度代表值的确定，应符合下列规定：

①取 3 个试件强度的算术平均值作为每组试件的强度代表值。

②当一组试件中强度的最大值或最小值与中间值之差超过中间值的 15% 时，取中间值作为该组试件的强度代表值。

③当一组试件中强度的最大值和最小值与中间值之差均超过中间值的15%时，该组试件的强度不应作为评定的依据。

注：对掺矿物掺合料的混凝土进行强度评定时，可根据设计规定，采用大于28d龄期的混凝土强度。

2）当采用非标准尺寸试件时，应将其抗压强度乘以尺寸折算系数，折算成边长为150mm的标准尺寸试件抗压强度。尺寸折算系数按下列规定采用：

①当混凝土强度等级低于C60时，对边长为100mm的立方体试件取0.95，对边长为200mm的立方体试件取1.05。

②当混凝土强度等级不低于C60时，宜采用标准尺寸试件；使用非标准尺寸试件时，尺寸折算系数应由试验确定，其试件数量不应少于30对组。

3. 混凝土强度的检验评定

（1）统计方法评定

1）采用统计方法评定时，应按下列规定进行：

①当连续生产的混凝土，生产条件在较长时间内保持一致，且同一品种、同一强度等级混凝土的强度变异性保持稳定时，应按本标准第5.1.2条的规定进行评定。

②其他情况应按本标准第5.1.3条的规定进行评定。

2）一个检验批的样本容量应为连续的3组试件，其强度应同时符合下列规定：

$$m_{fcu} \geqslant f_{cu,k} + 0.7\sigma_0$$

$$f_{cu,min} \geqslant f_{cu,k} - 0.7\sigma_0$$

检验批混凝土立方体抗压强度的标准差应按下式计算：

$$\sigma_0 = \sqrt{\frac{\sum\limits_{i=1}^{n} f_{cu,i}^2 - nm^2 f_{cu}}{n-1}}$$

当混凝土强度等级不高于C20时，其强度的最小值尚应满足下式要求：

$$f_{cu,min} \geqslant 0.85 f_{cu,k}$$

当混凝土强度等级高于C20时，其强度的最小值尚应满足下列要求：

$$f_{cu,min} \geqslant 0.9 f_{cu,k}$$

式中　m_{fcu}——同一检验批混凝土立方体抗压强度的平均值（N/mm²），精确到0.1（N/mm²）；

　　　$f_{cu,k}$——混凝土立方体抗压强度标准值（N/mm²），精确到0.1（N/mm²）；

　　　　σ_0——检验批混凝土立方体抗压强度的标准差（N/mm²），精确到0.01（N/mm²）；当检验批混凝土强度标准差的计算值小于2.5N/mm²时，应取2.5N/mm²；

　　　$f_{cu,i}$——前一个检验期内同一品种、同一强度等级的第 i 组混凝土试件的立方体抗压强度代表值（N/mm²），精确到0.1（N/mm²）；该检验期不应少于60d，也不得大于90d；

　　　　　n——前一检验期内的样本容量，在该期间内样本容量不应少于45；

　　$f_{cu,min}$——同一检验批混凝土立方体抗压强度的最小值（N/mm²），精确到0.1（N/mm²）。

3）当样本容量不少于 10 组时，其强度应同时满足下列要求：

$$m_{f_{cu}} \geqslant f_{cu,k} + \lambda_1 \cdot S_{f_{cu}}$$

$$f_{cu,min} \geqslant \lambda_2 \cdot f_{cu,k}$$

同一检验批混凝土立方体抗压强度的标准差应按下式计算：

$$S_{f_{cu}} = \sqrt{\frac{\sum\limits_{i=1}^{n} f_{cu,i}^2 - nm^2 f_{cu}}{n-1}}$$

式中　$S_{f_{cu}}$——同一检验批混凝土立方体抗压强度的标准差（N/mm²），精确到 0.01（N/mm²）；当检验批混凝土强度标准差 $S_{f_{cu}}$ 计算值小于 2.5N/mm² 时，应取 2.5N/mm²；

λ_1、λ_2——合格评定系数，按表 8-36 取用；

n——本检验期内的样本容量。

混凝土强度的合格评定系数　　　　　　　　　表 8-36

试件组数	10～14	15～19	≥20
λ_1	1.15	1.05	0.95
λ_2	0.90		0.85

（2）非统计方法评定

1）当用于评定的样本容量小于 10 组时，应采用非统计方法评定混凝土强度。

2）按非统计方法评定混凝土强度时，其强度应同时符合下列规定：

$$m_{f_{cu}} \geqslant \lambda_3 \cdot f_{cu,k}$$

$$f_{cu,min} \geqslant \lambda_4 \cdot f_{cu,k}$$

式中　λ_3、λ_4——合格评定系数，应按表 8-37 取用。

混凝土强度的非统计法合格评定系数　　　　　　表 8-37

混凝土强度等级	<C60	≥C60
λ_3	1.15	1.10
λ_4	0.95	

（3）混凝土强度的合格性评定

1）当检验结果满足（1）统计方法评定中的 2）条或 3）条或（2）非统计方法评定中的 2）条的规定时，则该批混凝土强度应评定为合格；当不能满足上述规定时，该批混凝土强度应评定为不合格。

2）对评定为不合格批的混凝土，可按国家现行的有关标准进行处理。

8.2.6.2　混凝土试块强度评定核查注意事项

（1）凡钢筋混凝土工程均应事先选样进行混凝土强度试配。

（2）采用预拌（商品）混凝土应有出厂合格证，由搅拌站试验室按要求进行试验，试块强度以现场制作试块作为检验结构强度质量的依据。如对进场混凝土有怀疑，应会同搅拌站有关负责人到现场共同取样进行试验，并应进行外观鉴定，决定能否使用，并做好记录反映于资料中。

搅拌站试验的有关数据（原始试验单或单位工程有关试验汇总报表）应交施工单位归入技术档案，留置数量应具有代表性，能正确反映各部位不同混凝土的试块强度。

（3）现场所用材料应和试配通知单相符，单位工程全部混凝土试块强度应按工程部位的施工顺序列表，内容包括各组试块强度及达到设计强度等级的百分比，并注明试验报告的编号。

（4）混凝土试件评定中应注意当试件尺寸为骨料粒径的 3 倍时，试件的试验结果不具有代表性。

（5）核查要点

1）按照施工图设计要求，核查混凝土配合比及试块强度报告单中混凝土强度等级、试压龄期、养护方法、试块的留置部位及组数、试块抗压强度是否符合设计要求及有关规范、标准的规定。

2）核查混凝土试块试验报告单中的水泥是否和水泥出厂合格证或水泥试验报告单中的水泥品种、强度等级、厂牌相一致。对超龄期的水泥或质量有怀疑的水泥应经检验重新鉴定其强度等级，并按实际强度设计和试配混凝土配合比。

3）核查混凝土试块试验报告单中，是否以《混凝土强度检验评定标准》（GB/T 50107—2010）来检评混凝土的强度质量。

4）当混凝土验收批抗压强度不合格时，应及时进行鉴定，并采用相应的技术措施和处理办法，检查处理记录是否齐全、设计单位是否签认。

5）核验每张混凝土试块试验报告单中的试验子目是否齐全，试验编号是否填写，计算是否正确，检验结论是否明确。

6）有抗渗、抗冻设计要求的混凝土，应核查混凝土抗渗、抗冻试验报告单中的部位、组数、强度等级是否符合要求，是否有缺漏部位或组数不全以及强度等级达不到设计要求等情况。

8.2.7 混凝土外加剂适用性试验报告

1. 资料表式

混凝土外加剂适用性检验表式按当地建设行政主管部门批准的具有相应资质的试验室提供的试验表式执行。

2. 应用说明

（1）混凝土外加剂主要包括减水剂、早强剂、缓凝剂、泵送剂、防水剂、防冻剂、膨胀剂、引气剂和速凝剂等。

（2）外加剂必须有质量证明书或合格证，应有相应资质等级检测部门出具的试配报告、产品性能和使用说明书等。承重结构混凝土使用的外加剂应实行有见证取样和送检。

（3）《混凝土结构工程施工质量验收规范》（GB 50204—2002）第 7.2.2 条规定：混凝土中掺用外加剂的质量及应用技术应符合现行国家标准《混凝土外加剂》（GB 8076—

2008)、《混凝土外加剂应用技术规范》（GB 50119—2013）等和有关环境保护的规定。

预应力混凝土结构中，严禁使用含氯化物的外加剂。钢筋混凝土结构中，当使用含氯化物的外加剂时，混凝土中氯化物的总含量应符合现行国家标准《混凝土质量控制标准》（GB 50164—2011）的规定。

（4）抗冻融性要求高的混凝土，必须掺用引气剂或引气减水剂，其掺量应根据混凝土的含气量要求，通过试验确定。

（5）含有六价铬盐、亚硝酸盐等有毒防冻剂，严禁用于饮水工程及与食品接触的部位。

（6）混凝土中氯化物和碱的总含量应符合现行国家标准《混凝土结构设计规范》（GB 50010—2010）和设计的要求。

（7）试配外加剂应注意外加剂的相容性，对试配结果有怀疑时应进行复试或提请上一级试验单位进行复试。

（8）混凝土外加剂中释放氨的量应≤0.1％（质量分数）。

（9）外加剂掺法

1）把外加剂直接掺入水泥中：根据外加剂的最佳掺量，把外加剂掺入水泥中。混凝土、砂浆拌合时就可以达到预定的目的，如塑化水泥、加气水泥等，但这种方法在国内不是经常使用。

2）水溶液法：把外加剂先用水配制一定比重的水溶液，搅拌混凝土时按掺量量取一定体积，加入搅拌机中进行拌合，这种方法目前在国内应用广泛，采用这种方法的优点是拌合物较均匀，但准确度较低，往往由于水溶液中有大量的外加剂沉淀，因此混凝土、砂浆等拌合物的外加剂掺量偏低，配合比不准，容易造成工程质量事故。

3）干掺法：干掺法是以外加剂为基料，以粉煤灰、石粉为载体，经过烘干、配料、研磨、计量、装袋等主要工序生产而成。用干掺法可以得到良好的效果，混凝土、砂浆等拌合物质量较好、强度均匀，和易性与湿掺法相同。用塑料小口袋包袋，搅拌混凝土时倒入，用这种方法操作简单，深受广大建筑工人的欢迎。

用干掺法必须注意所用的外加剂要有足够的细度，粉粒太粗效果就不好。

为了简化混凝土外加剂操作程序，保证掺量准确，目前国内很多单位在研制混凝土复合外加剂，以解决混凝土搅拌时现场配制减水剂、抗冻剂、早强剂、阻锈剂等多功能外加剂时的繁琐工序，克服掺量不准的缺陷。

注：在预应力混凝土中不得掺入加气剂、引气剂等外加剂，掺入加气、引气外加剂，混凝土的弹性模量会减小，预应力损失大，有的会引起超过规范的损失值。

8.2.7.1　外加剂的取样规定和取样数量

1. 取样规定

（1）每批外加剂的取样数量一般按其最大掺量不少于 0.5t 水泥所需外加剂量，但膨胀剂的取样数量不应少于 10kg。

（2）每批外加剂的取样应从 10 个以上的不同部位取等量样品，混合均匀分成两等份并密封保存。一份对其检验项目按相应标准进行试验，另一份封存半年以备有疑问时交国家指定的检验机构进行复验或仲裁。

2. 取样数量

常用外加剂的代表批量见表 8-38 所列，不足此数量的也按一批计。

外加剂取样代表批量

表 8-38

序　号	名　　称	代表批量
1	减水剂、早强剂、缓凝剂、引气剂	50t
2	泵　送　剂	50t
3	防　冻　剂	50t
4	防　水　剂	50t
5	膨　胀　剂	60t

8.2.7.2　混凝土外加剂的应用选择与质量控制

1. 外加剂的选择

（1）外加剂的品种应根据工程设计和施工要求选择，通过试验及技术经济比较确定。

（2）严禁使用对人体产生危害、对环境产生污染的外加剂。

（3）掺外加剂混凝土所用水泥，宜采用硅酸盐水泥、普通硅酸盐水泥、矿渣硅酸盐水泥、火山灰质硅酸盐水泥、粉煤灰硅酸盐水泥和复合硅酸盐水泥，并应检验外加剂与水泥的适应性，符合要求方可使用。

（4）掺外加剂混凝土所用材料如水泥、砂、石、掺合料、外加剂均应符合国家现行的有关标准的规定。试配掺外加剂的混凝土时，应采用工程使用的原材料，检测项目应根据设计及施工要求确定，检测条件应与施工条件相同，当工程所用原材料或混凝土性能要求发生变化时，应再进行试配试验。

（5）不同品种外加剂复合使用时，应注意其相容性及对混凝土性能的影响，使用前应进行试验，满足要求方可使用。

2. 外加剂掺量

（1）外加剂掺量应以胶凝材料总量的百分比表示，或以"mL/kg"胶凝材料表示。

（2）外加剂的掺量应按供货单位推荐掺量、使用要求、施工条件、混凝土原材料等因素通过试验确定。

（3）对含有氯离子、硫酸根等离子的外加剂应符合《混凝土外加剂应用技术规范》（GB 50119—2013）规范及有关标准的规定。

（4）处于与水相接触或潮湿环境中的混凝土，当使用碱活性骨料时，由外加剂带入的碱含量（以当量氧化钠计）不宜超过 $1kg/m^3$ 混凝土，混凝土总碱含量尚应符合有关标准的规定。

3. 外加剂的质量控制

（1）选用的外加剂应有供货单位提供的下列技术文件：

1）产品说明书，并应标明产品主要成分；

2）出厂检验报告及合格证；

3）掺外加剂混凝土性能检验报告。

（2）外加剂运到工地（或混凝土搅拌站）应立即取代表性样品进行检验，进货与工程试配一致时，方可入库、使用。若发现不一致时，应停止使用。

（3）外加剂应按不同供货单位、不同品种、不同牌号分别存放，标识应清楚。

（4）粉状外加剂应防止受潮结块，如有结块，经性能检验合格后应粉碎至全部通过0.63mm 筛后方可使用。液体外加剂应放置阴凉干燥处，防止日晒、受冻、污染、进水或蒸发，如有沉淀等现象，经性能检验合格后方可使用。

（5）外加剂配料控制系统标识应清楚、计量应准确，计量误差不应大于外加剂用量的2%。

外加剂试验报告是指施工单位根据设计要求的砂浆、混凝土强度等级等需掺加外加剂后才能达到要求而进行的试验，外加剂质量需要提请试验单位进行试验并出具质量证明文件。

8.2.7.3　混凝土外加剂的适用范围与施工

1. 普通减水剂及高效减水剂的适用范围与施工

普通减水剂是指在混凝土坍落度基本相同的条件下，能减少拌合用水量的外加剂；高效减水剂是指在混凝土坍落度基本相同的条件下，能大幅度减少拌合用水量的外加剂。要保持混凝土用水量及水泥用量不变的条件下，能显著增大混凝土流动性，其流动性不随时间延长而减少或减少较少，这种外加剂称为超塑化剂或流动化剂。

（1）减水剂的品种

1）混凝土工程中可采用木质素磺酸盐类：木质素磺酸钙、木质素磺酸钠、木质素磺酸镁及丹宁等的普通减水剂。

2）混凝土工程中可采用多环芳香族磺酸盐类：萘和萘的同系磺化物与甲醛缩合的盐类、氨基磺酸盐等；水溶性树脂磺酸盐类：磺化三聚氰胺树脂、磺化古码隆树脂等；脂肪族类：聚羧酸盐类、聚丙烯酸盐类、脂肪族羟甲基磺酸盐高缩聚物等；其他：改性木质素磺酸钙、改性丹宁等的高效减水剂。

（2）适用范围

1）普通减水剂及高效减水剂可用于素混凝土、钢筋混凝土、预应力混凝土，并可制备高强高性能混凝土。

2）普通减水剂宜用于日最低气温 5℃以上施工的混凝土，不宜单独用于蒸养混凝土；高效减水剂宜用于日最低气温 0℃以上施工的混凝土。

3）当掺用含有木质素磺酸盐类物质的外加剂时应先做水泥适应性试验，合格后方可使用。

（3）减水剂的施工

1）普通减水剂、高效减水剂进入工地（或混凝土搅拌站）的检验项目应包括 pH 值、密度（或细度）、混凝土减水率，符合要求方可入库、使用。

2）减水剂掺量应根据供货单位的推荐掺量、气温高低、施工要求，通过试验确定。

3）减水剂以溶液掺加时，溶液中的水量应从拌合水中扣除。

4）液体减水剂宜与拌合水同时加入搅拌机内，粉剂减水剂宜与胶凝材料同时加入搅拌机内，需二次添加外加剂时，应通过试验确定，混凝土搅拌均匀方可出料。

5）根据工程需要，减水剂可与其他外加剂复合使用。其掺量应根据试验确定。配制溶液时，如产生絮凝或沉淀等现象，应分别配制溶液并分别加入搅拌机内。

6）掺普通减水剂、高效减水剂的混凝土采用自然养护时，应加强初期养护；采用蒸养时，混凝土应具有必要的结构强度才能升温，蒸养制度应通过试验确定。

2. 引气剂及引气减水剂的适用范围与施工

引气剂是指在混凝土拌合过程中能引入大量分布均匀的微小气泡，可减少混凝土拌合物泌水离析，改善和易性，并能显著提高硬化混凝土抗冻融耐久性，同时也是提高新拌混凝土抵抗早期冻害能力的外加剂；引气减水剂是指兼有引气和减水作用的外加剂。

（1）引气剂及引气减水剂的品种

1）混凝土工程中可采用下列引气剂：

①松香树脂类：松香热聚物、松香皂类等；

②烷基和烷基芳烃磺酸盐类：十二烷基磺酸盐、烷基苯磺酸盐、烷基苯酚聚氧乙烯醚等；

③脂醇磺酸盐类：脂肪醇聚氧乙烯醚、脂肪醇聚氧乙烯磺酸钠、脂肪醇硫酸钠等；

④皂甙类：三萜皂甙等；

⑤其他：蛋白质盐、石油磺酸盐等。

2）混凝土工程中可采用由引气剂与减水剂复合而成的引气减水剂。

（2）适用范围

1）引气剂及引气减水剂，可用于抗冻混凝土、抗渗混凝土、抗硫酸盐混凝土、泌水严重的混凝土、贫混凝土、轻骨料混凝土、人工骨料配制的普通混凝土、高性能混凝土以及有饰面要求的混凝土。

2）引气剂、引气减水剂不宜用于蒸养混凝土及预应力混凝土，必要时，应经试验确定。

（3）引气剂及引气减水剂的施工

1）引气剂及引气减水剂进入工地（或混凝土搅拌站）的检验项目应包括 pH 值、密度（或细度）、含气量，引气减水剂应增测减水率，符合要求方可入库、使用。

2）抗冻性要求高的混凝土，必须掺引气剂或引气减水剂，其掺量应根据混凝土的含气量要求，通过试验确定。

掺引气剂及引气减水剂混凝土的含气量，不宜超过表 8-39 规定的含气量；对抗冻性要求高的混凝土，宜采用表 8-39 规定的含气量数值。

掺引气剂及引气减水剂混凝土的含气量　　　　　　　表 8-39

粗骨料最大粒径（mm）	20(19)	25(22.4)	40(37.5)	50(45)	80(75)
混凝土含气量（%）	5.5	5.0	4.5	4.0	3.5

注：括号内数值为《建设用卵石、碎石》（GB/T 14685—2011）中标准筛的尺寸。

3）引气剂及引气减水剂，宜以溶液掺加，使用时加入拌合水中，溶液中的水量应从拌合水中扣除。

4）引气剂及引气减水剂配制溶液时，必须充分溶解后方可使用。

5）引气剂可与减水剂、早强剂、缓凝剂、防冻剂复合使用。配制溶液时，如产生絮凝或沉淀等现象，应分别配制溶液并分别加入搅拌机内。

6）施工时，应严格控制混凝土的含气量。当材料、配合比，或施工条件变化时，应相应增减引气剂或引气减水剂的掺量。

7）检验掺引气剂及引气减水剂混凝土的含气量，应在搅拌机出料口进行取样，并应考虑混凝土在运输和振捣过程中含气量的损失。对含气量有设计要求的混凝土，施工中应每间隔一定时间进行现场检验。

8）掺引气剂及引气减水剂混凝土，必须采用机械搅拌，搅拌时间及搅拌量应通过试验确定。出料到浇筑的停放时间也不宜过长，采用插入式振捣时，振捣时间不宜超过 20s。

3. 泵送剂的适用范围与施工

（1）泵送剂的品种

混凝土工程中，可采用由减水剂、缓凝剂、引气剂等复合而成的泵送剂。

（2）适用范围

泵送剂适用于工业与民用建筑及其他构筑物的泵送施工的混凝土；特别适用于大体积混凝土、高层建筑和超高层建筑；适用于滑模施工等；也适用于水下灌注桩混凝土。

（3）泵送剂的施工

1）泵送剂运到工地（或混凝土搅拌站）的检验项目应包括 pH 值、密度（或细度）、坍落度增加值及坍落度损失。符合要求方可入库、使用。

2）含有水不溶物的粉状泵送剂应与胶凝材料一起加入搅拌机中；水溶性粉状泵送剂宜用水溶解后或直接加入搅拌机中，应延长混凝土搅拌时间 30s。

3）液体泵送剂应与拌合水一起加入搅拌机中，溶液中的水应从拌合水中扣除。

4）泵送剂的品种、掺量应按供货单位提供的推荐掺量和环境温度、泵送高度、泵送距离、运输距离等要求经混凝土试配后确定。

5）配制泵送混凝土的砂、石应符合下列要求：

①粗骨料最大粒径不宜超过 40mm；泵送高度超过 50m 时，碎石最大粒径不宜超过 25mm；卵石最大粒径不宜超过 30mm。

②骨料最大粒径与输送管内径之比，碎石不宜大于混凝土输送管内径的 1/3。卵石不宜大于混凝土输送管内径的 2/5。

③粗骨料应采用连续级配，针片状颗粒含量不宜大于 10%。

④细骨料宜采用中砂，通过 0.315mm 筛孔的颗粒含量不宜小于 15%，且不大于 30%，通过 0.160mm 筛孔的颗粒含量不宜小于 5%。

6）掺泵送剂的泵送混凝土配合比设计应符合下列规定：

①应符合《普通混凝土配合比设计规程》（JGJ 55—2011）、《混凝土结构工程施工质量验收规范》（GB 50204—2002）及《粉煤灰混凝土应用技术规范》（GBJ 146—1990）等。

②泵送混凝土的胶凝材料总量不宜小于 $300kg/m^3$。

③泵送混凝土的砂率宜为 $35\%\sim45\%$。

④泵送混凝土的水胶比不宜大于 0.6。

⑤泵送混凝土含气量不宜超过 5%。

⑥泵送混凝土坍落度不宜小于 100mm。

7）在不可预测情况下造成商品混凝土坍落度损失过大时，可采用后添加泵送剂的方法掺入混凝土搅拌运输车中，必须快速运转，搅拌均匀后，测定坍落度符合要求后方可使用。后添加的量应预先试验确定。

8.2.7.4 外加剂使用的选择原则及使用注意事项

1. 外加剂使用的选择原则

（1）外加剂使用前的复试，应注意混凝土中严禁使用对人体产生危害、对环境产生污染的外加剂。要求外加剂在混凝土生产和使用过程中不能损害人体健康、污染环境。

（2）使用的外加剂对水泥的适应性是必须着重考虑的，例如：C_3A 含量高的水泥减水效果比较差。

（3）因混凝土材料中水泥对外加剂的性能影响最大，同一种减水剂由于水泥矿物组成，混合材料品种和掺量、含碱量、石膏品种和掺量等不同其减水增强效果差别很大。

（4）有早强要求的混凝土在使用外加剂时应考虑温度影响，据此，不宜单独使用普通减水剂。

（5）用硬石膏或工业副产石膏（如氟石膏、磷石膏）作调凝剂的水泥掺入木钙、糖类缓凝剂会出现速凝、不减水等现象。

2. 外加剂使用注意事项

（1）混凝土工程掺用外加剂，应根据不同的工程工艺和环境等特点及外加剂生产厂家出厂说明书中规定的性能、主要技术指标、应用范围、使用要点等予以应用。

（2）计量和搅拌：减水剂的掺量很小，对减水剂溶液的掺量和混凝土的用水量必须严加控制。尤其减水剂的掺量，应严格遵守厂家的规定，通过试验确定最佳掺量。

减水剂为干粉末时，可按每盘水泥掺入量称量，随拌合水将干粉直接加入搅拌机拌合物内，并适当延长搅拌时间。

粉末受潮结块，则应筛除颗粒。干粉末减水剂也可预先装入小桶内，用定量水稀释后掺入。

减水剂为液状或结晶状使用时，宜先溶解稀释成为一定浓度的溶液，掺入混凝土拌合物内，并根据溶液的浓度，计算出每盘混凝土用水量。

（3）混凝土从出机到入模，其间隔时间应尽量缩短，一般不应超过以下规定：

当混凝土温度为 20~30℃时，不超过 1h；

当混凝土温度为 10~19℃时，不超过 1.5h；

当混凝土温度为 5~9℃时，不超过 2h；用特殊水泥拌制的混凝土，其间隔时间应通过试验确定。

混凝土装入运输车料斗内，不应装得过满，否则车辆颠簸，混凝土沿途流淌严重。此外，高强混凝土单位重量比一般混凝土重 0.1～0.2t，模板制作安装时应考虑这一因素。

高强泵送混凝土的捣固应采用高频振动器。混凝土流动性和黏性大，振动时间长，难免产生分离现象，对大流动性混凝土，不宜强烈振动，以免造成泌水和分层离析。

（4）掺有减水剂的混凝土养护，要注重早期浇水。构件拆模后应立即捆上草包或麻袋，喷水养护，养护时间应按规范要求执行，一般不少于 7d。蒸养构件则应通过试验确定蒸养制度。

（5）两种或两种以上外加剂复合使用，在配制溶液时，如产生絮凝或沉淀现象，应分别配制溶液并分别加入搅拌机内。

（6）在用硬石膏或工业废料石膏作调凝剂的水泥中，掺用木质磺酸盐类减水剂或糖类缓凝剂时，使用前需先做水泥适应性试验，合格后方可使用。

（7）外加剂因受潮结块时，粉状外加剂应再粉碎并通过 0.63mm 筛子方能使用，液体外加剂存放过久，应重新测定外加剂的固体含量。

8.2.7.5　掺防水剂砂浆、混凝土性能质量要求

混凝土防水剂：根据《砂浆、混凝土防水剂》（JC 474—2008），砂浆、混凝土防水剂的技术指标见表 8-40 所列。

砂浆、混凝土防水剂的技术指标 　　　　　　　　　　表 8-40

	试验项目	指　标	
		液　体	粉　状
匀质性指标	密度（g/cm³）	$D>1.1$ 时，要求为 $D\pm0.03$； $D\leqslant1.1$ 时，要求为 $D\pm0.02$ （D 是生产厂商提供的密度值）	—
	氯离子含量（%）	应小于生产厂的最大控制值	应小于生产厂的最大控制值
	总碱量（%）	应小于生产厂的最大控制值	应小于生产厂的最大控制值
	细度（%）	—	0.315mm 筛余应小于 15
	含水率（%）		$W\geqslant5\%$ 时，$0.90W\leqslant X<1.10W$ $W<5\%$ 时，$0.80W\leqslant X<1.20W$ W 是生产厂提供的含水率 （质量分数）（%）； X 是测试的含水率（质量分数）（%）
	固体含量（%）	$S\geqslant20\%$ 时，$0.95S\leqslant X<1.05S$ $S<20\%$ 时，$0.90S\leqslant X<1.10S$ S 是生产厂提供的固体含量 （质量分数）（%）； X 是测试的固体含量（质量分数）（%）	
注：生产厂应在产品说明书中明示产品均匀性指标的控制值。			

项 目			一等品	合格品
安定性			合格	合格
受检砂浆性能指标	凝结时间	初凝（min） ≥	45	45
		终凝（h） ≤	10	10
	抗压强度比（%） ≥	7d	100	85
		28d	90	80
	进水压力比（%） ≥		300	200
	吸水率比（48h）（%） ≤		65	75
	收缩率比（28d）（%） ≤		125	135

注：安定性和凝结时间为受检净浆的试验结果，其他项目数据均为受检砂浆与基准砂浆的比值。

项 目			一等品	合格品
安定性			合格	合格
受检混凝土的性能指标	泌水率比（%） ≤		50	70
	凝结时间差（min） ≥	初凝	−90①	−90①
	抗压强度比（%） ≥	3d	100	90
		7d	110	100
		28d	100	90
	渗透高度比/% ≤		30	40
	吸水量比（48h）（%） ≤		65	75
	收缩率比（28 d）（%） ≤		125	135

注：安定性为受检净浆的试验结果，凝结时间差为受检混凝土与基准混凝土的差值，表中其他数据为受检混凝土与基准混凝土的比值。① "—"表示提前。

8.3 砂浆试块强度检验报告

8.3.1 砂浆试块强度检验报告汇总表

1. 资料表式（表8-41）

砂浆试块强度检验报告汇总表　　　　　　　　　表 8-41

工程名称				施工单位			
序号	试验编号	制作日期	部位名称	砂浆强度		达到设计强度（%）	备注
				设计要求	试验结果		
施工项目技术负责人		填表人			填表日期		年 月 日

2. 应用说明

砂浆试块强度试验报告汇总表是指单位工程中砂浆试块试验报告的整理汇总表，以便于核查砂浆强度是否符合设计要求

（1）砂浆抗压强度试验报告的整理顺序按工程进度和不同强度等级为序进行整理，如地基基础、主体工程等。

（2）砂浆的品种、强度等级应满足设计要求的品种、强度等级，否则为试验报告不全。由核查人判定是否符合要求。

8.3.2 砂浆抗压强度检验报告

1. 资料表式（表8-42）

砂浆抗压强度试验报告　　　　　　　　表 8-42

试验编号：＿＿＿＿＿＿＿

委托单位：＿＿＿＿＿＿＿＿＿＿＿＿＿＿＿＿　试验委托人：＿＿＿＿＿＿＿＿＿＿＿＿＿

工程名称：＿＿＿＿＿＿＿＿＿＿＿＿＿＿＿＿　部位：＿＿＿＿＿＿＿＿＿＿＿＿＿＿＿＿＿

砂浆种类：＿＿＿＿＿＿＿＿　强度等级：＿＿＿＿＿＿＿＿　稠度：＿＿＿＿＿＿＿cm

水泥品种：＿＿＿＿＿＿＿＿＿＿　等级：＿＿＿＿＿＿＿＿　厂别：＿＿＿＿＿＿＿＿＿

砂产地及种类：＿＿＿＿＿＿＿＿　掺合料种类：＿＿＿＿＿＿＿　外加剂种类：＿＿＿＿＿

配合比编号	项目	各种材料用量（kg）				
		水泥	砂	水	掺合料	外加剂
	每 m³					
	每盘					

制模日期：＿＿＿＿＿＿＿＿　养护条件：＿＿＿＿＿＿＿＿＿　要求龄期：＿＿＿＿＿＿＿

要求试验日期：＿＿＿＿＿＿＿　试块收到日期：＿＿＿＿＿＿＿＿＿　试块制作人：＿＿＿＿＿＿＿

试块编号	试压日期	实际龄期（d）	试块规格（mm）	受压面积（mm²）	荷载（kN）		抗压强度（N/mm²）	达到设计强度（%）
					单块	平均		

试验单位：　　　　技术负责人：　　　　审核：　　　　试（检）验：

报告日期：　　　年　　月　　日

2. 应用说明

(1) 砂浆强度以标准养护龄期 28d 的试块抗压试验结果为准，在冬施条件下养护时应增加同条件养护的试块，并有测温记录。

(2) 预拌砂浆应用说明

1) 国务院办公厅《关于推进大气污染联防联控工作改善区域空气质量的指导意见》（国办发（2010）33 号）与商务部、公安部、住房和城乡建设部、交通运输部、质检总局、环保总局关于在部分城市限期禁止现场搅拌砂浆工作的通知（商改发〔2007〕205 号）规定：

禁止在城市施工现场搅拌砂浆。各地必须制定预拌砂浆发展规划及预拌砂浆生产、使用管理办法，采取有效措施扶持预拌砂浆生产和物流配送企业发展，严把市场准入关，确保预拌砂浆产品质量，保证建设工程预拌砂浆的供应，避免盲目投资造成的资源浪费。

强化施工工地环境管理，禁止使用袋装水泥和现场搅拌混凝土、砂浆。

2) 在禁现范围内的工程建设项目禁现搅拌，须执行下列规定：

①在项目设计编制概（预）算时，应当注明预拌砂浆的等级和数量等相关要求。

②属于招投标的工程建设项目，应当在招标文件中标明预拌砂浆的要求。

③施工单位应当按照施工图设计文件的要求使用预拌砂浆。

④监理单位应当对工程施工中使用预拌砂浆的情况进行监理。

⑤工程建设项目单位必须把预拌砂浆使用纳入环境影响评价报告审查内容中。

3) 普通干混砂浆符号和分类

按用途分为干混砌筑砂浆、干混抹灰砂浆、干混地面砂浆和干混普通防水砂浆，并采用表 8-43 所列符号。

普通干混砂浆符号和分类　　　　　　　　　　表 8-43

品　种	干混砌筑砂浆	干混抹灰砂浆	干混地面砂浆	干混普通防水砂浆
符号	DM	DP	DS	DW

按强度等级和抗渗等级分类应符合表 8-44 所列的规定。

普通干混砂浆的强度等级和抗渗等级　　　　　　　　　　表 8-44

品　种	干混砌筑砂浆	干混抹灰砂浆	干混地面砂浆	干混普通防水砂浆
强度等级	M5、M7.5、M10、M15、M20、M25、M30	M5、M10、M15、M20	M15、M20、M25	M10、M15、M20
抗渗等级				P6、P8、P10

4）干混砂浆性能指标见表 8-45 所列。

干混砂浆性能指标　　　　　　　　　表 8-45

项　　目		干混砌筑砂浆		干混抹灰砂浆		干混地面砂浆	干混普通防水砂浆
		普通砌筑砂浆	薄层砌筑砂浆[a]	普通抹灰砂浆	薄层抹灰砂浆[a]		
保水率（%）		≥88	≥99	≥88	≥99	≥88	≥88
凝结时间（h）		3～9	—	3～9	—	3～9	3～9
2h 稠度损失率（%）		≤30		≤30		≤30	≤30
14d 拉伸粘结强度（MPa）		—	—	M5：≥0.15 >M5：≥0.20	≥0.30	—	≥0.20
28d 收缩率（%）		—	—	≤0.20	≤0.20	—	≤0.15
抗冻性[b]	强度损失率（%）				≤25		
	质量损失率（%）				≤5		

a. 干混薄层砌筑砂浆宜用于灰缝厚度不大于 5mm 的砌筑；干混薄层抹灰砂浆宜用于砂浆层厚度不大于 5mm 的抹灰。

b. 有抗冻性要求时，应进行抗冻性试验。

5）预拌砂浆抗压强度见表 8-46 所列。

预拌砂浆抗压强度（MPa）　　　　　　　表 8-46

强度等级	M5	M7.5	M10	M15	M25	M30
28d 抗压强度	≥5.0	≥7.5	≥10.0	≥20.0	≥25.0	≥30.0

6）预拌砂浆抗渗压力见表 8-47 所列。

预拌砂浆抗渗压力（MPa）　　　　　　　表 8-47

强度等级	P6	P8	P10
28d 抗渗压力	≥0.6	≥0.8	≥1.0

7）预拌砂浆在使用过程的注意事项

①预拌砂浆在工地加水及其他配套组分用机械搅拌。

②预拌砂浆拌合前应在储料罐内对预拌砂浆进行充分均化。

③如储存容器下的连续搅拌器停止搅拌时间超过 45min，应将搅拌器卸下。清洗搅拌叶片。

④少量砂浆可用手持式电动搅拌器搅拌。搅拌时先在容器中加入规定量的水或配套液

体，再加入干粉砂浆。

⑤预拌砂浆连续使用时，储存容器内应保持一定的存量，不得放空，以避免离析。

⑥砂浆必须在规定时间内使用，在规定的时间未用完的预拌砂浆拌合物，不得再加水使用。

8）常用预拌砂浆的施工规则

①一般规定

A. 散装干混砂浆现场拌合宜采用连续搅拌机。

B. 拌合水应符合《混凝土用水标准》（JGJ 63—2006）的要求。

C. 拌合水掺量应按照产品使用说明书和施工要求执行。

D. 工程质量验收应按照国家相关标准执行。

E. 当室外日平均气温连续 5d 低于 5℃时或当日气温低于 0℃，应采取冬期施工措施。冬期施工措施应按照《建筑工程冬期施工规程》（JGJ/T 104—2011）执行。

F. 当室外日平均气温高于 30℃时，施工部位应避免阳光直射，避开正午时段进行施工并及时养护。

G. 雨季进行外墙和屋面施工时，应采取必要的防护措施；大风暴雨时，不应进行外墙和屋面施工。

H. 干混砂浆施工时，应分别满足相应砂浆的施工规定。

②普通砌筑砂浆

A. 应根据产品使用说明书和相关工程标准要求加水搅拌。

B. 砂浆应拌合均匀，拌合后应在初凝前使用完毕。

C. 其他施工要求应按照《砌体结构工程施工质量验收规范》GB 50203—2011）中第4 章的规定执行。

③普通抹灰砂浆

A. 基层墙体龄期应在 28d 以上。

B. 墙体基层主体验收合格后，方可进行抹灰施工。

C. 应根据墙体种类及产品使用说明书的要求，对墙体进行界面处理。

D. 抹灰砂浆不宜在比其强度低的基层上施工。

E. 抹灰砂浆平均总厚度应符合设计规定：抹灰砂浆的每遍施工厚度不宜超过 9mm，第二遍抹灰应在第一遍抹灰凝结硬化后进行。

F. 保湿养护不宜少于 7d。

G. 其他施工要求应满足《建筑装饰装修工程质量验收规范》（GB 50210—2001）的规定。

④普通地面砂浆

A. 施工前，基层地面应无粉尘、油渍及松散物质。

B. 应根据地面及产品使用说明书的要求，对地面进行界面处理。

C. 其他施工要求应满足《建筑地面工程施工质量验收规范》（GB 50209—2010）的规定。

（3）砌筑材料应符合下列要求：

1）预制砌块强度、规格应符合设计规定。

2) 砌筑应采用水泥砂浆。

3) 宜采用 32.5～42.5 级硅酸盐水泥、普通硅酸盐水泥、矿渣水泥或火山灰水泥和质地坚硬、含泥量小于 5％的粗砂、中砂及饮用水拌制砂浆。

（4）墙体砌筑应符合下列规定：

1) 施工中宜采用立杆、挂线法控制砌体的位置、高程与垂直度。

2) 砌筑砂浆的强度应符合设计要求。稠度宜按表 8-48 控制，加入塑化剂时砌体强度降低不得大于 10％。

<table>
<tr><td colspan="4" align="right">砌筑用砂浆稠度　　　　　　　　　表 8-48</td></tr>
<tr><td rowspan="2">稠度（cm）</td><td colspan="3">砌 块 种 类</td></tr>
<tr><td>块石</td><td>料石</td><td>砖、砌块</td></tr>
<tr><td>正常条件</td><td>5～7</td><td>7～10</td><td>7～10</td></tr>
<tr><td>干热季节或石料砌块吸水率大</td><td>10</td><td>—</td><td>—</td></tr>
</table>

3) 墙体每日连续砌筑高度不宜超过 1.2m。分段砌筑时，分段位置应设在基础变形缝部位。相邻砌筑段高差不宜超过 1.2m。

4) 沉降缝嵌缝板安装应位置准确、牢固，缝板材料符合设计规定。

5) 砌块应上下错缝、丁顺排列、内外搭接，砂浆应饱满。

（5）砂浆平均抗压强度等级应符合设计规定，任一组试件抗压强度最低值不应低于设计强度的 85％。

检查数量：同一配合比砂浆，每 50m³ 砌体中，作 1 组（6 块），不足 50m³ 按 1 组计。

（6）试块制作

1) 将内壁事先涂刷薄层机油（或隔离剂）的 7.07cm×7.07cm×7.07cm 的无底金属或塑料试模（试模内表面）应机械加工，其不平度应为每 100mm 不超过 0.05mm。组装后各相邻面的不垂直度不超过±0.5°，放在预先铺有吸水性较好的湿纸（应为湿的新闻纸或其他未粘过胶凝材料的纸，纸的大小要以能盖过砖的四边为准）的普通砖上（砖 4 个垂直面粘过水泥或其他胶结材料后，不允许再使用），砖的吸水率不应小于 10％。砖的含水率不大于 20％。

2) 砂浆拌合后一次注满试模内，用直径 10mm、长 350mm 的钢筋捣棒（其中一端呈半球形）均匀地由外向里呈螺旋方向插捣 25 次，为了防止低稠度砂浆插捣后可能留下孔洞，允许用油灰刀沿模壁插数次。然后在四侧用油漆刮刀沿试模壁插捣数次，砂浆应高出试模顶面 6～8mm。

3) 当砂浆表面开始出现麻斑状时（约 15～30min），将高出部分的砂浆沿试模顶面削平。

（7）试块养护

1）试块制作后，一般应在正温度环境中养护一昼夜（24±2h），当气温较低时，可适当延长时间，但不应超过两昼夜，然后对试块进行编号并拆模。

2）试块拆模后，应在标准养护条件或自然养护条件下继续养护至 28d，然后进行试压。

3）标准养护

①水泥混合砂浆应在温度为 20±3℃，相对湿度为 60%～80% 的条件下养护。

②水泥砂浆和微沫砂浆应在温度为 20±3℃，相对湿度为 90% 以上的潮湿条件下养护。

③养护期间试件彼此间隔不少于 10mm。

（8）填表说明

1）委托单位：提请委托试验的单位，按全称填写。

2）部位：按试配申请委托单上提供的使用部位填写。

3）砂浆种类：按委托单上的设计要求的砂浆种类填写。

4）强度等级：指施工图设计的砂浆强度等级。

5）稠度（cm）：指施工中的砂浆稠度，砂浆稠度应满足规范要求。

6）水泥品种：指受试砂浆使用的水泥品种。

7）砂产地及种类：指送交试验单位的"送样"批的砂子的产地及种类。

8）掺合料种类：指送交试验单位的"送样"批的掺合料的种类。

9）外加剂种类：指送交试验单位的"送样"批的外加剂的种类。

10）配合比编号：按试验单位接收试验砂浆配合比申请依序进行的编号。

11）制模日期：指混凝土试件的实际制模成型日期。

12）养护条件：指自然还是其他养护方法，照实际养护方法填写。

13）要求龄期：指要求的砂浆拆模时间，照实际要求的龄期填写。

14）要求试验日期：指要求砂浆的试验日期，照实际要求的试验日期填写。

15）试块收到日期：指试块送交试验室的时间，照实际试块收到的日期填写。

16）试块编号：指施工单位按制作的项目进行的编号。

17）试压日期：即实际试压日期。

18）实际龄期（d）：以 28d "标准"为准，照实际龄期填写。

19）试块规格（mm）：指受试试块的实际规格，砂浆试块的规格为 70mm×70mm×70mm。

20）受压面积（mm^2）：指受试试块的受压面积。

21）抗压强度（N/mm^2）：破坏荷载除以截面面积后的值为标准抗压强度。

22）达到设计强度（%）：指实测强度与设计强度之比。

8.3.3　砂浆抗压强度统计评定

1. 资料表式（表 8-49）

表 8-49

施工单位：＿＿＿＿＿＿＿＿

砂浆抗压强度统计评定表

工程名称		部位		强度等级		养护方法	
试块组数	设计强度		平均值		最小值	评定数据	
$n=$	$f_{m.k}=$		$m_{f_{cu}}=$		$f_{cu.min}=$	$0.85 f_{m.k}=$	
每组强度值（MPa）							

评定依据：《砌体结构工程施工质量验收规范》（GB 50203—2011）

一、同品种、同强度等级砂浆各组试块的平均值 $m_{f_{cu}} > f_{m.k}$

二、任意一组试块强度 $f_{cu.min} \geqslant 0.85 f_{m.k}$

三、仅有一组试块时，其强度不应低于 $f_{m.k}$

结论

参加人员	监理（建设）单位	施 工 单 位		
		施工项目技术负责人	专职质检员	施工员	资料员

418

2. 应用说明

（1）试件的试验

1）试件的试验步骤

①试件从养护地点取出后，应尽快进行试验，以免试件内部的温湿度发生显著变化。试验前先将试件擦拭干净，测量尺寸，并检查其外观。试件尺寸测量精确至 1mm，并据此计算试件的承压面积。如实测尺寸与公称尺寸之差不超过 1mm，可按公称尺寸进行计算。

②将试件安放在试验机的下压板上（或下垫板上），试件的承压面应与成型时的顶面垂直，试件中心应与试验机下压板（或下垫板）中心对准。开动试验机，当上压板与试件（或上垫板）接近时，调整球座，使接触面均衡受压。承压试验应连续而均匀地加荷，加荷速度应为每秒钟 0.5～1.5kN（砂浆强度 5MPa 及 5MPa 以下时，取下限为宜，砂浆强度 5MPa 以上时，取上限为宜），当试件接近破坏而开始迅速变形时，停止调整试验机油门，直至试件破坏，然后记录破坏荷载。

2）试件的强度计算

①砂浆立方体抗压强度应按下列公式计算：

$$f_{m,cu} = \frac{N_u}{A}$$

式中 $f_{m,cu}$——砂浆立方体抗压强度（MPa）；

$\quad\quad N_u$——立方体破坏压力（N）；

$\quad\quad A$——试件承压面积（mm²）。

砂浆立方体抗压强度计算应精确至 0.1MPa。

②以六个试件测值的算术平均值作为该组试件的抗压强度值，平均值计算精确至 0.1MPa。

例：某一组砂浆试件经试压后分别为：

5.1N/mm²、5.3N/mm²、4.9N/mm²、5.8N/mm²、6.0N/mm²、4.1N/mm²。

则 $f_{m,cu} = \dfrac{5.1+5.3+4.9+5.8+6.0+4.1}{6} = 5.2N$

其中最大值差 $\dfrac{6.0-5.2}{5.2} \times 100\% = 15\% < 20\%$

其中最小值差 $\dfrac{5.2-4.1}{5.2} \times 100\% = 21.2\% > 20\%$

所以 $f_{m,cu} = \dfrac{5.1+5.3+4.9+5.8}{4} = 5.28 \approx 5.3N/mm²$

结论：该组试件抗压强度值 $f_{m,cu} = 5.3N/mm²$

（2）砂浆强度检验评定

砂浆试块强度应有按规定要求的强度统计评定资料。

1）最小一组试件的强度不应低于 $0.85f_{m,k}$。

2）单位工程中同品种、同强度等级仅有一组试件时，其强度不应低于 $f_{m,k}$。

注：砂浆强度按单位工程内同品种、同强度等级为同一验收批评定。

因施工需要对其砌体强度作出判定时，可用同条件养护试件参照表 8-50 进行换算后确认作为需要的参考值。

用强度等级为 42.5 级的普通硅酸盐水泥拌制的砂浆强度增长表　　　　表 8-50

龄　期 (d)	不同温度下的砂浆强度百分率（以在 20℃时养护 28d 的强度为 100%）							
	1℃	5℃	10℃	15℃	20℃	25℃	30℃	35℃
1	3	4	6	8	11	15	19	22
3	12	18	24	31	39	45	50	56
7	28	37	45	54	61	68	73	77
10	39	47	54	63	72	77	82	86
14	46	55	62	72	82	87	91	95
21	51	61	70	82	92	96	100	104
28	55	63	75	89	100	104	—	—

3）按上述检验评定不合格或留置组数不足时，可经法定检测单位鉴定，采用非破损或截取墙体检验等方法检验评定后，做出相应处理。

（3）砂浆强度评定说明

1）砂浆试块：其结果评定是以六个试块（70.7mm×70.7mm×70.7mm）测值的算术平均值作为该组试块的抗压强度代表值，平均值计算精确到 0.1MPa。当六个试块的最大值或最小值与平均值之差超过 20% 时，去掉最大和最小值，以剩余四个试块的平均值为该组试块的抗压强度代表值。

2）单组砂浆试块：同品种、同强度等级砂浆各组平均值不小于设计强度，任意一组试块的强度代表值不小于设计强度的 85%。

当单位工程中仅有一组试块时，其强度不应低于设计强度值。

8.3.4　砂浆配合比申请单、通知单

1. 资料表式（表 8-51）

砂浆配合比申请单　　　　　　　　　　　　　　表 8-51

委托单位：＿＿＿＿＿＿＿＿＿＿＿＿＿＿＿　试验委托人：＿＿＿＿＿＿＿＿＿＿＿＿

工程名称：＿＿＿＿＿＿＿＿＿＿＿＿＿＿＿　部位：＿＿＿＿＿＿＿＿＿＿＿＿＿＿＿

砂浆种类：＿＿＿＿＿＿＿＿＿＿＿＿＿＿＿　强度等级：＿＿＿＿＿＿＿＿＿＿＿＿

水泥品种：＿＿＿＿＿＿＿＿　等级：＿＿＿＿＿＿＿　厂别：＿＿＿＿＿＿＿＿＿

水泥进场日期：＿＿＿＿＿＿＿＿＿＿＿＿＿＿＿　试验编号：＿＿＿＿＿＿＿＿＿＿

砂产地：＿＿＿＿＿＿＿＿＿　种类：＿＿＿＿＿＿＿　试验编号：＿＿＿＿＿＿＿

掺合料种类：＿＿＿＿＿＿＿＿＿＿＿　外加剂种类：＿＿＿＿＿＿＿＿＿＿＿＿＿

申请日期：＿＿＿＿＿＿＿＿＿＿＿＿＿　要求使用日期：＿＿＿＿＿＿＿＿＿＿

砂浆配合比通知单

强度等级：_____试验日期：_____配合比编号：____

材料名称	配　合　比					
	水泥	砂	水	掺合料	外加剂	
每 m³ 用量（kg）						
比　　例						

备注：砂浆稠度为 70～100mm，白灰膏稠度为 120mm。

_____

_____

_____

_____

试验单位：　　　　技术负责人：　　　　审核：　　　　　　　试（检）验：

报告日期：　　　年　　月　　日

2. 应用说明

砂浆配合比申请单是指施工单位根据设计要求的砂浆强度等级提请实验单位进行试配结果出具的报告单。

（1）结构工程用砂浆不论其的工程量大小、强度等级高低，均应进行试配，并按试配单拌制砂浆，严禁使用经验配合比。

（2）砂浆的配合比

1）砂浆的配合比应采用经试验室确定的重量比，配合比应事先通过试配确定。

水泥、有机塑化剂和冬期施工中掺用的氯盐等的配料准确度应控制在±2％以内；砂、水及石灰膏、电石膏、黏土膏、粉煤灰、磨细生石灰粉等组分的配料精确度应控制在±5％范围内。砂应计入其含水量对配料的影响。

2）为使砂浆具有良好的保水性，应掺入无机或有机塑化剂，不应采取增加水泥用量的方法。

3）水泥砂浆的最少水泥用量不宜小于 200kg/m³。

4）砌筑砂浆的分层度不应大于 30mm。

5）石灰膏、黏土膏和电石膏的用量，宜按稠度 120±5mm 计量。现场施工时当石灰膏稠度与试配时不一致时，可参考表 8-52 换算。

石灰膏不同稠度时的换算系数　　　　　　　　　　**表 8-52**

石灰膏稠度（mm）	120	110	100	90	80	70	60	50	40	30
换算系数	1.00	0.99	0.97	0.95	0.93	0.92	0.90	0.88	0.87	0.86

（3）当砂浆的组成材料有变更时，其配合比应重新确定。

（4）砌筑砂浆采用重量配合比，如砂浆组成材料有变更，应重新试配砂浆配合比。砂浆所有材料需符合质量检验标准，不同品种的水泥不得混合使用。砂浆的种类、强度等级、稠度、分层度均应符合设计要求和施工规范规定。

（5）关于稠度、分层度的检查：所谓合格砂浆即砌筑砂浆的稠度、分层度、强度必须都合格，砂浆配合比设计此三项均为必检项目，故试验室在进行砂浆试配中应进行此三项试验。

1）稠度：是直接影响砂浆流动性和可操作性的测试指标。稠度小流动性大，稠度过小反而会降低砂浆强度。砌筑砂浆的稠度宜按表 8-53 的规定采用。

砌筑砂浆的稠度 表 8-53

砌 体 种 类	砂 浆 稠 度 （mm）
烧结普通砖砌体；粉煤灰砖砌体	70～90
混凝土砖砌体；普通混凝土小型空心砌快砌体；灰砂砖砌体	50～70
烧结多孔砖；空心砖砌体；轻骨料小型空心砌块砌体	60～80
蒸压加气混凝土砌块砌体	120
石砌体	30～50

注：1. 采用干砌法砌筑蒸压加气混凝土砌块砌体时，加气混凝土粘结砂浆的加水量按照其产品说明书控制；
  2. 当砌筑其他块材时，其砌筑砂浆的稠度可根据块材吸水特性及气候条件确定。

2）分层度：是影响砂浆保水性的测试指标。分层度在 10～30mm 时，砂浆保水性好。分层度大于 30mm 砂浆的保水性差，分层度接近于零，砂浆易产生裂缝，不宜作抹面用。

现场施工过程中为确保砌筑砂浆质量应适当进行稠度和分层度检查。

（6）填表说明

1）委托单位：提请委托试验的单位，按全称填写。

2）试验委托人：提请委托试验单位的试验委托人，填写委托人姓名。

3）工程名称：按施工企业和建设单位签订的施工合同中的工程名称或图注的工程名称，照实际填写。

4）部位：按试配申请委托单上提供的使用部位填写。

5）砂浆种类：按委托单上砂浆种类填写，应符合设计要求的砂浆种类。

6）强度等级：指施工图设计的砂浆强度等级。

7）水泥品种：指用于砂浆的水泥品种，照实际采用值填写。

①等级：指用于砂浆的水泥强度等级，照实际采用值填写。

②厂别：指送交试验单位的"送样"批的该材料或试件的厂别名称。

8）水泥进场日期：指送交试验单位的"送样"批该材料进场日期。

9）试验编号：指用于砂浆的水泥、砂、外加剂等的原试验报告编号。

10）砂产地：指送交试验单位的"送样"批的砂子的产地。

①种类：是指砂的品种、类别，按委托单的砂的种类填写。

②试验编号：指用于砂浆的砂的原试验报告编号。

11）掺合料种类：指用于砂浆的掺合料种类，照实际采用值填写。

12）外加剂种类：指用于砂浆的外加剂种类，照实际采用值填写。

13）申请日期：指送交试验单位申请单的日期，填写年、月、日。

14）要求使用日期：指送交试验单位申请单中提出的使用日期，填写年、月、日。

15）强度等级：指施工图设计的砂浆强度等级。

16）试验日期：指砂浆配合比的试验日期，按实际的试验日期填写。

17）配合比编号：按试验单位接收试验砂浆配合比申请依序进行的编号。

18）材料名称：指施工配合比中试配确定的材料名称。

19）配合比

①水泥：指受试砂浆试件施工中采用的水泥。

②砂：指受试砂浆试件施工中采用的砂。

③水：指受试砂浆试件施工中采用的水。

④掺合料：指受试砂浆试件施工中采用的掺合料。

⑤外加剂：指受试砂浆试件施工中采用的外加剂。

20）每 m^3 用量（kg）：

①水泥：指每立方米砂浆的水泥用量（kg）。

②砂：指每立方米砂浆的砂子的用量（kg）。

③水：指每立方米砂浆的水的用量（kg）。

④掺合料：指每立方米砂浆的掺合料的用量（kg）。

⑤外加剂：指每立方米砂浆的外加剂的用量（kg）。

21）比例：指每立方米砂浆配合比中的水泥、砂、水、掺合料、外加剂等的比例。

8.4 钢筋焊接连接试验

8.4.1 钢筋焊接连接试验报告汇总表

1. 资料表式（表 8-54）

钢筋焊接连接试验报告汇总表 表 8-54

工程名称： 年 月 日

序号	报告类别	焊接类型	钢材品种和规格	出厂合格证编号	焊接试验报告			主要使用部位
					日期	编号	结论	

填表单位： 审核： 制表：

2. 应用说明

（1）钢筋焊接连接试验报告汇总表是按时间序列形成的钢筋焊接连接试验报告依序汇

总，填写钢筋焊接连接试验报告汇总表。

（2）钢筋焊接连接试验报告汇总按不同类别的焊接试件分别依序进行。

（3）鉴于焊接构件的重要性，汇整时如发现不符合要求的试验报告，应报请技术负责人处理。

8.4.2 钢筋焊接连接接头试验报告

8.4.2.1 钢筋焊接接头拉伸、弯曲试验报告

1. 资料表式（表 8-55）

钢筋焊接接头拉伸、弯曲试验报告 表 8-55

试验编号：

工程名称							
委托单位				工程取样部位			
钢筋级别				试验项目			
焊接操作人			施焊证		焊接方法或焊条型号		
试样代表数量			送检日期				

试样编号	钢筋直径（mm）	拉 伸 试 验		试样编号	钢筋直径（mm）	弯 曲 试 验		评 定
		抗拉强度（MPa）	断裂位置及特征（mm）			弯心直径（mm）	弯曲角（°）	

依据标准：

检验结果：

试验单位：（印章）

年　　月　　日

技术负责：	审核：	试验：

注：钢筋焊接接头拉伸、弯曲试验报告表式，也可根据当地的使用惯例制定的表式应用，但试样编号、钢筋直径
（mm）、拉伸试验［抗拉强度（MPa）、断裂位置及特征（mm）］、弯曲试验［弯心直径（mm）、弯曲角（°）］、
评定、依据标准、检验结果等项试验内容必须齐全。实际试验项目根据工程实际择用。

2. 应用说明

钢筋焊接接头拉伸、弯曲试验报告是指为保证建筑工程焊接质量对用于工程的不同形式的焊接构件、弯曲构件的连接进行的有关指标的测试，该表是具有相应资质试验单位出具的试验证明文件。

3. 钢筋焊接及验收规程应用技术要求

执行标准：《钢筋焊接及验收规程》（JGJ 18—2012）　　（摘选）

（1）本规程适用于一般工业与民用建筑工程混凝土结构中钢筋焊接施工及质量检验与验收。

（2）钢筋焊接用材料

1）钢筋焊条电弧焊所采用的焊条，应符合现行国家标准《非合金钢及细晶粒钢焊条》（GB/T 5117—2012）或《热强钢焊条》（GB/T 5118—2012）的规定。钢筋二氧化碳气体保护电弧焊所采用的焊丝，应符合现行国家标准《气体保护电弧焊用碳钢、低合金钢焊丝》（GB/T 8110—2008）的规定。其焊条型号和焊丝型号应根据设计确定；若设计无规定时，可按表 8-56 选用。

钢筋电弧焊所采用焊条、焊丝推荐表　　　　　　　　表 8-56

钢筋牌号	电弧焊接头形式			
	帮条焊、搭接焊	坡口焊、熔槽帮条焊、预埋件穿孔塞焊	窄间隙焊	钢筋与钢板搭接焊、预埋件 T 形角焊
HPB300	E4303 ER50-X	E4303 ER50-X	E4316 E4315 ER50-X	E4303 ER50-X
HRB335 HRBF335	E5003 E4303 E5016 E5015 ER50-X	E5003 E5016 E5015 ER50X	E5016 E5015 ER50-X	E5003 E4303 E5016 E5015 ER50-X
HRB400 HRBF400	E5003 E5516 E5515 ER50-X	E5503 E5516 E5515 ER55-X	E5516 E5515 ER55-X	E5003 E5516 E5515 ER50-X
HRB500 HRBF500	E5503 E6003 E6016 E6015 ER55-X	E6003 E6016 E6015	E6016 E6015	E5503 E6003 E6016 E6015 ER55-X

钢筋牌号	电弧焊接头形式			
	帮条焊、搭接焊	坡口焊、 熔槽帮条焊、 预埋件穿孔塞焊	窄间隙焊	钢筋与钢板搭接焊、 预埋件 T 形角焊
RRB400W	E5003 E5516 E5515 ER50-X	E5503 E5516 E5515 ER55-X	E5516 E5515 ER55-X	E5003 E5516 E5515 ER50-X

2）焊接用气体质量

氧气的质量应符合现行国家标准《工业氧》（GB/T 3863—2008）的规定，其纯度应大于或等于 99.5%；乙炔的质量应符合现行国家标准《溶解乙炔》（GB 6819—2004）的规定，其纯度应大于或等于 98.0%；液化石油气应符合现行国家标准《液化石油气》（GB 11174—2011）的各项规定；二氧化碳气体应符合现行化工行业标准《焊接用二氧化碳》（HG/T 2537—1993）中优等品的规定。

3）在电渣压力焊、预埋件钢筋埋弧压力焊和预埋件钢筋埋弧螺柱焊中，可采用熔炼型 HJ 431 焊剂；在埋弧螺柱焊中，亦可采用氟碱型烧结焊剂 SJ 101。

4）施焊的各种钢筋、钢板均应有质量证明书；焊条、焊丝、氧气、溶解乙炔、液化石油气、二氧化碳气体、焊剂应有产品合格证。

钢筋进场时，应按国家现行相关标准的规定抽取试件并做力学性能和重量偏差检验，检验数量按进场的批次和产品的抽样检验方案确定，通过检查产品合格证、出厂检验报告和进场复验报告进行核查，检验结果必须符合国家现行有关标准的规定。

（3）钢筋焊接的基本规定

1）钢筋焊接时，各种焊接方法的适用范围应符合表 8-57 的规定。

钢筋焊接方法的适用范围　　　　　　　　　　　　　　　表 8-57

焊接方法	接头形式	适用范围	
		钢筋牌号	钢筋直径（mm）
电阻点焊		HPB300	6～16
		HRB335　HRBF335	6～16
		HRB400　HRBF400	6～16
		HRB500　HRBF500	6～16
		CRB550	4～12
		CDW550	3～8
闪光对焊		HPB300	8～22
		HRB335　HRBF335	8～40
		HRB400　HRBF400	8～40
		HRB500　HRBF500	8～40
		RRB400W	8～32

焊接方法			接头形式	适用范围	
				钢筋牌号	钢筋直径（mm）
箍筋闪光对焊				HPB300	6～18
				HRB335　HRBF335	6～18
				HRB400　HRBF400	6～18
				HRB500　HRBF500	6～18
				RRB400W	8～18
电弧焊	帮条焊	双面焊		HPB300	10～22
				HRB335　HRBF335	10～40
				HRB400　HRBF400	10～40
				HRB500　HRBF500	10～32
				RRB400W	10～25
		单面焊		HPB300	10～22
				HRB335　HRBF335	10～40
				HRB400　HRBF400	10～40
				HRB500　HRBF500	10～32
				RRB400W	10～25
	搭接焊	双面焊		HPB300	10～22
				HRB335　HRBF335	10～40
				HRB400　HRBF400	10～40
				HRB500　HRBF500	10～32
				RRB400W	10～25
		单面焊		HPB300	10～22
				HRB335　HRBF335	10～40
				HRB400　HRBF400	10～40
				HRB500　HRBF500	10～32
				RRB400W	10～25
	熔槽帮条焊			HPB300	20～22
				HRB335　HRBF335	20～40
				HRB400　HRBF400	20～40
				HRB500　HRBF500	20～32
				RRB400W	20～25
	坡口焊	平焊		HPB300	18～22
				HRB335　HRBF335	18～40
				HRB400　HRBF400	18～40
				HRB500　HRBF500	18～32
				RRB400W	18～25
		立焊		HPB300	18～22
				HRB335　HRBF335	18～40
				HRB400　HRBF400	18～40
				HRB500　HRBF500	18～32
				RRB400W	18～25

焊接方法		接头形式	适用范围	
			钢筋牌号	钢筋直径（mm）
电弧焊	钢筋与钢板搭接焊		HPB300	8～22
			HRB335　HRBF335	8～40
			HRB400　HRBF400	8～40
			HRB500　HRBF500	8～32
			RRB400W	8～25
	窄间隙焊		HPB300	16～22
			HRB335　HRBF335	16～40
			HRB400　HRBF400	16～40
			HRB500　HRBF500	18～32
			RRB400W	18～25
	预埋件钢筋	角焊	HPB300	6～22
			HRB335　HRBF335	6～25
			HRB400　HRBF400	6～25
			HRB500　HRBF500	10～20
			RRB400W	10～20
		穿孔塞焊	HPB300	20～22
			HRB335　HRBF335	20～32
			HRB400　HRBF400	20～32
			HRB500	20～28
			RRB400W	20～28
		埋弧压力焊　埋弧螺柱焊	HPB300	6～22
			HRB335　HRBF335	6～28
			HRB400　HRBF400	6～28
电渣压力焊			HPB300	12～22
			HRB335	12～32
			HRB400	12～32
			HRB500	12～32
气压焊	固态		HPB300	12～22
			HRB335	12～40
	熔态		HRB400	12～40
			HRB500	12～32

注：1. 电阻点焊时，适用范围的钢筋直径指两根不同直径钢筋交叉叠接中较小钢筋的直径。

2. 电弧焊含焊条电弧焊和二氧化碳气体保护电弧焊两种工艺方法。

3. 在生产中，对于有较高要求的抗震结构用钢筋，在牌号后加 E，焊接工艺可按同级别热轧钢筋施焊；焊条应采用低氢型碱性焊条。

4. 生产中，如果有 HPB235 钢筋需要进行焊接时，可按 HPB300 钢筋的焊接材料和焊接工艺参数，以及接头质量检验与验收的有关规定施焊。

2）电渣压力焊应用于柱、墙等构筑物现浇混凝土结构中竖向受力钢筋的连接；不得用于梁、板等构件中水平钢筋的连接。

3）在钢筋工程焊接开工之前，参与该项工程施焊的焊工必须进行现场条件下的焊接工艺试验，应经试验合格后，方准于焊接生产。

4）钢筋焊接施工之前，应清除钢筋、钢板焊接部位以及钢筋与电极接触处表面上的锈斑、油污、杂物等；钢筋端部当有弯折、扭曲时，应予以矫直或切除。

5）带肋钢筋进行闪光对焊、电弧焊、电渣压力焊和气压焊时，应将纵肋对纵肋安放和焊接。

6）焊剂应存放在干燥的库房内，若受潮时，在使用前应经 250～350℃烘焙 2h。使用中回收的焊剂应清除熔渣和杂物，并应与新焊剂混合均匀后使用。

7）两根同牌号、不同直径的钢筋可进行闪光对焊、电渣压力焊或气压焊。闪光对焊时钢筋径差不得超过 4mm，电渣压力焊或气压焊时，钢筋径差不得超过 7mm。焊接工艺参数可在大、小直径钢筋焊接工艺参数之间偏大选用，两根钢筋的轴线应在同一直线上，轴线偏移的允许值应按较小直径钢筋计算；对接头强度的要求，应按较小直径钢筋计算。

8）两根同直径、不同牌号的钢筋可进行闪光对焊、电弧焊、电渣压力焊或气压焊，其钢筋牌号应在本规程表 4.1.1 规定的范围内。焊条、焊丝和焊接工艺参数应按较高牌号钢筋选用，对接头强度的要求应按较低牌号钢筋强度计算。

注："本规程表 4.1.1 规定的范围内"：见表 8-57 钢筋焊接方法的适用范围。

9）进行电阻点焊、闪光对焊、埋弧压力焊、埋弧螺柱焊时，应随时观察电源电压的波动情况；当电源电压下降大于 5％、小于 8％时，应采取提高焊接变压器级数等措施；当大于或等于 8％时，不得进行焊接。

10）在环境温度低于 −5℃ 条件下施焊时，焊接工艺应符合下列要求：

①闪光对焊时，宜采用预热闪光焊或闪光—预热闪光焊；可增加调伸长度，采用较低变压器级数，增加预热次数和间歇时间。

②电弧焊时，宜增大焊接电流，降低焊接速度。电弧帮条焊或搭接焊时，第一层焊缝应从中间引弧，向两端施焊；以后各层控温施焊，层间温度应控制在 150～350℃ 之间。多层施焊时，可采用回火焊道施焊。

11）当环境温度低于 −20℃ 时，不应进行各种焊接。

12）雨天、雪天进行施焊时，应采取有效遮蔽措施。焊后未冷却接头不得碰到雨和冰雪，并应采取有效的防滑、防触电措施，确保人身安全。

13）当焊接区风速超过 8m/s 在现场进行闪光对焊或焊条电弧焊时，当风速超过 5m/s 进行气压焊时，当风速超过 2m/s 进行二氧化碳气体保护电弧焊时，均应采取挡风措施。

14）焊机应经常维护保养和定期检修，确保正常使用。

（4）质量检验与验收规定

1）钢筋焊接接头或焊接制品（焊接骨架、焊接网）应按检验批进行质量检验与验收。检验批的划分应符合《钢筋焊接及验收规程》（JGJ 18—2012）规程第 5.2 节（钢筋焊接骨架和焊接网）～第 5.8 节（预埋件钢筋 T 形接头）的有关规定。质量检验与验收应包括外观质量检查和力学性能检验，并划分为主控项目和一般项目两类。

附：《钢筋焊接及验收规程》（JGJ 18—2012）规程第 5.2 节（钢筋焊接骨架和焊接网）～第 5.8 节（预埋件钢筋 T 形接头）的有关规定：

第 5.2 节 钢筋焊接骨架和焊接网

5.2.1 不属于专门规定的焊接骨架和焊接网可按下列规定的检验批只进行外观质量检查：

1 凡钢筋牌号、直径及尺寸相同的焊接骨架和焊接网应视为同一类型制品，且每 300 件作为一批，一周内不足

300件的亦应按一批计算，每周至少检查一次；

2 外观质量检查时，每批应抽查5%，且不得少于5件。

5.2.2 焊接骨架外观质量检查结果，应符合下列规定：

1 焊点压入深度应符合本规程第4.2.5条的规定；

2 每件制品的焊点脱落、漏焊数量不得超过焊点总数的4%，且相邻两焊点不得有漏焊及脱落；

3 应量测焊接骨架的长度、宽度和高度，并应抽查纵、横方向3～5个网格的尺寸，其允许偏差应符合表5.2.2的规定；

4 当外观质量检查结果不符合上述规定时，应逐件检查，并剔出不合格品。对不合格品经整修后，可提交二次验收。

焊接骨架的允许偏差 表5.2.2

项　　目		允许偏差（mm）
焊接骨架	长　度	±10
	宽　度	±5
	高　度	±5
骨架钢筋间距		±10
受力主筋	间　距	±15
	排　距	±5

5.2.3 焊接网外形尺寸检查和外观质量检查结果，应符合下列规定：

1 焊点压入深度应符合本规程第4.2.5条的规定；

2 钢筋焊接网间距的允许偏差应取±10mm和规定间距的±5%的较大值。网片长度和宽度的允许偏差应取±25mm和规定长度的±0.5%的较大值；网格数量应符合设计规定；

3 钢筋焊接网焊点开焊数量不应超过整张网片交叉点总数的1%，并且任一根钢筋上开焊点不得超过该支钢筋上交叉点总数的一半；焊接网最外边钢筋上的交叉点不得开焊；

4 钢筋焊接网表面不应有影响使用的缺陷；当性能符合要求时，允许钢筋表面存在浮锈和因矫直造成的钢筋表面轻微损伤。

第5.3节　钢筋闪光对焊接头

5.3.1 闪光对焊接头的质量检验，应分批进行外观质量检查和力学性能检验，并应符合下列规定：

1 在同一台班内，由同一个焊工完成的300个同牌号、同直径钢筋焊接接头应作为一批。当同一台班内焊接的接头数量较少，可在一周之内累计计算；累计仍不足300个接头时，应按一批计算；

2 力学性能检验时，应从每批接头中随机切取6个接头，其中3个做拉伸试验，3个做弯曲试验；

3 异径钢筋接头可只做拉伸试验。

5.3.2 闪光对焊接头外观质量检查结果，应符合下列规定：

1 对焊接头表面应呈圆滑、带毛刺状，不得有肉眼可见的裂纹；

2 与电极接触处的钢筋表面不得有明显烧伤；

3 接头处的弯折角度不得大于2°；

4 接头处的轴线偏移不得大于钢筋直径的1/10，且不得大于1mm。

第5.4节　箍筋闪光对焊接头

5.4.1 箍筋闪光对焊接头应分批进行外观质量检查和力学性能检验，并应符合下列规定：

1 在同一台班内，由同一焊工完成的600个同牌号、同直径箍筋闪光对焊接头作为一个检验批；如超出600个接头，其超出部分可以与下一台班完成接头累计计算；

2 每一检验批中，应随机抽查5%的接头进行外观质量检查；

3 每个检验批中应随机切取3个对焊接头做拉伸试验。

5.4.2 箍筋闪光对焊接头外观质量检查结果，应符合下列规定：

1 对焊接头表面应呈圆滑、带毛刺状，不得有肉眼可见裂纹；

2 轴线偏移不得大于钢筋直径的1/10，且不得大于1mm；

3　对焊接头所在直线边的顺直度检测结果凹凸不得大于5mm；

4　对焊箍筋外皮尺寸应符合设计图纸的规定，允许偏差应为±5mm；

5　与电极接触处的钢筋表面不得有明显烧伤。

第5.5节　钢筋电弧焊接头

5.5.1　电弧焊接头的质量检验，应分批进行外观质量检查和力学性能检验，并应符合下列规定：

1　在现浇混凝土结构中，应以300个同牌号钢筋、同形式接头作为一批；在房屋结构中，应在不超过连续二楼层中300个同牌号钢筋、同形式接头作为一批；每批随机切取3个接头，做拉伸试验；

2　在装配式结构中，可按生产条件制作模拟试件，每批3个，做拉伸试验；

3　钢筋与钢板搭接焊接头可只进行外观质量检查。

注：在同一批中若有3种不同直径的钢筋焊接头，应在最大直径钢筋接头和最小直径钢筋接头中分别切取3个试件进行拉伸试验。钢筋电渣压力焊接头、钢筋气压焊接头取样均同。

5.5.2　电弧焊接头外观质量检查结果，应符合下列规定：

1　焊缝表面应平整，不得有凹陷或焊瘤；

2　焊接接头区域不得有肉眼可见的裂纹；

3　焊缝余高应为2～4mm；

4　咬边深度、气孔、夹渣等缺陷允许值及接头尺寸的允许偏差，应符合表5.5.2的规定。

钢筋电弧焊接头尺寸偏差及缺陷允许值　　　　　　　　表5.5.2

名　　称		单　位	接　头　形　式		
			帮条焊	搭接焊 钢筋与钢板搭接焊	坡口焊窄间隙焊 熔槽帮条焊
帮条沿接头中心线 的纵向偏移		mm	0.3d	—	—
接头处弯折角度		°	2	2	2
接头处钢筋轴线的偏移			0.1d	0.1d	0.1d
			1	1	1
焊缝宽度		mm	+0.1d	+0.1d	—
焊缝长度		mm	−0.3d	−0.3d	—
咬边深度		mm	0.5	0.5	0.5
在长2d焊缝表面 上的气孔及夹渣	数量	个	2	2	—
	面积	mm²	6	6	—
在全部焊缝表面上 的气孔及夹渣	数量	个	—	—	2
	面积	mm²	—	—	6

注：d为钢筋直径（mm）。

5.5.3　当模拟试件试验结果不符合要求时，应进行复验。复验应从现场焊接接头中切取，其数量和要求与初始试验相同。

第5.6节　钢筋电渣压力焊接头

5.6.1　电渣压力焊接头的质量检验，应分批进行外观质量检查和力学性能检验，并应符合下列规定：

1　在现浇钢筋混凝土结构中，应以300个同牌号钢筋接头作为一批；

2　在房屋结构中，应在不超过连续二楼层中300个同牌号钢筋接头作为一批；当不足300个接头时，仍应作为一批；

3 每批随机切取 3 个接头试件做拉伸试验。

5.6.2 电渣压力焊接头外观质量检查结果，应符合下列规定：

1 四周焊包凸出钢筋表面的高度，当钢筋直径为 25mm 及以下时，不得小于 4mm；当钢筋直径为 28mm 及以上时，不得小于 6mm；

2 钢筋与电极接触处，应无烧伤缺陷；

3 接头处的弯折角度不得大于 2°；

4 接头处的轴线偏移不得大于 1mm。

第5.7节　钢筋气压焊接头

5.7.1 气压焊接头的质量检验，应分批进行外观质量检查和力学性能检验，并应符合下列规定：

1 在现浇钢筋混凝土结构中，应以 300 个同牌号钢筋接头作为一批；在房屋结构中，应在不超过连续二楼层中 300 个同牌号钢筋接头作为一批；当不足 300 个接头时，仍应作为一批；

2 在柱、墙的竖向钢筋连接中，应从每批接头中随机切取 3 个接头做拉伸试验；在梁、板的水平钢筋连接中，应另切取 3 个接头做弯曲试验；

3 在同一批中，异径钢筋气压焊接头可只做拉伸试验。

5.7.2 钢筋气压焊接头外观质量检查结果，应符合下列规定：

1 接头处的轴线偏移 e 不得大于钢筋直径的 1/10，且不得大于 1mm（图 5.7.2a）；当不同直径钢筋焊接时，应按较小钢筋直径计算；当大于上述规定值，但在钢筋直径的 3/10 以下时，可加热矫正；当大于 3/10 时，应切除重焊；

2 接头处表面不得有肉眼可见的裂纹；

3 接头处的弯折角度不得大于 0；当大于规定值时，应重新加热矫正；

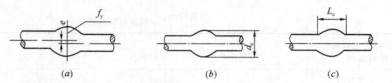

图 5.7.2　钢筋气压焊接头外观质量图解

（a）轴线偏移 e；（b）镦粗直径 d_c；（c）镦粗长度 L_c

f_y—压焊面

4 固态气压焊接头镦粗直径 d_c 不得小于钢筋直径的 1.4 倍，熔态气压焊接头镦粗直径 d_c 不得小于钢筋直径的 1.2 倍（图 5.7.2b）；当小于上述规定值时，应重新加热镦粗；

5 镦粗长度 L_c 不得小于钢筋直径的 1.0 倍，且凸起部分平缓圆滑（图 5.7.2c）；当小于上述规定值时，应重新加热镦长。

第5.8节　预埋件钢筋 T 形接头

5.8.1 预埋件钢筋 T 形接头的外观质量检查，应从同一台班内完成的同类型预埋件中抽查 5%，且不得少于 10 件。

5.8.2 预埋件钢筋 T 形接头外观质量检查结果，应符合下列规定：

1 焊条电弧焊时，角焊缝焊脚尺寸（K）应符合本规程第 4.5.11 条第 1 款的规定；

2 埋弧压力焊或埋弧螺柱焊时，四周焊包凸出钢筋表面的高度，当钢筋直径为 18mm 及以下时，不得小于 3mm；当钢筋直径为 20mm 及以上时，不得小于 4mm；

3 焊缝表面不得有气孔、夹渣和肉眼可见裂纹；

4 钢筋咬边深度不得超过 0.5mm；

5 钢筋相对钢板的直角偏差不得大于 2°。

5.8.3 预埋件外观质量检查结果，当有 2 个接头不符合上述规定时，应对全数接头的这一项目进行检查，并别出不合格品，不合格接头经补焊后可提交二次验收。

5.8.4 力学性能检验时，应以 300 件同类型预埋件作为一批。一周内连续焊接时，可累计计算。当不足 300 件时，亦应按一批计算。应从每批预埋件中随机切取 3 个接头做拉伸试验。试件的钢筋长度应大于或等于 200mm，钢板（锚板）的长度和宽度应等于 60mm，并视钢筋直径的增大而适当增大（图 5.8.4）。

5.8.5 预埋件钢筋 T 形接头拉伸试验时，应采用专用夹具。

2）纵向受力钢筋焊接接头验收中，闪光对焊接头、电弧焊接头、电渣压力焊接头、气压焊接头和非纵向受力箍筋闪光对焊接头、预埋件钢筋 T 形接头的连接方式应符合设计要求，并应全数检查，检查方法为目视观察。焊接接头力学性能检验应为主控项目。焊接接头的外观质量检查应为一般项目。

3）不属于专门规定的电阻焊点和钢筋与钢板电弧搭接焊接头可只做外观质量检查，属一般项目。

4）纵向受力钢筋焊接接头、箍筋闪光对焊接头、预埋件钢筋 T 形接头的外观质量检查应符合下列规定：

①纵向受力钢筋焊接接头，每一检验批中应随机抽取 10％的焊接接头；箍筋闪光对焊接头和预埋件钢筋 T 形接头应随机抽取 5％的焊接接头。外观质量应符合本规程第 5.3 节（钢筋闪光对焊接头）～第 5.8 节（预埋件钢筋 T 形接头）中有关规定。

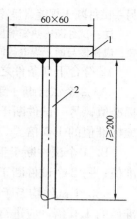

图 5.8.4　预埋件钢筋 T 形接头拉伸试件
1—钢板；2—钢筋

②焊接接头外观质量检查时，首先应由焊工对所焊接头或制品进行自检；在自检合格的基础上由施工单位项目专业质量检查员检查，并将检查结果填写于本规程附录 A "钢筋焊接接头检验批质量验收记录" 中。

5）外观质量检查结果，当各小项不合格数均小于或等于抽检数的 15％，则该批焊接接头外观质量评为合格；当某一小项不合格数超过抽检数的 15％时，应对该批焊接接头该小项逐个进行复检，并剔出不合格接头。对外观质量检查不合格接头采取修整或补焊措施后，可提交二次验收。

6）施工单位项目专业质量检查员应检查钢筋、钢板质量证明书、焊接材料产品合格证和焊接工艺试验时的接头力学性能试验报告。钢筋焊接接头力学性能检验时，应在接头外观质量检查合格后随机切取试件进行试验。试验方法应按现行行业标准《钢筋焊接接头试验方法标准》（JGJ/T 27—2001）有关规定执行。试验报告应包括下列内容：

①工程名称、取样部位；

②批号、批量；

③钢筋生产厂家和钢筋批号、钢筋牌号、规格；

④焊接方法；

⑤焊工姓名及考试合格证编号；

⑥施工单位；

⑦焊接工艺试验时的力学性能试验报告。

7）钢筋闪光对焊接头、电弧焊接头、电渣压力焊接头、气压焊接头、箍筋闪光对焊接头、预埋件钢筋 T 形接头的拉伸试验，应从每一检验批接头中随机切取三个接头进行试验并应按下列规定对试验结果进行评定：

①符合下列条件之一，应评定该检验批接头拉伸试验合格：

A. 3 个试件均断于钢筋母材，呈延性断裂，其抗拉强度大于或等于钢筋母材抗拉强度标准值。

B. 2 个试件断于钢筋母材，呈延性断裂，其抗拉强度大于或等于钢筋母材抗拉强度标准值；

另一试件断于焊缝。呈脆性断裂。其抗拉强度大于或等于钢筋母材抗拉强度标准值的 1.0 倍。

注：试件断于热影响区，呈延性断裂，应视做与断于钢筋母材等同；试件断于热影响区，呈脆性断裂，应视做与断于焊缝等同。

②符合下列条件之一，应进行复验：

A. 2 个试件断于钢筋母材，呈延性断裂，其抗拉强度大于或等于钢筋母材抗拉强度标准值；另一试件断于焊缝，或热影响区，呈脆性断裂，其抗拉强度小于钢筋母材抗拉强度标准值的 1.0 倍。

B. 1 个试件断于钢筋母材，呈延性断裂，其抗拉强度大于或等于钢筋母材抗拉强度标准值；另 2 个试件断于焊缝或热影响区，呈脆性断裂。

③3 个试件均断于焊缝，呈脆性断裂，其抗拉强度均大于或等于钢筋母材抗拉强度标准值的 1.0 倍，应进行复验。当 3 个试件中有 1 个试件抗拉强度小于钢筋母材抗拉强度标准值的 1.0 倍，应评定该检验批接头拉伸试验不合格。

④复验时，应切取 6 个试件进行试验。试验结果，若有 4 个或 4 个以上试件断于钢筋母材，呈延性断裂，其抗拉强度大于或等于钢筋母材抗拉强度标准值，另 2 个或 2 个以下试件断于焊缝。呈脆性断裂，其抗拉强度大于或等于钢筋母材抗拉强度标准值的 1.0 倍，应评定该检验批接头拉伸试验复验合格。

⑤可焊接余热处理钢筋 RRB400W 焊接接头拉伸试验结果，其抗拉强度应符合同级别热轧带肋钢筋抗拉强度标准值 540MPa 的规定。

⑥预埋件钢筋 T 形接头拉伸试验结果，3 个试件的抗拉强度均大于或等于表 8-59 的规定值时，应评定该检验批接头拉伸试验合格。若有一个接头试件抗拉强度小于表 8-59 的规定值时，应进行复验。

复验时，应切取 6 个试件进行试验。复验结果，其抗拉强度均大于或等于表 8-58 的规定值时，应评定该检验批接头拉伸试验复验合格。

预埋件钢筋 T 形接头抗拉强度规定值 　　　　　　　表 8-58

钢筋牌号	抗拉强度规定值（MPa）
HPB300	400
HRB335、HRBF335	435
HRB400、HRBF400	520
HRB500、HRBF500	610
RRB400W	520

8）钢筋闪光对焊接头、气压焊接头进行弯曲试验时，应从每一个检验批接头中随机切取 3 个接头，焊缝应处于弯曲中心点，弯心直径和弯曲角度应符合表 8-59 的规定。

接头弯曲试验指标 　　　　　　　表 8-59

钢筋牌号	弯心直径	弯曲角度（°）
HPB300	2d	90
HRB335、HRBF335	4d	90
HRB400、HRBF400、RRB400W	5d	90
HRB500、HRBF500	7d	90

注：1. d 为钢筋直径（mm）；

2. 直径大于 25mm 的钢筋焊接接头，弯心直径应增加 1 倍钢筋直径。

弯曲试验结果应按下列规定进行评定：

①当试验结果，弯曲至90°，有2个或3个试件外侧（含焊缝和热影响区）未发现宽度达到0.5mm的裂纹，应评定该检验批接头弯曲试验合格。

②当有2个试件发现宽度达到0.5mm的裂纹，应进行复验。

③当有3个试件发现宽度达到0.5mm的裂纹，应评定该检验批接头弯曲试验不合格。

④复验时，应切取6个试件进行试验。复验结果，当不超过2个试件发现宽度达到0.5mm的裂纹时，应评定该检验批接头弯曲试验复验合格。

9）钢筋焊接接头或焊接制品质量验收时，应在施工单位自行质量评定合格的基础上，由监理（建设）单位对检验批有关资料进行检查，组织项目专业质量检查员等进行验收，并应按本规程附录A规定记录。

8.4.2.2　不同焊接质量检验与验收规定

1. 钢筋闪光对焊接头应用技术要求

执行标准：《钢筋焊接及验收规程》（JGJ 18—2012）　　（摘选）

钢筋闪光对焊接头检验批质量验收记录应符合表8-60的规定。

钢筋闪光对焊接头检验批质量验收记录　　　　　表8-60

工程名称				验收部位					
施工单位				批号及批量					
施工执行标准名称及编号	《钢筋焊接及验收规程》（JGJ 18—2012）			钢筋牌号及直径（mm）					
项目经理				施工班组组长					
主控项目		质量验收规程的规定		施工单位检查评定记录			监理（建设）单位验收记录		
	1	接头试件拉伸试验	5.1.7条						
	2	接头试件弯曲试验	5.1.8条						
一般项目		质量验收规程的规定		施工单位检查评定记录			监理（建设）单位验收记录		
				抽查数	合格数	不合格			
	1	对焊接头表面应呈圆滑、带毛刺状，不得有肉眼可见的裂纹	5.3.2条						
	2	与电极接触处的钢筋表面不得有明显烧伤	5.3.2条						
	3	接头处的弯折角度不得大于2°	5.3.2条						
	4	轴线偏移不得大于钢筋直径的1/10，且不得大于1mm	5.3.2条						
施工单位检查评定结果			项目专业质量检查员： 　　　　　　　　　　年　　月　　日						
监理（建设）单位验收结论			监理工程师（建设单位项目专业技术负责人）： 　　　　　　　　　　年　　月　　日						

注：1. 一般项目各小项检查评定不合格时，在小格内打×记号。

　　2. 本表由施工单位项目专业质量检查员填写，监理工程师（建设单位项目专业技术负责人）组织项目专业质量检查员等进行验收。

2. 箍筋闪光对焊接头应用技术要求

执行标准：《钢筋焊接及验收规程》（JGJ 18—2012）　　（摘选）

箍筋闪光对焊接头检验批质量验收记录应符合表 8-61 的规定。

箍筋闪光对焊接头检验批质量验收记录　　　　　　表 8-61

工程名称				验收部位					
施工单位				批号及批量					
施工执行标准名称及编号		《钢筋焊接及验收规程》(JGJ 18—2012)		钢筋牌号及直径(mm)					
项目经理				施工班组组长					
主控项目		质量验收规程的规定		施工单位检查评定记录		监理（建设）单位验收记录			
	1	接头试件拉伸试验	5.1.7条						
一般项目		质量验收规程的规定		施工单位检查评定记录			监理（建设）单位验收记录		
				抽查数	合格数	不合格			
	1	对焊接头表面应呈圆滑、带毛刺状，不得有肉眼可见的裂纹	5.4.2条						
	2	轴线偏移不得大于钢筋直径的1/10，且不得大于 1mm	5.4.2条						
	3	直线边凹凸不得大于 5mm	5.4.2条						
	4	箍筋外皮尺寸应符合设计图纸规定，偏差在±5mm 之内	5.4.2条						
	5	与电极接触处无明显烧伤	5.4.2条						
施工单位检查评定结果			项目专业质量检查员： 年　　月　　日						
监理（建设）单位验收结论			监理工程师（建设单位项目专业技术负责人）： 年　　月　　日						

注：1. 一般项目各小项检查评定不合格时，在小格内打×记号。

2. 本表由施工单位项目专业质量检查员填写，监理工程师（建设单位项目专业技术负责人）组织项目专业质量检查员等进行验收。

436

3. 钢筋电弧焊接头应用技术要求

执行标准：《钢筋焊接及验收规程》（JGJ 18—2012） （摘选）

钢筋电弧焊接头检验批质量验收记录应符合表 8-62 的规定。

钢筋电弧焊接头检验批质量验收记录 **表 8-62**

工程名称			验收部位		
施工单位			批号及批量		
施工执行标准 名称及编号	《钢筋焊接及验收规程》 （JGJ 18—2012）		钢筋牌号及直径 （mm）		
项目经理			施工班组组长		

主控项目		质量验收规程的规定		施工单位检查 评定记录		监理（建设）单位验收记录
	1	接头试件拉伸试验	5.1.7 条			

一般项目		质量验收规程的规定		施工单位检查评定记录			监理（建设）单位 验收记录
				抽查数	合格数	不合格	
	1	焊缝表面应平整，不得有凹陷 或焊瘤	5.5.2 条				
	2	接头区域不得有肉眼可见裂纹	5.5.2 条				
	3	咬边深度、气孔、夹渣等缺陷 允许值及接头尺寸允许偏差应符 合表 5.5.2 规定	表 5.5.2				
	4	焊缝余高应为 2~4mm	5.5.2 条				

施工单位检查评定结果	项目专业质量检查员： 年　　月　　日
监理（建设）单位 验收结论	监理工程师（建设单位项目专业技术负责人）： 年　　月　　日

注：1. 一般项目各小项检查评定不合格时，在小格内打×记号。

2. 本表由施工单位项目专业质量检查员填写，监理工程师（建设单位项目专业技术负责人）组织项目专业质量检查员等进行验收。

4. 钢筋电渣压力焊接头应用技术要求

执行标准：《钢筋焊接及验收规程》（JGJ 18—2012） （摘选）

钢筋电渣压力焊接头检验批质量验收记录应符合表8-63的规定。

钢筋电渣压力焊接头检验批质量验收记录 表 8-63

工程名称				验收部位			
施工单位				批号及批量			
施工执行标准名称及编号	《钢筋焊接及验收规程》（JGJ 18—2012）			钢筋牌号及直径（mm）			
项目经理				施工班组组长			
主控项目		质量验收规程的规定		施工单位检查评定记录		监理（建设）单位验收记录	
	1	接头试件拉伸试验	5.1.7条				
一般项目		质量验收规程的规定		施工单位检查评定记录			监理（建设）单位验收记录
				抽查数	合格数	不合格	
	1	当钢筋直径小于或等于25mm时，焊包高度不得小于4mm；当钢筋直径大于或等于28mm时，焊包高度不得小于6mm	5.6.2条				
	2	钢筋与电极接触处无烧伤缺陷	5.6.2条				
	3	接头处的弯折角度不得大于2°	5.6.2条				
	4	轴线偏移不得大于1mm	5.6.2条				
施工单位检查评定结果			项目专业质量检查员： 　　　　　　　　　　　　年　　月　　日				
监理（建设）单位验收结论			监理工程师（建设单位项目专业技术负责人）： 　　　　　　　　　　　　年　　月　　日				

注：1. 一般项目各小项检查评定不合格时，在小格内打×记号。

2. 本表由施工单位项目专业质量检查员填写，监理工程师（建设单位项目专业技术负责人）组织项目专业质量检查员等进行验收。

5. 钢筋气压焊接头应用技术要求

执行标准：《钢筋焊接及验收规程》（JGJ 18—2012） （摘选）

钢筋气压焊接头检验批质量验收记录应符合表8-64的规定。

438

工程名称				验收部位			
施工单位				批号及批量			
施工执行标准 名称及编号	《钢筋焊接及验收规程》 （JGJ 18—2012）			钢筋牌号及直径 （mm）			
项目经理				施工班组组长			

主控项目		质量验收规程的规定		施工单位检查 评定记录		监理（建设）单位验收记录	
	1	接头试件拉伸试验	5.1.7 条				
	2	接头试件弯曲试验	5.1.8 条				

一般项目		质量验收规程的规定		施工单位检查评定记录			监理（建设）单位 验收记录
				抽查数	合格数	不合格	
	1	轴线偏移不得大于钢筋直径的 1/10，且不得大于 1mm	5.7.2 条				
	2	接头处表面不得有肉眼可见的 裂纹	5.7.2 条				
	3	接头处的弯折角度不得大于 2°	5.7.2 条				
	4	固态镦粗直径不得小于 1.4d， 熔态镦粗直径不得小于 1.2d	5.7.2 条				
	5	镦粗长度不得小于 1.0d，d 为 钢筋直径	5.7.2 条				

施工单位检查评定结果	项目专业质量检查员： 年　　月　　日
监理（建设）单位 验收结论	监理工程师（建设单位项目专业技术负责人）： 年　　月　　日

注：1. 一般项目各小项检查评定不合格时，在小格内打×记号。

    2. 本表由施工单位项目专业质量检查员填写，监理工程师（建设单位项目专业技术负责人）组织项目专业质量检查员等进行验收。

6. 预埋件钢筋 T 形接头应用技术要求

执行标准：《钢筋焊接及验收规程》（JGJ 18—2012）   **（摘选）**

预埋件钢筋 T 形接头检验批质量验收记录应符合表 8-65 的规定。

预埋件钢筋 T 形接头检验批质量验收记录 表 8-65

工程名称			验收部位				
施工单位			批号及批量				
施工执行标准名称及编号	《钢筋焊接及验收规程》(JGJ 18—2012)		钢筋牌号及直径(mm)				
项目经理			施工班组组长				
主控项目	质量验收规程的规定			施工单位检查评定记录		监理（建设）单位验收记录	
	1	接头试件拉伸试验	5.1.7 条				
一般项目		质量验收规程的规定		施工单位检查评定记录			监理（建设）单位验收记录
				抽查数	合格数	不合格	
	1	焊条电弧焊时：角焊缝焊脚尺寸（K）应符合第 4.5.11 条第 1 款的规定	4.5.11 条				
	2	埋弧压力焊和埋弧螺柱焊时，四周焊包凸出钢筋表面的高度应符合第 5.8.2 条第 2 款的规定	5.8.2 条				
	3	焊缝表面不得有气孔、夹渣和肉眼可见裂纹	5.8.2 条				
	4	钢筋咬边深度不得超过 0.5mm	5.8.2 条				
	5	钢筋相对钢板的直角偏差不得大于 2°	5.8.2 条				
施工单位检查评定结果		项目专业质量检查员： 年　月　日					
监理（建设）单位验收结论		监理工程师（建设单位项目专业技术负责人）： 年　月　日					

注：1. 一般项目各小项检查评定不合格时，在小格内打×记号。

　　2. 本表由施工单位项目专业质量检查员填写，监理工程师（建设单位项目专业技术负责人）组织项目专业质量检查员等进行验收。

8.4.2.3 钢筋电阻点焊制品力学性能报告

1. 资料表式（表 8-66）

钢筋电阻点焊制品剪切、拉伸试验报告

表 8-66

试验编号：

委托单位		施工单位	
工程取样部位		制品名称	
钢筋级别		制品用途	
送检日期		批　量	

剪　切　试　验		拉　伸　试　验	
试样编号	抗剪载荷（N）	试样编号	抗拉强度（MPa）

依据标准：

结论：

试验单位：（印章）

年　　月　　日

技术负责：	审核：	试验：

注：钢筋电阻点焊制品剪切、拉审试验报告表式，可根据当地的使用惯例制定的表式应用，但剪切试验［试样编号、抗剪载荷（N）］、拉伸试验［试样编号、抗拉强度（MPa）］、依据标准、检验结果等项试验内容必须齐全。实际试验项目根据工程实际择用。

2. 应用说明

钢筋电阻点焊是指将两钢筋（丝）安放成交叉叠接形式，压紧于两电极之间，利用电阻热熔化母材金属，加压形成焊点的一种压焊方法。

（1）钢筋电阻点焊

1）混凝土结构中钢筋焊接骨架和钢筋焊接网，宜采用电阻点焊制作。

2）钢筋焊接骨架和钢筋焊接网在焊接生产中，当两根钢筋直径不同时，焊接骨架较小钢筋直径小于或等于 10mm 时，大、小钢筋直径之比不宜大于 3 倍；当较小钢筋直径为 12～16mm 时，大、小钢筋直径之比不宜大于 2 倍。焊接网较小钢筋直径不得小于较大钢筋直径的 60%。

（2）钢筋焊接骨架和焊接网质量检验与验收

1）不属于专门规定的焊接骨架和焊接网可按下列规定的检验批只进行外观质量检查：

①凡钢筋牌号、直径及尺寸相同的焊接骨架和焊接网应视为同一类型制品，且每 300 件作为一批，一周内不足 300 件的亦应按一批计算，每周至少检查一次。

②外观质量检查时，每批应抽查 5%，且不得少于 5 件。

2）焊接骨架外观质量检查结果，应符合下列规定：

①焊点压入深度应符合《钢筋焊接及验收规程》（JGJ 18—2012）规程第4.2.5条的规定。

②每件制品的焊点脱落、漏焊数量不得超过焊点总数的4%，且相邻两焊点不得有漏焊及脱落。

③应量测焊接骨架的长度、宽度和高度，并应抽查纵、横方向3～5个网格的尺寸，其允许偏差应符合表8-67的规定。

④当外观质量检查结果不符合上述规定时，应逐件检查，并剔出不合格品。对不合格品经整修后，可提交二次验收。

焊接骨架的允许偏差 表8-67

项 目		允许偏差（mm）
焊接骨架	长 度	±10
	宽 度	±5
	高 度	±5
骨架钢筋间距		±10
受力主筋	间 距	±15
	排 距	±5

3）焊接网外形尺寸检查和外观质量检查结果，应符合下列规定：

①焊点压入深度应符合《钢筋焊接及验收规程》（JGJ 18—2012）第4.2.5条的规定。

②钢筋焊接网间距的允许偏差应取±10mm和规定间距的±5%的较大值。网片长度和宽度的允许偏差应取±25mm和规定长度的±0.5%的较大值；网格数量应符合设计规定。

③钢筋焊接网焊点开焊数量不应超过整张网片交叉点总数的1%，并且任一根钢筋上开焊点不得超过该支钢筋上交叉点总数的一半；焊接网最外边钢筋上的交叉点不得开焊。

④钢筋焊接网表面不应有影响使用的缺陷；当性能符合要求时，允许钢筋表面存在浮锈和因矫直造成的钢筋表面轻微损伤。

（3）点焊焊点的抗剪试验结果，应符合表8-68的规定；拉伸试验结果，不得小于冷拔低碳钢丝乙级规定的抗拉强度。

点焊焊点的抗剪试验结果（N） 表8-68

钢筋级别	较小钢筋直径（mm）								
	3	4	5	6	6.5	8	10	12	14
Ⅰ 级	—	—	—	6640	7800	11810	18460	26580	36170
Ⅱ 级	—	—	—	—	—	16840	26310	37890	51560
冷拔低碳钢丝	2530	4490	7020	—	—	—	—	—	—

（4）焊接网的力学性能试验应包括拉伸试验、弯曲试验和抗剪试验。

1）拉伸试验应符合下列规定：冷轧带肋钢筋或冷拔低碳钢丝的焊点应做拉伸试验；拉伸试验时，两夹头之间的距离不应小于20倍试件受拉钢筋的直径，且不小于180mm；

对于双根钢筋，非受拉钢筋应在离交叉焊点约 20mm 处切断；试件数量应为纵向钢筋 1 个，横向钢筋 1 个；拉伸试验结果，不得小于 LL550 级冷轧带肋钢筋规定的抗拉强度或冷拔低碳钢丝乙级规定的抗拉强度。

2）弯曲试验应符合下列规定：冷轧带肋钢筋焊点应做弯曲试验；弯曲试件，在单根钢筋焊接网中，应取钢筋直径较大的 1 根；在双根钢筋焊接网中，应取双根钢筋中的 1 根；试件长度应大于或等于 200mm；弯曲试件的受弯曲部位与交叉点的距离应大于或等于 25mm；试件数量应为纵向钢筋 1 个，横向钢筋 1 个；当弯曲至 180°时，其外侧不得出现横向裂纹。

3）抗剪试验应符合下列规定：热轧钢筋、冷轧带肋钢筋或冷拔低碳钢丝的焊点应做抗剪试验；抗剪试件应沿同一横向钢筋随机切取，其受拉钢筋为纵向钢筋；对于双根钢筋，非受拉钢筋应在焊点外切断，且不应损伤受拉钢筋焊点；试件数量应为 3 个；抗剪试验结果，3 个试件抗剪力的平均值应符合下式计算的抗剪力：

$$F \geqslant 0.3 \times A_0 \times \sigma_S$$

式中　F——抗剪力（N）；

A_0——较大钢筋的横截面面积（mm^2）；

σ_S——该级别钢筋（丝）规定的屈服强度（MPa）。

注：1. 冷拔低碳钢丝的屈服强度按 0.65×550 计算，取 360MPa。

　　2. 冷轧带肋钢筋的屈服强度按 LL550 级钢筋的屈服强度 500MPa 计算。

4）当焊接网的拉伸试验、弯曲试验结果不合格时，应从该批焊接网中再切取双倍数量试件进行不合格项目的检验；复验结果合格时，应确认该批焊接网为合格品。

焊接网的抗剪试验结果，按平均值计算，当不合格时，应在取样的同一横向钢筋上所有交叉焊点取样检查；当全部试件平均值合格时，应确认该批焊接网为合格品。

8.4.2.4　焊工考试

焊接从业人员（焊工、焊接技术人员、焊接检验人员、无损检验人员、焊接热处理人员等直接或间接的参与者）的专业素质是关系到焊接质量的关键因素，因此必须对焊接从业人员进行有效的考核与管理。严格焊工资质管理，严格按我国现行可供执行的焊接从业人员技术资格考试规程对焊接从业人员进行考试和认可。

（1）从事钢筋焊接施工的焊工必须持有钢筋焊工考试合格证，并应按照合格证规定的范围上岗操作。

（2）经专业培训结业的学员，或具有独立焊接工作能力的焊工，均应参加钢筋焊工考试。

（3）焊工考试应由经设区市或设区市以上建设行政主管部门审查批准的单位负责进行。对考试合格的焊工应签发考试合格证，考试合格证式样应符合《钢筋焊接及验收规范》（JGJ 18—2012）规程附录 B 的规定。

（4）钢筋焊工考试应包括理论知识考试和操作技能考试两部分；经理论知识考试合格的焊工，方可参加操作技能考试。

（5）理论知识考试应包括下列内容：

1）钢筋的牌号、规格及性能；

2）焊机的使用和维护；

3）焊条、焊剂、氧气、溶解乙炔、液化石油气、二氧化碳气体的性能和选用；

4）焊前准备、技术要求、焊接接头和焊接制品的质量检验与验收标准；

5）焊接工艺方法及其特点，焊接参数的选择；

6）焊接缺陷产生的原因及消除措施；

7）电工知识；

8）焊接安全技术知识。

具体内容和要求应由各考试单位按焊工报考焊接方法对应出题。

（6）焊工操作技能考试用的钢筋、焊条、焊剂、氧气、溶解乙炔、液化石油气、二氧化碳气体等，应符合《钢筋焊接及验收规程》（JGJ 18—2012）规程有关规定，焊接设备可根据具体情况确定。

（7）焊工操作技能考试评定标准应符合表 8-69 的规定；焊接方法、钢筋牌号及直径、试件组合与组数，应由考试单位根据实际情况确定。焊接参数应由焊工自行选择。

焊工操作技能考试评定标准　　　　　　　　表 8-69

焊接方法		钢筋牌号	钢筋直径（mm）	每组试件数量		评定标准
				拉伸	弯曲	
闪光对焊		Φ、Φ、ΦF、Φ、ΦF、ΦF、ΦRW	8～32	3	3	拉伸试验应按《钢筋焊接及验收规程》·（JGJ 18—2012）第 5.1.7 条规定进行评定；弯曲试验应按本规程第 5.1.8 条规定进行评定
箍筋闪光对焊		Φ、Φ、ΦF、Φ、ΦF、ΦF、ΦRW	6～18	3	—	
电弧焊	帮条平焊 帮条立焊	Φ、Φ、ΦF、Φ、ΦF、ΦRW	20～32	3	—	拉伸试验应按《钢筋焊接及验收规程》（JGJ 18—2012）第 5.1.7 条规定进行评定
	搭接平焊 搭接立焊	Φ、Φ、ΦF、Φ、ΦF、ΦRW	20～32			
	熔槽 帮条焊	Φ、Φ、ΦF、Φ、ΦF、ΦRW	20～40			
	坡口平焊 坡口立焊	Φ、Φ、ΦF、Φ、ΦF、ΦRW	18～32			
	窄间隙焊	Φ、Φ、ΦF、Φ、ΦF、ΦF、ΦRW	16～40			
电渣压力焊		Φ、Φ、Φ	12～32	3	—	拉伸试验应按《钢筋焊接及验收规程》（JGJ 18—2012）第 5.1.7 条规定进行评定
气压焊		Φ、Φ、Φ	12～40	3	3	拉伸试验应按《钢筋焊接及验收规程》（JGJ 18—2012）第 5.1.7 条规定进行评定；弯曲试验应按本规程第 5.1.8 条规定进行评定
预埋件钢筋T形接头	焊条电弧焊	Φ、Φ、ΦF、Φ、ΦF、ΦRW	6～28	3	—	拉伸试验应按《钢筋焊接及验收规程》（JGJ 18—2012）第 5.1.7 条规定进行评定
	埋弧压力焊	Φ、Φ、ΦF、Φ、ΦF				
	埋弧螺柱焊					

注：箍筋焊工考试时，提前将钢筋切断、弯曲加工成合格的待焊箍筋。

（8）当拉伸试验、弯曲试验结果，在一组试件中仅有 1 个试件未达到规定的要求时，可补焊一组试件进行补试，但不得超过一次。试验要求应与初始试验相同。

（9）持有合格证的焊工当在焊接生产中三个月内出现两批不合格品时，应取消其合格资格。

（10）持有合格证的焊工，每两年应复试一次；当脱离焊接生产岗位半年以上，在生产操作前应首先进行复试。复试可只进行操作技能考试。

（11）焊工考试完毕，考试单位应填写"钢筋焊工考试结果登记表"，连同合格证复印件一起，立卷归档备查。

（12）工程质量监督单位应对上岗操作的焊工随机抽查验证。

8.4.2.5 焊接安全

（1）安全培训与人员管理应符合下列规定：

1）承担钢筋焊接工程的企业应建立健全钢筋焊接安全生产管理制度，并应对实施焊接操作和安全管理人员进行安全培训经考核合格后方可上岗。

2）操作人员必须按焊接设备的操作说明书或有关规程，正确使用设备和实施焊接操作。

（2）焊接操作及配合人员应按下列规定并结合实际情况穿戴劳动防护用品：

1）焊接人员操作前，应戴好安全帽，佩戴电焊手套、围裙、护腿，穿阻燃工作服；穿焊工皮鞋或电焊工劳保鞋，应戴防护眼镜（滤光或遮光镜）、头罩或手持面罩。

2）焊接人员进行仰焊时，应穿戴皮制或耐火材质的套袖、披屑罩或斗篷，以防头部灼伤。

（3）焊接工作区域的防护应符合下列规定：

1）焊接设备应安放在通风、干燥、无碰撞、无剧烈振动、避高温、无易燃品存在的地方；特殊环境条件下还应对设备采取特殊的防护措施。

2）焊接电弧的辐射及飞溅范围，应设不可燃或耐火板、罩、屏，防止人员受到伤害。

3）焊机不得受潮或雨淋；露天使用的焊接设备应予以保护，受潮的焊接设备在使用前必须彻底干燥并经适当试验或检测。

4）焊接作业应在足够的通风条件下（自然通风或机械通风）进行，避免操作人员吸入焊接操作产生的烟气流。

5）在焊接作业场所应当设置警告标志。

（4）焊接作业区防火安全应符合下列规定：

1）焊接作业区和焊机周围 6m 以内，严禁堆放装饰材料、油料、木材、氧气瓶、溶解乙炔气瓶、液化石油气瓶等易燃、易爆物品。

2）除必须在施工工作面焊接外，钢筋应在专门搭设的防雨、防潮、防晒的工房内焊接；工房的屋顶应有安全防护和排水设施，地面应干燥，应有防止飞溅的金属火花伤人的设施。

3）高空作业的下方和焊接火星所及范围内，必须彻底清除易燃、易爆物品。

4）焊接作业区应配置足够的灭火设备，如水池、沙箱、水龙带、消火栓、手提灭火器。

（5）各种焊机的配电开关箱内，应安装熔断器和漏电保护开关；焊接电源的外壳应有可靠的接地或接零；焊机的保护接地线应直接从接地极处引接，其接地电阻值不应大于 4Ω。

（6）冷却水管、输气管、控制电缆、焊接电缆均应完好无损；接头处应连接牢固，无渗漏，绝缘良好；发现损坏应及时修理；各种管线和电缆不得挪作拖拉设备的工具。

（7）在封闭空间内进行焊接操作时，应设专人监护。

（8）氧气瓶、溶解乙炔气瓶或液化石油气瓶、干式回火防止器、减压器及胶管等，应防止损坏。发现压力表指针失灵，瓶阀、胶管有泄漏，应立即修理或更换；气瓶必须进行定期检查，使用期满或送检不合格的气瓶禁止继续使用。

（9）气瓶使用应符合下列规定：

1）各种气瓶应摆放稳固；钢瓶在装车、卸车及运输时，应避免互相碰撞；氧气瓶不能与燃气瓶、油类材料以及其他易燃物品同车运输。

2）吊运钢瓶时应使用吊架或合适的台架，不得使用吊钩、钢索和电磁吸盘；钢瓶使用完时，要留有一定的余压力。

3）钢瓶在夏季使用时要防止暴晒，冬季使用时如发生冻结、结霜或出气量不足时，应用温水解冻。

（10）贮存、使用、运输氧气瓶、溶解乙炔气瓶、液化石油气瓶、二氧化碳气瓶时，应分别按照原国家质量技术监督局颁发的现行《气瓶安全监察规定》和原劳动部颁发的现行《溶解乙炔气瓶安全监察规程》中有关规定执行。

8.5　钢筋机械连接性能检验

8.5.1　钢筋机械连接性能检验报告汇总表

钢筋机械连接性能检验报告汇总表按表 8-43 钢筋焊接连接试验报告汇总表式及相关要求执行。

8.5.2　钢筋机械连接接头检验报告

钢筋机械连接是指通过钢筋与连接件的机械咬合作用或钢筋端面的承压作用，将一根钢筋中的力传递至另一根钢筋的连接方法。

常用钢筋机械连接接头类型有：

套筒挤压接头：通过挤压力使连接件钢套筒塑性变形与带肋钢筋紧密咬合形成的接头；

锥螺纹接头：通过钢筋端头特制的锥形螺纹和连接件锥形螺纹咬合形成的接头；

镦粗直螺纹接头：通过钢筋端头镦粗后制作的直螺纹和连接件螺纹咬合形成的接头；

滚轧直螺纹接头：通过钢筋端头直接滚轧或剥肋后滚轧制作的直螺纹和连接件螺纹咬合形成的接头；

熔融金属充填接头：由高热剂反应产生熔融金属充填在钢筋与连接件套筒间形成的接头；

水泥灌浆充填接头：用特制的水泥浆充填在钢筋与连接件套筒间硬化后形成的接头。

8.5.2.1 钢筋机械连接拉伸试验报告

1. 资料表式（表8-70）

钢筋机械连接拉伸试验报告

表8-70

工程名称				结构层数		
构件名称				接头等级		
试件编号	公称直径 d	屈服强度标准值 f_{yk} (N/mm²)	抗拉强度标准值 f_{stk} (N/mm²)	试件实测抗拉强度 f_{mst}^0 (N/mm²)	试件的最大力总伸长率 A_{sgt}	评定结果
评定结论						
备注	接头等级为Ⅰ级时的抗拉强度为：$f_{mst}^0 \leqslant f_{stk}$ 断于钢筋或 $f_{mst}^0 \geqslant 1.10 f_{stk}^0$ 断于接头； 接头等级为Ⅱ级时的抗拉强度为：$f_{mst}^0 \geqslant f_{stk}$； 接头等级为Ⅲ级时的抗拉强度为：$f_{mst}^0 \geqslant 1.25 f_{yk}$。					

试验单位（盖章）：　　　　　负责人：　　　　试验员：　　　　　试验日期：

2. 应用说明

执行标准：《钢筋机械连接技术规程》（JGJ 107—2010）

（1）接头的设计原则和性能等级

1）接头的设计应满足强度及变形性能的要求。

2）接头连接件的屈服承载力和受拉承载力的标准值不应小于被连接钢筋的屈服承载力和受拉承载力标准值的1.10倍。

3）接头应根据其性能等级和应用场合，对单向拉伸性能、高应力反复拉压、大变形反复拉压、抗疲劳等各项性能确定相应的检验项目。

4）接头应根据抗拉强度、残余变形以及高应力和大变形条件下反复拉压性能的差异，分为下列三个性能等级：

Ⅰ级接头抗拉强度等于被连接钢筋的实际拉断强度或不小于1.10倍钢筋抗拉强度标准值，残余变形小并具有高延性及反复拉压性能。

Ⅱ级接头抗拉强度不小于被连接钢筋抗拉强度标准值，残余变形较小并具有高延性及反复拉压性能。

Ⅲ级接头抗拉强度不小于被连接钢筋屈服强度标准值的1.25倍，残余变形较小并具有一定的延性及反复拉压性能。

5）Ⅰ级、Ⅱ级、Ⅲ级接头的抗拉强度必须符合表8-71的规定。

接头的抗拉强度

表 8-71

接头等级	Ⅰ级		Ⅱ级	Ⅲ级
抗拉强度	$f_{mst}^0 \geqslant f_{stk}$ 或 $f_{mst}^0 \geqslant 1.10 f_{stk}$	断于钢筋 断于接头	$f_{mst}^0 \geqslant f_{stk}$	$f_{mst}^0 \geqslant 1.25 f_{yk}$

(2) 接头的应用

1) 结构设计图纸中应列出设计选用的钢筋接头等级和应用部位。接头等级的选定应符合下列规定：

①混凝土结构中要求充分发挥钢筋强度或对延性要求高的部位应优先选用Ⅱ级接头。当在同一连接区段内必须实施 100% 钢筋接头的连接时，应采用Ⅰ级接头。

②混凝土结构中钢筋应力较高但对延性要求不高的部位可采用Ⅲ级接头。

2) 钢筋连接件的混凝土保护层厚度宜符合现行国家标准《混凝土结构设计规范》（GB 50010—2010）中受力钢筋的混凝土保护层最小厚度的规定，且不得小于 15mm。连接件之间的横向净距不宜小于 25mm。

3) 结构构件中纵向受力钢筋的接头宜相互错开。钢筋机械连接的连接区段长度应按 35d 计算。在同一连接区段内有接头的受力钢筋截面面积占受力钢筋总截面面积的百分率（以下简称接头百分率），应符合下列规定：

①接头宜设置在结构构件受拉钢筋应力较小部位，当需要在高应力部位设置接头时，在同一连接区段内Ⅲ级接头的接头百分率不应大于 25%，Ⅱ级接头的接头百分率不应大于 50%。Ⅰ级接头的接头百分率除《钢筋机械连接技术规程》（JGJ 107—2010）第 4.0.3 条第 2 款所列情况外可不受限制。

②接头宜避开有抗震设防要求的框架的梁端、柱端箍筋加密区；当无法避开时，应采用Ⅱ级接头或Ⅰ级接头，且接头百分率不应大于 50%。

③受拉钢筋应力较小部位或纵向受压钢筋，接头百分率可不受限制。

④对直接承受动力荷载的结构构件，接头百分率不应大于 50%。

4) 当对具有钢筋接头的构件进行试验并取得可靠数据时，接头的应用范围可根据工程实际情况进行调整。

(3) 接头的型式检验

1) 在下列情况下应进行型式检验：

①确定接头性能等级时；

②材料、工艺、规格进行改动时；

③型式检验报告超过 4 年时。

2) 用于型式检验的钢筋应符合有关钢筋标准的规定。

3) 对每种型式、级别、规格、材料、工艺的钢筋机械连接接头，型式检验试件不应少于 9 个：单向拉伸试件不应少于 3 个，高应力反复拉压试件不应少于 3 个，大变形反复拉压试件不应少于 3 个。同时应另取 3 根钢筋试件做抗拉强度试验。全部试件均应在同一根钢筋上截取。

4) 用于型式检验的直螺纹或锥螺纹接头试件应散件送达检验单位，由型式检验单位或在其监督下由接头技术提供单位按《钢筋机械连接技术规程》（JGJ 107—2010）表

8.5.2.1或表8.5.2.1-1规定的拧紧扭矩进行装配，拧紧扭矩值应记录在检验报告中，型式检验试件必须采用未经过预拉的试件。

5）型式检验的试验方法应按《钢筋机械连接技术规程》（JGJ 107—2010）附录A中的规定进行，当试验结果符合下列规定时评为合格：

①强度检验：每个接头试件的强度实测值均应符合《钢筋机械连接技术规程》（JGJ 107—2010）表8.5.2.1中相应接头等级的强度要求。

②变形检验：对残余变形和最大力总伸长率，3个试件实测值的平均值应符合《钢筋机械连接技术规程》（JGJ 107—2010）表8.5.2.1-1的规定。

6）型式检验应由国家、省部级主管部门认可的检测机构进行，并应按《钢筋机械连接技术规程》（JGJ 107—2010）附录B的格式出具检验报告和评定结论。

（4）施工现场接头的检验与验收

1）工程中应用钢筋机械接头时，应由该技术提供单位提交有效的型式检验报告。

2）钢筋连接工程开始前，应对不同钢筋生产厂的进场钢筋进行接头工艺检验；施工过程中，更换钢筋生产厂时，应补充进行工艺检验。工艺检验应符合下列规定：

①每种规格钢筋的接头试件不应少于3根。

②每根试件的抗拉强度和3根接头试件的残余变形的平均值均应符合《钢筋机械连接技术规程》（JGJ 107—2010）表8.5.2.1和表8.5.2.1-1的规定。

③接头试件在测量残余变形后可再进行抗拉强度试验，并宜按《钢筋机械连接技术规程》（JGJ 107—2010）附录A表A.1.3中的单向拉伸加载制度进行试验。

④第一次工艺检验中1根试件抗拉强度或3根试件的残余变形平均值不合格时，允许再抽3根试件进行复检，复检仍不合格时判为工艺检验不合格。

3）接头安装前应检查连接件产品合格证及套筒表面生产批号标识；产品合格证应包括适用钢筋直径和接头性能等级、套筒类型、生产单位、生产日期以及可追溯产品原材料力学性能和加工质量的生产批号。

4）现场检验应按《钢筋机械连接技术规程》（JGJ 107—2010）进行接头的抗拉强度试验、加工和安装质量检验；对接头有特殊要求的结构，应在设计图纸中另行注明相应的检验项目。

5）接头的现场检验应按验收批进行。同一施工条件下采用同一批材料的同等级、同型式、同规格接头，应以500个为一个验收批进行检验与验收，不足500个也应作为一个验收批。

6）螺纹接头安装后应按《钢筋机械连接技术规程》（JGJ 107—2010）规定的验收批数量，抽取其中10%的接头进行拧紧扭矩校核，拧紧扭矩值不合格数超过被校核接头数的5%时，应重新拧紧全部接头，直到合格为止。

7）对接头的每一验收批，必须在工程结构中随机截取3个接头试件做抗拉强度试验。按设计要求的接头等级进行评定。当3个接头试件的抗拉强度均符合《钢筋机械连接技术规程》（JGJ 107—2010）表8.5.2.1中相应等级的强度要求时，该验收批应评为合格。如有1个试件的抗拉强度不符合要求，应再取6个试件进行复检。复检中如仍有1个试件的抗拉强度不符合要求，则该验收批应评为不合格。

8）现场检验连续10个验收批抽样试件抗拉强度试验一次合格率为100%时，验收批接头数量可扩大 1 倍。

9）现场截取抽样试件后，原接头位置的钢筋可采用同等规格的钢筋进行搭接连接，或采用焊接及机械连接方法补接。

10）对抽检不合格的接头验收批，应由建设方会同设计等有关方面研究后提出处理方案。

8.5.2.2　钢筋机械连接变形性能试验报告

1. 资料表式（表 8-72）

表 8-72

钢筋机械连接变形性能试验报告

工程名称				结构层数				
构件名称				接头等级				
试件编号	公称直径 d	屈服强度标准值 f_{yk} （N/mm^2）	加载至 f_{yk}，卸载后的残余变形 μ_0	经高应力反复拉压20次后的残余变形 μ_{20}	经大变形反复拉压4次后的残余变形 μ_4	经大变形反复拉压8次后的残余变形 μ_8	钢筋应力为屈服强度标准值时的应变 ε_{yk}	评定结果
评定结论								
备　注								

试验单位（盖章）：　　　　　负责人：　　　　　试验员：　　　　　试验日期：

2. 应用说明

执行标准：《钢筋机械连接技术规程》（JGJ 107—2010）

（1）Ⅰ级、Ⅱ级、Ⅲ级接头应能经受规定的高应力和大变形反复拉压循环，且在经历拉压循环后，其抗拉强度仍应符合表 8-72 的规定。

（2）Ⅰ级、Ⅱ级、Ⅲ级接头的变形性能应符合表 8-73 的规定。

表 8-73

接头的变形性能

接头等级		Ⅰ级	Ⅱ级	Ⅲ级
单向拉伸	残余变形 （mm）	$u_0 \leqslant 0.10(d \leqslant 32)$ $u_0 \leqslant 0.14(d > 32)$	$u_0 \leqslant 0.14(d \leqslant 32)$ $u_0 \leqslant 0.16(d > 32)$	$u_0 \leqslant 0.14(d \leqslant 32)$ $u_0 \leqslant 0.16(d > 32)$
	最大力总伸长率（%）	$A_{sgt} \geqslant 6.0$	$A_{sgt} \geqslant 6.0$	$A_{sgt} \geqslant 3.0$
高应力反复拉压	残余变形 （mm）	$u_{20} \leqslant 0.3$	$u_{20} \leqslant 0.3$	$u_{20} \leqslant 0.3$
大变形反复拉压	残余变形 （mm）	$u_4 \leqslant 0.3$ 且 $u_8 \leqslant 0.6$	$u_4 \leqslant 0.3$ 且 $u_8 \leqslant 0.6$	$u_4 \leqslant 0.6$

注：当频遇荷载组合下，构件中钢筋应力明显高于 $0.6f_{yk}$ 时，设计部门可对单向拉伸残余变形 u_0 的加载峰值提出调整要求。

（3）对直接承受动力荷载的结构构件，设计应根据钢筋应力变化幅度提出接头的抗疲劳性能要求。当设计无专门要求时，接头的疲劳应力幅限值不应小于表 8-74 普通钢筋疲劳应力幅限值的 80%。

普通钢筋疲劳应力幅限值（N/mm²）　　　　　　　　　　　表 8-74

疲劳应力比值 ρ_s^l	疲劳应力幅限值 Δf_y^l	
	HRB335	HRB400
0	175	175
0.1	162	162
0.2	154	156
0.3	144	149
0.4	131	137
0.5	115	123
0.6	97	106
0.7	77	85
0.8	54	60
0.9	28	31

注：当纵向受拉钢筋采用闪光接触对焊连接时，其接头处的钢筋疲劳应力幅限值应按表中数值乘以 0.8 取用。

8.5.2.3 钢筋机械连接加工检验记录

1. 资料表式（表 8-75）

钢筋机械连接加工检验记录　　　　　　　　　　　　　表 8-75

工程名称			结构所在层数	
接头数量		抽检数量	构件种类	
序号	钢筋规格	丝头的锥度和螺距检验	小端直径检验	检验结论	备　注

注：1. 按每批加工钢筋螺纹丝头数的 10% 检验；
　　2. 丝头的锥度和螺距合格、小端直径合格的打"√"；否则打"×"。

检查单位：　　　　　　负责人：　　　　　　检查人员：　　　　　日　期：

2. 应用说明

（1）施工现场接头的加工与安装

1）接头的加工

①在施工现场加工钢筋接头时，应符合下列规定：

A. 加工钢筋接头的操作工人应经专业技术人员培训合格后才能上岗，人员应相对稳定。

B. 钢筋接头的加工应经工艺检验合格后方可进行。

②直螺纹接头的现场加工应符合下列规定：

A. 钢筋端部应切平或镦平后加工螺纹。

B. 镦粗头不得有与钢筋轴线相垂直的横向裂纹。

C. 钢筋丝头长度应满足企业标准中产品设计要求，公差应为 $0\sim2.0P$（P 为螺距）。

D. 钢筋丝头宜满足 6f 级精度要求，应用专用直螺纹量规检验，通规能顺利旋入并达到要求的拧入长度，止规旋入不得超过 3P。抽检数量 10%，检验合格率不应小于 95%。

③锥螺纹接头的现场加工应符合下列规定：

A. 钢筋端部不得有影响螺纹加工的局部弯曲。

B. 钢筋丝头长度应满足设计要求，使拧紧后的钢筋丝头不得相互接触，丝头加工长度公差应为 $-0.5P\sim-1.5P$。

C. 钢筋丝头的锥度和螺距应使用专用锥螺纹量规检验；抽检数量 10%，检验合格率不应小于 95%。

（2）接头的安装

1）直螺纹钢筋接头的安装质量应符合下列要求：

①安装接头时可用管钳扳手拧紧，应使钢筋丝头在套筒中央位置相互顶紧。标准型接头安装后的外露螺纹不宜超过 2P。

②安装后应用扭力扳手校核拧紧扭矩，拧紧扭矩值应符合表 8-76 的规定。

直螺纹接头安装时的最小拧紧扭矩值 表 8-76

钢筋直径（mm）	≤16	18～20	22～25	28～32	36～40
拧紧扭矩（N·m）	100	200	260	320	360

③校核用扭力扳手的准确度级别可选用 10 级。

2）锥螺纹钢筋接头的安装质量应符合下列要求：

①接头安装时应严格保证钢筋与连接套的规格相一致。

②接头安装时应用扭力扳手拧紧，拧紧扭矩值应符合表 8-77 的要求。

锥螺纹接头安装时的拧紧扭矩值 表 8-77

钢筋直径（mm）	≤16	18～20	22～25	28～32	36～40
拧紧扭矩（N·m）	100	180	240	300	360

③校核用扭力扳手与安装用扭力扳手应区分使用，校核用扭力扳手应每年校核 1 次，准确度级别应选用 5 级。

3）套筒挤压钢筋接头的安装质量应符合下列要求：

①钢筋端部不得有局部弯曲，不得有严重锈蚀和附着物。

②钢筋端部应有检查插入套筒深度的明显标记，钢筋端头离套筒长度中点不宜超过 10mm。

③挤压应从套筒中央开始，依次向两端挤压，压痕直径的波动范围应控制在供应商认定的允许波动范围内，并提供专用量规进行检验。

④挤压后的套筒不得有肉眼可见裂纹。

8.6 钢结构连接试验报告

8.6.1 钢结构焊接连接试验报告

1. 资料表式

钢结构焊接连接试验报告 表 8-78

委托单位：　　　　　　　　　　　　　　　　　　　　　　　　　　试验编号：

工程名称				委托日期		
使用部位				报告日期		
钢材类别		原材料号		检验类别		
接头类型		代表数量		焊接人		
公称直径 （mm）	屈服点 （MPa）	抗拉强度 （MPa）	断口特征 及位置	冷　弯 条　件		冷　弯 结　果
依据标准：						
检验结论：						
备　　注：						

试验单位：　　　　　　技术负责人：　　　　　　审核：　　　　　　试（检）验：

注：钢结构焊接连接试验报告表式，可根据当地的使用惯例制定的表式应用，但委托单位、试验编号、工程名称、委托日期、使用部位、报告日期、钢材类别、检验类别、接头类型、代表数量、焊接人、屈服点（MPa）、抗拉强度（MPa）、断口特征及位置、冷弯条件、冷弯结果、依据标准、检验结论等项试验内容必须齐全。

2. 应用说明

（1）焊接检验的一般规定

1）焊接检验应按下列要求分为两类：

①自检，是施工单位在制造、安装过程中，由本单位具有相应资质的检测人员或委托具有相应检验资质的检测机构进行的检验。

②监检，是业主或其代表委托具有相应检验资质的独立第三方检测机构进行的检验。

2）焊接检验的一般程序包括焊前检验、焊中检验和焊后检验，并应符合下列规定：

①焊前检验应至少包括下列内容：

A. 按设计文件和相关标准的要求对工程中所用钢材、焊接材料的规格、型号（牌号）、材质、外观及质量证明文件进行确认。

B. 焊工合格证及认可范围确认。

C. 焊接工艺技术文件及操作规程审查。

D. 坡口形式、尺寸及表面质量检查。

E. 组对后构件的形状、位置、错边量、角变形、间隙等检查。

F. 焊接环境、焊接设备等条件确认。

G. 定位焊缝的尺寸及质量认可。

H. 焊接材料的烘干、保存及领用情况检查。

I. 引弧板、引出板和衬垫板的装配质量检查。

②焊中检验应至少包括下列内容：

A. 实际采用的焊接电流、焊接电压、焊接速度、预热温度、层间温度及后热温度和时间等焊接工艺参数与焊接工艺文件的符合性检查。

B. 多层多道焊焊道缺欠的处理情况确认。

C. 采用双面焊清根的焊缝，应在清根后进行外观检查及规定的无损检测。

D. 多层多道焊中焊层、焊道的布置及焊接顺序等检查。

③焊后检验应至少包括下列内容：

A. 焊缝的外观质量与外形尺寸检查。

B. 焊缝的无损检测。

C. 焊接工艺规程记录及检验报告审查。

3）焊接检验前应根据结构所承受的荷载特性、施工详图及技术文件规定的焊缝质量等级要求编制检验和试验计划，由技术负责人批准并报监理工程师备案。检验方案应包括检验批的划分、抽样检验的抽样方法、检验项目、检验方法、检验时机及相应的验收标准等内容。

4）焊缝检验抽样方法应符合下列规定：

①焊缝的计数方法：工厂制作焊缝长度不大于 1000mm 时，每条焊缝应为 1 处；长度大于 1000mm 时，以 1000mm 为基准，每增加 300mm 焊缝数量应增加 1 处；现场安装焊缝每条焊缝应为 1 处。

②可按下列方法确定检验批：

A. 制作焊缝以同一工区（车间）按 300～600 处的焊缝数量组成检验批；多层框架结构可以每节柱的所有构件组成检验批。

B. 安装焊缝以区段组成检验批；多层框架结构以每层（节）的焊缝组成检验批。

③抽样检验除设计指定焊缝外应采用随机取样方式取样，且取样中应覆盖到该批焊缝中所包含的所有钢材类别、焊接位置和焊接方法。

5）外观检测应符合下列规定：

①所有焊缝应冷却到环境温度后方可进行外观检测。

②外观检测采用目测方式，裂纹的检查应辅以 5 倍放大镜并在合适的光照条件下进行，必要时可采用磁粉探伤或渗透探伤检测，尺寸的测量应用量具、卡规。

③栓钉焊接接头的焊缝外观质量应符合表 8-79 或表 8-80 的要求。外观质量检验合格后进行打弯抽样检查，合格标准：当栓钉弯曲至 30°时，焊缝和热影响区不得有肉眼可见的裂纹，检查数量不应小于栓钉总数的 1‰且不少于 10 个。

④电渣焊、气电立焊接头的焊缝外观成型应光滑，不得有未熔合、裂纹等缺陷；当板厚小于 30mm 时，压痕、咬边深度不应大于 0.5mm；板厚不小于 30mm 时，压痕、咬边深度不应大于 1.0mm。

栓钉焊接接头外观检验合格标准　　　　　　　　　　　　　　表 8-79

外观检验项目	合格标准	检验方法
焊缝外形尺寸	360°范围内焊缝饱满 拉弧式栓钉焊：焊缝高 $K_1 \geqslant 1mm$；焊缝宽 $K_2 \geqslant 0.5mm$ 电弧焊：最小焊脚尺寸应符合表 8-69 的规定	目测、钢尺、焊缝量规
焊缝缺欠	无气孔、夹渣、裂纹等缺欠	目测、放大镜（5 倍）
焊缝咬边	咬边深度≤0.5mm，且最大长度不得大于 1 倍的栓钉直径	钢尺、焊缝量规
栓钉焊后高度	高度偏差≤±2mm	钢尺
栓钉焊后倾斜角度	倾斜角度偏差 $\theta \leqslant 5°$	钢尺、量角器

采用电弧焊方法的栓钉焊接接头最小焊脚尺寸　　　　　　　　表 8-80

栓钉直径（mm）	角焊缝最小焊脚尺寸（mm）
10，13	6
16，19，22	8
25	10

6）焊缝无损检测报告签发人员必须持有现行国家标准《无损检测人员资格鉴定与认证》（GB/T 9445—2008）规定的 2 级或 2 级以上资格证书。

7）超声波检测应符合下列规定：

①对接及角接接头的检验等级应根据质量要求分为 A、B、C 三级，检验的完善程度 A 级最低，B 级一般，C 级最高，应根据结构的材质、焊接方法、使用条件及承受载荷的不同，合理选用检验级别。

②对接及角接接头检验范围如图 8-4 所示，其确定应符合下列规定：

A. A 级检验采用一种角度的探头在焊缝的单面单侧进行检验，只对能扫查到的焊缝截面进行探测，一般不要求做横向缺欠的检验。母材厚度大于 50mm 时，不得采用 A 级检验。

B. B 级检验采用一种角度探头在焊缝的单面双侧进行检验，受几何条件限制时，应在焊缝单面、单侧采用两种角度探头（两角度之差大于 15°）进行检验。母材厚度大于 100mm 时，应采用双面双侧检验，受几何条件限制时，应在焊缝双面单侧，采用两种角度探头（两角度之差大于 15°）进行检验，检验应覆盖整个焊缝截面。条件允许时应做横向缺欠检验。

C. C 级检验至少应采用两种角度探头在焊缝的单面双侧进行检验。同时应做两个扫查方向和两种探头角度的横向缺欠检验。母材厚度大于 100mm 时，应采用双面双侧检验。检查前应将对接焊缝余高磨平，以便探头在焊缝上做平行扫查。焊缝两侧斜探头扫查经过母材部分应采用直探头做检查。当焊缝母材厚度不小于 100mm，或窄间隙焊缝母材厚度不小于 40mm 时，应增加串列式扫查。

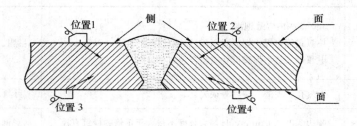

图 8-4　超声波检测位置

8）抽样检验应按下列规定进行结果判定：

①抽样检验的焊缝数不合格率小于 2％时，该批验收合格。

②抽样检验的焊缝数不合格率大于 5％时，该批验收不合格。

③除本条第 5 款情况外抽样检验的焊缝数不合格率为 2％～5％时，应加倍抽检，且必须在原不合格部位两侧的焊缝延长线各增加一处，在所有抽检焊缝中不合格率不大于 3％时，该批验收合格，大于 3％时，该批验收不合格。

④批量验收不合格时，应对该批余下的全部焊缝进行检验。

⑤检验发现 1 处裂纹缺陷时，应加倍抽查，在加倍抽检焊缝中未再检查出裂纹缺陷时，该批验收合格；检验发现多于 1 处裂纹缺陷或加倍抽查又发现裂纹缺陷时，该批验收不合格，应对该批余下焊缝的全数进行检查。

9）所有检出的不合格焊接部位应按《钢结构焊接规范》（GB 50661—2011）第 7.11 节的规定予以返修至检查合格。

3. 钢结构焊接工艺评定报告表式

（1）钢结构焊接工艺评定报告　　封页

钢结构焊接工艺评定报告

报告编号：_____

编　　制：_____

审　　核：_____

批　　准：_____

单　　位：_____

日　　期：_____年_____月_____日

（2）焊接工艺评定报告目录

焊接工艺评定报告目录

序号	报 告 名 称	报告编号	页数
1			
2			
3			
4			
5			
6			
7			
8			
9			
10			

（3）焊接工艺评定报告表式

1）焊接工艺评定报告

焊接工艺评定报告

共 页 第 页

工程（产品）名称			评定报告编号			
委托单位			工艺指导书编号			
项目负责人			依据标准		《钢结构焊接规范》（GB 50661—2011）	
试样焊接单位			施焊日期			
焊工		资格代号		级 别		
母材钢号		板厚或管径×壁厚		轧制或热处理状态		生产厂

化学成分（％）和力学性能

	C	Mn	Si	S	P	Cr	Mo	V	Cu	Ni	B	R_{eH} (R_{el}) (N/mm²)	R_m (N/mm²)	A (％)	Z (％)	A_{kv} (J)
标准																
合格证																
复验																

C_{eq}, IIW （％）	$C + \dfrac{Mn}{6} + \dfrac{Cr+Mo+V}{5} + \dfrac{Cu+Ni}{15}$ $=$		P_{cm}（％）	$C + \dfrac{Si}{30} + \dfrac{Mn+Cu+Cr}{20} + \dfrac{Ni}{60} + \dfrac{Mo}{15} + \dfrac{V}{10} + 5B$ $=$	

焊接材料	生产厂	牌 号	类型	直径（mm）	烘干制度（℃×h）	备 注
焊 条						
焊 丝						
焊剂或气体						

焊接方法		焊接位置		接头形式	
焊接工艺参数	见焊接工艺评定指导书	清根工艺			
焊接设备型号		电源及极性			
预热温度（℃）		道间温度（℃）		后热温度（℃）及时间（min）	
焊后热处理					

评定结论：本评定按《钢结构焊接规范》（GB 50661—2011）的规定，根据工程情况编制工艺评定指导书、焊接试件、制取并检验试样、测定性能，确认试验记录正确，评定结果为：_____。焊接条件及工艺参数适用范围按本评定指导书规定执行。

评 定		年 月 日	
审 核		年 月 日	评定单位：　　　　　　　　　　　（签章）
技术负责		年 月 日	年 月 日

458

2) 焊接工艺评定指导书

焊接工艺评定指导书

工程名称				指导书编号			
母材钢号		板厚或 管径×壁厚		轧制或 热处理状态		生产厂	
焊接材料	生产厂	牌号	型号	类 型	烘干制度 （℃×h）		备注
焊条							
焊丝							
焊剂或气体							
焊接方法				焊接位置			
焊接设备型号				电源及极性			
预热温度（℃）		道间温度（℃）		后热温度（℃） 及时间（min）			
焊后热处理							

接头及坡口尺寸图		焊接顺序图

焊接工艺参数	道次	焊接方法	焊条或焊丝		焊剂或保护气	保护气体流量（L/min）	电流（A）	电压（V）	焊接速度（cm/min）	热输入（kJ/cm）	备注
			牌号	φ(mm)							

技术措施	焊前清理		道间清理	
	背面清根			
	其他：			

编制		日期	年 月 日	审核		日期	年 月 日

459

3）焊接工艺评定记录表

焊接工艺评定记录表

工程名称					指导书编号			
焊接方法			焊接位置		设备型号		电源及极性	
母材钢号			类　别		生产厂			
母材板厚或管径×壁厚					轧制或热处理状态			

接头尺寸及施焊道次顺序		焊　接　材　料						
		焊条	牌号		型号		类型	
			生产厂			批号		
			烘干温度（℃）			时间（min）		
		焊丝	牌号		型号		规格（mm）	
			生产厂			批号		
		焊剂或气体	牌号			规格（mm）		
			生产厂					
			烘干温度（℃）			时间（min）		

施焊工艺参数记录								
道次	焊接方法	焊条（焊丝）直径（mm）	保护气体流量（L/min）	电流（A）	电压（V）	焊接速度（cm/min）	热输入（kJ/cm）	备注

施焊环境		室内/室外		环境温度（℃）		相对湿度		％
预热温度（℃）			道间温度（℃）		后热温度（℃）		时间（min）	
后热处理								
技术措施	焊前清理				道间清理			
	背面清根							
	其　他							
焊工姓名		资格代号			级别		施焊日期	年　月　日
记录		日期	年　月　日	审核			日期	年　月　日

4）焊接工艺评定检验结果

焊接工艺评定检验结果

非 破 坏 检 验				
试验项目	合格标准	评定结果	报告编号	备 注
外 观				
X 光				
超声波				
磁 粉				

拉伸试验	报告编号			弯曲试验		报告编号		
试样编号	R_{eH}（R_{el}）（MPa）	R_m（MPa）	断口位置	评定结果	试样编号	试验类型	弯心直径 D（mm）	弯曲角度 / 评定结果

冲击试验	报告编号			客观金相	报告编号	
试样编号	缺口位置	试验温度（℃）	冲击功 A_{kv}（J）	评定结果：		
				硬度试验	报告编号	
				评定结果：		

评定结果：

其他检验：

检验		日期	年 月 日	审核		日期	年 月 日

5) 栓钉焊焊接工艺评定报告

栓钉焊焊接工艺评定报告

工程（产品）名称				评定报告编号		
委托单位				工艺指导书编号		
项目负责人				依据标准		
试样焊接单位				施焊日期		
焊工		资格代号			级 别	
施焊材料	牌 号	型号或材质	规 格	热处理或表面状态	烘干制度（℃×h）	备注
焊接材料						
母 材						
穿透焊板材						
焊 钉						
瓷 环						
焊接方法			焊接位置		接头形式	
焊接工艺参数	见焊接工艺评定指导书					
焊接设备型号			电源及极性			
备 注：						
评定结论： 　　本评定按《钢结构焊接规范》（GB 50661—2011）的规定，根据工程情况编制工艺评定指导书、焊接试件、制取并检验试样、测定性能，确认试验记录正确，评定结果为：＿＿＿＿＿＿＿。 　　焊接条件及工艺参数适用范围应按本评定指导书规定执行。						
评 定			年 月 日			
审 核			年 月 日	检测评定单位：	（签章）	
技术负责			年 月 日		年 月 日	

6）栓钉焊焊接工艺评定指导书

栓钉焊焊接工艺评定指导书

工程名称				指导书编号			
焊接方法				焊接位置			
设备型号				电源及极性			
母材钢号		类别		厚度（mm）		生产厂	

接头及试件形式		焊 接 材 料				
		焊接材料	牌号		型号	规格（mm）
			生产厂			批号
		穿透焊钢材	牌号		规格（mm）	
			生产厂		表面镀层	
		焊钉	牌号		规格（mm）	
			生产厂			
		瓷环	牌号		规格（mm）	
			生产厂			
		烘干温度(℃)及时间(min)				

焊接工艺参数	序号	电流（A）	电压（V）	时间（s）	保护气体流量（L/min）	伸出长度（mm）	提升高度（mm）	备 注
	1							
	2							
	3							
	4							
	5							
	6							
	7							
	8							
	9							
	10							

技术措施	焊前母材清理	
	其他：	

编制		日期	年 月 日	审核		日期	年 月 日

7) 栓钉焊焊接工艺评定记录表

栓钉焊焊接工艺评定记录表

工程名称				指导书编号			
焊接方法				焊接位置			
设备型号				电源及极性			
母材钢号		类别		厚度（mm）		生产厂	

接头及试件形式		施 焊 材 料					
		焊接材料	牌号		型号		规格（mm）
			生产厂				批号
		穿透焊钢材	牌号			规格（mm）	
			生产厂			表面镀层	
		焊钉	牌号			规格（mm）	
			生产厂				
		瓷环	牌号			规格（mm）	
			生产厂				
		烘干温度（℃）及时间(min)					

施焊工艺参数记录

序号	电流（A）	电压（V）	时间（s）	保护气体流量（L/min）	伸出长度（mm）	提升高度（mm）	环境温度（℃）	相对湿度（%）	备注
1									
2									
3									
4									
5									
6									
7									
8									
9									

技术措施	焊前母材清理				
	其他：				

焊工姓名		资格代号		级别		施焊日期	年 月 日
编制		日期	年 月 日	审核		日期	年 月 日

8）栓钉焊焊接工艺评定试样检验结果

栓钉焊焊接工艺评定试样检验结果

焊 缝 外 观 检 查						
检验项目	实测值（mm）				规定值	检验结果
	0°	90°	180°	270°	（mm）	
焊缝高					>1	
焊缝宽					>0.5	
咬边深度					<0.5	
气孔					无	
夹渣					无	
拉伸试验	报告编号					
试样编号	抗拉强度 R^m（MPa）	断口位置		断裂特征		检验结果
弯曲试验	报告编号					
试样编号	试验类型	弯曲角度		检验结果		备 注
	锤击	30°				
	锤击	30°				
	锤击	30°				

其他检验：

检验		日期	年 月 日	审核		日期	年 月 日

8.6.2 钢结构无损探伤检验报告

8.6.2.1 焊缝超声波探伤报告

1. 资料表式 (表 8-81)

焊缝超声波探伤报告 表 8-81

委托单位：

工程名称		焊接类型		试验编号	
工程编号		规 格		报告日期	
仪器型号		探伤方法		探测频率	
探头直径		探头 K 值		探头移动方式	
耦合剂		检验标准		试块	
探测灵敏度		增益	抑制		输出		粗调	
焊缝全长： m；探伤比例： %；长度： m 探伤部位： 缺陷记录： （附探伤位置图）					

试验单位：　　　　技术负责人：　　　　审核：　　　　试（检）验：

2. 应用说明

（1）焊缝超声波探伤报告是指为保证工程质量对用于钢结构工程的焊接试件进行的焊缝超声波探伤报告的有关指标测试，由试验单位出具的试验证明文件。焊缝超声波探伤报告是无损探伤焊缝试（检）验项目的内容之一，应按相应标准规定执行。

（2）试件焊后检验应至少包括下列内容：

1）焊缝的外观质量与外形尺寸检查；

2）焊缝的无损检测；

3）焊接工艺规程记录及检验报告审查。

（3）超声波检测应符合下列规定：

1）对接及角接接头的检验等级应根据质量要求分为 A、B、C 三级，检验的完善程度 A 级最低，B 级一般，C 级最高，应根据结构的材质、焊接方法、使用条件及承受载荷的不同，合理选用检验级别。

2）对接及角接接头检验范围见图 8-5，其确定应符合下列规定：

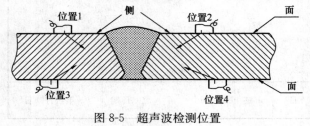

图 8-5 超声波检测位置

466

①A级检验采用一种角度的探头在焊缝的单面单侧进行检验，只对能扫查到的焊缝截面进行探测，一般不要求作横向缺欠的检验。母材厚度大于50mm时，不得采用A级检验。

②B级检验采用一种角度探头在焊缝的单面双侧进行检验，受几何条件限制时，应在焊缝单面、单侧采用两种角度探头（两角度之差大于15°）进行检验。母材厚度大于100mm时，应采用双面双侧检验，受几何条件限制时，应在焊缝双面单侧，采用两种角度探头（两角度之差大于15°）进行检验，检验应覆盖整个焊缝截面。条件允许时应作横向缺欠检验。

③C级检验至少应采用两种角度探头在焊缝的单面双侧进行检验。同时应作两个扫查方向和两种探头角度的横向缺欠检验。母材厚度大于100mm时，应采用双面双侧检验。检查前应将对接焊缝余高磨平，以便探头在焊缝上作平行扫查。焊缝两侧斜探头扫查经过母材部分应采用直探头作检查。当焊缝母材厚度不小于100mm，或窄间隙焊缝母材厚度不小于40mm时，应增加串列式扫查。

（4）抽样检验应按下列规定进行结果判定：

①抽样检验的焊缝数不合格率小于2%时，该批验收合格；

②抽样检验的焊缝数不合格率大于5%时，该批验收不合格；

③除本条第5款情况外抽样检验的焊缝数不合格率为2%～5%N。应加倍抽检，且必须在原不合格部位两侧的焊缝延长线各增加一处，在所有抽检焊缝中不合格率不大于3%时，该批验收合格，大于3%时，该批验收不合格；

④批量验收不合格时，应对该批余下的全部焊缝进行检验；

⑤检验发现1处裂纹缺陷时，应加倍抽查，在加倍抽检焊缝中未再检查出裂纹缺陷时，该批验收合格；检验发现多于1处裂纹缺陷或加倍抽查又发现裂纹缺陷时，该批验收不合格，应对该批余下焊缝的全数进行检查。

（5）承受静荷载结构焊接质量的检验

1）无损检测的基本要求应符合下列规定：

①无损检测应在外观检测合格后进行。Ⅲ、Ⅳ类钢材及焊接难度等级为C、D级时，应以焊接完成24h后无损检测结果作为验收依据；钢材标称屈服强度不小于690MPa或供货状态为调质状态时，应以焊接完成48h后无损检测结果作为验收依据。

②设计要求全焊透的焊缝，其内部缺欠的检测应符合下列规定：

A. 一级焊缝应进行100%的检测，其合格等级不应低于"（5）承受静荷载结构焊接质量的检验项下的2）超声波检测应符合的规定"中B级检验的Ⅱ级要求；

B. 二级焊缝应进行抽检，抽检比例不应小于20%，其合格等级不应低于"（5）承受静荷载结构焊接质量的检验项下的2）超声波检测应符合的规定"中B级检测的Ⅲ级要求。

C. 三级焊缝应根据设计要求进行相关的检测。

2）超声茶检测应符合下列规定：

①检验灵敏度应符合表8-82的规定；

②缺欠等级评定应符合表8-83的规定；

距离-波幅曲线

表 8-82

厚度（mm）	判废线（dB）	定量线（dB）	评定线（dB）
3.5～150	$\phi 3 \times 40$	$\phi \times 40-6$	$\phi \times 40-14$

超声波检测缺欠等级评定

表 8-83

评定等级	检验等级		
	A	B	C
	板厚 t（mm）		
	3.5～50	3.5～150	3.5～150
Ⅰ	$2t/3$；最小 8mm	$t/3$；最小 6mm 最大 40mm	$t/3$；最小 6mm 最大 40mm
Ⅱ	$3t/4$；最小 8mm	$2t/3$；最小 8mm 最大 70mm	$2t/3$；最小 8mm 最大 50mm
Ⅲ	$<t$；最小 16mm	$3t/4$；最小 12mm 最大 90mm	$3t/4$；最小 12mm 最大 75mm
Ⅳ	超过Ⅲ级者		

③当检测板厚在 3.5～5mm 范围时，其超声波检测的技术参数应按现行行业标准《钢结构超声波探伤及质量分级法》JG/T 203 执行；

④焊接球节点网架、螺栓球节点网架及圆管 T、K、Y 节点焊缝的超声波探伤方法及缺陷分级应符合现行行业标准《钢结构超声波探伤及质量分级法》JG/T 203 的有关规定；

⑤箱形构件隔板电渣焊焊缝无损检测，除应符合"（5）承受静荷载结构焊接质量的检验项下的 1）无损检测的基本要求应符合的规定"的相关规定外，还应按《钢结构焊接规范》（GB 50661—2011）规范附录 C〔箱形柱（梁）内隔板电渣焊缝焊透宽度的测量〕进行焊缝焊透宽度、焊缝偏移检测；

⑥对超声波检测结果有疑义时，可采用射线检测验证；

⑦下列情况之一宜在焊前用超声波检测 T 形、十字形、角接接头坡口处的翼缘板，或在焊后进行翼缘板的层状撕裂检测：

A. 发现钢板有夹层缺欠；

B. 翼缘板、腹板厚度不小于 20mm 的非厚度方向性能钢板；

C. 腹板厚度大于翼缘板厚度且垂直于该翼缘板厚度方向的工作应力较大。

⑧超声波检测设备及工艺要求应符合现行国家标准《钢焊缝手工超声波探伤方法和探伤结果分级》GB/T 11345 的有关规定。

（6）需疲劳验算结构的焊缝质量检验

1）无损检测应符合下列规定：

①无损检测应在外观检查合格后进行。Ⅰ、Ⅱ类钢材及焊接难度等级为 A、B 级时，应以焊接完成 24h 后检测结果作为验收依据，Ⅲ、Ⅳ类钢材及焊接难度等级为 C、D 级时，应以焊接完成 48h 后的检查结果作为验收依据。

②板厚不大于 30mm（不等厚对接时，按较薄板计）的对接焊缝除按"（6）需疲劳验算结构的焊缝质量检验项下的 2）超声波检测应符合的规定"的规定进行超声波检测外，还应采用射线检测抽检其接头数量的 10% 且不少于一个焊接接头。

③板厚大于 30mm 的对接焊缝除按"（6）需疲劳验算结构的焊缝质量检验项下的 2）超声波检测应符合的规定"的规定进行超声波检测外，还应增加接头数量的 10% 且不少于一个焊接接头，按检验等级为 C 级、质量等级为不低于一级的超声波检测，检测时焊缝余高应磨平，使用的探头折射角应有一个为 45°，探伤范围应为焊缝两端各 500mm。焊缝长度大于 1500mm 时，中部应加探 500mm。当发现超标缺欠时应加倍检验。

④用射线和超声波两种方法检验同一条焊缝，必须达到各自的质量要求，该焊缝方可判定为合格。

2）超声波检测应符合下列规定：

①超声波检测设备和工艺要求应符合现行国家标准《钢焊缝手工超声波探伤方法和探伤结果分级》GB/T 11345 的有关规定。

②检测范围和检验等级应符合表 8-84 的规定。距离—波幅曲线及缺欠等级评定应符合表 8-85、表 8-86 的规定。

焊缝超声波检测范围和检验等级　　　　　　　　　　　　表 8-84

焊缝质量级别	探伤部位	探伤比例	板厚 t（mm）	检验等级
一、二级横向对接焊缝	全长	100%	$10 \leqslant t \leqslant 46$	B
	—	—	$46 < t \leqslant 80$	B（双面双侧）
二级横向对接焊缝	焊缝两端各 1000mm	100%	$10 \leqslant t \leqslant 46$	B
	—	—	$46 < t \leqslant 80$	B（双面双侧）
二级角焊缝	两端螺栓孔部位并延长 500mm，板梁主梁及纵、横梁跨中加探 1000mm	100%	$10 \leqslant t \leqslant 46$	B（双面单侧）
	—	—	$46 < t \leqslant 80$	B（双面双侧）

超声波检测距离—波幅曲线灵敏度　　　　　　　　　　　表 8-85

焊缝质量等级		板厚（mm）	判废线	定量线	评定线
对接焊缝一、二级		$10 \leqslant t \leqslant 46$	$\phi3 \times 40 - 6dB$	$\phi3 \times 40 - 14dB$	$\phi3 \times 40 - 20dB$
		$46 < t \leqslant 80$	$\phi3 \times 40 - 2dB$	$\phi3 \times 40 - 10dB$	$\phi3 \times 40 - 16dB$
全焊透对接与角接组合焊缝一级		$10 \leqslant t \leqslant 80$	$\phi3 \times 40 - 4dB$	$\phi3 \times 40 - 10dB$	$\phi3 \times 40 - 16dB$
			$\phi6$	$\phi3$	$\phi2$
角焊缝二级	部分焊透对接与角接组合焊缝	$10 \leqslant t \leqslant 80$	$\phi3 \times 40 - 4dB$	$\phi3 \times 40 - 10dB$	$\phi3 \times 40 - 16dB$
	贴角焊缝	$10 \leqslant t \leqslant 25$	$\phi1 \times 2$	$\phi1 \times 2 - 6dB$	$\phi1 \times 2 - 12dB$
		$25 \leqslant t \leqslant 80$	$\phi1 \times 2 + 4dB$	$\phi1 \times 2 - 4dB$	$\phi1 \times 2 - 10dB$

注：1　角焊缝超声波检测采用铁路钢桥制造专用柱孔标准试块或与其校准过的其他孔形试块；

2　$\phi6$、$\phi3$、$\phi2$ 表示纵波探伤的平底孔参考反射体尺寸。

焊缝质量等级	板厚 t（mm）	单个缺欠指示长度	多个缺欠的累计指示长度
对接焊缝一级	$10 \leqslant t \leqslant 80$	$t/4$，最小可为 8mm	在任意 $9t$，焊缝长度范围不超过 t
对接焊缝二级	$10 \leqslant t \leqslant 80$	$t/2$，最小可为 10mm	在任意 $4.5f$，焊缝长度范围不超过 t
全焊透对接与角接组合焊缝一级	$10 \leqslant t \leqslant 80$	$t/3$，最小可为 10mm	—
角焊缝二级	$10 \leqslant t \leqslant 80$	$t/2$，最小可为 10mm	—

注：1 母材板厚不同时，按较薄板评定；
   2 缺欠指示长度小于 8mm 时，按 5mm 计。

（7）超声检测报告至少应包括以下内容：

1）委托单位；

2）被检工件：名称、编号、规格、材质、坡口型式、焊接方法和热处理状况；

3）检测设备：探伤仪、探头、试块；

4）检测规范：技术等级、探头 K 值、探头频率、检测面和检测灵敏度；

5）检测部位及缺陷的类型、尺寸、位置和分布应在草图上予以标明，如有因几何形状限制而检测不到的部位，也应加以说明；

6）检测结果及质量分级、检测标准名称和验收等级；

7）检测人员和责任人员签字及其技术资格；

8）检测日期。

8.6.2.2 焊缝超声波探伤记录

1. 资料表式

焊缝超声波探伤记录按当地建设行政主管部门或其委托单位批准的具有相应资质的试验室提供的焊缝超声波探伤记录表式执行。

2. 应用说明

焊缝超声波探伤记录由承接该焊缝超声波探伤的试验室提供，该记录是焊缝超声波探伤的过程记录。提供该记录的目的是为核查和判定焊缝超声波探伤是否符合设计要求。

8.6.2.3 焊缝射线探伤报告

1. 资料表式（表 8-87）

委托单位：　　　　　　　　　　　　　　　　　　　　　　　　　　试验编号：

工程名称		焊接类型		报告日期	
工程编号		规　　格		母材试验单编号	
设备型号		焦距		管电压	
曝光时间				管电流	
透度计型号		胶片型号	胶片尺寸	有效长度	
增感方式			冲洗方式		

焊缝全长：　　　　m；　　　探伤比例：　　　　%；　　　长度：　　　　m

探伤部位：

射线拍片共　　　张；其中纵缝：　　　张，环缝：　　　张，其他部位　　张

　　　　　　　Ⅰ级片　　　　张，占总片数　　　　%

　　　　　　　Ⅱ级片　　　　张，占总片数　　　　%

　　　　　　　Ⅲ级片　　　　张，占总片数　　　　%

附：探伤位置图和探伤记录

试验单位：	技术负责人：	审核：	试（检）验：

2. 应用说明

（1）焊缝射线探伤报告是指为保证钢结构工程质量对用于工程的焊接试件进行的焊缝射线探伤的有关指标测试，由试验单位出具的试验证明文件。焊缝射线探伤报告是指钢熔化焊对接接头（焊缝）用 X 射线或 γ 射线照相方法提供的焊缝射线探伤报告。是无损探伤焊缝试（检）验的项目之一，应按相应标准规定执行。

注：碳素结构钢应在焊缝冷却到环境温度、低合金结构钢应在完成焊接 24h 以后，方可进行焊缝探伤检验。

（2）焊缝射线探伤检验应进行外观检测、超声波检测、抽样检测，并应符合相关规定，参照 8.6.1 节相关内容。

（3）承受静荷载结构焊接质量的检验参照 8.6.2.1 节相关内容。

（4）填表说明

1）焊接类型：指受试焊缝射线探伤焊接件的焊接类别，如：对焊、电弧焊等，照实际填写。

2）工程编号：指受试焊缝射线探伤焊接件用于该工程的工程编号。

3）规格：指原焊接件的试件规格，照实际填写。

4）母材试验单编号：指原焊接件母材试验报告单的编号，照实际填写。

5）设备型号：照实际用做射线探伤的设备型号填写。

6）焦距：指射线探伤选定的焦距，焦距选定应合理，一般不用短焦距，照实际填写。

7）管电压：照实际填写，管电压应不超过不同透照厚度所允许的最高管电压。

8）管电流：照实际管电流强度填写。

9）曝光时间：应根据设备、胶片和增感屏按具体条件制作和选用的合适的曝光曲线。曝光量推荐选用不低于 15mA·min。以防止用短焦距和高管电压引起的不良影响，照实

际选用的曝光时间填写。

10）透度计型号：是进行 X 射线探伤的应用仪器之一，透度计的型式和规格选用、透度计的灵敏度与焊缝厚度等，均应符合规范的要求。照实际透度计的型号填写。

11）胶片型号：指射线探伤应用的胶片型号，照实际填写。

12）胶片尺寸：指射线探伤应用胶片的尺寸，照实际填写。

13）有效长度：指射线探伤应用胶片的实际长度，照实际填写。

14）增感方式：一般用增感屏（金属增感屏或下用增感屏），个别情况射线照拍方法为 A 级时也可用荧光增感屏或金属荧光增感屏，照实际填写。

15）冲洗方式：照实际填写。

16）焊缝全长：指被焊件的焊缝的全部长度。

17）探伤比例：指被焊件的焊缝全长与射线探伤长度之比，照检查时的实际结果填写。

18）探伤部位：照实际的探伤部位填写。

注：1. 底片存档应至少保存 5 年。
    2. 探伤报告应包括：
       （1）被检管线情况：管线名称、编号、材质及规格、坡口形式、焊接方法、焊条牌号。
       （2）探伤条件：仪器型号、增感方式、管电压、管电流、曝光时间、透照方法。
       （3）探伤要求：探伤比例、执行标准、合格级别。
       （4）探伤结果：探伤数量、通修扩探情况。
       （5）探伤人员姓名、资格日期、探伤时间。

8.6.3 钢结构紧固件连接试验报告

1. 资料表式

钢结构紧固件连接试验报告按当地建设行政主管部门或其委托单位批准的具有相应资质的试验室提供的复试报告表式执行。

2. 应用说明

钢结构紧固件连接试验通常应复（检）验：扭剪型高强度螺栓连接副预拉力复验、高强度大六角头螺栓连接副扭矩系数复验、高强度螺栓连接副施工扭矩检验、高强度螺栓连接摩擦面的抗滑移系数检验。

8.6.3.1 扭剪型高强度螺栓连接副预拉力复验

1. 应用说明

（1）扭剪型高强度螺栓连接副预拉力复验报告应按省级及其以上建设行政主管部门或其委托单位批准的具有相应资质试验单位提供的试验报告表式执行。

（2）取样方法、数量与复验

1）扭剪型高强度螺栓连接副应按批进行检验。同批由同一性能等级、材料、炉号、螺纹规格、长度、机械加工、热处理工艺、表面处理工艺的螺栓组成。

2）复验用的螺栓应在施工现场待安装的螺栓批中随机抽取，每批应抽取 8 套连接副进行复验。

3）连接副预拉力可采用经计量检定、校准合格的轴力计进行测试。

4）试验用的电测轴力计、油压轴力计、电阻应变仪、扭矩扳手等计量器具，应在试验前进行标定，其误差不得超过 2%。

5）采用轴力计方法复验连接副预拉力时，应将螺栓直接插入轴力计。紧固螺栓分初拧、终拧两次进行，初拧应采用手动扭矩扳手或专用定扭电动扳手；初拧值应为预拉力标准值的 50% 左右。终拧应采用专用电动扳手，至尾部梅花头拧掉，读出预拉力值。

6）每套连接副只应做一次试验，不得重复使用。在紧固中垫圈发生转动时，应更换连接副，重新试验。

7）复验螺栓连接副的预拉力平均值和标准偏差应符合表 8-88 的规定。

扭剪型高强度螺栓紧固预拉力和标准偏差（kN）　　　　　　　　表 8-88

螺栓直径（mm）	16	20	(22)	24
紧固预拉力的平均值 $\overline{P}$	99～120	154～186	191～231	222～270
标准偏差 σ_p	10.1	15.7	19.5	22.7

2. 紧固件连接工程检验项目的螺栓实物最小载荷检验

（1）目的：测定螺栓实物的抗拉强度是否满足现行国家标准《紧固件机械性能　螺栓、螺钉和螺柱》（GB/T 3098.1—2010）的要求。

（2）检验方法：用专用卡具将螺栓实物置于拉力试验机上进行拉力试验，为避免试件承受横向载荷，试验机的夹具应能自动调整中心，试验时夹头张拉的移动速度不应超过 25mm/min。

螺栓实物的抗拉强度应根据螺纹应力截面积（A_s）计算确定，其取值应按现行国家标准《紧固件机械性能　螺栓、螺钉和螺柱》（GB/T 3098.1—2010）的规定取值。

进行试验时，承受拉力载荷的末旋合的螺纹长度应为 6 倍以上螺距；当试验拉力达到现行国家标准《紧固件机械性能　螺栓、螺钉和螺柱》（GB/T 3098.1—2010）中规定的最小拉力载荷（$A_s \cdot \sigma_b$）时不得断裂。当超过最小拉力载荷直至拉断时，断裂应发生在杆部或螺纹部分，而不应发生在螺头与杆部的交接处。

8.6.3.2　高强度大六角头螺栓连接副扭矩系数复验

（1）高强度大六角头螺栓连接副扭矩系数复验报告应按省级及其以上建设行政主管部门或其委托单位批准的具有相应资质试验单位提供的试验报告表式执行。

（2）取样方法、数量与复验

1）大六角高强度螺栓连接副应按批进行检验。同批由同一性能等级、材料、炉号、螺纹规格、长度、机械加工、热处理工艺、表面处理工艺的螺栓组成。

2）复验用螺栓应在施工现场待安装的螺栓批中随机抽取，每批应抽取 8 套连接副进行复验。

3）连接副扭矩系数复验用的计量器具应在试验前进行标定，误差不得超过 2%。

4）每套连接副只应做一次试验，不得重复使用。在紧固中垫圈发生转动时，应更换连接副，重新试验。

5）连接副扭矩系数的复验应将螺栓穿入轴力计，在测出螺栓预拉力 P 的同时，应测定施加于螺母上的施拧扭矩值 T，并应按下式计算扭矩系数 K：

$$K = \frac{T}{P \cdot d}$$

式中　T——施拧扭矩（N·m）；

　　　d——高强度螺栓的公称直径（mm）；

　　　P——螺栓预拉力（kN）。

6）进行连接副扭矩系数试验时，螺栓预拉力值应符合表 8-89 的规定。

螺栓预拉力值范围（kN） 表 8-89

螺栓规格（mm）		M16	M20	M22	M24	M27	M30
预拉力值 P	10.9S	93～113	142～177	175～215	206～250	265～324	325～390
	8.8S	62～78	100～120	125～150	140～170	185～225	230～275

7）每组 8 套连接副扭矩系数的平均值应为 0.110～0.150，标准偏差小于或等于 0.010。

8）扭剪型高强度螺栓连接副当采用扭矩法施工时，其扭矩系数亦按《钢结构工程施工质量验收规范》（GB 50205—2001）的附录规定确定。

注：1. 对高强度螺栓（即高强度大六角头螺栓连接副、扭剪型高强度螺栓连接副和钢网架用高强度螺栓共 3 种）的进场检验按包装箱配套供货，包装箱上应标明批号、规格、数量及生产日期。按包装箱数检查 5%，且不应少于 3 箱。

　　2. 对钢网架用高强度螺栓：（对建筑结构安全等级为一级，跨度 40m 及以上的螺栓球节点钢网架结构）进行表面硬度试验（按规格检查 8 只）：对 8.8 级高强度螺栓，硬度应为 HRC21～29；对 10.9 级高强度螺栓，硬度应为 HRC32～36；表面不能有裂纹或损伤。

　　3. 对螺栓、螺母、垫圈等外观表面应涂油保护，不应出现生锈和沾染脏物，螺纹不应损伤。

8.6.3.3　高强度螺栓连接副施工扭矩检验

（1）高强度螺栓连接副施工扭矩检验报告应按省级及其以上建设行政主管部门或其委托单位批准的具有相应资质试验单位提供的试验报告表式执行。

（2）高强度螺栓连接副施工扭矩检验

高强度螺栓连接副扭矩检验含初拧、复拧、终拧扭矩的现场无损检验。检验所用的扭矩扳手其扭矩精度误差应不大于 3%。

高强度螺栓连接副扭矩检验分扭矩法检验和转角法检验两种，原则上检验法与施工法应相同。扭矩检验应在施拧 1h 后，48h 内完成。

1）扭矩法检验

检验方法：在螺尾端头和螺母相对位置划线，将螺母退回 60°左右，用扭矩扳手测定拧回至原来位置时的扭矩值。该扭矩值与施工扭矩值的偏差在 10% 以内为合格。

高强度螺栓连接副终拧扭矩值按下式计算：

$$T_c = K \cdot P_c \cdot d$$

式中　T_c——终拧扭矩值（N·m）；

P_c——施工预拉力标准值（kN），见表 8-90；

d——螺栓公称直径（mm）；

K——扭矩系数，按《钢结构工程施工质量验收规范》（GB 50205—2001）附录 B.0.4 的规定试验确定。

高强度大六角头螺栓连接副初拧扭矩值 T_0 可按 $0.5T_c$ 取值。

扭剪型高强度螺栓连接副初拧扭矩值 T_0 可按下式计算：

$$T_0 = 0.065P_c \cdot d$$

式中 T_0——初拧扭矩值（N·m）；

P_c——施工预拉力标准值（kN），见表 8-90 所列；

d——螺栓公称直径（mm）。

2）转角法检验

检验方法：

①检查初拧后在螺母与相对位置所画的终拧起始线和终止线所夹的角度是否达到规定值。

②在螺尾端头和螺母相对位置画线，然后全部卸松螺母，按规定的初拧扭矩和终拧角度重新拧紧螺栓，观察与原画线是否重合。终拧转角偏差在 10°以内为合格。

终拧转角与螺栓的直径、长度等因素有关，应由试验确定。

3）扭剪型高强度螺栓施工扭矩检验

检验方法：观察尾部梅花头拧掉情况。尾部梅花头被拧掉者视同其终拧扭矩达到合格质量标准；尾部梅花头未被拧掉者应按上述扭矩法或转角法检验。

高强度螺栓连接副施工预拉力标准值（kN） 表 8-90

螺栓的 性能等级	螺栓公称直径（mm）					
	M16	M20	M22	M24	M27	M30
8.8S	75	120	150	170	225	275
10.9S	110	170	210	250	320	390

8.6.3.4 高强度螺栓连接摩擦面的抗滑移系数检验

（1）高强度螺栓连接摩擦面的抗滑移系数检验报告应按省级及其以上建设行政主管部门或其委托单位批准的具有相应资质试验单位提供的试验报告表式执行。

（2）取样方法、数量与复验

1）制造厂和安装单位应分别以钢结构制造批为单位进行抗滑移系数试验。制造批可按分部（子分部）工程划分规定的工程量每 2000t 为一批，不足 2000t 的可视为一批。选用两种及两种以上表面处理工艺时，每种处理工艺应单独检验。每批三组试件。

抗滑移系数试验应采用双摩擦面的二栓拼接的拉力试件（图 8-6）。

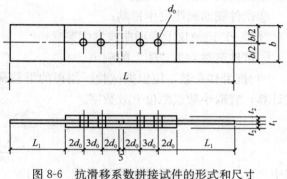

图 8-6 抗滑移系数拼接试件的形式和尺寸

2）抗滑移系数试验用的试件应由制造厂加工，试件与所代表的钢结构构件应为同一材质、同批制作、采用同一摩擦面处理工艺和具有相同的表面状态，并应用同批同一性能等级的高强度螺栓连接副，在同一环境条件下存放。

3）试件钢板的厚度 t_1、t_2 应根据钢结构工程中有代表性的板材厚度来确定，同时应考虑在摩擦面滑移之前，试件钢板的净截面始终处于弹性状态；宽度 b 可参照表 8-91 规定取值。L_1 应根据试验机夹具的要求确定。

试件板的宽度（mm） 表 8-91

螺栓直径 d	16	20	22	24	27	30
板宽 b	100	100	105	110	120	120

4）试件板面应平整，无油污，孔和板的边缘无飞边、毛刺。

（3）试验方法

1）试验用的试验机误差应在 1% 以内。

2）试验用的贴有电阻片的高强度螺栓、压力传感器和电阻应变仪应在试验前用试验机进行标定，其误差应在 2% 以内。

3）试件的组装顺序应符合下列规定：

先将冲钉打入试件孔定位，然后逐个换成装有压力传感器或贴有电阻片的高强度螺栓，或换成同批经预拉力复验的扭剪型高强度螺栓。

4）紧固高强度螺栓应分初拧、终拧。初拧应达到螺栓预拉力标准值的 50% 左右。终拧后，螺栓预拉力应符合下列规定：

①对装有压力传感器或贴有电阻片的高强度螺栓，采用电阻应变仪实测控制试件每个螺栓的预拉力值，应在 $0.95P \sim 1.05P$（P 为高强度螺栓设计预拉力值）之间。

②不进行实测时，扭剪型高强度螺栓的预拉力（紧固轴力）可按同批复验预拉力的平均值取用。

5）试件应在其侧面画出观察滑移的直线。

6）将组装好的试件置于拉力试验机上，试件的轴线应与试验机夹具中心严格对中。

7）加荷时，应先加 10% 的抗滑移设计荷载值，停 1min 后，再平稳加荷，加荷速度为 $3 \sim 5kN/s$。直拉至滑动破坏，测得滑移荷载 N_v。

8）在试验中当发生以下情况之一时，所对应的荷载可定为试件的滑移荷载：

①试验机发生回针现象；

②试件侧面画线发生错动；

③X—Y 记录仪上变形曲线发生突变；

④试件突然发生"嘣"的响声。

9）抗滑移系数，应根据试验所测得的滑移荷载 N_v 和螺栓预拉力 P 的实测值，按下式计算，宜取小数点两位有效数字。

$$\mu = \frac{N_v}{n_f \cdot \sum_{i=1}^{m} P_i}$$

式中 N_v——由试验测得的滑移荷载（kN）；

n_f——摩擦面面数，取 $n_f = 2$；

$\sum\limits_{i=1}^{m} P_i$——试件滑移一侧高强度螺栓预拉力实测值（或同批螺栓连接副的预拉力平均值）之和（取三位有效数字）（kN）；

m——试件一侧螺栓数量，取 $m = 2$。

8.7 桩身完整性检测与桩承载力测试报告

8.7.1 桩身完整性检测报告

工程桩均应进行承载力和桩身完整性抽样检测。桩基施工成果主要是对承载力和桩身完整性进行汇总整理与评价，以保证桩基施工成果符合设计和规范要求。

1. 资料表式

桩身完整性检测报告按当地建设行政主管部门或其委托单位批准的具有相应资质的试验室提供的桩身完整性检测报告表式执行。

2. 应用说明

桩身完整性检测可采用：钻芯法、低应变法、高应变法、声波透射法。

8.7.1.1 基桩钻芯法试验检测报告

1. 资料表式

基桩钻芯法试验检测报告按当地建设行政主管部门核定的表格形式，经有关部门批准施工单位或试验室提供的基桩钻芯法试验检测报告执行。

2. 应用说明

（1）钻芯法适用于检测混凝土灌注桩的桩长、桩身混凝土强度、桩底沉渣厚度和桩身完整性，判定或鉴别桩端持力层岩土性状。

（2）现场操作

1）每根受检桩的钻芯孔数和钻孔位置宜符合下列规定：

①桩径小于 1.2m 的桩钻 1 孔，桩径为 1.2～1.6m 的桩钻 2 孔，桩径大于 1.6m 的桩钻 3 孔。

②当钻芯孔为一个时，宜在距桩中心 10～15cm 的位置开孔；当钻芯孔为两个或两个以上时，开孔位置宜在距桩中心 $0.15D$～$0.25D$ 内均匀对称布置。

③对桩端持力层的钻探，每根受检桩不应少于一孔，且钻探深度应满足设计要求。

2）钻机设备安装必须周正、稳固、底座水平。钻机立轴中心、天轮中心（天车前沿切点）与孔口中心必须在同一铅垂线上。应确保钻机在钻芯过程中不发生倾斜、移位，钻芯孔垂直度偏差不大于 0.5%。

3）当桩顶面与钻机底座的距离较大时，应安装孔口管，孔口管应垂直且牢固。

4）钻进过程中，钻孔内循环水流不得中断，应根据回水含砂量及颜色调整钻进速度。

5）提钻卸取芯样时，应拧卸钻头和扩孔器，严禁敲打卸芯。

6）每回次进尺宜控制在1.5m内；钻至桩底时，宜采取适宜的钻芯方法和工艺钻取沉渣并测定沉渣厚度，并采用适宜的方法对桩端持力层岩土性状进行鉴别。

7）钻取的芯样应由上而下按回次顺序放进芯样箱中，芯样侧面上应清晰标明回次数、块号、本回次总块数，并应按表8-92的格式及时记录钻进情况和钻进异常情况，对芯样质量进行初步描述。

钻芯法检测现场操作记录表   表8-92

桩 号			孔号			工程名称		
时 间		钻进（m）			芯样编号	芯样长度（m）	残留芯样	芯样初步描述及异常情况记录
自	至	自	至	计				
检测日期					机长：	记录：		页次：

8）钻芯过程中，应按表8-93的格式对芯样混凝土、桩底沉渣以及桩端持力层详细编录。

钻芯法检测芯样编录表   表8-93

工程名称				日期		
桩号/钻芯孔号			桩径		混凝土设计强度等级	
项 目	分段（层）深度（m）	芯 样 描 述			取样编号取样深度	备注
桩身混凝土		混凝土钻进深度，芯样连续性、完整性、胶结情况、表面光滑情况、断口吻合程度、混凝土芯是否为柱状、骨料大小分布情况，以及气孔、空洞、蜂窝麻面、沟槽、破碎、夹泥、松散的情况				
桩底沉渣		桩端混凝土与持力层接触情况、沉渣厚度				
持力层		持力层钻进深度、岩土名称、芯样颜色、结构构造、裂隙发育程度、坚硬及风化程度；分层岩层应分层描述			（强风化或土层时的动力触探或标贯结果）	
检测单位：			记录员：		检测人员：	

9）钻芯结束后，应对芯样和标有工程名称、桩号、钻芯孔号、芯样试件采取位置、桩长、孔深、检测单位名称的标示牌的全貌进行拍照。

10）当单桩质量评价满足设计要求时，应采用0.5～1.0MPa压力，从钻芯孔孔底往上用水泥浆回灌封闭；否则应封存钻芯孔，留待处理。

（3）芯样试件截取与加工

1）截取混凝土抗压芯样试件应符合下列规定：

①当桩长为 10～30m 时，每孔截取 3 组芯样；当桩长小于 10m 时，可取 2 组，当桩长大于 30m 时，不少于 4 组。

②上部芯样位置距桩顶设计标高不宜大于 1 倍桩径或 1m，下部芯样位置距桩底不宜大于 1 倍桩径或 1m，中间芯样宜等同距截取。

③缺陷位置能取样时，应截取一组芯样进行混凝土抗压试验。

④当同一基桩的钻芯孔数大于一个，其中一孔在某深度存在缺陷时，应在其他孔的该深度处截取芯样进行混凝土抗压试验。

2）每组芯样应制作三个芯样抗压试件。芯样试件应按《建筑基桩检测技术规范》（JGJ 106—2003）附录 E 进行加工和测量。

（4）芯样试件抗压强度试验

1）芯样试件制作完毕可立即进行抗压强度试验。

2）混凝土芯样试件的抗压强度试验应按现行国家标准《普通混凝土力学性能试验方法标准》（GB/T 50081—2002）的有关规定执行。

3）抗压强度试验后，当发现芯样试件平均值小于 2 倍试件内混凝土粗骨料最大粒径，且强度值异常时，该试件的强度值不得参与统计平均。

4）混凝土芯样试件抗压强度应按下列公式计算：

$$f_{cu} = \xi \cdot \frac{4P}{\pi d^2}$$

式中　f_{cu}——混凝土芯样试件抗压强度（MPa），精确至 0.1MPa；

　　　P——芯样试件抗压试验测得的破坏荷载（N）；

　　　d——芯样试件的平均直径（mm）；

　　　ξ——混凝土芯样试件抗压强度折算系数，应考虑芯样尺寸效应、钻芯机械对芯样扰动和混凝土成型条件的影响，通过试验统计确定；当无试验统计资料时，宜取为 1.0。

5）桩底岩芯单轴抗压强度试验可按现行国家标准《建筑地基基础设计规范》（GB 50007—2011）附录 J 执行。

（5）检测数据的分析与判定

1）混凝土芯样试件抗压强度代表值应按一组三块试件强度值的平均值确定。同一受检桩同一深度部位有两组或两组以上混凝土芯样试件抗压强度代表值时，取其平均值为该桩该深度处混凝土芯样试件抗压强度代表值。

2）受检桩中不同深度位置的混凝土芯样试件抗压强度代表值中的最小值为该桩混凝土芯样试件抗压强度代表值。

3）桩端持力层性状应根据芯样特征、岩石芯样单轴抗压强度试验、动力触探或标准贯入试验结果，综合判定桩端持力层岩土性状。

4）桩身完整性类别应结合钻芯孔数、现场混凝土芯样特征、芯样单轴抗压强度试验结果，按表 8-94 的规定和表 8-95 的特征进行综合判定。

桩身完整性分类表
表 8-94

桩身完整性分类	分 类 原 则
I	桩身完整
II	桩身有轻微缺陷，不会影响桩身结构承载力的正常发挥
III	桩身有明显缺陷，对桩身结构承载力有影响
IV	桩身存在严重缺陷

桩身完整性判定
表 8-95

类别	特 征
I	混凝土芯样连续、完整、表面光滑、胶结好、骨料分布均匀、呈长柱状、断口吻合，芯样侧面仅见少量气孔
II	混凝土芯样连续、完整、胶结较好、骨料分布基本均匀、呈柱状、断口基本吻合，芯样侧面局部见蜂窝麻面、沟槽
III	大部分混凝土芯样胶结较好，无松散、夹泥或分层现象，但有下列情况之一： 芯样局部破碎且破碎长度不大于 10cm； 芯样骨料分布不均匀； 芯样多呈短柱状或块状； 芯样侧面蜂窝麻面、沟槽连续
IV	钻进很困难； 芯样任一段松散、夹泥或分层； 芯样局部破碎且破碎长度大于 10cm

5）成桩质量评价应按单桩进行。当出现下列情况之一时，应判定该受检桩不满足设计要求：

①桩身完整性类别为 IV 类的桩。

②受检桩混凝土芯样试件抗压强度代表值小于混凝土设计强度等级的桩。

③桩长、桩底沉渣厚度不满足设计或规范要求的桩。

④桩端持力层岩土性状（强度）或厚度未达到设计或规范要求的桩。

6）钻芯孔偏出桩外时，仅对钻取芯样部分进行评价。

7）检测报告内容包括：

①委托方名称，工程名称、地点，建设、勘察、设计、监理和施工单位，基础、结构型式，层数，设计要求，检测目的，检测依据，检测数量，检测日期；

②地质条件描述；

③受检桩的桩号、桩位和相关施工记录；

④检测方法，检测仪器设备，检测过程叙述；

⑤受检桩的检测数据，实测与计算分析曲线、表格和汇总结果；

⑥与检测内容相应的检测结论；

⑦钻芯设备情况；

⑧检测桩数，钻孔数量，架空、混凝土芯进尺、岩芯进尺、总进尺，混凝土试件组数、岩石试件组数、动力触探或标准贯入试验结果；

⑨按表 8-96 表式编制每孔的桩状图；

钻芯法检测芯样综合柱状图 表 8-96

桩号/孔号		混凝土设计强度等级			桩顶标高		开孔时间	
施工桩长		设计桩径			钻孔深度		终孔时间	
层序号	层底标高（m）	层底厚度（m）	分层厚度（m）	混凝土/岩土芯柱状图（比例尺）	桩身混凝土、持力层描述		序号　芯样强度深度（m）	备注
				☐ ☐ ☐				

编制： 　　　　　　　　　　　　校核：

注：☐代表芯样试件取样位置。

⑩芯样单轴抗压强度试验结果；

⑪芯样彩色照片；

⑫异常情况说明。

8.7.1.2 基桩低应变法检测报告

1. 资料表式

基桩低应变法检测报告按当地建设行政主管部门核定的表格形式，经有关部门批准施工单位或试验室提供的基桩低应变法检测报告表式执行。

2. 应用说明

（1）基桩低应变法检测方法适用于检测混凝土桩的桩身完整性，判定桩身缺陷的程度及位置。

（2）基桩低应变法检测方法的有效检测桩长范围应通过现场试验确定。

（3）现场检测

1）受检桩应符合下列规定：

①桩身强度应符合《建筑基桩检测技术规范》（JGJ 106—2003）第 3.2.6 条第 1 款的规定。

②桩头的材质、强度、截面尺寸应与桩身基本等同。

③桩顶面应平整、密实，并与桩轴线基本垂直。

2）测试参数设定应符合下列规定：

①时域信号记录的时间段长度应在 $2L/c$ 时刻后延续不少于 5ms；幅频信号分析的频率范围上限不应小于 2000Hz。

②设定桩长应为桩顶测点至桩底的施工桩长，设定桩身截面积应为施工截面积。

③桩身波速可根据本地区同类型的测试值初步设定。

④采样时间间隔或采样频率应根据桩长、桩身波速和频域分辨率合理选择；时域信号采样点数不宜少于 1024 点。

⑤传感器的设定值应按计量检定结果设定。

3）测量传感器安装和激振操作应符合下列规定：

①传感器安装应与桩顶面垂直；用耦合剂粘结时，应具有足够的粘结强度。

②实心桩的激振点位置应选择在桩中心，测量传感器安装位置宜为距桩中心 2/3 半径处；空心桩的激振点与测量传感器安装位置宜在同一水平面上，且与桩中心连线形成的夹角宜为 90°，激振点和测量传感器安装位置宜为桩壁厚的 1/2 处。

③激振点与测量传感器安装位置应避开钢筋笼的主筋影响。

④激振方向应沿桩轴线方向。

⑤瞬态激振应通过现场敲击试验，选择合适重量的激振力锤和锤垫，宜用宽脉冲获取桩底或桩身下部缺陷反射信号，宜用窄脉冲获取桩身上部缺陷反射信号。

⑥稳态激振应在同一个设定频率下获得稳定响应信号，并应根据桩径、桩长及桩周土约束情况调整激振力大小。

4）信号采集和筛选应符合下列规定：

①根据桩径大小，桩心对称布置 2～4 个检测点；每个检测点记录的有效信号数不宜少于 3 个。

②检查判断实测信号是否反映桩身完整性特征。

③不同检测点及多次实测时域信号一致性较差，应分析原因，增加检测点数量。

④信号不应失真和产生零漂，信号幅值不应超过测量系统的量程。

（4）检测数据的分析与判定

1）桩身波速平均值的确定应符合下列规定：

①当桩长已知、桩底反射信号明确时，在地质条件、设计桩型、成桩工艺相同的基桩中，选取不少于 5 根 I 类桩的桩身波速值按下式计算其平均值：

$$c_m = \frac{1}{n} \sum_{i=1}^{n} c_i$$

$$c_i = \frac{2000L}{\Delta T}$$

$$c_i = 2L \cdot \Delta f$$

式中　c_m——桩身波速的平均值（m/s）；

c_i——第 i 根受检桩的桩身波速值（m/s），且 $|c_i - c_m| / c_m \leqslant 5\%$；

L——测点下桩长（m）；

ΔT——速度波第一峰与桩底反射波峰间的时间差（ms）；

Δf——幅频曲线上桩底相邻谐振峰间的频差（Hz）；

n——参加波速平均值计算的基桩数量（$n \geqslant 5$）。

②当无法按上款确定时，波速平均值可根据本地区相同桩型及成桩工艺的其他桩基工程的实测值，结合桩身混凝土的骨料品种和强度等级综合确定。

2）桩身缺陷位置应按下列公式计算：

$$x = \frac{1}{2000} \cdot \Delta t_x \cdot c$$

$$x = \frac{1}{2} \cdot \frac{c}{\Delta f'}$$

式中　x——桩身缺陷至传感器安装点的距离（m）；

Δt_x——速度波第一峰与缺陷反射波峰间的时间差（ms）；

c——受检桩的桩身波速（m/s），无法确定时间 c_m 值替代；

$\Delta f'$——幅频信号曲线上缺陷相邻谐振峰间的频差（Hz）。

3）桩身完整性类别应结合缺陷出现的深度、测试信号衰减特性以及设计桩型、成桩工艺、地质条件、施工情况，按（JGJ 106—2003）表 8-94 的规定和表 8-97 所列实测时域或幅频信号特征进行综合分析判定。

注：桩身完整性检测结果评价，应给出每根受检桩的桩身完整性类别。桩身完整性分类应符合表 8-94 的规定。

桩身完整性判定表　　　　　　　　　　　　　　　　　　表 8-97

类别	时域信号特征	幅频信号特征
I	$2L/c$ 时刻前无缺陷反射波，有桩底反射波	桩底谐振峰排列基本等间距，其相邻频差 $\Delta f = c/2L$
II	$2L/c$ 时刻前出现轻微缺陷反射波，有桩底反射波	桩底谐振峰排列基本等间距，其相邻频差 $\Delta f = c/2L$，轻微缺陷产生的谐振峰与桩底谐振峰之间的频差 $\Delta f' > c/2L$
III	有明显缺陷反射波，其他特征介于 II 类和 IV 类之间	
IV	$2L/c$ 时刻前出现严重缺陷反射波或周期性反射波，无桩底反射波； 或因桩身浅部严重缺陷使波形呈现低频大振幅衰减振动，无桩底反射波	缺陷谐振峰排列基本等间距，相邻频差 $\Delta f' > c/2L$，无桩底谐振峰； 或因桩身浅部严重缺陷只出现单一谐振峰，无桩底谐振峰

注：对同一场地、地质条件相近、桩型和成桩工艺相同的基桩，因桩端部分桩身阻抗与持力层阻抗相匹配导致实测信号无桩底反射波时，可按本场地同条件下有桩底反射波的其他桩实测信号判定桩身完整性类别。

4）对于混凝土灌注桩，采用时域信号分析时应区分桩身截面渐变后恢复至原桩径并在该阻抗突变处的一次反射，或扩径突变处的二次反射，结合成桩工艺和地质条件综合分析判定受检桩的完整性类别。必要时，可采用实测曲线拟合法辅助判定桩身完整性或借助实测导纳值、动刚度的相对高低辅助判定桩身完整性。

5）对于嵌岩桩，桩底时域反射信号为单一反射波且与锤击脉冲信号同向时，应采取其他方法核验桩端嵌岩情况。

6）出现下列情况之一，桩身完整性判定宜结合其他检测方法进行：

①实测信号复杂，无规律，无法对其进行准确评价。

②桩身截面渐变或多变，且变化幅度较大的混凝土灌注桩。

7）低应变检测报告应给出桩身完整性检测的实测信号曲线。

8) 检测报告除应包括《建筑基桩检测技术规范》（JGJ 106—2003）第 3.5.5 条内容外，还应包括下列内容：

①桩身波速取值；

②桩身完整性描述、缺陷的位置及桩身完整性类别；

③时域信号时段所对应的桩身长度标尺、指数或线性放大的范围及倍数；或幅频信号曲线分析的频率范围、桩底可桩身缺陷对应的相邻谐振峰间的频差。

8.7.1.3　基桩高应变法检测报告

1. 资料表式

基桩高应变法检测报告按当地建设行政主管部门核定的表格形式，经有关部门批准施工单位或试验室提供的基桩高应变法检测报告表式执行。

2. 应用说明

（1）基桩高应变法检测方法适用于检测基桩的竖向抗压承载力和桩身完整性；监测预制桩打入时的桩身应力和锤击能量传递比，为沉桩工艺参数及桩长选择提供依据。

（2）现场检测

1）检测前的准备工作应符合下列规定：

①预制桩承载力的时间效应应通过复打确定。

②桩顶面应平整，桩顶高度应满足锤击装置的要求，桩锤重心应与桩顶对中，锤击装置架立应垂直。

③对不能承受锤击的桩头应加固处理，混凝土桩的桩头处理按《建筑基桩检测技术规范》（JGJ 106—2003）附录 B 执行。

④传感器的安装应符合《建筑基桩检测技术规范》（JGJ 106—2003）附录 F 的规定。

⑤桩头顶部应设置桩垫，桩垫可采用 10～30mm 厚的木板或胶合板等材料。

2）参数设定和计算应符合下列规定：

①采样时间间隔宜为 50～200μs，信号采样点数不宜少于 1024 点。

②传感器的设定值应按计量检定结果设定。

③自由落锤安装加速度传感器测力时，力的设定值由加速度传感器设定值与重锤质量的乘积确定。

④测点处的桩截面尺寸应按实际测量确定，波速、质量密度和弹性模量应按实际情况设定。

⑤测点以下桩长和截面积可采用设计文件或施工记录提供的数据作为设定值。

⑥桩身材料质量密度应按表 8-98 取值。

桩身材料质量密度（t/m³）　　　　　　　　　　　表 8-98

钢　　桩	混凝土预制桩	离心管桩	混凝土灌注桩
7.85	2.45～2.50	2.55～2.60	2.40

⑦桩身波速可结合本地经验或按同场地同类型已检桩的平均波速初步设定，现场检测

完成后应按《建筑基桩检测技术规范》（JGJ 106—2003）第 9.4.3 条调整（即本条的（3）检测数据的分析与判定中的 3）桩身波速……的合理取值范围以及邻近桩的桩身波速值综合确定）。

⑧桩身材料弹性模量应按下式计算：

$$E = \rho \cdot c^2$$

式中　　E——桩身材料弹性模量（kPa）；

　　　　c——桩身应力波传播速度（m/s）；

　　　　ρ——桩身材料质量密度（t/m³）。

3）现场检测应符合下列要求：

①交流供电的测试系统应良好接地；检测时测试系统应处于正常状态。

②采用自由落锤为锤击设备时，应重锤低击，最大锤击落距不宜大于 2.5m。

③试验目的为确定预制桩打桩过程中的桩身应力、沉桩设备匹配能力和选择桩长时，应按《建筑基桩检测技术规范》（JGJ 106—2003）附录 G 执行。

④检测时应及时检查采集数据的质量；每根受检桩记录的有效锤击信号应根据桩顶最大动位移、贯入度以及桩身最大拉、压应力和缺陷程度及其发展情况综合确定。

⑤发现测试波形紊乱，应分析原因；桩身有明显缺陷或缺陷程度加剧，应停止检测。

4）承载力检测时宜实测桩的贯入度，单击贯入度宜在 2～6mm 之间。

（3）检测数据的分析与判定

1）检测承载力时选取锤击信号，宜取锤击能量较大的击次。

2）当出现下列情况之一时，高应变锤击信号不得作为载力分析计算的依据：

①传感器安装处混凝土开裂或出现严重塑性变形使力曲线最终未归零；

②严重锤击偏心，两侧力信号幅值相差超过 1 倍；

③触变效应的影响，预制桩在多次锤击下承载力下降；

④四通道测试数据不全。

3）桩身波速可根据下行波波形起升沿的起点到上行波下降沿的起点之间的时差与已知桩长值确定（图 8-7）；桩底反射信号不明显时，可根据桩长、混凝土波速的合理取值范围以及邻近桩的桩身波速值综合确定。

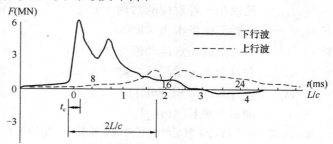

图 8-7　桩身波速的确定

4）当测点处原设定波速随调整后的桩身波速改变时，桩身材料弹性模量和锤击力信号幅值的调整应符合下列规定：

①桩身材料弹性模量应按《建筑基桩检测技术规范》（JGJ 106—2003）式（9.3.2）重新计算。

②当采用应变式传感器测力时，应同时对原实测力值校正。

5）高应变实测的力和速度信号第一峰起始比例失调时，不得进行比例调整。

6）承载力分析计算前，应结合地质条件、设计参数，对实测波形特征进行定性检查：

①实测曲线特征反映出的桩承载性状。

②观察桩身缺陷程度和位置，连续锤击时缺陷的扩大或逐步闭合情况。

7）以下四种情况应采用静载法进一步验证：

①桩身存在缺陷，无法判定桩的竖向承载力。

②桩身缺陷对水平承载力有影响。

③单击贯入度大，桩底同向反射强烈且反射峰较宽，侧阻力波、端阻力波反射弱，即波形表现出竖向承载性状明显与勘察报告中的地质条件不符合。

④嵌岩桩桩底同向反射强烈，且在时间 $2L/c$ 后无明显端阻力反射；也可采用钻芯法核验。

8）采用凯司法判定桩承载力，应符合下列规定：

①只限于中、小直径桩。

②桩身材质、截面应基本均匀。

③阻尼系数 J_c 宜根据同条件下静载试验结果校核，或应在已取得相近条件下可靠对比资料后，采用实测曲线拟合法确定 J_c 值，拟合计算的桩数不应少于检测总桩数的 30%，且不应少于 3 根。

④在同一场地、地质条件相近和桩型及其截面积相同情况下，J_c 的极差不宜大于平均值的 30%。

9）凯司法判定单桩承载力可按下列公式计算：

$$R_c = \frac{1}{2}(1 - J_c) \cdot \left[F(t_1) + Z \cdot V(t_1) \right] + \frac{1}{2}(1 + J_c) \cdot \left[F\left(t_1 + \frac{2L}{c}\right) - Z \cdot V\left(t_1 + \frac{2L}{c}\right) \right]$$

$$Z = \frac{E \cdot A}{c}$$

式中 R_c——由凯司法判定的单桩竖向抗压承载力（kN）；

      J_c——凯司法阻尼系数；

      t_1——速度第一峰对应的时刻（ms）；

  $F(t_1)$——t_1 时刻的锤击力（kN）；

  $V(t_1)$——t_1 时刻的质点运动速度（m/s）；

      Z——桩身截面力学阻抗（kN·s/m）；

      A——桩身截面面积（m²）；

      L——测点下桩长（m）。

  注：公式（指由凯司法判定单桩竖向抗压承载力）适用于 $t_1 + 2L/c$ 时刻桩侧和桩端土阻力均已充分发挥的摩擦型桩。

对于土阻力滞后于 $t_1 + 2L/c$ 时刻明显发挥或先于 $t_1 + 2L/c$ 时刻发挥并造成桩中上部强烈反弹这两种情况，宜分别采用以下两种方法对 R_c 值进行提高修正：

①适当将 t_1 延时，确定 R_c 的最大值。

②考虑卸载回弹部分土阻力对 R_c 值进行修正。

10）采用实测曲线拟合法判定桩承载力，应符合下列规定：

①所采用的力学模型应明确合理，桩和土的力学模型应能分别反映桩和土的实际力学性状，模型参数的取值范围应能限定。

②拟合分析选用的参数应在岩土工程的合理范围内。

③曲线拟合时间段长度在 t_1+2L/c 时刻后延续时间不应小于 20ms，对于柴油锤打桩信号，在 t_1+2L/c 时刻后延续时间不应小于 30ms。

④各单元所选用的土的最大弹性位移值不应超过相应桩单元的最大计算位移值。

⑤拟合完成时，土阻力响应区段的计算曲线与实测曲线应吻合，其他区段的曲线应基本吻合。

⑥贯入度的计算值应与实测值接近。

11）本方法对单桩承载力的统计和单桩竖向抗压承载力特征值的确定应符合下列规定：

①参加统计的试桩结果，当满足其极差不超过平均值的 30%时，取其平均值为单桩承载力统计值。

②当极差超过 30%时，应分析极差过大的原因，结合工程具体情况综合确定。必要时可增加试桩数量。

③单位工程同一条件下的单桩竖向抗压承载力特征值 R_a 应按本方法得到的单桩承载力统计值的一半取值。

12）桩身完整性判定可采用以下方法进行：

①采用实测曲线拟合法判定时，拟合所选用的桩土参数应符合《建筑基桩检测技术规范》（JGJ 106—2003）第 9.4.10 条第 1～2 款的规定；根据桩的成桩工艺，拟合时可采用桩身阻抗拟合或桩身裂隙（包括混凝土预制桩的接桩缝隙）拟合。

注：第 9.4.10 条 采用实测曲线拟合法判定桩承载力，应符合下列规定：

1. 所采用的力学模型应明确合理，桩和土的力学模型应能分别反映桩和土的实际力学性状，模型参数的取值范围应能限定。

2. 拟合分析选用的参数应在岩土工程的合理范围内。

②对于等截面桩，可按表 8-99 并结合经验判定；桩身完整性系数 β 和桩身缺陷位置 x 应分别按下列公式计算：

$$\beta = \frac{[F(t_1)+Z\cdot V(t_1)]-2R_x+[F(t_x)-Z\cdot V(t_x)]}{[F(t_1)+Z\cdot V(t_1)]-[F(t_x)-Z\cdot V(t_x)]}$$

$$x = c\cdot\frac{t_x-t_1}{2000}$$

式中 β——桩身完整性系数；

t_x——缺陷反射峰对应的时刻（ms）；

x——桩身缺陷至传感器安装点的距离（m）；

R_x——缺陷以上部位土阻力的估计值，等于缺陷反射波起始点的力与速度乘以桩身截面力学阻抗之差值，取值方法如图 8-8 所示。

桩身完整性判定　　　　　　　　　　　　　　　　表 8-99

类别	β 值	类别	β 值
Ⅰ	$\beta=1.0$	Ⅲ	$0.6\leqslant\beta<0.8$
Ⅱ	$0.8\leqslant\beta<1.0$	Ⅳ	$\beta<0.6$

13）出现下列情况之一时，桩身完整性判定宜按工程地质条件和施工工艺，结合实测

曲线拟合法或其他检测方法综合进行：

①桩身有扩径的桩。

②桩身截面渐变或多变的混凝土灌注桩。

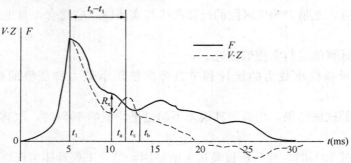

图 8-8　桩身完整性系数计算

③力和速度曲线在峰值附近比例失调，桩身浅部有缺陷的桩。

④锤击力波上升缓慢，力与速度曲线比例失调的桩。

14）桩身最大锤击拉、压应力和桩锤实际传递给桩的能量应分别按《建筑基桩检测技术规范》（JGJ 106—203）附录 G 相应公式计算。

15）高应变检测报告应给出实测的力与速度信号曲线。

16）检测报告内容包括：

①委托方名称，工程名称、地点，建设、勘察、设计、监理和施工单位，设计要求，检测目的，检测依据，检测数量，检测日期；

②受检桩的桩号、桩位和相关施工记录；

③检测方法，检测仪器设备，检测过程叙述；

④与检测内容相应的检测结论；

⑤计算中实际采用的桩身波速值和 J_c 值；

⑥实测曲线拟合法所选用的各单元桩土模型参数、拟合曲线、土阻力沿桩身分布图；

⑦实测贯入度；

⑧试打桩和打桩监控所采用的桩锤型号、锤垫类型，以及监测得到的锤击数、桩侧和桩端静阻力、桩身锤击拉应力和压应力、桩身完整性以及能量传递比随入土深度的变化。

8.7.1.4　基桩声波法检测报告

1. 资料表式

基桩声波法检测报告按当地建设行政主管部门核定的表格形式，经有关部门批准施工单位或试验室提供的基桩声波法检测报告表式执行。

2. 应用说明

（1）基桩声波透射法检测方法适用于已预埋声测管的混凝土灌注桩桩身完整性检测，判定桩身缺陷的程度并确定其位置。

（2）现场检测

1）声测管埋设应按《建筑基桩检测技术规范》（JGJ 106—2003）附录 H 的规定执行。

2）现场检测前准备工作应符合下列规定：

①采用标定法确定仪器系统延迟时间。

②计算声测管及耦合水层声时修正值。

③在桩顶测量相应声测管外壁间净距离。

④将各声测管内注满清水，检查声测管畅通情况；换能器应能在全程范围内升降顺畅。

3）现场检测步骤应符合下列规定：

①将发射与接收声波换能器通过深度标志分别置于两根声测管中的测点处。

②发射与接收声波换能器以相同标高 ［图 8-9（a）] 或保持固定高差 ［图 8-9（b）] 同步升降，测点间距不宜大于 250mm。

③实时显示和记录接收信号的时程曲线，读取声时、首波峰值和周期值，宜同时显示频谱曲线及主频值。

④将多根声测管以两根为一个检测剖面进行全组合，分别对所有检测剖面完成检测。

⑤在桩身质量可疑的测点周围，应采用加密测点，或采用斜测 ［图 8-9（b）]、扇形扫测 ［图 8-9（c）] 进行复测，进一步确定桩身缺陷的位置和范围。

⑥在同一根桩的各检测剖面的检测过程中，声波发射电压和仪器设置参数应保持不变。

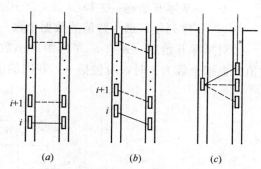

图 8-9　平测、斜测和扇形扫测示意图
(a) 平测；(b) 斜测；(c) 扇形扫测

（3）检测数据的分析与判定

1）各测点的声时 t_c、声速 v、波幅 A_p 及主频 f 应根据现场检测数据，按下列各式计算，并绘制声速—深度（$v-z$）曲线和波幅—深度（A_p-z）曲线，需要时可绘制辅助的主频—深度（$f-z$）

$$t_{ci}=t_i-t_0-t'$$

$$v_i=\frac{l'}{t_{ci}}$$

$$A_{pi}=20\lg\frac{a_i}{a_o}$$

$$f_i=\frac{1000}{T_i}$$

式中　t_{ci}——第 i 测点声时（μs）；

t_i——第 i 测点声时测量值（μs）；

t_0——仪器系统延迟时间（μs）；

t'——声测管及耦合水层声时修正值（μs）；

l'——每检测剖面相应两声测管的外壁间净距离（mm）；

v_i——第 i 测点声速（km/s）；

A_{pi}——第 i 测点波幅值（dB）；

a_i——第 i 测点信号首波峰值（V）；

a_0——零分贝信号幅值（V）；

f_i——第 i 测点信号主频值（kHz），也可由信号频谱的主频求得；

T_i——第 i 测点信号周期（μs）。

2）声速临界值应按下列步骤计算：

①将同一检测剖面各测点的声速值 v_i 由大到小依次排序，即

$$v_1 \geqslant v_2 \geqslant \cdots \geqslant v_i \geqslant v_{n-k} \geqslant v_{n-1} \geqslant v_n \quad (k=0，1，2，\cdots)$$

式中　v_i——按序排列后的第 i 个声速测量值；

　　　n——检测剖面测点数；

　　　k——从零开始逐一去掉〔$v_1 \geqslant v_2 \geqslant \cdots \geqslant v_i \geqslant v_{n-k} \geqslant v_{n-1} \geqslant v_n$　（$k=0，1，2，\cdots\cdots$)〕v_i 序列尾部最小数值的数据个数。

②对从零开始逐一去掉 v_i 序列中最小数值后余下的数据进行统计计算。当去掉最小数值的数据个数为 k 时，对包括 v_{n-k} 在内的余下数据 $v_1 \sim v_{n-k}$ 按下列公式进行统计计算：

$$v_0 = v_m - \lambda \cdot s_x$$

$$v_m = \frac{1}{n-k} \sum_{i=1}^{n-k} v_i$$

$$s_x = \sqrt{\frac{1}{n-k-1} \sum_{i=1}^{n-k} (v_i - v_m)^2}$$

式中　v_0——异常判断值；

　　　v_m——（$n-k$）个数据的平均值；

　　　s_x——（$n-k$）个数据的标准差；

　　　λ——由表 8-100 查得的与（$n-k$）相对应的系数。

统计数据个数（$n-k$）与对应的 λ 值　　　　　　表 8-100

$n-k$	20	22	24	26	28	30	32	34	36	38
λ	1.64	1.69	1.73	1.77	1.80	1.83	1.86	1.89	1.91	1.94
$n-k$	40	42	44	46	48	50	52	54	56	58
λ	1.96	1.98	2.00	2.02	2.04	2.05	2.07	2.09	2.10	2.11
$n-k$	60	62	64	66	68	70	72	74	76	78
λ	2.13	2.14	2.15	2.17	2.18	2.19	2.20	2.21	2.22	2.23
$n-k$	80	82	84	86	88	90	92	94	96	98
λ	2.24	2.25	2.26	2.27	2.28	2.29	2.29	2.30	2.31	2.32
$n-k$	100	105	110	115	120	125	130	135	140	145
λ	2.33	2.34	2.36	2.38	2.39	2.41	2.42	2.43	2.45	2.46
$n-k$	150	160	170	180	190	200	220	240	260	280
λ	2.47	2.50	2.52	2.54	2.56	2.58	2.61	2.64	2.67	2.69

③将 v_{n-k} 与异常判断值 v_0 进行比较，当 $v_{n-k} \leqslant v_c$ 时，v_{n-k} 及其以后的数据均为异常，去掉 v_{n-k} 及其以后的异常数据；再用数据 $v_1 \sim v_{n-k-1}$ 并重复式②对从零开始逐一去掉 v_i ……中的三个公式的计算步骤，直到 v_i 序列中余下的全部数据满足：

$$v_i > v_0$$

此时，v_0 为声速的异常判断临界值 v_c。

④声速异常时的临界值判据为：

$$v_i \leqslant v_c$$

当式（$v_i \leqslant v_c$）成立时，声速可判定为异常。

3）当检测剖面 n 个测点的声速值普遍偏低且离散性很小时，宜采用声速低限值判据：

$$v_i < v_l$$

式中　v_i——第 i 测点声速（km/s）；

　　　v_l——声速低限值（km/s），由预留同条件混凝土试件的抗压强度与声速对比试验结果，结合本地区实际经验确定。

当式（$v_i < v_l$）成立时，可直接判定为声速低于低限值异常。

4）波幅异常时的临界值判据应按下列公式计算：

$$A_m = \frac{1}{n} \sum_{i=1}^{n} A_{pi}$$

$$A_{pi} < A_m - 6$$

式中　A_m——波幅平均值（dB）；

　　　n——检测剖面测点数。

当式（$A_{pi} < A_m - 6$）成立时，波幅可判定为异常。

5）当采用斜率法的 PSD 值作为辅助异常点判据时，PSD 值应按下列公式计算：

$$PSD = K \cdot \Delta t$$

$$K = \frac{t_{ci} - t_{ci-1}}{z_i - z_{i-1}}$$

$$\Delta t = t_{ci} - t_{ci-1}$$

式中　t_{ci}——第 i 测点声时（μs）；

　　　t_{ci-1}——第 $i-1$ 测点声时（μs）；

　　　z_i——第 i 测点深度（m）；

　　　z_{i-1}——第 $i-1$ 测点深度（m）。

根据 PSD 值在某深度处的突变，结合波幅变化情况，进行异常点判定。

6）当采用信号主频值作为辅助异常点判据时，主频—深度曲线上主频值明显降低可判定为异常。

7）桩身完整性类别应结合桩身混凝土各声学参数临界值、PSD 判据、混凝土声速低限值以及桩身质量可疑点加密测试（包括斜测或扇形扫测）后确定的缺陷范围，按表 8-94 的规定和表 8-101 的特征进行综合判定。

8）检测报告内容包括：

①委托方名称，工程名称、地点，建设、勘察、设计、监理和施工单位，设计要求，检测目的，检测依据，检测数量，检测日期；

桩身完整性判定 表 8-101

类别	特　　　征
Ⅰ	各检测剖面的声学参数均无异常，无声速低于低限值异常
Ⅱ	某一检测剖面个别测点的声学参数出现异常，无声速低于低限值异常
Ⅲ	某一检测剖面连续多个测点的声学参数出现异常； 两个或两个以上检测剖面在同一深度测点声学参数出现异常；局部混凝土声速出现低于低限值异常
Ⅳ	某一检测剖面连续多个测点的声学参数出现明显异常； 两个或两个以上检测剖面在同一深度测点的声学参数出现明显异常； 桩身混凝土声速出现普遍低于低限值异常或无法检测首波或声波接收信号严重畸变

②受检桩的桩号、桩位和相关施工记录；

③检测方法，检测仪器设备，检测过程叙述；

④与检测内容相应的检测结论；

⑤声测管布置图；

⑥受检桩每个检测剖面声速—深度曲线、波幅—深度曲线，并将相应判据临界值所对应的标志线绘制于同一个坐标系；

⑦当采用主频值或 PSD 值进行辅助分析判定时，绘制主频—深度曲线或 PSD 曲线；

⑧缺陷分布图示。

附：《建筑基桩检测技术规范》（JGJ 106—2003）

附录 H　声测管理埋设要点

H.0.1　声测管内径宜为 50～60mm。

H.0.2　声测管应下端封闭、上端加盖、管内无异物；声测管连接处应光滑过渡，管口应高出桩顶 100mm 以上，且各声测管管口高度宜一致。

H.0.3　应采取适宜方法固定声测管，使之成桩后相互平行。

H.0.4　声测管埋设数量应符合下列要求：

1　$D \leqslant 800mm$，2 根管。

2　$800mm < D \leqslant 2000mm$，不少于 3 根管。

3　$D > 2000mm$，不少于 4 根管。

式中　D——受检桩设计桩径。

H.0.5　声测管应沿桩截面外侧呈对称形状布置，按图 H.0.5 所示的箭头方向顺时针旋转依次编号。

北

$D \leqslant 800mm$

$800mm < D \leqslant 2000mm$

$D > 2000mm$

H.0.5　声测管布置图

检测剖面编组分别为：

1—2；

1—2，1—3，2—3；

1—2，1—3，1—4，2—3，2—4，3—4。

8.7.2 桩承载力测试报告

工程桩均应进行承载力和桩身完整性抽样检测。桩基施工成果主要是对承载力和桩身完整性进行汇总整理，以保证桩基施工成果符合设计和规范要求。

1. 资料表式

桩承载力测试报告按当地建设行政主管部门或其委托单位批准的具有相应资质的试验室提供的桩承载力测试报告表式执行。

2. 应用说明

桩承载力测试可采用：单桩竖向抗压静载试验检测、单桩竖向抗拔静载试验、单桩水平静载试验检测。

8.7.2.1 单桩竖向抗压静载试验检测报告

1. 资料表式

单桩竖向抗压静载试验检测报告按当地建设行政主管部门核定的表格形式，经有关部门批准施工单位或试验室提供的单桩竖向抗压静载试验检测报告表式执行。

2. 应用说明

（1）静载试验检测目的

1）静载试验检测适用于检测单桩的竖向抗压承载力。

2）当埋设有测量桩身应力、应变、桩底反力的传感器或位移杆时，可测定桩的分层侧阻力和端阻力或桩身截面的位移量。

3）为设计提供依据的试验桩，应加载至破坏；当桩的承载力以桩身强度控制时，可按设计要求的加载量进行。

（2）对工程桩抽样检测时，加载量不应小于设计要求的单桩承载力特征值的 2.0 倍。

（3）试桩、锚桩（压重平台支墩边）和基准桩之间的中心距离应符合表 8-102 规定。

试桩、锚桩（或压重平台支墩边）和基准桩之间的中心距离　　　表 8-102

距离 反力装置	试桩中心与锚桩中心 （或压力重平台支墩边）	试桩中心与 基准桩中心	基准桩中心与锚桩中心 （或压重平台支墩边）
锚桩横梁	≥4（3）D 且>2.0m	≥4（3）D 且>2.0m	≥4（3）D 且>2.0m
压重平台	≥4D 且>2.0m	≥4（3）D 且>2.0m	≥4D 且>2.0m
地锚装置	≥4D 且>2.0m	≥4（3）D 且>2.0m	≥4D 且>2.0m

注：1　D 为试桩、锚桩或地锚的设计直径或边宽，取其较大者。
2　如试桩或锚桩为扩底桩或多支盘桩时，试桩与锚桩的中心距尚不应小于 2 倍扩大端直径。
3　括号内数值可用于工程桩验收检测时多排桩设计桩中心距离小于 4D 的情况。
4　软土场地堆载重量较大时，宜增加支墩边与基准桩中心和试桩中心之间的距离，并在试验过程中观测基准桩的竖向位移。

（4）现场检测

1）试桩的成桩工艺和质量控制标准应与工程桩一致。

2）桩顶部宜高出试坑底面，试坑底面宜与桩承台底标高一致。混凝土桩头加固可按《建筑基桩检测技术规范》（JGJ 106—2003）附录 B 执行。

3）对作为锚桩用的灌注桩和有接头的混凝土预制桩，检测前宜对其桩身完整性进行检测。

4）试验加卸载方式应符合下列规定：

①加载应分级进行，采用逐级等量加载；分级荷载宜为最大加载量或预估极限载承力的 1/10，其中第一级可取分级荷载的 2 倍。

②卸载应分级进行，每级卸载量取加载时分级荷载的 2 倍，逐级等量卸载。

③加、卸载时应使荷载传递均匀、连续、无冲击，每级荷载在维持过程中的变化幅度不得超过分级荷载的 ±10%。

5）慢速维持荷载法试验步骤应符合下列规定：

①每级荷载施加后按第 5min、15min、30min、45min、60min 测读桩顶沉降量，以后每隔 30min 测读一次。

②试桩沉降相对稳定标准：每一小时内的桩顶沉降量不超过 0.1mm，并连续出现两次（从分级荷载施加后第 30min 开始，按 1.5h 连续三次每 30min 的沉降观测值计算）。

③当桩顶沉降速率达到相对稳定标准时，再施加下一级荷载。

④卸载时，每级荷载维持 1h，按第 15min、30min、60min 测读桩顶沉降量后，即可卸下一级荷载。卸载至零后，应测读桩顶残余沉降量，维持时间为 3h，测读时间为第 15min、30min，以后每隔 30min 测读一次。

6）施工后的工程桩验收检测宜采用慢速维持荷载法。当有成熟的地区经验时，也可采用快速维持荷载法。

快速维持荷载法的每级荷载维持时间至少为 1h，是否延长维持荷载时间应根据桩顶沉降收敛情况确定。

7）当出现下列情况之一时，可终止加载：

①某级荷载作用下，桩顶沉降量大于前一级荷载作用下沉降量的 5 倍。

注：当桩顶沉降能相对稳定且总沉降量小于 40mm 时，宜加载至桩顶总沉降量超过 40mm。

②某级荷载作用下，桩顶沉降量大于前一级荷载作用下沉降量的 2 倍，且经 24h 尚未达到相对稳定标准。

③已达到设计要求的最大加载量。

④当工程桩作锚桩时，锚桩上拔量已达到允许值。

⑤当荷载—沉降曲线呈缓变形时，可加载至桩顶总沉降量 60～80mm；在特殊情况下，可根据具体要求加载至桩顶累计沉降量超过 80mm。

8）测试桩侧阻力和桩端阻力时，测试数据的测读时间宜符合本条 5）的规定。

（5）检测数据的分析与判定

1）检测数据的整理应符合下列规定：

①确定单桩竖向抗压承载力时，应绘制竖向荷载—沉降（Q-s）、沉降—时间对数（s-$\lg t$）曲线，需要时也可绘制其他辅助分析所需曲线。

②当进行桩身应力、应变和桩底反力测定时，应整理出有关数据的记录表，并按《建筑基桩检测技术规范》（JGJ 106—2003）附录 A 绘制桩身轴力分布图、计算不同土层的分层侧摩阻力和端阻力值。

2）单桩竖向抗压极限承载力 Q_u 可按下列方法综合分析确定：

①根据沉降随荷载变化的特征确定：对于陡降型 Q-s 曲线，取其发生明显陡降的起始点对应的荷载值。

②根据沉降随时间变化的特征确定：取 s-$\lg t$ 曲线尾部出现明显向下弯曲的前一级荷载值。

③出现"某级荷载作用下，桩顶沉降量大于前一级荷载作用下沉降量的 5 倍"的情况，取前一级荷载值。

④对于缓变型 Q-s 曲线可根据沉降量确定，宜取 $s=40$mm 对应的荷载值；当桩长大于 40m 时，宜考虑桩身弹性压缩量；对直径大于或等于 800mm 的桩，可取 $s=0.05D$（D 为桩端直径）对应的荷载值。

注：当按上述四款判定桩的竖向抗压承载力未达到极限时，桩的竖向抗压极限承载力应取最大试验荷载值。

3）单桩竖向抗压极限承载力统计值的确定应符合下列规定：

①参加统计的试桩结果，当满足其极差不超过平均值的 30% 时，取其平均值为单桩竖向抗压极限承载力。

②当极差超过平均值的 30% 时，应分析极差过大的原因，结合工程具体情况综合确定，必要时可增加试桩数量。

③对桩数为 3 根或 3 根以下的柱下承台，或工程桩抽检数量少于 3 根时，应取低值。

4）单位工程同一条件下的单桩竖向抗压承载力特征值 R_a 应按单桩竖向抗压极限承载力统计值的一半取值。

5）检测报告内容应包括：

①委托方名称，工程名称、地点，建设、勘察、设计、监理和施工单位，设计要求，检测目的，检测依据，检测数量，检测日期；

②受检桩的桩号、桩位和相关施工记录；

③检测方法，检测仪器设备，检测过程叙述；

④与检测内容相应的检测结论；

⑤受检桩桩位对应的地质柱状图；

⑥受检桩及锚桩的尺寸、材料强度、锚桩数量、配筋情况；

⑦加载反力种类，堆载法应指明堆载重量，锚桩法应有反力梁布置平面图；

⑧加卸载方法，荷载分级；

⑨本条（5）检测数据的分析与判定要求绘制的曲线及对应的数据表；与承载力判定有关的曲线及数据；

⑩承载力判定依据；

⑪当进行分层摩阻力测试时，还应有传感器类型、安装位置，轴力计算方法，各级荷载下桩身轴力变化曲线，各土层的桩侧极限摩阻力和桩端阻力。

附录 B　混凝土桩桩头处理

B.0.1 混凝土桩应先凿掉桩顶部的破碎层和软弱混凝土。

B.0.2 桩头顶面应平整,桩头中轴线与桩身上部的中轴线应重合。

B.0.3 桩头主筋应全部直通至桩顶混凝土保护层之下,各主筋应在同一高度上。

B.0.4 距桩顶 1 倍桩径范围内,宜用厚度为 3~5mm 的钢板围裹或距桩顶 1.5 倍桩径范围内设置箍筋,间距不宜大于 100mm。桩顶应设置钢筋网片 2~3 层,间距 60~100mm。

B.0.5 桩头混凝土强度等级宜比桩身混凝土提高 1~2 级,且不得低于 C30。

B.0.6 高应变法检测的桩头测点处截面尺寸应与原桩身截面尺寸相同。

8.7.2.2　单桩竖向抗拔静载试验

1. 资料表式

单桩竖向抗拔静载试验按当地建设行政主管部门核定的表格形式,经有关部门批准施工单位或试验室提供的单桩竖向抗拔静载试验报告表式执行。

2. 应用说明

(1) 静载试验检测目的

1) 单桩竖向抗拔静载试验适用于检测单桩的竖向抗拔承载力。

2) 当埋设有桩身应力、应变测量传感器时,或桩端埋设有位移测量杆时,可直接测量桩侧抗拔摩阻力,或桩端上拔量。

3) 为设计提供依据的试验桩应加载至桩侧土破坏或桩身材料达到设计强度;对工程桩抽样检测时,可按设计要求确定最大加载量。

(2) 现场检测

1) 对混凝土灌注桩、有接头的预制桩,宜在拔桩试验前采用低应变法检测受检桩的桩身完整性。为设计提供依据的抗拔灌注桩施工时应进行成孔质量检测,发现桩身中、下部位有明显扩径的桩不宜作为抗拔试验桩;对有接头的预制桩,应验算接头强度。

2) 单桩竖向抗拔静载试验宜采用慢速维持荷载法。需要时,也可采用多循环加、卸载方法。慢速维持荷载法的加卸载分级、试验方法及稳定标准应按《建筑基桩检测技术规范》(JGJ 106—2003) 第 4.3.4 条和 4.3.6 条有关规定执行,并仔细观察桩身混凝土开裂情况。

注:4.3.4　试验加卸载方式应符合下列规定:

1. 加载应分级进行,采用逐级等量加载;分级荷载宜为最大加载量或预估极限承力的 1/10,其中第一级可取分级荷载的 2 倍。

2. 卸载应分级进行,每级卸载量取加载时分级荷载的 2 倍,逐级等量卸载。

3. 加、卸载时应使荷载传递均匀、连续、无冲击,每级荷载在维持过程中的变化幅度不得超过分级荷载的 ±10%。

4.3.6　慢速维持荷载法试验步骤应符合下列规定:

1. 每级荷载施加后按第 5、15、30、45、60min 测读桩顶沉降量,以后每隔 30min 测读一次。

2. 试桩沉降相对稳定标准:每一小时内的桩顶沉降量不超过 0.1mm,并连续出现两次(从分级荷载施加后第 30min 开始,按 1.5h 连续三次每 30min 的沉降观测值计算)。

3. 当桩顶沉降速率达到相对稳定标准时，再施加下一级荷载。

4. 卸载时，每级荷载维持1h，按第15、30、60min测读桩顶沉降量后，即可卸下一级荷载。卸载至零后，应测读桩顶残余沉降量，维持时间为3h，测读时间为第15、30min，以后每隔30min测读一次。

3）当出现下列情况之一时，可终止加载：

①在某级荷载作用下，桩顶上拔量大于前一级上拔荷载作用下的上拔量5倍。

②按桩顶上拔量控制，当累计桩顶上拔量超过100mm时。

③按钢筋抗拉强度控制，桩顶上拔荷载达到钢筋强度标准值的0.9倍。

④对于验收抽样检测的工程桩，达到设计要求的最大上拔荷载值。

4）测试桩侧抗拔摩阻力或桩端上拔位移时，测试数据的测读时间宜符合《建筑基桩检测技术规范》（JGJ 106—2003）第4.3.6条的规定。

（3）检测数据的分析与判定

1）数据整理应绘制上拔荷载—桩顶上拔量（U-δ）关系曲线和桩顶上拔量—时间对数（δ-lg$t$）关系曲线。

2）单桩竖向抗拔极限承载力可按下列方法综合判定：

①根据上拔量随荷载变化的特征确定：对陡变型U-δ曲线，取陡升起始点对应的荷载值；

②根据上拔量随时间变化的特征确定：取δ-lg$t$曲线斜率明显变陡或曲线尾部明显弯曲的前一级荷载值。

③当在某级荷载下抗拔钢筋断裂时，取其前一级荷载值。

3）单桩竖向抗拔极限承载力统计值的确定应符合本条单桩竖向抗压静载试验3）的规定。

4）当作为验收抽样检测的受检桩在最大上拔荷载作用下，未出现本条2）情况时，可按设计要求判定。

5）单位工程同一条件下的单桩竖向抗拔承载力特征值应按单桩竖向抗拔极限承载力统计值的一半取值。

注：当工程桩不允许带裂缝工作时，取桩身开裂的前一级荷载作为单桩竖向抗拔承载力特征值，并与按极限荷载一半取值确定的承载力特征植相比取小值。

6）检测报告内容包括：

①委托方名称，工程名称、地点，建设、勘察、设计、监理和施工单位，设计要求，检测目的，检测依据，检测数量，检测日期；

②受检桩的桩号、桩位和相关施工记录；

③检测方法，检测仪器设备，检测过程叙述；

④与检测内容相应的检测结论；

⑤受检桩桩位对应的地质柱状图；

⑥受检桩尺寸（灌注桩宜标明孔径曲线）及配筋情况；

⑦加卸载方法，荷载分级；

⑧单桩竖向抗拔静载试验应绘制上拔荷载—桩顶上拔量（U-δ）关系曲线和桩顶上拔量—时间对数（δ-lg$t$）关系曲线；

⑨承载力判定依据；

⑩当进行抗拔摩阻力测试时，应有传感器类型、安装位置、轴力计算方法，各级荷载下桩身轴力变化曲线，各土层中的抗拔极限摩阻力。

8.7.2.3　单桩水平静载试验检测报告

1. 资料表式

单桩水平静载试验检测报告按当地建设行政主管部门核定的表格形式，经有关部门批准施工单位或试验室提供的单桩水平静载试验检测报告表式执行。

2. 应用说明

（1）静载试验检测目的

1）单桩水平静载试验适用于桩顶自由时的单桩水平静载试验；其他形式的水平静载试验可参照使用。

2）单桩水平静载试验方法适用于检测单桩的水平承载力，推定地基土抗力系数的比例系数。

3）当埋设有桩身应变测量传感器时，可测量相应水平荷载作用下的桩身应力，并由此计算桩身弯矩。

4）为设计提供依据的试验桩宜加载至桩顶出现较大水平位移或桩身结构破坏；对工程桩抽样检测，可按设计要求的水平位移允许值控制加载。

（2）现场检测

1）加载方法宜根据工程桩实际受力特性选用单向多循环加载法或《建筑基桩检测技术规范》（JGJ 106—2003）第 4 章规定的慢速维持荷载法，也可按设计要求采用其他加载方法。需要测量桩身应力或应变的试桩宜采用维持荷载法。

2）试验加卸载方式和水平位移测量应符合下列规定：

①单向多循环加载法的分级荷载应小于预估水平极限承载力或最大试验荷载的 1/10。每级荷载施加后，恒载 4min 后可测读水平位移，然后卸载至零，停 2min 测读残余水平位移，至此完成一个加卸载循环。如此循环 5 次，完成一级荷载的位移观测。试验不得中间停顿。

②慢速维持荷载法的加卸载分级、试验方法及稳定标准应按《建筑基桩检测技术规范》（JGJ 106—2003）第 4.3.4 条和 4.3.6 条有关规定执行。

3）当出现下列情况之一时，可终止加载：

①桩身折断；

②水平位移超过 30～40mm（软土取 40mm）；

③水平位移达到设计要求的水平移位允许值。

4）测量桩身应力或应变时，测试数据的测读宜与水平位移测量同步。

（3）检测数据的分析与判定

1）检测数据应按下列要求整理：

①采用单向多循环加载法时应绘制水平力—时间—作用点位移（$H-t-Y_0$）关系曲线和水平力—位移梯度（$H-\Delta Y_0/\Delta H$）关系曲线。

②采用慢速维持荷载法时应绘制水平力—力作用点位移（$H-Y_0$）关系曲线、水平力—位移梯度（$H-\Delta Y_0/\Delta H$）关系曲线、力作用点位移—时间对数（$Y_0\text{-}\lg t$）关系曲线和水平力—力作用点位移双对数（$\lg H-\lg Y_0$）关系曲线。

③绘制水平力、水平力作用点水平位移—地基土水平抗力系数的比例系数的关系曲线（$H-m$、Y_0-m）。

当桩顶自由且水平力作用位置位于地面处时，m 值可按下列公式确定：

$$m = \frac{(\upsilon_y \cdot H)^{\frac{5}{3}}}{b_0 Y_0^{\frac{3}{5}} (EI)^{\frac{2}{3}}}$$

$$\alpha = \left(\frac{mb_0}{EI}\right)^{\frac{1}{5}}$$

式中　m——地基土水平抗力系数的比例系数（kN/m⁴）;

　　α——桩的水平变形系数（m^{-1}）;

　　υ_y——桩顶水平位移系数，由式 $\alpha = \left(\frac{mb_0}{EI}\right)^{\frac{1}{5}}$ 试算 α，当 $\alpha h \geq 4.0$ 时（h 为桩的入土深度），$\upsilon_y = 2.441$;

　　H——作用于地面的水平力（kN）;

　　Y_0——水平力作用点的水平位移（m）;

　　EI——桩身抗弯刚度（$\text{kN} \cdot \text{m}^2$），其中 E 为桩身材料弹性模量，I 为桩身换算截面惯性矩;

　　b_0——桩身计算宽度（m）;对于圆形桩:当桩径 $D \leq 1\text{m}$ 时，$b_0 = 0.9 (1.5D + 0.5)$;当桩径 $D > 1\text{m}$ 时，$b_0 = 0.9 (D+1)$。对于矩形桩:当边宽 $B \leq 1\text{m}$ 时，$b_0 = 1.5B + 0.5$;当边宽 $B > 1\text{m}$ 时，$b_0 = B+1$。

2）对埋设有应力或应变测量传感器的试验应绘制下列曲线，并列表给出相应的数据：

①各级水平力作用下的桩身弯矩分布图；

②水平力—最大弯矩截面钢筋拉应力（$H-\sigma_s$）曲线。

3）单桩的水平临界荷载可按下列方法综合确定：

①取单向多循环加载法时的 $H-t-Y_0$ 曲线或慢速维持荷载法时的 $H-Y_0$ 曲线出现拐点的前一级水平荷载值。

②取 $H-\Delta Y_0/\Delta H$ 曲线或 $\lg H-\lg Y_0$ 曲线上第一拐点对应的水平荷载值。

③取 $H-\sigma_s$ 曲线第一拐点对应的水平荷载值。

4）单桩的水平极限承载力可按下列方法综合确定：

①取单向多循环加载法时的 $H-t-Y_0$ 曲线产生明显陡降的前一级、或慢速维持荷载法时的 $H-Y_0$ 曲线发生明显陡降的起始点对应的水平荷载值。

②取慢速维持荷载法时的 $Y_0-\lg t$ 曲线尾部出现明显弯曲的前一级水平荷载值。

③取 $H-\Delta Y_0/\Delta H$ 曲线或 $\lg H-\lg Y_0$ 曲线上第二拐点对应的水平荷载值。

④取桩身折断或受拉钢筋屈服时的前一级水平荷载值。

5）单桩水平极限承载力和水平临界荷载统计值的确定应符合《建筑基桩检测技术规范》（JGJ 106—2003）第4.4.3条的规定。

6）单位工程同一条件下的单桩水平承载力特征值的确定应符合下列规定：

①当水平承载力按桩身强度控制时，取水平临界荷载统计值为单桩水平承载力特征值。

②当桩受长期水平荷载作用且桩不允许开裂时，取水平临界荷载统计值的 0.8 倍作为单桩水平承载力特征值。

7）除《建筑基桩检测技术规范》（JGJ 106—2003）第 6.4.6 条规定外，当水平承载力按设计要求的水平允许位移控制时，可取设计要求的水平允许位移对应的水平荷载作为单桩水平承载力特征值，但应满足有关规范抗裂设计的要求。

8）检测报告内容包括：

①委托方名称，工程名称、地点，建设、勘察、设计、监理和施工单位，设计要求，检测目的，检测依据，检测数量，检测日期；

②受检桩的桩号、桩位和相关施工记录；

③检测方法，检测仪器设备，检测过程叙述；

④与检测内容相应的检测结论；

⑤受检桩桩位对应的地质柱状图；

⑥受检桩的截面尺寸及配筋情况；

⑦加卸载方法，荷载分级；

⑧《建筑基桩检测技术规范》（JGJ 106—2003）第 6.4.1 条要求绘制的曲线及对应的数据表；

⑨承载力判定依据；

⑩当进行钢筋应力测试并由此计算桩身弯矩时，应有传感器类型、安装位置、内力计算方法和《建筑基桩检测技术规范》（JGJ 106—2003）第 6.4.2 条要求绘制的曲线及其对应的数据表。

8.7.3　地基处理检测报告

1. 资料表式

地基处理检测报告按当地建设行政主管部门或其委托单位批准的具有相应资质的试验室提供的复试报告表式执行。

2. 应用说明

（1）《建筑地基处理技术规范》（JGJ 79—2012）共提出了 6 项地基处理方法，计有：换填垫层法、预压地基法、压实地基和夯实地基法、复合地基法、注浆加固法和微型桩加固法。

（2）不同地基处理方法的质量检验如下：

8.7.3.1　换填垫层法地基处理质量检验

（1）对粉质黏土、灰土、砂石、粉煤灰垫层的施工质量可选用环刀取样、静力触探、轻型动力触探或标准贯入试验等方法进行检验；对碎石、矿渣垫层的施工质量可采用重型动力触探试验等进行检验。压实系数可采用灌砂法、灌水法或其他方法进行检验。

（2）换填垫层的施工质量检验应分层进行，并应在每层的压实系数符合设计要求后铺填上层。

（3）采用环刀法检验垫层的施工质量时，取样点应选择位于每层垫层厚度的 2/3 深度处。检验点数量，条形基础下垫层每 10～20m 不应少于 1 个点，独立柱基、单个基础下垫层不应少于 1 个点，其他基础下垫层每 50～100m² 不应少于 1 个点。采用标准贯入试验或动力触探法检验垫层的施工质量时，每分层平面上检验点的间距不应大于 4m。

（4）竣工验收应采用静载荷试验检验垫层承载力，且每个单体工程不宜少于 3 个点；对于大型工程应按单体工程的数量或工程划分的面积确定检验点数。

（5）加筋垫层中土工合成材料的检验应符合下列要求：

1）土工合成材料质量应符合设计要求，外观无破损、无老化、无污染。

2）土工合成材料应可张拉、无皱折、紧贴下承层，锚固端应锚固牢靠。

3）上下层土工合成材料搭接缝应交替错开，搭接强度应满足设计要求。

8.7.3.2 预压地基法地基处理的质量检验规定

（1）施工过程中，质量检验和监测应包括下列内容：

1）对塑料排水带应进行纵向通水量、复合体抗拉强度、滤膜抗拉强度、滤膜渗透系数和等效孔径等性能指标现场随机抽样测试。

2）对不同来源的砂井和砂垫层砂料，应取样进行颗粒分析和渗透性试验。

3）对以地基抗滑稳定性控制的工程，应在预压区内预留孔位，在加载不同阶段进行原位十字板剪切试验和取土进行室内土工试验；加固前的地基土检测，应在打设塑料排水带之前进行。

4）对预压工程，应进行地基竖向变形、侧向位移和孔隙水压力等监测。

5）真空预压、真空和堆载联合预压工程，除应进行地基变形、孔隙水压力监测外，尚应进行膜下真空度和地下水位监测。

（2）预压地基竣工验收检验应符合下列规定：

1）排水竖井处理深度范围内和竖井底面以下受压土层，经预压所完成的竖向变形和平均固结度应满足设计要求。

2）应对预压的地基土进行原位试验和室内土工试验。

（3）原位试验可采用十字板剪切试验或静力触探，检验深度不应小于设计处理深度。原位试验和室内土工试验，应在卸载 3～5d 后进行。检验数量按每个处理分区不少于 6 点进行检测，对于堆载斜坡处应增加检验数量。

（4）预压处理后的地基承载力应按《建筑地基处理技术规范》（JGJ 79—2012）附录 A 确定。检验数量按每个处理分区不应少于 3 点进行检测。

8.7.3.3 压实地基和夯实地基处理的质量检验规定

1. 压实地基处理的质量检验规定

（1）压实填土地基的质量检验应符合下列规定：

1）在施工过程中，应分层取样检验土的干密度和含水量；每 50～100m² 面积内应设不少于 1 个检测点，每一个独立基础下，检测点不少于 1 个点，条形基础每 20 延米设检测点不少于 1 个点，压实系数不得低于表 8-103 的规定；采用灌水法或灌砂法检测的碎石土干密度不得低于 2.0t/m³。

压实填土的质量控制

表 8-103

结构类型	填 土 部 位	压实系数 λ_c	控制含水量（%）
砌体承重结构和框架结构	在地基主要受力层范围以内	≥0.97	
	在地基主要受力层范围以下	≥0.95	$W_{op} \pm 2$
排架结构	在地基主要受力层范围以内	≥0.96	
	在地基主要受力层范围以下	≥0.94	

注：地坪垫层以下及基础底面标高以上的压实填土，压实系数不应小于 0.94。

2）有地区经验时，可采用动力触探、静力触探、标准贯入等原位试验，并结合干密度试验的对比结果进行质量检验。

3）冲击碾压法施工宜分层进行变形量、压实系数等土的物理力学指标监测和检测。

4）地基承载力验收检验，可通过静载荷试验并结合动力触探、静力触探、标准贯入等试验结果综合判定。每个单体工程静载荷试验不应少于 3 点，大型工程可按单体工程的数量或面积确定检验点数。

（2）压实地基的施工质量检验应分层进行。每完成一道工序，应按设计要求进行验收，未经验收或验收不合格时，不得进行下一道工序施工。

2. 夯实地基处理的质量检验规定

（1）夯实地基的质量检验应符合下列规定：

1）检查施工过程中的各项测试数据和施工记录，不符合设计要求时应补夯或采取其他有效措施。

2）强夯处理后的地基承载力检验，应在施工结束后间隔一定时间进行，对于碎石土和砂土地基，间隔时间宜为 7～14d；粉土和黏性土地基，间隔时间宜为 14～28d；强夯置换地基，间隔时间宜为 28d。

3）强夯地基均匀性检验，可采用动力触探试验或标准贯入试验、静力触探试验等原位测试，以及室内土工试验。检验点的数量，可根据场地复杂程度和建筑物的重要性确定，对于简单场地上的一般建筑物，按每 400m² 不少于 1 个检测点，且不少于 3 点；对于复杂场地或重要建筑地基，每 300m² 不少于 1 个检验点，且不少于 3 点。强夯置换地基，可采用超重型或重型动力触探试验等方法，检查置换墩着底情况及承载力与密度随深度的变化，检验数量不应少于墩点数的 3%，且不少于 3 点。

4）强夯地基承载力检验的数量，应根据场地复杂程度和建筑物的重要性确定，对于简单场地上的一般建筑，每个建筑地基载荷试验检验点不应少于 3 点；对于复杂场地或重要建筑地基应增加检验点数。检测结果的评价，应考虑夯点和夯间位置的差异。强夯置换地基单墩载荷试验数量不应少于墩点数的 1%，且不少于 3 点；对饱和粉土地基，当处理后墩间土能形成 2.0m 以上厚度的硬层时，其地基承载力可通过现场单墩复合地基静载荷试验确定，检验数量不应少于墩点数的 1%，且每个建筑载荷试验检验点不应少于 3 点。

（2）强夯置换处理地基，必须通过现场试验确定其适用性和处理效果。

（3）当强夯施工所引起的振动和侧向挤压对邻近建构筑物产生不利影响时，应设置监测点，并采取挖隔振沟等隔振或防振措施。

（4）强夯处理后的地基竣工验收，承载力检验应根据静载荷试验、其他原位测试和室内土工试验等方法综合确定。强夯置换后的地基竣工验收，除应采用单墩静载荷试验进行承载力检验外，尚应采用动力触探等查明置换墩着底情况及密度随深度的变化情况。

8.7.3.4 复合地基处理的质量检验规定

对散体材料复合地基增强体应进行密实度检验；对有粘结强度复合地基增强体应进行强度及桩身完整性检验。

复合地基承载力的验收检验应采用复合地基静载荷试验，对有粘结强度的复合地基增强体尚应进行单桩静载荷试验。

1. 振冲碎石桩和沉管砂石桩复合地基的质量检验规定

（1）振冲碎石桩、沉管砂石桩复合地基的质量检验应符合下列规定：

1）检查各项施工记录，如有遗漏或不符合要求的桩，应补桩或采取其他有效的补救措施。

2）施工后，应间隔一定时间方可进行质量检验。对粉质黏土地基不宜少于 21d，对粉土地基不宜少于 14d，对砂土和杂填土地基不宜少于 7d。

3）施工质量的检验，对桩体可采用重型动力触探试验；对桩间土可采用标准贯入、静力触探、动力触探或其他原位测试等方法；对消除液化的地基检验应采用标准贯入试验。桩间土质量的检测位置应在等边三角形或正方形的中心，检验深度不应小于处理地基深度，检测数量不应少于桩孔总数的 2%。

（2）竣工验收时，地基承载力检验应采用复合地基静载荷试验，试验数量不应少于总桩数的 1%，且每个单体建筑不应少于 3 点。

2. 水泥土搅拌桩复合地基的质量检验规定

（1）水泥土搅拌桩复合地基质量检验应符合下列规定：

1）施工过程中应随时检查施工记录和计量记录。

2）水泥土搅拌桩的施工质量检验可采用下列方法：

①成桩 3d 内，采用轻型动力触探（N_{10}）检查上部桩身的均匀性，检验数量为施工总桩数的 1%，且不少于 3 根。

②成桩 7d 后，采用浅部开挖桩头进行检查，开挖深度宜超过停浆（灰）面下 0.5m，检查搅拌的均匀性，量测成桩直径，检查数量不少于总桩数的 5%。

3）静载荷试验宜在成桩 28d 后进行。水泥土搅拌桩复合地基承载力检验应采用复合地基静载荷试验和单桩静载荷试验，验收检验数量不少于总桩数的 10，复合地基静载荷试验数量不少于 3 台（多轴搅拌为 3 组）。

4）对变形有严格要求的工程，应在成桩 28d 后，采用双管单动取样器钻取芯样做水泥土抗压强度检验，检验数量为施工总桩数的 0.50，且不少于 6 点。

（2）基槽开挖后，应检验桩位、桩数与桩顶桩身质量，如不符合设计要求，应采取有效补强措施。

（3）水泥土搅拌桩干法施工机械必须配置经国家计量部门确认的具有能瞬时检测并记录出粉体的计量装置及搅拌深度自动记录仪。

（4）水泥土搅拌桩用于处理泥炭土、有机质土、pH 值小于 4 的酸性土、塑性指数大于 25 的黏土。或在腐蚀性环境中以及无工程经验的地区使用时，必须通过现场和室内试验确定其适用性。

3. 旋喷桩复合地基处理的质量检验规定

（1）旋喷桩质量检验应符合下列规定：

1）旋喷桩可根据工程要求和当地经验采用开挖检查、钻孔取芯、标准贯入试验、动力触探和静载荷试验等方法进行检验。

2）检验点布置应符合下列规定：

①有代表性的桩位；

②施工中出现异常情况的部位；

③地基情况复杂，可能对旋喷桩质量产生影响的部位。

3）成桩质量检验点的数量不少于施工孔数的 2%，并不应少于 6 点。

4）承载力检验宜在成桩 28d 后进行。

（2）竣工验收时，旋喷桩复合地基承载力检验应采用复合地基静载荷试验和单桩静载荷试验。检验数量不得少于总桩数的 1%，且每个单体工程复合地基静载荷试验的数量不得少于 3 台。

4. 灰土挤密桩和土挤密桩复合地基处理的质量检验规定

（1）灰土挤密桩、土挤密桩复合地基质量检验应符合下列规定：

1）桩孔质量检验应在成孔后及时进行，所有桩孔均需检验并做出记录，检验合格或经处理后方可进行夯填施工。

2）应随机抽样检测夯后桩长范围内灰土或土填料的平均压实系数 $\bar{\lambda}_c$，抽检的数量不应少于桩总数的 1%，且不得少于 9 根。对灰土桩桩身强度有怀疑时，尚应检验消石灰与土的体积配合比。

3）应抽样检验处理深度内桩间土的平均挤密系数，检测探井数不应少于总桩数的 0.3%，且每项单体工程不得少于 3 个。

4）对消除湿陷性的工程，除应检测上述内容外，尚应进行现场浸水静载荷试验，试验方法应符合现行国家标准《湿陷性黄土地区建筑规范》（GB 50025—2004）的规定。

5）承载力检验应在成桩后 14~28d 后进行，检测数量不应少于总桩数的 1%，且每项单体工程复合地基静载荷试验不应少于 3 点。

（2）竣工验收时，灰土挤密桩、土挤密桩复合地基的承载力检验应采用复合地基静载荷试验。

5. 夯实水泥土桩复合地基处理的质量检验规定

（1）夯实水泥土桩复合地基质量检验应符合下列规定：

1）成桩后，应及时抽样检验水泥土桩的质量。

2）夯填桩体的干密度质量检验应随机抽样检测，抽检的数量不应少于总桩数的2%。

3）复合地基静载荷试验和单桩静载荷试验检验数量不应少于桩总数的1%，且每项单体工程复合地基静载荷试验检验数量不应少于3点。

（2）竣工验收时，夯实水泥土桩复合地基承载力检验应采用单桩复合地基静载荷试验和单桩静载荷试验；对重要或大型工程，尚应进行多桩复合地基静载荷试验。

6. 水泥粉煤灰碎石桩复合地基处理的质量检验规定

水泥粉煤灰碎石桩复合地基质量检验应符合下列规定：

（1）施工质量检验应检查施工记录、混合料坍落度、桩数、桩位偏差、褥垫层厚度、夯填度和桩体试块抗压强度等。

（2）竣工验收时，水泥粉煤灰碎石桩复合地基承载力检验应采用复合地基静载荷试验和单桩静载荷试验。

（3）承载力检验宜在施工结束28d后进行，其桩身强度应满足试验荷载条件；复合地基静载荷试验和单桩静载荷试验的数量不应少于总桩数的1%，且每个单体工程的复合地基静载荷试验的试验数量不应少于3点。

（4）采用低应变动力试验检测桩身完整性，检查数量不低于总桩数的10%。

7. 柱锤冲扩桩复合地基处理的质量检验规定

柱锤冲扩桩复合地基的质量检验应符合下列规定：

（1）施工过程中应随时检查施工记录及现场施工情况，并对照预定的施工工艺标准，对每根桩进行质量评定。

（2）施工结束后7～14d，可采用重型动力触探或标准贯入试验对桩身及桩间土进行抽样检验，检验数量不应少于冲扩桩总数的2%，每个单体工程桩身及桩间土总检验点数均不应少于6点。

（3）竣工验收时，柱锤冲扩桩复合地基承载力检验应采用复合地基静载荷试验。

（4）承载力检验数量不应少于总桩数的1%，且每个单体工程复合地基静载荷试验不应少于3点。

（5）静载荷试验应在成桩14d后进行。

（6）基槽开挖后，应检查桩位、桩径、桩数、桩顶密实度及槽底土质情况。如发现漏桩、桩位偏差过大、桩头及槽底土质松软等质量问题，应采取补救措施。

8. 多桩型复合地基处理的质量检验规定

多桩型复合地基的质量检验应符合下列规定：

（1）竣工验收时，多桩型复合地基承载力检验，应采用多桩复合地基静载荷试验和单桩静载荷试验，检验数量不得少于总桩数的1%。

（2）多桩复合地基载荷板静载荷试验，对每个单体工程检验数量不得少于 3 点。

（3）增强体施工质量检验，对散体材料增强体的检验数量不应少于其总桩数的 2%，对具有粘结强度的增强体，完整性检验数量不应少于其总桩数的 10%。

8.7.3.5 注浆加固地基处理的质量检验规定

（1）水泥为主剂的注浆加固质量检验应符合下列规定：

1）注浆检验应在注浆结束 28d 后进行。可选用标准贯入、轻型动力触探、静力触探或面波等方法进行加固地层均匀性检测。

2）按加固土体深度范围每间隔 1m 取样进行室内试验，测定土体压缩性、强度或渗透性。

3）注浆检验点不应少于注浆孔数的 2%～5%。检验点合格率小于 80% 时，应对不合格的注浆区实施重复注浆。

（2）硅化注浆加固质量检验应符合下列规定：

1）硅酸钠溶液灌注完毕，应在 7～10d 后，对加固的地基土进行检验。

2）应采用动力触探或其他原位测试检验加固地基的均匀性。

3）工程设计对土的压缩性和湿陷性有要求时，尚应在加固土的全部深度内，每隔 1m 取土样进行室内试验，测定其压缩性和湿陷性。

4）检验数量不应少于注浆孔数的 2%～5%。

（3）碱液加固质量检验应符合下列规定：

1）碱液加固施工应做好施工记录，检查碱液浓度及每孔注入量是否符合设计要求。

2）开挖或钻孔取样，对加固土体进行无侧限抗压强度试验和水稳性试验。取样部位应在加固土体中部，试块数不少于 3 个，28d 龄期的无侧限抗压强度平均值不得低于设计值的 90%。将试块浸泡在自来水中，无崩解。当需要查明加固土体的外形和整体性时，可对有代表性的加固土体进行开挖，量测其有效加固半径和加固深度。

3）检验数量不应少于注浆孔数的 2%～5%。

（4）注浆加固处理后地基的承载力应进行静载荷试验检验。

（5）静载荷试验应按《建筑地基处理技术规范》（JGJ 79—2012）附录 A 的规定进行，每个单体建筑的检验数量不应少于 3 点。

8.7.3.6 微型桩加固地基处理的质量检验规定

（1）微型桩的施工验收，应提供施工过程有关参数，原材料的力学性能检验报告，试件留置数量及制作养护方法、混凝土和砂浆等抗压强度试验报告，型钢、钢管和钢筋笼制作质量检查报告。施工完成后尚应进行桩顶标高和桩位偏差等检验。

（2）微型桩的桩位施工允许偏差，对独立基础、条形基础的边桩沿垂直轴线方向应为 ±1/6 桩径，沿轴线方向应为 ±1/4 桩径，其他位置的桩应为 ±1/2 桩径；桩身的垂直度允许偏差应为 ±1%。

（3）桩身完整性检验宜采用低应变动力试验进行检测。检测桩数不得少于总桩数的 10%，且不得少于 10 根。每个柱下承台的抽检桩数不应少于 1 根。

（4）微型桩的竖向承载力检验应采用静载荷试验，检验桩数不得少于总桩数的 1%，且不得少于 3 根。

8.7.3.7 《建筑地基处理技术规范》(JGJ 79—2012)关于检验与监测的规定

1. 检验规定

（1）地基处理工程的验收检验应在分析工程的岩土工程勘察报告、地基基础设计及地基处理设计资料，了解施工工艺和施工中出现的异常情况等后，根据地基处理的目的，制定检验方案，选择检验方法。当采用一种检验方法的检测结果具有不确定性时，应采用其他检验方法进行验证。

（2）检验数量应根据场地复杂程度、建筑物的重要性以及地基处理施工技术的可靠性确定，并满足处理地基的评价要求。在满足本规范各种处理地基的检验数量，检验结果不满足设计要求时，应分析原因，提出处理措施。对重要的部位，应增加检验数量。

（3）验收检验的抽检位置应按下列要求综合确定：

1）抽检点宜随机、均匀和有代表性分布；

2）设计人员认为的重要部位；

3）局部岩土特性复杂可能影响施工质量的部位；

4）施工出现异常情况的部位。

（4）工程验收承载力检验时，静载荷试验最大加载量不应小于设计要求的承载力特征值的 2 倍。

（5）换填垫层和压实地基的静载荷试验的压板面积不应小于 $1.0m^2$；强夯地基或强夯置换地基静载荷试验的压板面积不宜小于 $2.0m^2$。

2. 监测规定

（1）地基处理工程应进行施工全过程的监测。施工中，应有专人或专门机构负责监测工作，随时检查施工记录和计量记录，并按照规定的施工工艺对工序进行质量评定。

（2）堆载预压工程，在加载过程中应进行竖向变形量、水平位移及孔隙水压力等项目的监测。真空预压应进行膜下真空度、地下水位、地面变形、深层竖向变形和孔隙水压力等监测。真空预压加固区周边有建筑物时，还应进行深层侧向位移和地表边桩位移监测。

（3）强夯施工应进行夯击次数、夯沉量、隆起量、孔隙水压力等项目的监测；强夯置换施工尚应进行置换深度的监测。

（4）当夯实、挤密、旋喷桩、水泥粉煤灰碎石桩、柱锤冲扩桩、注浆等方法施工可能对周边环境及建筑物产生不良影响时，应对施工过程的振动、噪声、孔隙水压力、地下管线和建筑物变形进行监测。

（5）大面积填土、填海等地基处理工程，应对地面变形进行长期监测；施工过程中还应对土体位移和孔隙水压力等进行监测。

（6）地基处理工程施工对周边环境有影响时，应进行邻近建（构）筑物竖向及水平位移监测、邻近地下管线监测以及周围地面变形监测。

（7）处理地基上的建筑物应在施工期间及使用期间进行沉降观测，直至沉降达到稳定为止。

附:《建筑地基处理技术规范》（JGJ 79—2012）附录 A、附录 B、附录 C

附录 A 处理后地基静载荷试验要点

A.0.1 本试验要点适用于确定换填垫层、预压地基、压实地基、夯实地基和注浆加固等处理后地基承压板应力主要影响范围内土层的承载力和变形参数。

A.0.2 平板静载荷试验采用的压板面积应按需检验土层的厚度确定，且不应小于 $1.0m^2$，对夯实地基，不宜小于 $2.0m^2$。

A.0.3 试验基坑宽度不应小于承压板宽度或直径的 3 倍。应保持试验土层的原状结构和天然湿度。宜在拟试压表面用粗砂或中砂层找平，其厚度不超过 20mm。基准梁及加荷平台支点（或锚桩）宜设在试坑以外，且与承压板边的净距不应小于 2m。

A.0.4 加荷分级不应少于 8 级。最大加载量不应小于设计要求的 2 倍。

A.0.5 每级加载后，按间隔 10min、10min、10min、15min、15min，以后为每隔 0.5h 测读一次沉降量，当在连续 2h 内，每小时的沉降量小于 0.1mm 时，则认为已趋稳定，可加下一级荷载。

A.0.6 当出现下列情况之一时，即可终止加载，当满足前三种情况之一时，其对应的前一级荷载定为极限荷载：

   1 承压板周围的土明显地侧向挤出；

   2 沉降 s 急骤增大，压力—沉降曲线出现陡降段；

   3 在某一级荷载下，24h 内沉降速率不能达到稳定标准；

   4 承压板的累计沉降量已大于其宽度或直径的 6%。

A.0.7 处理后的地基承载力特征值确定应符合下列规定：

   1 当压力—沉降曲线上有比例界限时，取该比例界限所对应的荷载值。

   2 当极限荷载小于对应比例界限的荷载值的 2 倍时，取极限荷载值的一半。

   3 当不能按上述两款要求确定时，可取 $s/b=0.01$ 所对应的荷载，但其值不应大于最大加载量的一半。承压板的宽度或直径大于 2m 时，按 2m 计算。

   注：s 为静载荷试验承压板的沉降量；b 为承压板宽度。

A.0.8 同一土层参加统计的试验点不应少于 3 点，各试验实测值的极差不超过其平均值的 30% 时，取该平均值作为处理地基的承载力特征值。当极差超过平均值的 30% 时，应分析极差过大的原因，需要时应增加试验数量并结合工程具体情况确定处理后地基的承载力特征值。

附录 B 复合地基静载荷试验要点

B.0.1 本试验要点适用于单桩复合地基静载荷试验和多桩复合地基静载荷试验。

B.0.2 复合地基静载荷试验用于测定承压板下应力主要影响范围内复合土层的承载力。复合地基静载荷试验承压板应具有足够刚度。单桩复合地基静载荷试验的承压板可用圆形或方形，面积为一根桩所承担的处理面积；多桩复合地基静载荷试验的承压板可用方形或矩形，其尺寸按实际桩数所承担的处理面积确定。单桩复合地基静载荷试验桩的中心（或形心）应与承压板中心保持一致，并与荷载作用点相重合。

B.0.3 试验应在桩顶设计标高进行。承压板底面以下宜铺设粗砂或中砂垫层，垫层厚度可取 100～150mm。如采用设计的垫层厚度进行试验，试验承压板的宽度对独立基础和条形基础应采用基础的设计宽度，对大型基础试验有困难时应考虑承压板尺寸和垫层厚度对试验结果的影响。垫层施工的夯填度应满足设计要求。

B.0.4 试验标高处的试坑宽度和长度不应小于承压板尺寸的 3 倍。基准梁及加荷平台支点（或锚桩）宜设在试坑以外，且与承压板边的净距不应小于 2m。

B.0.5 试验前应采取防水和排水措施，防止试验场地地基土含水量变化或地基土扰动，影响试验结果。

B.0.6 加载等级可分为 8～12 级。测试前为校核试验系统整体工作性能，预压荷载不得大于总载量的 5%。最大加载压力不应小于设计要求承载力特征值的 2 倍。

B.0.7 每加一级荷载前后均应各读记承压板沉降量一次，以后每 0.5h 读记一次。当 1h 内沉降量小于 0.1mm 时，即可加下一级荷载。

B.0.8 当出现下列现象之一时可终止试验：

   1 沉降急剧增大，土被挤出或承压板周围出现明显的隆起；

   2 承压板的累计沉降量已大于其宽度或直径的 6%；

   3 当达不到极限荷载，而最大加载压力已大于设计要求压力值的 2 倍。

B.0.9 卸载级数可为加载级数的一半，等量进行，每卸一级，间隔0.5h，读记回弹量，待卸完全部荷载后间隔3h读记总回弹量。

B.0.10 复合地基承载力特征值的确定应符合下列规定：

1 当压力—沉降曲线上极限荷载能确定，而其值不小于对应比例界限的2倍时，可取比例界限；当其值小于对应比例界限的2倍时，可取极限荷载的一半；

2 当压力—沉降曲线是平缓的光滑曲线时，可按相对变形值确定，并应符合下列规定：

1) 对沉管砂石桩、振冲碎石桩和柱锤冲扩桩复合地基，可取 s/b 或 s/d 等于0.01所对应的压力；

2) 对灰土挤密桩、土挤密桩复合地基，可取 s/b 或 s/d 等于0.008所对应的压力；

3) 对水泥粉煤灰碎石桩或夯实水泥土桩复合地基，对以卵石、圆砾、密实粗中砂为主的地基，可取 s/b 或 s/d 等于0.008所对应的压力；对以黏性土、粉土为主的地基，可取 s/b 或 s/d 等于0.01所对应的压力；

4) 对水泥土搅拌桩或旋喷桩复合地基，可取 s/b 或 s/d 等于0.006~0.008所对应的压力，桩身强度大于1.0MPa且桩身质量均匀时可取高值；

5) 对有经验的地区，可按当地经验确定相对变形值，但原地基土为高压缩性土层时，相对变形值的最大值不应大于0.015；

6) 复合地基荷载试验，当采用边长或直径大于2m的承压板进行试验时，b 或 d 按2m计；

7) 按相对变形值确定的承载力特征值不应大于最大加载压力的一半。

注：s 为静载荷试验承压板的沉降量；b 和 d 分别为承压板宽度和直径。

B.0.11 试验点的数量不应少于3点，当满足其极差不超过平均值的30%时，可取其平均值为复合地基承载力特征值。当极差超过平均值的30%时，应分析极差过大的原因，需要时可增加试验数量，并结合工程具体情况确定复合地基承载力特征值。工程验收时应视建筑物结构、基础形式综合评价，对于桩数少于5根的独立基础或桩数少于3排的条形基础，复合地基承载力特征值应取最低值。

附录C 复合地基增强体单桩静载荷试验要点

C.0.1 本试验要点适用于复合地基增强体单桩竖向抗压静载荷试验。

C.0.2 试验应采用慢速维持荷载法。

C.0.3 试验提供的反力装置可采用锚桩法或堆载法。当采用堆载法加载时应符合下列规定：

1 堆载支点施加于地基的压应力不宜超过地基承载力特征值；

2 堆载的支墩位置以不对试桩和基准桩的测试产生较大影响确定，无法避开时应采取有效措施；

3 堆载量大时，可利用工程桩作为堆载支点；

4 试验反力装置的承重能力应满足试验加载要求。

C.0.4 堆载支点以及试桩、锚桩、基准桩之间的中心距离应符合现行国家标准《建筑地基基础设计规范》GB 50007的规定。

C.0.5 试压前应对桩头进行加固处理，水泥粉煤灰碎石桩等强度高的桩，桩顶宜设置带水平钢筋网片的混凝土桩帽或采用钢护筒桩帽，其混凝土宜提高强度等级和采用早强剂。桩帽高度不宜小于1倍桩的直径。

C.0.6 桩帽下复合地基增强体单桩的桩顶标高及地基土标高应与设计标高一致，加固桩头前应凿成平面。

C.0.7 百分表架设位置宜在桩顶标高位置。

C.0.8 开始试验的时间、加载分级、测读沉降量的时间、稳定标准及卸载观测等应符合现行国家标准《建筑地基基础设计规范》GB 50007的有关规定。

C.0.9 当出现下列条件之一时可终止加载：

1 当荷载—沉降（$Q-s$）曲线上有可判定极限承载力的陡降段，且桩顶总沉降量超过40mm；

2 $\dfrac{\Delta S_n + 1}{\Delta S_n} \geqslant 2$，且经24h沉降尚未稳定；

3 桩身破坏，桩顶变形急剧增大；

4 当桩长超过25m，$Q-s$ 曲线呈缓变形时，桩顶总沉降量大于60~80mm；

5 验收检验时，最大加载量不应小于设计单桩承载力特征值的2倍。

注：ΔS_n——第 n 级荷载的沉降增量；$\Delta S_n + 1$——第 $n+1$ 级荷载的沉降增量。

C.0.10 单桩竖向抗压极限承载力的确定应符合下列规定：

1 作荷载—沉降（$Q-s$）曲线和其他辅助分析所需的曲线；

2 曲线陡降段明显时，取相应于陡降段起点的荷载值；

3 当出现本规范第 C.0.9 条第 2 款的情况时，取前一级荷载值；

4 $Q-s$ 曲线呈缓变型时，取桩顶总沉降量 s 为 40mm 所对应的荷载值；

5 按上述方法判断有困难时，可结合其他辅助分析方法综合判定；

6 参加统计的试桩，当满足其极差不超过平均值的 30% 时，设计可取其平均值为单桩极限承载力；极差超过平均值的 30% 时，应分析极差过大的原因，结合工程具体情况确定单桩极限承载力；需要时应增加试桩数量。工程验收时应视建筑物结构、基础形式综合评价，对于桩数少于 5 根的独立基础或桩数少于 3 排的条形基础，应取最低值。

C.0.11 将单桩极限承载力除以安全系数 2，为单桩承载力特征值。

8.8 设备安装调试

8.8.1 电机试运行记录

1. 资料表式（表 8-104）

电机试运行记录　　　　　　　　　　　　　　表 8-104

工程名称								
施工单位								
设备名称				安装位置				
施工图号		电机型号				设备位号		
电机额定数据						环境温度		
试运行时间	自　年　月　日　时　分开始，至　年　月　日　时　分结束							

序号	试验项目	试验状态	试验结果	备注
1	电源电压	□空载 □负载	V	
2	电机电流	□空载 □负载	A	
3	电机转速	□空载 □负载	r/min	
4	定子绕组温度	□空载 □负载	℃	
5	外壳温度	□空载 □负载	℃	
6	轴承温度	□前 □后	℃	
7	起动时间		s	
8	振动值（双倍振幅值）			
9	噪声			
10	碳刷与换向器或滑环	工作状态		
11	冷却系统	工作状态		
12	润滑系统	工作状态		
13	控制柜继电保护	工作状态		
14	控制柜控制系统	工作状态		
15	控制柜调速系统	工作状态		
16	控制柜测量仪表	工作状态		
17	控制柜信号指示	工作状态		
	试验结论			

参加人员	监理（建设）单位	施工单位			
		项目技术负责人	专职质检员	施工员	测试

2. 应用说明

（1）电刷的刷架、刷握及电刷的安装：

1）同一组刷握应均匀排列在同一直线上。

2）刷握的排列一般应使相邻不同极性的一对刷架彼此错开，以使换向器均匀的磨损。

3）各组电刷应调整在换向器的电气中性线上。

4）带有倾斜角的电刷，其锐角尖应与转动方向相反。

5）电刷与铜编带的连接及铜编带与刷架的连接应良好。

（2）电机外壳接地（接零）线敷设应符合下列规定：

1）连接紧密、牢固，接地（接零）线截面选用正确，需防腐的部分涂漆均匀无遗漏。

2）线路走向合理，色标准确，涂刷后不污染设备和建筑物。

（3）试运行前的检查

1）土建工程全部结束，现场清扫整理完毕。

2）电机本体安装检查结束。

3）冷却、调速、润滑等附属系统安装完毕，验收合格，分部试运行情况良好。

4）电机的保护、控制、测量、信号、励磁等回路的调试完毕动作正常。

5）电动机应做下列试验：

①测定绝缘电阻：A. 1kV 以下电动机使用 1kV 摇表摇测，绝缘电阻值不低于 1MΩ；B. 1kV 及以上电动机，使用 2.5kV 摇表摇测绝缘电阻值在 75℃时，定子绕组不低于每千伏 1MΩ，转子绕组不低于每千伏 0.5MΩ，并做吸收比试验。

②1kV 以上电动机应做交流耐压试验。

③500kW 及以上交流电动机的定子绕组应做直流耐压及泄漏试验。

6）电刷与换向器或滑环的接触应良好。

7）盘动电机转子应转动灵活，无碰卡现象。

8）电机引出线应相位正确，固定牢固，连接紧密。

9）电机外壳油漆完整，保护接地良好。

10）照明、通信、消防装置应齐全。

（4）试运行及验收

1）电动机试运行一般应在空载的情况下进行，空载运行时间为 2h，并做好电动机空载电流电压记录。

2）电机试运行接通电源后，如发现电动机不能起动和起动时转速很低或声音不正常等现象，应立即切断电源检查原因。

3）起动多台电动机时，应按容量从大到小逐台起动，不能同时起动。

4）电机试运行中应进行下列检查：

①电机的旋转方向符合要求，声音正常。

②换向器、滑环及电刷的工作情况正常。

③电动机的温度不应有过热现象。

④滑动轴承温升不应超过 45℃，滚动轴承温升不应超过 60℃。

⑤电动机的振动应符合规范要求。

5）交流电动机带负荷起动次数应尽量减少，如产品无规定时按在冷态时可连续起动 2 次；在热态时，可连续起动 1 次。

6）电机验收时，应提交下列资料和文件：

①设计变更或洽商记录；

②产品说明书、试验记录、合格证等技术文件；

③安装记录（包括电机抽芯检查记录、电机干燥记录等）；

④调整试验记录。

（5）填表说明

1）工程名称：按施工企业和建设单位签订的施工合同的工程名称或图注的工程名称，照实际填写。

2）施工单位：指建设与施工单位合同书中的施工单位，填写合同书中定名的施工单位名称。

3）设备名称：指电机铭牌上的设备名称。

4）安装位置：照实际，应说明所在的纵横轴位置或其他。

5）施工图号：指施工图设计图纸上标注电机部分的施工图号。

6）电机型号：用于该工程电机的电机型号，应与铭牌上的标注的电机型号相符。

7）设备位号：指该设备在施工图设计上排列的位号。

8）电机额定数据：电机额定数据照电机铭牌上标注的数据填写。

9）环境温度：指电机试运行时的环境温度。

10）试运行时间：指电机的实际试运行时间，应按自　年　月　日　时　分开始至　年　月　日　时　分结束。

11）序号：指电机试运行的试验项目的序号。

12）试验项目：共 17 子项（合理缺项除外）。

①电源电压（空载、负载 V）：应分别填写电源电压在空载、负载状态下的试验结果，以 V 计。

②电机电流（空载、负载 V）：应分别填写电机电流在空载、负载状态下的试验结果，以 A 计。

③电机转速（空载、负载 r/min）：应分别填写电机转速在空载、负载状态下的试验结果，以 r/min 计。④定子绕组温度（空载、负载℃）：应分别填写定子绕组温度在空载、负载状态下的试验结果，以℃计。

⑤外壳温度（空载、负载℃）：应分别填写外壳温度在空载、负载状态下的试验结果，以℃计。

⑥轴承温度（前、后℃）：应分别填写电机启动前的轴承温度和启动后转入常规运转后的轴承温度，以℃计。

⑦起动时间（s）：指电机的启动时间，以 s 计。

⑧振动值（双倍振幅值）：按试运行的实测振动值（双倍振幅值）填写。

⑨噪声：按试运行的实测噪声值填写，以 dB 计。

⑩碳刷与换向器或滑环（工作状态）：指电机试运行时碳刷与换向器或滑环在工作状态下的试验结果。

⑪冷却系统（工作状态）：指电机试运行时冷却系统在工作状态下的试验结果。

⑫润滑系统（工作状态）：指电机试运行时冷却系统在工作状态下的试验结果。

⑬控制柜继电保护（工作状态）：指电机试运行时控制柜继电保护在工作状态下的试验结果。

⑭控制柜控制系统（工作状态）：指电机试运行时控制柜控制系统在工作状态下的试验结果。

⑮控制柜调速系统（工作状态）：指电机试运行时控制柜调速系统在工作状态下的试验结果。

⑯控制柜测量仪表（工作状态）：指电机试运行时控制柜测量仪表在工作状态下的试验结果。

⑰控制柜信号指示（工作状态）：指电机试运行时控制柜信号指示在工作状态下的试验结果。

13）备注：填写需要说明的其他事宜。

14）试验结论：按表列各项试验完成后是否满足规范要求确认其试验结论，照确认的试验结论填写。

15）参加人员

①监理（建设）单位：指监理单位的专业监理工程师，签字有效。当不委托监理时由建设单位的项目负责人签字。

②施工单位：指与该工程签订施工合同的法人施工单位。

③项目技术负责人：指施工单位的项目经理部级的专业技术负责人，签字有效。

④专职质检员：负责该单位工程项目经理部级的专职质检员，签字有效。

⑤施工员：指该项工程的单位工程技术负责人。

⑥测试：指参加电机试运行的测试人员，签字有效。

8.8.2 调试记录

1. 资料表式（表 8-105）

调 试 记 录 表 8-105

工程名称		分部工程			
设 备 或 设施名称		规格型号			
调试时间		系统编号			
调试内容					
调试结果					
参加人员	监理（建设）单位	施 工 单 位			
		项目技术负责人	专职质检员	施工员	测 试

2. 应用说明

(1) 各专业进行的调试应按专业要求制定出调试的内容、方法、措施等技术要求，以指导全部的调试过程。

(2) 一般要求

1) 设备调试记录表式为通用表，各专业需进行调试的系统、设备等均用此表。

2) 各专业使用的设备进行的调试应按专业要求制定调试的内容、方法、措施等技术要求。以指导全部的调试过程。

3) 厂（场）、站工程设备安装调试应认真做好调试过程记录，调试结果均应符合设计和规范要求。

4) 每台设备在安装完毕后，安装单位应进行调试，以检验设备安装的正确性，确认安装符合设备技术文件的规定后，方可进行单体运转。

5) 单机试运转一般应为：先手动、后电动；先点动（确认有转向设备试运行时）、后连续；先低速至中速、最后高速。

6) 设备调试运转中必须编制试运转方案，试运转方案中必须具有专项制定的安全措施。

7) 设备调试运转必须记录运转全过程，对运转中出现问题的解决方法应重点予以记录。

(3) 填表说明

1) 工程名称：按施工企业和建设单位签订的施工合同的工程名称或图注的工程名称，照实际填写。

2) 分部工程：指被调试工程或系统所在的分部，按图注的分部工程名称填写。

3) 设备或设施名称：指被调试工程的设备或设施名称，照实际填写。

4) 规格型号：指被调试工程的设备或设施的规格型号，照实际填写。

5) 调试时间：指被调试工程的实际调试时间，按实际调试的年、月、日填写。

6) 系统编号：指被调试工程的系统的系统编号，照实际填写。

7) 调试内容：各专业进行的调试应按专业要求制定出调试的内容、方法、措施等技术要求。以指导全部的调试过程。

8) 调试结果：应按制定出调试的内容、方法、措施等技术要求全部实施，各项试验完成后是否满足规范要求据实确认其调试结果，照确认的调试结果填写合格或不合格。

9) 参加人员

①监理（建设）单位：指监理单位的专业监理工程师，签字有效。当不委托监理时由建设单位的项目负责人签字。

②施工单位：指与该工程签订施工合同的法人施工单位。

③项目技术负责人：指施工单位的项目经理部级的专业技术负责人，签字有效。

④专职质检员：负责该单位工程项目经理部级的专职质检员，签字有效。

⑤施工员：指该项工程的单位工程技术负责人。

⑥测试：参与该项测试人、填写测试人姓名。

8.8.3 运转设备试运行记录

8.8.3.1 运转设备试运行记录（通用）

1. 资料表式（表 8-106）

运 转 设 备 试 运 行 记 录　　　　　　　　表 8-106

工程名称			设备名称	
施工单位			规格型号	
试验单位			额定数据	
设备所在系统			台　数	
试运行时间	自　年　月　日　时　分开始，至　年　月　日　时　分结束			
试运行性质	□空负荷试运行；　　　□负荷试运行			

序号	重点检查项目	主要技术要求	试验结论
1	盘车检查	转动灵活，无异常现象	
2	有无异常音响	无异常噪声、声响	
3	轴承温度	1. 滑动轴承及往复运动部件的温升不得超过35℃，最高温度不得超过65℃； 2. 滚动轴承的温升不得超过40℃； 3. 填料函或机械密封的温度应符合技术文件的规定	
4	其他主要部位的温度及各系统的压力参数	在规定范围内	
5	振动值	不超过规定值	
6	驱动电机的电压、电流及温升	不超过规定值	
7	机器各部位的紧固情况	无松动现象	
8			

综合结论：
□合格
□不合格

参加人员	监理（建设）单位	施　工　单　位			
		项目技术负责人	专职质检员	施工员	测　试

2. 应用说明

（1）运转设备试运行记录的试验项目和内容符合有关标准规定，内容真实、准确，试验项目有齐全的过程记录。

（2）运转设备试运行不缺项、不缺部检，符合有关标准规定，测试项目和手续齐全，内容具体、真实、有结论意见。

（3）填表说明

1）工程名称：按施工企业和建设单位签订的施工合同的工程名称或图注的工程名称，照实际填写。

2）设备名称：指被试运转设备的设备名称。

3）施工单位：指建设与施工单位合同书中的施工单位，填写合同书中定名的施工单位名称。

4）规格型号：指被试运转设备的规格型号。

5）试验单位：指主持运转设备试运行的试验单位，填写试验单位名称。

6）额定数据：指被试运转设备铭牌上标定的额定数据，照实际填写。

7）设备所在系统：指被试运转设备所在的系统，按施工图设计上标注的该设备所在的系统。

8）台数：指被试运转设备的台数，应按施工图设计上标注的设备台数填写。

9）试运行时间：指运转设备的实际试运行时间，应按自　年　月　日　时　分开始至　年　月　日　时　分结束。

10）试运行性质（空负荷试运行、负荷试运行）：是指运转设备的试运行试验，当进行某种试验时在表内的方框内打勾（空负荷试运行或负荷试运行）。

11）序号：指重点检查项目的序号。

12）重点检查项目

①盘车检查（转动灵活，无异常现象）：应在满足主要技术要求转动灵活，无异常现象的情况下填写试验结论。

②有无异常音响（无异常噪声、声响）：应在满足主要技术要求无异常噪声、声响的情况下填写试验结论。

③轴承温度：应满足主要技术条件：A. 滑动轴承及往复运动部件的温升不得超过35℃，最高温度不得超过65℃；B. 滚动轴承的温升不得超过40℃；C. 填料函或机械密封的温度应在符合技术文件的规定的情况下填写试验结论。

④其他主要部位的温度及各系统的压力参数（在规定范围内）：应在满足主要技术要求在规定范围内的情况下填写试验结论。

⑤振动值（不超过规定值）：应在满足主要技术要求不超过规定值的情况下填写试验结论。

⑥驱动电机的电压、电流及温升（不超过规定值）：应在满足主要技术要求不超过规定值的情况下填写试验结论。

⑦机器各部位的紧固情况（无松动现象）：应在满足主要技术要求无松动现象的情况下填写试验结论。

13）综合结论（合格、不合格）：按表列各项试验完成后是否满足规范要求确认其试验结论，照确认的试验结论填写合格或不合格。

14）参加人员

①监理（建设）单位：指监理单位的专业监理工程师，签字有效。当不委托监理时由建设单位的项目负责人签字。

②施工单位：指与该工程签订施工合同的法人施工单位。

③项目技术负责人：指施工单位的项目经理部级的专业技术负责人，签字有效。

④专职质检员：负责该单位工程项目经理部级的专职质检员，签字有效。

⑤施工员：指该项工程的单位工程技术负责人。

⑥测试：参与该项测试人、填写测试人姓名。

8.8.3.2　风机试运行记录

1. 资料表式

风机试运行记录按表 8-106 执行。

2. 应用说明

（1）离心通风机

1）离心通风机试运转前应符合下列要求：

①轴承箱应清洗并应在检查合格后，方可按规定加注润滑油。

②电机的转向应与风机的转向相符。

③盘动转子，不得有碰刮现象。

④轴承的油位和供油应正常。

⑤各连接部位不得松动。

⑥冷却水系统供水应正常。

⑦应关闭进气调节门。

2）离心通风机试运转应符合下列要求：

①点动电动机，各部位应无异常现象和摩擦声响方可进行运转。

②风机起动达到正常转速后，应首先在调节门开度在 0°～5°之间的小负荷运转，待达到轴承温升稳定后连续运转时间不应少于 20min。

③小负荷运转正常后，应逐渐开大调节门，但电动机电流不得超过额定值，直到规定的负荷为止，连续运转时间不应少于 2h。

④具有滑动轴承的大型通风机，负荷试运转 2h 后应停机检查轴承，轴承应无异常，当轴承合金表面有局部研伤时，应进行修整，其后再连续运转不应少于 6h。

⑤高温离心通风机当进行高温试运转时，其升温速率不应小于 50℃/h；当进行冷态试运转时，其电机不得超负荷运转。

⑥试运转中，滚动轴承温升不得超过环境温度 40℃；滑动轴承温度不得超过 65℃；轴承部位的振动速度有效值（均方根速度值）不应大于 6.3mm/s，其振动速度有效值的测量方法应符合《风机、压缩机、泵安装工程施工及验收规范》（GB 50275—2010）附录 A 的要求。

（2）轴流通风机

1）轴流通风机试运转前应符合下列要求：

①电动机转向应正确；油位、叶片数量、叶片安装角、叶顶间隙、叶片调节装置功能、调节范围均应符合设备技术文件的规定；风机管道内不得留有任何污杂物。

②叶片角度可调的风机，应将可调叶片调节到设备技术文件规定的起动角度。

③盘车应无卡阻现象，关闭所有入孔门。

④应起动供油装置，并运转 2h，其油温和油压均应符合设备技术文件的规定。

2）轴流通风机试运转应符合下列要求：

①起动时，各部位应无异常现象，当有异常现象时应立即停机检查，查明原因并应消除。

②起动后调节叶片时，其电流不得大于电动机的额定电流值。

③运行时，风机严禁停留于喘振工况内。

④滚动轴承正常工作温度不应大于 70℃，瞬时最高温度不应大于 95℃，温升不应超过 55℃；滑动轴承的正常工作温度不应大于 75℃。

⑤风机轴承的振动速度有效值不应大于 6.3mm/s，轴承箱安装在机壳内的风机，其振动值可在机壳上测量。

⑥主轴承温升稳定后，连续试运转时间不应少于 6h，停机后应检查管道的密封性和叶顶间隙。

（3）罗茨式和叶氏鼓风机

1）罗茨式和叶氏鼓风机试运转前应符合下列要求：

①加注润滑油的规格、数量应符合设计的规定。

②接通冷却系统的冷却水。

③全开鼓风机进气和排气阀门。

④盘动转子，应无异常声响。

⑤电动机转向应与风机转向相符。

2）罗茨式和叶氏鼓风机试运转应符合下列要求：

①进气和排气口阀门应在全开的条件下进行空负荷试运转，运转时间不得少于 30min。

②空负荷运转正常后，应逐步缓慢地关闭排气阀，直至排气压力调节到设计升压值时，电动机的电流不得超过其额定电流定值。

③负荷试运转中，不得完全关闭进气、排气口的阀门；不应超负荷运转，并应在逐步卸荷后停机，不得在满负荷下突然停机。

④负荷试运转中，轴承温度不应超过 95℃，润滑油温度不应超过 65℃，振动速度有效值不应大于 13mm/s。

⑤当轴承温升，在半小时内的温度变化不大于 3℃时，应连续负荷试运转，其时间不应少于 2h。

8.8.3.3　水泵试运行记录

1. 资料表式

水泵试运行记录表式按表 8-106 执行。

2. 应用说明

（1）水泵试运转前应对水泵进行检查并做如下记录：

1）水泵型号及主要性能参数是否符合设计要求（型号及主要性能参数可在设备技术文件或设备铭牌上摘录）。

2）各固定连接部位是否有松动。

3）压力表应灵敏、准确、可靠。

4）润滑油的规格和数量应符合技术文件的规定。

5）盘车应灵活、无异常现象。

6）电机绕组对地绝缘电阻应符合要求。

7）电动机转向应与泵的转向相符。

（2）水泵试运转，应无异常振动和声响，其电机运行电流、电压应符合设备技术文件的规定。连续运转 2h 后，水泵轴承外壳最高温度——滑动轴承不得超过 70℃，滚动轴承不得超过 80℃；电机轴承最高温度——滑动轴承不应超过 80℃，滚动轴承不应超过 95℃。

（3）《风机、压缩机、泵安装工程施工及验收规范》（GB 50275—2010）泵试运转前的检查，应符合下列要求：

1）润滑、密封、冷却和液压等系统应清洗洁净并保持畅通，其受压部分应进行严密性试验。

2）润滑部位加注的润滑剂的规格和数量应符合随机技术文件的规定，有预润滑、预热和预冷要求的泵应按随机技术文件的规定进行。

3）泵的各附属系统应单独试验调整合格，并应运行正常。

4）泵体、泵盖、连杆和其他连接螺栓与螺母应按规定的力矩拧紧，并应无松动；联轴器及其他外露的旋转部分均应有保护罩，并应固定牢固。

5）泵的安全报警和停机连锁装置经模拟试验，其动作应灵敏、正确和可靠。

6）经控制系统联合试验各种仪表显示、声讯和光电信号等，应灵敏、正确、可靠，并应符合机组运行的要求。

7）盘动转子，其转动应灵活、无摩擦和阻滞。

（4）《风机、压缩机、泵安装工程施工及验收规范》（GB 50275—2010）泵试运转应符合下列要求：

1）试运转的介质宜采用清水；当泵输送介质不是清水时，应按介质的密度、比重折算为清水进行试运转，流量不应小于额定值的 20％；电流不得超过电动机的额定电流。

2）润滑油不得有渗漏和雾状喷油；轴承、轴承箱和油池润滑油的温升不应超过环境温度 40℃，滑动轴承的温度不应大于 70℃；滚动轴承的温度不应大于 80℃。

3）泵试运转时，各固定连接部位不应有松动；各运动部件运转应正常，无异常声响和摩擦；附属系统的运转应正常；管道连接应牢固、无渗漏。

4）轴承的振动速度有效值应在额定转速、最高排出压力和无气蚀条件下检测，检测及其限值应符合随机技术文件的规定；无规定时，应符合本规范附录 A 的规定。

5）泵的静密封应无泄漏；填料函和轴密封的泄漏量不应超过随机技术文件的规定。

6）润滑、液压、加热和冷却系统的工作应无异常现象。

7）泵的安全保护和电控装置及各部分仪表应灵敏、正确、可靠。

8）泵在额定工况下连续试运转时间不应少于表8-107规定的时间；高速泵及特殊要求的泵试运转时间应符合随机技术文件的规定。

泵在额定工况下连续试运转时间　　　　　　　　　　表 8-107

泵的轴功率（kW）	连续试运行时间（min）
＜50	30
50～100	60
100～400	90
＞400	120

9）系统在试运转中应检查下列各项，并应做好记录：

①润滑油的压力、温度和各部分供油情况；

②吸入和排出介质的温度、压力；

③冷却水的供水情况；

④各轴承的温度、振动；

⑤电动机的电流、电压、温度。

（5）记录中应表达连续试运转时间及试运转时的环境温度。

8.8.4　设备联动试运行记录

1. 资料表式（表 8-108）

设备联动试运行记录　　　　　　　　　　　　表 8-108

工程名称	
施工单位	
试验系统	
试运行时间	自　年　月　日　时起至　　年　月　日　时止

试运行内容：

试运行情况：

说明：

综合结论：
□合格
□不合格

参加人员	监理（建设）单位	施 工 单 位			
		项目技术负责人	专职质检员	施工员	测 试

2. 应用说明

（1）运转设备试运行试验项目和内容符合有关标准规定，内容真实、准确，运转设备试运行的试验项目有齐全的过程记录。运转设备试运行不缺项、不缺部检，符合有关标准的规定，测试项目和手续齐全，内容具体、真实、有结论意见。

（2）试运转前设备及其附属装置、管路等均应全部施工完毕，施工记录及资料应齐全。润滑、水、气、汽、电气（仪器）控制等附属装置均应按系统检验，并应符合试运转的要求。

（3）需要的能源、介质、材料、工机具、检测仪器、安全防护设施及用具等，均应符合试运转的要求。

（4）参加试运转的人员，应熟悉设备的构造、性能、设备技术文件和掌握操作规程及试运转操作。

（5）设备及周围环境应清扫干净，设备附近不得进行有粉尘或噪声较大的作业。

（6）填表说明

1）工程名称：按施工企业和建设单位签订的施工合同的工程名称或图注的工程名称，照实际填写。

2）施工单位：指建设与施工单位合同书中的施工单位，填写合同书中定名的施工单位名称。

3）试验系统：是指被试设备所在系统，照实际填写。

4）试运行时间：指电机的实际试运行时间，应按自　年　月　日　时　分开始至　年　月　日　时　分结束。

5）试运行内容：设备负荷联动试运行应按专业要求制定出试运行的内容、方法、措施等技术要求。按此进行试运行以指导全部的试运行过程。

6）试运行情况：按制定的试验内容、方法与措施进行各项试验的试运行情况，看其是否满足规范要求，对满足规范要求或不满足规范要求的情况予以说明。

7）说明：填写设备负荷联动试运行中需要说明的事宜。

8）综合结论（合格、不合格）：应按制定出的试运行的内容、方法、措施等技术要求全部实施，各项试运行完成后是否满足规范要求据实确认其试运行结果，照确认的试运行结果填写合格或不合格。

8.9　结构安全和功能性检（试）验

8.9.1　水池满水试验、气密性试验记录

1. 资料表式（表8-109）

工程名称				
水池名称		施工单位		
水池结构		允许渗水量（L/m²·d）		
水池平面尺寸（m×m）		水面面积 A_1（m²）		
水 深（m）		湿润面积 A_2（m²）		
测读记录	初 读 数	末 读 数		两次读数差
测读时间（年、月、日、时、分）				
水池水位 E（mm）				
蒸发水箱水位 e（mm）				
大气温度（℃）				
水 温（℃）				
实际渗水量	m³/d	L/m²·d		占允许量的百分率（%）
参加人员	监理（建设）单位	施 工 单 位		
		项目技术负责人	专职质检员	施工员	测 试

2. 应用说明

水池满水试验记录是水池施工完毕后，按规范规定必须进行的测试项目和内容。

（1）水处理构筑物的满水试验应符合《给水排水构筑物工程施工及验收规范》（GB 50141—2008）第 9.2 节的规定，并应符合下列规定：

1）编制试验方案。

2）混凝土或砌筑砂浆强度已达到设计要求；与所试验构筑物连接的已建管道、构筑物的强度符合设计要求。

3）混凝土结构，试验应在防水层、防腐层施工前进行。

4）装配式预应力混凝土结构，试验应在保护层喷涂前进行。

5）砌体结构，设有防水层时，试验应在防水层施工以后；不设有防水层时，试验应在勾缝以后。

6）与构筑物连接的管道、相邻构筑物，应采取相应的防差异沉降的措施；有伸缩补偿装置的，应保持松弛、自由状态。

7）在试验的同时应进行构筑物的外观检查，并对构筑物及连接管道进行沉降量监测。

8）满水试验合格后，应及时按规定进行池壁外和池顶的回填土方等项施工。

（2）水处理构筑物施工完毕必须进行满水试验。消化池满水试验合格后，还应进行气密性试验。

附：《给水排水构筑物工程施工及验收规范》(GB 50141—2008) 第9.2节

第9.2节　满水试验

9.2.1　满水试验的准备应符合下列规定：

　　1　选定洁净、充足的水源；注水和放水系统设施及安全措施准备完毕；

　　2　有盖池体顶部的通气孔、入孔盖已安装完毕，必要的防护设施和照明等标志已配备齐全；

　　3　安装水位观测标尺，标定水位测针；

　　4　现场测定蒸发量的设备应选用不透水材料制成，试验时固定在水池中；

　　5　对池体有观测沉降要求时，应选定观测点，并测量记录池体各观测点初始高程。

9.2.2　池内注水应符合下列规定：

　　1　向池内注水应分三次进行，每次注水为设计水深的1/3；对大、中型池体，可先注水至池壁底部施工缝以上，检查底板抗渗质量，无明显渗漏时，再继续注水至第一次注水深度；

　　2　注水时水位上升速度不宜超过2m/d；相邻两次注水的间隔时间不应小于24h；

　　3　每次注水应读24h的水位下降值，计算渗水量，在注水过程中和注水以后，应对池体作外观和沉降量检测；发现渗水量或沉降量过大时，应停止注水，待作出妥善处理后方可继续注水；

　　4　设计有特殊要求时，应按设计要求执行。

9.2.3　水位观测应符合下列规定：

　　1　利用水位标尺测针观测、记录注水时的水位值；

　　2　注水至设计水深进行水量测定时，应采用水位测针测定水位，水位测针的读数精确度应达1/10mm；

　　3　注水至设计水深24h后，开始测读水位测针的初读数；

　　4　测读水位的初读数与末读数之间的间隔时间应不少于24h；

　　5　测定时间必须连续。测定的渗水量符合标准时，须连续测定两次以上；测定的渗水量超过允许标准，而以后的渗水量逐渐减少时，可继续延长观测；延长观测的时间应在渗水符合标准时止。

9.2.4　蒸发量测定应符合下列规定：

　　1　池体有盖时蒸发量忽略不计；

　　2　池体无盖时，必须进行蒸发量测定；

　　3　每次测定水池中水位时，同时测定水箱中的水位。

9.2.5　渗水量计算应符合下列规定：

　　水池渗水量按下式计算：

$$q=\frac{A_1}{A_2}\left[(E_1-E_2)-(e_1-e_2)\right] \tag{9.2.5}$$

式中　q——渗水量〔L/(m²·d)〕；

　　A_1——水池的水面面积（m²）；

　　A_2——水池的浸湿总面积（m²）；

　　E_1——水池中水位测针的初读数（mm）；

　　E_2——测读 E_1 后24h水池中水位测针的末读数（mm）；

　　e_1——测读 E_1 时水箱中水位测针的读数（mm）；

　　e_2——测读 E_2 时水箱中水位测针的读数（mm）。

9.2.6　满水试验合格标准应符合下列规定：

　　1　水池渗水量计算应按池壁（不含内隔墙）和池底的浸湿面积计算；

　　2　钢筋混凝土结构水池渗水量不得超过2L/(m²·d)；砌体结构水池渗水量不得超过3L/(m²·d)。

第9.3节　气密性试验

9.3.1 气密性试验应符合下列要求：

1 需进行满水试验和气密性试验的池体，应在满水试验合格后，再进行气密性试验；

2 工艺测温孔的加堵封闭、池顶盖板的封闭、安装测温仪、测压仪及充气截门等均已完成；

3 所需的空气压缩机等设备已准备就绪。

9.3.2 试验精确度应符合下列规定：

1 测气压的 U 形管刻度精确至毫米水柱；

2 测气温的温度计刻度精确至 1℃；

3 测量池外大气压力的大气压力计刻度精确至 10Pa。

9.3.3 测读气压应符合下列规定：

1 测读池内气压值的初读数与末读数之间的间隔时间应不少于 24h；

2 每次测读池内气压的同时，测读池内气温和池外大气压力，并换算成同于池内气压的单位。

9.3.4 池内气压降应按下式计算：

$$P = (P_{d1} + P_{a1}) - (P_{d2} + P_{a2}) \times \frac{273 + t_1}{273 + t_2}$$ (9.3.4)

式中　P——池内气压降（Pa）；

　　　P_{d1}——池内气压初读数（Pa）；

　　　P_{d2}——池内气压末读数（Pa）；

　　　P_{a1}——测量 P_{d1} 时的相应大气压力（Pa）；

　　　P_{a2}——测量 P_{d2} 时的相应大气压力（Pa）；

　　　t_1——测量 P_{d1} 时的相应池内气温（℃）；

　　　t_2——测量 P_{d2} 时的相应池内气温（℃）。

9.3.5 气密性试验达到下列要求时，应判定为合格：

1 试验压力宜为池体工作压力的 1.5 倍；

2 24h 的气压降不超过试验压力的 20%。

（3）填表说明

1）工程名称：按施工企业和建设单位签订的施工合同的工程名称或图注的工程名称，照实际填写。

2）水池名称：按施工图设计定名的水池名称填写。

3）施工单位：指建设与施工单位合同书中的施工单位，填写合同书中定名的施工单位名称。

4）水池结构：指施工图设计的水池的构造做法，如钢筋混凝土水池、砖砌水池等。

5）允许渗水量（L/m²·d）：指水池满水试验时规范规定的允许渗水量。

6）水池平面尺寸（m×m）：按施工图设计图注的水池平面尺寸填写。

7）水面面积（m²）：按施工图设计图注的水池平面尺寸减去池壁厚度后经计算的水面面积。

8）水深（m）：按水池的实际水深填写。

9）浸润面积（m²）：指注水后池壁若干个洇水面积的总和，按平方米计。

10）测读记录

①测读时间（年、月、日、时、分）：按测读时间分别填写初读数、末读数、两次读数差。

②水池水位（mm）：按水池水位分别填写初读数、末读数、两次读数差。

③蒸发水箱水位（mm）：按蒸发水箱水位分别填写初读数、末读数、两次读数差。

④大气温度（℃）：按测读时间时的大气温度分别填写初读数、末读数、两次读数差。

⑤水温（℃）：按测读时间时的水温分别填写初读数、末读数、两次读数差。

11）实际渗水量：指水池满水试验时的实际渗水量，分别按 m^3/d、$L/m^2 \cdot d$、占允许量的百分率（％）填写。

8.9.2 污泥消化池气密性试验记录

1. 资料表式（表 8-110）

污泥消化池气密性试验记录 表 8-110

日期：　　　年　　月　　日

工程名称			建设单位		
池　　号			施工单位		
气室顶面直径（m）			顶面面积（m²）		
气室底面直径（mm）			底面面积（m²）		
气室高度（m）			气室体积（m³）		
测读记录		初读数	末读数		两次读数差
测读时间 年 月 日 时 分					
池内气压（Pa）					
大气压力（Pa）					
池内气温 t（℃）					
池内水位 E（mm）					
压力降 ΔP					
压力降占试验压力（％）					
备注：					
参加人员	监理（建设）单位		施　工　单　位		
		项目技术负责人	专职质检员	施工员	测　试

2. 应用说明

消化池气密性试验记录内容应齐全，试验结果符合规范规定的为符合要求，没有试验为不符合要求；虽经试验但试验内容不全且试验结果不符合规范规定应为不符合要求，当试验结果符合要求时，可视具体情况定为基本符合要求或不符合要求。

（1）消化池应密封，并能承受污泥气的工作压力，固定盖式消化池应有防止池内产生负压的措施。

（2）消化池宜设有测定气量、气压、泥量、泥温、泥位、pH 值等的仪表和设施。

（3）消化池溢流管出口不得放在室内，并必须有水封。消化池和污泥气贮罐的出气管上均应设回火防止器。

（4）主要试验设备

1）压力计：可采用 U 形管水压计或其他类型的压力计，该度精确至 mm 水柱，用于测量消化池内的气压。

2）温度计：用以测量消化池内的气温，刻度精确至 1℃。

3）大气压力计：用以测量大气压力，刻度粗精确至 Pa（10Pa）。

4）空气压缩机一台。

（5）测读气压

1）池内充气至试验压力并稳定后，测读池内气压值，即初读数，间隔 24h，测读末读数。

2）在测读池内气压的同时，测读池内气温和大气压力，并将大气压力换算为与池内气压相同的单位。

（6）池内气压降应按下式计算：

$$P = (P_{d1} + P_{a1}) - (P_{d2} + P_{a2})\frac{273 + t_1}{273 + t_2}$$

式中　ΔP——池内气压降（Pa）；

　　　P_{d1}——池内气压初读数（Pa）；

　　　P_{d2}——池内气压末读数（Pa）；

　　　P_{a1}——测量 P_{d1} 时的相应大气压力（Pa）；

　　　P_{a2}——测量 P_{d2} 时的相应大气压力（Pa）；

　　　t_1——测量 P_{d1} 时的相应池内气温（℃）；

　　　t_2——测量 P_{d2} 时的相应池内气温（℃）。

（7）填表说明

1）工程名称：按施工企业和建设单位签订的施工合同的工程名称或图注的工程名称，照实际填写。

2）建设单位：按建设与施工单位签订的合同书中的建设单位名称，填写合同书中建设单位名称全称。

3）池号：按施工图设计的水池编号填写。

4）施工单位：指建设与施工单位合同书中的施工单位，填写合同书中定名的施工单位名称。

5）气室顶面直径（m）：按施工图设计图注的消化池气室顶面直径填写，单位为米。

6）顶面面积（㎡）：按施工图设计图注的消化池气室顶面直径计算得到的顶面面积填写。

7）气室底面直径（m）：按施工图设计图注的消化池气室底面直径填写，单位为米。

8）底面面积（㎡）：按施工图设计图注的消化池气室底面直径计算得到的底面面积填写。

9）气室高度（m）：按施工图设计图注的消化池气室的实际高度填写。

10）气室体积（m³）：按施工图设计图注的消化池气室底面直径和高度计算得到的气室体积填写。

11）测读记录

①测读时间：指消化池气密性试验的测读时间，按年、月、日、时、分填写，分别测记初读数、末读数、两次读数差。

②池内气压（Pa）：指消化池气密性试验的池内气压，分别测记初读数、末读数、两次读数差的池内气压值。

③大气压力（Pa）：指消化池气密性试验的大气压力，分别测记初读数、末读数、两次读数差的大气压力值。

④池内气温 t（℃）：指消化池气密性试验的池内气温，分别测记初读数、末读数、两次读数差的池内气温值。

⑤池内水位 E（mm）：指消化池气密性试验的池内水位，分别测记初读数、末读数、两次读数差的池内水位值。

⑥压力降 ΔP：指消化池气密性试验的压力降，分别测记初读数、末读数、两次读数差的池内压力降值。

⑦压力降占试验压力（%）：指消化池气密性试验的压力降与试验压力之比，以百分比计。

12）备注：填记消化池气密性试验过程需要说明的事宜。

13）参加人员

①监理（建设）单位：指监理单位的专业监理工程师，签字有效。当不委托监理时由建设单位的项目负责人签字。

②施工单位：指与该工程签订施工合同的法人施工单位。

③项目技术负责人：指施工单位的项目经理部级的专业技术负责人，签字有效。

④专职质检员：负责该单位工程项目经理部级的专职质检员，签字有效。

⑤施工员：指该项工程的单位工程技术负责人。

⑥测试：参与该项试验的记录人、填写记录人姓名。

8.9.3　压力管渠水压试验、无压管渠严密性试验记录

1. 资料表式

压力管渠水压试验、无压管渠严密性试验记录按当地建设行政主管部门或其委托单位批准的具有相应资质的试验室提供的复试报告表式执行。

2. 应用说明

压力管渠水压试验、无压管渠严密性试验的一般规定：

（1）给水排水管道安装完成后应按下列要求进行管道功能性试验：

1）压力管道应按《给水排水管道工程施工及验收规范》（GB 50268—2008）第 9.2 节的规定进行压力管道水压试验，试验分为预试验和主试验阶段；试验合格的判定依据分为允许压力降值和允许渗水量值，按设计要求确定；设计无要求时，应根据工程实际情况，选用其中一项值或同时采用两项值作为试验合格的最终判定依据。

2）无压管道应按《给水排水管道工程施工及验收规范》（GB 50268—2008）第 9.3 节、第 9.4 节的规定进行管道的严密性试验，严密性试验分为闭水试验和闭气试验，按设

计要求确定；设计无要求时，应根据实际情况选择闭水试验或闭气试验进行管道功能性试验。

3）压力管道水压试验进行实际渗水量测定时，宜采用《给水排水管道工程施工及验收规范》（GB 50268—2008）附录 C 注水法。

（2）管道功能性试验涉及水压、气压作业时，应有安全防护措施，作业人员应按相关安全作业规程进行操作。管道水压试验和冲洗消毒排出的水，应及时排放至规定地点，不得影响周围环境和造成积水，并应采取措施确保人员、交通通行和附近设施的安全。

（3）压力管道水压试验或闭水试验前，应做好水源的引接、排水的疏导等方案。

（4）向管道内注水应从下游缓慢注入，注入时在试验管段上游的管顶及管段中的高点应设置排气阀，将管道内的气体排除。

（5）冬期进行压力管道水压或闭水试验时，应采取防冻措施。

（6）单口水压试验合格的大口径球墨铸铁管、玻璃钢管、预应力钢筒混凝土管或预应力混凝土管等管道，设计无要求时应符合下列要求：

1）压力管道可免去预试验阶段，而直接进行主试验阶段。

2）无压管道应认同严密性试验合格，无需进行闭水或闭气试验。

（7）全断面整体现浇的钢筋混凝土无压管渠处于地下水位以下时，除设计有要求外，管渠的混凝土强度、抗渗性能检验合格，并按《给水排水管道工程施工及验收规范》（GB 50268—2008）附录 F 的规定进行检查符合设计要求时，可不必进行闭水试验。

（8）管道采用两种（或两种以上）管材时，宜按不同管材分别进行试验；不具备分别试验的条件必须组合试验，且设计无具体要求时，应采用不同管材的管段中试验控制最严的标准进行试验。

（9）管道的试验长度除《给水排水管道工程施工及验收规范》（GB 50268—2008）规定和设计另有要求外，压力管道水压试验的管段长度不宜大于 1.0km；无压力管道的闭水试验，条件允许时可一次试验不超过 5 个连续井段；对于无法分段试验的管道，应由工程有关方面根据工程具体情况确定。

（10）给水管道必须水压试验合格，并网运行前进行冲洗与消毒。经检验水质达到标准后，方可允许并网通水投入运行。

（11）污水、雨污水合流管道及湿陷土、膨胀土、流砂地区的雨水管道，必须经严密性试验合格后方可投入运行。

注：给水管道的冲洗与消毒按《给水排水管道工程施工及验收规范》（GB 50268—2008）第 9.5 节执行。

附：《给水排水管道工程施工及验收规范》（GB 50268—2008）第 9.2 节、第 9.3 节、第 9.4 节、第 9.5 节

第 9.2 节　压力管道水压试验

9.2.1　水压试验前，施工单位应编制的试验方案，其内容应包括：

1　后背及堵板的设计；

2　进水管路、排气孔及排水孔的设计；

3　加压设备、压力计的选择及安装的设计；

4　排水疏导措施；

5 升压分级的划分及观测制度的规定；

6 试验管段的稳定措施和安全措施。

9.2.2 试验管段的后背应符合下列规定：

1 后背应设在原状土或人工后背上，土质松软时应采取加固措施；

2 后背墙面应平整并与管道轴线垂直。

9.2.3 采用钢管、化学建材管的压力管道，管道中最后一个焊接接口完毕一个小时以上方可进行水压试验。

9.2.4 水压试验管道内径大于或等于 600mm 时，试验管段端部的第一个接口应采用柔性接口，或采用特制的柔性接口堵板。

9.2.5 水压试验采用的设备、仪表规格及其安装应符合下列规定：

1 采用弹簧压力计时，精度不低于 1.5 级，最大量程宜为试验压力的 1.3～1.5 倍，表壳的公称直径不宜小于 150mm，使用前经校正并具有符合规定的检定证书；

2 水泵、压力计应安装在试验段的两端部与管道轴线相垂直的支管上。

9.2.6 开槽施工管道试验前，附属设备安装应符合下列规定：

1 非隐蔽管道的固定设施已按设计要求安装合格；

2 管道附属设备已按要求紧固、锚固合格；

3 管件的支墩、锚固设施混凝土强度已达到设计强度；

4 未设置支墩、锚固设施的管件，应采取加固措施并检查合格。

9.2.7 水压试验前，管道回填土应符合下列规定：

1 管道安装检查合格后，应按（GB 50268—2008）规范第 4.5.1 条第 1 款的规定回填土；

2 管道顶部回填土宜留出接口位置以便检查渗漏处。

9.2.8 水压试验前准备工作应符合下列规定：

1 试验管段所有敞口应封闭，不得有渗漏水现象；

2 试验管段不得用闸阀做堵板，不得含有消火栓、水锤消除器、安全阀等附件；

3 水压试验前应清除管道内的杂物。

9.2.9 试验管段注满水后，宜在不大于工作压力条件下充分浸泡后再进行水压试验，浸泡时间应符合表 9.2.9 的规定：

压力管道水压试验前浸泡时间

表 9.2.9

管材种类	管道内径 D_i（mm）	浸泡时间（h）
球墨铸铁管（有水泥砂浆衬里）	D_i	≥24
钢管（有水泥砂浆衬里）	D_i	≥24
化学建材管	D_i	≥24
现浇钢筋混凝土管渠	$D_i \leqslant 1000$	≥48
	$D_i > 1000$	≥72
预（自）应力混凝土管、预应力钢筒混凝土管	$D_i \leqslant 1000$	≥48
	$D_i > 1000$	≥72

9.2.10 水压试验应符合下列规定：

1 试验压力应按表 9.2.10-1 选择确定。

压力管道水压试验的试验压力（MPa）

表 9.2.10-1

管材种类	工作压力 P	试验压力
钢管	P	$P+0.5$，且不小于 0.9
球墨铸铁管	≤0.5	$2P$
	>0.5	$P+0.5$

管材种类	工作压力 P	试验压力
预（自）应力混凝土管、预应力钢筒混凝土管	≤0.6	1.5P
	>0.6	P+0.3
现浇钢筋混凝土管渠	≥0.1	1.5P
化学建材管	≥0.1	1.5P，且不小于 0.8

　　2　预试验阶段：将管道内水压缓缓地升至试验压力并稳压 30min，期间如有压力下降可注水补压，但不得高于试验压力；检查管道接口、配件等处有无漏水、损坏现象；有漏水、损坏现象时应及时停止试压，查明原因并采取相应措施后重新试压。

　　3　主试验阶段：停止注水补压，稳定 15min；当 15min 后压力下降不超过表 9.2.10-2 中所列允许压力降数值时，将试验压力降至工作压力并保持恒压 30min，进行外观检查若无漏水现象，则水压试验合格。

压力管道水压试验的允许压力降（MPa）　　　　　表 9.2.10-2

管材种类	试验压力	允许压力降
钢管	P+0.5，且不小于 0.9	0
球墨铸铁管	2P	0.03
	P+0.5	
预（自）应力钢筋混凝土管、预应力钢筒混凝土管	1.5P	
	P+0.3	
现浇钢筋混凝土管渠	1.5P	
化学建材管	1.5P，且不小于 0.8	0.02

　　4　管道升压时，管道的气体应排除；升压过程中，发现弹簧压力计表针摆动、不稳，且升压较慢时，应重新排气后再升压。

　　5　应分级升压，每升一级应检查后背、支墩、管身及接口，无异常现象时再继续升压。

　　6　水压试验过程中，后背顶撑、管道两端严禁站人。

　　7　水压试验时，严禁修补缺陷；遇有缺陷时，应做出标记，卸压后修补。

9.2.11　压力管道采用允许渗水量进行最终合格判定依据时，实测渗水量应小于或等于表 9.2.11 的规定及下列公式规定的允许渗水量。

压力管道水压试验的允许渗水量　　　　　表 9.2.11

管道内径 D_i (mm)	允许渗水量（L/min·km）		
	焊接接口钢管	球墨铸铁管、玻璃钢管	预（自）应力混凝土管、预应力钢筒混凝土管
100	0.28	0.70	1.40
150	0.42	1.05	1.72
200	0.56	1.40	1.98
300	0.85	1.70	2.42
400	1.00	1.95	2.80
600	1.20	2.40	3.14
800	1.35	2.70	3.96
900	1.45	2.90	4.20
1000	1.50	3.00	4.42
1200	1.65	3.30	4.70
1400	1.75		5.00

1 当管道内径大于表9.2.11规定时，实测渗水量应小于或等于按下列公式计算的允许渗水量：

钢管：
$$q=0.05\sqrt{D_i}$$
(9.2.11-1)

球墨铸铁管（玻璃钢管）：
$$q=0.1\sqrt{D_i}$$
(9.2.11-2)

预（自）应力混凝土管、预应力钢筒混凝土管：
$$q=0.14\sqrt{D_i}$$
(9.2.11-3)

2 现浇钢筋混凝土管渠实测渗水量应小于或等于按下式计算的允许渗水量：
$$q=0.014D_i$$
(9.2.11-4)

3 硬聚氯乙烯管实测渗水量应小于或等于按下式计算的允许渗水量：
$$q=3\cdot\frac{D_i}{25}\cdot\frac{P}{0.3\alpha}\cdot\frac{1}{1440}$$
(9.2.11-5)

式中　q——允许渗水量（L/min·km）；

D_i——管道内径（mm）；

P——压力管道的工作压力（MPa）；

α——温度—压力折减系数；当试验水温0~25℃时，α取1；25~35℃时，α取0.8；35~45℃时，α取0.63。

9.2.12 聚乙烯管、聚丙烯管及其复合管的水压试验除应符合本规范第9.2.10条的规定外，其预试验、主试验阶段应按下列规定执行：

1 预试验阶段：按本规范第9.2.10条第2款的规定完成后，应停止注水补压并稳定30min；当30min后压力下降不超过试验压力的70%，则预试验结束；否则重新注水补压并稳定30min再进行观测，直至30min后压力下降不超过试验压力的70%。

2 主试验阶段应符合下列规定：

（1）在预试验阶段结束后，迅速将管道泄水降压，降压量为试验压力的10%~15%；期间应准确计量降压所泄出的水量（ΔV），并按下式计算允许泄出的最大水量 ΔV_{max}：

$$\Delta V_{max}=1.2V\Delta P\left(\frac{1}{E_w}+\frac{D_i}{e_nE_p}\right)$$
(9.2.12)

式中　V——试压管段总容积（L）；

ΔP——降压量（MPa）；

E_w——水的体积模量，不同水温时 E_w 值可按表9.2.12采用；

E_p——管材弹性模量（MPa），与水温及试压时间有关；

D_i——管材内径（m）；

e_n——管材公称壁厚（m）。

ΔV 小于或等于 ΔV_{max} 时，则按本款的第（2）、（3）、（4）项进行作业；ΔV 大于 ΔV_{max} 时，应停止试压，排除管内过量空气再从预试验阶段开始重新试验。

温度与体积模量关系　　　　　　　　　　　　　表 9.2.12

温度（℃）	体积模量（MPa）	温度（℃）	体积模量（MPa）
5	2080	20	2170
10	2110	25	2210
15	2140	30	2230

（2）每隔3min记录一次管道剩余压力，应记录30min；30min内管道剩余压力有上升趋势时，则水压试验结果合格。

（3）30min内管道剩余压力无上升趋势时，则应持续观察60min；整个90min内压力下降不超过0.02MPa，则水压试验结果合格。

（4）主试验阶段上述两条均不能满足时，则水压试验结果不合格，应查明原因并采取相应措施后再重新组织试压。

9.2.13 大口径球墨铸铁管、玻璃钢管及预应力钢筒混凝土管道的接口单口水压试验应符合下列规定：

1 安装时应注意将单口水压试验用的进水口（管材出厂时已加工）置于管道顶部；

2　管道接口连接完毕后进行单口水压试验，试验压力为管道设计压力的 2 倍，且不得小于 0.2MPa；

3　试压采用手提式打压泵，管道连接后将试压嘴固定在管道承口的试压孔上，连接试压泵，将压力升至试验压力，恒压 2min，无压力降为合格；

4　试压合格后，取下试压嘴，在试压孔上拧上 M10×20mm 不锈钢螺栓并拧紧；

5　水压试验时应先排净水压腔内的空气；

6　单口试压不合格且确认是接El漏水时，应马上拔出管节，找出原因，重新安装，直至符合要求为止。

第9.3节　无压管道的闭水试验

9.3.1　闭水试验法应按设计要求和试验方案进行。

9.3.2　试验管段应按井距分隔，抽样选取，带井试验。

9.3.3　无压管道闭水试验时，试验管段应符合下列规定：

1　管道及检查井外观质量已验收合格；

2　管道未回填土且沟槽内无积水；

3　全部预留孔应封堵，不得渗水；

4　管道两端堵板承载力经核算应大于水压力的合力；除预留进出水管外，应封堵坚固，不得渗水；

5　顶管施工，其注浆孔封堵且管口按设计要求处理完毕，地下水位于管底以下。

9.3.4　管道闭水试验应符合下列规定：

1　试验段上游设计水头不超过管顶内壁时，试验水头应以试验段上游管顶内壁加 2m 计；

2　试验段上游设计水头超过管顶内壁时，试验水头应以试验段上游设计水头加 2m 计；

3　计算出的试验水头小于 10m，但已超过上游检查井井口时，试验水头应以上游检查井井口高度为准；

4　管道闭水试验应按（GB 50268—2008）规范附录 D（闭水法试验）进行。

9.3.5　管道闭水试验时，应进行外观检查，不得有漏水现象，且符合下列规定时，管道闭水试验为合格：

1　实测渗水量小于或等于表 9.3.5 规定的允许渗水量；

2　管道内径大于表 9.3.5 规定时，实测渗水量应小于或等于按下式计算的允许渗水量；

$$q = 1.25 \sqrt{D_i} \tag{9.3.5-1}$$

3　异型截面管道的允许渗水量可按周长折算为圆形管道计；

4　化学建材管道的实测渗水量应小于或等于按下式计算的允许渗水量。

$$q = 0.0046 D_i \tag{9.3.5-2}$$

式中　q——允许渗水量（m³/24h·km）；

　　　D_i——管道内径（mm）。

无压管道闭水试验允许渗水量　　　　　　　　　　　表 9.3.5

管　材	管道内径 D_i（mm）	允许渗水量（m³/24h·km）
	200	17.60
	300	21.62
	400	25.00
	500	27.95
	600	30.60
钢筋混凝土管	700	33.00
	800	35.35
	900	37.50
	1000	39.52
	1100	41.45
	1200	43.30
	1300	45.00

管　材	管道内径 D_i（mm）	允许渗水量（m³/24h·km）
钢筋混凝土管	1400	46.70
	1500	48.40
	1600	50.00
	1700	51.50
	1800	53.00
	1900	54.48
	2000	55.90

9.3.6　管道内径大于700mm时，可按管道井段数量抽样选取1/3进行试验；试验不合格时，抽样井段数量应在原抽样基础上加倍进行试验。

9.3.7　不开槽施工的内径大于或等于1500mm钢筋混凝土管道，设计无要求且地下水位高于管道顶部时，可采用内渗法测渗水量；渗漏水量测方法按附录F的规定进行，符合下列规定时，则管道抗渗性能满足要求，不必再进行闭水试验：

　　1　管壁不得有线流、滴漏现象；

　　2　对有水珠、渗水部位应进行抗渗处理；

　　3　管道内渗水量允许值 $q \leqslant 2$ ［L/（m²·d）］。

第9.4节　无压管道的闭气试验

9.4.1　闭气试验适用于混凝土类的无压管道在回填土前进行的严密性试验。

9.4.2　闭气试验时，地下水位应低于管外底150mm，环境温度为-15～50℃。

9.4.3　下雨时不得进行闭气试验。

9.4.4　闭气试验合格标准应符合下列规定：

　　1　规定标准闭气试验时间符合表9.4.4的规定，管内实测气体压力 $P \geqslant 1500Pa$ 则管道闭气试验合格。

钢筋混凝土无压管道闭气检验规定标准闭气时间　　　　　　表9.4.4

管道 DN （mm）	管内气体压力（Pa）		规定标准闭气时间 S （′″）
	起点压力	终点压力	
300	—	—	1′45″
400			2′30″
500			3′15″
600			4′45″
700			6′15″
800			7′15″
900			8′30″
1000			10′30″
1100			12′15″
1200	2000	≥1500	15′
1300			16′45″
1400			19′
1500			20′45″
1600			22′30″
1700			24′
1800			25′45″

管道 DN （mm）	管内气体压力（Pa）		规定标准闭气时间 S （′″）
	起点压力	终点压力	
1900			28′
2000	2000	≥1500	30′
2100			32′30″
2200			35′

2 被检测管道内径大于或等于 1600mm 时，应记录测试时管内气体温度（℃）的起始值 T_1 及终止值 T_2，并将达到标准闭气时间时膜盒表显示的管内压力值 P 记录，用下列公式加以修正，修正后管内气体压降值为 ΔP：

$$\Delta P = 103300 - (P+101300)(273+T_1)/(273+T_2) \tag{9.4.4}$$

ΔP 如果小于 500Pa，管道闭气试验合格。

3 管道闭气试验不合格时，应进行漏气检查、修补后复检。

4 闭气试验装置及程序见附录 E。

第 9.5 节 给水管道冲洗与消毒

9.5.1 给水管道冲洗与消毒应符合下列要求：

1 给水管道严禁取用污染水源进行水压试验、冲洗，施工管段处于污染水水域较近时，必须严格控制污染水进入管道；如不慎污染管道，应由水质检测部门对管道污染水进行化验，并按其要求在管道并网运行前进行冲洗与消毒；

2 管道冲洗与消毒应编制实施方案；

3 施工单位应在建设单位、管理单位的配合下进行冲洗与消毒；

4 冲洗时，应避开用水高峰，冲洗流速不小于 1.0m/s，连续冲洗。

9.5.2 给水管道冲洗消毒准备工作应符合下列规定：

1 用于冲洗管道的清洁水源已经确定；

2 消毒方法和用品已经确定，并准备就绪；

3 排水管道已安装完毕，并保证畅通、安全；

4 冲洗管段末端已设置方便、安全的取样口；

5 照明和维护等措施已经落实。

9.5.3 管道冲洗与消毒应符合下列规定：

1 管道第一次冲洗应用清洁水冲洗至出水口水样浊度小于 3NTU 为止，冲洗流速应大于 1.0m/s。

2 管道第二次冲洗应在第一次冲洗后，用有效氯离子含量不低于 20mg/L 的清洁水浸泡 24h 后，再用清洁水进行第二次冲洗直至水质检测、管理部门取样化验合格为止。

8.9.4 地下水取水构筑物抽水清洗、产水量测定

1. 资料表式

地下水取水构筑物抽水清洗、产水量测定按当地建设行政主管部门批准的具有相应资质的测定报告单表式执行。

2. 应用说明

（1）地下水取水构筑物抽水清洗、产水量测定应在施工完毕并经检验合格后，按下列规定进行抽水清洗：

1）抽水清洗前应将构筑物中的泥沙和其他杂物清除干净。

2）抽水清洗时，大口井应在井中水位降到设计最低动水位以下停止抽水；渗渠应在

集水井中水位降到集水管底以下停止抽水，待水位回升至静水位左右应再行抽水；抽水时应取水样，测定含砂量；设备能力已经超过设计产水量而水位未达到上述要求时，可按实际抽水设备的能力抽水清洗。

3）水中的含砂量小于或等于 1/200000（体积比）时，停止抽水清洗。

4）应及时记录抽水清洗时的静水位、水位下降值、含砂量测定结果。

（2）抽水清洗后，应按下列规定测定产水量：

1）测定大口井或渗渠集水井中的静水位。

2）抽出的水应排至降水影响半径范围以外。

3）按设计产水量进行抽水，并测定井中的相应动水位；含水层的水文地质情况与设计不符时，应测定实际产水量及相应的水位。

4）测定产水量时，水位和水量的稳定延续时间应符合设计要求；设计无要求时，岩石地区不少于 8h，松散层地区不少于 4h。

5）宜采用薄壁堰测定产水量。

6）及时记录产水量及其相应的水位下降值检测结果。

7）宜在枯水期测定产水量。

8.9.5　地表水取水构筑物的试运行

1. 资料表式

地表水取水构筑物的试运行表式按当地建设行政主管部门批准的试运行报告单表式执行。

2. 应用说明

（1）浮船与摇臂管联合试运行前，浮船应验收合格并符合下列规定方可试运行：

1）船上机电设备应按国家有关规范规定安装完毕，且安装检验与设备联动调试应合格。

2）进水口处应有防漂浮物的装置及清理设备；船舷外侧应有防撞击设施。

3）安全设施及防火器材应配置合理、完备，符合船舶管理的有关规定。

4）各水密舱的密封性能良好，所安装的管道、电缆等设施未破坏水密舱的密封效果。

5）抛锚位置应正确，锚链和缆绳强度的安全系数应符合规定，工作正常可靠。

（2）浮船与摇臂管应按下列步骤联动试运行，并做好记录：

1）空载试运行应符合下列规定：

①配电设备，所有用电设备试运转。

②测定摇臂管的空载挠度。

③移动浮船泊位，检查摇臂管水平移动。

④测定浮船四角干舷高度。

2）满载试运行应符合下列规定：

①机组应按设计要求连续试运转 24h。

②测定浮船四角干舷高度，船体倾斜度应符合设计要求；设计无要求时，不允许船体向摇臂管方向倾斜；船体向水泵吸水管方向的倾斜度不得超过船宽的 2%，且不大于

100mm；超过时，应会同有关单位协商处理；船舱底部应无漏水。

③测定摇臂管的挠度。

④移动浮船泊位，检查摇臂管的水平移动。

⑤检查摇臂接头，有渗漏时应首先调整压盖的紧力；调整压盖无效时，再检查、调整填料涵的尺寸。

（3）缆车、浮船接管车应按下列步骤试运行，并做好记录；

1）配电设备，所有用电设备试运转。

2）移动缆车、浮船接管车行走平稳，出水管与斜坡管连接正常。

3）起重设备试吊合格。

4）水泵机组按设计要求的负荷连续试运转24h。

5）水泵机组运行时，缆车、浮船的振动值应在设计允许的范围内。

8.9.6　主体构筑物位置及高程测量和抽查检验

1. 资料表式

主体构筑物位置及高程测量和抽查检验表式按当地建设行政主管部门批准具有相应资质的单位批准的表式执行。

2. 应用说明

（1）主体构筑物主要是指取水与排放构筑物、水处理构筑物、调蓄池构筑物、泵房等的在建构筑物，在施工测量（在建过程测量和竣工测量）中的位置和高程，应对测量成果进行汇整，并应进行抽查检验。

（2）取水与排放构筑物主要包括：地下水取水构筑物（含大口井、渗渠和管井）、固定式地表水取水构筑物（含岸边式和河床式）、活动式地表水取水构筑物以及岸边和水中排放构筑物。

（3）水处理构筑物主要包括：净水、污水处理构筑物结构工程及《给水排水构筑物工程施工及验收规范》（GB 50141—2008）的其他相关章节的结构工程。

（4）泵房工程主要是指给水排水工程中的固定式取水（排放）、输送、提升、增压泵房结构工程。小型泵房可参照执行。

8.9.7　工艺辅助构筑物位置及高程测量汇总及抽查检验

1. 资料表式

工艺辅助构筑物位置及高程测量汇总及抽查检验表式按当地建设行政主管部门批准具有相应资质的单位批准的表式执行。

2. 应用说明

（1）工艺辅助构筑物主要是指水塔、水柜、调蓄池（清水池、调节水池、调蓄水池）等给水排水调蓄构筑物，在施工测量（在建过程测量和竣工测量）中的位置和高程，应对测量成果进行汇整，并应进行抽查检验。

（2）工艺辅助构筑物在施工测量中执行初测、复核及复测制，以保证施工测量中的位置与高程正确。

（3）调蓄构筑物施工前应根据设计要求，复核已建的与调蓄构筑物有关的管道、进出水构筑物的位置坐标、控制点和水准点。施工时应采取相应技术措施，合理安排各构筑物的施工顺序，避免新、老管道、构筑物之间出现影响结构安全、运行功能的差异沉降。

8.9.8 主体结构实体的混凝土强度抽查检验

1. 资料表式（表8-111）

主体结构实体的混凝土强度抽查检验 表 8-111

工程名称							编　号		
							结构类型		
施工单位							验收日期		
强度等级	试件强度代表值（MPa）						强度评定结果	监理/建设单位验收结果	
结论：									
签字栏	项目专业技术负责人				专业监理工程师或建设单位项目专业技术负责人				

2. 应用说明

（1）同条件养护试件的留置方式和取样数量，应符合下列要求：

1）同条件养护试件所对应的结构构件或结构部位，应由监理（建设）、施工等各方共同选定。

2）对混凝土结构工程中的各混凝土强度等级，均应留置同条件养护试件。

3）同一强度等级的同条件养护试件，其留置的数量应根据混凝土工程量和重要性确定，不宜少于10组，且不应少于3组。

4）同条件养护试件拆模后，应放置在靠近相应结构构件或结构部位的适当位置，并应采取相同的养护方法。

（2）同条件养护试件应在达到等效养护龄期时进行强度试验。

等效养护龄期应根据同条件养护试件强度与在标准养护条件下 28d 龄期试件强度相等的原则确定。

（3）同条件自然养护试件的等效养护龄期及相应的试件强度代表值，宜根据当地的气温和养护条件，按下列规定确定：

1）等效养护龄期可取按日平均温度逐日累计达到 600℃·d 时所对应的龄期，0℃ 及以下的龄期不计入；等效养护龄期不应小于 14d，也不宜大于 60d。

2）同条件养护试件的强度代表值应根据强度试验结果按现行国家标准《混凝土强度检验评定标准》GB/T 50107——2010）的规定确定后，乘折算系数取用；折算系数宜为 1.10，也可根据当地的试验统计结果作适当调整。

（4）冬期施工、人工加热养护的结构构件，其同条件养护试件的等效养护龄期可按结构构件的实际养护条件，由监理（建设）、施工等各方根据《混凝土结构工程施工质量验收规范》（GB 50204—2002）附录 D 的 D.0.2 条的规定共同确定。

注：结构实体检验用同条件养护试件强度试验报告应附同条件养护试件测温记录。

8.9.9 主体结构实体的钢筋保护层厚度抽查检验记录

主体结构实体的钢筋保护层厚度抽查检验记录施工单位检验时按表 8-112 执行。当需要试验单位对被检钢筋保护层厚度测定进行校核检验时按表 8-113 执行。

1. 资料表式

主体结构实体的钢筋保护层厚度抽查检验记录　　　　　　　　表 8-112

编号：

工程名称				结构类型		
施工单位				验收日期		
构件类别	构件名称	钢筋保护层厚度（mm）		合格点率	评定结果	监理（建设）单位验收结果
		设计值	实　测　值			
梁						
板						

结论：

说明：
　　本表中对每一构件可填写 6 根钢筋的保护层厚度实测值，应检验钢筋的具体数量须根据规范要求和实际情况确定。

参加人员	监理（建设）单位	施　工　单　位		
		专业技术负责人	质检员	施工员

538

钢筋保护层厚度试验报告
表 8-113

编　　号		试验编号		委托编号		
工程名称及部位						
委托单位						
试验委托人				见证人		
构件名称						
测试点编号	1	2	3	4	5	6
保护层厚度 设计值（mm）						
保护层厚度 实测值（mm）						
测试位置示意图：						
结论：						
试验单位：	技术负责人：		审核：		试（检）验：	

注：本表由建设单位、监理单位、施工单位各保存一份。

2. 应用说明

结构实体钢筋保护层厚度检验：

（1）钢筋保护层厚度检验的结构部位和构件数量，应符合下列要求：

1）钢筋保护层厚度检验的结构部位，应由监理（建设）、施工等各方根据结构构件的重要性共同选定：

2）对梁类、板类构件，应各抽取构件数量的 2％ 且不少于 5 个构件进行检验；当有悬挑构件时，抽取的构件中悬挑梁类、板类构件所占比例均不宜小于 50％。

（2）对选定的梁类构件，应对全部纵向受力钢筋的保护层厚度进行检验；对选定的板类构件，应抽取不少于 6 根纵向受力钢筋的保护层厚度进行检验。对每根钢筋，应在有代表性的部位测量 1 点。

（3）钢筋保护层厚度的检验，可采用非破损或局部破损的方法，也可采用非破损方法测试并用局部破损方法进行校准。当采用非破损方法检验时，所使用的检测仪器应经过计量检验，检测操作应符合相应规程的规定。

钢筋保护层厚度检验的检测误差不应大于 1mm。

（4）钢筋保护层厚度检验时，纵向受力钢筋保护层厚度的允许偏差，对梁类构件为＋10mm、－7mm，对板类构件为＋8mm、－5mm。

（5）对梁类、板类构件纵向受力钢筋的保护层厚度应分别进行验收。

结构实体钢筋保护层厚度验收合格应符合下列规定：

1）当全部钢筋保护层厚度检测的合格点率为 90％ 及以上时，钢筋保护层厚度的检验结果应判为合格。

2）当全部钢筋保护层厚度的检测结果的合格点率小于 90％但不小于 80％时，可再抽取相同数量的构件进行检验；当按两次抽样总和计算的合格点率为 90％及以上时，钢筋保护层厚度的检验结果仍应判为合格。

3）每次抽样检验结果中不合格点的最大偏差，均不应大于规范规定的允许偏差的 1.5 倍。

8.9.10　地基基础加固检测

地基基础加固检测可按本书地基处理和桩基施工记录中不同地基处理方法中的质量检验的相关要求执行。

8.9.11　防腐、防水、保温层检测及抽查检验

8.9.11.1　防腐层质量检测记录

1. 资料表式（表 8-114）

防腐层质量检测记录　　　　　　　　　　　　　　表 8-114

工程名称			施工单位			
防腐材料			防腐等级			
执行标准			设备与管道规格（mm）			
设计最小厚度（mm）			设计绝缘电压			
检查情况	厚度检查（最小值）：				检查人：	
	电绝缘性检查：				检查人：	
	外观检查：				检查人：	
	粘结力检查：				检查人：	
综合结论：						
参加人员	监理（建设）单位		施 工 单 位			
			项目技术负责人	专职质检员	施工员	记 录

检查日期：　　　年　　月　　日

2. 应用说明

（1）防腐涂料和油漆，必须是在有效保质期限内的合格产品。

（2）喷、涂油漆的漆膜，应均匀，无堆积、皱纹、气泡、掺杂、混色与漏涂等缺陷。

（3）各类空调设备、部件的油漆喷、涂，不得遮盖铭牌标志和影响部件的功能使用。

（4）绝热涂料作绝热层时，应分层涂抹；厚度均匀，不得有气泡和漏涂等缺陷，表面固化层应光滑，牢固无缝隙。

（5）防腐涂料干漆膜总厚度测试说明

1）防腐涂料干漆膜总厚度测试施工单位用涂层厚度测量仪、测针和钢尺检查测试。

2）防腐涂料干漆膜总厚度测试要求

①防腐涂料所用的涂料、涂装遍数、涂层厚度均应符合设计要求。当设计对涂层厚度无要求时，涂层干漆膜总厚度：室外应为 $150\mu m$，室内应为 $125\mu m$，其允许偏差为 $-25\mu m$。每遍涂层干漆膜厚度允许偏差为 $-5\mu m$。

防腐涂料干漆膜总厚度测试按构件数抽查 10%，且同类构件不应少于 3 件；用干漆膜测厚仪检查。每个构件检测 5 处，每处的数值为 3 个相距 50mm 测点涂层干漆膜厚度的平均值。

②薄涂型防火涂料的涂层厚度应符合有关耐火极限的设计要求。厚涂型防火涂料涂层的厚度，80% 及以上面积应符合有关耐火极限的设计要求，且最薄处厚度不应低于设计要求的 85%。

防腐涂料干漆膜总厚度测试按同类构件数抽查 10%，且均不应少于 3 件。由施工单位用涂层厚度测量仪、测针和钢尺进行检查测试。测量方法应符合《钢结构工程施工质量验收规范》（GB 50205—2001）附录 F 的规定。

附：《钢结构工程施工质量验收规范》（GB 50205—2001）附录 F：

钢结构防火涂料涂层厚度测定方法

1 测针：

测针（厚度测量仪），由针杆和可滑动的圆盘组成，圆盘始终保持与针杆垂直，并在其上装有固定装置，圆盘直径不大于 30mm，以保证完全接触被测试件的表面。如果厚度测量仪不易插入被插材料中，也可使用其他适宜的方法测试。

测试时，将测厚探针（见图 1）垂直插入防火涂层直至钢基材表面上，记录标尺读数。

2 测点选定：

（1）楼板和防火墙的防火涂层厚度测定，可选两相邻纵、横轴线相交中的面积为一个单元，在其对角线上，按每米长度选一点进行测试。

（2）全钢框架结构的梁和柱的防火涂层厚度测定，在构件长度内每隔 3m 取一截面，按图 2 所示位置测试。

（3）行架结构，上弦和下弦按（2）的规定每隔 3m 取一截面检测，其他腹杆每根取一截面检测。

3 测量结果：对于楼板和墙面，在所选择的面积中，至少测出 5 个点；对于梁和柱在所选择的位置中，分别测出 6 个和 8 个点。分别计算出它们的平均值，精确到 0.5mm。

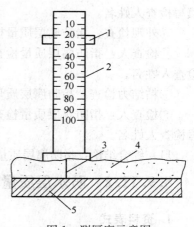

图 1 测厚度示意图
1—标尺；2—刻度；3—测针；
4—防火涂层；5—钢基材

（6）填表说明

1）工程名称：按施工企业和建设单位签订的施工合同的工程名称或图注的工程名称，照实际填写。

2）施工单位：指建设与施工单位合同书中的施工单位及其代表，填写合同定名的施工单位名称。

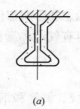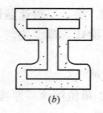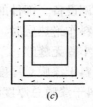

图 2　测点示意图

（a）工字梁；（b）工形柱；（c）方形柱

3）检查日期：填写防腐层质量的检查日期。按年、月、日填写。

4）防腐材料：指防腐层质量检查区段的管道所用防腐材料的名称。

5）防腐等级：指防腐层质量检查区段的管道的防腐等级，一般为施工图设计图注的防腐等级。

6）执行标准：指防腐层质量检查区段的管道防腐等级的执行标准，应填写执行标准名称和代号或只填写代号。

7）设备与管道规格（mm）：指防腐层质量检查区段的设备与管道的规格。

8）设计最小厚度（mm）：指防腐层质量检查区段的管道（设备）的防腐层的最小厚度。

9）设计绝缘电压：指防腐层质量检查区段的管道（设备）的管道设计绝缘电压，一般为施工图设计图注的设计绝缘电压值。

10）检查情况：指防腐层质量检查区段的管道（设备）的质量检查情况。

①厚度检查（最小值）：指防腐层质量检查区段的管道（设备）的防腐层厚度检查的最小值。

②检查人：指防腐层质量检查区段的管道（设备）的防腐层厚度检查的检查人，填写检查人姓名。

③电绝缘性检查：指防腐层质量检查区段的管道（设备）的防腐层电绝缘性检查的情况。

④检查人：指防腐层质量检查区段的管道（设备）的防腐层电绝缘性检查的检查人，填写检查人姓名。

⑤外观检查：指防腐层质量检查区段的管道（设备）的防腐层外观检查。

⑥检查人：指防腐层质量检查区段的管道（设备）的防腐层外观检查的检查人，填写检查人姓名。

⑦粘结力检查：指防腐层质量检查区段的管道（设备）的防腐层粘结力检查。

⑧检查人：指防腐层质量检查区段的管道（设备）的防腐层粘结力检查的检查人，填写检查人姓名。

11）综合结论：指防腐层质量检查区段的管道（设备）的防腐层检查质量的综合结论。

8.9.11.2　防水层质量检测记录

1. 资料表式

防水层质量检测记录表式按当地建设行政主管部门批准具有相应资质的单位批准的表式执行。

2. 应用说明

防水层的做法种类很多，通常有防水混凝土、水泥砂浆防水层、卷材防水层、涂料防水层、塑料板防水层、金属板防水层。防水层质量检测按《地下防水工程质量验收规范》（GB 50208—2011）执行。

8.9.11.3 保温层质量检测记录

1. 资料表式

保温层质量检测记录表式按当地建设行政主管部门批准具有相应资质的单位批准的表式执行。

2. 应用说明

（1）保温层的厚度、含水率必须符合设计要求，表面应平整，并应提供现场抽样检验报告。

（2）保温层厚度施工单位用钢针插入和尺量进行检查测试。

8.9.12 有防水要求地面的蓄水试验

1. 资料表式（表 8-115）

有防水要求的地面蓄水试验记录 表 8-115

工程名称			编 号		
检查部位			检查日期		
检查方式	□第一次蓄水	□第二次蓄水	蓄水时间	从 年 月 日 时 至 年 月 日 时	
	□淋水	□雨期观察			
检查方法及内容：					
检查内容：					
复查结论：					
复查人： 复查日期：					
参加人员	监理（建设）单位		施 工 单 位		
		项目技术负责人	专职质检员	施工员	

2. 应用说明

有防水要求的房间必须进行蓄水检验。同一房间应做两次蓄水试验，分别在室内防水完成后及单位工程竣工后100％做蓄水试验。蓄水时最浅水位不得低于20mm，应为20～30mm。浸泡24h后撒水，检查无渗漏为合格。检查数量应为全部此类房间。检查时，应邀请建设单位参加并签章认可。

8.9.13 地下室防水效果检查记录

1. 资料表式（表8-116）

地下室防水效果检查记录表 表 8-116

工程名称		检查日期	
工程编号		部　位	
检查内容			
强制性条文执行			
检查结论			
评定结果			年　月　日

参加人员	监理（建设）单位	施　工　单　位		
		项目技术负责人	专职质检员	施工员

2. 应用说明

（1）防水混凝土所用的材料应符合下列规定：

1）水泥品种应按设计要求选用，其强度等级不应低于32.5级，不得使用过期或受潮结块水泥。

2）碎石或卵石的粒径宜为5～40mm，含泥量不得大于1.0％，泥块含量不得大于0.5％。

3）砂宜用中砂，含泥量不得大于 3.0%，泥块含量不得大于 1.0%。

4）拌制混凝土所用的水，应采用不含有害物质的洁净水。

5）外加剂的技术性能，应符合国家或行业标准一等品及以上的质量要求。

6）粉煤灰的级别不应低于二级，掺量不大于 20%；硅粉掺量不应大于 3%，其他掺合料的掺量应通过试验确定。

（2）防水混凝土的配合比应符合下列规定：

1）试配要求的抗渗水压值应比设计值提高 0.2MPa。

2）水泥用量不得少于 300kg/m³；掺有活性掺合料时，水泥用量不得少于 280kg/m³。

3）砂率宜为 35%～45%，灰砂比宜为 1∶2～1∶2.5。

4）水灰比不得大于 0.55。

5）普通防水混凝土坍落度不宜大于 50mm，泵送时入泵坍落度宜为 100～140mm。

（3）混凝土拌制和浇筑过程控制应符合下列规定：

1）拌制混凝土所用材料的品种、规格和用量，每工作班检查不应少于两次。每盘混凝土各组成材料计量结果的偏差应符合表 8-117 的规定。

混凝土组成材料计量结果的允许偏差（%）　　　　表 8-117

混凝土组成材料	每盘计量	累计计量
水泥、掺合料	±2	±1
粗、细骨料	±3	±2
水、外加剂	±2	±1

注：累计计量仅适用于微机控制计量的搅拌站。

2）混凝土在浇筑地点的坍落度，每工作班至少检查两次。混凝土的坍落度试验应符合现行《普通混凝土拌合物性能试验方法标准》（GB/T 50080—2002）的有关规定。

混凝土实测的坍落度与要求坍落度之间的偏差应符合表 8-118 的规定。

混凝土坍落度允许偏差　　　　表 8-118

要求坍落度（mm）	允许偏差（mm）
≤40	±10
50～90	±15
≥100	±20

（4）防水混凝土抗渗性能，应采用标准条件下养护混凝土抗渗试件的试验结果评定。试件应在浇筑地点制作。

连续浇筑混凝土每 500m³ 应留置一组抗渗试件（一组为 6 个抗渗试件），且每项工程不得少于两组。采用预拌混凝土的抗渗试件，留置组数应视结构的规模和要求而定。

抗渗性能试验应符合现行《普通混凝土长期性能和耐久性能试验方法标准》（GB/T 50082—2009）的有关规定。

（5）防水混凝土的施工质量检验数量，应按混凝土外露面积每 100m² 抽查 1 处，每处 10m²，且不得少于 3 处；细部构造应按全数检查。

（6）防水混凝土的抗压强度和抗渗压力必须符合设计要求。

（7）防水混凝土的变形缝、施工缝、后浇带、穿墙管道、埋设件等设置和构造，均须符合设计要求，严禁有渗漏。

（8）防水混凝土结构表面的裂缝宽度不应大于 0.2mm，并不得贯通。

（9）防水混凝土结构厚度不应小于 250mm，其允许偏差为 +15mm、-10mm；迎水面钢筋保护层厚度不应小于 50mm，其允许偏差为 ±10mm。

（10）地下室防水效果检查要求

1）房屋建筑地下室检查围护结构内墙和底板：全埋设于地下的结构（地下商场、地铁车站、军事地下库等）除调查围护结构内墙和底板外，背水的顶板（拱顶）重点检查。

2）专业施工单位、总包施工单位、监理单位在工程施工质量验收前，必须进行地下防水工程防水效果检查，绘制"背水内表面的结构工程展开图"。详细标示：裂缝及渗漏水现象、经修补及堵漏的渗漏水部位、防水等级标准容许的渗漏水现象位置。

3. 地下防水工程渗漏水调查与量测方法

（1）渗漏水调查

1）地下防水工程质量验收时，施工单位必须提供地下工程"背水内表面的结构工程展开图"。

2）构（建）筑物地下室部分，只调查围护结构内墙和底板。

3）全埋设于地下的结构，除调查围护结构内墙和底板外，背水的顶板（拱顶）系重点调查目标。

4）钢筋混凝土衬砌的隧道以及钢筋混凝土管片衬砌的隧道渗漏水调查的重点为上半环。

5）施工单位必须在"背水内表面的结构工程展开图"上详细标示：

①在工程自检时发现的裂缝，应标明位置、宽度、长度和渗漏水现象。

②经修补、堵漏的渗漏水部位。

③防水等级标准容许的渗漏水现象位置。

6）地下防水工程验收时，经检查、核对标示好的"背水内表面的结构工程展开图"必须纳入竣工验收资料中。

（2）渗漏水现象描述使用的术语、定义和标识符号，可按表 8-119 选用。

渗漏水现象描述使用的术语、定义和标识符号　　　　　　　　　表 8-119

术　语	定　　义	标识符号
湿渍	地下混凝土结构背水面，呈现明显色泽变化的潮湿斑或流挂水膜	♯
渗水	水从地下混凝土结构衬砌内表面渗出，在背水的墙壁上可观察到明显的流挂水膜范围	○
水珠	悬垂在地下混凝土结构衬砌背水顶板（拱顶）的水珠，其滴落间隔时间超过 1min 称水珠现象	◇
滴漏	地下混凝土结构衬砌背水顶板（拱顶）渗漏水的滴落速度，每分钟至少 1 滴，称为滴漏现象	▽
线漏	指渗漏成线或喷水状态	↓

（3）当被验收的地下工程有结露现象时，不宜进行渗漏水检测。

（4）构（建）筑物地下室部分的渗漏水现象检测

1）地下工程防水等级对"湿渍面积"与"总防水面积"（包括顶板、墙面、地面）的比例作了规定。按防水等级二级设防的构（建）筑物地下室部分，单个湿渍的最大面积不大于 $0.1m^2$，任意 $100m^2$ 防水面积上的湿渍不超过 1 处。

2）湿渍的现象：湿渍主要是由混凝土密实度差异造成毛细现象或由混凝土容许裂缝（宽度小于 0.2mm）产生，在混凝土表面有肉眼可见的"明显色泽变化的潮湿斑"。一般在人工通风条件下可消失，即蒸发量大于渗入量的状态。

3）湿渍的检测方法：检查人员用干手触摸湿斑，无水分浸润感觉。用吸墨纸或报纸贴附，纸不变颜色。检查时，要用粉笔勾画出湿渍范围，然后用钢尺测量高度和宽度，计算面积，标示在"展开图"上。

4）渗水的现象：渗水是由于混凝土密实度差异或混凝土有害裂缝（宽度大于 0.2mm）而产生的地下水连续渗入混凝土结构，在背水的混凝土墙壁表面肉眼可观察到明显的流挂水膜范围，在加强人工通风的条件下也不会消失，即渗入量大于蒸发量的状态。

5）渗水的检测方法：检查人员用干手触摸可感觉到水分浸润，手上会沾有水分。用吸墨纸或报纸贴附，纸会浸润变颜色。检查时，要用粉笔勾画出渗水范围，然后用钢尺测量高度和宽度，计算面积，标示在"展开图"上。

6）对构（建）筑物地下室部分，检测出来的"渗水点"，一般情况下应准予修补堵漏，然后重新验收。

7）对防水混凝土结构的细部构造渗漏水检测，尚应按本条内容执行。若发现严重渗水必须分析、查明原因，应准予修补堵漏，然后重新验收。

（5）钢筋混凝土隧道衬砌内表面渗漏水现象检测

1）隧道防水工程，若要求对湿渍和渗水做检测时，应按构（建）筑物地下室部分渗漏水现象检测方法操作。

2）隧道上半部的明显滴漏和连续渗流，可直接用有刻度的容器收集量测，计算单位时间的渗漏量（如 L/min，或 L/h 等）。还可用带有密封缘口的规定尺寸方框，安装在要求测量的隧道内表面，将渗漏水导入量测容器内。同时，将每个渗漏点位置、单位时间渗漏水量，标示在"隧道渗漏水平面展开图"上。

3）若检测器具或登高有困难时，允许通过目测计取每分钟或数分钟内的滴落数目，计算出该点的渗漏量。经验告诉我们，当每分钟滴落速度 3～4 滴的漏水点，24h 的渗水量就是 1L。如果滴落速度每分钟大于 300 滴，则形成连续细流。

4）为使不同施工方法、不同长度和断面尺寸隧道的渗漏水状况能够相互加以比较，必须确定一个具有代表性的标准单位。国际上通用 $L/m^2 \cdot d$，即渗漏水量的定义为隧道的内表面，每平方米在一昼夜（24h）时间内的渗漏水立升值。

5）隧道内表面积的计算应按下列方法求得：

①竣工的区间隧道验收（未实施机电设备安装）

通过计算求出横断面的内径周长，再乘以隧道长度，得出内表面积数值。对盾构法隧道不计取管片嵌缝槽、螺栓孔盒子凹进部位等实际面积。

②即将投入运营的城市隧道系统验收（完成了机电设备安装）

通过计算求出横断面的内径周长，再乘以隧道长度，得出内表面积数值。不计取凹槽、道床、排水沟等实际面积。

（6）隧道总渗漏水量的量测

隧道总渗漏水量可采用以下4种方法，然后通过计算换算成规定单位：$L/m^2 \cdot d$。

1）集水井积水量测：量测在设定时间内的水位上升数值，通过计算得出渗漏水量。

2）隧道最低处积水量测：量测在设定时间内的水位上升数值，通过计算得出渗漏水量。

3）有流动水的隧道内设量水堰：靠量水堰上开设的V形槽口量测水流量，然后计算得出渗漏水量。

4）通过专用排水泵的运转计算隧道专用排水泵的工作时间，计算排水量，换算成渗漏水量。

8.9.14　围护、围堰监测记录

8.9.14.1　围护监测记录

1. 资料表式

围护监测记录表式按当地建设行政主管部门批准具有相应资质的单位批准的表式执行。

2. 应用说明

（1）建设单位应向施工单位提供施工影响范围内的地下管线、建（构）筑物及其他公共设施资料，施工单位应采取措施加以保护。

（2）施工前应进行挖、填方的平衡计算，综合考虑土石方运距最短、运程最合理和各个工程项目的合理施工顺序等，做好土石方平衡调配，减少重复挖运。

（3）降排水系统应经检查和试运转，一切正常后方可开始施工。

（4）平整场地的表面坡度应符合设计要求，设计无要求时，流水方向的坡度大于或等于0.2%。

（5）基坑（槽）开挖前，应根据围堰或围护结构的类型、工程水文地质条件、施工工艺和地面荷载等因素制定施工方案，经审批后方可施工。

（6）围堰、围护结构应经验收合格后方可进行基坑开挖。挖至设计高程后应及时组织验收，合格后进入下道工序施工，并应减少基坑裸露时间。基坑验收后应予保护，防止扰动。

（7）深基坑应做好上、下基坑的坡道，保证车辆行驶及施工人员通行安全。

（8）有防汛、防台风要求的基坑必须制定应急措施，确保安全。

（9）施工中应对支护结构、周围环境进行观察和监测，出现异常情况应及时处理，恢复正常后方可继续施工。

（10）基坑开挖至设计高程后应由建设单位会同设计、勘察、施工、监理等单位共同验收；发现岩、土质与勘察报告不符或有其他异常情况时，由建设单位会同上述单位研究确定处理措施。

（11）土石方爆破必须按国家有关部门规定，由具有相应资质的单位进行施工。

8.9.14.2 围堰监测记录

1. 资料表式

围堰监测记录表式按当地建设行政主管部门批准具有相应资质的单位批准的表式执行。

2. 应用说明

（1）围堰应符合下列规定：

1）围堰结构形式和围堰高度、堰底宽度、堰顶宽度以及悬臂桩式围堰板桩入土深度符合设计要求。

2）堰体稳固，变位、沉降在限定值内，无开裂、塌方、滑坡现象，背水面无线流。

3）所用钢板桩、木桩、填筑土石方、围堰用袋等材料符合设计要求和有关标准的规定。

4）土、袋装土围堰的边坡应稳定、密实，堰内边坡平整、堰外边坡耐水流冲刷；双层桩填芯围堰的内外桩排列紧密一致，芯内填筑材料应分层压实；止水钢板桩垂直，相邻板桩锁口咬合紧密。

（2）围堰结构的施工规定

1）围堰结构应满足设计要求，构造简单，便于施工、维护和拆除。围堰与构筑物外缘之间，应留有满足施工排水与施工作业要求的宽度。

2）围堰类型的选择应根据基坑及河道的水文地质、施工方法和装备、环境保护等因素，经技术经济比较后确定。不同围堰类型的适用条件应符合表 8-120 的规定。

围堰适用条件 表 8-120

序号	围堰类型	适 用 条 件	
		最大水深（m）	最大流速（m/s）
1	土围堰	2.0	0.5
2	草捆土围堰	5.0	3.0
3	袋装土围堰	3.5	2.0
4	木板桩围堰	5.0	3.0
5	双层型钢板桩填芯围堰	10.0	3.0
6	止水钢板桩抛石围堰	—	3.0
7	钻孔桩围堰	—	3.0
8	抛石夯筑芯墙止水围堰	—	3.0

3）土、袋装土、钢板桩围堰的顶面高程，宜高出施工期间的最高水位 0.5～0.7m；草捆土围堰堰顶面高程宜高出施工期的最高水位 1.0～1.5m；临近通航水体尚应考虑涌浪高度。

4）围堰施工和拆除，不得影响航运和污染临近取水水源的水质。

5）围堰内基坑排水过程中必须随时对围堰进行检查，并应符合下列规定：

①围堰坑内积水、渗水量应进行测算，并应绘制排水量与下降水位值之间的关系曲线，在堰内设置水位观测标尺进行观测与记录。

②排水量与水位下降发生异常时，应停止排水，查明原因进行处理后，再重新进行排水。

③排水后堰内水位不下降，甚至上升时，必须立即停止排水，进行检查；如发现围堰变形、结构不稳定，必须立即向堰内注水，使其恢复至平衡水位后，查明原因并经处理合格后方能抽除堰内水并重新排水。

6）土、袋装土围堰施工应符合下列规定：

①填筑前必须清理基底。

②填筑材料应以黏性土为主。

③填筑顺序应自岸边起始，双向合拢时，拢口应设置于水深较浅区域。

④围堰填筑完成后，堰内应进行压渗处理，堰外迎水面进行防冲刷加固。

⑤土、袋装土围堰结构尺寸应符合表 8-121 的规定。

土、袋装土围堰结构尺寸

表 8-121

序号	围堰形式	断面尺寸			堰顶超高（施工期最高水位以上）（m）
		堰顶宽（m）	边坡坡度		
			堰内侧	堰外侧	
1	土围堰	≥1.5	1:1～1:3	—	0.5～0.7
2	袋装土围堰	1～2	1:0.2～1:1	1:0.5～1:1	0.5～0.7

注：表中堰顶宽度指不行驶机动车时的宽度。

7）钢板桩围堰施工应符合下列规定：

①选用的钢板桩材质、型号和性能应满足设计要求。

②悬臂钢板桩，其埋设深度、强度、刚度、稳定性均应经计算、验算。

③钢板桩搬运起吊时，应防止锁口损坏和由于自重导致变形；在存放期间应防止变形及锁口内积水。

④钢板桩的接长应以同规格、等强度的材料焊接；焊接时应用夹具夹紧，先焊钢板桩接头，后焊连接钢板。

⑤钢板桩的插、打与拆除应符合下列规定：

A. 插、打前在锁口内应涂抹防水涂料。

B. 吊装钢板桩的吊点结构牢固安全、位置准确。

C. 钢板桩在黏土中不宜采用射水法沉桩，锤击时应设桩帽。

D. 应设插、打导向装置，最初插、打的钢板桩，应详细检查其平面位置和垂直度。

E. 需要接长的钢板桩，其相邻两钢板桩的接头位置，应上下错开不少于 1m。

F. 钢板桩的转角及封闭，可用焊接连接或骑缝搭接。

G. 拆除钢板桩前，堰内外水位应相同，拔桩应由下游开始。

8）在通航河道上的围堰布置要满足航行的要求，并设置警告标志和警示灯。

第9章 施工质量验收记录

9.1 单位（子单位）工程质量竣工验收记录

1. 资料表式（表 9-1）

单位（子单位）工程质量竣工验收记录表 表 9-1

工程名称		类　　型		工程造价	
施工单位		技术负责人		开工日期	
项目经理		项目技术负责人		竣工日期	
序号	项　　目	验　收　记　录		验　收　结　论	
1	分部工程	共＿＿＿分部； 经查符合标准及设计要求＿＿＿分部			
2	质量控制资料核查	共＿＿＿项； 经审查符合要求＿＿＿项； 经核定符合规范要求＿＿＿项			
3	安全和主要使用功能核查及抽查结果	共核查＿＿＿项，符合要求＿＿＿项； 共抽查＿＿＿项，符合要求＿＿＿项； 经返工处理符合要求＿＿＿项			
4	观感质量检验	共抽查＿＿＿项； 符合要求＿＿＿项； 不符合要求＿＿＿项			
5	综合验收结论				
参加验收单位	建设单位	监理单位	施工单位	设计单位
	（公章） 单位（项目）负责人 年　月　日	（公章） 总监理工程师 年　月　日	（公章） 单位负责人 年　月　日	（公章） 单位（项目）负责人 年　月　日

注：单位（子单位）工程质量竣工验收记录通用于水处理、调蓄、管渠、取水与排放和泵房等的构筑物工程。

2. 应用说明

(1) 单位（子单位）工程质量竣工验收，是市政基础设施构筑物工程投入使用前的最后一次验收，也是最重要的一次验收。

1）单位（子单位）工程质量竣工验收记录由施工单位填写，验收结论由监理（建设）单位填写，综合验收结论由参加验收各方共同商定，由建设单位填写；并应对工程质量是否符合规范规定和设计要求及总体质量水平作出评价。最后由建设单位负责完成与确认。

2）在未进行全面竣工验收之前，施工单位、监理单位可利用该表填报完成标准要求的部分后交建设单位组织全面竣工验收。

施工单位按验收评定结果填写完成验收记录和表头部分的一般情况后，该表可以作为施工单位的工程竣工验收报告（在建设单位未经验收确认质量等级，综合结论未填写之前不作为正式工程质量竣工验收记录，只是初验资料）。

3）单位（子单位）工程质量竣工验收应对分部工程、质量控制资料核查、安全与主要使用功能核查及抽查结果、观感质量检验分别进行验收，并对验收结果予以记录。保证被验收工程符合设计和规范要求，达到合格或以上工程质量等级。

(2) 单位（子单位）工程质量验收合格应符合下列规定，必要时应在设备安装、调试后进行单位工程验收。

1）单位（子单位）工程所含全部分部（子分部）工程的质量验收合格。

2）质量控制资料应完整。

3）单位（子单位）工程所含分部工程有关结构安全及使用功能的检测资料应完整。

4）涉及构筑物水池位置与高程、满水试验、气密性试验、压力管道水压试验、无压管渠严密性试验以及地下水取水构筑物的抽水清洗和产水量测定、地表水活动式取水构筑物的试运行等有关结构安全及使用功能的试验检测、抽查结果应符合规定。

5）外观质量验收应符合要求。

(3) 给水排水构筑物工程的施工质量验收应在施工单位自检基础上，按分项工程（验收批）、分部（子分部）工程、单位（子单位）工程的顺序进行，并应符合下列规定：

1）工程施工质量应符合《给水排水构筑物工程施工及验收规范》（GB 50141—2008）和相关专业验收规范的规定。

2）工程施工质量应符合工程勘察、设计文件的要求；施工符合勘察、设计文件的要求是确保建设工程质量的基本要求。

3）参加工程施工质量验收的各方人员应具备相应的资格。

4）工程质量验收应在施工单位自行检查、评定合格的基础上进行。

5）隐蔽工程在隐蔽前应由施工单位通知监理等单位进行验收，并形成验收文件。

6）涉及结构安全和使用功能的试块、试件和现场检测项目，应按规定进行平行检测或见证取样检测。

7）分项工程（验收批）的质量应按主控项目和一般项目进行验收；每个检查项目的检查数量，除《给水排水构筑物工程施工及验收规范》（GB 50141—2008）有关条款有明确规定外，其余应全数检查。

8）对涉及结构安全和使用功能的分部工程应进行试验或检测。

9）承担检测的单位应具有相应资质，应注意：检测前应先验收检测单位资质，符合要求后才能进行检测。

10）工程的外观质量应由质量验收人员通过现场检查共同确认。

（4）单位（子单位）工程、分部（子分部）工程、分项工程（验收批）的划分可按《给水排水构筑物工程施工及验收规范》（GB 50141—2008）附录 A 在工程施工前确定或在施工组织设计阶段进行具体划分（表 9-1）。表 9-2 给出的划分结果供使用时参考，应强调在工程具体使用时应按照工程的施工合同或有关规定在开工前由有关方共同确认。

当工程规模较大时，可考虑设置子单位工程，其质量验收合格条件同单位工程。

注：“子分部”、“子单位”工程，主要是针对一些大型的、综合性、多专业施工队伍、多工种给水排水构筑物工程，这类工程可能同时包含了多种施工方式和部位，“子分部”、“子单位”工程是为了便于施工质量的过程控制和质量管理而设制的。

不设验收批时，分项工程为施工质量验收的基础。

（5）工程质量验收不合格时，应按下列规定处理：

1）经返工返修或更换材料、构件、设备等的分项工程，应重新进行验收。

2）经有相应资质的检测单位检测鉴定能够达到设计要求的分项工程，应予以验收。

3）经有相应资质的检测单位检测鉴定达不到设计要求、但经原设计单位核算认可能够满足结构安全和使用功能要求的分项工程，可予以验收。

4）经返修或加固处理的分项工程、分部（子分部）工程，改变外形尺寸但仍能满足使用要求，可按技术处理方案和协商文件进行验收。

注：返修：系指工程不符合标准的部位采取整修等措施。

返工：系指对不符合标准的部位采取的重新制作、重新施工等措施。

返工或返修的验收批或分项工程可以重新验收和评定质量合格。

正常情况下，不合格品应在验收批检验或验收时发现，并应及时得到处理，否则将影响后续验收批和相关的分项、分部工程验收。施工中所有质量隐患必须消灭在萌芽状态。

（6）通过返修或加固处理仍不能满足结构安全或使用功能要求的分部（子分部）工程、单位（子单位）工程，严禁验收。

（7）单位工程经施工单位自行检验合格后，应由施工单位向建设单位提出验收申请。单位工程有分包单位施工时，分包单位对所承包的工程应按《给水排水构筑物工程工及验收规范》（GB 50141—2008）的规定进行验收，验收时总承包单位应派人参加，并对分包单位进行管理；分包工程完成后，应及时地将有关资料移交总承包单位（施工单位）。

（8）对符合竣工验收条件的单位（子单位）工程，应由建设单位按规定组织验收。施工、勘察、设计、监理等单位的有关负责人以及该工程的管理或使用单位有关人员应参加验收。

（9）参加验收各方对工程质量验收意见不一致时，可由工程所在地建设行政主管部门或工程质量监督机构协调解决。

（10）单位工程质量验收合格后，建设单位应按规定将竣工验收报告和有关文件，报工程所在地建设行政主管部门备案。

注：建设单位的备案依据为：

1. 国务院第 279 号令《建设工程质量管理条例》；

2. 住房和城乡建设部第 78 号令《房屋建筑工程和市政基础设施工程竣工验收备案管理暂行办法》。

（11）工程竣工验收后，建设单位应将有关文件和技术资料归档。

给水排水构筑物单位工程、分部工程、分项工程划分表　　　　　　　表 9-2

分项工程 / 分部（子分部）工程	单位（子单位）工程	构筑物工程或按独立合同承建的水处理构筑物、管渠、调蓄构筑物、取水构筑物、排放构筑物	验收批
		分项工程	
地基与基础工程	土石方	围堰、基坑支护结构（各类围护）、基坑开挖（无支护基坑开挖、有支护基坑开挖）、基坑回填	1. 按不同单体构筑物分别设置分项工程（不设验收批时）； 2. 单体构筑物分项工程视需要可设验收批
	地基基础	地基处理、混凝土基础、桩基础	
主体结构工程	现浇混凝土结构	底板（钢筋、模板、混凝土）、墙体及内部结构（钢筋、模板、混凝土）、顶板（钢筋、模板、混凝土）、预应力混凝土（后张法预应力混凝土）、变形缝、表面层（防腐层、防水层、保温层等的基面处理、涂衬）、各类单体构筑物	
	装配式混凝土结构	预制构件现场制作（钢筋、模板、混凝土）、预制构件安装、圆形构筑物缠丝张拉预应力混凝土、变形缝、表面层（防腐层、防水层、保温层等的基面处理、涂衬）、各类单体构筑物	
	砌体结构	砌体（砖、石、预制砌体）、变形缝、表面层（防腐层、防水层、保温层等的基面处理、涂衬）、护坡与护坦、各类单体构筑物	
	钢结构	钢结构现场制作、钢结构预拼装、钢结构安装（焊接、栓接等）、防腐层（基面处理、涂衬）、各类单体构筑物	
附属构筑物工程	细部结构	现浇混凝土结构（钢筋、模板、混凝土）、钢制构件（现场制作、安装、防腐层）、细部结构	3. 其他分项工程可按变形缝位置、施工作业面、标高等分为若干个验收批
	工艺辅助构筑物	混凝土结构（钢筋、模板、混凝土）、砌体结构、钢结构（现场制作、安装、防腐层）、工艺辅助构筑物	
	管渠	同主体结构工程的"现浇混凝土结构、装配式混凝土结构、砌体结构"	
进、出水管渠	混凝土结构	同附属构筑物工程的"管渠"	
	预制管铺设	同现行国家标准《给水排水管道工程施工及验收规范》（GB 50268—2008）	

注：1. 单体构筑物工程包括：取水构筑物（取水头部、进水涵渠、进水间、取水泵房等单体构筑物），排放构筑物（排放口、出水涵渠、出水井、排放泵房等单体构筑物），水处理构筑物（泵房、调节配水池、蓄水池、清水池、沉砂池、工艺沉淀池、曝气池、澄清池、滤池、浓缩池、消化池、稳定塘、涵渠等单体构筑物），管渠，调蓄构筑物（增压泵房、提升泵房、调蓄池、水塔、水柜等单体构筑物）。

2. 细部结构指主体构筑物的走道平台、梯道、设备基础、导流墙（槽）、支架、盖板等的现浇混凝土或钢结构；对于混凝土结构，与主体结构工程同时连续浇筑施工时，其钢筋、模板、混凝土等分项工程验收，可与主体结构工程合并。

3. 各类工艺辅助构筑物指各类工艺井、管廊桥架、闸槽、水槽（廊）、堰口、穿孔、孔口、斜板、导流墙（板）等；对于混凝土和砌体结构，与主体结构工程同时连续浇筑、砌筑施工时，其钢筋、模板、混凝土、砌体等分项工程验收，可与主体结构工程合并。

4. 长输管渠的分项工程应按管段长度划分成若干个验收批分项工程，验收批、分项工程质量验收记录表式同现行国家标准《给水排水管道工程施工及验收规范》（GB 50268—2008）表 B.0.1 和表 B.0.2。

5. 管理用房、配电房、脱水机房、鼓风机房、泵房等的地面建筑工程同现行国家标准《建筑工程施工质量验收统一标准》（GB 50300—2001）附录 B 规定。

9.2 分部（子分部）工程质量验收记录

1. 资料表式（表 9-3）

分部（子分部）工程质量验收记录表 表 9-3

工程名称				分部工程名称	
施工单位		技术部门负责人		质量部门负责人	
分包单位		分包单位负责人		分包技术负责人	

序号	分项工程名称	检验批数	施工单位检查评定	验 收 意 见	
1					
2					
3					
4					
5					
质量控制资料					
安全和功能检验（检测）报告					
观感质量验收					

验收单位	分包单位	项目经理：	年 月 日
	施工单位	项目经理：	年 月 日
	勘察单位	项目负责人：	年 月 日
	设计单位	项目负责人：	年 月 日
	监理（建设）单位	总监理工程师： （建设单位项目专业负责人）	年 月 日

注： 分部（子分部）工程质量验收记录通用于水处理、调蓄、管渠、取水与排放和泵房等的构筑物工程。

2. 应用说明

（1）分部（子分部）工程质量应由总监理工程师（建设项目专业负责人）、组织施工项目经理和有关勘察设计项目负责人进行验收，并按表 9-3 记录。

（2）当工程规模较大时，可考虑设置子分部工程，其质量验收合格条件同分部工程。

（3）分部（子分部）工程验收的内容包括：所含分项工程、质量控制资料、安全和功能检验（检测）报告、观感质量验收。

分部（子分部）工程的验收内容、程序是一样的，当一个分部工程只有一个子分部时，子分部就是分部工程；当一个分部工程中有几个子分部时，应当一个子分部、一个子分部地进行验收，同时对质量控制资料进行核查。

（4）分部（子分部）工程质量验收合格应符合下列规定：

1）分部（子分部）工程所含分项工程的质量验收全部合格。

应保证分部（子分部）工程所含分项工程全部按规范标准进行了验收，没有缺漏项，并且验收达到合格及其以上质量标准。

2）质量控制资料应完整。

单位（子单位）工程质量控制资料核查应完整齐全，资料齐全完整才可以组织验收。

3）分部（子分部）工程中，混凝土强度、混凝土抗渗、地基基础处理、桩基础检测、位置及高程、回填压实等的检验和抽样检测结果应符合《建筑工程施工质量验收统一标准》（GB 50300—2001）有关规定。

4）外观质量验收应符合要求。应对分部工程进行外观质量评价，其质量标准执行各分项工程主控项目和一般项目中的有关质量标准。

外观质量一定要做到：在现场进行工程检查；由检查人员共同确定评价；评价分为好、一般、差，评价为差的部位能返修的应进行返修，不能返修的只要不影响结构安全和使用功能的可通过验收，有影响安全或使用功能的项目不能评价，应修理后再评价。

（5）给水排水构筑物工程施工质量验收应在施工单位自检合格基础上，按分项工程（验收批）、分部（子分部）工程、单位（子单位）工程的顺序进行，并符合下列规定：

1）工程施工质量应符合《建筑工程施工质量验收统一标准》（GB 50300—2001）和相关专业验收规范的规定。

2）工程施工应符合工程勘察、设计文件的要求。

3）参加工程施工质量验收的各方人员应具备相应的资格。

4）工程质量的验收应在施工单位自行检查、评定合格的基础上进行。

5）隐蔽工程在隐蔽前应由施工单位通知监理单位进行验收，并形成验收文件。

6）涉及结构安全和使用功能的试块、试件和现场检测项目，应按规定进行平行检测或见证取样检测。

7）分项工程（验收批）的质量应按主控项目和一般项目进行验收；每个检查项目的检查数量，除《建筑工程施工质量验收统一标准》（GB 50300—2001）有关条款有明确规定外，应全数检查。

8）对涉及结构安全和使用功能的分部工程应进行试验或检测。

9）承担试验检测的单位应具有相应资质。

10) 工程的外观质量应由质量验收人员通过现场检查共同确认。

9.3 单位（子单位）工程观感检查记录

1. 资料表式（表 9-4）

单位（子单位）工程观感质量核查表 表 9-4

工程名称			施工单位				
序号		检查项目	抽查质量情况		好	中	差
1		现浇混凝土结构					
2	主体构筑物	装配式混凝土结构					
3		钢结构					
4		砌体结构					
5		管渠、涵渠、管道					
6	附属构筑物	细部结构					
7		工艺辅助结构					
8	变形缝						
9	设备基础						
10	防水、防腐、保温层						
11	预埋件、预留孔（洞）						
12	回填土						
13	装饰						
14	地面建筑：按《建筑工程施工质量验收统一标准》（GB 50300—2001）中附录 G.0.1-3 的规定执行						
15	总体布置						
16	观感质量综合评价						
观感质量综合评价							
结论： 施工项目经理： 年 月 日			结论： 总监理工程师： 年 月 日				

557

2. 应用说明

（1）单位（子单位）观感质量验收。其检查往往难以定量，只能以观察、触摸或简单量测方式进行，这种检查是由参加验收个人主观印象判断，检查结果不给出（评定）合格或不合格的结论，而是综合给出工程的质量评价。验收时只给出好、一般、差，不评合格或不合格。对差的应进行返修处理等补救。

由监理单位的总监理工程师（建设单位项目专业负责人）组织施工单位的项目经理和有关勘察、设计项目负责人进行验收。

检查的内容、方法均应按标准要求进行，结论由监理单位的总监理工程师（建设单位项目专业负责人）和施工单位的项目经理根据验收人员的检查结论做出。

（2）观感质量验收应完成的工作

1）核实质量控制资料。

2）核查分项、分部工程验收的正确性。

3）在分部工程中不能检查的项目或没有检查到的项目在观感质量检查时进行检查。

4）查看不应出现的质量问题，以及分项、分部无法测定或不便测定的项目。

（3）观感质量应符合要求，是指符合相应分部（子分部）分项工程质量验收规范中有关质量标准。

观感（外观）质量通常是定性的结论，应做到：验收标准执行各分项工程的主控项目和一般项目中的有关标准；验收人员以监理单位为主，施工单位的项目经理、技术、质量部门的人员及分包单位的项目经理、技术、质量人员参加；观感质量需要验收人员通过现场检查共同确认是否通过验收。

（4）地面建筑：按《建筑工程施工质量验收统一标准》（GB 50300—2001）中附录G.0.1-3的规定执行。

注：《建筑工程施工质量验收统一标准》（GB 50300—2001）中附录G.0.1－4为"单位（子单位）工程观感质量检查记录"，而附录G.0.1－3为建筑工程的"单位（子单位）工程安全和功能检验资料核查及主要功能抽查记录"，观感（外观）质量项目应检查"单位（子单位）工程观感质量检查记录"的子项。

（5）地面建筑：常用的为整体现浇地面和板块地面的外观质量。

1）整体现浇地面外观质量应检查：

①面层与基层结合应牢固、无空鼓 [空鼓面积不大于 $400cm^2$，无裂纹，每自然间（标准间）不多于2处可不计]。

②面层表面不应有裂纹、脱皮、麻面和起砂等缺陷。

③面层表面的坡度应符合设计要求，不得有倒泛水和积水现象。

④水泥砂浆踢脚线与墙面应紧密贴合，高度一致，出墙厚度均匀 [局部空鼓长度不得大于 300mm，每自然间（标准间）不多于2处可不计]。

⑤楼梯踏步的宽度、高度应符合设计要求。楼层梯段相邻踏步高度差不应大于10mm，每踏步两端宽度差不应大于 10mm；旋转楼梯梯段的每踏步两端宽度的允许偏差为5mm。楼梯踏步的齿角应整齐，防滑条应顺直。

⑥水泥混凝土面层的允许偏差：表面平整度 5mm；踢脚线上口平直 4mm；缝格平直 3mm。

558

2）板块地面外观质量应检查：

①面层与下层的结合（粘结）应牢固、无空鼓〔凡单块砖边角有局部空鼓，每自然间（标准间）不超过总数的5％可不计〕。

②砖面层的表面应洁净、图案清晰，色泽一致，接缝平整，深浅一致，周边顺直。板块无裂纹、掉角和缺楞等缺陷。

③面层邻接处的镶边用料及尺寸应符合设计要求，边角整齐、光滑。

④踢脚线表面应洁净、高度一致、结合牢固、出墙厚度一致。

⑤楼梯踏步和台阶板块的缝隙宽度应一致、齿角整齐；楼层梯段相邻踏步高度差应不大于10mm；防滑条顺直。

⑥面层表面的坡度应符合设计要求，不倒泛水、无积水；与地漏、管道结合处应严密牢固，无渗漏。

⑦砖面层的允许偏差

表面平整度：陶瓷锦砖高级水磨石板：2mm；缸砖面层：4mm；水泥花砖：3mm；陶瓷地砖面层：2mm。

缝格平直：陶瓷锦砖高级水磨石板：3mm；缸砖面层：3mm；水泥花砖：3mm；陶瓷地砖面层：3mm。

接缝高低差：陶瓷锦砖高级水磨石板：0.5mm；缸砖面层：1.5mm；水泥花砖：0.5mm；陶瓷地砖面层：0.5mm。

踢脚线上口平直：陶瓷锦砖高级水磨石板：3mm；缸砖面层：4mm；水泥花砖：（该项不检查）；陶瓷地砖面层：3mm。

板块间隙宽度：陶瓷锦砖高级水磨石板：2mm；缸砖面层：2mm；水泥花砖：2mm；陶瓷地砖面层：2mm。

9.4　单位（子单位）工程质量控制资料核查记录

1. 资料表式（表9-5）

单位（子单位）工程质量控制资料核查表　　　　　　　表9-5

工程名称				施工单位		
序号		资料名称			份数	核查意见
1	材质质量保证资料	原材料（钢筋、钢绞线、焊材、水泥、砂石、混凝土外加剂、防腐材料、保温材料等）、半成品与成品〔橡胶止水带（圈）、预拌商品混凝土、预拌商品砂浆、砌体、钢制构件、混凝土预制构件、预应力锚具等〕、设备及配件等的出厂质量合格证明及性能检验报告（进口产品的商检报告）、进场复验报告等				
2	施工检测	①混凝土强度、混凝土抗渗、混凝土抗冻、砂浆强度、钢筋焊接、钢结构焊接、钢结构栓接；②桩基完整性检测、地基处理检测；③回填土压实度；④防腐层、防水层、保温层检验；⑤构筑物沉降、变形观测；⑥围护、围堰监测等				

序号	资料名称		份数	核查意见
3	结构安全和使用功能性检测	①桩基础动载测试及静载试验、基础承载力检测；②构筑物满水试验、气密性试验；③压力管渠水压试验、无压管渠严密性试验记录；④地下水取水构筑物抽水清洗、产水量测定；⑤地表水取水构筑物的试运行；⑥构筑物位置及高程等		
4	施工测量	①控制桩（副桩）、永久（临时）水准点测量复核；②施工放样复核；③竣工测量		
5	施工技术管理	①施工组织设计（施工大纲）、专题施工方案及批复；②图纸会审、施工技术交底；③设计变更、技术联系单；④质量事故（问题）处理；⑤材料、设备进场验收、计量仪器校核报告；⑥工程会议纪要、洽商记录；⑦施工日记		
6	验收记录	①分项、分部（子分部）、单位（子单位）工程质量验收记录；②隐蔽验收记录		
7	施工记录	①地基基础、地层等加固处理以及降排水；②桩基成桩；③支护结构施工；④沉井下沉；⑤混凝土浇筑；⑥预应力张拉及灌浆；⑦预制构件吊（浮）运、安装；⑧钢结构预拼装；⑨焊条烘焙、焊接热处理；⑩预埋、预留；⑪防腐、防水、保温层基面处理等		
8	竣工图			

结论：

施工项目经理：

年　月　日

结论：

总监理工程师：

年　月　日

2. 应用说明

（1）工程质量控制资料是反映工程实施中各环节的工程质量状况，是筛选出的直接关系和说明工程质量的技术资料，大多是直接的试验结果资料，其基本数据和原始记录是工程质量的重要组成部分。工程质量控制资料是反映完工项目的测试结果和记录，真实的工程技术资料是工程质量的客观见证，是评价工程质量的主要依据，是整体工程技术文件（资料）的核心，应当认真做好工程质量控制资料的核查。

"工程质量控制资料"是反映企业管理水平的重要见证，是帮助企业改进管理的数据依据，是证明工程质量实况的数据证明（评价说明）。

（2）单位（子单位）工程质量控制资料应完整。其核查内容包括：材质质量保证资料、施工检测、结构安全和使用功能性检测、施工测量、施工技术管理、验收记录、施工记录、竣工图。

保证"工程质量控制资料"完整是要求总承包施工单位必须对规范规定的各分部（子分部）工程应有的质量控制资料进行核查，保证其完整性和正确性。

分项工程（验收批）验收时，基础阶段的资料提供应当具有完整的施工操作依据、质量检查资料。工程质量控制资料不齐全不应进行工程质量验收，监理单位和施工单位均应遵守这条原则。应保证"工程质量控制资料"的数据正确，符合标准和设计要求。

（3）表 9-5 由施工单位检查合格后填写，交项目监理机构验收。其原则为：

1）对单位（子单位）工程质量控制资料核查，施工单位必须先行审查认定合格，才可以提交项目监理机构审查验收。

2）核查验收可按分部进行，当有子分部时可一个子分部一个子分部分别进行，然后按资料名称项下应核查内容汇总整理，将其资料分别按分部系列依序编组。

（4）质量控制资料核查原则

1）工程验收人员必须树立高度责任心，本着对工程质量高度负责精神，对工程实体质量和施工过程形成的文件（资料）进行检查验收，对实际工程验收中资料的类别、数量上的缺陷，验收人员必须恰如其分地掌握好标准和尺度，其原则是核查的文件（资料）足以保证工程质量达到合格及其以上水平，以保证工程质量，千万不能因漏试、无记录等而形成或存在未知隐患。

2）单位（子单位）工程质量控制资料核查验收，包括资料的统计、归纳和核查三项内容。单位（子单位）工程质量控制资料核查，应核资料应完整、齐全，资料齐全、完整才可以组织验收。控制资料都是保证资料，必须全部满足设计要求。

3）核对各资料的内容应齐全、数据必须符合设计和规范规定，检验报告必须加盖必需的印章及责任人签字。如见证试验证章、CMA 章、证明单位资质的专用章等。验收人员签章要规范，需要本人签字的一定要本人签字。

4）核查文件的合法性、有效性和完整性。

5）进口钢材及其他进口材料应有合法、有效的中文资料。

（5）涉及结构安全和使用功能的试块、试件和现场检测项目，应按规定进行平行检测或见证取样检测。实行平行检测和见证取样可保证工程检测工作的科学性、公正性和准确性，应当注意其检测范围、数量、程序应执行建设部〔2000〕211 号文"关于印发《房屋建筑工程和市政基础设施工程实施见证取样和送样规定》的通知"的相关规定。

应做到按规定的项目检测，有检测计划并都做了检测且符合要求。

（6）对于通过返修或加固处理仍不能满足结构安全或使用功能要求的分部（子分部）工程、单位（子单位）工程，严禁验收。

9.5　单位（子单位）工程安全和功能检验资料核查及主要功能抽查记录

1. 资料表式

单位（子单位）工程安全和功能检验资料核查及主要功能抽查记录表　　表 9-6

工程名称		施工单位		
序号	安全和功能检查项目		资料核查意见	功能抽查结果
1	满水试验、气密性试验记录			—
2	压力管渠水压试验、无压管渠严密性试验记录			—

序号	安全和功能检查项目	资料核查意见	功能抽查结果
3	主体构筑物位置及高程测量汇总和抽查检验		
4	工艺辅助构筑物位置及高程测量汇总及抽查检验		
5	混凝土试块抗压强度试验汇总		—
6	水泥砂浆试块抗压强度汇总		—
7	混凝土试块抗渗试验汇总		—
8	混凝土试块抗冻试验汇总		—
9	钢结构焊接无损检测报告汇总		—
10	主体结构实体的混凝土强度抽查检验	按《混凝土结构工程施工质量验收规范》（GB 50204—2002）第10.1节的规定执行	
11	主体结构实体的钢筋保护层厚度抽查检验		
12	桩基础动测或静载试验报告		—
13	地基基础加固检测报告		—
14	防腐、防水、保温层检测汇总及抽查检验		
15	地下水取水构筑物抽水清洗、产水量测定		—
16	地表水取水构筑物的试运行记录及抽查检验		
17	地面建筑：按《建筑工程施工质量验收统一标准》（GB 50300—2001）中附录 G.0.1-3 的规定执行		

结论： 施工项目经理： 年　月　日	结论： 总监理工程师： 年　月　日

注：单位（子单位）工程安全和功能检验资料核查及主要功能抽查记录表通用于水处理、调蓄、管渠、取水与排放和泵房等的构筑物工程。

2. 应用说明

（1）单位（子单位）工程结构安全和使用功能性检测的基本要求

1）单位（子单位）工程结构安全和使用功能性检测资料应完整。

2）单位（子单位）工程结构安全和使用功能性检测项目是在分部（子分部）中提出的，应通过进行检测来保证和论证工程的综合质量和最终质量。

3）检测应由监理（建设）有关负责人参加监督检测。

4）检测合格应形成检测记录，参与检测、监督的各方均应签字认可。

5）检查验收时项目监理机构的监理工程师应对其试（检）验结果的相关参数（资料数量、数据、检测方法标准、检测程序）进行审核。

6）监理方应对该表是否通过签署结论意见。

（2）单位（子单位）工程结构安全和使用功能性检测资料核查原则

1）核查原则

①工程验收人员必须树立高度责任心，本着对工程质量高度负责精神，对工程实体质量和施工过程形成的文件（资料）进行检查验收，对实际工程验收中资料的类别、数量上的缺陷，验收人员必须恰如其分地掌握好标准和尺度，其原则是核查的文件（资料）足以保证工程质量达到合格及其以上水平，以保证工程质量，千万不能存在未知隐患。

②核对各资料的内容应齐全，数据必须符合设计和规范规定，验收人员签章要规范，需要本人签字的一定要本人签字。

2）工程结构安全和使用功能性检测核查注意事项

①试验方法必须符合规范规定。

②测试数量、试验数据必须符合设计和规范要求。

③试验报告的内容应齐全、正确。

④应检项目试验报告中必须全部按标准规定进行检测。

⑤经核实取样人员程序、相关人员签章齐全、真实。

⑥对应检项目发现未进行检验时，应对检验项目说明原因。主要项目未试应视为不符合要求，应予补试。

（3）给水排水构筑物工程功能性试验说明

1）压力管渠水压试验、无压管渠严密性试验记录

压力管渠水压试验、无压管渠严密性试验按《给水排水管道工程施工及验收规范》（GB 50268—2008）第 9.2 节的规定进行。

①压力管道应按《给水排水管道工程施工及验收规范》（GB 50268—2008）第 9.2 节的规定进行压力管道水压试验，试验分为预试验和主试验阶段；试验合格的判定依据分为允许压力降值和允许渗水量值，按设计要求确定；设计无要求时，应根据工程实际情况，选用其中一项值或同时采用两项值作为试验合格的最终判定依据。

②无压管道应按《给水排水管道工程施工及验收规范》（GB 50268—2008）第 9.3 节、第 9.4 节的规定进行管道的严密性试验，严密性试验分为闭水试验和闭气试验，按设计要求确定；设计无要求时，应根据实际情况选择闭水试验或闭气试验进行管道功能性试验。

③压力管道水压试验进行实际渗水量测定时，宜采用《给水排水管道工程施工及验收规范》（GB 50268—2008）附录 C 注水法。

2）管道功能性试验涉及水压、气压作业时，应有安全防护措施，作业人员应按相关安全作业规程进行操作。管道水压试验和冲洗消毒排出的水，应及时排放至规定地点，不得影响周围环境和造成积水，并应采取措施确保人员、交通通行和附近设施的安全。

3）压力管道水压试验或闭水试验前，应做好水源的引接、排水的疏导等方案。

4）向管道内注水应从下游缓慢注入，注入时在试验管段上游的管顶及管段中的高点应设置排气阀，将管道内的气体排除。

5）冬期进行压力管道水压或闭水试验时，应采取防冻措施。

6）单口水压试验合格的大口径球墨铸铁管、玻璃钢管、预应力钢筒混凝土管或预应力混凝土管等管道，设计无要求时应符合下列要求：

①压力管道可免去预试验阶段，而直接进行主试验阶段。

②无压管道应认同严密性试验合格，无需进行闭水或闭气试验。

7）全断面整体现浇的钢筋混凝土无压管渠处于地下水位以下时，除设计有要求外，管渠的混凝土强度、抗渗性能检验合格，并按《给水排水管道工程施工及验收规范》（GB 50268—2008）附录 F 的规定进行检查符合设计要求时，可不必进行闭水试验。

8）管道采用两种（或两种以上）管材时，宜按不同管材分别进行试验；不具备分别试验的条件必须组合试验，且设计无具体要求时，应采用不同管材的管段中试验控制最严的标准进行试验。

9）管道的试验长度除《给水排水管道工程施工及验收规范》（GB 50268—2008）规定和设计另有要求外，压力管道水压试验的管段长度不宜大于 1.0km；无压力管道的闭水试验，条件允许时可一次试验不超过 5 个连续井段；对于无法分段试验的管道，应由工程有关方面根据工程具体情况确定。

10）给水管道必须水压试验合格，并网运行前进行冲洗与消毒。经检验水质达到标准后，方可允许并网通水投入运行。

（4）给水排水管渠试验要求与规定

《给水排水管道工程施工及验收规范》（GB 50268—2008）对压力管道水压试验、无压管道的闭水试验、无压管道的闭气试验、给水管道冲洗与消毒的试验程序、时间和合格标准提出了要求与规定。各地方政府应监督施工单位严格按规范规定执行。

9.6 分项工程（验收批）质量验收记录

1. 资料表式（表 9-1）

分项工程（验收批）质量验收记录表　　　　　　　　　表 9-7

工程名称			分部工程名称			分项工程名称		
施工单位			专业工长			项目经理		
验收批名称、部位								
分包单位			分包项目经理			施工班组长		
检控项目	序号	质量验收规范规定的检查项目及验收标准				施工单位检查评定记录		监理（建设）单位验收记录
主控项目	1							
	2							
	3							
	4							
	5							
	6							
	7							合格率
	8							合格率
	9							合格率

检控项目	序号	质量验收规范规定的检查项目及验收标准	施工单位检查评定记录	监理（建设）单位验收记录
一般项目	1			
	2			
	3			合格率
	4			合格率
	5			合格率

施工单位检查评定结果	专业工长（施工员）		施工班组长	
	项目专业质量检查员：			年　月　日

监理（建设）单位验收结论	监理工程师： （建设单位项目专业技术负责人）：　　　　　　　年　　月　　日

注：分项工程（验收批）质量验收记录表通用于水处理、调蓄、管渠、取水与排放和泵房等的构筑物工程。

2. 应用说明

（1）给水排水构筑物的验收在设置验收批时，分项工程（验收批）是分项工程乃至整个给水排水构筑物工程质量验收的基础，是工程验收的最小单位。不设验收批时，分项工程为施工质量验收的基础。验收分为主控项目和一般项目，主控项目是在构筑工程中对结构安全和使用功能起决定性的检验项目，因此必须全部符合有关工程验收规范的规定，不允许有不符合要求的检验项目。一般项目是除主控项目以外的检验项目，通常为现场实测实量的检验项目，又称允许偏差项目。检查数量应按规范条文中的规定执行，条文中未规定者，即为全数检查。

分项工程（验收批）的质量验收记录由施工项目专业质量检查员填写，监理工程师（建设项目专业技术负责人）组织施工项目专业质量检查员进行验收，并按地方政府根据标准要求制作完成的表式予以记录（表9-7）。

（2）分项工程（验收批）质量验收合格应符合下列规定：

1）主控项目的抽样检验或全数检查100%合格。

2）一般项目中的实测（允许偏差）项目抽样检验的合格率应达到80%，且超差点的最大偏差值应在允许偏差值的1.5倍范围内。

合格率的计算公式为：

$$合格率 = \frac{同一实测项目中的合格点（组）数}{同一实测项目的应检点（组）数} \times 100\%$$

抽样检验必须按照规定的抽样方案（依据规范所给出的检查数量），随机地从进场材料、构配件、设备或工程检验项目中，按验收批抽取一定数量的样本进行检验。

3）主要工程材料的进场验收和复验合格，试块、试件检验合格。

4）主要工程材料的质量保证资料以及相关试验检测资料齐全、正确；具有完整的施工操作依据和质量检查记录。

（3）给水排水构筑物工程施工质量验收应在施工单位自检合格基础上，按分项工程（验收批）、分部（子分部）工程、单位（子单位）工程的顺序进行，并符合下列规定：

1）工程施工质量应符合《给水排水构筑物工程施工及验收规范》（GB 50141—2008）和相关专业验收规范的规定。

2）工程施工应符合工程勘察、设计文件的要求。

3）参加工程施工质量验收的各方人员应具备相应的资格。

4）工程质量的验收应在施工单位自行检查、评定合格的基础上进行。

5）隐蔽工程在隐蔽前应由施工单位通知监理单位进行验收，并形成验收文件。

6）涉及结构安全和使用功能的试块、试件和现场检测项目，应按规定进行平行检测或见证取样检测。

7）分项工程（验收批）的质量应按主控项目和一般项目进行验收；每个检查项目的检查数量，除《给水排水构筑物工程施工及验收规范》（GB 50141—2008）有关条款有明确规定外，应全数检查。

8）对涉及结构安全和使用功能的分部工程应进行试验或检测。

9）承担试验检测的单位应具有相应资质。

10）工程的外观质量应由质量验收人员通过现场检查共同确认。

（4）给水排水构筑物工程所用的原材料、半成品、成品等产品的品种、规格、性能必须符合国家有关标准的规定和设计要求；接触饮用水的产品必须符合有关卫生要求。严禁使用国家明令淘汰、禁用的产品。

（5）由于特定原因在验收批检验或验收时未能及时发现质量不符合标准规定，且未能及时处理或为了避免更大的经济损失时，在不影响结构安全和使用条件下，可根据不符合规定的程度按本条规定进行处理。采用"经返修或加固处理的分项工程、分部（子分部）工程，改变外形尺寸但仍能满足使用要求，可按技术处理方案和协商文件进行验收"时，验收结论必须说明原因和附相关单位出具的书面文件资料，并且该单位工程不应评定质量合格，只能写明"通过验收"，责任方应承担相应的经济责任。

（6）分项工程（验收批）验收的要点与原则

1）分项工程（验收批）质量验收要点

分项工程（验收批）质量验收大多数工程的内容包括：材料、设备的目测与复检状况；施工的操作规程和工艺流程的执行；成品质量等级检验结果。

①材料、设备的目测与复检状况：主要包括强度检测（设计或规范有试验要求时），是否经过复测，合格证的提供情况；外观质量检查，主要是外观的完整性、几何尺寸等；材料物理性能检查，检验报告提供的数量、时间、代表批量等；设备随机技术文件。

②施工的操作规程和工艺流程的执行：主要包括操作规程及工艺流程。

③成品质量等级检验结果：主要包括强度检验结果；被检检验批的构造做法；外观质量状况。应按规范规定的主控项目、一般项目的所列子项的应检项目全数进行检查。

2）分项工程（验收批）验收的基本原则

①分项工程（验收批）验收应按规范所列该检验批的主控项目、一般项目进行检查验收。首先应了解清楚主控项目多少条、一般项目多少条、其中哪些条目是应检项目。应检条目必须逐一检查，不应缺漏。

②应了解规范对每一条质量检查要求的内容是什么？条目中质量检查的要点是什么？在确认应检条目的质量要求后，按照规范要求的检查方法逐条检查。每一条目的质量检查必须认真做好记录。必须注意一定要按规范提出的检验方法进行检查。

③检查评定结果填写：施工单位在未验收前的预验完成后填写，预验时施工单位的专业工长、施工班组长、专职质量检查员均应参加预验，并予详细、真实地记录检查评定结果，主要内容不得缺漏。

分项工程（验收批）验收由项目监理机构的专业监理工程师主持，施工单位的专业工长、施工班组长、专职质量检查员参加，专业监理工程师应认真做好验收记录。

④由于分项工程（验收批）表式中每一条目填写说明的区格较小，不可能将其检查内容逐一填入表内，要求填写的分项工程（验收批）验收表式应达到既能说明检查结果，又比较全面。

⑤检查评定结果的填表，有数量要求的一定要把主要的数量检查结果是否符合规范要求填写清楚。无数量要求的条目可按检查内容综合提出符合或不符合规范要求即可。且应技术用语规范、流畅、一目了然。必须对其检查结果进行文字整理、化简，然后将其化简汇整的检查结果填入表内。

（7）给水排水构筑物工程施工过程质量控制应做到：

1）主要材料、半成品、成品、构配件、器具和设备应做好进场验收及其规范规定的复试（检）验。并应保证其符合相关标准要求。

2）认真执行标准与规范。执行好"企业标准"或"国家标准"，控制好工序工程质量。

3）每道工序应做到除自检、专职质量检查员检查外，还应进行交接检查，上道工序应满足下道工序的施工条件与要求，同时专业工序之间应进行中间交接检验。

第10章 竣工验收文件

给水排水构筑物工程的竣工验收文件包括：施工单位工程竣工报告；单位（子单位）工程竣工预验收报验表；单位（子单位）工程质量竣工验收记录表；单位（子单位）工程质量控制资料核查记录；单位（子单位）工程安全和功能检验资料核查及主要功能抽查记录表；单位（子单位）工程外观质量检查记录表；施工资料移交书；市政工程质量保修单；其他工程竣工验收文件。

10.1 施工单位工程竣工报告

单位工程竣工报告由施工单位撰写，内容主要包括工程概况；依照合同及设计图纸完成施工项目的情况；工程质量情况；其他需说明的事项；结论性意见等。

该报告应经项目经理和施工单位有关负责人审核签字加盖单位公章，并经总监理工程师签认。

10.2 单位（子单位）工程竣工预验收报验表

1. 资料表式（表10-1）

单位（子单位）工程竣工预验收报验表　　　　　　　　　表10-1

工程名称：　　　　　　　　　　　　　　　　　　　　　　　　　编号：

致_____
_____（单位工程）已完成施工，按有关规范、验评标准进行了自检，质量合格，竣工资料已整理齐全，申请进行竣工（预）验收。 　　附件：申请验收材料汇总 施工单位（章）：　　　　　　　　　　　　施工项目负责人（签章）： 　　　　年　　月　　日　　　　　　　　　　　　　　　　　年　　月　　日
监理单位意见： 项目监理机构（章）：　　　　　　　　　　　总监理工程师（签章）： 　　　　年　　月　　日　　　　　　　　　　　　　　　　　年　　月　　日
建设单位意见： 建设单位（章）：　　　　　　　　　　　　　建设单位项目负责人（签字）： 　　　　年　　月　　日　　　　　　　　　　　　　　　　　年　　月　　日

注：本表由施工单位填写，一式三份，同意后由建设、监理、施工单位各留一份。

2. 应用说明

（1）施工单位在单位工程施工完成，并经施工、项目监理机构验收质量合格后，由施工单位向建设单位提请竣工（预）验收的申请表。

（2）单位工程竣工（预）验收报验申请表的内容包括三个部分：

一是施工单位的施工项目负责人向监理单位、建设单位提请的验收申请；二是监理单位检查后填记的监理单位意见；三是建设单位检查后填记的建设单位意见。

（3）单位工程竣工（预）验收报验申请表由施工单位加盖公章，施工项目负责人签字盖章，同时填写 年 月 日。

监理单位意见由项目监理机构加盖公章，总监理工程师签字盖章，同时填写 年月 日。

建设单位意见由建设单位加盖公章，建设单位项目负责人签字，同时填写 年月 日。

10.3 单位（子单位）工程质量竣工验收记录表

1. 资料表式（表9-1）

2. 应用说明

竣工验收文件中"单位（子单位）工程质量竣工验收记录表"按9.1节的相关要求与释义执行。

10.4 单位（子单位）工程质量控制资料核查记录

1. 资料表式（表9-5）

2. 应用说明

竣工验收文件中"单位（子单位）工程质量控制资料核查记录"按9.4节的相关要求与释意执行。

10.5 单位（子单位）工程安全和功能检验资料核查及主要功能抽查记录

1. 资料表式（表9-6）

2. 应用说明

竣工验收文件中"单位（子单位）工程安全和功能检验资料核查及主要功能抽查记

录"按 9.5 节的相关要求与释意执行。

10.6 单位（子单位）工程外观质量检查记录

1. 资料表式（表 9-4）

2. 应用说明

竣工验收文件中"单位（子单位）工程外观质量检查记录"按 9.3 节的相关要求与释意执行。

10.7 施工资料移交书

1. 工程档案的验收与移交

（1）列入城建档案馆（室）档案接收范围的工程，建设单位在组织工程竣工验收前，应提请城建档案管理机构对工程档案进行预验收，并填报建设工程档案专项验收申请表，建设单位未取得城建档案管理机构出具的认可文件，不得组织工程竣工验收。

（2）城建档案管理部门在进行工程档案预验收时，应重点验收以下内容：

1）工程档案齐全、系统、完整。

2）工程档案的内容真实，准确地反映工程建设活动和工程实际状况。

3）工程档案整理立卷，立卷符合《建设工程文件归档整理规范》（GB/T 50328—2001）的规定。

4）竣工图绘制方法、图式及规格等符合专业技术要求，图面整洁，盖有竣工图章。

5）文件的形成、来源符合实际，要求单位或个人签章的文件，其签章手续完备。

6）文件材质、幅面、书写、绘图、用墨、托裱等符合要求。

（3）停建、缓建建设工程的档案，暂由建设单位保管。

（4）对改建、扩建和维修工程，建设单位应当组织设计、施工单位据实修改、补充和完善原工程档案。对改变的部位，应当重新编制工程档案，并在工程竣工验收后 3 个月内向城建档案馆（室）移交。

（5）建设单位向城建档案馆（室）移交工程档案时，应办理移交手续，填写移交目录，双方签字、盖章后交接。城建档案馆应签发建设工程档案专项验收认可书。

2. 建设工程档案验收认可书

建设工程档案验收申请表

封页

×××建设厅制

申报单位（盖章）

项目名称			工程地址		
单位工程名称			工程规模	建筑面积：	
				长　度：	
勘察单位			规划许可证号		
设计单位			施工许可证号		
施工单位			开工日期		
监理单位			竣工日期		
建设单位档案资料员		联系电话		岗位证书号	
施工单位档案资料员		联系电话		岗位证书号	
监理单位档案资料员		联系电话		岗位证书号	

＿＿＿＿＿＿＿＿＿＿城建档案管理机构：

本建设工程档案经我单位自行验收，认为符合有关规定，报请进行工程档案专项验收。

城建档案员：×××　　工程技术负责人：×××

工程总监理师：×××

填报日期：　　年　月　日

填表说明：

（1）工程地址：指工程项目的建设地点或征地地址。应按区（县）、街道（乡、路）、门牌号填写；外地工程应填写省、市（县）、街道（路）名。

（2）规划许可证号：是指当地城市规划主管部门对该建设工程核发的建设工程规划许可证的编号。

（3）施工许可证号：是指当地建设行政主管部门对该建设工程项目核发的施工许可证号。

建设单位建设工程档案自验情况

档案总计数量	文字　　　　页；图纸　　　张；磁盘　　　；照片　　　张；录像　　　盒				
综合文件材料情况					
施工类文件材料情况					
监理类文件材料情况					
竣工图					
声像资料					

说明：建设工程档案验收申请表由建设单位负责填写，一式两份，建设单位、城建档案管理机构各存一份。书写材料应符合档案保管要求，字迹要清晰工整。

工程项目名称	
单位工程名称	
验收意见	
备　注	

验收单位（签章）：

验收人：

验收组长：

验收日期：　　年　月　日

填报说明：

（1）建设工程档案验收申请表由建设单位负责填写，一式四份，建设单位、城建档案管理机构、建设工程竣工备案部门及有关部门各存一份。

（2）建设工程档案验收合格后，方可进行竣工验收。

（3）建设单位在工程竣工验收合格后，应在六个月内向城建档案管理机构移交一套完整、准确、齐全的建设工程档案。书写材料应符合档案保管要求，字迹要清晰工整。

建设工程档案专项验收认可书

（　　　　）城档认字第　　　号

_____：

你单位_____建设工程档案经审查验收，符合国家、省有关工程档案规定，现予认可。

_____城建档案馆（处）

经办人：

核准人：

签发日期：　　年　月　日

说明：此件一式四份，建设单位、城建档案管理机构、建设工程竣工备案部门及有关部门各存一份。

建设工程档案交接书

编号：　　　　　号

建设工程档案移交单位	
建设工程项目名称	
建设工程规划许可证号	
工程地址	

工程总投资		万元	工程规模	建筑面积：
				长　　度：
开工日期			竣工日期	

移交建设工程档案情况	＿＿＿＿＿＿＿＿兹向＿＿＿＿＿＿＿城建档案馆（室）移交＿＿＿＿＿＿＿建设工程档案共计 ＿＿＿＿，其中图纸＿＿＿＿卷/张，文字材料＿＿＿＿卷/页，照片＿＿＿＿，录像带＿＿＿＿，光盘＿＿＿＿盘。 附：建设工程档案移交目录一份，共＿＿＿＿＿＿＿页。

移交单位（印章）	接收单位（印章）
移交人（建设档案资料员签章）	接收人（签字）：

说明：1. 此件一式两份，一份由接收单位留存，一份由建设单位留存。建设单位凭此件查阅本建设工程档案。

　　　2. 建设工程文件档案目录参见工程文件归档范围与保管期限表。

附：工程档案验收附件资料

(1) ×××建设工程档案移交责任书

＿＿＿＿＿＿＿＿市、县（区）　　　　　　　　　　　　　编号：＿＿＿＿＿＿

　　根据《中华人民共和国档案法》、《中华人民共和国城乡规划法》、国务院《建设工程质量管理条例》、《×××建筑条例》、住房和城乡建设部《城市建设档案管理规定》和《城市地下管线工程档案管理办法》及《×××城市建设档案管理规定》等法规、规章的规定，为了确保在本省行政区域内进行各类房屋建筑及其附属设施的建造和与其配套的线路、管道、设备安装以及市政基础设施工程建设的建设单位（甲方）在工程项目竣工验收合格后，将一套齐全、完整、准确的建设工程档案原件向当地城建档案管理机构（乙方）移交，经双方协商一致签订本责任书。

　　一、甲方责任

　　1. 在领取建设工程规划许可证或建筑工程施工许可证前，应与工程所在地城建档案管理机构签订责任书并进行登记。

　　2. 配备经过专业培训的建设工程档案资料员，或者根据需要设置档案工作机构，专门负责工程档案的收集和整理工作。

　　3. 严格按照国家、省、市有关档案管理的规定、归档范围和质量要求，负责及时收集、整理建设项目各个环节、各种载体（纸质、声像、电子等）的文件资料，建立、健全建设项目档案。

　　4. 在组织工程竣工验收前，提请乙方对工程档案进行验收，并在建设工程竣工验收后，及时向城建

573

档案管理机构移交一套符合规定的建设工程档案。

5. 施工、监理及竣工验收备案所用的各类表格、表式、文件的材质和书写材料要有利于长期保存。

二、乙方责任

1. 按照有关规定告知甲方建设工程档案归档范围和移交内容。应甲方要求进行现场业务指导，并对重点建设工程的档案进行跟踪管理。

2. 为甲方提供建设工程档案的专业培训、技术咨询，或应甲方委托进行相关的服务性工作。

3. 接到甲方建设工程档案验收申请后，5个工作日内对工程档案进行验收，提出验收意见。对验收不合格的，提出整改意见，整改完毕，再予验收。验收合格后，出具建设工程档案验收认可书。

4. 接收建设工程档案，确保所收档案安全保管。

三、违约责任

1. 无故延期或不按规定向当地城建档案管理机构移交建设工程档案的，依据《中华人民共和国城乡规划法》第67条及国务院《建设工程质量管理条例》第59条和第73条规定予以处罚。

2. 城建档案管理机构及其工作人员不按规定进行建设工程档案验收的，或验收合格后，不出具验收认可书的，由建设行政主管部门责令改正。

四、本责任一式两份，甲、乙双方各存档一份，自签字之日起生效。

附件：工程项目登记表

甲方单位（签章）　　　　　　　　乙方单位（签章）

经办人：　　　　　　　　　　　　经办人：

签订日期　　年　　月　　日

（2）工程项目登记表

工程项目登记表

建设单位名称		工程名称		
建设单位地址		工程地址		
建设单位法人代表		工程规模	建筑面积：	
			长　度：	
建设单位联系人		投资（万元）		
建设单位联系电话		结构类型		
设计单位名称		建设工程规划许可证号		
施工单位名称		开工时间		
监理单位名称		竣工时间		
建设单位档案资料员	联系电话		岗位证书号	
施工单位档案资料员	联系电话		岗位证书号	
监理单位档案资料员	联系电话		岗位证书号	
其他需要说明的问题				

登记日期　　年　　月　　日

卷内目录式样、卷内备考表式样、卷案封面式样、卷案脊背式样分别按《建设工程文件档案管理规范》GB/T 50328—2001 的规定执行。

10.8 市政工程质量保修单

工程竣工验收完成后，由建设、施工、设施管理等单位的有关负责人按相关规定，共同签署工程质量保修书，并加盖单位公章。

（1）市政基础设施工程质量保修书

封页

市政基础设施工程质量保修书

×××建设厅制

工程质量保修书

工程项目名称：_____

发包方（全称）：_____

承包方（全称）：_____

为保护建设单位、施工单位、市政基础设施管理单位的合法权益，维护公共安全和公众利益，根据《中华人民共和国建筑法》、《建设工程质量管理条例》及其他有关法律、法规，并参照《房屋建筑工程质量保修办法》，遵循平等、自愿、公平的原则，承担工程质量保修责任。

一、工程质量保修范围、保修期限

在正常使用条件下，市政基础设施工程质量保修期限承诺如下：

其他项目保修期限双方约定如下：

_____

_____

承包方质量保修期，从工程竣工验收合格之日起计算。按单位工程竣工验收的，保修期从各单位工程竣工验收合格之日起分别计算。

二、质量保修责任

1. 施工单位承诺和双方约定保修的项目与内容，应在接到发包方保修通知后 7 日内派人保修。承包

575

方不在约定期限内派人保修的，发包方可委托其他人员维修，维修费用从质量保修金内扣除。

2. 因保修不及时，造成新的人身、财产损害，由造成拖延的责任方承担赔偿责任。

3. 发生需紧急抢修事故，承包方接到事故通知后，应立即到达事故现场抢修。非施工质量引起的事故，抢修费用由发包方或造成事故者承担。

4. 在国家规定的工程合理使用期限内，承包方确保地基基础和主体结构工程的质量。因承包方原因致使工程在合理使用期限内造成人身和财产损害的，承包方应承担损害赔偿责任。

5. 下列情况不属于质量保修范围：

(1) 因使用不当或第三方造成的质量缺陷；

(2) 因不可抗力造成的质量缺陷；

(3) 因设施管理单位自行改动的结构、设施、设备等项目。

三、保修费用由质量缺陷责任方承担

四、双方约定的其他工程质量事项

_____

_____

_____

_____

五、本保修书未尽事项，按国家现行法律、法规规定执行。

本保修书一式五份。

发包方（公章）：　　　　　　　　　　承包方（公章）：

法定代表人（签字）：　　　　　　　　法定代表人（签字）：

　　　年　月　日　　　　　　　　　　年　月　日

10.9　其他工程竣工验收文件

其他工程竣工验收文件根据工程实际进行汇整归档或移交。

第11章 竣 工 图

11.1 竣工图的基本要求

（1）竣工图均按单位工程进行整理。

（2）凡在施工中，按图施工没有变更的，在新的原施工图上加盖竣工图标识后，可作为竣工图。

（3）施工图无大变更的，应将修改内容按实际发生的描绘在原施工图上，并注明变更或洽商编号，加盖竣工图标志后作为竣工图。

（4）竣工图应加盖竣工图章（图11-1），竣工图章应有明显的"竣工图"标识。包括编制单位名称、编制人、审核人、项目负责人、编制日期、监理单位名称、总监理工程师等内容。编制单位、编制人、审核人、项目负责人要对竣工图负责。监理单位、总监理工程师应对工程档案的监理工作负责。

（5）凡工程现状与施工图不相符的内容，均应按工程现状清楚、准确地在图纸上予以修正。如在工程图纸会审、设计交底时修改的内容、工程洽商或设计变更修改的内容等均应如实地绘制在竣工图上。

（6）专业竣工图应包括各部位、各专业深化（二次）设计的相关内容，不得漏项或重复。

（7）凡结构形式改变、工艺改变、平面布置改变、项目改变以及其他重大改变，或者在一张图纸上改动部位超过三分之一以及修改后图面混乱、分辨率不清的图纸均应重新绘制。

（8）编绘竣工图，应采用不褪色的黑色墨水绘图。

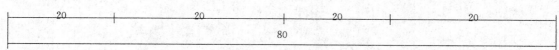

竣 工 图			
施工单位			
编制人		审核人	
技术负责人		编制日期	
监理单位			
总监理工程师		现场监理工程师	

图 11-1 竣工图章

11.2　给水排水构筑物竣工图的内容

（1）竣工图是给水排水构筑物工程竣工档案中最重要部分，是工程建设完成后主要凭证性材料，是给水排水构筑物工程的真实写照，是工程竣工验收的必备条件，是工程维修、管理、改造、扩建的依据，各项新建、改建、扩建项目均应编制竣工图，竣工图由建设单位委托施工单位或设计单位进行绘制。

（2）竣工图应包括与施工图相对应的全部图纸及根据工程竣工情况需要补充的图纸，真实反映项目竣工验收时的实际情况。

（3）各专业竣工图按专业和系统分别进行整理。

11.3　竣工图的类型和绘制

（1）竣工图的类型包括：重新绘制的竣工图、在二底色图（底图）上修改的竣工图、利用施工蓝图改绘的竣工图。

（2）重新绘制的竣工图应完整、准确、真实地反映工程竣工的现状。

（3）在原底图或用底图、施工蓝图复制的底图上，利用刮改的方法编绘的竣工图，应在修改时编写修改备考表（表 11-1），注明修改内容、洽商编号、修改人和日期。

修改备考表　　　　　　　　　　　表 11-1

洽商编号	修改内容	修改人	日期

（4）利用施工蓝图改绘的竣工图所使用的蓝图应是新图，不得使用刀刮、补贴等方法进行绘制。

（5）利用计算机改绘竣工图。其原则与底色上修改的竣工图相同。

11.4　竣 工 图 的 折 叠

竣工图的折叠，不同幅面的竣工图纸应按《技术制图　复制图的折叠方法》（GB/T 10609.3—2009）的规定，统一折成 A4 幅面（297mm×210mm），图标栏露在外面。

第12章 工程竣工文件

12.1 竣工验收备案文件用表与说明

12.1.1 单位（子单位）工程质量竣工验收记录

1. 资料表式（表9-1）

2. 应用说明

工程竣工文件中，竣工验收备案文件中的单位（子单位）工程质量竣工验收记录按9.1节的相关说明执行。

12.1.2 勘察单位工程评价意见报告

1. 资料表式（表12-1）

勘察单位工程评价意见报告　　　　　　　　　　　表 12-1

工程名称		工程地址	
建设单位			
勘察单位		地基承载力标准值	
评价意见：			
项目负责人（签字）： 　　　　法定代表人（签字）：			
技术负责人（签字）： 　　　　地质勘察单位（章）：			
日期：			

（1）本表由工程地质勘察单位填写，应加盖公章，填写验收意见。质量检查报告的结论必须真实。

（2）工程地质勘察单位必须加盖公章，不盖章无效。

2. 应用说明

勘察单位工程评价意见报告是工程地质勘察单位收到建设单位的工程竣工验收通知后，依据工程地质勘察的法律、法规、工程建设强制性标准，对工程项目进行质量验收的书面意见书。

（1）勘察单位工程评价意见报告是工程地质勘察单位通过对已建成工程实际的验收，依据勘察技术文件提供的有关土工数据、土层描述及图示、地质剖面层示、内外业对工程地质的评价等，通过对比分析提出的工程验收质量检查报告。

（2）勘察单位工程评价意见报告应说明验收的工程地质的地层状况、持力层地质条件的选择是否正确、下卧层深度分析、工程地质是否存在质量隐患、地基承载力等状况如何。与原工程地质勘察报告结论是否一致。

（3）勘察单位工程评价意见报告应有明确的结论，工程质量是否存在问题、合格还是不合格、施工结果符合还是不符合工程地质勘察技术文件的要求、同意还是不同意验收。

（4）对地基验槽采取的手段及方法，验槽量测的有关数据进行评价。

（5）当地基土需要处理时，处理结果的检测数据是否满足设计要求。

（6）从工程地质勘察角度分析，工程的地基土或地基处理是否存在问题。

（7）填表说明

1）工程地址：指委托工程地质勘察的工程所在地，按路、街名称及其方位填写。

2）地基承载力标准值：指工程地质勘察报告给定的地基承载力标准值。

3）项目负责人（签字）：应是勘察合同书中签字人或签字人以文字形式委托的该项目的负责人，工程完工后竣工验收备案表中的单位项目负责人也应与此一致，签字有效。

4）法定代表人（签字）：应是勘察合同书中法人签字人或法人签字人以文字形式委托的该项目的负责人，工程完工后竣工验收备案表中的法定代表人也应与此一致，签字有效。

5）技术负责人（签字）：是指勘察单位的技术负责人，签字有效。

6）地质勘察单位（章）：加盖合同文件中的地质勘察单位名称章。

12.1.3 设计单位工程评价意见报告

1. 资料表式（表 12-2）

设计单位工程评价意见报告　　　　　　　　　表 12-2

工程名称		工程地址	
建设单位			
设计单位		设计合理 使用年限	
评价意见：			

评价意见：

项目负责人（签字）：　　　　　　　　法定代表人（签字）：

技术负责人（签字）：　　　　　　　　设计单位（章）：

　　　　　　　　　　　　　　　　　　　　　　　日期：

2. 应用说明

设计单位工程评价意见报告是设计单位收到建设单位的工程竣工验收通知后，依据有关设计方面的法律、法规、工程建设强制性标准，对设计文件的实施结果进行质量验收的书面意见书。

本表由设计单位填写，应加盖公章，填写验收意见。质量检查报告的结论必须真实。设计单位必须加盖公章，不盖章无效。

（1）设计单位工程评价意见报告是设计单位依据经过施工图审查单位审查要求修改后的施工图设计，根据参加验收工程相应部分的有关技术要求及实施结果，根据对已建成工程实际，通过对比分析提出的工程质量验收检查报告。

（2）设计单位工程评价意见报告应说明验收的工程内容是否齐全、是否严格按设计文件施工、工程质量是否合格、质量控制资料核查、安全和主要使用功能核查及抽查结果、观感质量验收等是否满足设计要求。

（3）设计单位工程评价意见报告应有明确的结论，工程质量是否存在问题、合格还是不合格、施工结果符合还是不符合设计技术文件的要求、同意还是不同意验收。

（4）对设计文件进行的图纸会审记录的有关内容、设计变更等是否通过施工图审查单位的批准。

（5）有无因施工图设计原因造成的工程质量问题。

（6）填表说明

1）工程地址：指委托工程地质勘察的工程所在地，按路、街名称及其方位填写。

2）设计合理使用年限：指施工图设计文件按标准规定的设计使用年限填写。

3）项目负责人（签字）：应是设计合同书中签字人或签字人以文字形式委托的该项目的负责人，工程完工后竣工验收备案表中的单位项目负责人也应与此一致，签字有效。

4）法定代表人（签字）：应是设计合同书中法人签字人或法人签字人以文字形式委托的该项目的负责人，工程完工后竣工验收备案表中的法定代表人也应与此一致，签字有效。

5）技术负责人（签字）：是指设计单位的技术负责人，签字有效。

12.1.4　施工单位工程竣工报告

1. 资料表式（表12-3）

施工单位工程竣工报告　　　　　　　　　表 12-3

工程名称：　　　　　　　　　　　　　　　　　　　　　编号：

单位(子单位)工程名称			
工程地址		建筑面积（m²）	
建设单位		结构类型/层数	
设计单位		开、竣工日期	
勘察单位		合同工期	
施工单位		造　价	
监理单位		合同编号	

竣工条件自查情况	项　目　内　容	施工单位自查意见
	工程设计和合同约定的各项内容完成情况	
	工程技术档案和施工管理资料	
	工程所用建筑材料、建筑构配件、商品混凝土和设备的进场试验报告	
	涉及工程结构安全的试块、试件及有关材料的试（检）验报告	
	地基与基础、主体结构等重要分部（分项）工程质量验收报告签证情况	
	建设行政主管部门、质量监督机构或其他有关部门责令整改问题的执行情况	
	单位工程质量自评情况	
	工程质量保修书	
	工程款支付情况	

施工单位意见：

施工单位（公章）：　　　　　　　　　　　　　　　　年　　月　　日

施工项目负责人（签章）：　　　　　　　　　　　　年　　月　　日

单位技术负责人（签字）：　　　　　　　　　　　　年　　月　　日

法定代表人（签章）：　　　　　　　　　　　　　　年　　月　　日

2. 应用说明

（1）本表系施工单位在建设单位未组织勘察单位、设计单位、施工单位、监理单位验收之前，向建设单位呈报、提请对其已完工程进行工程竣工验收的报告。

（2）工程竣工报告的内容包括三个部分：

一是工程概况部分。如填写单位（子单位）工程名称、工程地址、建筑面积（m²）、建设单位、结构类型/层数、设计单位、开、竣工日期、勘察单位、合同工期、施工单位、造价、监理单位、合同编号等。

二是竣工条件自查情况应检项目内容和施工单位自查意见。如工程设计和合同约定各项内容的完成情况；工程技术档案和施工管理资料；工程所用建筑材料、建筑构配件、商品混凝土和设备的进场试验报告；涉及工程结构安全的试块、试件及有关材料的试（检）验报告；地基与基础、主体结构等重要分部（分项）工程质量验收报告签证情况；建设行政主管部门、质量监督机构或其他有关部门责令整改问题的执行情况；单位工程质量自评情况；工程质量保修书；工程款支付情况等。

三是施工单位意见及其责任制部分。如施工单位加盖公章、施工项目负责人签字盖章、单位技术负责人签字、法定代表人签字盖章等。

（3）工程竣工报告，施工单位应加盖公章、施工项目负责人签字盖章、单位技术负责人签字、法定代表人签字盖章，分别填写　年　月　日。

【几点说明】

（1）单独签订施工合同的单位工程，竣工后可单独进行竣工验收。在一个单位工程中满足规定交工要求的专业工程，可征得发包人同意，分阶段进行竣工验收。

（2）单项工程竣工验收应符合设计文件和施工图纸要求，满足生产需要或具备使用条件，并符合其他竣工验收条件要求。

（3）整个建设项目已按设计要求全部建设完成，符合规定的建设项目竣工验收标准，可由发包人组织设计、施工、监理等单位进行建设项目竣工验收，中间竣工并已办理移交手续的单项工程，不再重复进行竣工验收。

（4）竣工验收应依据下列文件：

1）批准的设计文件、施工图纸及说明书。

2）双方签订的施工合同。

3）设备技术说明书。

4）设计变更通知书。

5）施工验收规范及质量验收标准。

6）外资工程应依据我国有关规定提交竣工验收文件。

（5）竣工验收应符合下列要求：

1）设计文件和合同约定的各项施工内容已经施工完毕。

2）有完整并经核定的工程竣工资料，符合验收规定。

3）有勘察、设计、施工、监理等单位签署确认的工程质量合格文件。

4）有工程使用的主要建筑材料、构配件和设备进场的证明及试验报告。

（6）竣工验收的工程必须符合下列规定：

1）合同约定的工程质量标准。

2）单位工程质量竣工验收的合格标准。

3）单项工程达到使用条件或满足生产要求。

4）建设项目能满足建成投入使用或生产的各项要求。

12.1.5　监理单位工程质量评估报告

（1）工程质量评估报告是项目监理机构对被监理工程的单位（子单位）工程施工质量进行总体评价的技术性文件。监理单位应在工程完成且于验收评定后一周内完成。

（2）工程质量评估报告是在项目监理机构签认单位（子单位）工程预验收后，总监理工程师组织专业监理工程师编写。

（3）工程监理质量评价经项目监理机构对竣工资料及实物全面检查、验收合格后，由总监理工程师签署工程竣工报验单，并向建设单位提出质量评估报告。

（4）工程质量评估报告由总监理工程师和监理单位技术负责人签字，并加盖监理单位公章。

（5）工程质量评估报告编写的主要依据

1）坚持独立、公正、科学的准则。

2）平时的质量验收并经各方签认的质量验收记录。

3）建设、监理、施工单位竣工预验收汇总整理的：单位（子单位）工程质量竣工验收记录、单位（子单位）工程质量控制资料核查记录、单位（子单位）安全和功能资料核查及主要功能抽查记录、单位（子单位）工程观感质量检查记录。

（6）工程质量评估报告应包括下列主要内容：

1）工程概况。

2）单位（子单位）工程所包含的分部（子分部）、分项工程，并逐项说明其施工质量验收情况。主要包括：

①天然地基施工：地基验槽与地基钎探情况；地基局部处理情况；地基处理中设计参数的满足程度；地基处理中混合料的配合比材质、铺筑、夯实等情况；取样检验情况等。

②复合地基施工：复合地基用材料质量、配合比及试验、成孔、分层夯填及夯实情况；复合地基用水泥土、灰土、砂、砂石等的测试结果及评价；复合地基总体检测结果与评价，满足设计及规范要求情况。

③桩基础施工：灌注桩成孔（孔径、深度、清淤、垂直度等）质量；灌注桩钢筋笼检查；灌注桩混凝土浇筑（计量、坍落度、灌注时间等）；试块取样数量及试验；打入桩桩身质量、贯入锤击数试验、打入等满足设计情况；接桩（电焊或硫磺胶泥）施工情况；静压桩的最终试验结果及满足设计情况。

④主体工程的总体质量评价

按相关建筑安装工程施工质量验收规范所列主体分部内的主要检验批、分项工程质量实施评定结果分别进行质量评价。

⑤幕墙材料与安装质量实施验收结果总体评价。

⑥装饰工程质量实施验收结果总体评价。

⑦材料质量实施验收结果的总体评价。

⑧对设备安装工程中需要进行功能试验的工程项目包括单机试车和无负荷试车等。

⑨质量控制资料验收情况。

⑩工程所含分部工程有关安全和功能的检测验收情况及检测资料的完整性核查情况。

（7）竣工资料核查情况。

（8）观感质量验收情况。

（9）施工过程质量事故及处理结果。

（10）对工程施工质量验收意见的建议。

12.1.6　建设工程竣工验收报告

1. 资料表式

封页

建设工程竣工验收报告

×××建设厅制

填　报　说　明

1. 竣工验收报告由建设单位负责填写。

2. 竣工验收报告一式四份，一律用钢笔书写，字迹要清晰工整。建设单位、施工单位、城建档案管理部门、建设行政主管部门或其他有关专业工程主管部门各存一份。

3. 报告内容必须真实可靠，如发现虚假情况，不予备案。

4. 报告须经建设、设计、施工图审查机构、施工、工程监理单位法定代表人或其委托代理人签字，并加盖单位公章后方为有效。

竣工项目审查

工程名称		工程地址			
建设单位		结构形式			
勘察单位		层　数		栋数	
设计单位		工程规模			
施工图审查机构		开工日期		年　月　日	
监理单位		竣工日期		年　月　日	
施工单位		施工许可证号		总造价	
审查项目及内容			审查情况		
一、完成设计项目情况 　　1. 基础、主体、室内外装饰工程 　　2. 给水排水工程、燃气工程、消防工程 　　3. 建筑电气安装工程 　　4. 通风与空调工程 　　5. 电梯、电扶梯安装工程 　　6. 室外工程					
二、完成合同约定情况 　　1. 总包合同约定 　　2. 分包合同约定 　　3. 专业承包合同约定					
三、技术档案和施工管理资料 　　1. 建设前期、施工图设计审查等技术档案 　　2. 监理技术档案和管理资料 　　3. 施工技术档案和管理资料					
四、试验报告 　　1. 主要建筑材料 　　2. 构配件 　　3. 设备					
五、质量合格文件 　　1. 勘察单位 　　2. 设计单位 　　3. 施工图审查单位 　　4. 施工单位 　　5. 监理单位					
六、工程质量保修书 　　1. 总、分包单位 　　2. 专业施工单位					
审查结论					

建设单位工程负责人：

年　月　日

竣工项目审查填表说明：

工程地址：按施工图设计总平面图标注的建设位置的地点填写。

结构形式：按施工图设计标注的各单位工程的结构类型填写。

工程规模：按设计文件界定的建设工程规模填写。

施工图审查机构：指经省级建设行政主管部门批准的施工图审查机构。填写施工图审查机构全称。

开工日期：按当地建设行政主管部门批准发给的施工许可证（开工证）的开工日期或按经项目监理机构核准的单位工程的开工日期。按年、月、日填写。

竣工日期：按施工合同约定的单位工程的竣工日期或按经项目监理机构核准的竣工日期。按年、月、日填写。

施工许可证号：填写当地建设行政主管部门批准发给的施工许可证（开工证）的编号。

总造价：按施工图设计根据预算定额计算规定计算的单位工程或单项工程的总造价。

审查项目及内容：指表列一～六项所列的项目及内容。

审查情况：指表列一～六项所列内容的审查情况。

一、完成设计项目情况：指下列六项所列单位工程内的分部工程完成设计项目的情况。

1. 基础、主体、室内外装饰工程：按完成的基础、主体、装饰工程的实际填写。例如是全部完成还是有遗留项目等。

2. 给水排水工程、燃气工程、消防工程：按完成的给水排水工程、燃气工程、消防工程的实际填写。例如是全部完成还是有遗留项目等。

3. 建筑电气安装工程：按完成的建筑电气安装工程实际填写。例如是全部完成还是有遗留项目等。

4. 通风与空调工程：按完成的通风与空调工程实际填写。例如是全部完成还是有遗留项目等。

5. 电梯、电扶梯安装工程：按完成的电梯、电扶梯安装工程实际填写。例如是全部完成还是有遗留项目等。

6. 室外工程：按完成的室外工程实际填写。例如是全部完成还是有遗留项目等。

二、完成合同约定情况：指下列三项所列合同单位的完成合同约定情况。

1. 总包合同约定：指总包合同单位完成总包合同约定情况。

2. 分包合同约定：指分包合同单位完成的分包合同约定情况。

3. 专业承包合同约定：指专业承包合同单位完成专业承包合同约定情况。

应在审查情况栏内填写：已按合同约定期限完成了设计文件规定的内容。

三、技术档案和施工管理资料：指下列三项所列内容的技术档案和施工管理资料。

1. 建设前期、施工图设计审查等技术档案：指建设单位提交的建设前期、施工图设计审查等的技术档案。

2. 监理技术档案和管理资料：指监理单位提交的监理技术档案和管理资料。

3. 施工技术档案和管理资料：指施工单位提交的施工技术档案和管理资料。

应在审查情况栏内填写：建设单位、监理单位和施工单位已按标准要求提交了合格的技术档案和管理资料。

四、试验报告：指下列三项所列内容的试验报告。

1. 主要材料：指施工单位提供的主要材料的试验报告。

2. 构配件：指施工单位提供的构配件试验报告。

3. 设备：指施工单位提供设备的试验报告。

应在审查情况栏内填写：施工单位按标准要求提供了主要材料试验报告　　　份；构配件的试验报告　　　份；设备的试验报告　　　份。

五、质量合格文件：指下列五项所列单位的质量合格文件。

分别指勘察单位、设计单位、施工图审查单位、施工单位、监理单位已经提交了质量检查合格文件。

应在审查情况栏内填写：勘察、设计、施工图审查、施工、监理单位均已分别按要求提供了质量合格文件、竣工报告、质量评估报告。

六、工程质量保修书：指下列两项所列单位的工程质量保修书。

1. 总、分包单位：指总包施工单位和与总包施工单位签订分包合同的分包单位提交了工程质量保修书。

2. 专业施工单位：指专业承包施工单位提交了工程质量保修书。

应在审查情况栏内填写：总、分包单位、专业施工单位均已分别提交了各自的工程质量保修书。

审查结论：指竣工项目审查表中所列审查项目及内容的审查结论意见。

建设单位工程负责人：应填合同书上签字人或签字人以文字形式委托的代表——工程的项目负责人。工程完工后竣工验收备案表中的单位项目负责人应与此一致。

工程质量评定（一）

分部工程评定	质量保证资料	观感质量评定
共　　分部 其中符合要求　　分部 地基与基础分部质量情况 主体分部质量情况 装饰分部质量情况 安装主要分部　　项	共核查　　　项 其中符合要求　　项 经鉴定符合要求　　项	好 一般 差
单位工程评定等级 　　　　　　建设单位负责人：　　　　　　（公章）		
存在问题： 　　　　　　　　　　　年　　月　　日		

工程质量评定（一）填表说明：

分部工程评定：指单位工程内的各分部工程的质量评定情况。

共　　分部：指单位工程内的分部工程数量。

其中符合要求　　分部：指单位工程内的分部工程数量内的符合要求分部的数量。

地基与基础分部质量情况：指单位工程内的地基与基础分部工程验收的质量情况。

主体分部质量情况：指单位工程内的主体分部工程验收的质量情况。

装饰分部质量情况：指单位工程内的装饰分部工程验收的质量情况。

安装主要分部质量情况：指单位工程内的安装主要分部工程验收的质量情况。

质量保证资料：指单位工程内的质量保证资料（即工程质量控制资料核查和工程安全和功能检验资料核查及主要功能抽查记录）的评定情况。

共核查　　　项：指单位工程内的质量保证资料（即工程质量控制资料核查和工程安全和功能检验资料核查及主要功能抽查记录）总计核查的项数。

其中符合要求　　　项：指单位工程内的质量保证资料（即工程质量控制资料核查和工程安全和功能检验资料核查及主要功能抽查记录）总计核查项数中符合要求的项数。

经鉴定符合要求　　　项：指单位工程内的质量保证资料（即工程质量控制资料核查和工程安全和功能检验资料核查及主要功能抽查记录）总计核查项数中经鉴定符合要求的项数。

观感质量评定：指单位工程观感质量验收的评定情况。

单位工程评定等级：指被验收单位工程的质量评定等级。应达到合格等级及其以上。

建设单位负责人：应填合同书上签字人或签字人以文字形式委托的代表——工程的项目负责人。工程完工后竣工验收备案表中的单位项目负责人应与此一致。

存在问题：指被验收的单位工程质量存在的问题。

工程质量评定（二）

各专业工程名称	评定等级	质量保证资料	观感质量评定
道路工程			
构筑物工程			
给水工程		共核查　　　项，其中符合要求　　　项，经鉴定符合要求　　　项	好
电力工程			
电信工程			一般
路灯工程			
燃气工程			差
灯光工程			
单位工程评定等级			

（公章）

建设单位负责人：　　　　年　月　日

存在问题：

执行标准	道路工程	
	桥梁工程	
	给水、排水工程	
	电力、电信工程	
	路灯、灯光工程	
	燃气工程	

工程质量评定（二）填表说明：

各专业工程名称：指表列项下的道路、桥梁、给水、排水、电力、电信、路灯、燃气、灯光等的工程名称。

评定等级：指表列项下的道路、桥梁、给水、排水、电力、电信、路灯、燃气、灯光等的工程质量的评定等级。

质量保证资料：指专业工程内的质量保证资料的评定情况。

共核查　　项：指单位工程内的质量保证资料总计核查的项数。

其中符合要求　　项：指单位工程内的质量保证资料总计核查项数中符合要求的项数。

经鉴定符合要求　　项：指单位工程内的质量保证资料总计核查项数中经鉴定符合要求的项数。

观感质量评定：指专业工程观感质量验收的评定情况。

建设单位负责人：应填合同书上签字人或签字人以文字形式委托的代表——工程的项目负责人。工程完工后竣工验收备案表中的单位项目负责人应与此一致。

存在问题：指被验收的单位工程质量存在的问题。

执行标准：指被验收的道路、桥梁、给、排水、电力、电信、路灯、灯光、燃气工程施工质量验收的执行标准。

竣工验收情况

一、验收机构

1. 领导层

主　任	
副主任	
成　员	

2. 各专业组

验收专业组	组　长	组　员
建　筑　工　程		
给水排水、燃气工程		
建筑电气安装工程		
通风与空调工程		
室　外　工　程		

注：建设、监理、设计、施工及施工图审查机构等单位的专业人员均必须参加相应的验收专业组。

二、验收组织程序

1. 建设单位主持验收会议

2. 施工单位介绍施工情况

3. 监理单位介绍监理情况

4. 各验收专业组核查质保资料、并到现场检查

5. 各验收专业组总结发言，建设单位做好记录

竣工验收结论：				
建设单位法人： 项目负责人： （章） 20 年 月 日	设计单位法人： 设计负责人： （章） 20 年 月 日	施工图审查 单位法人： 审查负责人： （章） 20 年 月 日	监理单位： 法　人： 总监理 工程师： （章） 20 年 月 日	施工单位法人： 技术负责人： （章） 20 年 月 日

竣工验收情况填表说明：

一、验收机构

1. 领导层：指竣工验收领导层成员主任、副主任、成员的人员姓名。应分别填写。

2. 各专业组：指竣工验收各专业组的组长和组员姓名。应分别填写。

二、验收组织程序：应按下列验收组织程序进行。

1. 建设单位主持验收会议

2. 施工单位介绍施工情况

3. 监理单位介绍监理情况

4. 各验收专业组核查质保资料、并到现场检查

5. 各验收专业组总结发言，建设单位做好记录

竣工验收结论：指验收机构按验收专业组的实际验收结果填写。结论应填写被验收工程是否合格。

建设单位法人：指建设单位与施工（或设计、监理）单位签订的施工合同中建设单位的法人姓名。

项目负责人：指建设单位与施工（或设计、监理）单位签订的施工合同中建设单位的项目负责人姓名。

设计单位法人：指建设单位与设计（或施工、监理）单位签订的设计合同中设计单位的法人姓名。

设计负责人：指建设单位与设计（或施工、监理）单位签订的设计合同中设计单位的设计负责人姓名。

施工图审查单位法人：指施工图审查单位的法人姓名。

审查负责人：指施工图审查单位的审查负责人姓名。

监理单位法人：指建设单位与监理（或设计、施工）单位签订的监理委托合同中监理单位的法人姓名。

总监理工程师：填写由监理单位法定代表人授权，全面负责委托监理合同的履行、主持项目监理机构工作的监理工程师的姓名。

施工单位法人：指施工单位与建设单位签订的施工合同中施工单位的法人姓名。

技术负责人：指施工单位与建设单位签订的施工合同中施工单位的技术负责人姓名。

2. 工程竣工验收文件的实施说明

（1）工程竣工验收与备案的实施

1）县级以上建设行政主管部门负责本行政区域内建设工程竣工验收的监督及备案工作。

建设工程竣工验收工作由建设单位负责组织实施。

2）建设行政主管部门可以委托工程质量监督机构对工程竣工验收实施监督。

（2）工程竣工验收应具备的条件

1）完成工程设计和合同约定的各项内容。

2）施工单位在工程完工后对工程质量进行了检查，确认工程质量符合有关法律、法规和工程建设强制性标准，符合设计文件及合同要求，并提出工程竣工报告。工程竣工报告应经项目经理和施工单位有关负责人审核签字。

3）对于委托监理的项目，监理单位对工程进行了质量评估，具有完整的监理资料，并提出工程质量评估报告。工程质量评估报告应经总监理工程师和监理单位有关负责人审核签字。

4）勘察、设计单位对勘察、设计文件及施工过程中由设计单位签署的设计变更通知书进行了检查，并提出质量检查报告。质量检查报告应经该项目勘察、设计负责人和勘察、设计单位有关负责人审核签字。

5）有完整的技术档案和施工管理资料。

6）有工程使用的主要材料、构配件和设备的进场试验报告。

7）建设单位已按合同约定支付工程款。

8）有施工单位签署的工程质量保修书。

9）城乡规划行政主管部门对工程是否符合规划设计要求进行检查，并出具认可文件。

10）由公安消防、环保等部门出具的认可文件或者准许使用文件。

11）建设行政主管部门及其委托的工程质量监督机构等有关部门责令整改的问题全部整改完毕。

（3）建设工程竣工验收应当按如下程序进行：

1）施工单位完成设计图纸和合同约定的全部内容后，应先自行组织验收，并按国家有关技术标准自评质量等级，编制竣工报告，由施工单位法定代表人和技术负责人签字，并加盖单位公章，提交给监理单位，未委托监理的工程直接提交建设单位。

竣工报告应当包括工程情况、技术档案和施工管理资料情况、设备安装调试情况、工程质量评定情况等内容。

2）监理单位核查竣工报告，对工程质量等级作出评价。竣工报告经总监理工程师、监理单位法定代表人签字，并加盖监理单位公章后，由施工单位向建设单位申请竣工验收。

3）建设单位提请规划、公安消防、环保、城建档案等有关部门进行专项验收（专项验收程序按各有关部门的规定执行），按专项验收部门提出的意见整改完毕，取得合格证明文件或准许使用文件。

4）建设单位审查竣工报告，并组织设计、施工、监理和施工图审查机构等单位进行竣工验收。

5）建设单位编制建设工程竣工验收报告。

建设工程竣工验收报告应当包括下列内容：工程概况、施工许可证号、施工图设计文件审查批准书号、工程质量情况以及建设、设计、施工图审查机构、施工、监理等单位签署的质量合格意见。

（4）工程竣工验收的监督

1）建设单位组织工程竣工验收前，应提前三个工作日通知工程质量监督机构，并提交有关工程质量文件和质量保证资料，工程质量监督机构应派员对验收工作进行监督。

2）工程质量监督机构对验收工作中的组织形式、程序、验评标准的执行情况及评定结果进行监督，发现有违反国家有关建设工程质量管理规定的行为或工程质量不合格的，应责令建设单位进行整改，并签发责令整改通知书。建设单位应当立即进行整改，重新组织竣工验收。竣工验收日期以最终通过验收的日期为准。

参加验收各方对工程质量验收结论意见不一致时，建设（监理）单位向负责该建设工程质量监督的机构申请仲裁。

3）建设单位如在竣工验收通过后五个工作日内未收到质量监督机构签发的责令整改书，即可进入验收备案程序。

4）质量监督机构应在工程竣工验收通过后五个工作日内向主管部门提交建设质量及竣工验收监督报告。

12.1.7 工程竣工验收会议纪要

1. 资料表式（表12-4）

_____会议纪要 表 12-4

时间：	
地点：	
主持人：	
与会单位及人员：	
主要议题：	
解决或议定事项：	
签字：	年　月　日

2. 应用说明

会议纪要必须及时记录、整理，记录内容齐全，对会议中提出的问题记录准确，技术用语规范，文字简练明了。

（1）按项目监理机构施工监理过程中召开的监理会议内容经整理形成，包括工地例会纪要和专题例会纪要。

（2）监理会议纪要指由项目监理机构主持的会议纪要，它包括工地例会纪要和专题会议纪要。监理会议是按照一定程序召开的，主要研究建设过程中施工出现的投资、质量、进度等方面的问题，并形成纪要，共与会者确认和落实。

（3）工地例会是总监理工程师定期主持召开的工地会议。其内容包括：

1）检查上次例会议定事项的落实情况，分析未完事项原因。

2）检查分析工程项目进度计划完成情况，提出下一阶段进度目标及其落实措施。

3）检查分析工程项目质量状况，针对存在的质量问题提出改进措施。

4）检查工程量核定及工程款支付情况。

5）解决需要协调的有关事项及其他有关事宜。

（4）专题会议是研究解决施工过程中的某一问题而召开的不定期会议，会议应有主要议题。

（5）会议纪要由项目监理机构起草，与会各方代表签字。

（6）会议记录必须有：会议名称、主持人、参加人及其代表单位、会议时间、地点、会议内容、会议发言人姓名及主要内容、决议事项、决议事项的执行人及完成时间、参加人员签章。

（7）填表说明

1）主要议题：应简明扼要地写清楚会议的主要内容及中心议题（即与会各方提出的主要事项和意见），工地例会还包括检查上次例会议定事项的落实情况。

2) 解决或议定事项: 应写清楚会议达成的一致意见、下步工作安排和对未解决问题的处理意见。

12.1.8　专家组竣工验收意见

专家组竣工验收意见按专家对工程竣工验收提出形成的文件直接归存。

12.1.9　工程竣工验收证书

竣工验收证书

工程名称		开工日期	年 月 日	工程质量评价			
施工单位		竣工日期	年 月 日				
合同造价 （万元）		施工决算 （万元）					
验收范围及数量：				竣工验收日期		年 月 日	
				参加竣工验收单位意见			
				建 设 单 位	签名：　　　　（公章）	设 计 单 位	签名：　　　　（公章）
存在问题及处理意见：				监 理 单 位	签名：　　　　（公章）	施 工 单 位	签名：　　　　（公章）
				勘 察 单 位	签名：　　　　（公章）	邀 请 单 位	签名：　　　　（公章）

12.1.10 规划、消防、环保等部门出具的认可或准许使用文件

12.1.10.1 建设工程规划验收合格证

1. 资料表式

建设工程规划验收合格证　　　　　　（封页）

中华人民共和国
建设工程规划验收合格证
编号：
根据《中华人民共和国城市规划法》第三十二条规定，经审定，该建设工程符合城市规划要求。
特发此证
发证机关
日期：　　年　月　日

（内页）

建设单位	
建设项目名称	
建设位置	
建设规模	
附图及附件名称	

遵守事项：

1. 本证是城市规划区内，经城市规划行政主管部门审定，许可建设各类工程的法律凭证。
2. 凡未取得本证或不按本证规定建设，均属违法建设。
3. 本证附图与附件由发证机关依法确定，与本证具有同等法律效力。
4. 本证不得涂改。

2. 资料要求

（1）本证由城市规划行政主管部门签发，应加盖公章，填写验收意见。

（2）城市规划行政主管部门必须加盖公章，不盖章无效。

3. 应用说明

规划管理部门收到建设单位的工程竣工验收申请后，依据《中华人民共和国城市规划法》及规划设计审批文件和有关政策规定，对工程进行规划验收并确认符合规划要求后签发的建设工程规划验收合格证。

（1）建设工程规划验收合格证签发必须符合《中华人民共和国城市规划法》第三十二条规定。

（2）对规划验收结果存在问题及其处理意见应详尽具体，存在问题未按处理意见完成之前，不得签发建设工程规划验收合格证。

（3）填表说明

1）建设项目名称：按建设单位与施工单位合同书中的工程名称或施工图设计图注的工程名称，按全称填写。

2）建设位置：按施工图设计总平面图标注的建设位置的地点填写。

3）建设规模：按可行性研究或初步设计或施工图设计标注的建设规模填写。

4）附图及附件名称：指申报规划验收时必需的附图及附件名称，照实际填写。

12.1.10.2 建设工程公安消防验收意见书

1. 资料表式

建设工程公安消防验收意见书

工程名称		工程地址	
建设单位			
设计单位			
施工单位			

验收人（签字）：　　　　　　　　单　位（签字）：

技术负责人（签字）：　　　　　　法定代表人（签字）：

日期：

2. 资料要求

（1）消防验收意见书应加盖公章，填写验收意见。消防验收必须符合国家消防技术标准。

（2）消防验收意见书必须加盖公章，不盖章无效。

3. 应用说明

建设工程公安消防审批机构收到建设单位的工程竣工验收申请后，依据国家消防技术标准及消防工程审查意见，对工程进行消防验收签发书面意见书。

（1）建设工程公安消防验收意见书是公安消防审批机构对已审查批准的施工图设计的实施结果进行核查，对已建成的工程在实施中是否依据审查后的施工图设计进行施工，有无违背。该验收工程是否有违消防强制性标准的有关技术要求。

（2）验收结论意见必须明确说明是否符合消防设计要求，能否满足消防使用功能。

（3）对消防验收不合格的，验收机构必须明确指出存在的问题和所依据的技术规范，并应提出复验要求。

（4）建设工程公安消防验收意见书应有明确的结论，工程质量是否存在问题、合格还是不合格、施工结果符合还是不符合消防的有关要求、同意还是不同意验收。

（5）填表说明

1）工程地址：指委托工程地质勘察的工程所在地，按路、街名称及其方位填写。

2）验收人（签字）：是指公安消防审批单位参加消防验收人员姓名，签字有效。

3）单位（章）：加盖公安消防审批单位章。

4）技术负责人（签字）：是指公安消防审批单位的技术负责人，签字有效。

5）法定代表人（签字）：是指公安消防审批单位的法定代表人，签字有效。

12.1.10.3 环保验收合格证

1. 资料表式

（封页）

市环境保护局

小型（非生产性）建设项目验收意见书

编号：　　　　　　（内封）

项目名称				联　系　人	×××
建设单位				电　　话	
建设地点				项目性质	新□改□扩□
项目总投资 （万元）		建设面积 （m²）		占地面积 （m²）	
环评分类	报告书□ 报告表□ 登记表□			审批时间	
施工单位				申请验收时间	
工程情况概述：					
存在问题及整改措施：					
验收意见： <div align="right">市环境保护局（章） 2001 年 10 月 20 日</div>					
经办人（签字）：　　　　　　　　　　　　　　　　负责人（签字）：					
备注					

　　本表只适用于小型填报环境影响登记表的非生产性建设项目，填报环境影响报告表和环境影响报告书应另附环保设施监测报告和建设项目环境保护设施竣工验收申请报告。本表一式三份。

2. 应用说明

　　（1）环保验收合格证是环保监督管理部门收到建设单位验收通知后，依据《中华人民共和国环境保护法》的要求，对建设工程项目环境质量评价作出的书面意见。

599

环保验收合格证应加盖公章，填写验收意见。环保验收必须符合国家环保的有关技术标准。

（2）环保验收合格证是环保监督管理部门对已审查批准的施工图设计的实施结果进行核查，对已建成的工程在实施中是否依据审查后的施工图设计进行施工，有无违背。该验收工程是否有违环保强制性标准的有关技术要求。

（3）环保验收的主要内容

1）应填写内页表内的一般工程概况，如建设地点、项目性质、项目总投资、建筑面积、环保分类、施工单位、申请验收时间等。

2）工程情况概述应说明环保工程的地点、规模、用途、环保名称、环保目标值等。

3）存在问题及整改措施应说明验收后的环保工程存在的问题和整改建议及措施。

4）验收意见应写明：

①工程项目对大气环境、水环境的影响情况；

②工程项目对水土流失、生态环境的影响情况；

③工程项目所产生的噪声对声环境的影响程度；

④工程项目使用后产生的固体垃圾对周围环境的影响程度。

（4）验收结论意见必须明确说明是否符合环保要求，能否满足环保使用功能。

（5）对消防验收不合格的，验收机构必须明确指出存在的问题和所依据的技术规范，并应提出复验要求。

（6）建设工程公安消防验收意见书应有明确的结论，工程质量是否存在问题、合格还是不合格、施工结果符合还是不符合消防的有关要求、同意还是不同意验收。

（7）填表说明

1）项目名称：指验收的环保项目的名称。

2）建设地点：指委托工程地质勘察的工程所在地，按路、街名称及其方位填写。

3）项目性质：指验收的环保项目的使用性质，是新建筑、改建还是扩建。照实际填写。

4）项目总投资（万元）：指验收的环保项目的项目总投资。

5）建设面积（m^2）：指验收的环保项目的项目建设面积。

6）占地面积（m^2）：指验收的环保项目的项目占地面积。

7）环评分类（报告书□ 报告表□ 登记表□）：指验收的环保项目评议的类别，可在报告书、报告表、登记表处划√。

8）审批时间：指验收的环保项目的审批时间。

9）申请验收时间：指验收的环保项目的申请验收时间。

10）工程情况概述：是指环保工程的地点、规模、用途、环保名称、环保目标值等。

11）存在问题及整改措施：是指验收后的环保工程存在的问题和整改建议及措施。

12）验收意见：是指验收的环保项目的验收意见，应明确说明是否符合环保要求，能否满足环保使用功能。

13）市环境保护局（章）：指环保验收单位加盖的公章。

14）经办人（签字）：指验收环保项目时的具体经办人。填写经办人姓名，本人签字有效。

15）负责人（签字）：指验收环保项目时的负责人。填写负责人姓名，本人签字有效。

12.1.11　市政工程质量保修单

工程竣工验收完成后，由建设、施工、设施管理等单位的有关负责人按相关规定，共同签署工程质量保修书，并加盖单位公章。

市政基础设施工程质量保修书按 10.8 市政工程质量保修单的相关内容执行。

12.1.12　市政基础设施工程竣工验收备案表

1. 资料表式

建设工程竣工验收备案证明书

（正本）

根据国务院《建设工程质量管理条例》和住房和城乡建设部《房屋建筑工程和市政基础设施工程竣工验收备案管理暂行办法》，_____ 工程，经建设单位_____ 于_____ 年_____ 月_____ 日组织设计、施工、工程监理和有关专业工程主管部门验收，并于_____ 年_____ 月_____ 日备案。

特此证明。

备案机关：

日　期：　　年　月　日

建设工程竣工验收备案证明书以本表格式直接归存。

2. 应用说明

（1）建设工程竣工验收备案证明书是当地建设行政主管部门为市政基础设施竣工工程经核查工程质量符合合格要求后开具的竣工验收备案证明书。

（2）工程竣工验收后 5 个工作日内未接到质量监督机构签发的责令整改通知书，即可进入验收备案程序。当建设单位已汇整齐全竣工验收备案所需的各种材料后，即可办理建设工程竣工验收备案证明书。

（3）开具的竣工验收备案证明书应提供的资料：竣工验收报告、竣工报告、质量评估报告；勘察、设计、施工图审查机构的工程质量检查报告；规划、公安消防、环保、档案等部门的验收认可文件；工程质量保修书，各地市建设行政主管部门规定的其他要求；工程质量监督报告，竣工验收备案表。

12.1.13　其他工程竣工验收备案文件

"其他工程竣工验收备案文件"是指构筑物工程中设计文件新增加的验收子项，而《给水排水构筑物工程施工及验收规范》（GB 50141—2008）中未列入，且需要进行施工质量验收并应进行验收备案的子项，照实际进行施工质量验收的子项计入并形成验收备案文件。

12.2　竣工决算文件用表与说明

12.2.1　施工决算文件

施工决算文件是指施工单位承建工程完成后，经竣工验收合格，并经监理单位的总监理工程师签字加盖监理单位同意章后，提交的承建工程的工程决算文件。由施工单位提供。

12.2.2　监理决算文件

监理决算文件是指监理单位承接的监理工程完成后，已经竣工验收合格。按监理合同文件确定的工程监理费率，根据工程实施工作量的增加或减少，编制监理决算文件。经监理单位的总监理工程师签字加盖监理单位同意章后，提交的承接工程的监理决算文件。由监理单位提供。

12.3　竣工交档文件用表与说明

12.3.1　工程竣工档案预验收意见

工程竣工档案在组织工程竣工验收前，应提请当地的城建档案管理机构对工程档案进行预验收；未取得工程档案验收认可文件，不得组织工程竣工验收；应对单位（子单位）工程竣工进行预验收报验，提交单位（子单位）工程竣工预验收报验表。

城建档案管理机构应对工程文件的立卷归档工作进行监督、检查、指导。在工程竣工验收前，应对工程档案进行预验收，验收合格后，须出具工程档案认可文件。

单位（子单位）工程竣工预验收报验表

工程名称：　　　　　　　　　　　　　　　　　　　　　　　　编号：

致＿＿＿＿＿＿＿＿＿＿＿＿＿＿＿＿＿＿＿＿＿ ＿＿＿＿＿＿＿＿＿＿＿＿＿＿＿＿＿＿＿＿＿（单位工程）已完成施工，按有关规范、验评标准进行了自检，质量合格，竣工资料已整理齐全，申请进行竣工（预）验收。 　　附件：申请验收材料汇总   施工单位（章）：　　　　　　　　　　　　　施工项目负责人（签章）： 　　　　　年　月　日　　　　　　　　　　　　　　　　年　月　日

监理单位意见：	
项目监理机构（章）： 　　　　年　月　日	总监理工程师（签章）： 　　　　年　月　日
建设单位意见：	
建设单位（章）： 　　　　年　月　日	建设单位项目负责人（签字）： 　　　　年　月　日

注：本表由施工单位填写，一式三份，同意后由建设、监理、施工单位各留一份。

（1）本表系《建筑工程施工质量验收统一标准》（GB 50300—2001）规定，施工单位在单位工程施工完成，并经施工、项目监理机构验收质量合格后，由施工单位向建设单位提请竣工（预）验收的申请表。

（2）单位工程竣工（预）验收报验申请表的内容包括三个部分：

一是施工单位的施工项目负责人向监理单位、建设单位提请的验收申请；

二是监理单位检查后填记的监理单位意见；

三是建设单位检查后填记的建设单位意见。

（3）单位工程竣工（预）验收报验申请表由施工单位加盖公章，施工项目负责人签字盖章，同时填写　年　月　日。

监理单位意见由项目监理机构加盖公章，总监理工程师签字盖章，同时填写　年　月　日。

建设单位意见由建设单位加盖公章，建设单位项目负责人签字，同时填写　年　月　日。

12.3.2 施工文件移交书

_____按有关规定向_____办

理_____工程资料移交手续。共计_____册。其中图样

材料_____册，文字材料_____册，其他材料

_____张。

附：工程资料移交目录

移交单位（公章）   接受单位（公章）

单位负责人：   单位负责人：

技术负责人：   技术负责人：

移 交 人：   接 受 人：

移交日期：年　　月　　日

12.3.3 监理文件移交书

_____按有关规定向_____办

理_____工程资料移交手续。共计_____册。其中图样

材料_____册，文字材料_____册，其他材料_____张

（　　）。

附：工程资料移交目录

移交单位（公章）   接受单位（公章）

单位负责人：　　　　　　　　　　　　单位负责人：

技术负责人：　　　　　　　　　　　　技术负责人：

移　交　人：　　　　　　　　　　　　接　受　人：

　　　　　　　　　　　　　　　　　移交日期：年　　月　　日

12.3.4　城建档案移交书

_____按有关规定向_____办

理_____工程资料移交手续。共计_____册。其中图样

材料_____册，文字材料_____册，其他材料

_____张。

　　附：工程资料移交目录

移交单位（公章）　　　　　　　　　　接受单位（公章）

单位负责人：　　　　　　　　　　　　单位负责人：

技术负责人：　　　　　　　　　　　　技术负责人：

移　交　人：　　　　　　　　　　　　接　受　人：

　　　　　　　　　　　　　　　　　移交日期：年　　月　　日

12.4　工程声像文件用表与说明

12.4.1　开工前原貌、施工阶段、竣工新貌照片

工程声像文件应记录开工前原貌、施工阶段、竣工新貌照片。

对形成的声像文件资料按三个部分分列：

（1）开工前原貌；

（2）施工阶段；

（3）竣工新貌照片。

12.4.2　工程建设过程的录音、录像文件（重点大型工程）

工程声像文件应对工程建设过程中的相关录音、录像文件（重点大型工程）予以记录、收集，应依序整理组排。

12.5　其他工程文件

其他工程文件是指在工程建设过程中形成的上述工程资料以外的其他工程文件资料，应依序整理组排。